涂装车间
设计手册

TUZHUANG CHEJIAN SHEJI SHOUCE

王锡春 吴 涛 主编

第三版

Third Edition

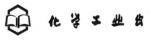

化学工业出版社

·北京·

本书是一部阐述新理念、总结新技术的实用涂装车间设计手册，系统介绍了涂装车间的工艺设计，前处理、电泳、喷漆室、粉末涂装、喷涂机器人和烘干室等涂装设备设计，机械化输送设备设计，电控设计和环保安全设计。新版以第二版为基础，对各章进行了全面修订，滚动充实近 5 年开发应用的绿色涂装工艺技术，全面阐明"绿色涂装"理念。为使读者了解涂装车间设计全流程需要考虑的方方面面，增编了第14 章"涂装车间（线）整体设计案例"。本手册是主编和参编人员半个多世纪以来收集的专业资料和工作经验的总结，可作为涂装设备和涂装车间设计的工作指南。

　　本手册可作为从事汽车、轨道车辆、摩托车、农机、工程机械、轻工、家用电器、建材和其他工业涂装专业人员，涂装车间设计人员和涂装设备及输送设备制造厂商专业人员的工具书；可作为涂装现场工程技术人员、涂装工和涂装材料公司科研及销售服务人员的参考读物；也可作为涂装专业培训班和大专院校的教材。

图书在版编目（CIP）数据

涂装车间设计手册/王锡春，吴涛主编. —3 版.—北京：化学工业出版社，2019.4（2025.2 重印）
ISBN 978-7-122-33898-3

Ⅰ.①涂…　Ⅱ.①王…②吴…　Ⅲ.①油漆车间-设计-手册　Ⅳ.①TQ639.6-62

中国版本图书馆 CIP 数据核字（2019）第 028027 号

责任编辑：傅聪智　　　　　　　　　　　装帧设计：刘丽华
责任校对：宋　夏

出版发行：化学工业出版社（北京市东城区青年湖南街 13 号　邮政编码 100011）
印　　　装：北京盛通数码印刷有限公司
787mm×1092mm　1/16　印张 37　彩插 6　字数 943 千字　　2025 年 2 月北京第 3 版第 6 次印刷

购书咨询：010-64518888　　售后服务：010-64518899
网　　　址：http://www.cip.com.cn
凡购买本书，如有缺损质量问题，本社销售中心负责调换。

定　　　价：298.00 元

《涂装车间设计手册》(第三版)

编写人员名单

主　编	王锡春　吴　涛	
参　编	王锡春　吴　涛　祝南章　解　威	
	王育哲　李文刚　宫金宝　王一建	
	蒋小平	
审　校	宋　华　高成勇	

　　——响应国家创建环境友好型、低碳经济型社会的号召，望涂装·涂料企业和专业人员坚持科学发展观，依靠技术进步，为创新实现绿色涂装多做贡献！

　　进入 21 世纪以来，节能减排法律法规不断完善和加强，相关法律法规还会越来越严格，消费能源和控制排放的成本会越来越高。汽车制造过程的节能减排是汽车行业面临的重大挑战之一。虽然中国的汽车行业已经在节能减排方面有了很大进步，通过技术改造，淘汰了一些高能耗、高污染的工艺和设备，取而代之的是更加节能环保的新工艺、新设备，但与发达国家的节能减排技术应用相比还存在不小差距。由于传统涂装工艺的"三废"排放及能耗相对较高，在高度重视生态环境保护的今天，如何实现涂装车间在少或无"三废"排放和减少能耗的同时降低制造成本，已经成为涂装行业面临的重要课题。

　　自 20 世纪 90 年代开始，环境友好型涂装材料得到普及，但在最初 10 年，由此带来了工艺复杂、管理要求高、能耗和装备投资增加等问题，随着新工艺、新技术的不断应用，许多问题已经迎刃而解。《涂装车间设计手册》第三版在第二版的基础上进行了全面系统的修订，更新和充实了更多经实际验证的符合"绿色涂装"理念的知识和技术，尤其是近 5 年开发和应用的新技术，同时增编了具有代表性的成功案例，系统性、实用性更强。

　　王锡春同志作为中国涂装行业第一代专业带头人，一直活跃在工业涂装前沿，在促进中国工业涂装技术进步和知识传承方面，做出了重大贡献。本手册是他带领的团队半个多世纪以来收集的专业资料和工作经验的总结，是涂装相关专业人员及广大涂装爱好者难得的工具书和参考读物，它的修订再版必将为我国工业涂装转型升级，引导工业涂装向"高效、自动化、智能化"方向发展起到推进作用。

中国工程院院士

清华大学教授

中国汽车工程学会理事长

2018 年 11 月

前 言

《涂装车间设计手册》（以下简称手册）第一版于 2008 年 7 月出版，第二版于 2013 年 3 月出版，它已成为工业涂装的工具书和从事现代涂装专业人员的入门图书。第二版出版至今已历时 5 年多，为更好地服务涂装从业者和汽车产业，满足读者的需要，化学工业出版社决定启动手册的修订工作，邀请我继续牵头组织有关专家共同编写修订。本人今年虽已八十有五，但记忆力和身体健康状况尚可，基于对专业的爱好和对涂装·涂料产业的关注始终未减，本着为社会再多做贡献的初心，我考虑再三，接受了这一任务。

手册第三版是以第二版为基础进行了全面修订的版本，将有关章节的专题文章附件，编入各章的主体内容，以增强手册的整体性和可读性；同时全面阐明贯彻国家环保、清洁生产法规的"绿色涂装"理念，滚动充实近 5 年开发应用的绿色涂装工艺技术，如无磷薄膜型转化膜处理、薄膜超高泳透力型 CED 涂料、液态防声阻尼涂料、低 VOC 型涂料（水性涂料、高固体分涂料、粉末涂料）、3C1B"湿碰湿"涂装工艺、涂装机器人应用、机器人全自动静电喷涂技术、干式喷漆室、喷漆室排风循环利用、节能减 CO_2 排放技术、涂装 VOC 减排技术等工业涂装转型升级技术。引导工业涂装向"高效、自动化、智能化"方向发展，实现涂装行业的工业 4.0 革命。

为使读者了解涂装车间设计全过程需要考虑的方方面面，除在有关章节中增补了设计案例外，手册第三版增编了第 14 章"涂装车间（线）整体设计案例"，列举了七个不同代表性的案例。为更好地总结在最新绿色涂装工艺技术进步方面的成果和经验，使第三版内容更反映国情、有更多的更新，我们向同行单位和汽车工程学会涂装技术分会委员们发了征集技术信息函，得到了同行们的支持。

手册第三版与第二版相比增加篇幅约 10 万字。手册中引荐设计参数和工艺参数等方面的数据上万个，且都是经实践验证的实用数据，都可靠有依据，可灵活选用。

在本手册修订过程中得到汽车涂装技术分会邢汶平、陈慕祖等委员，机械工业第九设计院有限公司马汝成、于卫东，杜尔（上海）公司李培鑫，兴信喷涂机电设备（北京）有限公司孙东等专家的协助。在此对提供信息资料和刊登广告的公司，对在修订过程中给予帮助和支持的单位和专家深表谢意。

望同行和读者多提宝贵意见、批评指正、共同探讨。

王锡春

2018 年 11 月

第一版前言

自 20 世纪 80 年代以来，我国每年新建、改造和引进工业涂装线上百条。为适应工业产品的高质量、高装饰性和低成本的要求，适应建设环境友好型、节能型社会的时代要求，涂装材料的更新换代日益加速，工业涂装技术的进步日新月异。作者从事涂装专业工作 50 多年，尤其在近 30 年中有机会主持、组织和参与了上百条涂装线的设计、建设、评审、现场诊断以及国内和国际招评标会议，并参观和考察了国内外多个行业的涂装生产线，有机会阅读和钻研了大量的有关涂装车间（线）设计方面的专业资料。总的感受是，我国与工业先进国家的涂装线相比，在工艺、设备的设计方面，差距较大，国内工艺设计和设备设计的模式有的几乎是几十年不变，照抄照搬的较多，缺少研究改进、开拓创新的精神；节能和环保观念差，对经济规模及涂装线的经济性缺乏研究；工艺和设备的设计受传统观念和习惯的影响较大；另外国内缺少系统、全面地介绍涂装车间设计方面的专业资料，而在国外公司，有关这方面的资料又都是专利技术。

为提高我国涂装车间（线）的设计水平，本人着手编写了本手册。邀请祝南章、吴涛、解威、王育哲等专家分别编写了第 8 章、第 10 章、第 9 章、第 6 章，徐洪洲、赵光麟、蒋小平、孙东、王一建等专家提供了有关经验资料，并请涂装工艺设计专家马汝成、李文刚和涂装设备专家冯亚雄对全书进行了校审。

本手册是本人继《涂装技术》（1986）、《最新汽车涂装技术》（1997）、《汽车修补涂料涂装手册》（2000）、《汽车涂装工艺技术》（2005）后组织编写的第五本专著。本书共 12 章，内容更专业化、系统化和实用化，书中引述了专门用语，设计经典数据和当今专业动态。望本手册的内容能推动我国工业涂装技术的进步；对各专业领域涂装专业人员和设备设计人员有所帮助。本手册也可作为涂装设备制造人员、涂装材料应用部门技术人员的参考读物；还可作为大专院校和专业培训班的教材。

自 2007 年 10 月在南京召开的全国汽车涂装技术交流会上内部发行本手册（初稿）后，乐惠明、沈立、杨必暖、蔡杰、杨明宽、秦永进、孙承熙等专家和很多读者反馈了手册中的差错和宝贵的经验数据，并有 30 多家涂装设备及配套件设计、制造厂商提供了信息资料，使正式出版的该手册的内容更充实、更确切。

本手册在成稿过程中，得到了中国第一汽车集团公司技术中心材料部表面防护研究室和机械工业第九设计院等单位的协助，在此对本手册出版过程中给予帮助和支持的有关单位和同志深表谢意。

望同行多提宝贵意见，批评指正，共同探讨。

王锡春
2008 年 1 月

第二版前言

《涂装车间设计手册》于 2008 年 7 月由化学工业出版社正式出版以来，市场发行销售良好，已于 2009 年 8 月和 2011 年 2 月又进行了两次印刷。2011 年国内外涂装界引入了"绿色涂装"理念，号召创建环保型、节能低碳型的"绿色涂装车间"。在近 5 年中，为适应环保和节能减排的社会需求，世界涂装·涂料业界开发应用了不少低 VOC 化、低碳化、无害化的绿色涂装新材料、新工艺技术和新设备。与时俱进，急需充实、补充、更新手册内容。

经与化学工业出版社商定于 2012 年内完成修订、出版《涂装车间设计手册》（第二版）。修订工作以第一版为基础，重新编写绪论，增加第 13 章"创建绿色涂装车间"的内容，对各章进行全面审定，增补最新的技术进步内容，第二版为 87 万字（第一版为 54.1 万字）。

为扩大专业面和使手册内容更充实，特邀请陈慕祖、徐洪洲、邝演滁、徐红璘、付崇法、包彩红等专家参加编写和提供了环保型非磷酸盐表面处理工艺、抛丸（喷砂）处理、工程机械涂装、铝合金涂装、水性涂装、全自动喷涂等专业内容资料。为使读者获得更全面的信息以及联系方便，第二版继续刊登与手册内容相对应、相关联的企业信息资料。

再次对提供信息资料的公司，对在修订过程中给予帮助和支持的单位和专家深表谢意。

望同行多提宝贵意见、批评指正、共同探讨。

王锡春

2012 年 1 月

目录

第2章 涂装前处理工艺及设备设计

第3章 电泳涂装工艺及设备设计

第4章　喷漆室及其相关设备设计

第5章　粉末涂装工艺与设备设计

第6章　机器人静电喷涂技术的规划设计

第7章　固化(干燥)的基础知识和涂装用烘干室设计

第8章　涂装用机械化运输设备的设计

第9章　涂装车间的电控设计

第10章　劳动量、动力、涂装用材料的设计计算

第11章　涂装车间安全和环保设计

第12章　工艺概算及技术经济指标

参考文献

附录

企业信息资料(广告)索引

上海市机电设计研究院有限公司　　天津科瑞达涂料化工有限公司

浙江华立智能装备股份有限公司　　帝业化学品有限公司

无锡运通涂装设备有限公司　　武汉材保表面新材料有限公司

柳溪智能装备有限公司　　上海凯密特尔化学品有限公司

昆山市瑞浦鑫涂装机械有限公司　　长春汉高表面技术有限公司

上海浦江涂装技术工程有限公司　　沈阳帕卡濑精有限总公司

苏州苏净安发空调有限公司　　长春安特涂装技术工程有限公司

上海发那科机器人有限公司　　保定莱特整流器股份有限公司

上海通周机械设备工程有限公司　　西安昱昌环境科技有限公司

无锡艾比德泵业有限公司　　北京兴信易成机电工程有限公司

盐城百德防腐工程有限公司　　北京海得科过滤技术有限公司

萨麦丝客牡林喷涂设备(上海)有限公司　　无锡强工机械工业有限公司

阿克苏诺贝尔(中国)投资有限公司　　南京科润工业介质股份有限公司

湖南湘江关西涂料有限公司　　维新制漆(江西)有限公司

MF 材涂联动　　杜尔涂装系统工程(上海)有限公司

绪论 ▌▌▌▌▌

将涂料（液态、粉末状或膏状）涂布在清洁的被涂物的表面上，形成均一的涂膜的工艺过程称为涂装，它使被涂物具有耐候性、防腐蚀性和某些特种功能，起装饰和保护、延长使用寿命的作用，涂装工艺在装饰保护工业制品领域占主导地位。

除特大型工程（如桥梁、建筑物、大型船舶等）涂装在现场进行外，绝大部分工业制品（包括前者的预制件）是在专业的厂房（车间）内进行涂装，其特点是借助于专用设备和器械，大批量流水作业，由起始的手工作坊式生产、流水式涂装生产线，发展到如今的高度自动化、智能化的无人作业涂装生产线，这被称为工业涂装。流水作业的工业涂装线获得工业应用已有近百年的历史，我国工业涂装起步是在 20 世纪 50 年代，第一个五年计划期间由苏联援建的工业企业（如"一汽"、"一拖"）装备了流水式的涂装生产线。

0.1 工业涂装及其工艺分析

工业产品繁多，使用环境各不相同，底材也不一样（如金属制品、非金属制品等），对涂层的质量、性能要求也各不一样，因而所选用的涂装材料和涂装工艺处理方式也就千差万别。各行业或企业一般都制定产品涂装标准（技术条件）。按照涂装、涂料行业习惯，对工业涂装命名（分类）及所选用工艺介绍如下。

0.1.1 工业涂装命名（分类）

一般按行业（或被涂物）名称、材质、涂膜固化温度、涂层的性能分类。

按行业（被涂物）命名，有汽车涂装、轨道交通车辆涂装、船舶涂装、飞机涂装、家用电器涂装、家具涂装、工程机械涂装、集装箱涂装等。

按被涂物的材质命名，有金属件（黑色金属件和铝制品）涂装、非金属件（塑料件、木制件）涂装等。

按涂膜固化温度命名，有高温体系涂装、低温体系涂装。

按涂层的性能命名，有高级装饰性涂装（如轿车车身涂装、钢琴涂装）、装饰·保护性涂装、保护性涂装、特种功能涂装（如绝缘涂装、伪装涂装等）。

基于汽车工业的产量大、品种多、涂层性能要求高（如要适应世界各地气候条件）、大量流水生产，涂装生产线生产节拍以秒、分计，因此，汽车涂装可谓工业涂装的最典型代表。汽车涂装还可分为：汽车车身涂装，车厢、车架、车轮涂装，发动机零部件涂装，底盘零部件涂装，汽车修补涂装，特种车辆涂装，汽车用塑料件涂装等。

0.1.2 工业涂装工艺分析

工业涂装所选用的涂装材料及涂装工艺种类繁多，且多为多层涂装体系，其工艺流程一般少则几道或几十道工序，多则上百道工序组成。根据作者多年的实践经验和研究心得，可将涂装工艺工序归纳为涂装前处理工序、涂装成膜工序、涂装后处理工序、质量检查和其他辅助工序等五大类基础工序（参见表 0-1），并由它们组合成各工业领域涂装对象的涂装工艺流程。

表 0-1 工业涂装工艺的五大基础工序一览表

工序名称			功能	发展趋向	备注
(1) 涂装前处理工序	涂底漆前（白件）	抛丸或喷砂	去除氧化皮、锈	自动化	加强防尘
		酸洗	同上	因公害严重、被淘汰	难洗净
		打磨（砂布）	去除黄锈斑、焊渣	机械化	
		脱脂清洗	去除油污	无磷、低温化	喷浸结合
	转化膜	磷化处理	提高涂膜的附着力和耐腐蚀性	因环保性差，禁用，将被淘汰	资源利用率低
		无磷转化膜处理		不含磷和重金属，已逐步替代磷化处理	环保型硅烷或锆盐处理
	涂中涂、面漆前	打磨（砂纸）擦净	消除颗粒弊病，增强后涂层的附着力	有被废止的趋向	尘埃源
		刮腻子	消除被涂面的凹洼缺陷	有前工序保证白件质量，消除刮腻子工序	95% 以上轿车车身已实现不刮腻子
		纯水清洗、烘干	去除面漆前被涂物上的浮灰尘	能耗、水耗大，已淘汰	仅某公司上了几条线
		擦净（黏性纱布、吹离子化风）	去静电、尘埃	自动化、智能化	机器人擦净
(2)	涂装成膜工艺（工序）		含涂布、固化（烘干）两工序	全自动化、智能化	机器人喷涂、ED 涂装
(3)	涂装后处理工序		含注蜡、漆层保护、包装	按需选用	
(4)	质量检查		含白件、中间、最终质检	自检和专业人员检查结合	AUDIT 评分
(5)	其他辅助工序		含装转挂、编组、识别、开关门（盖）等	自动化、智能化	

工业产品零部件（中小件）涂装线一般附设在加工车间或装配车间内。大型被涂物和生产规模大的场合，会独立设置涂装车间（厂），一般由若干条涂装线（工段）组成。涂装车间规模大小相差很悬殊；随所选用的涂装工艺先进性和复杂程度，涂装设备和自动化程度，生产线和被涂物大小的不同，小的涂装线的工艺投资只需几十万或几百万人民币，大的涂装车间工艺投资达上亿人民币。例如经济规模的（JPH 60 台/h，年产 30 万台）轿车车身涂装车间在 20 世纪 90 年代报价 1 亿美元左右，目前新建的最现代化的、JPH 为 62 台/h 的轿车车身涂装车间工艺需投资 10 多亿人民币。

2011 年，国内外引入了"绿色涂装"理念。绿色涂装必须采用新的环保型涂装材料、先进可靠的涂装工艺技术及装备和创新的科学管理保证涂装质量高且稳定，低成本、少或无污染。环保、节能减排目标，需要进行逐工序、逐台设备审核，通过择优选用涂装工艺、涂装材料及涂装设备，使材料及工艺成本最优化、精益化设计。

21 世纪新建和改造的汽车车身涂装车间需兼顾实现以下四个方面的目标值。

高品质：涂层的耐久性、耐腐蚀性、抗划伤性、使用寿命。

商品价值：外观装饰性、颜色、客户的需求。

经济性：节省投资（投资性价比高）、节能、涂装成本低。

环境友好性：低 VOC 化、低碳化、无害化、污水及废弃物少。

0.2 我国涂装设备产业状况

改革开放前一些大企业和设计院具有一定的设计涂装生产线及设备的能力，国内有一些非标设备制造厂，大企业基本上自己设计制造装备涂装线（或车间），并未形成真正的涂装设备市场，也缺乏承建涂装车间的专业公司和涂装设备制造厂。改革开放后，随国民经济高速增长和市场经济的形成，涂装设备和涂装车间设计的需求大增，江浙一带和广东地区的民营企业掀起了办涂装设备制造厂，承建中、小型涂装线，为国外涂装公司制造非标涂装设备，实现地产化的热潮。经历 30 多年的发展，涂装设备制造业由现场制作为主发展成较现代化的涂装设备制造厂，形成多家年产值上亿元的中型涂装设备制造公司；几家机械工业设计院改制，成立了涂装承包公司，其中有些公司具有一定的设计、开发能力（请参见本手册的企业信息资料）。

德国的杜尔（DURR）和艾森曼（EISENMANN），日本的大气社（TAKISHA）和帕卡（PARKER），意大利的杰科（GEICO）等全球主要的涂装设备供应总包商（公司）相继来华承包涂装工程项目，设立分公司或合资公司。

真正形成涂装设备产业和市场是在改革开放以来的 40 年中，市场竞争激烈。以汽车涂装设备市场为例，参加涂装车间承包竞标的有机械工业第四设计研究院、机械工业第九设计研究院、上海市机电设计研究院、江苏骠马智能装备股份有限公司、江苏长虹汽车装备集团有限公司等总承包公司和上述外国公司。

为适应涂装行业和涂装设备产业发展的需要，加强行业活动和技术交流，由中国表面工程协会组建了涂装分会。

0.3 涂装车间设计和建设中常见的问题及解决措施

0.3.1 环境保护问题

涂装是工业生产的污染源，涂装公害（VOC、CO_2、废水等）对大气和水源的污染，随工业的高速发展越来越严重，雾霾天数增多，空气质量变差直接影响人类的生存环境和健康。当初由于人们的环保意识不强，在设计、建设涂装线（车间或工段）时，除考虑防火安全外，很少考虑环保问题。2015 年《中华人民共和国环境保护法》修订后正式颁布实施，2016 年新的《中华人民共和国大气污染防治法》颁布实施，对污染环境的违法者依法追究法律责任。但是，仍存在企业在涂装车间设计招标书中无清洁生产的生态经济技术指标的现象，全国涂装、涂料行业年排放 VOC 已经达到数百万吨，如再不防治，后果十分严重。

解决措施：宜采取以下三方面措施。

① 加强环保知识的普及和普法教育，提高环保及法规意识。

② 严格执行环境相关法规及标准，做到安全、环保三同时。

③ VOC 减排的技术路线：抓源头，严控过程为主，末端处理为辅。严格管理和统计单位时间（日、周或月、年）的涂料和有机溶剂的耗用量（或采购量），被涂物产量（或涂装面积），计算出每平方米涂装面积（或每台车身）的 VOC 排出量，研究达标或不断减少的措施。

0.3.2　打磨、刮腻子工序问题

"打磨、刮腻子"是涂装前处理工艺中的被涂面修饰工序；用砂布打磨掉白件表面的锈斑或浮锈，用耐水性砂纸打磨漆面，消除颗粒弊病，改善涂层间的结合力，打磨、刮腻子是消除被涂面的凹洼缺陷，改善被涂面的平整度，增强涂层装饰性。在被涂物制作工艺落后（如冲压成形、焊接组装设备不到位）、作业环境不佳、粗放管理的场合，涂装车间的打磨、刮腻子工序成为不可缺少的消除漆面颗粒和坑洼缺陷的补救措施。当今现代化汽车生产（每条涂装线的年产量几万和十几万辆）场合，有些汽车公司在筹建设计车身涂装车间时还保留打磨、刮腻子工段，先进的汽车车身涂装工艺不允许刮腻子，允许钣金修整。绝大部分轿车车身平整度和制作精度优良，已实现了不刮腻子的目标。刮腻子及其打磨被列为淘汰（或废止）的工序，其主要原因如下：

① 打磨消除颗粒同时，削薄涂膜，浪费资源；同时产生打磨灰，成为涂装车间的灰尘源，污染被涂物及作业环境。

② 打磨的劳动强度大，又需要较高的手艺；常磨穿涂膜，甚至露底，成为涂层的薄弱点。

③ 刮腻子工序跟不上生产流水线节拍；腻子层在使用过程中易开裂、脱落，影响涂层的使用寿命。

实现不打磨（或少打磨）、不刮腻子的措施：

① 改变观念，树立前道工序为后工序着想，创造"不需刮腻子"的车身质量，不依赖涂装车间的打磨、刮腻子来补救的精益观念。

② 开展涂装无缺陷活动（废止打磨活动）。具体措施参见本手册第 13 章第 13.6.2 节。

③ 标准应规定：中、小型乘用车车身如靠刮腻子涂装的，不允许作为商品车出售。

0.3.3　涂装清洁度问题

涂装清洁度系指涂装环境（作业环境）、空调供风和涂装用水的清洁度。20 世纪 50～60 年代受经济物质条件的影响，加上认识上的落后，对涂装清洁度的认识非常一般，设计建设的卡车车身涂装车间：厂房不封闭，喷漆室是敞开的，从车间抽风（无供风），采用自来水，无纯水，作业环境与其他机加、冲压、焊装车间无多大差别，到 80 年代与外商技术交流中得知，喷漆室和涂装车间要供经除尘的空调风，采用纯净水清洗。

经近 40 年的轿车工业大发展，深感涂装清洁度的重要性，要获得优质高装饰性的汽车车身涂装，必须厂房封闭，保持作业环境和涂装设备的高度清洁，必须供经除尘的空调（调温、调湿）风，前处理最后一道水洗和电泳后最后一道水洗必须用新鲜的纯水。

提高清洗清洁度的有效措施如下：

① 组织专业清洁队伍，或外包给专业清洁公司，负责涂装车间作业环境和涂装设备的清洁工作，加强责任制。

② 涂装车间按清洁度要求不同划分高洁净区、洁净区和一般洁净区管理，如喷漆作业区（喷漆室内外周围）为高洁净区。

③ 加强被涂物（如车身）通过线路的防尘，如加防尘罩、地面设水盘、吹风改吸风等。

④ 加强水质管理。用水的电导数：自来水$\leqslant 200\mu S$，纯水$\leqslant 5\mu S$，滴水电导$\leqslant 30\mu S$。

0.3.4　涂料、槽液等的稳定性问题

在涂装工艺设计时，一般都选用稳定性好（储存期长）的涂料和槽液（又称工作液，处理液）。尤其在当年物资短缺的时代，为保生产正常进行，常靠加大涂料的储存量，要求涂料储存稳定性 1 年以上。现今看来这是一种不科学、不经济的措施。涂料的储存稳定性与其固化性能有关；稳定性好，其固化性能就差，例如 A05-9 氨基树脂磁漆的稳定性较好，可存放 1 年以上，可是干燥性能较差，需以 120℃烘 2h。汽车涂装线的生产节拍快，工艺设计烘干时间一般控制在 30min 以内（即 10min 升温，20min 保温）。另外，储存大量涂料，占用资金，资金周转慢，十分不经济。

现今为节能减排，要求涂膜烘干快速化和低温化，即靠涂料中活性基团（成分）增多来实现，致使涂料的稳定性只有几个月，分装或双组分涂料的储存期也不长，例如当初 CED 涂料进口，CED 涂装线工程未竣工，延期投产，造成分装的 CED 涂料（色浆和乳液）变质。

随认识水平和经济观念的提高，不再追求涂料的稳定性，学习国外的经验，已成功地取得了以下解决办法：

① 涂料公司向涂装客户直供，按涂装客户的生产需要及时生产供应涂装材料。供应的涂料能在一周内，或一个月内耗用完，大大减少了库存，加速了资金的周转。

② 涂料公司不仅供货，同时承包客户的涂装线管理，结算不以涂料的耗用量，而是按涂装合格的被涂物产量结算。

0.3.5　涂装线的经济规模问题

经济规模系指涂装车间的生产能力［年产量、日产量或小时产量（JPH）］、涂装生产线输送被涂物的速度（m/min）；在什么样的生产规模下涂装生产效率最高、能耗最低、运行成本最经济；它与年生产纲领、选用的输送方式和涂装的自动化程度有关。以汽车车身涂装为例，在生产纲领小时，生产节拍$\geqslant 5$min/台（链速$\leqslant 2$m/min）的场合，前处理、电泳涂装线不宜选用连续输送方式，宜选用步进式（间歇式）输送生产方式；工序工艺时间$\geqslant$3min 的场合，该工序宜采用双工位，生产节拍可降到 3.8min/台，也可采用间歇式生产，如选用连续式生产，设备长，投资和能耗大，通过工序间过渡段时间>1.0min，易产生锈蚀或 CED 膜再溶解等缺陷。

在喷涂线，手工喷涂作业在链速>2.0m/min 的场合已无法跟上，采用机器人自动静电喷涂的场合，链速可适应到 $3.5\sim 4.0$m/min，在不需换色清洗的场合（如喷涂中涂、罩光清漆）则还可适当加快一些。

年产 30 万台轿车车身的涂装车间的经济规模是配建一条前处理电泳涂装线，2 条 PVC 涂胶线，1 条中涂喷涂线和 2 条面漆喷涂线（或无中涂两条 3C1B 喷涂线）。

在进行涂装工艺设计时需根据生产纲领、选用输送方式和涂装工艺方法等进行精益化设

计，以满负荷生产为前提，克服"大马拉小车"现象，一般客户都希望设计生产能力大一些，实际满负荷生产最经济，"放空"和"大马拉小车"的生产，是最大的浪费。现今是一周五天工作制，年有效工作日为250天，当市场需要，可周工作六天或开三班，来满足市场销售的急需；在淡季，应组织集中生产来适应。

0.4 涂装车间设计

在现代化的工厂设计中，涂装车间设计是涂装工程建设最关键的第一步，不仅影响产品的质量，而且也直接影响工程的经济效益（投资和运行成本）和综合竞争力。为确保涂装质量高且稳定和高效率，实现绿色涂装，涂装车间设计必须采取以下综合技术措施。

① 选用可靠、先进、工艺水平高的涂装工艺、涂装材料和自动化程度高的涂装设备。

② 采用环保型的涂装材料替代传统的有机溶剂型的涂料和环保性差的涂装前处理材料，实现工业涂装材料的更新换代。

③ 采用涂装效率高的涂装方法和新的节能减排工艺技术，提高资源和能源的有效利用率，运行低能耗，确保单位涂装面积的 VOC 和 CO_2 的排放量和涂装成本的目标值达到或接近国际先进水平。

④ 涂装车间工艺设计必须先进可靠、经济适用，多方案比较，择优选用。工艺平面布置科学合理和工序精益化，生产面积和空间利用率高；人流、物流通畅；方便生产管理和设备的维护；输送设备和涂装设备开动率和有效利用率高。

⑤ 配置完善的环保和消防设施，以人为本，配置环境良好的生活和办公场所。

⑥ 在优质高装饰性涂装（如汽车车身涂装）场合作业环境应洁净无尘，温湿度和清洁度应满足工艺要求，以确保涂装一次合格率为90%以上，低返修率，为在全员科学管理前提下实现"零"涂装缺陷涂装线打基础。

现代化的涂装工艺和装备虽已有一定程度标准化，但要实现上述绿色涂装目标，做出好的涂装车间设计很不容易，设计单位（人员）必须具有丰富的专业知识和实践经验，掌握涂装车间设计的工艺技术诀窍。涂装车间设计绝不是简单的硬件布置和复制，而要使所有设备及其单独装置（部件）达到最佳的相互兼容适应。

本手册是由作者组织相关专业人员集体总结经验和参照国内外相关资料编写而成的。本版与第二版相比，与时俱进，增补了最新的技术进步和发展动态方面的内容，并将第二版各章的附件融入了正文中，同时增加了整体设计案例一章（第14章）。手册涵盖的主体是由流水作业的涂装线组成的涂装车间设计，不包含建筑涂装、船舶涂装、工程重防腐涂装等涂装工程的设计。

第1章

涂装车间（线）的工艺设计 ▌▌▌▌▌

涂装工艺设计是根据被涂物的特点、涂层标准、生产纲领、物流、用户的要求和国家的各种法规，结合涂装材料及能源和资源状况等设计基础资料，通过涂装设备的选用，经优化组合多方案评选，确定出切实可行的涂装工艺和工艺平面布置的一项技术工作，并对涂装厂房、公用动力设施及生产辅助设施等提出相应要求的全过程。

涂装车间设计包括工艺设计、设备设计、建筑及公用设计等。工艺设计贯穿整个涂装车间的项目设计。一般在扩初设计阶段，主要进行工艺设计（或称概念设计）。在对扩初设计方案进行审查论证后，方进入施工图设计阶段。在施工图设计阶段，工艺设计师要对扩初设计进行优化、深化，然后向其他专业设计人员提出设计任务书及相应的工艺资料（有时要向有关的专业公司提出招标书）。在各专业完成总图设计后，要对各专业的设计进行审查会签，必要时要把各专业的设计在平面图上汇总，发现问题及时反馈给相应专业设计人员，进行调整。当某些专业由于某种原因不能满足工艺要求时，工艺设计师应及时拿出调整方案。此外，工艺设计师还要负责各专业之间互提资料的协调工作。在所有专业设计完成后，工艺设计师要绘制最终的安装施工平面图。

工艺设计的优劣直接影响涂装和制品的品质，对生产效率和涂装成本产生重大影响。如果涂装材料、设备未选好，还可以更换，但工艺方案选得不好，平面布置不好，则质量问题难以解决，产生无效劳动，经济效益不佳，不能满足国家有关法规的要求等。因此必须高度重视工艺设计，应做到集思广益、多方案比较、精心设计。

机加工、冲压和焊装等生产线的设备装置在组线后主体尚可搬迁移动，可是涂装设备属于非标设备，又是薄钢板制作而成，一旦组成设备后再解体，迁移几乎不可能，因而在工艺设计和设备设计时需要考虑将来增产发展的余地。

1.1 涂装工艺设计内容

1.1.1 涂装车间（线）设计基础资料

设计基础资料（原始资料）是进行涂装车间工艺设计的前提条件，是确定设计原则及设计计算的依据。资料是否齐全、准确，将直接影响设计质量，有时，资料的一个细微差错甚至会导致车间设计的严重错误，造成重大损失。设计基础资料一般是客户委托设计任务书（或招标书）中提供的，在资料不全的场合，工艺设计人员应调查（或赴现场考察）清楚。

涂装车间设计资料具体包括以下几项。

① 被涂物资料。被涂物的外形尺寸、材质、质量、涂装面积、产品图样和被涂物表面状态，被涂物在涂装过程中的状态（是总成还是零部件）和被涂物清单。在扩初设计前，暂无被涂物图样和清单的场合，至少要列出最大件、最重件的名称、质量和外形尺寸。

② 涂层质量标准和涂装技术要求。涂层标准是涂装车间设计的重要基础资料，是选用材料、确定涂装工艺和确定质量检查验收标准的依据。它一般注明在被涂物图样上或产品技术条件中，或标注出新涂装车间的工艺设计按某企业标准、行业标准执行。

③ 生产纲领。所谓生产纲领是指被涂物的单位时间内的产量（年产量、月产量、日产量）。对大型的被涂物（如汽车车身）常用生产能力来表示，如日产量或多少台/h。

④ 工作制度和年时基数。涂装车间的工作制度一般应与生产被涂物的车间相适应，但原则上涂装车间以两班制为主，年时基数以年工作日 250 天计。在某些特殊情况下，可根据工厂要求和实际情况对工作制度和年时基数进行调整。

⑤ 自然条件。包括涂装车间所在地的夏季室外平均气温及最高气温、冬季室外平均气温及最低气温、四季的空气相对湿度、全年主导风向。在风沙（或灰尘）较大的地区，还包括大气含尘量。

⑥ 动能能源。水、电、蒸汽、热水、煤气、天然气、燃油、压缩空气等可供使用量及相应的参数，工业水水质报告。在老厂房改造的场合，应包括各种管网及动力入口等。

⑦ 厂房条件、工厂状况。在进行老厂房改造的情况下，需有厂区总布置图，车间工艺平面布置图，厂房建筑结构图、立面图及剖面图，厂房柱子及柱网基础图，屋架及屋面图等资料。如果没有相应图样，则必须用文字予以详细说明。

在新建厂房情况下，厂房条件由工艺设计者提出要求，建筑及总布置由设计者确定。

工厂总体布置和厂区物流（被涂物含外委涂装件进出涂装车间的位置），老厂房改造前的状况（原被涂物的型号、名称、产品质量及生产方式）和工艺水平和特点；原设备状况、安全环保状况、能源利用情况，存在的主要薄弱环节及问题。

⑧ 地方法规。"三废"排放的环保法规、安全卫生及消防法规。如果当地没有特殊规定，可采用国家标准。

1.1.2 涂装工艺设计过程

涂装工艺设计过程可归纳为以下几个重要步骤。

① 根据被涂物的特点及质量要求，结合材料及能源状况和用户的要求（设计基础资料），确定切实可行的涂装生产工艺。

② 以文件和图样的形式，对建筑（厂房）设计、设备设计、配套公用动力设施设计、设备安装布置等提出要求。

③ 以文件和图样的形式，对工装、工具、工位器具、操作人员及操作要领提出要求。

缺少任何一步的设计都是不完善的。可见一项涂装工艺设计工作必须有多种专业人员密切配合来完成。要求工艺设计师必须有丰富的涂装生产经验及比较宽的知识面。

涂装工艺设计的具体工作内容如下。

(1) 确定被涂物的搬运方式、生产节拍和输送速度　按被涂物的尺寸、结构、形状、材质等以及适应涂装工艺要求确定被涂物通过涂装生产线时的输送装挂方式（装挂空间）和装挂间距；根据生产纲领（M）、工时基数（t）和设备有效利用率（k）计算生产节拍（T）。

$$T=\frac{tk}{M}$$

式中　T——生产节拍，如被涂物是总成，大型件，如汽车车身，则以 min/台表示，如被涂物是小型零部件，则以 min/挂（筐）表示，当某产品由多种或几十件零部件组成时，则按每套（台）产品占用挂具（筐）数来换算；

　　　t——工时基数，min；

　　　k——设备有效利用率；

　　　M——生产纲领。

间歇式生产就按生产节拍运行；连续式生产按下式计算所得链速：

$$V=L/T$$

式中　V——链速，m/min；

　　　L——装挂间距，m；

　　　T——生产节拍，min/台。

生产节拍是涂装车间的重要基础数据，可根据它和每套产品的涂装工作量的大小，来选择涂装车间的生产方式（间歇生产或流水线连续生产方式）和涂装工序间的运输方式。

（2）确定涂装工艺流程及工艺参数（处理方式、工艺时间和温度等），同时选定涂装材料的类型和涂装设备（装置）的类型、规格型号（$L \times W \times H$）。

（3）绘制工艺平面布置和截面图　按上述确定的工艺流程和用户提供的现场条件（如厂房、气候、能源等）绘制工艺平面布置图。设计顺序如图 1-1 所示。工艺平面布置图至少应有三版：扩初设计、施工设计、安装施工。

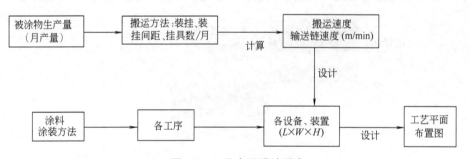

图 1-1　工艺布置设计顺序

（4）确定编写涂装工艺文件（或招标书）　工艺设计文件一般包括工艺说明书、平面布置图、设备明细表、工艺卡等。在说明书中要对工厂（车间）现状、新车间的任务、生产纲领、工作制度、年时基数、设计原则、工艺过程、劳动量、设备、人员、车间组成及面积、材料消耗、物料运输、节能及能耗、职业安全卫生、环境保护、工艺概算、技术经济指标等进行全面的描述，并列出相应的计算数据。向其他专业提供的资料，主要有设备设计任务书，五气动能用量（水、电、蒸汽、热水、压缩空气、煤气、天然气、燃油等）及使用点，废水、废气、废渣排量及排放点，对建筑、采暖通风、照明等要求的资料。

在某些情况下，车间建成投产前的技术准备工作，也可能需要工艺设计师来做，如涂料及辅助材料的选择以及消耗定额表的编制、生产准备用工艺文件（工艺卡、操作规程及投料调试操作规程等）的编制。作为工艺设计师，不应仅局限于完成纸面上的设计任务，还要通过施工配合与生产准备配合，及时发现并解决设计中存在的问题，也是必不可少的环节。

1.1.3　涂料的选用

涂装是将涂料涂布在清洁的（或经表面处理过的）被涂物面上，固化形成具有保护、装饰性的涂膜（或涂层）的工艺。涂料的质量和作业配套性是获得优质涂层的基本条件。选用涂料是否适当、使用是否恰当，直接影响涂装质量，是涂装工艺及获得优质涂层的关键节点，是涂装工艺设计的重点项之一，本节介绍涂装设计过程中选用涂料的原则及方法。

1.1.3.1　涂料选用原则

在涂装工艺设计中正确地选用涂料是制定涂装工艺和获得优质涂层的前提条件。如选用不当，会明显地缩短涂层的使用寿命，造成早期补漆或重新涂装，带来更大的经济损失和影响产品的商品价值。如果涂料选用不当，即使精心施工，所得涂层也不可能耐久，如内用涂料误用为外用面漆，就会早期失光、变色和粉化；又如含铅（Pb）颜料的涂料涂在黑色金属制品上具有好的防蚀性，而涂在铝制品上反而促进铝的腐蚀。在涂装工艺设计场合选用涂料必须遵守以下原则：

① 必须按被涂物产品涂装技术标准（如涂层的技术条件和涂装清洁生产的生态经济技术指标等）来选用；

② 在多层涂装场合，所选用的底漆、中涂和面漆等涂层之间的配套性必须优良，涂层之间的结合力（附着力）必须优异和不产生其他异常现象；

③ 各涂层所选用涂料的烘干温度和涂层的机械性能（弹性、抗石击性、硬度）应由高向低（或相同），反之，会造成过烘干、开裂等漆膜弊病；在采用"湿碰湿"涂装工艺场合，涂料的固化性能应与其相匹配，涂层层次清晰（涂层间不产生混溶现象），如图 1-2 所示；

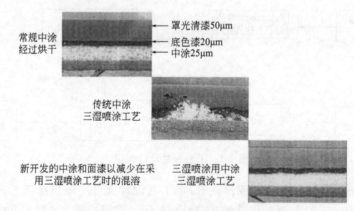

图 1-2　混溶效果的断面显微镜照片

④ 各涂层所选用的涂料应符合社会需求，适应（或跟上）时代潮流发展趋势，渐进式实现涂料更新换代。设计建设新的涂装车间（线）是实现涂装材料更新换代的最佳时机。以汽车涂料（OEM）为代表的工业涂料的近百年来发展沿革及趋势如图 1-3 所示。

1.1.3.2　选用涂料的方法

按"绿色涂装"理念，从涂膜性能、作业性能、环保和经济效果等方面综合衡量，来选用涂料。具体的选用方法如下：

① 以本单位或兄弟单位同类产品涂装现用涂料及经验为依据，按"绿色涂装"理念（10 个更少、2 个更高、1 个更低、6 个高效，详见本书第 13 章）和现场（或准备创建新涂

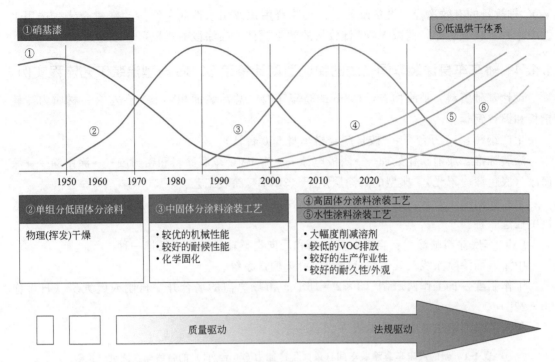

图1-3 全球车用（OEM）涂料·涂装技术发展趋势（彩图见文后插页，摘自艾仕得公司交流资料）

装线）的作业条件进行综合评估，或通过试验确定选用所需的涂料品种。

② 按工业涂料的发展趋势，在环保、节能、减排法规的促进下所用涂料需更新换代，或在涂装和产品使用过程中发现的问题需改进现用涂料性能的场合，则走涂料·涂装一体化的道路，与涂料厂商协作、沟通，通过试验（或攻关），选用所需涂料新品种。如传统上应用的中、低固体分有机溶剂型涂料，因蓝天保卫战、防治大气污染、要大幅度降低涂装VOC排放量，当今就需更新换代采用低VOC型涂料（如水性涂料、高固体分涂料、粉末涂料等）。

③ 溶剂型涂料是危险品，水性涂料在冬季运输要保温防冻，因此，希望选定就地就近的供应商或长期协作的涂料供应商。确认涂料供应商资质、售后服务的能力，确保稳定供货。

在涂装工艺设计时选用涂料尚需注意以下几点：

① 多层涂装的底漆、中涂、底色漆、罩光漆最好选用同一涂料公司的配套体系，选用不同涂料公司涂料配套场合，在无经验时应通过工艺试验检查验证它们的配套性优良，才能使用。

② 设计、建造涂装车间是多方技术综合的工程，国内从事涂装工程知识较全面的各级专家（团队）较少，组织多专业人员的团队是优质、高效地完成涂装工程的前提；应邀请涂料公司的专业人员参与涂装工程的全过程（标书制定、工艺及设备设计、调试生产、生产运行）。涂料公司应派遣现场服务人员（或小组）及时地解决相关的技术问题。

③ 从图1-3中的高固体分涂料和水性涂料的发展趋势两曲线来看，并驾齐驱，实际上还是有区别的。高固体分溶剂型底色漆的施工固体分达45%后，在降低VOC方面与水性底色漆具有相同的结果，可是喷涂换色清洗仍需耗用较多的有机溶剂。笔者认为原用中、低固体分溶剂型底色漆的涂装线更换改用高固体分有机溶剂型底色漆（HSSB）底漆是减少

VOC 排放量的有效途径，设备改动量、改造费用比改用水性底色漆少。新建涂装线选用水性中涂和水性底色漆，消减 VOC 排放量的效果更佳，喷涂段的排风可直接排放。

1.1.4 轿车车身涂装车间各线的输送速度计算和 3C3B 典型涂装工艺流程实例

设计基础资料：被涂物 $L \leqslant 4.8\text{m}$ 的轿车车身；总涂装面积 $80\text{m}^2/$台左右；材质为冷轧钢板和镀锌钢板。

生产纲领：15 万台/年（按日产合格车身 500 台计）。

涂装标准：漆前磷化处理——阴极电泳——涂 PVC 车底涂料和密封胶——涂中涂——涂面漆（底色漆＋罩光）。典型的三涂层烘干（3C3B）涂装工艺。

被涂物的输送方式：前处理与阴极电泳涂装线；悬挂式推杆链、摆杆链和旋转浸渍输送机中任选一种。

PVC 车底涂料喷涂线：自行葫芦输送和反向滑橇输送装置中任选一种。

中涂、面漆喷涂线及其他部分：选用滑橇输送系统。

工作制度：日工作两班制（$8 \times 2 = 16\text{h}$）；市场急需的场合开三班制或倒大班（日工作 $20 \sim 22\text{h}$）。

各涂装线的输送速度实例见表 1-1。

表 1-1　新的汽车车身涂装车间（最大生产能力 500 台/日）的各线输送速度一览表

序号	项目	前处理线	阴极电泳线	电泳烘干室	检查打磨线	PVC涂装线	中涂喷涂线	中涂烘干室	面漆前准备线	面漆喷涂线	面漆烘干室	检查修饰线	点修补	注/喷蜡
1	持续运行时间①/min	960	960	960	960	960	960	960	960	960	960	960	960	960
2	设备利用率/%	90	90	90	95	95	90	90	90	90	90	95	95	95
3	有效生产时间(t)/min	864	864	864	912	912	864	864	864	864	864	912	912	912
4	生产线数/条	1	1	1	1	1	1	1	1	1	1	1	2	1
5	规划目标产量（合格品）/（台/日）	500	500	500	500	500	500	500	500	500	500	500	75	500
6	可换件、备件5%/（台/日）	25	25	25	25	—	25	25	25	25	25	25	—	—
7	返修5%/（台/日）	—	—	—	—	—	—	—	25	25	25	25	—	—
8	总生产能力/（台/日）	525	525	525	525	500	525	525	550	550	550	550	75	500
9	设计安装能力（M）/（台/日）	540	540	540	530	500	540	540	550	550	550	550	75	500
10	生产节拍时间（$T=t/M$）/（min/台）	1.6	1.6	1.6	1.72	1.82	1.6	1.6	1.57	1.57	1.57	1.65	24.3	1.82
11	节拍间距（挂距）/m	6.0	6.0	5.0	6.0	6.2	6.2	6.2	6.0	6.0	6.2	6.0		6.0

续表

序号	项目	前处理线	阴极电泳线	电泳烘干室	检查打磨线	PVC涂装线	中涂喷涂线	中涂烘干室	面漆前准备线	面漆喷涂线	面漆烘干室	检查修饰线	点修补	注/喷蜡
12	计算输送速度/(m/min)	3.75	3.75	3.125	3.49	3.30	3.85	3.125	3.85	3.95	3.18	3.64	间歇式	3.30
13	设计选用速度/(m/min)	3.75	3.75	3.2	3.49	3.30	3.85	3.2	3.85	3.95	3.25	2.64		3.30

① 持续运行时间,16(两班制)×60=960min/日。

注:1. 表中数据均为设计值。

2. 设定车身长度为4.8m,滑橇长度为4.9m,在烘干炉中积放间距不小于5.0m。

3. 喷涂间距为6.0m,换色装挂间距为7.0m,若5台车身换色1次,则平均装挂间距为6.2m。

3C3B涂装工艺流程及有关工艺参数列于表1-2中。

表1-2 轿车车身3C3B涂装工艺流程及有关工艺参数

序号	工序名称	处理方式	工艺参数 时间/min	工艺参数 温度/℃	区段长度/m	备注
1	滑橇锁紧/检查+预清理转挂至前处理输送链	自动+手工		RT		推杆悬链一般不带滑橇
2	前处理				约180(推杆链)	如采用旋转输送机,设备长度可缩短约20%
2.1	热水洗	喷	0.5	50±5		
2.2	预脱脂	喷	0.5~1.0	50±5		
2.3	脱脂	浸	3	50±5		
2.4	No.1水洗	喷	0.5	RT		补加2.5工序的清洗水
2.5	No.2水洗	浸	浸没即出	RT		出槽喷新鲜工业水
2.6	表面调整	浸	浸没即出	RT		
2.7	磷化	浸	3	40±5		
2.8	No.3水洗	喷	0.5	RT		补加2.9工序的清洗水
2.9	No.4水洗	浸	浸没即出	RT		出槽喷新鲜工业水
(2.10)	钝化	浸	浸没即出	RT		
(2.11)	No.5水洗	喷	0.5	RT		
2.12	循环纯水洗	浸	浸没即出	RT		可溢流至2.9工序
2.13	洁净纯水洗	喷	0.25	RT		纯水电导不大于10μS
3	沥干	自动				
4	电泳涂装				约80(推杆链)	如采用旋转输送机,设备长度可缩短约20%
4.1	阴极电泳(含0次UF液洗)	浸	3.0~4.0	28±1		出槽喷4.2工序槽液或新鲜UF液+纯水
4.2	No.1 UF液洗	喷	0.5	RT		补加4.3工序的槽液

续表

序号	工序名称	处理方式	工艺参数		区段长度/m	备 注
			时间/min	温度/℃		
4.3	№.2 UF 液洗	浸	浸没即出	RT		
4.4	洁净 UF 液洗	喷	0.1～0.2	RT		布置在 4.3 工序的出口
4.5	循环 DI 水洗	浸	浸没即出	RT		
4.6	洁净 DI 水洗	喷	0.1～0.2	RT		布置在 4.5 工序的出口
5	沥干/转挂					
6	电泳烘干	热风循环	30	车身180	108	保温 20min
7	强冷	强制冷却		车身不大于50		
	缓冲					电泳烘干后设有跑空缓冲线
8	滑橇解锁	自动		RT	6	
9	电泳漆检查/钣金修整	手工		≥20	18	
	离线钣金修补	手工		≥20	7	间歇
10	转挂	自动			6	车身离开底漆滑橇
	底漆滑橇返回/存放					
11	上遮蔽	手工		≥20	12	
12	喷车底防护涂料	自动＋手工		≥20	18	
13	下遮蔽	手工		≥20	6	
14	转挂	自动		≥20	6	车身放到面漆滑橇上
15	焊缝密封胶	手工		≥20	54	
16	铺沥青垫片	手工		≥20	6	
(17)	聚氨酯喷涂	自动		≥20	6	
(18)	胶烘干	热风循环	15	140		
(19)	强冷	强制		车身不大于50		
	缓冲				约10台车身	烘干后设跑空缓冲线
	AUDIT①	手工			7	离线工位
20	电泳检查/打磨	手工		≥20	24	
	电泳离线打磨	手工		≥20	7	间歇
21	中涂准备室	手工		≥20	10	
22	擦净＋气封	自动		≥20	6	
23	喷中涂			≥20		
23.1	手工喷涂	手工		≥20	18	
23.2	自动喷涂	自动		≥20	9	
23.3	检查补喷	手工		≥20	6	
24	晾干		≥5	≥20	18	

续表

序号	工序名称	处理方式	工艺参数		区段长度/m	备 注
			时间/min	温度/℃		
25	中涂烘干	热风循环	30	车身150	108	保温20min
26	强冷	强制冷却		车身不大于50		
	缓冲				约30台车身	中涂烘干后设跑空缓冲线
27	中涂检查/打磨	手工		≥20	30	
	中涂离线打磨	手工		≥20	7	间歇
28	面漆前编组					
29	面漆准备室	手工		≥20	10	
30	擦净+气封	自动		≥20	6	
31	喷面漆			≥20		
31.1	手工喷涂底色漆	手工		≥20	18	
31.2	自动喷涂底色漆	自动		≥20	9×2	
31.3	检查补喷底色漆	手工		≥20	6	
31.4	晾干				(48)	为水性漆预留较长的晾干段
31.5	手工喷涂罩光清漆	手工		≥20	18	
31.6	自动喷涂罩光清漆	自动		≥20	9	
31.7	检查补喷罩光清漆	手工		≥20	6	
32	晾干		≥5	≥20	24	
33	面漆烘干	热风循环	30	车身140	110	保温20min
34	强冷	强制冷却		车身不大于50		
	缓冲				约40台车身	面漆烘干后设跑空缓冲线
35	检查、修饰	手工		≥20	60	
	点修补	手工		≥20	28×2	间歇
	大返修准备	手工		≥20	14	间歇
	大返修去面漆喷漆室					
	AUDIT①	手工			7	离线工位
36	安装装饰件、成品标识	手工		≥20	24	
37	面漆后编组					
38	转挂					车身离开面漆滑橇
	面漆滑橇返回/存放					
39	喷蜡/涂黑漆	手工		≥20	24	
40	送总装车间					

① 指质量抽检。

注:1. 工序号有括号的工序由用户按产品设计要求选用。

2. 序号栏空表示无操作内容或是辅助工序(即不是必须经过的工序)。

3. RT指室温。

1.2　工艺设计中应树立的新观念

为实现涂装工程的"先进、可靠、经济、环保"和涂装生产的"优质、高产、低成本、少公害"的建设方针，涂装工艺设计必须充分关注和考虑投资经济性、涂装线规模、节能、环保（减少涂装公害）和管理问题。根据设计基础资料确定工艺水平、工艺布置、能源政策、材料选用、涂装公害防治、发展远景等工艺设计原则。

（1）应树立"少投入多产出"的经济规模化，以防为主严把"白件"质量关，向管理要产量等新观念　同规模生产同样的产品并达到同样的涂层要求，投资额度越少越好，投资回收期短、运行成本低，就能实现"少投入多产出"的工艺设计的经济原则。工业产品只有高质量、低成本，才能获得市场竞争的优势，优质、高产、低成本是靠经济规模化生产实现的。涂装线的经济规模可理解为：被涂物的输送速度已达到工序作业（频率）许可的极限，而且工艺投资最小且合理，运行成本最低。例如轿车车身涂装车间的经济规模是年产25万～30万台（车身长度以4.6～5.0m为基础），它是由前处理线阴极电泳涂装线和中涂喷涂线各1条，PVC线和面漆喷涂线各2条和烘干室6～8个组成的。也可理解为前处理、阴极电泳、中涂等涂装线的经济规模为链速6.0m/min左右（生产节拍间距为6.0m），PVC线、面漆喷涂线和烘干室的经济规模为链速3.0～3.5m/min的范围。

（2）合理选用年时基数、生产节拍　基于各国（地区）的节假日数和周工作日数不同，年时基数相差甚大。我国现为每周五天工作制，年工作日数为250天，又如德国年工作日数为230天，还有每天两班制（16h）或三班制（20～22h）。有些企业要求涂装线年时基数按300天/年、三班制计算。另外，按国家颁布的老设计标准，年时基数打九五折（250天，两班制设备年时基数以3800h计算）。

在国内工艺设计中，往往强调设备及配套件的可靠性差，管理跟不上，设备利用率一般选用偏低（80%～85%），国外设计中选用93%左右。涂装设备是热非标设备，每天应留有一定的检修时间，为保持涂装车间工位和设备的整洁，每天也需有一定清扫时间。另外，涂装生产线的特点为，生产线启动后无特殊情况不允许停线（一般是休人不停车），生产结束前需"跑空"以确保涂装质量。因此作者认为在涂装工艺设计中年时基数按250天/年、两班制（16h），设备利用率选用不小于90%计算，生产能力以每小时台数（或挂数）表示较合理、较科学。生产有效时间为250×16×60×90%=216000min/年。实现最高年生产纲领，若市场急需，可通过增加班次（倒三班，年工作日300天以上）、组织生产来实现。

这样按较低的年生产纲领来进行工艺设计，既能节省投资，又能实现满负荷生产和适应涂装生产的特殊要求。

（3）提高设备有效利用率，树立向管理要产量的观念　不同企业的规模和工艺水平相仿，但涂装车间的产量和经济效益却不一样，能源材料消耗的指标也不一样，这往往是管理上的差距。

在"大马拉小车"的场合涂装线设计能力与实际产量相差较大，设备负荷严重不足，即使工艺设备设计和工程质量都很高，也很难维持高质量的涂装生产。涂装线能力过剩会给管理带来难题，不仅会造成能源的浪费和涂装成本的提高，严重时还会造成重大经济损失。

涂装工艺设计者应指导用户加强管理，提高管理水平，以此提高工时和设备的有效利用率，提高涂装的一次合格率，来提高产量和降低涂装成本。

（4）强化节能省资源、环保观念 以往工业涂装偏重追求产量和涂装质量，而忽视能源、资源的消耗和对环境的污染。

我国单位工业涂装产值消耗能源、资源的指标成倍地落后于工业发达国家。原因是国家的环保法规不严，人们对环保缺乏足够的认识，通过涂装线改造来解决环保问题，就要加大投资和提高生产成本。在"十一五"计划中，中央提出建"节能省资源社会"和"环境友好型社会"，为的是我国国民经济能持续发展和给后人留下良好的生活环境，在涂装工艺设计中应努力推荐选用节能省资源方面的新技术、新工艺和环保型涂装材料。在新建涂装线场合应淘汰耗能和涂装公害大的落后工艺，采用节能省资源、环保型新工艺和新材料。

（5）树立以防为主的观念 严把漆前"白件"质量关，彻底消除"白件的缺陷靠涂装来弥补"的旧观念。从原材料的选用开始，工业制品加工全过程就应加强防锈和防碰撞管理，提高加工精度，确保进入涂装车间的"白件"无锈蚀，几何形状及平整度合格，再依靠涂料·涂装的改良，将酸洗、中和、刮腻子和打磨等浪费资源、增加涂装成本、影响涂层质量和涂装生产效率、对涂装作业环境有害的工序从涂装线上淘汰掉。

推荐采用提高涂着效率技术、清洗水的循环再生利用技术、"湿碰湿"涂装工艺，选用低温漆前处理药剂和涂料固化温度低温化等新材料、新技术和新装备，使我国工业涂装的单位能耗、资源消耗、水的循环利用率，有机挥发物（VOC）及 CO_2 排放量等指标早日达到国际先进水平，并将上述目标作为各涂装工程工艺设计水平的考核指标。

1.3 工艺平面布置图设计

工艺平面布置是涂装车间工艺设计的最关键项。它要将涂装工艺、各种涂装设备（含输送设备）及辅助装置、物流人流、涂装材料、五气动力供应等优化组合，并表示在平面布置图和截面图上，它是涉及专业知识面广、技术含量高的设计工作。

平面布置设计在整个涂装车间设计中是一项极为重要的部分，它是根据工艺过程的需要把机械化设备、热非标设备及辅助设备等合理地结合起来，布置在涂装厂房内的。应确保最大的工作便利，最好的工位和设备之间的运输联系，最小的车间内部物流量。它是工艺设计文件的主要部分，是所有计算结果的综合，它须对生产用设备及用具的数量和特征、工作人员的数量、特种作业组织方式和车间内及相邻车间之间运输关系等方面给予明确的说明。总之，它可以形象地反映涂装车间全貌，也是编写工艺说明书、进行机械化设备设计、热非标设备及土建公用专业设计的重要依据。这是一项复杂的工作，应从多方案中选择最佳方案，需要反复几次后才能最后完成。

1.3.1 平面图设计原则

平面图布置的主要依据是车间任务、设计原则、基础数据资料及对机械化设备、非标设备的计算数据，一般正常设计要遵守以下原则。

① 根据车间规模，选择平面图尺寸，一般比例为1：100，用零号或零号加长图样绘制。

② 在老厂房改造的情况下，首先按厂房原有资料，绘制好厂房平面图，如新建厂房，则应按照总布置的设计要求，结合工艺需要确定厂房长、宽、高尺寸。

③ 根据工艺流程表、机械化运输流程图及有关的设备外形尺寸计算数据，从工件入口端开始进行设备布置设计。

④ 布置时要注意不能使设备主体距厂房柱子或墙壁太近，要预留出公用动力管线、通风管线的安装空间以及涂装设备安装维修空间。在老厂房改造，或因某种特殊情况不能保证留出必要的间隙时，要尽可能想办法使公用动力管线避开设备。

⑤ 要充分考虑附属设备（如运输链的驱动站和张紧装置、前处理、电泳、喷涂设备的辅助设备等）所需面积。原则上附属设备应尽可能地靠近主体设备，其中供料及废弃物排出设备要考虑足够的操作面积，并且要有运输通道。

⑥ 敞开的人工操作工位，除要保证足够的操作面积外，还要考虑工位器具、料箱、料架的摆放位置及相应的材料供应运输通道。

⑦ 从车间总体上要充分考虑物流通道、设备维护检修通道、安全消防通道及安全疏散门，如果是多层厂房，要考虑布置安全疏散楼梯。

⑧ 按照工序的不同功能、对工作环境的不同要求或清洁度的不同要求，可把整个涂装车间按底漆、密封线、中涂及面漆喷涂区、烘干区、人工操作区、辅助设备区等进行分区布置，便于设备、生产管路和车间清洁度的控制，也便于热能回收利用等。

⑨ 对公用专业设备及一些附属装置所需的面积应预留出来（如厂房采暖空调机、中央控制室、化验室、车间办公室、各种材料及备品库、设备及工具维修间、厕所、配电间、动力入口等）。

⑩ 在布置远近结合的过渡性方案时，平面布置图上应充分考虑将来扩建改造容易，原则上扩建部分可与已有部分隔开，不能因扩建而影响正常生产，要在很短的时间内实现过渡。

⑪ 在老厂改造、利用老厂房的情况下，设备布置要充分考虑原厂房的结构特点，尽可能不对原厂房进行改动，必须改动时，要考虑改动的可能性。

⑫ 平面图中各设备的外形尺寸、定位尺寸要清楚，一般的定位基准线是轴线或柱子中心线，有时也可以以墙面为基准（不提倡），各设备都应编号（称平面图号）。机械化运输设备要注明运行方向，悬链要注明轨道顶的标高。

⑬ 由于平面图上反映的内容较多，所以必须使用标准符号，各地区设计部门均有自己习惯采用的图例。每个平面图上必须有图例，可在图上的说明栏中加以说明。

⑭ 平面布置图应包括平面图、立面图和剖面图，必要时要画出涂装车间在总图中的位置。如果1张图样不能完全反映布置情况，可用2张或3张图，原则是使看图的人能很容易地了解车间全貌，对在图中表示不清的部分，可在图上的说明栏中加以说明。

在布置工位和设备时，作业区域、人行通道和运输通道可参照下列尺寸设计。

设备主体距厂房柱子或墙壁的距离为1～1.5m；作业区域宽度为1～2m；维修和检查设备的人行通道宽度为0.8～1m；人行通道宽度为1.5m；能推小车的运输通道宽度为2.5m；人工搬运距离一般不宜大于2.5m；从工位到最近的安全疏散口或楼梯口的距离一般不要大于75m，在多层建筑内不应大于50m。

1.3.2 平面布置的方式

平面布置方式由一般串联式不分区布置发展到现代的单层平面分区布置和多层立体分区布置。

单层平面分区布置方式是设备主体基本布置在一个平面上，前处理、电泳及喷漆室等的附属设备分别布置于主体设备的旁边或地下，分区化不是很明显。

多层立体分区布置方式是结合涂装设备庞大且辅助设备多的特点，在按工艺布局需要的多层结构厂房内,将辅助设备分别布置于主体设备的上方或下方,将主要工艺操作区与辅助系统操作区分开,布置的分区化十分明显。"分区"的概念是将环境清洁度、温度要求相同的工序相对集中,主体设备与辅助设备分层布置,例如按清洁度分为一般洁净区、洁净区和高洁净区,将喷漆室相对集中在一个高度洁净的区域,并在其四周设置供清洁的空调的洁净间,又如将烘干室相对布置在一个区域(或一层上),以减少其散热对车间内作业环境气温的影响。

两种布置方式相比,多层立体分区布置方式的占地面积少,充分利用空间,地下工程少,在物流和作业环境方面较合理先进。

1.3.3　工厂内的物流、人流线路

被涂物搬运到涂装车间,进入涂装线,再将涂装成品从涂装车间送往下个车间的流动路线称为"物流线路",线路越短、升降和迂回越少,效率越高。在被涂物入口侧要设缓冲、保养和存放吊挂具的场所。

在出口侧要设必要的冷却、包装等工序的设备场所。为设计好工艺平面布置图,设计单位应和客户一起探讨设备和作业的最大效率。

人流路线指作业人员在涂装线中日常作业的距离范围,最短的场合,效率最好。因此应分析被涂物和辅助材料的搬运,被涂物与输送链间的装、卸等作业内容,将作业集在同一场所附近较为理想。还有人员的安全疏散距离要符合有关规定。

从人员的作业内容和作业场所的关系来决定人员配置,也是经营方面的重要设计点。还有,借助于平面布置图的优化设计来节省人力,与靠机械装置的自动化同样重要。

1.3.4　设备平面布置的注意点

在绘制涂装线的平面布置图时,主要注意点是输送链线路在平面上弯曲和立面上的升降处置情况,其判断基准是其对涂装品质和功能、能源效率等的影响。举主要设备的实例说明如下。

前处理设备能直线布置最好,不得已转弯的场合,也要保证磷化工序前后的水洗工序呈直线布置。处理工序以外的出入口室、工序间的过渡间室应尽可能小。

前处理后设水分烘干室场合,出前处理设备就应立即进入烘干室,时间长了易导致生锈。

喷漆室、粉末涂装的自动与手动喷涂之间、晾干区段、电泳涂装与后清洗之间都希望呈直线布置。

在采用悬挂输送式的热风烘干场合,烘干室出入口呈桥式,且是多行程往复型。为使从输送链上落下的尘埃最少,转弯越少越理想。最低限度为最初的 5min(升温段)应保持直线。

输送系统的布置除工程上必需的空间(场所)外,所占空间越少越好。引导线要短,如果徒劳部分超过 15%,则对徒劳无效部分要重新优化。

1.3.5　绘制工艺平面布置图例

设计基础资料:按图 1-1 所示顺序绘制最一般的涂装线(悬挂式输送链)平面布置图。

被涂物:金属件($L1000mm \times W600mm \times H1200mm$);生产量 1 万件/月,月工作日 22 天。

装挂间距：1500mm。

输送链速度：
$$v = \frac{LM}{tk}$$

式中　v——链速，m/min；

　　　L——挂距，m；

　　　M——月产量；

　　　t——月时基数，$60 \times 8 \times 22 = 10560$min/月；

　　　k——设备开动率（95%）。

$$v = 1.5 \times 10000 \div (60 \times 8 \times 22 \times 0.95) = 1.495 \text{m/min}$$

本设计取 $v = 1.5$m/min。

涂装工艺流程及设备尺寸计算列于表 1-3 中。

表 1-3　涂装工艺流程及设备尺寸计算

序号	工序名称	工艺参数		设备	
		时间/min	温度/℃	名称	尺寸($L \times W$)/m
1	脱脂、磷化处理 （铁盐磷化处理）	3.0	60	前处理设备 （通过时间 12min）	$L = 1.5 \times 12 = 18$ $W = 2$
2	水洗 No.1	0.5～1.0	RT②		
3	水洗 No.2	0.5～1.0	RT		
4	纯水洗	0.5	RT		
5	烘干水分	10	120	水分烘干室	$L = 10 \times 1.5 + 4.5① \times 2 = 24$；$W = 2$
6	喷漆	5	≥20	喷漆室	$L = 7.5$；$W = 5$
7	晾干	5	RT	晾干室	$L = 7.5$；$W = 2$
8	烘干	20	140～160	烘干室	$L = 20 \times 1.5 + 4.5① \times 2 = 39$；$W = 2$

① 为桥式烘干室的上、下坡长度。

② 指室温。

注：装卸工件时间都为 3.0min；工位长度都为 $3 \times 1.5 = 4.5$m。

平面布置按一般串联和适当分区两种方式，绘制成如图 1-4、图 1-5 所示的两版平面图。图 1-4 是以前处理设备为基点从左上按工序顺序配置；输送链从各设备的中心贯通，链总长 130m，无用部分比例 $16.5 \div 130 = 12.7\%$，占地面积 $65 \times 9 = 585$m²。存在的问题是烘干室散热面大且在中央，作业环境气温升高、装卸被涂物场所狭窄，且无存放地。图 1-5 针对上述问题作了修正、优化，烘干室集中布置在一端，输送链略增长，占地面积 $40 \times 14 = 560$m²。

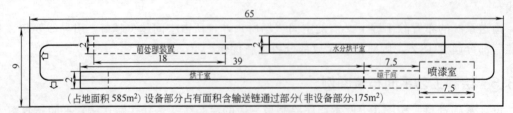

图 1-4　工艺平面布置图（方案 1）（尺寸单位：m）

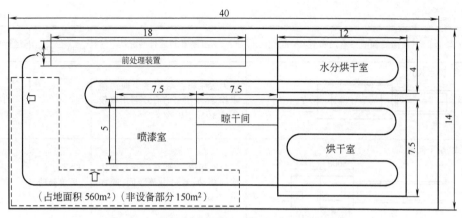

图 1-5　工艺平面布置图（方案 2）（尺寸单位：m）

1.3.6　工艺平面布置图设计的评价方法

平面布置图设计的优劣直接影响涂装线的经营，其优劣的评价基准如下。

① 输送链的有效利用率。在输送链的全长中各工序所必需的长度所占的比例（输送链的有效利用率）高，有效利用率就好，一般是 80%～90%，85% 以上的场合为优。

被涂物高度较高的场合，输送链的升降多，因而该数值就低。

② 面积（平面）的有效利用率。涂装生产线（涂装车间）所占的面积中，各装置所占必要面积的比例（平面有效利用率）高为优，一般为 70%～90%，空地的活用很重要，不然成为不含物流线路和死角场所的场合就多。

③ 空间的有效利用率。参观涂装线，常见喷漆室、烘干室下空间宽畅的场合较多。

在涂装车间空间中各装置的容积所占的比例（空间利用率）一般是 40%～70%，空间多的场合，不仅提高了建筑物的造价，也成为在涂装车间内产生不必要的气流、能源损失、涂装尘埃缺陷等的原因。

④ 高温区集中化（水分烘干室、油漆烘干室同属高温区）。

⑤ 涂装室作业性、被涂物与人流的关系良好（畅通）。例如，通过平面布置，尽力提高喷漆室的有效利用率，减少喷漆室空运转时间。在大量流水式的生产线上主要克服"大马拉小车"的现象（如 $L15m \times W5.5m$ 的车身的喷漆室仅布置 2～4 个喷漆工操作）。应充分利用作业面、喷涂工位数和生产节拍时间来选用长度合适的喷漆室。另外，在生产节拍时间长（大于 10min/台）的场合，通过精心设计改变生产方式和平面布置（如优化输送被涂物的方向和方式）来提高喷漆室的有效利用率。喷漆室三种不同的平面布置方式与有效利用率（C≥B＞A）、经济效益列于表 1-4 中。

表 1-4　大型喷漆室的三种不同平面布置方式与有效利用率、经济效益一览表

喷涂作业生产(喷涂线和喷漆室的布置)方式[①]	喷漆室的运行状况	喷涂系统设备投资	运行成本/台
A. 间歇式（抽屉式） 15000 车厢[③] 喷漆室	因被涂物往复出入喷漆室占用时间长,喷漆室的有效利用率较 B 少 20%～40%	100	120～140

续表

喷涂作业生产(喷涂线和喷漆室的布置)方式[1]	喷漆室的运行状况	喷涂系统设备投资	运行成本/台
B. 间歇式(流水式) 烘干室　　喷漆室	因被涂物在喷漆室中向前流水作业,喷漆室的有效利用率较 A 高 20%～40%	100[2]	100[2]
C. 连续式(烘干间歇式) 8000　7000 烘干室　晾干室　喷漆室　擦净间	与上相仿,车厢在喷涂过程中连续移动,通过由擦净间、喷漆室、晾干室组成的喷涂线	80%左右(造价高的喷漆室短)	60～70

① 生产方式:间歇式喷涂作业为被喷涂物固定,喷漆工移动;连续式为喷漆工位固定,被喷涂物在喷涂过程中按一定的工艺速度移动。两种生产方式的烘干室都采用间歇式,出入口带门保温。

② 设备投资(造价)和运行成本都以 B 为 100 计,作为对比基准(指数)。

③ 被涂物:以 $L12.0m×W(2～2.4)m×H3.0m$ 的客车车厢为例。

⑥ 辅助装置的配置。涂装生产线的辅助装置有纯水装置、喷涂装置、脱臭装置、挂具脱漆装置、热水锅炉等。也可理解为涂装车间空间有效利用率,利用 50% 左右的空间,下功夫配置在主设备的附近。

⑦ 不同涂装方式工艺平面布置图比较。上述工艺平面布置图设计是最一般的悬挂式运输链的连续流水涂装线,随采用的运输方式和被涂物的装挂方式不同,工艺平面布置图会产生大的变化,因此应多方案比较。

按以上评价基准评价工艺平面设计的结果列于表 1-5 中。

表 1-5　工艺平面设计的评价

项目	基准	评价
输送链的有效利用率	80%～90%	85%
面积(平面)有效利用率	70%～90%	85%
空间有效利用率	40%～70%	85%
高温区分离	分区布置	烘干室区
涂装室作业性	人流物流	靠近装卸工位
辅助(附带)装置的场所	空间确保	有余地
单位占地面积的年产出率(涂装面积/占地面积·年)	$700m^2/m^2·年$(或 8～9 台/$m^2·年$)[1]	$≥800m^2/m^2·年$($≥9$ 台/$m^2·年$)

① 轿车车身(长 4.5m 左右)涂装车间,JPH 30～60 台/h 场合涂装车间占地单位面积的年产出率指标。

涂装工艺平面布置图设计必须多方案比较。前述工艺平面布置图设计是采用最一般的悬挂式输送链连续流水生产线的场合,可是随输送链的方式和被涂物搬送方式可作出很大的变更。因此必须认真地优化组合,多种工艺平面布置图方案,经过专家评审,评选出各项经济技术指标最佳、物流人流合理畅通,如表 1-5 所列评价基准优良的工艺平面布置图。

1.4　涂装车间(线)工艺设计水平的评价

涂装车间(线)工艺设计的先进性、可靠性和经济性等的评价,可以从将建成或已建成的涂装车间的功能、环保、工程质量、经济性和管理五个方面来预测和衡量其优劣。

① 功能方面。功能是反映涂装车间(线)设计水平的最关键环节。出色的工艺设计应功能齐全,且符合客观现场条件、用户的需求和国家法规。体现功能先进的要素有:所选用涂装工艺和平面布置合理,有充分的工艺调整灵活性、物流和人流通畅、被涂物运行路线短、升降和迂回少;安全防护措施可靠;所选用的设备功能好、利用率高且维护方便;在投资和现场条件许可的情况下,机械化、自动化和智能化水平尽可能高。

② 环保方面。涂装车间是环境污染源之一。涂装公害(VOC、CO_2、污水和废弃物等)的根治、排放是否符合国家法规要求,是涂装工艺设计的重要指标。在涂装车间设计时应尽可能采用提高涂装材料利用率技术、涂装清洗用水循环再生利用技术、节能技术、三废处理技术和选用环保友好型涂装材料等,使 VOC 和 CO_2 排放量、水的循环利用率均达到国内或国际先进指标。并以此来衡量工艺设计的先进性。

③ 工程质量方面。工程质量的基础是工艺设计质量,设备设计、制造和安装质量。优质的工程质量首先来源于出色的涂装工艺设计,往往由于涂装工艺设计考虑不周、不细,而成为设备设计、制造和安装质量的隐患。工程质量直接影响涂装质量、涂装成本和涂装设备的使用寿命。工程质量差将导致涂装质量差、合格率低、设备的可靠性差、故障多、效率低,甚至使涂装线不能正常运行。高水平的工艺设计和设备设计是高工程质量的前提,这也就是要委托技术力量雄厚、经验丰富的名牌公司(单位)来设计、承建大型涂装工程的缘由。

④ 经济性(涂装成本)方面。投资额度是衡量工艺设计经济性的重要指标,经济性也是衡量涂装车间先进性的较重要指标之一。在同样生产规模的同样产品并达到同样的涂层质量的条件下,投资越少,投资回收期越短,涂装成本越低,表明涂装车间的设计水平越高。

新建涂装车间的各项经济技术指标应实现"绿色涂装"理念(10 个更少、2 个更高、1个更低、6 个高效,详见本手册第 13 章),应达到国内领先水平或赶上国际先进水平。

⑤ 管理方面。优质、高产、低成本需靠先进的科学管理来实现。先进完整的涂装工艺设计应向客户提供齐全的工艺技术文件和工艺管理方面的规范或制度,指导客户掌握和执行工艺,使用维护好涂装设备,创造良好的涂装环境,严格执行各种规章制度。按涂装线的建设规模及管理要求装备完善的管理设施,采用计算机监视控制系统、信息网络及自动记录分析系统,对涂装生产的全过程实现自动控制。

1.5 提高涂装车间(线)工艺设计水平的措施

1.5.1 影响涂装工艺设计水平的要素

涂装工艺设计人员(团队)的素质和能否多方案择优选用是影响工艺设计水平的两大要素:

① 依靠工艺设计人员的高素质。涂装工艺设计是涉及专业面广、技术含量高的设计工作,因此工艺设计人员的素质、生产实践经验和专业知识水平直接影响涂装工艺设计水平。一定要由有生产实践和设计经验的人员来负责或参加工艺设计,否则,在工艺设计过程中就不可能做到精心设计、功能考虑周到,达到物流畅通、占地面积小、空间利用率高和外观美的要求。也就是说主管设计人员(单位)的技术水平决定了工艺设计水平。

② 工艺设计必须进行多方案择优选用。随设计理念、被涂物的装挂方式、输送方式、

工艺平面布置方式和厂房结构等设计要素的变化，涂装设备的大小及结构也会产生较大的变化，故可设计出多种方案的工艺平面布置图，在定案之前，进行多方案比较选优是必须的。对于大型涂装线（工艺投资上千万、上亿的涂装工程）的工艺设计进行多方案比较，还应组织单位或社会的专家进行咨询评选。

③ 通过招标形式委托几家单位进行涂装工艺设计，随后取长补短，归纳后做出涂装车间工艺设计方案（或称招标书）。当自己无工艺设计能力或为了使工艺设计更贴近国内外的水平，可委托几家经验丰富的名牌公司，按所提供设计基础资料及相关要求进行工艺设计，这可作为涂装设备招标的前期工作，中标单位纳入设备合同中，向未中标单位支付工艺设计费用。

总之，涂装工艺设计水平应该以对比数据衡量。按本章的 1.1 节、1.3～1.5 节的评价方法，进行多方案的对比评价，与国内外同类型涂装车间（线）的先进的经济指标来对比，做出每项涂装工程的工艺设计优劣的评价，针对差距及问题，逐个攻关解决。总结工程建设中的经验教训或在引进技术的基础上再创新和自主创新，来不断地提高涂装工艺设计水平。

1.5.2 涂装工艺设计方面的差距

进入 21 世纪以来，笔者有机会参加几十条汽车车身涂装线工艺设计的评审、评标和技术咨询活动，深感国内涂装工艺设计水平与引进涂装线工艺设计相比，差距较大。笔者于"2005 年汽车涂装技术交流会（沈阳）"发表的"工业涂装工艺设计若干问题的探讨"一文中提出的八条差距，依旧存在，工艺设计模式几十年一贯制，继续照抄照搬，改进极少，较国外先进水平落后15～20 年。具体表现如下：

① 涂装工艺设计在环保·清洁生产、经济性（投资和运行成本）、节能减排等方面无目标值，而是照搬原工艺。近年投产的大部分涂装线的环保、节能减排方面无明显改善。

② 维持在 0.0 平面平铺式的工艺布置，甚至在选用了先进的滑橇输送机系统场合，有的还是这样布置（在一、二层平铺布置，不利用三层），造成涂装车间占地面积偏大，厂房的空间利用率低，车间内的人流、物流不畅通，增加喷漆室的地下工程。

③ 对涂装车间生产线的经济规模缺少研究，对涂装设备和输送设备的有效利用率缺少研究。如年产 10 万台驾驶室（生产线链速 2.0m/min 左右）建一条经济规模的喷涂线即可，而有的坚持旧的生产方式，建 2～3 条喷涂线（中涂、面漆和车头覆盖件线）。又如年产已达千辆以上的大客车车厢涂装车间有些决策者强调"灵活性"，坚持要作坊式的抽屉式平面布置，造成设备有效利用率大幅度降低，人员增加，涂装车间的经济性下降。

④ 传统习惯势力的影响大，白车身的缺陷（如不平整度）还靠涂装来弥补。如年产上万台白车身的平整度不靠制造工艺（冲压、焊装、输送及精心管理）来保证，而有些汽车公司要求新设计的涂装车间仍要有刮腻子和打磨工位（线）。

⑤ 有的项目主管和工艺设计人员缺乏涂装设计经验，未完全掌握车身涂装工艺学问，许多涂装工艺平面布置设计技术不会应用，甚至违背了一些基本设计原则。不按科学的典型工艺设计，而随意更改或增减工序，以及更改工艺参数，如脱脂后水洗仅设一次，或由先喷后浸的两次水洗改为先浸后喷；磷化浸处理时间一般为 3min，改为了 8min；又如电泳后清洗由正常的一喷两浸（含浸槽出口喷淋和再喷新鲜 UF 液和纯水）改为三喷两浸，增加两次独立的喷洗工序，这种更改不仅得不到好效果，反而增大耗能、耗水影响涂装质量；有的公司要求在喷中涂和面漆后烘干前设更换滑橇工序。

1.5.3 提高涂装工艺设计水平的措施

1.5.3.1 工艺设计应有先进的目标值 (先进性和可靠性)

在规划和制定涂装工程的设计原则时都会提到新涂装车间的工艺水平达到国内先进水平，有的还明确要求十年不落后，可在实施过程中往往强调可靠性，怕担风险，总认为按现有的老工艺翻版设计"最可靠"。可是时代的要求 (清洁生产、节能减排、低碳经济、资源节约、可持续发展等) 和市场竞争要求 (优质、高产、低成本、性价比)，按老工艺翻版设计难以实现。必须依靠技术进步，走创新之路，做好工艺设计。必须认真总结经验，确定工艺设计的目标值，做到工艺设计的先进性和可靠性兼得。

在实际工艺设计工作中思想观念和设计理念的转变，解放思想就能创新，产生较大的经济技术效益，就能克服风险，如改变生产方式和工艺处理方式 (工序简化或合并淘汰落后工艺等) 掌握工艺平面布置的设计技巧等。在设计采用革新技术场合，就要吃透，依靠社会的力量就能实现先进的目标值，并将风险降到最低。

涂装工程项目工艺设计在保证质量及产量的前提下，环保·安全性、生产·经济性 (投资和涂装成本)、节能减排等方面应有目标值 (与现今工艺对比有多少进步)，不要简单翻版。新设计、建设涂装车间 (线) 是采用新工艺、新材料、新设备的最好机会，因此涂装工艺设计必须按产品涂装质量标准、产量、投资和清洁生产 (国家或地区的环保法规) 等选用与它们相匹配的涂装工艺、涂装材料及设备，通过创新和依靠技术进步实现最佳的目标值。

目标值是根据企业或地区的现有水平 (数据)，国家或地区法规的要求，并参照国内外同类公司的数据确定的。例如，环保方面：VOC 的排放量 $35g/m^2$ (轿车车身)，$55g/m^2$ (卡车驾驶室)；耗水量 $5L/m^2$ (国外先进的前处理用水量基准面积 $100m^2$ 的轿车车身由传统的磷化工艺 $250L/台$，更新采用硅烷处理工艺后降低到 $75L/台$)；节能减排较现今工艺降幅大于 10%，依靠技术进步和科学管理随设备有效利用率、一次合格率、资源利用率和自动化程度等的提高，涂装成本较现生产降 $5\% \sim 10\%$。笔者认为上述数据可作为现阶段汽车涂装工艺设计的参考目标值。

在涂装工艺设计时，上述目标值仅与现生产的数据差 5% 的场合则可依靠小改革实现，当大于 10% 或 50% 时，则必须依靠革新技术和自主创新才能实现。

1.5.3.2 关于年时基数 (工作制)、生产能力、设备利用率等设计基础资料的科学合理选定

汽车车身涂装线的生产能力一般以每小时产出的合格的车身数 (即 JPH，台数/h) 表示。它是决定涂装线生产规模、生产方式 (间歇式还是连续式)、生产节拍及链速等的最基础的依据。可是客户的要求不一，有的强调年产量，或者为了节省投资强调年工作日 300 天或以上，每天工作 $20 \sim 22h$ (倒大班或三班制)。在制造行业，国家现今的法定工作日为 250 天/年，两班工作制 (16h/日)，另外，老设计基准，年时基数打九五折。不同的年时基数致使涂装线的生产能力 (JPH) 计算偏差较大。

选定年时基数时应充分考虑涂装车间的以下生产特点：

① 涂装设备是热非标设备，每天都应留有一定时间检修维护，减少设备故障率，以保设备的开动率。

② 高装饰性涂装的一次合格率需靠高质量的设备、工位环境的清洁度来保障。每天也需留一定的保洁时间。

③ 为确保汽车车身的涂装质量，前处理·电泳线、喷涂线和烘干室生产线启动后无特

殊情况不允许停线和生产结束时需"跑空"。

根据上述特点，笔者认为在涂装工艺设计时选用 250 天/年两班工作制（16h/日）较科学合理，在满负荷生产场合，可在两班制生产作业时间外，再加跑空时间。当市场需要时，可增加班次（倒大班或开三班，年工作日 300 天以上），增加产能，给组织管理生产留余地。

在工艺设计时计算生产能力还需考虑设备开动率（利用率）、备件和可换件产量比，大返修率等，因此设计生产能力要略大于规划目标产量（合格品）。

设备开动率在早先的工艺设计中，强调设备及配套件的可靠性，管理跟不上，选用值偏低（80%～85%），现今国际水平为 93%～95%，根据国内现况，以设计选取用 90%以上为宜。

1.5.3.3 涂装工艺设计应重视涂装车间的生产·经济性（投资和运行涂装成本）和经济规模生产

涂装车间的经济性的总目标是在保证质量、安全性和环保性的基础上节省投资和降低成本。其技术措施是在优化工艺设计的基础上提高资源利用率、减少污水和废弃物排放量及处理费用，借助自动化和智能化降低劳动成本，加强管理，提高涂装的一次合格率和设备的有效利率等。

制造业获得竞争力优势的关键是用同等数量的原材料和能源，能加工出更多更好的产品，从而创造出更高的产值，或投资最小且合理，运行成本最低，实现少投入多产出的目标。这也是涂装工艺设计的基本原则，将有限的投资用在"刀刃"上，提高涂装车间的生产·经济性。

一般都认为大量流水生产，要比中、小批量（或作坊式）生产经济运行成本低。可是达到什么样的规模最经济呢？被涂件输送速度已达到工序作业许可极限时的生产能力，且设备长度不随输送链速度加快成比例增长，工艺投资小且合理，运行成本低，称为经济规模生产（收益递增，成本递减，即投入增加一倍，产出增加一倍以上）。

以轿车车身（车身长度以 4.5～5.0m 为基准）的前处理、电泳涂装线为例，在连续式生产场合，链速由 2.0m/min 增加到 6.0m/min（JPH 由 20 台增加到 60 台或生产节拍由 3min/台加快到 1min/台左右），水洗的喷洗工序的处理时间由 1min 缩短到 20s（仍在工艺许可的范围内），浸洗仍为浸没即出，沥水段长度仍为大于一个车身的长度，上下坡长度不需增长，仅需按脱脂、磷化和电泳等序所需工艺时间，增加设备长度，因此每台车身分摊的工艺投资和运行成本会随产量的成倍增长而大幅度下降。

由喷漆室、晾干-烘干室及强冷组成的喷涂线有同样的经济规模的概念。

现今已实现的经济规模汽车车身涂装线规模如下。

前处理、阴极电涂装线，在连续式生产场合，链速≥6m/min，生产节拍 1min/台左右；在间歇式生产场合（以程控自行葫芦输送为例），生产节拍一般为≥5.0min/台（单工位型），近几年发展电泳、脱脂等工序为双工位，生产节拍可缩短到 3.5min/台左右。

喷涂线的经济规模：在手工喷涂场合，链速 2.0m/min 左右；在手工喷涂车身内表面补喷和采用机器人自动静电喷涂车身外表面的场合，面漆喷涂线（底色漆＋罩光工艺）链速 3.0～3.5m/min（生产节拍 1.5～2.0min/台）；而中涂喷涂线（换色次数少，或配套两套机器人喷涂站），链速可达 5.0～6.0m/min（生产节拍 0.8～1.0min/台；年产 25 万～30 万台）。

手工作业线，除密封胶线链速 3.0m/min 左右外，其他线打磨作业、检查修饰线等链速可以加快到 5m/min 左右。

在设计年产 6 万～7 万台轿车车身（或年产 10 万台驾驶室）的涂装车间按传统的工艺

设计一般都设计中涂和面漆两条线(链速都在 2.0m/min 以下),如果采纳"转两圈"的办法,设计一条采用机器人自动静电喷涂车身外表面的经济规模喷涂线(链速 3.5m/min 左右),则与两条线方案比较要经济得多。不仅可节省投资和占地面积,且可大幅度提高设备的有效利用率和削减作业人员,在节能减排方面也有明显效果。

1.5.3.4 涂装车间的安全性和环保性

适应时代的要求(环保、低碳经济),涂装工艺设计应依靠技术进步(创新)提高涂装车间的安全性和环保性。

涂装车间的安全性:消除或减少火灾危险性,消除职业病(如苯中毒)和人身伤害事故源,使操作人员远离有害作业区。

涂装车间的环保性:不用或少用对人类和地球环境有害的物质;减少或消除 VOC 的排放量;节能减排减少了污水排放量;综合利用、减少了工业废弃物量等。

保护作业人员的健康卫生安全,是促进社会和谐的需要;高污染高能耗的工艺及设备按国家政策要淘汰,涂装工程的环保和消防安全不达标,将被一票否决。

因此,涂装工艺设计单位(和人员)应具有高度的社会责任感和强的环保安全意识,力争依靠技术进步提高涂装车间的安全性和环保性,达到国内外先进水平。

1.5.3.5 涂装工艺设计(平面布置图设计)的技巧

工艺平面布置图设计是涂装车间工艺设计的最关键项,可有人认为是"画方块"的简单工作,实际上这项工作是涉及专业知识面广、技术含量高的设计工作。优秀的经济可行的工艺平面布置图必定出自对每道工序(环节)的细致研究且琢磨透,对每台设备的功能和立体空间非常了解,对车间生产、物流、维修、安全、节能、环保、生活办公、土建公用等多方面的全面熟悉,且熟知工艺平面布置技巧的工艺设计人员之手。

笔者将所知的汽车车身涂装车间工艺平布置技巧总结归纳如下,供读者参考。

① 现代化的汽车车身涂装车间普遍采用多层立体分区布置方式,串联不分区布置方式已被淘汰,单层平面分区布置方式仅在车身长度>7.0m(升降不便的场合)和老厂房改造无法多层化的场合才采用。

多层立体分区布置方式占地面积少,厂房空间利用率高,喷漆室无地下工程,物流和作业环境较合理先进。人工密集的作业(涂密封胶工序,打磨作业、检查修饰线等)及洁净度要求稍低的作业布置在一层;环境洁净度要求高的喷涂作业(洁净间)布置在二层;烘干室布置在二层或三层;空调供风设备布置在三层或房顶(厂房的总高度不应大于 24m),实现分区(洁净区、一般作业区、高温区等)集中布置。

② 前处理设备、电泳及后清洗设备、喷漆室(手工和自动喷涂区段)、烘干室应力求直线布置。

③ 前处理线和阴极电泳线一般布置在边跨,厂房跨度 15m 偏小,应设置为 18m。前处理线与返回的阴极电泳线平行布置较好,可提高输送线路的有效利用率,且可避免在电泳槽旁布置电泳烘干室。以间歇式自行葫芦输送方式的前处理和电泳线为例,两线平行布置较直通式布置输送线路可缩短 30%以上,不仅可节省投资,且减少了徒劳无效的线路。

④ 基于现今高装饰性的汽车车身面漆喷涂工艺采用底色漆+罩光工艺,尤其在采用水性底色漆场合,水性底色漆喷涂后需预干燥(使涂膜中 90%以上的水分挥发掉),才能罩光,因此面漆喷涂线很长。在年产 15 万台的经济规模下,底色漆(BC)喷涂段与罩光(CC)喷涂段直线布置,长达 140m 左右,某公司推出的 3C1B 喷涂线方案,中涂、底色漆

和罩光三个喷涂段总长达 250m 左右。

现今典型的面漆喷涂线工艺布置是 BC 喷涂段与 CC 喷涂段平行布置，使喷涂区域长度大幅度缩短（约 70m 左右）；使 BC 段与 CC 线之间的横向转移段成为冷却（晾干）段。这样的布置使喷漆室集中于洁净区段中，有利于供排风和供漆管路的布置。

⑤ 各线、各工序（工位）之间应紧密衔接，布置紧凑，力求消除或减少无效的输送。电泳、PVC、中涂和面漆烘干后设置的跑空线路仅供停产（下班后）的"跑空"和缓冲储存车身用，平时不运作。按需可设几个离线工位。

⑥ 在烘干室中输送车身宜选用积放式输送方式，以实现烘干室紧凑化，节能减排的目的，滑橇积放式输送车身与推杆式地面链输送，烘干室长度能缩短 20% 左右。烘干室长度以控制在 120m 左右为宜，短了辅助设备与有效段之比较大，不经济，长了链速超过 3.5m/min，故障偏多。

⑦ 转变生产方式，提高设备有效利用率，降低碳排放。

以大客车车身涂装车间的工艺平面布置为例，习惯采用抽屉式布置（即厂房中间布置转行车及轨道两旁布置喷漆室、烘干室等设备及工位），每道工序间车身的转移都要靠横向转移车，这种作坊式生产方式存在的不足之处如下：

a. 喷涂后漆膜未干或擦净后的车身在转移过程中易产生污染。

b. 车身进出喷漆室或烘干室等设备占用时间长，设备空运转。

c. 使用转移车频率高。如选用小流水与抽屉式结合的平面布置的生产（即漆前准备-喷漆-烘干等工序布置呈小流水式喷涂线，其他工序仍为单工位）方式，则可消除上述不足之处。在流水式喷涂线上车身进出入喷漆室和烘干室占用时间很短（仅转移一个工位），设备有效利用率有较大幅度的提高，防止了污染。某单班年产 5000 台客车车身涂装车间按小流水与单工位结合式布置，较抽屉式布置，明显地提高了设备有效利用率，因而可减少喷漆室和烘干室台数 20% 左右，则不仅可节省设备投资，还能节能及降低碳排放。

⑧ 喷漆室的排气集中高空排放，减轻对周围环境的污染。当初喷漆室的排气都是单个独立排放，排风口高出厂房≥2.5m，有的地区要求 6.0m。为减轻排气对厂区及周围地区的污染，要求高空排放，排放高度随喷漆室排气中 VOC 浓度的增大而增高；现今新建涂装车间的喷漆室排气都选用大烟囱集中排放，烟囱高度高达 40~60m。为有利于排风集中，在工艺平面布置设计时，喷漆室宜相对集中布置。

高空排放仅对周围环境污染有所减轻，可是对地球环境的污染量未变；要减少 VOC 排放量，还是要靠选用环保型涂料（如水性涂料）和提高涂着效率等技术措施来实现。

1.5.3.6　涂装工艺设计应多方案比较和评审，择优选用

涂装工艺设计是根据产量（生产能力）及产品的涂装标准，客户的要求，投资及涂装车间所在地的状况（如气候条件、能源状况、厂房物流和当地的环保、消防法规）等选择涂装工艺、涂装材料、涂装设备及输送设备和自动化程度等，编写工艺设计说明书和画工艺平面布置图，编写设备清单（设备委托设计，采购招标书），是一项技术含量很高的工作。随上述各种因素的变化，工艺设计人员的经验、知识面的不同，可产生多个设计方案，尤其是工艺平面布置的规划设计图如何选优，直接关系到涂装车间的经济性（投资和运行成本）和安全性。

如果汽车集团公司或有经验的设计单位通过调研、经验和数据积累，又掌握了国内外汽车涂装技术的动态，建立了数据库、标准的典型涂装车间设计模块，使涂装工艺设计的工作有依据，则工作相对简单些。不然应发挥团队的作用进行多方案的比较，进行工艺评审，集

思广益择优选用，如果是上千万、上亿元的大投资项目，应组织集团公司和社会的相关专家进行评审，优化设计，评审内容包括所设计涂装车间（线）的可靠性和先进性（工艺水平），环保性和安全性，经济性和合理性等。从输送链的有效利用率，面积（占地和生产面积）和厂房空间的有效利用率、分区布置（洁净区、高温区）状况，人流物流畅通与否等方面评价涂装工艺平面布置图设计的优劣。

1.5.3.7　应培养提高涂装设计人员（团队）的水平

涂装工艺设计水平的高低（优劣）取决于设计人员（团队）的水平；汽车集团公司和专业设计公司应培养造就一支具有丰富实践经验、知识面广、设计水平高的团队。

① 设计人员（团队）在选择涂装工艺、材料和设备时应具有甄别技术水平高低的能力，以及精挑细选技术的能力。

② 设计人员（团队）应具有自主创新的能力，如在消化吸收引进新技术的基础上走自主创新之路；能跟上涂装技术发展的时代潮流开发研究新技术，或与社会力量（如涂装设备公司、涂装材料公司和院校科研机构等）联合开发研究新工艺、新材料和新设备的能力。

③ 设计人员（团队）应具有能结合国情、厂情提高推动汽车涂装工艺持续滚动式发展（技术进步）的能力；并能不断地在实践中总结经验教训，培养淘汰高污染、高消耗、低性价比落后的涂装工艺技术及设备的能力。

④ 这个团队（机构）还应具有涂装工艺管理、规划和决策的职能。

涂装工艺是汽车制造行业中的特种工艺（非标准，专业性强）之一。为适应发展之需，跨国汽车公司都设置有涂装工程规划、设计、研发机构。以德国大众汽车公司为例，该公司的规划部门设置有汽车涂装工艺设计开发机构，主持全公司涂装车间的设计、招标和建设。一汽大众汽车车身涂装发展史充分证明了该团队职能富有成效，工艺水平一流。在15年中取得以下6个方面革新性的科技进步（见表1-6）。

表 1-6　一汽大众轿车车身涂装工艺 15 年发展历程

	项 目 内 容	一汽大众一厂（长春）1995 年投产	一汽大众三厂（成都）2011 年投产
0	工艺设计时间	1993～1994 年	2009～2010 年
1	前处理-阴极电泳线输送机	摆杆式输送机（出入槽角 45°）	旋转浸渍式输送机（Rodip-3）（360°旋转出入槽）
2	中涂-面漆喷涂	1. 手工喷涂内表面，补漆。2. 往复式自动静电喷涂机（ESTA）喷涂外表面	采用机器人静电喷涂，全自动无人化，并自动测定涂膜厚
3	中涂-面漆喷涂工艺	中涂＋底色漆＋罩光 3C2B 溶剂型	双底色＋罩光（2010 工艺）3C1B 水性底色漆
4	喷漆室类型 喷漆室排气回收循环利用率	湿式上供风下排风（文丘里水洗捕漆雾装置）20％左右	干式上供风下排风（EcoDryScrubber 型）80％以上
5	工艺平面布置	立体分区布置，可是在 0.0 平面未布置劳动密集型工位	立体分区布置，劳动密集型手工作业工位都布置在 0.0 平面
6	清洗水回收利用	仅逆工序补水，提高水的利用率	采用 RO 和 ED-RO 再生清洗水循环利用

① 选用先进的滚浸式输送机（Rodip-3 和多功能穿梭机）替代前处理、电泳涂装线用的摆杆式输送机（2002 年）。

② 采用机器人静电喷涂机替代往复式自动静电喷涂机（ESTA）；并实现喷涂全自动化

（无人化）。

③ A级轿车车身中涂、面漆涂装工艺采用水性双底色2010涂装工艺（即三湿喷涂技术3C1B）替代传统的3C2B的水性或溶剂型中涂、底色漆的涂装工艺，取消了中涂线。

④ 采用干式漆雾捕集装置（EcoDryScrubber）替代文丘里湿式漆雾捕集装置；并可实现80%以上喷漆室排风的回收循环利用。

⑤ 立体分区式工艺平面布置更科学合理化。

1.6 工业涂装工艺实例

1.6.1 汽车涂装工艺实例

汽车涂装工艺实例见表1-7。

表 1-7　汽车涂装工艺实例

被涂物		前处理	烘干水分	涂底漆			涂中涂			涂面漆			输送
				涂装	晾干	烘干	涂装	晾干	烘干	涂装	晾干	烘干	
车身	轿车	锌盐磷化处理、全浸	无	阴极电泳	无	160℃ 25min	溶剂型、水性、粉末喷涂	RT① 10min	140℃ 25min	水性、溶剂型罩光	RT 10min	140℃ 20~25 min	悬挂式+地面
	客车	锌盐磷化处理、浸（喷）	无	阴极电泳	无	160℃ 30min	溶剂型喷涂	RT 10min	140℃ 25min	溶剂型	RT 10min	140℃ 25min	葫芦+地面
			120℃ 10min	溶剂型	RT 10min	160℃ 25min							
	商用车	锌盐磷化处理、全浸	无	阴极电泳	无	160℃ 25min	溶剂型、水性喷涂	RT 10min	140℃ 25min	溶剂型罩光	RT 10min	140℃ 25min	悬挂式+地面
车架		锌盐磷化处理、浸（喷）	无	阴极电泳	无	180℃ 30min	—	—	—	—	—	—	悬挂式葫芦
车轮		锌盐磷化处理、浸	无	阴极电泳	无	180℃ 30min	—	—	—	溶剂型	RT 10min	140℃ 30min	悬挂式
										粉末	无	180℃ 25min	
摩托车金属件		锌盐磷化处理、喷	无	阴极电泳	无	180℃ 25min	溶剂型喷涂	RT 10min	140℃ 25min	溶剂型罩光	RT 10min	140℃ 25min	悬挂式
塑料件		洗净（酸性、中性）	100℃ 10min	—	—	—	溶剂型喷涂	RT 10min	120℃ 20min	溶剂型喷涂	RT 10min	120℃ 20min	悬挂式+地面
铝合金件		铬酸盐处理	120℃ 10min	—	—	—	—	—	—	溶剂型	RT 10min	140℃ 25min	悬挂式+地面
										粉末	无	180℃ 30min	

续表

被涂物	前处理	烘干水分	涂底漆			涂中涂			涂面漆			输送
			涂装	晾干	烘干	涂装	晾干	烘干	涂装	晾干	烘干	
金属件(内装)	锌盐磷化处理	无	阴极电泳	无	180℃ 25min	—	—	—	—	—	—	悬挂式
发动机和车桥总成	洗净或手工擦净	100℃ 10min	—	—	—	—	—	—	溶剂型水性(喷涂)	RT 10min	90~100℃ 30min	悬挂式
修补	打磨	—	刮腻子	—	80℃ 10min	涂底漆	RT 5min	80℃ 20min	指定色	RT 10min	80℃ 20min	自行

① RT 指室温。

注：1. 表中各涂层的烘干规范随所选用涂料的烘干性能而有变化，总的趋向是低温化。

2. 锌盐磷化处理将被环保型无磷前处理工艺所取代。

1.6.2 工业制品涂装工艺实例

工业制品涂装工艺实例见表1-8。

表 1-8 工业制品涂装工艺实例（按涂料、材质、行业分类）

被涂物		前处理	烘干水分	涂底漆			涂面漆			输送
				涂装	晾干	烘干	涂装	晾干	烘干	
涂料	溶剂型	锌盐、铁盐磷化处理	120℃ 10min	20μm	5~10min	140℃ 20min	20μm	5~10min	140℃ 20min	悬挂式
	水性	锌盐磷化处理	120℃ 10min	喷涂或电泳(ED) 20μm	10~15min	160℃ 25min	20μm	10~15min	160℃ 25min	悬挂式
	粉末	锌盐、铁盐磷化处理	120℃ 10min	—	—	—	30~60μm	—	160~180℃ 25min	悬挂式
	UV	—	—	—	—	—	20μm	30s	30s	地面
	电子束	—	—	—	—	—	20μm	1~2min	30s	地面
材质	钢铁	锌盐、铁盐磷化处理	120℃ 10min	喷涂或ED 20μm	5~10min	140℃ 20min ED160℃ 30min	20μm	5~10min	140℃ 20min	悬挂式
	非铁金属	脱脂、铬酸盐处理	120℃ 10min	喷涂 20μm	5~10min	140℃ 20min	20μm	5~10min	140℃ 20min	悬挂式
	塑料	溶剂洗净(喷)	—	底漆 20μm	10min	80℃ 20min 红外·UV	指定色 20μm	10min	80℃ 20min 红外·UV	悬挂式
	木制品	打磨	—	底漆 20μm	10min	80℃ 20min 红外·电子束	指定色 20μm	10min	80℃ 20min 红外·电子束	地面

被涂物		前处理	烘干水分	涂底漆			涂面漆			输送
				涂装	晾干	烘干	涂装	晾干	烘干	
行业（制品）	家电	锌盐磷化处理	120℃ 10min	喷涂 20μm	5～10 min	140℃ 20min	喷涂 20μm	5～ 10min	140℃ 20min	悬挂式
			无	ED 20μm	无	ED160℃ 30min	粉末≥ 40μm	无	160℃ 30min	
	钢制家具	锌盐、铁盐磷化处理	120℃ 10min 无	底漆 20μm ED 20μm	5～10 min	140℃ 20min ED 160℃ 25min	指定色 20μm	5～10 min	140℃ 20min	悬挂式
			120℃ 10min	—	—	—	粉末 30～ 60μm	无	160℃ 20min	
	车辆	喷洗、洗净	吹干	腻子· 底漆 100μm～ 1mm	—	自然 干燥	溶剂型 30～ 100μm	—	自然 干燥	地面
	IT部件	酸洗 化学处理	120℃ 10min	中涂	—		80℃ 20μm	10min	80℃ 20min 红外	地面

1.6.3 集装箱涂装

随改革开放和全球经济一体化，劳动力密集型的集装箱制造业向我国转移，从1992年起，我国就获得了集装箱产销量世界第一的称号。成型焊装和涂装是集装箱制造业的两大主体工艺。基于集装箱的使用环境，在防锈保护方面提出了极高的要求，必须采用多层膜厚中防腐蚀涂装工艺技术才能实现，再加上产量大（生产节拍为3～5min/TEU），必须借助大量流水作业的涂装生产线才能保质保量完成任务。国内集装箱厂都装备了较先进的、自动化程度较高的涂装生产线。

集装箱涂装工艺特点如下：

① 集装箱体积大，自重约2t，内外表面都要涂装防蚀保护层，以适应流水作业。

② 防腐蚀性能要求高，以适应海洋运输，保证集装箱有8年的使用寿命，并保证5年内集装箱涂膜锈蚀、脱落的面积不大于整个涂膜面积的10%，若是涂装质量引起的，厂方要负责赔偿或重新涂装。

③ 集装箱内面漆应无毒无味，可装运食品、药品等，并需通过国外机构的检测认可。

④ 因集装箱的体积大，又笨重，采用中、高温涂膜固化既耗能，效率又低，需选用低温固化或使用"湿碰湿"工艺的涂料。

常规的国际标准集装箱涂料和规定膜厚见表1-9。

表 1-9　常规的国际标准集装箱涂料和规定膜厚

涂料名称	膜厚/μm			涂料名称	膜厚/μm		
	外侧	内侧	箱底②		外侧	内侧	箱底②
环氧富锌底漆	40①	30①	50	环氧树脂面漆		30	
环氧磷酸锌中涂	50	30		箱底专用漆③			150~200
丙烯酸树脂面漆	40			(木地板)			(150~200)

① 其中包括车间底漆 15μm。

② 箱底由钢结构和木地板构成，木质部仅涂箱底专用漆。

③ 箱底专用漆原用沥青漆，现被淘汰，改用半蜡、全蜡型箱底漆。

涂装方法：钢板预涂车间底漆可采用喷涂法和辊涂法，集装箱总成既要求一次喷涂较厚（≥30μm）、涂层装饰性要求不高，又要求喷涂效率高，一般都采用无空气高压喷涂（手工或自动）。

涂装设备选用原则如下。

① 在涂装过程中输送集装箱的方式：在集装箱底四角安装四个工艺轮，吊装到钢板轨道上，自动牵引和手工推行，靠横向转运链转线。

② 喷漆室类型：上供风下排风型，湿式或干式均可，温度 20~30℃，湿度 60%~70%，垂直风速 0.4~0.5m/s（无箱状态 0.3m/s）。喷漆室结构参见本手册第 4 章图 4-11。

③ 烘干室：热风炉，直通式，间歇式生产场合，两端可带垂直升降门保温。

集装箱涂装工艺布局简介如下。

集装箱涂装参考船舶涂装分钢板及制件的预涂装和整件（总成）涂装。前者是加工焊装前钢板，钢制件经抛丸除锈，涂车间底漆的预涂装，后者是加工、焊装、总装后集装箱的整体涂底漆、中涂、面漆的总成涂装。

预涂装工艺包括钢板、制件的涂装前预处理和涂车间底漆，在储存和加工过程中起防锈保护作用，其工艺流程如下：

钢板开卷、轧平→剪切→抛丸处理（吹净）→喷涂车间底漆→烘干，码垛存放，送往加工成型，焊装。

其中，喷涂车间底漆时，采用自动辊涂工艺场合，从钢板开卷、抛丸处理、涂底漆、烘干到压型在自动流水线中一次完成。表面处理质量是决定涂装质量的关键因素，抛丸处理后清洁要求达到 ISO 8501-1 Sa2.5，粗糙度 $Rz=35~50\mu m$。车间底漆采用环氧富锌底漆，干涂膜厚度为 10~15μm，不做二次除锈。为确保环氧富锌底漆的施工性能，车间底漆与整箱喷涂的底漆有不同的颜色。

集装箱总成的涂装工艺流程：

① 将装有工艺小轮的集装箱运到涂装线的轨道上；

② 在抛丸（喷砂）室内进行二次打砂，仅焊缝部位喷砂；

③ 喷过砂的焊缝部位预补喷富锌底漆；

④ 箱内、外表面全面喷涂富锌底漆；

⑤ 晾干、烘干（60~80℃）或按"湿碰湿"工艺，仅晾干；

⑥ 箱内、外表面全面喷涂中涂（若是用环氧中涂替代箱内用的环氧面漆的场合，则在本工序对箱内表面一次厚喷涂完成）；

⑦ 晾干（流平）、烘干（60~80℃）；

⑧ 集装箱外表面喷涂丙烯酸树脂面漆或聚氨酯面漆（含预喷、手工或自动全面喷涂和

检查性的补漆等工序）；

⑨ 晾干（流平）、烘干（80～90℃）；

⑩ 喷涂标识、名称字样，涂密封胶、箱底防锈涂料等；

⑪ 检查合格→美装线→成品箱出线。

集装箱总成涂装线的平面布局如图1-6所示。

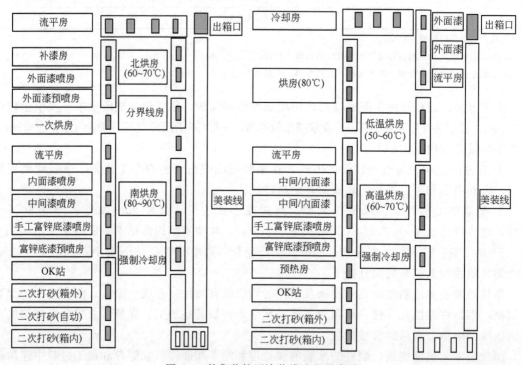

图1-6 某集装箱厂涂装线流程示意图

1.6.4 工程机械涂装工艺技术的探讨

近几年来，随工程机械生产的高速发展，为适应市场竞争的需要，生产厂家开始重视工程机械的涂装，其技改的力度加大，新建了涂装车间和涂装生产线。笔者应邀多次参加工程机械涂装线设计的咨询和考察、现场交流活动，现从一名汽车涂装专业人员的角度，对我国工程机械涂装谈点看法和提出以下优化建议。

（1）工程机械涂装的现状 基于工程机械产品体积大而重、品种多而杂、规格多、产量小，再加上当初的涂装要求不高，一般为铺地摊作坊式生产，甚至露天作业，所用涂料也较低档，如醇酸树脂涂料、过氯乙烯树脂涂料和硝基涂料等，作业效率低、作业环境差、涂装公害严重。自20世纪90年代以来，国外工程机械行业公司来华合资建厂，以及随着我国国民经济高速发展，工农业建设需要大量各种类型的工程机械，促使我国工程机械行业高速发展。基于国内外市场竞争的需要，各厂家努力改善产品的外观装饰性和防腐蚀性；提高产品的商品性和耐用性；着手投资新建涂装车间，建立新的工程机械涂装体系，有的以汽车涂装理念来发展工程机械涂装（流水作业式的工业涂装）。在最近10多年中我国工程机械涂装工艺技术取得了较大进步，涂装作业生产线化（流水生产化），驾驶室（操作室）及覆盖件涂装汽车化（采用由磷化、阴极电泳、喷涂中涂·面漆和烘干等工序组成的生产线化），选用优质的低温固化型合成树脂中涂和面漆（如环氧树脂、聚氨酯涂料）；涂装质量和作业环境有了明显的改善。

可是，在参观考察中发现，虽投资较大，使涂装作业生产线化，但未到位。如涂装线工艺设计水平不高，工序配套不全且混乱；喷漆室等涂装设备设计选用不当；被涂物输送方式与作业方式匹配差。又如汽车涂装是以零部件涂装为主体，组装整车后修补涂装为辅 (实际上修补涂装量很小)，而工程机械涂装以整机涂装为主 (一台机械从清理刮腻子工序开始遮蔽到喷中涂、打磨、喷涂面漆、干燥和去遮蔽工序，占用工时 20 多小时)。还有涂装工艺管理不到位；工艺文件不全，工艺纪律不严，随意操作，致使新建涂装车间的功能大打折扣。例如，喷漆室设计和选用不当，再加上被涂件输送方式匹配不理想和作坊式涂装作业习惯未根除，建成的喷涂线也不用，仍回到随地铺地摊的作坊式喷涂作业。又如钢结构件在涂装前采用抛丸法除氧化皮、铁锈、旧漆层是先进的生产线涂装前处理工艺，可是在工艺设计中未按实际情况配套 "抛丸" 工序前后的工序 (工艺流程一般表示为：抛丸→清理→)。钢结构件在制造过程中染上的油，污染在抛丸前未除净就进入抛丸室，油污不仅污染钢丸，还使抛丸灰贴附在被处理表面上；抛丸处理后再水洗，有的还用有机溶剂洗，这样不仅无法保证涂装前处理的质量，反而造成更多的涂装公害。

21 世纪工业涂装的重要课题是：在保证涂装质量的前提下环保·清洁生产、节能减排、降低成本。在上述工程机械涂装改造中考虑环保·清洁生产甚少，单位 GDP 的能耗 (CO_2 排放量)，污染物排放量 (VOC，涂装污水) 和资源利用率等尚未列入议题，这也是我国工业涂装与发达国家工业涂装相比，存在的最大差距之一。

(2) 优化建议　为进一步提高工程机械的涂装效率、经济性和产品的市场竞争力，适应 "十三五" 规划提出的创建环境友好型、资源节约型、低碳经济社会和满足可持续发展的需要，工程机械涂装也应依靠技术进步，走创新之路，改变上述的落后面貌。

笔者提出以下观点、看法和建议供同行探讨 "工程机械涂装技术进步之路" 时参考。

① 建议以汽车涂装理念优化工程机械涂装体系，建立高效的涂装生产线，具体改进内容包括以下几方面。

a. 改变涂装工艺路线。由现今的整机涂装为主改为零部件 (总成) 涂装为主体。即零部件涂装后，经精心组装、调试后的整机出厂前仅做修补涂装 (或在严重的场合，喷涂一道面漆)。

b. 编制和确立工程机械零部件 (总成) 的涂装 (涂层) 质量标准或技术条件。按涂装标准、零部件的材质、结构形状和制造工艺路线等分组确定涂装工艺。举例如下。

(a) 工程机械驾驶室 (操控室)，覆盖件组，材质一般为冷轧钢板或镀锌钢板，则可参照卡车驾驶室的涂装工艺选取用 2C2B 或 3C2B 涂装体系，即阴极电泳底涂层＋面漆 (或中涂＋面漆)，或阴极电泳底涂层＋粉末面漆。(注意：前处理电泳涂装与中涂、面漆喷涂线应分线布置，不应串联为一条涂装线。)

(b) 中、大型钢结构件组，材质一般为热轧钢板，表面有氧化皮等，并常带空腔结构，如工作臂，暴露在外，涂层需要耐候性和一定的外观装饰性，涂装工艺可选用两涂层或三涂层 (底漆、中涂、面漆) 工艺，漆前宜采用抛丸处理 (当被处理面有油污时，应先除油，后抛丸处理，除灰尘)。

(c) 管状件 (如液压油管气管、油缸等)、中、小金属件组，可采用静电粉末涂装工艺，其涂装前处理根据被涂件的表面状况选用。

(d) 港机和海洋平台钢结构组，按重防腐涂装标准执行。

(e) 整机 (修补) 涂装组，对组装、调试过程中损坏的漆面进行修补涂装。

c. 强化涂装工艺管理 (含涂装质量管理、涂装设备管理和现场管理等)，严明涂装工艺纪律，确保优质、高产、低成本。强化涂装工艺管理的前提是必须有完整的工艺文件（如分组的被涂装零件清单及其相对应的工艺卡、操作规程、材料消耗定额清单等）及相应的管理制度。

② 根据工程机械涂装的特点和现场实况，在新建涂装线或改造前应委托有经验的单位进行涂装工艺设计，并进行多方案的比较，从先进·可靠性、优质高产、经济性·环保·节能减排等方面进行工艺评审，设计选用相适应的涂装设备（喷漆室、烘干室等）及被涂物在涂装过程中的输送方式。

以喷漆室为例，它是由作坊式生产向流水式生产线的工业涂装转化的关键涂装设备，它又是涂装生产线的耗能大户（在配置空调供/排风场合其能耗占整个生产线的 50％左右）。如果喷漆室的类型、结构和影响供/排风量的三要素（喷漆作业面的长×宽、风速、温湿度），捕集漆雾的方式（干式还是湿式）等选择不当，会直接影响其功能和能耗及运行成本，甚至有了喷漆室，作业人员也不愿意用（当然这也与喷涂作业方式和被涂物的输送方式有关）。例如为泵送工程车的整车涂装现装备了作业空间为长 40～50m×宽 5～6m×高 6～7m 的上供风、下排风的大型喷漆室，就不够科学，设备利用率低，能耗大。如改变工程车的输送方式和集中在一个区段喷涂，则由漆前表面准备间、喷漆室（长度控制在 6～8m 之间）和晾干间组成的喷涂线替代现用的大型喷漆室，则可大幅度降低设备造价和供排风量（降低能耗和运行成本）。另外采用干式喷漆室和喷漆室排风再生循环利用技术，是工业涂装发展趋向之一。

③ 为适应环保法规要求和改善作业环境，应依靠技术进步，削减单位涂装面积（或整机）的污染大气的挥发性有机化合物（VOC）的排放量，现今国内工程机械所用涂料还是有机溶剂型涂料，以手工喷涂为主，VOC 排放量估计在 $120g/m^2$ 以上。环保法规要求：卡车驾驶室 $55g/m^2$，轿车车身为 $35g/m^2$（德国标准）。建议通过试验逐步选用低 VOC 型涂料（如水性涂料、高固体分涂料、粉末涂料等）替代现用的有机溶剂型涂料，另外淘汰使用有机溶剂清洗工艺。

可采用静电喷涂、静电粉末喷涂、双组分喷漆机喷涂、无气喷涂等涂装效率高的喷涂方法，以及培训提高作业人员的熟练程度来提高涂装效率，加强管理，提高涂料的有效利用率，降低 VOC 的排放量。

④ 国家"十二五"规划节能减排的目标是单位 GDP 的能耗和 CO_2 排放量减少 16％～17％，基于工程机械的钢结构都是厚板件，热容量大，现今采用双组分（或多组分）、低温固化型（80℃以下或自干）涂料，与汽车涂装的新车的（OEM）生产线多采用高温（120℃以上）烘烤型涂料相比，涂膜固化耗能低，是工程机械涂装的亮点，是应进一步坚持的发展方向。

在改进和选用涂料固化性能的基础上，推广中涂、面漆采用"湿碰湿"涂装工艺，即几道漆（如中涂与面漆，面漆与面漆，底色漆与罩光漆等）喷涂后一起烘干的涂装工艺。可借用大客车、轿车修补和塑料保险杠用的低温固化型汽车用涂料。

在工艺设计时或在审核现行涂装工艺时，应从节能减排的角度，逐道工序，每台设备进行核准和优化操作规程及管理制度，依靠技术进步来降低能耗，如提高设备的有效利用率，组织集中生产，减少空运转，克服"大马拉小车"现象。

⑤ 基于涂装前磷化处理工艺的环保性差，沉渣多，资源利用率低，能耗大，涂装成本高；推荐采用新一代环保型前处理工艺（如硅烷处理技术）替代磷化工艺，推荐节水和清洗水综合利用技术，以提高前处理工艺的环保性和水的利用率。

建议钢结构件在抛丸处理后，不宜再进行磷化处理，在清洁的抛丸面直接喷涂优质的防锈底漆（如富锌环氧底漆）即可。

⑥ 企业领导应下决心改变"靠刮腻子来消除被涂面的缺陷，提高装饰性"的传统旧观

念，淘汰和取消涂装工艺中的刮腻子工序，应提高"白件"的加工质量，在工程机械涂装现场看到，无论驾驶室还是钢结构件涂装都有刮腻子工序，且刮涂量不少。"刮腻子工序"是劳民伤财的工序，除仅暂时提高"外观装饰性"外，再无其他优点，是严重影响涂装的质量、生产效率，浪费资源，恶化涂装环境的落后工艺。例如驾驶室经磷化、阴极电泳烘干后刮腻子，打磨常磨穿底涂层（即破坏了防蚀涂层），打磨灰成为涂装车间的灰尘源。另外腻子层易开裂脱落，影响涂层的使用寿命，劳动强度大，涂装成本大幅度提高。

在汽车行业中，高装饰性的轿车车身涂装绝对禁止刮腻子，20世纪50年代生产的第一代解放牌汽车的车身就不允许刮腻子。工程机械的装饰性要比汽车相对低档。应注意"白件"加工质量和管理，能完全做到不刮腻子。

1.6.5　铝合金型材涂装工艺

为了实现工业制品的轻量化和提高制品的耐蚀性及装饰性，各工业领域广泛采用铝合金材料。在大气中铝的耐蚀性优于钢铁，但纯铝的抗拉强度较低，铝中可添加镁、锌、铜等元素来提高抗拉强度，可是耐蚀性有所下降。因此常用各种方法使铝材生成一层具有一定厚度和耐蚀性良好的保护膜，再加以涂装来保护，以适应不同的使用要求。

铝合金型材的涂装工艺一般是由涂装前氧化处理工艺和根据客户要求涂布各种涂料（如电泳涂料、液状涂料、粉末涂料、高档装饰用氟碳涂料等）+高温烘干（固化）组成的。铝合金型材一般较长（≥6000mm），采用立式和水平卧式装挂（工件吊挂高度控制在1600～1800mm），涂布方法都采用自动涂装：如电泳涂装（CED或AED）、静电自动涂装、静电粉末涂装等。涂层可以是单涂层（即底-面合一涂层），也可以喷套涂层或面漆仅喷涂型材的外表面（即装饰性要求高的表面），随客户选用都可实现。

铝合金型材的涂装工艺流程如下。

涂装前氧化处理：按工艺要求装挂工件→除油→水洗→酸腐蚀→水洗→水洗→碱腐蚀→水洗→水洗→中和→水洗→水洗→阳极氧化→水洗→水洗→纯水洗→热风吹干（在电泳涂装场合可省略本工序）。

涂装工艺：在上述表面处理过的工件表面涂布订货客户要求的涂料。一般采用以下三种涂装工艺（涂布方法）。

① 电泳涂装法：电泳涂装（CED或AED法）→超滤液（UF）清洗→UF二次洗→纯水洗（含新鲜纯水淋洗）→沥水→烘干（160～180℃）→冷却→下件。

② 静电自动喷涂法：静电自动喷涂液态涂料❶（含氟碳涂料）→晾干→烘干（一般色漆涂层烘干炉温为160～165℃，氟碳涂层炉温为230～275℃，固化时间取决于所选用涂料的固化特性）→冷却→下件。

③ 静电粉末涂装法：前处理过的工件，吹干冷却→静电自动粉末涂料→烘干（固化）→冷却→下件。

图1-7为铝合金型材涂装工艺平面布置示意图，适用于大量生产的立式喷粉涂装线。

使用于产量小的喷粉、喷漆两用卧式涂装线见图1-8。

铝合金型材涂装线前处理及工艺参数参见本手册第2章2.1.3节。

（1.6.5节资料由邝演滁提供）

---

❶ 按涂层配套工艺的需要，可喷涂底面合一涂层，也可静电喷涂底漆+面漆"湿碰湿"工艺，或在涂过电泳底漆的型材面静电喷涂面漆。

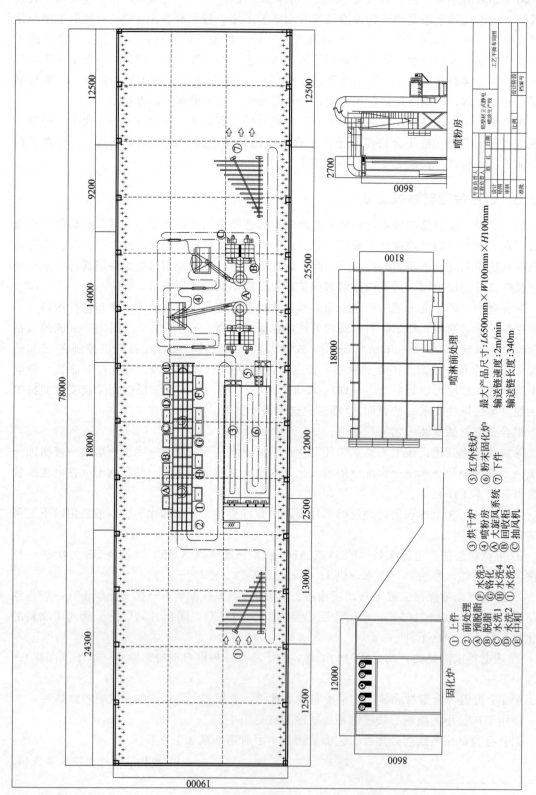

图 1-7　立式喷粉涂装线平面布置示意图（尺寸单位：mm）

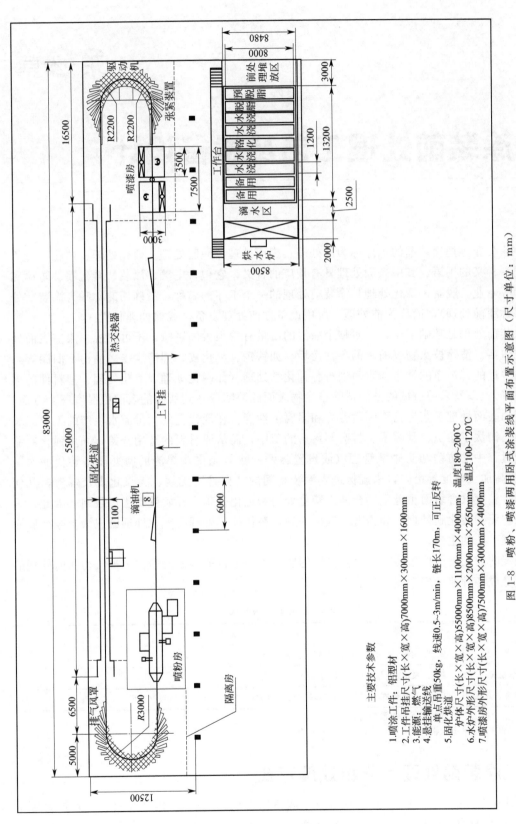

主要技术参数

1.喷涂工件:铝型材
2.工件吊挂尺寸(长×宽×高)7000mm×300mm×1600mm
3.能源:燃气
4.悬挂输送线
　单点吊重50kg,线速0.5~3m/min,链长170m,可正反转
5.固化烘道
　炉体尺寸(长×宽×高)55000mm×1100mm×4000mm,温度180~200℃
6.水炉外形尺寸(长×宽×高)8500mm×2000mm×2650mm,温度100~120℃
7.喷漆房外形尺寸(长×宽×高)7500mm×3000mm×4000mm

图1-8 喷粉、喷漆两用卧式涂装线平面布置示意图(尺寸单位:mm)
(涂装对象:标准铝型材。喷粉或喷漆共用一条喷漆生产线,前处理采用简易方法、小量生产的厂家选用此方法。)

第**2**章

涂装前处理工艺及设备设计

在涂装业界把涂装前的工序称为前处理、表面处理、脱脂处理、磷化处理、钝化处理等多种同一含义的用语。其中表面处理具有最广的含义，它包含电镀、涂装、转化膜、防锈和热处理等专业。脱脂·磷化处理是涂装前处理的一个工序的名称，最确切的称呼为涂装前处理（俗称漆前处理），简称为前处理，所用设备称前处理设备，或前处理装置。

涂装前处理是基础工作，它对整个涂层的质量有着很大的影响，不可忽视。漆前表面处理工艺包括：清除被涂物表面上的各种污垢（如铁锈、氧化皮、焊渣尘埃、油污、旧漆等）；对经清洗过的、洁净的被涂物表面进行各种化学处理（如磷化处理、氧化处理、塑料件的火焰处理等）；以及采用机械的办法清除被涂物表面的缺陷或达到所需的表面粗糙度三个方面。通过漆前表面处理工艺提高漆膜附着力和耐腐蚀性能。在现代化的大量流水生产的工业涂装线上，已淘汰了酸洗、刮腻子、打磨等落后的工序，而从原材料的选用开始，采用强化制品加工全过程中的防锈和防碰撞管理（或设置除锈、除氧化皮及焊渣的抛丸设备替代酸洗工艺），提高加工精度等措施，来确保进入涂装车间的"白件"无锈、无氧化皮及焊渣，几何形状和平整度（含表面粗糙度）合格。磷化处理和钝化处理也开始受到法规限制，因此，采用环保型无磷转化膜处理（如锆盐、硅烷处理）替代磷化处理、钝化处理已成为当今金属涂装前处理工艺的主流。

涂装的前处理是按涂装要求对需涂装的底材表面进行调整或处理。按被涂物和前处理的方式可分成各种前处理方式（见表 2-1）。

表 2-1　前处理的方式

项　目	种类(方式)
被涂物材质	钢铁(钢板、铸锻件)、有色金属、塑料、木材
处理方式	喷射、浸渍、半浸半喷[1]、刷、洗、浸·喷结合[2]
被涂物输送方式	连续式(悬链式、摆杆式、旋转输送机)、间歇式、间歇·连续式、板式(或网式)输送机

① 指被涂物上半部喷淋，下半部浸渍处理。
② 指有的工序采用浸渍处理方式，有的工序采用喷淋方式。

2.1　涂装前处理工艺和处理方式

设计涂装线时，首先应从设计任务书（或招标书），或直接从用户和涂装材料厂家等单位获得被涂物性状（材质、形状尺寸）及处理量、涂装技术要求涂膜的性能、涂装材料的特性等相关设计基础资料；再按上述涂装前处理目标选择确定前处理技术要求、前处理工艺；同时考虑涂装车间工艺平面布置及其前后工序和物流等设计要素。设备设计人员以设计诸要素为依据，进行先进可靠的最经济实用的设计。

涂装前处理设备一般包括处理室（如喷淋室、前处理通道、抛丸室等——喷淋系统）、处理槽（如浸槽、喷淋槽、备用槽等）、泵及配管、排风系统和附属辅助装置等。它们的设计顺序如图 2-1 所示。

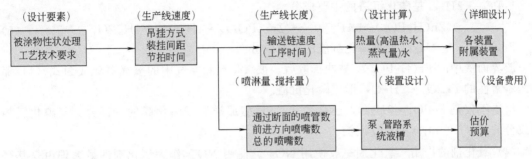

图 2-1 喷淋式前处理设备设计的顺序

涂装前处理设计诸要素中的最关键项是前处理工艺及其有关参数，其次是涂装前处理方式。

涂装前清除被涂物表面上的各种油污（如润滑油、乳化液、防锈油、油脂、汗渍等）和尘埃，使被涂面洁净的清洗工序是涂装前处理工艺必不可少的工序；洁净的被涂面（是否）进行何种化学处理（或称转化膜处理）或机械加工处理（如抛丸处理等），根据被涂物的底材及表面状态，涂装工艺要求选用。脱脂去油清洗工序一般都与转化膜工艺配套进行，它的工艺参数和操作要点在此不单独介绍，现将工业涂装常用的几种涂装前处理工艺介绍如下。

2.1.1 涂装前磷化处理工艺

涂装前采用磷化处理工艺来提高涂层的附着力和耐腐蚀性已有近百年的历史。国内涂装线采用也有 50 多年的历史。磷化处理工艺技术已有几代的演变。现今钢板、镀锌钢板制品涂装前普遍采用中、低温锌盐磷化处理工艺（Zn、Mn、Ni 三元磷化液）；室内用品，耐蚀要求不高的制品尚有采用铁盐磷化处理工艺的。

锌盐磷化处理的基本反应机理如下。

（1）浸蚀反应

$$Fe + 2H^+ + 2H_2PO_4^- \longrightarrow Fe(H_2PO_4)_2 + 2[H] \tag{1}$$

在铁表面上磷酸与铁表面的作用是浸蚀反应。随着反应消耗氢离子，铁被溶解生成 $Fe(H_2PO_4)_2$。随氢离子的消耗，接触铁表面的处理（膜界面）液的 pH 值上升。

还有，随 $Fe(H_2PO_4)_2$ 的生成，$H_2PO_4^-$ 减少，在膜界面的处理液中 $Zn(H_2PO_4)_2$ 成饱和状态。

（2）成膜反应

$$3Zn(H_2PO_4)_2 + 4H_2O \longrightarrow Zn_3(PO_4)_2 \cdot 4H_2O + 4H_3PO_4 \tag{2}$$

$Zn_3(PO_4)_2 \cdot 4H_2O$ 是 H（hopeite）磷化膜。

$$2Zn(H_2PO_4)_2 + Fe(H_2PO_4)_2 + 4H_2O \longrightarrow Zn_2Fe(PO_4)_2 \cdot 4H_2O + 4H_3PO_4 \tag{3}$$

$Zn_2Fe(PO_4)_2 \cdot 4H_2O$ 是 P（phosphophyllite）磷化膜。

在膜界面，$Zn(H_2PO_4)_2$ 成过饱和后，处理液为返回原来的稳定状态 $Zn(H_2PO_4)_2$ 的不饱和状态，进行式（2）的反应，析出 H 磷化膜。

在被处理底材是 Fe 的场合，式（1）反应产生的 $Fe(H_2PO_4)_2$ 在膜界面瞬间存在，就发生式（3）反应，吸取 Fe，析出 $Zn_2Fe(PO_4)_2 \cdot 4H_2O$ 的 P 磷化膜。处理铁底材时，随处理条件比例差异，形成 H 膜和 P 膜混合型的磷化膜。

（3）沉渣的生成

$$2Fe(H_2PO_4)_2+[O_2]+2H_2O \longrightarrow 2FePO_4 \cdot 2H_2O \downarrow +2H_3PO_4 \tag{4}$$

$FePO_4 \cdot 2H_2O$ 是磷化沉渣的主要成分。

$$3Zn(H_2PO_4)_2+4H_2O \longrightarrow Zn_3(PO_4)_2 \cdot 4H_2O \downarrow +4H_3PO_4 \tag{5}$$

$Zn_3(PO_4)_2 \cdot 4H_2O$ 也是磷化沉渣的主要成分。

膜界面液中的 $Fe(H_2PO_4)_2$ 被冲扩散后，被氧化剂和空气中的氧气氧化成为式（4）那样的不溶性的 $FePO_4 \cdot 2H_2O$，形成磷化沉渣。

沉渣不仅是 $FePO_4 \cdot 2H_2O$，还有式（2）反应那样形成磷化膜的一部分，与磷化膜相同成分的 $Zn_3(PO_4)_2 \cdot 4H_2O$ 沉淀。

（4）氧化剂的作用　氧化剂一般使用 NO_2^-。使用 NO_2^- 作为氧化剂的最大理由是其氧化力不强也不弱，还有 Fe^{2+} 被氧化的量，较其他氧化剂少。

$$Fe(H_2PO_4)_2+NO_2^-+H_2O \longrightarrow FePO_4 \cdot 2H_2O \downarrow +H_2PO_4^-+NO \tag{6}$$

浸蚀反应生成的 Fe^{2+}，使成膜速度迟缓，需靠氧化剂将其氧化成 Fe^{3+}，将处理液中不溶的磷酸铁从体系中除去是必要的。

漆前磷化处理的工艺及有关工艺参数，以最典型的轿车车身的漆前处理工艺为例，详见表 2-2 和图 2-2；磷化处理管理基准列于表 2-3 中；磷化膜的品质在采用全浸处理方式（在阴极电泳涂装前用）场合应达到表 2-4 所列的质量基准。前处理设备管理和保养，应进行日常维护和定期保养，维护内容和保养频率见表 2-5 和表 2-6。

表 2-2　前处理的方式和各工序的概念

工序名称	处理功能	处理方式				备注
		喷射方式		浸渍方式[①]		
		时间/s	温度/℃	时间/s	温度/℃	
1. 热水预清洗（或手工预清洗）	除去车身上的附着物,车身加热	60	60～70	60(喷)	60～70	使用 70～80℃的热水,如果白车身较清洁,本工序可省略,可由工序 2 及 4 补水
2. 预脱脂	除去车身外板油污,车身加热	60	45～50	60(喷)	45～50	可使用脱脂液和水洗 1 补给的水
3. 脱脂	除去油污	120	50～60	120	45～50	使用由硅酸钠、磷酸钠、表面活性剂等可配制清洗液,除去整个车身的油污
4. 水洗 1	除去脱脂剂清洗剂冷却车身	20～30	室温（偏低较好）	20～30(喷)	室温（偏低较好）	自来水,由水洗 2 通过溢流或预洗法补给
5. 水洗 2	除去脱脂剂清洗剂冷却车身	20～30	室温（偏低较好）	20～30（浸没即出）	室温（偏低较好）	连续补给自来水（出口喷）保持车体温度 40℃以下
6. 表面调整	调整微碱性,活化形成膜核	60	室温（低于室温）	60(出槽喷)	室温（低于室温）	使用钛酸盐、磷酸钠等表调剂,调整钢板表面呈微碱性

续表

工序名称	处理功能	处理方式				备注
		喷射方式		浸渍方式①		
		时间/s	温度/℃	时间/s	温度/℃	
7. 磷化	生成磷化膜	120	50～60	120(80s) (出槽喷)	40～45	使用"三元"锌盐磷化液加促进剂,由化学反应在金属表面生成磷酸盐结晶膜
8. 水洗3	除去磷化液	20～30	室温	20～30(喷)	室温	自来水,由水洗4通过溢流或预洗法补给,特别是要除去磷化渣
9. 水洗4	除去磷化液	20～30	室温	20～30 (浸没即出)	室温	自来水,或由工序11纯水水洗通过溢流或预洗法补给
10. 钝化②	封闭磷化膜提高耐蚀性	30	室温	30	室温	
11. 纯水洗	除去杂质离子	10～20	室温	浸没即出	室温	补给纯水
12. 新鲜纯水洗		10～20	室温	10～20	室温	洗后车身的滴水电导率≤30μS/cm

① 浸渍方式,并不是各工序都是浸,而是关键工序(3、5、7、9、11)采用浸渍处理,而其他工序是采用喷射处理。

② 基于钝化工序的"Cr"公害,在日本汽车工业中磷化后不进行钝化处理,而是强调钝化膜的P比(磷化二锌铁的含量)。欧美汽车厂家坚持要钝化,现发展采用无铬钝化剂。

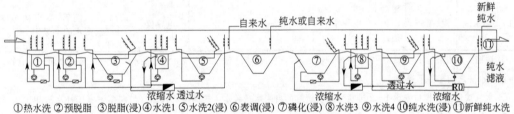

①热水洗　②预脱脂　③脱脂(浸)　④水洗1　⑤水洗2(浸)　⑥表调(浸)　⑦磷化　⑧水洗3　⑨水洗4　⑩纯水洗(浸)　⑪新鲜纯水洗

图2-2　闭合式前处理磷化工艺流程示意图

注：①需钝化场合钝化工序布置在工序⑨⑩之间；②图例：◎泵，▱加热器，▰清洗浓缩器（如NF，RO装置）

表2-3　前处理管理基准

编号	工序名称	方式	处理时间/s	处理液浓度		液温/℃	浓度测定方法	管理要点
				管理项目	点③			
1	热水洗	喷 (灌喷式)	20			65～70		除去尘埃、颗粒、车体升温、油分软化
2	预脱脂	喷	60	总碱度	1.0～2.0	50～55		除去尘埃、颗粒,减少带入脱脂工序的油分
3	脱脂	浸 (喷)①	90 通过	总碱度 游离碱度 油分(g/L)	14.0±0.5 5.5±0.5 2g/L以下	40～55	用中和法,总碱度用酚酞指示剂,游离酸度用溴酚蓝,标准液用0.1mol/L的H₂SO₄	脱脂剂的成分:碱性物质(提高洗净力的硅酸、磷酸钠等)、表面活性剂、消泡剂等组成 油分管理:脱脂剂劣化状态管理
4	水洗1	喷	20	总碱度	0.2以下	<40		除去车体的脱脂剂
5	水洗2	浸 (喷)②	浸没即出通过	总碱度	0.02以下	30～35溢流入No.1水洗		总碱度:0.02点以下,0.5点以上更换水 车体温度:40℃以下 pH:8.0～9.0 防止车体在工序间干燥

续表

编号	工序名称	方式	处理时间/s	处理液浓度 管理项目	处理液浓度 点③	液温/℃	浓度测定方法	管 理 要 点
6	表调	浸(喷)①	浸没即出通过	pH 值 钛浓度	8.5～9.5 10μL/L 以下	35 以下	pH 计	钛浓度低了,发蓝、防锈力下降,高了(10μL/L 以上)膜重增大 钛浓度由材料供应商测定④
7	磷化	浸(喷)①	90 通过	总酸度 游离酸度 促进剂浓度④ 沉渣含量	15.0±0.5 5.50±0.15 1.5±0.1	40～45	用中和法,指示剂同上,标准液为0.1mol/L 的 NaOH	总酸度:高了,磷化膜生成不充分;低了,沉渣过多 游离酸度:高了,黄锈;低了,发蓝,沉渣增多 促进剂浓度(NO₂):高了,发蓝,沉渣增多;低了,黄锈,膜重下降
8	水洗3	喷	20	总酸度	0.8 以下			0.8点:供水下降
9	水洗4	浸(喷)②	浸没即出通过	总酸度	0.3 以下		电导仪	0.5 点:增加水量,增加向 No.3 水洗的溢流量
10	钝化							
11	纯水洗	浸(喷)②	浸没即出通过	电导率	10μS/cm		电导仪	水洗后,测定从车体上滴落水的电导率

① 脱脂、磷化槽出口安设 1～2 排喷嘴,喷槽液,也可预喷水洗 1 或水洗 3 的清洗水,目的是除去表面的附着物,以及防止到水洗之间车身干燥。

② 水洗或纯水洗槽口安设 1～2 排喷嘴。喷新鲜的自来水或纯水,提高清洗效果(与向槽中直接补水法相比),另外防止车身在沥水段干燥。

③ 在酸、碱中和滴定测浓度时,10mL 消耗 1mL 0.1mol/L 标准液(H₂SO₄ 或 NaOH 水溶液)为 1 点。

④ 测定方法随药品不同而异。

锌盐磷化处理工艺是成熟的涂装前处理工艺(尤其与阴极电泳涂装配套),近几年来也有较大的技术进步(如低温化、低渣化,表调液体化和长效化),至今还是汽车车身涂装的主流工艺。可是它的不足之处是:环保性差(含 Ni、Mn、P、NO₂ 等,是环境有害物质),沉渣多,资源利用率低,能耗大,现已经有被新一代的环保型无磷表面处理工艺替代之势。

表 2-4　涂装用磷化膜的性能

特性项目			基准值(控制值) 冷轧钢板 spcc	基准值(控制值) 镀锌钢板 G₁,G_A	测 定 方 法
磷化膜	外观		浅灰色、均匀致密	均匀、致密	目测(应无发蓝或锈痕)
	膜重		1～3g/m²	2～4g/m²	重量法(5%铬酸浸洗)
	膜组成	P 比	0.85 以上		X 射线衍射仪测定
		Ni 含量	>10mg/m²	>20mg/m²	
		Mn 含量	>30mg/m²	>40mg/m²	
	结晶形状、尺寸		粒状、10μm 以下(5μm 以下最好)	10μm 以下	电子显微镜法:SEM 像

续表

特 性 项 目			基准值（控制值）		测 定 方 法
			冷轧钢板 spcc	镀锌钢板 G_1,G_A	
阴极电泳后	附着力	杯突	5mm 以上		杯突试验仪
		划格	100%		划方格法
	耐盐雾试验(5%NaCl)		1000h 以上 单侧腐蚀<2mm		

表 2-5 前处理设备日常维护内容

检 查 项 目	项 目	标 准	备 注
各工序	金属网（滤网）	正常	
	喷嘴、喷淋管	正常	
	压力	给定值	
	温度	给定值	
	喷淋的喷射情况	给定值	
	泵、电机	正常	
	槽内液面	给定值	
加热装置	供热	正常	
	热交换器入口温度	给定值	记录调整
	循环系统压力	给定值	清扫
加热油水分离器	温度	正常	记录调整
	循环液量	给定值	调整
	排出油量	正常	记录
除渣装置	循环液量	给定值	调整
	循环回来液的清澈程度	正常	清扫
	残渣排出量	正常	记录
药剂补充	补充槽内液量	正常	记录、调整
	补充添加量	正常	调整
	供水量	给定值	调整
其他	药剂使用量	记录	
	处理台数	记录	

表 2-6 前处理设备定期保养

工 序	项 目	保养频率[①]	备 注
预脱脂	槽、循环系统	1/月	废弃清扫
脱脂	槽、循环系统	1/12 个月（1 万辆/年以下） 1/6 个月（1 万~5 万辆/年）1/4 个月（5 万以上）	倒槽清扫
	加热油水分离器	1/月 1/6 个月	检查清扫 清扫

续表

工　序	项　目	保养频率[①]	备　注
水洗 1	槽、循环系统	1/月	废弃清扫
水洗 2	槽、循环系统	1/3 个月	废弃清扫
表调	槽、循环系统	1/月	废弃清扫
磷化	槽、循环系统	1/12 个月（1 万辆/年以下） 1/6 个月（1 万~5 万辆/年），1/4 个月（5 万辆以上）	倒槽清扫
		1/12 个月	硝酸清洗或拆卸清洗
	热交换器	1/月	硝酸清洗
		1/年	拆卸清洗
	硝酸槽	1/年	清扫
	除渣系统	1/6 个月	清扫
水洗 3	槽、循环系统	1/月	废弃清扫
水洗 4	槽、循环系统	1/3 个月	废弃清扫
纯水洗	槽、循环系统	1/6 个月	废弃清扫

① 频率是参考经验及有关事例记录确定的，还得视设备运转情况而定。

2.1.2　环保型无磷涂装前处理工艺（硅烷处理技术）

为适应环保要求，针对锌盐磷化处理工艺的环保性差、沉渣多、资源利用率低，能耗大等问题，自进入 21 世纪以来，掀起了一场"绿色革命"，开始研究开发"绿色表面处理工艺"（不含有害物质和限制使用物质的表面处理工艺）来替代磷化处理工艺。各表面处理材料供应厂商研究开发推出了新一代环保型无磷前处理工艺，可分为锆盐处理技术、硅烷处理技术和二者复合处理技术三种类型。它们具有以下优点：

① 无磷、无氮，无有害的重金属离子（如 Ni、Mn、Zn 等），环保性优异。

② 处理过程不产生沉渣或沉渣大幅度减少（硅烷处理无渣，锆盐处理产生的渣量为磷化处理产生渣量的 10% 以下），除渣系统可简化。

③ 处理工艺简化，可省去表调和钝化工序，工艺流程缩短，与磷化设备相比，设备长度缩短，可节省投资。

④ 常温处理，无需加温，处理时间短（约为磷化处理时间的 1/2），泵的数量减少和功率降低。

⑤ 薄膜型转化膜，膜厚为纳米级，为磷化膜厚度的 1/20 左右，Si—O—Me 共价键分子间的结合力很强，膜超薄，完全可替代传统的磷化膜，资源利用率高。

⑥ 需控工艺参数少，控制简便，维护简单。

⑦ 可共线处理钢板、镀锌板、铝板、铜级铝合金、镁合金等多种底材。

⑧ 在喷涂粉末涂料或有机溶剂型涂料的场合，硅烷处理后的水洗工序可省略，仅烘干水分，冷却即可，在与电泳涂料配套的场合，可不烘干。

⑨ 与原有涂装工艺及设备相容，不需进行设备改造，仅需清洗，更换转化膜处理液，即可投产。

⑩ 综合上述优点，节能、节水、材料消耗低，三废处理费用少，综合运行成本下降。

新一代环保型无磷涂装前处理（硅烷处理技术）已趋向成熟，环保、节能、降低成本的优势明显，在近10年中，在国内家用电器、汽车零部件、金属结构件、风力发电等行业和禁用磷的地区已得到应用。已投产几十条生产线。在国外汽车车身涂装线方面已采用硅烷处理技术替代锌盐磷化工艺的有几十条生产线，规划即将采用的还有多条线。

上海凯密特尔化学品有限公司、五源科技集团和武汉材保表面新材料有限公司等厂家都有硅烷处理产品系列供应市场。

（1）薄膜环保型无磷前处理工艺（以硅烷技术处理工艺为例） 在普通工业中以硅烷处理取代铁系和锌系磷化处理已开始广泛应用。老的生产线只要将磷化槽清洗干净，直接投入硅烷材料就可以生产了。磷化槽及其管道内通常结有磷化渣，需要用专门的清渣剂彻底清洗干净，否则影响产品质量。

① 一般工业硅烷预处理工艺流程如图2-3所示。

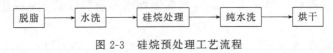

图2-3 硅烷预处理工艺流程

硅烷预处理取代了传统的表面调整、磷化和钝化工艺，工艺简洁了许多，硅烷处理后烘干（除去水分），直接进行喷粉或喷漆，硅烷涂层固化过程与喷粉或喷漆的烘烤同时完成，烘烤温度需要在140℃以上，时间20min以上。也可以硅烷处理后不水洗直接烘干后喷粉。

② 车身硅烷前处理主要工艺过程 见表2-7。

表 2-7 车身硅烷前处理主要工艺过程

序 号	工序名称	工艺方法	工 艺 参 数		备 注
			温度/℃	时间/min	
1	预脱脂	喷淋	40～60	1～2	用主脱脂槽液更换
2	脱脂	浸渍	40～60	3	新脱脂剂加入主脱脂槽
3	水洗一	喷淋	室温	0.5	使用二号水洗槽溢流水
4	水洗二	浸+喷	室温	1	使用三号、四号水洗槽溢流水
5	纯水洗三	浸+喷	室温	1	出槽新鲜纯水喷淋
6	硅烷处理	浸渍	20～30	1～2	出槽小流量新鲜水喷淋
7	纯水洗四	喷淋	室温	0.5	使用五号水洗槽溢流水
8	纯水洗五	浸+喷	室温	1	出槽新鲜纯水喷淋

硅烷处理后不烘干，直接进行阴极电泳。车身硅烷前处理工艺过程是一个很完整的工艺，其他工业可以适当精减。比如硅烷处理后的水洗就可以减少一些。

（2）硅烷处理与磷化处理之间的区别

① 磷化与硅烷处理技术方面的区别见表2-8。

表 2-8 磷化与硅烷处理的区别

项 目	磷 化	硅 烷	项 目	磷 化	硅 烷
温度/℃	35～55	20～30	膜厚/μm	1～2	0.04～0.2
时间/min	3	1～2	晶型	晶体	无定形
成渣量/(g/m²)	3～12	0～0.5	槽液循环次数/(次/h)	3	1～2
耗水量/(L/m²)	4	2	检测参数	游离酸、总酸、促进剂、氟硅酸含量、锌、镍、锰含量等	pH值、活化点、电导率
膜重/(g/m²)	2～3	0.04～0.2			

② 硅烷技术应用过程中的一些技术问题如下。

a. 脱脂　德国表面处理专家指出"虽然硅烷工艺非常简单稳定，但是在应用过程中还是需要专业的技术支持才能达到规定的防腐效果、涂料结合力及工艺适应性。"

硅烷处理工艺应用过程中第一要重视的就是脱脂。由于以往磷化是在较高的温度（50℃）和较低的 pH（pH＝3.2 左右）下进行，车身表面的污物及油脂在这种温度和 pH 条件下还可被进一步清洗除去。但是硅烷处理技术的工艺条件非常温和（室温，pH＝4.5 左右），这种条件基本上不具备进一步清洗的可能性。硅烷处理后成膜非常薄，极少的表面油脂也会影响成膜后的结合力，从而大大降低涂装后的防腐能力。这就意味着，硅烷处理工艺对脱脂的要求比较高。

为了保证脱脂效果，涂装线的设计中需要注意的事项：

（a）脱脂时间要加长。预脱脂 2min，增强表面喷淋脱脂效果。主脱脂 4min，增强空腔内脱脂效率。

（b）脱脂槽液温度适当提高。生产时选择 50℃左右。设备要可以保证槽液升到 60℃。

（c）选择高效环保的脱脂剂。可选择不含磷酸盐但含有容易生物降解的破乳型高效脱脂剂。

（d）主脱脂槽两侧应增加超声波清洗系统。这样可以加强脱脂效果和提高空腔内的脱脂能力。

（e）充分保证预脱脂和热水洗的槽液温度。

由于工件是冷的，钢铁件热容量大，能迅速吸热。热水洗和预脱脂的溶液始终处于喷淋状态，飞溅状态的液体很容易散热，加上上面还有排风系统不停地吸收热量，整个系统热量损失十分严重，槽液温度很难达到工艺要求。而涂装线的设计中常常是按预处理槽大小计算换热量的，生产线一开始进工件，槽液温度就会迅速下降，槽液温度达到稳定时离规定要求相距甚远，从而明显降低脱脂效果。因此涂装线设计时应充分考虑上述几个因素，大幅增加热水洗和预脱脂加热器的换热量，这样才能获得理想的脱脂效果。

b. 水洗　水洗效果对硅烷处理涂装质量影响也非常大。脱脂干净后的工件容易生锈，尤其是冷轧板工件问题比较大。水洗工艺中可以使用特殊的化学药剂，对防止生锈有效。镀锌板和铝合金板没有闪锈问题。硅烷处理技术的湿膜本身不防锈，水洗后要防止膜干燥或者半干半湿，尤其预处理结束转到电泳的过渡段距离会比较长，可以考虑将浸槽新鲜纯水出槽喷淋管后移到转弯区，这样可防止硅烷膜干燥。预处理线设计过程中要尽量考虑缩短处理时间，槽子和沥水区的长度做到尽可能短，但也要保证满足工艺要求和水滴干净。这样有利于工件防止闪锈，也可防止涂膜干燥。

硅烷处理工艺中需要使用纯水，脱脂水洗后加一道纯水浸洗，以减少空腔内积液和自来水水质对硅烷槽液的污染，这样才能保证槽液的稳定。硅烷配槽和以后的水洗都需要用纯水。和阴极电泳配套时，硅烷处理以后需要有一道纯水浸洗，可防止工件空腔内的槽液污染电泳漆。总之，硅烷技术处理的每一道工序都要充分清洗干净，才能保证涂装质量。

c. 除渣　硅烷处理本身基本不产生渣，但槽液是酸性的，对钢铁工件有腐蚀性，加上工件上可能带进灰粒等，所以槽液中仍有微量渣存在，必须除去。可以用袋式过滤器的办法除渣，也可用隔膜泵加全量通过板框压滤，使用 $5\mu m$ 的滤布，除渣效果更好。

d. 泳透力　硅烷处理后电泳的泳透力与磷化有所不同。由于硅烷膜层厚度明显低于磷化膜层厚度，硅烷膜层的电阻就明显低于磷化膜层，从而阴极电泳的表面成膜厚度也必将较厚。车身内腔的有效电压由于法拉第效应会下降，所以电泳在内腔表面就有可能较难上膜。

德国舒巴赫博士解说道："意识到车身内腔获得足够的电泳膜厚和车身表面获得同样电泳膜厚一样重要，凯密特尔通过研究硅烷槽内部的化学机理而开发出了这一问题的解决方案。"这一方案的成功还给了电泳供应商新的灵感：研发出专门为新型薄膜前处理技术配套的电泳产品，两者配合达到了更好的泳透力效果。所以选用硅烷工艺时必须考虑与电泳漆是否相配套。目前 PPG、BASF、DuPont、Nippon 等大公司都有电泳漆与硅烷技术相配套。硅烷处理后电泳的泳透力与磷化可以做到完全相当。

（3）硅烷工艺处理设备

硅烷工艺与磷化工艺在设计新的涂装生产线时还是有一些区别的，流程短、设备少、槽子小、循环低是其特点。这样可以节省制造费用和运行费用。具体设计生产线时可以参考如下原则。

① 不需设计表面调整和钝化工艺。

② 硅烷处理槽的设计：硅烷槽液 pH＝4.2～4.8 偏酸性，槽体材质的选用耐酸不锈钢为好。如 316 或 304 不锈钢，也可选用塑料材质的材料，如偏聚二氟乙烯（PVDF）或聚丙烯（PP）等材料。冷轧普通钢板是不行的，除非内腔涂覆防酸材料、如耐酸塑料、不锈钢薄板等。

工艺要求反应时间为 1～2min，槽体的长度可按通过时间 2min 计算。循环次数要求1～2 次，设计循环次数也按每小时 2 次计算。设计加热系统可按最高槽液温度 35℃ 计算，实际运行温度为 20～30℃。硅烷槽液清澈透明，反应时也不产生渣。但工件碰到酸性槽液会有铁离子溶出，工件上也会携带颗粒物。所以建议系统中安装袋式过滤器，选用孔径 25μm 的过滤袋或配制板框压滤机系统。

由于化学品消耗量小，硅烷槽加料量少，可以使用滴加泵滴加化学品。

硅烷槽出口安装小流量雾化喷嘴，喷淋纯水润湿，使处理表面状态均一，获得最佳电泳效果。小流量不会增加槽液溢流量。

③ 节水溢流管路设计　采用合理的溢流管路设计和管理达到节水的目的，也可保证清洗效果。见图 2-4。

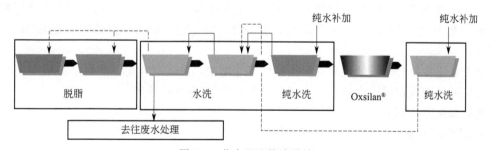

图 2-4　节水溢流管路设计

使用后道向前道溢流的方式即逆工序供水清洗，按照 Kushener 近似公式：

$$最终稀释倍数＝(X^{n+1}-1)/(X-1)$$

式中，n 为水洗次数，X 为供水量/带出水量，可计算出同样达到 500 倍稀释倍数，使用后道向前道溢流方式水洗可比不使用该方式的生产线节约 55% 的耗水量。

（4）工艺管理

① 脱脂工序　要求使用更有效的脱脂方式，比如喷浸结合、使用破乳型活性剂等方式，提高脱脂效率及效果，为后道硅烷处理工序打下良好的基础。日常管理中要经常注意检查脱

脂效果。

② 硅烷槽日常管理　硅烷技术的工艺管理比较简单，控制的参数比磷化工艺少，控制容易。

a. 槽液日常控制参数：具体如下。

槽液温度：20~30℃（最大范围为 15~45℃）

pH 值：3.8~4.8

活化点：4.1~6.8

电导率：<4500μS/cm

b. 使用手持仪器 XRF 可以直读的方式对涂层进行检测、ICP 对槽液进行分析，可提高检测的准确度。

c. 硅烷槽保留了加热设备，一般情况下不需要加热。

硅烷最佳处理温度为 20~30℃。日常工作时该温度可由脱脂载带满足，但周一或节假日恢复生产时，还需要槽液加热到该温度获得最佳前处理效果。

d. 有些生产线夏季要预防细菌滋生，需添加杀菌剂。

选择优质的涂装材料和良好的涂装设备，做到精心的现场管理一定可以获得优良的涂装结果。

硅烷技术经过了十多年的发展，已经积累了丰富的经验，工艺和技术已经成熟。这项节能环保并节约成本的新技术必将迅速代替磷化工艺得到大规模的推广。

2.1.3　铝及其合金涂装前氧化处理工艺

铝是活泼的金属，在空气中易发生氧化，在表面形成一层致密的薄膜，且有一定的防护作用，因而在大气中铝的耐蚀性优于钢铁。但纯铝的抗拉强度较低，铝中加入镁、锌、铜等元素后，抗拉强度提高，而耐蚀性却下降。因此常用各种方法使铝表面生成一层具有一定厚度和良好耐蚀性的保护膜，并常加以涂装保护，以适应不同的使用要求。

铝及其合金氧化处理分为化学氧化和电化学氧化两大类。

（1）化学氧化　化学氧化所生成的氧化膜较薄，为 0.54~4μm，而且膜层较软，不耐磨，耐腐蚀性能低于电化学氧化，但化学氧化膜的吸附能力较强，是涂料涂装的良好底层。

化学氧化按处理溶液的性质可分为碱性氧化溶液和酸性氧化溶液两种。按所生成的膜层的性质又可分成氧化膜、磷酸盐膜、铬酸盐膜和铬酸-磷酸盐膜等。

化学氧化方法如下。

① 碱性溶液氧化法：0.5~1μm，溶液 80℃以下，10min。

② 磷酸-铬酸盐法：3~4μm，需封孔处理，90~98℃以下，10min。

③ 铬酸盐氧化法：0.5μm，溶液室温下使用，10~6℃以下，10min。

④ 低浓度氟化物处理法：（氟化钠）溶液 80℃，7min。

（2）电化学氧化　在电解液中，铝制品作为阳极在外加电流的作用下，形成氧化膜，因而通常称为阳极氧化，在酸性溶液中，铝阳极在外电流作用下氧化时，同时发生两个过程，氧化膜的生成和氧化膜的溶解，只有当成膜的速度超过膜溶解的速度时，铝表面才有氧化膜的实际存在（三氧化二铝膜层）。三氧化二铝是不导电的，氧化膜形成后会使铝表面与溶液绝缘，导致电化学反应停止，但由于会有溶解作用，使氧化膜的形成与溶解反应不断地进行。

① 阳极氧化膜的性质

a. 阳极氧化膜为两层结构，内层是纯度较高的三氧化二铝，致密的薄的玻璃状膜，厚度约 $0.01\sim0.05\mu m$，硬度较高。外层是含水的三氧化二铝膜。

b. 氧化膜与基体结合牢固，因为氧化膜是由基体金属生成的，与基体金属结成一个整体。

c. 氧化膜空隙多，空隙呈锥形毛细管状，孔径自内向外变大，因而它具有很好的吸附能力，易染成各种颜色，加强装饰作用，与涂料结合力强，适于作涂装底层，为提高腐蚀性能，应进行封孔处理。

d. 氧化膜是绝缘体，当膜厚 $1\mu m$ 时，击穿电压为 25V，纯铝氧化膜的电阻率为 $10^9\,\Omega/cm^2$。

e. 氧化膜耐热性能优良，耐热可高达 1500℃，其热导率比金属低。

f. 氧化处理后，工件尺寸稍有增大，因为三氧化二铝的体积比铝的体积大。

② 硫酸阳极氧化

a. 特点：

(a) 膜为无色，厚度约 $5\sim20\mu m$，硬度高，吸附能力强，易于染色，经封闭处理后，具有较高的抗蚀能力；

(b) 溶液成分简单、稳定，允许杂质含量范围较宽，处理工艺简单，操作方便；

(c) 除不适用于松孔度较大的铸件、点焊件或铆接件外，其他所有的铝合金件都适用。

b. 硫酸阳极氧化工艺参数：见表 2-9。

表 2-9 硫酸阳极氧化工艺参数

序号	H_2SO_4含量 /(g/L)	工艺参数					适用范围
		阳极材料	电流密度/(A/dm²)	电压/V	温度/℃	时间/min	
1	$180\sim200$	铝板	$0.8\sim1.5$	$14\sim24$	$13\sim26$	$20\sim45$	一般铝及合金铝
2	$160\sim170$	纯铝铅锡合金	$0.4\sim0.6$	$18\sim28$	$0\sim3$	60	适用于铝镁合金

c. 交流阳极氧化：用交流电源也可进行氧化，溶液组成和操作条件如下。

硫酸：130～150g/L　　　用相等的工件作阳极和阴极

槽端电压：18～28V　　　槽液温度：13～26℃

电流密度：1.5～2A/dm²　处理时间：40～50min

当含铜量达 0.2g/L 时，氧化膜质量变劣，此时可在溶液中加热铬酐 2～3g/L，电解液中铜含量允许浓度可提高到 0.3～0.4g/L 或加硝酸 6～10g/L 以消除铜的影响。

d. 硫酸阳极氧化工艺示例：

碱液脱脂 $\xrightarrow[60\sim80℃]{3s}$ 热水洗 $\xrightarrow[50\sim60℃]{1\sim3s}$ 冷水洗 $\xrightarrow[RT]{1\sim3s}$ 出光 $\xrightarrow[RT]{2\sim3s}$ 冷水洗 $\xrightarrow[RT]{1\sim3s}$ 碱腐蚀

$\xrightarrow[40\sim50℃]{1\sim3s}$ 热水洗 $\xrightarrow[50\sim60℃]{1\sim3s}$ 冷水洗 $\xrightarrow[RT]{1\sim3s}$ 出光 $\xrightarrow[RT]{1\sim3s}$ 阳极氧化 $\xrightarrow[90\sim95℃]{25\sim40s}$ 冷水洗 $\xrightarrow[RT]{1\sim3s}$ 热水洗

$\xrightarrow[50\sim60℃]{1\sim3s}$ 封闭 $\xrightarrow[90\sim95℃]{15\sim25s}$ 热水洗 $\xrightarrow[50\sim60℃]{1\sim3s}$ 冷水洗 $\xrightarrow[RT]{1\sim3s}$ 烘干 $\xrightarrow[70\sim80℃]{10\sim15}$

e. 影响阳极氧化质量的因素

(a) 合金成分：铝硅合金件氧化较为困难，氧化膜无光泽。

(b) 溶液成分：硫酸浓度宜在 18％～20％；草酸（添加剂）一般在 0.5％～4％左右。

(c) 电流密度：在±0.05A/dm² 内波动。

(d) 温度：通常在 18～22℃。

(e) 时间：30～40min。

f. 阳极氧化常见故障及处理措施

(a) 工件局部电击烧伤——调整工件间距，改变夹持方式。

(b) 氧化膜疏松起粉——降温，加强搅拌，减少氧化时间。

(c) 氧化膜有网状或调温花纹——加强氧化前的清洗。增加出光处理。

(d) 氧化膜发暗、不亮——改进通电状况，补充硫酸。

(e) 氧化膜发灰——重新淬火后再氧化。

(f) 氧化膜存黑点或黑条纹——加强出油工作，清除悬浮物，更换溶液。

(g) 氧化膜后黑色腐蚀斑点——溶液降温或调整或更换溶液。

(h) 氧化膜有白色痕迹——稀释溶液，降低电流密度。

(i) 氧化膜呈五彩颜色——降低溶液温度，补充硫酸，调高电流密度。

(j) 氧化膜发脆开裂——降低电流密度，提高溶液温度。

(k) 氧化膜部分被腐蚀——加强氧化后的清洗。

(l) 封闭后氧化膜色淡发白——提高封闭孔温度，加长封孔时间，增加氧化膜厚度。

(m) 封孔后易沾手印、水印、膜发白——提高封孔温度，加长时间更换热水。

③ 铬酸阳极氧化 膜厚约 2～5μm，适于精度高的工件、铸件、铆接件、点焊件的氧化处理，成本高。

④ 草酸阳极氧化 膜厚 8～20μm，电压高（100V），成本高。

(3) 氧化膜的褪除（镁合金氧化膜） 不合格的氧化膜可用化学法褪除，褪膜溶液的配方及操作如下。

① 氢氧化钠：260～310g/L；温度 70～80℃；时间 5～10min（化学氧化膜，一般件）。

② 铬酐：150～250g/L；温度 RT；时间：褪净为止（化学氧化膜，容差小的工件）。

③ 铬酐硝酸钠：铬酐 100（质量份），硝酸钠 5（质量份）；温度 RT；时间：褪净为止（碱性阳极氧化膜）。

④ 铬酐：18～250g/L；温度 50～70℃；时间 10～30min（酸性阳极氧化膜）。

铝合金型材涂装前氧化处理工艺参数和设备设计实例列于表 2-10 中。

2.1.4 涂装前抛丸（喷砂）处理工艺

抛丸（喷砂）是利用压缩空气或电动机的力使称为磨削材的粒子高速飞射，靠其冲击力进行被加工物的表面处理和剥离，使加工面清净化的方法。随磨削材的种类、粒径、喷射速度等诸条件的变化，被加工面的相应粗糙状态和清净化程度也不同。抛丸（喷砂）方法的种类如图 2-5 所示。

在抛丸（喷砂）加工处理时，表面粗糙度和投射密度等是其重要参数。在涂装前的底材面调整场合，评价涂装的抛丸状态，涂装面达到什么样的粗糙状态十分重要。还有的抛丸加工虽可目测粗糙状态，但是靠操作者目视确认有偏差。因此，表面粗糙度和投射密度等以及抛丸的粗化程度数值化也很重要。

(1) 表面粗糙度 表面粗糙度是表示加工面的粗化状态的，且是数值化的数据。一般用表面粗糙度参数曲线表示：Ra（算术平均高度），Rz（最大高度），Rz_{jis}（10 个点平均粗糙度）。根据各种涂装施工要求，进行数值化管理。

表2-10 铝合金型材涂装前氧化处理工艺参数和设备设计实例

序号	工序名称	处理条件			处理槽			处理电源					槽附属设备							排气装置	槽液循环装置	溢流槽	喷淋装置
		浸渍时间/min	溶液组成	处理温度/℃	槽尺寸(长×宽×高)/m	体积/m³	衬里材料	种类	电压/V	电流/A	台数	电流密度/(A/m²)	导电梁支座	空气搅拌	溢流箱	排水	加热	冷却	调温				
01	装料1~3	3																					
	转储存																						
1	脱脂	~7	稀硫酸	RT	7.5×1.10×3.1	22.7	FPR									○							
2	水洗-A		工业水	RT	7.5×1.0×3.1	20.7	FPR						○	○	○	○					○	○	
3	特殊酸腐蚀	~5	特殊液	40~50	7.5×1.0×3.1	20.7	FPR						○	○	○	○	特殊		○		○	○	
4	水洗-B		工业水	RT	7.5×1.0×3.1	20.7	FPR							○	○	○				○			○
5	水洗-C		工业水	RT	7.5×1.0×3.1	20.7	FPR							○	○	○							○
6	碱腐蚀1,2	~15	碱	50~60	7.5×2.0×3.1	41.3	铁						○	○	○	○	管	管	○	○		○	
7	水洗-D		工业水	RT	7.5×1.0×3.1	20.7	FPR						○	○	○	○							○
8	水洗-E		工业水	RT	7.5×1.0×3.1	20.7	FPR							○	○	○							○
9	中和	~7	稀硝酸	RT	7.5×1.0×3.1	20.7	FPR						○	○	○	○					○	○	
10	水洗-F		工业水	RT	7.5×1.0×3.1	20.7	FPR							○	○	○							
11	电解1~4	40	稀硝酸	20±1	7.5×1.7×3.1	35×4	FPR	直	25	13	4	100~200					板	板	○				
12	水洗-G	pH调整	工业水	20~24	7.5×1.0×3.1	20.7	FPR							○			板	板	○	○	○	○	○
13	水洗-H	pH调整	工业水	20~24	7.5×1.0×3.1	20.7	FPR		○					○			板	板	○		○	○	○
14	纯水洗-1	pH调整	纯水	20~24	7.5×1.0×3.1	20.7	FPR							○			板	板	○		○	○	
15	UNICOL	约5	Ni系混碱	25~(30±1)	7.5×1.7×3.1	35	FPR	特	60	2.7					○		板	板	○			○	

续表

序号	工序名称	处理条件			处理槽			处理电源					槽附属设备							排气装置	槽液循环装置	溢流槽	喷淋装置
		浸渍时间/min	溶液组成	处理温度/℃	槽尺寸(长×宽×高)/m	体积/m³	衬里材料	种类	电压/V	电流/A	台数	电流密度/(A/m²)	导电梁支座	空气搅拌	溢流箱	排水	加热	冷却	调温				
16	RO水洗-J		RO水	RT	7.5×1.0×3.1	20.7	FPR						○	○	○	○					○	○	
17	RO水洗-K		RO水	RT	7.5×1.0×3.1	20.7	FPR						○	○	○	○					○	○	
18	着色		将来		7.5×1.0×3.1		FPR						○			○							
19	水洗		将来		7.5×1.0×3.1		FPR																
20	水洗		将来		7.5×1.0×3.1		FPR						○			○							
21	纯水洗(1)		纯水	20	7.5×1.0×3.1	20.7	FPR						○	○		○							
22	封孔1~2		低温封孔剂	30~(50±3)	7.5×2.0×3.1	41.3	SUS						○	○			管			○	○	○	
23	纯水洗(2)		纯水	20	7.5×1.0×3.1	20.7	FPR						○	○	○								
24	纯水洗ED		纯水	60~80	7.5×1.10×3.1	22.7	SUS						○	○			管		○				
25	沥水				7.5×2.6×3.1		FPR						○			○							
26	电泳C	~4	电涂料	20~(25±1)	7.5×1.70×3.1	35	FPR	直	250	1.6	1	15	○	○	○	○	板	板	○		○	○	
27	UF水洗-L		UF水	RT	7.5×1.0×3.1	20.7	FPR						○		○	○					○	○	
28	UF水洗-M		UF水	RT	7.5×1.0×3.1	20.7	FPR						○		○	○	板	板	○		○	○	
29	C液切				7.5×1.80×3.1		FPR						C/V			○							
30	烘干	35		180~200	7.7×7.9×3.5		铁						○										
	卸件	3ch																					

注：○表示有此设备。

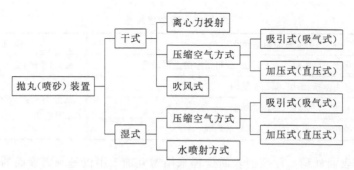

图 2-5　抛丸(喷砂)方法的种类

表面粗糙度随抛丸加工后的工程施工的各种涂装条件（涂装种类、涂膜等）而有差异，且对提高制品与涂装的附着性非常重要，影响外观的光泽。另外，加工条件随被加工面的硬度有差异。

（2）投射密度　投射密度是单位被处理面积所投射到的磨削材量，且是数值化的参数值，单位为 kg/m^2，是判断除锈程度的重要因素。必须注意，投射密度随磨削材的大小和形状有差异，在同一密度下制品的处理外观状态不一样。

表面粗糙度和投射密度是抛丸（喷砂）加工管理项目，这会使所用磨削材和抛丸处理的目的、加工条件等在数值上做相应变化。

涂装前采用抛丸（喷砂）处理基于下列理由：

① 与药品处理相比，环境优，作业者无大的危险；

② 与采用工具的手工作业相比，效率高，且处理均一；

③ 抛丸（喷砂）处理不具有一定的方向性，因而附着性优良。

基于上述优越性，抛丸装置作为干式的涂装前处理在涂装业界推广应用。在涂装领域里的应用实例有以下三个方面。

（1）剥离氧化皮　制品表面的锈成为涂膜下发生锈蚀的原因，使防蚀涂膜的耐久性低下。还有由于热处理时的高温氧化，在制品表面产生热轧氧化皮，成为涂膜剥离和产生气泡等的原因，因而在涂装前应剥离，以提高涂装的耐久性。作为机械处理方法，底材处理的除锈度的规格如表 2-11 所列。清净度规格如表 2-12 所列（即作为除锈和涂膜前的底材表面调整的作业方法，清净度是表示其外观修饰加工程度的）。

表 2-11　除锈度规格

除锈方法	ISO 8501-1 SIS 规格	SSPC 美国	JSRA SSPC 日本造船研究会	标准除锈率/%	清净度
抛丸(喷砂)	Sa3(ABCD)	SP-5 白亮金属,抛丸清理			1级
	Sa2 1/2(ABCD)	SP-10 近白亮金属,抛丸处理	Sd3,Sh3	99.9 以上	
	Sa2(ABCD)	SP-6 大量生产的抛丸清理	Sd2,Sh2	95 以上	
	Sa1(ABCD)	SP-7 抛丸扫清	Sd1,Sh1	67 以上	
机动工具手工作业	St3(BCD)	SP-3 动力工具清理	PC3		2级
	ST2(BCD)	SP-1 手工工具清理			3级
	ST1(BCD)				

注：1. SIS 规格：Svensk Standard SIS 05 5900-1967。

2. SSPC：Steel Structures Council。

3. 日本造船研究会："涂装前钢材表面处理基准"。

表 2-12　清净度规格

底材面调整程度		作 业 方 法
清净度 1	氧化皮、锈、漆膜等充分除去,获得清净的金属表面	抛丸(喷砂)法
清净度 2	充分去除锈、漆膜,露出金属面	圆盘磨光机、钢丝轮等动力工具和手工工具并用
清净度 3	除去锈、劣化漆膜,露出金属面	
清净度 4	除掉粉化物和附着物,残留好的涂膜	

（2）涂装前表面处理　涂装前表面处理采用抛丸加工不仅是剥离表面的锈和氧化皮,更重要的是影响被涂物的表面粗糙度。被涂物品经抛丸处理后呈凹凸状态,这种凹凸关系到涂装附着性的优劣。

抛丸（喷砂）后所形成凹凸的形状种类是各式各样的,如钢丸的球粒状（见图 2-6）和钢磨粒的锐角粒子状（见图 2-7）。

 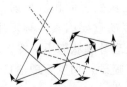 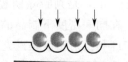

因构成均一的组织和硬度,使加工稳定　　因球状粒子,乱反射性优,作业效率提高　　捶打效果除去氧化皮,处理面外观呈有光泽的梨子皮面

图 2-6　高强度钢丸的特征

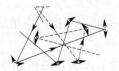 

有高硬度,难破碎,消耗少　　锐角粒子的切削性优,可得到优质加工　　通过硬度、粒径的选择,可获得粗化和平滑细致的加工面。加工面外观呈梨子皮样

图 2-7　钢磨粒的特征

因钢丸是球状的,表面受捶打冲击,硬度、粒径可选范围广,价格比较低。钢磨粒呈锐角粒子状,呈小切削表面,因此钢磨粒那样的锐角粒子处理效率优,处理面的表面粗糙度大。

一般场合使用经济性优的钢丸处理,可是在重防腐涂装投射前处理的场合,要使用锐角粒子,形成除锈度高的（Sa2 1/2～Sa3）底材表面。

抛丸形成的凹凸,因其在凹坑斜面上还有细的凹凸,形成扩伸形状。涂料进到这种扩伸部位后,涂料在制品表面浸入,增大涂料的附着性和涂料附着的表面积。这种形状称为锚钉现象,它能提高涂料的附着性,起到投锚（停泊）效果。

表面粗糙度随抛丸条件（投射速度和磨削材料等）的变化而变更,因而改变凹凸程度是可能的。粗糙度使平均膜厚增加,涂装后的表面也变得粗糙了。

近年来,涂装逐渐薄膜化,因而有降低底材面表面粗糙度的倾向。一般的涂装底材表面粗糙度最高理想为平均膜厚的 $30\%\sim50\%$。

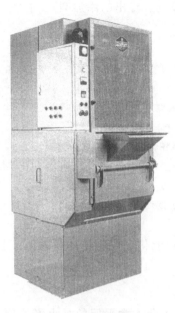

图 2-8　转鼓型抛丸机

（3）涂膜剥离　在涂装不合格的再生处理，再涂装前处理，检查时需要的涂装剥离等场合选用抛丸加工。在涂装不合格品的再生场合，削减废弃量，制品再利用，在再次涂装处理场合，如煤气表的涂装剥离和自行车等换色再涂装时都可使用这种方法。

还有，为检查所需要的涂装剥离，如 LPG 气罐的涂膜剥离采用抛丸加工。在检查气罐时，气罐上附着的涂膜往往有碍检查，需用抛丸加工剥离附着在气罐表面上的涂膜。

涂装后的挂具（夹具）清理（去除挂具上的积漆层）也采用干式抛丸处理。它要比药品处理、焚烧处理和碳化处理好，无二次环境污染，不需二次处理，无变形问题。

应用实例：在小批量生产场合，大型件采用抛丸室或专用抛丸线；小件选用抛丸机（如图 2-8 所示的转鼓型抛丸机）；为适应大量流水生产，在涂装生产线上装配多喷头抛丸机，如集装箱、工程机械的钢结构件涂装生产线采用干式抛丸处理作为涂装前工艺。

（注：干式抛丸系统不适用于有油污、水分附着的工件）。

2.1.5　塑料件涂装前处理工艺

2.1.5.1　概述

随塑料的合成技术、合金化技术和成型技术的进步，为实现工业制品的轻量化（以塑代钢），使塑料制品在工业领域、生活日用品领域获得广泛的应用。例如现今一辆轿车的塑料用量已超过 150kg，占轿车质量的比例大于 20%。

尽管塑料制品不会生锈，易于着色，具有耐腐蚀性和一定的装饰性，但若在塑料制品表面上涂布一层合适的涂料，可使其装饰性提高（如同金属制品的同色涂装一样的装饰性和耐久性），同时提高它们的各种性能，从而扩大它们的应用范围，提高经济效益。

塑料件涂装常遇到的问题：涂层与塑料底材的结合力不好；塑料底材的表面能较金属底材低，涂膜难附着；还有塑料件表面常存在和渗出添加剂，涂装前必须除净。

塑料件在涂装前进行表面处理的目的是表面的清洁化、表面的活性化和表面的功能化（见表 2-13）。

表 2-13　塑料表面处理的目的和方法

目　的	方　法
表面清洁化 表面活性化	溶液清洗,溶剂(擦洗、浸渍、喷淋)、水系(酸、碱、表面活性剂)蒸汽洗净,溶剂蒸气洗净 氧化处理、铬酸处理、电晕放电、臭氧处理、火焰处理、等离子处理、涂底漆处理
表面功能化(导电化、防止带电、金属化、抗划伤、紫外线保护层)	导电涂层 吹离子风除静电 镀铬处理 真空喷涂金属层 硬涂层 防紫外线涂层

① 清洁化是除去被涂物表面的灰尘、颗粒、油污（如脱模剂、渗出的添加剂）、水分等异物和脆弱层。

② 活性化是提高表面能和极性，增强涂膜的附着性。

注：各种塑料底材与涂膜的附着性：按塑料与涂膜的附着性（结合力）不同，可将塑料分为易附着、难附着和不附着三类。

a. 易附着塑料底材：ABS、PMMA、PC 和 BBT 塑料，可不涂底漆处理，直接涂塑料用面漆。

b. 难附着塑料底材：RIM-PU，改性 PP。需进行特殊处理，才能附着。

c. 不附着塑料底材：未改性的 PP，表面活性极差，不经铬酸处理那样的强力处理，底材不能附着。

按表面能来判别，表面能达 26N/m 以上的塑料，可不涂底漆直接涂塑料专用面漆，涂膜附着良好，表面能在 26N/m 以下的塑料，必须涂底漆处理。改性 PP 的表面能为 24～25.4N/m。

塑料底材的特性与涂膜附着性的关系：塑料底材的表面能（表面张力）、极性（SP）、溶剂亲和性越高，涂膜附着性越好，结晶性和软化点越低，涂膜附着性越好。

③ 功能化是指防止带电，金属化。涂底漆处理后的表面功能化（导电化、着色化）也可包括在此项内。

2.1.5.2 聚丙烯塑料表面活化处理

聚丙烯（PP）塑料的表面活化处理方法如表 2-14 所列。工业上常采用的是火焰处理、等离子处理和涂 PP 专用底漆处理。最新报道开发成功的"火焰硅烷处理工艺"又称（ITRO 处理法），PP 塑料经 ITRO 处理，其表面润湿值由 40 左右提高到 73 以上，可无需涂底漆处理。

表 2-14 PP 的活化处理

活化处理方法	附着效果	缺点
药剂（酸碱）处理	因 PP 的耐药品性强，不用重铬酸那样的强酸，几乎无效，处理后立刻涂装效果好	需废液处理 需水洗、干燥 设备价格（需减压装置）高 处理后，放置使活性下降
火焰处理	效果好	设备费用高 复杂形状的物品有处理不全的情况
涂底漆处理	效果好	因含甲苯、二甲苯等溶剂多，VOC 排放量增大（影响环保）

2.1.5.3 塑料件涂装前处理工艺及装备

汽车外饰塑料件（如前后保险杠、护条等）的涂装工艺较复杂，其涂装工艺前处理包括脱脂（除油污、脱模剂）清洗、烘干、火焰处理（活化）、去静电除尘等工序，另外其装饰性和涂层的色泽、耐候性等要与汽车车身涂层相当。

下面列举一条年产量和自动化程度较高的以保险杠为代表的汽车塑料件的涂装工艺流程，供读者参考（详见表 2-15）。

表 2-15 保险杠涂装工艺流程

工序	工序名称	作业方式	温度/℃	时间/min	材料	备注
1	挂件、上线	手工		0.84		按工艺要求装挂
2	预脱脂	喷淋	50～65	0.5	脱脂剂	喷射压力：1.5～2.5Pa
3	脱脂	喷淋	50～65	1.5	脱脂剂	喷射压力：1.5～2.5Pa

续表

工序	工序名称	作业方式	温度/℃	时间/min	材料	备注
4	水洗	喷淋	45～50	1.0	自来水	喷射压力：1.0～1.5Pa
5	去离子水洗	喷淋	室温	0.5	循环去离子水（50μS/cm）	喷射压力：1.0～1.5Pa
6	新鲜去离子水洗	喷淋	室温	通过	新鲜去离子水（<10μS/cm）	喷射压力：0.85～1.0Pa
7	强风吹干	吹风	室温	1.0	干燥空气	
8	烘干	吹热风	80	20		
9	冷却	冷风系统	室温	5		
10	去静电除尘	吹离子化风	室温	0.7		静电设备
11	火焰处理	机械手				烧天然气火焰喷头
12	去静电除尘	吹离子化风	室温	0.7		去静电设备
13	喷涂底漆两遍	机械手	23	间隔1.0	双组分或单组分底漆	膜厚10～40μm（5～10μm）空气 RH 60%～70%
14	手工补涂底漆	人工				
15	晾干、流平	自然挥发	室温	10		
16	烘干	热风	80	40		单组分底漆120℃烘干
17	强制冷却	冷风系统	室温	5		
18	检查、打磨	人工		2.66		
19	去静电除尘	吹离子化风	23	0.7	单组分底色漆	去静电设备膜厚15～30μm空气 RH 60%～70%
20	喷涂底色漆两遍	机械手	23	间隔1.0		
21	手工补涂底色漆	人工				
22	晾干、流平	自然挥发	35～55	10		
23	喷涂罩光清漆	机械手	23	间隔1.0	双组分或单组分清漆	膜厚20～40μm空气 RH 60%～70%
24	手工补涂清漆	人工				
25	晾干、流平	自然挥发	室温	10		
26	烘干	热风	80	45		单组分清漆120℃烘干
27	强制冷却	冷风系统	室温	5		
28	检查、验收	人工		2.8		
29	卸件、下线	人工		0.84		不合格品返工序18返修

涂装前脱脂清洗一般选用4～5室清洗机，其结构如2.5.1节图2-37所示。清洗后烘干一般吹热风（80℃），塑料件的升温和降温速度较金属件慢，现今有改用低温（50℃）、低湿空气吹干来缩短冷却时间（冷却段的长度）。近年又开发成功塑料件涂装前处理采用干冰雪清洗新工艺技术，替代现用的脱脂、水洗、烘干、冷却工艺。清洗工艺及设备大幅度简化且高效，占用生产面积小，不产生二次废弃物。大众汽车保险杠涂装线已采用该技术。

2.1.6 火焰硅烷处理工艺（ITRO 处理法）

ITRO 处理是燃烧化学气相沉积（combustion chemical vapor deposition，CCVD）的一种，它是与一般的表面处理完全不同的表面处理方法。即在火焰中混入微量的硅烷化合物，使处于氧化焰中的被涂物表面上形成纳米级的氧化硅元素膜的工艺方法。

它与使基材表面变质的前处理法（如电晕处理、等离子处理、火焰处理、抛丸处理等）完全不同，在常温、常压状态下，基材表面蒸涂上易附着的物质（起底漆功能的物质二氧化硅元素膜）。经 ITRO 处理过基材表面的氧化硅元素能大幅度地提高各种基材与涂料、油墨、黏结剂之间的附着力（结合力）。

处理方法与原来的火焰处理是同样的，仅使基材表面在火焰中通过，处理时间 0.1～1s，瞬间就完成。被处理的基材可以是金属、橡胶、塑料、玻璃、陶瓷等，几乎所有底材都适用（见图 2-9）。

火焰燃烧器和ITRO火焰

输送链速度：15m/min
对象基材：聚丙烯(PP)
基材尺寸：$L150mm \times W70mm \times t2mm$
处理时间：0.1s/件

聚丙烯(PP)基材通过ITRO火焰中的状态

图 2-9　ITRO 处理设备及工艺规范

① ITRO 处理的效果　可获得以下四个效果。

a. 提高附着力。ITRO 处理能改善各种材料间的附着（结合）性，尤其是存在附着问题的异种材料间发挥更好的附着效果。

b. 超亲水性效果。能使基材表面的亲水性得到大幅度提高。用药剂测定润湿性场合，73dyn 以上，测定接触角场合 10°以下（见表 2-16 和图 2-10）。

表 2-16　润湿值比较　　　　　　　　　　　　　单位：dyn

材　质	玻　璃	聚丙烯(PP)	高密度聚乙烯(HDPE)	不锈钢	铝材
现状	35 左右	40 左右	38 左右	34 左右	40 左右
电晕处理后	35 左右	46 左右	46 左右	34 左右	40 左右
火焰处理后	35 左右	52 左右	50 左右	34 左右	46 左右
ITRO 处理后	73 以上	73 以上	73 以上	73 以上	73 以上

注：1dyn＝10^{-5}N。

(a) 铝板的亲水效果　　　　　　　　　　　(b) PP的亲水效果

图 2-10　亲水性的效果照片（右半侧经 ITRO 处理）

c. 无底漆化效果。经 ITRO 处理过的表面状态能达到涂液体底漆相同的效果，即无需涂底漆处理，可称干式底涂处理（见图 2-11）。

(a) 弹性体(elastomer)的涂装　　　(b) 剥离试验后(未处理表面的剥离)
剥离试验(上半面经ITRO处理)

图 2-11　剥离试验的实例

d. 防止静电效果。塑料基材实施 ITRO 处理后，所显示的电阻值达到在树脂中添加带电防止剂场合等同的防止静电的效果，因而能阻碍尘埃等异物附着（见图 2-12）。

 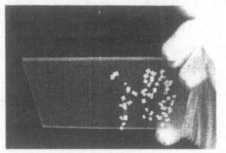

(a) ITRO处理前的PP板　　　　　(b) 左半面经ITRO处理后的PP板

图 2-12　应用于聚丙烯（PP）板的实例

ITRO 处理的效果与原有的各种处理法比较，不仅具有各种处理的单独处理效果，且具有同时进行复合处理的同样效果。ITRO 处理效果与原有处理方法的比较如表 2-17 所列。

表 2-17　ITRO 与原有的处理方法的比较

功　　能	提高附着力	提高亲水性	带电防止效果	无底涂效果
原有处理法	各种前处理	电晕处理	除电装置	无
	喷丸处理	等离子处理	纯水洗净	
	磷化处理	火焰处理		
	涂布液体底漆	紫外线处理		
ITRO 处理	ITRO 处理的效果			

② ITRO 处理的优点　利用 ITRO 处理的效果，可产生以下优点。

　　a. 有利于水性材料（水性涂料、墨水等）的涂装。ITRO 处理后的超亲水性，能使原有的收缩（缩孔）和流平性附着力等问题获得消解。

　　b. 改善工艺流程，与涂底漆工艺相比，能简化缩短工艺流程，并适用于多种涂装工艺（见图 2-13 和表 2-18）。

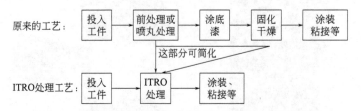

图 2-13　ITRO 处理的工艺流程与原处理工艺流程的比较

　　c. 能降低生产成本，随生产工艺的完善，涂底漆和前处理工艺发生变化，设备费用和运行成本降低，因而有可能大幅度降低总成本。

表 2-18　在涂装表面 ITRO 处理的应用实例

基　材		涂料和涂装方法	效 果 作 用
玻璃	玻璃	热固性涂料涂装	提高附着力的同时提高（改善）流平性
		紫外线(UV)涂装	
		水性无机涂料涂装	
	陶瓷	氟涂料涂装	
塑料	PC	UV 硬涂层	提高附着力，并有防止带电的效果
		水性 UV 涂装	提高附着力和流平性，并有防止带电的效果
		水性无机涂料涂装	
	弹性体	热固性涂料涂装	可无底漆化，提高附着力和流平性，有防止带电的效果
	PP	热固性涂料涂装、水性涂装、UV 涂装	可无底漆化，提高附着力和流平性，有防止带电的效果
	HDPE	UV 涂装	可无底漆化，提高附着力和流平性，有防止带电的效果
	MXD6PA	热固性涂料涂装	
	PBT	热固性涂料涂装	
	POM	水性硅涂装	提高附着力和流平性，并有防止带电的效果
	聚酰亚胺	硅涂层	
橡胶	硅橡胶	热固性涂料涂装	提高附着力和流平性，并有防止带电的效果
	EPDM	氟涂料涂装	
		热固性涂料涂装	
金属	SUS 不锈钢	热固性涂料涂装	可无底漆化，提高附着力和流平性
	Al	UV 涂装	
	Mg	粉末涂料涂装	

　　d. 涂装不合格率减少。随附着力的提高，由基材引起的涂装和印刷场合的缩孔和针孔等弊病减少，且大幅度提高了展平性。其结果是产生不合格品的原因减少，而降低了不合格率。

e. 属环境友好型。ITRO 处理使用的 ITRO 添加剂不使用如有机溶剂和重金属等对环境有污染的物质。因而可降低环境负荷。

f. 促进难附着（黏结）材料的利用。ITRO 处理能解决难附着底材（如玻璃、PP、有色金属和不锈钢等）的涂装附着难题。

2.1.7 涂装前处理方式

涂装前处理工艺按所用的介质状态可分为湿式前处理法（即用液体进行化学处理和清洗）和干式前处理法（如抛丸处理、火焰处理、擦净等）。上述各种涂装前处理工艺的脱脂、转化膜处理、水清洗等工序都采用湿式，是本章"涂装前处理设备（装置）"的主题。

前处理方式的选择十分重要，是选择喷淋方式还是浸渍方式，可根据前处理方式的特性比较表 2-19 进行选择。工业涂装线当初前处理正式采用的是以浸渍方式为主流的方法，后随大量采用输送链的生产方式，喷淋方式成为主流。自 20 世纪 70 年代末，重视被涂物全面的处理和与阴极电泳涂装的配套性（提高磷化膜的 P 比值），在汽车和圈材涂装线上开发采用了浸-喷结合方式前处理工艺（即主要工序采用浸渍方式）和在同一工序中汽车车身下部浸、上部喷的半浸方式。为消除车身顶盖内表面在一般浸渍处理时产生的"气包"，使被涂物的被处理面积达到 100% 和提高前处理的质量及降低成本，20 世纪 90 年代末，德国开发采用了旋转浸渍方式的前处理工艺，如杜尔公司的 Rodip-3 运输机和艾森曼公司的多功能穿梭机运输机车身，以及日本刚开发的倒挂升降运输机（见图 2-14）。

前处理方式的特性比较见表 2-19。

表 2-19 前处理方式的特性比较（连续通过式）

项　　目	浸渍式	喷淋式	项　　目	浸渍式	喷淋式
处理面	全面 95%～100%[1]	仅外面约 85%[1]（内腔及屏蔽处喷不到）	生产线长度	较长	较短
			设备费用	一般	偏高
处理时间	较长	较短	电力	小	大
生产性	中	大	蒸汽	中	大
设备结构	较简单	较复杂	水	中	大
设备制造	较容易	较难	工作液热量损失	小	大
设备维护	易	难	自动化费用	大	中
处理液槽体积	大	小	药品管理	变化小	变化大
对工件的作用力	小	大			

[1] 以结构复杂的汽车车身为例，被处理面积的比例还与输送方式有关，如旋转浸渍处理可达 100%。

选定何种处理方式要根据被涂物的形状结构、在涂装过程中的装挂输送方式和生产作业性等综合判断。尤其在处理大件（如汽车车身）的场合，装挂和输送工件的方式直接影响处理工艺特征和涂装设备的结构及经济性。

如为被涂物外形简单，无空腔内表面，喷淋无死角的场合，宜选用喷淋方式；又如像汽车车身那样，结构复杂，内表面和空腔表面在喷淋处理时难处理完全（只能处理约 80% 的表面积）时，只能选用喷-浸结合或旋转浸渍处理方式，尤其后种处理方式最先进，彻底解决了漆前处理和电泳涂装过程中存在的问题。其优点是处理槽容积小，处理面积达 100%，运行成本低，车身外表面积渣少，材料利用率有所提高，清洗用水量减少等。

产量小、生产节拍≥3.0min/台（或挂）、输送链速度≤2.0m/min（或通过沥水过渡段时间＞1.0min）的前处理场合宜选用步进间歇式浸-喷结合前处理工艺。如采用自行葫芦输送机、行车或 Rodip-4E 输送机运送被涂物时，喷、浸作业都在槽中进行，工序之间不设沥水段，在槽上沥水。在产量大的场合宜选用连续式前处理设备（喷淋方式、浸-喷结合式或旋转浸渍方式通过综合判断任选之）。

Rodip-3运输机　　　多功能穿梭机运输机　　　倒挂升降运输机

图 2-14　前处理和电泳涂装用的三种先进的输送机

旋转浸渍输送机的车身技术从全新的理念上彻底解决了漆前处理和电泳车身输送过程中存在的问题。现今根据某轿车车身涂装工程（35 台/h，挂距 6m，链速 $v=3.5m/min$）的投标资料来对比四种输送车身方式的工艺特性和设备结构（见表 2-20）。

从表 2-20 所列数据来看，旋转浸渍输送机的车身技术的特点和优点特别明显，它远远优于推杆链和摆杆链输送车身方式，具有处理槽液容量小、运转成本低、电泳涂层质量优、大大减小打磨工作量、材料利用率提高、节省清洗水用量、有利于环保等优点。

表 2-20　前处理、电泳涂装常用四种输送方式的工艺特性和设备结构对比

项　目		A 推杆悬链 OHC	B 摆杆链	C Rodip-3	D 多功能穿梭机
输送机布置及车身装挂方式		布置在车身上方设备的中心线上，车身固定在"C"形吊架上	双链布置在槽上方两侧，车身正上方无输送机构。车身、滑橇锁在两根 U 形摆杆上	双链布置在槽上方两外侧，车身、滑橇紧固在槽的转轴上。输送链完全平直	穿梭机布置在槽上方两外侧，车身紧固在两臂的转轴上
在处理过程中车身的运行状态		改进后车身可小于 45°出入槽，顶面朝上，不带滑橇	出入槽角 45°，车顶面朝上，带滑橇	旋转出入槽，车身可自由翻转 360°，浸渍处理时车底面朝上，喷射处理时车顶面向上，带滑橇	旋转出入槽，车身可翻转±359°，浸渍处理时车底面可朝上或朝下，喷射处理时顶朝上，按需可带或不带滑橇
处理液槽容积对比[①]	脱脂槽(浸 3min)	183m³	125m³	95m³	134m³
	磷化槽(浸 3min)	193.3m³(底部漏斗状)	125m³(平底)	95m³(平底)	134m³(平底)
	浸洗槽[②](浸入即出)	83.4m³	65m³	39m³	50m³
	喷洗槽(喷 0.5min)	5.5m³	9m³	12m³	10m³
	电泳槽(电泳 4min)	261m³	224m³	184m³	220m³
	浸洗槽(浸入即出)	77m³	65m³	39m³	57m³
	喷洗槽(喷 0.5min)	7.3m³	9m³	9m³	8m³

续表

项　　目		A 推杆悬链 OHC	B 摆杆链	C Rodip-3	D 多功能穿梭机
工艺性能效果	车身处理面积（气包，箱体内腔处理状况）	＜95％有气包	≥95％有气包	100％	100％
	车身上表水平面处理质量	较差（车顶需有防尘盘），无克服"L"效应功能	较好，无克服"L"效应功能	优[③]，有克服"L"效应功能	车底朝上则优[④]，有克服"L"效应功能，车顶朝上时则一般
	在处理过程中，车身带液（沥水）状况	一般	较少	车身旋转，不兜水，带液量极少[④]	车身旋转，不兜水，带液量极少[④]
	机电维修工作量	一般（＋10％）	一般	一般（－10％）	较大（因每台穿梭机带6台电动机）
	吊架对电泳电场的影响	在车身与阳极间有吊架干扰，有影响	在车身与阳极间有4根摆杆干扰，有影响	在车身与阳极间无吊架干扰，极距可缩短 0.15～0.2m，有利于电泳涂膜均匀和泳透率的提高	在车身与阳极间有转动臂，有影响

　　① 通过处理槽液容积对比，可直接估算初次投槽和运转费用的大小。以槽液容积最小的 C 方式（Rodip-3）为 1.0 计，A∶B∶C∶D：脱脂槽 为 1.93∶1.315∶1.0∶1.41；磷化槽 为 2.03∶1.315∶1.0∶1.41；浸洗槽 为 2.14∶1.66∶1.0∶1.28；电泳槽 为 1.418∶1.217∶1.0∶1.195。

　　② 浸洗槽含水洗、表调、钝化和纯水洗等工序的浸渍槽。

　　③ "优"的基准：能克服"L"效应，确保车身水平上表面上积渣、颗粒少，电泳底漆的打磨工作量大大减少。所谓"L"效应系指前处理和泳涂 L 状样板时，考察水平上表面，水平下表面和垂直面的磷化膜和电泳涂膜的外观质量（平滑性，颗粒等），合格者三者无大的差别；一般水平下表面优于垂直面，水平上表面较差。

　　④ 由于车身是 180°翻转出槽，车身内腔的槽液可以流得比较干净，带液量极少，约为 A、B 输送方式的 1/10，冲洗水量可以减少 25％，废水排放和处理也相应减少 25％，节省污水处理费用，对环保有利。

　　对比 Rodip-3 和多功能穿梭机两种旋转浸渍输送机的车身方式，在技术上都很先进。多功能穿梭机具有单机调整车身在处理过程中运行模式的功能，柔性好（车顶朝上或朝下，不同的出入槽角度等均可按车身结构和工艺需要调整），但在处理槽液容积、运转成本、机电维修工作量和吊架对电泳电场的影响等方面与 Rodip-3 相比有一定的差距。以电泳涂装工序为例，两者相比：Rodip-3 输送方式，初次投槽可以少，投 36m³ 槽液，槽液的更新周期可以缩短 1/5，槽液的循环量可减少 20％～25％，极间距缩短，电泳电压可适当降低，能源消耗降低，输送机的维修工作量小，可降低相对成本 20％左右。另外，Rodip-3 还有一种单链单臂旋转型（称为 Rodip-3⁺），适用于 20 台/h 以下的前处理和阴极电泳线的车身输送。

　　从涂装工艺角度来衡量，旋转浸渍输送车身技术，消除了车身在前处理、电泳过程中现今所遇到的问题，可以说在技术、经济、环保等方面是当今较理想的先进实用技术。国内引进旋转浸渍输送技术装备了多条轿车车身的前处理阴极电泳线，已投产应用。

2.2　连续式前处理喷淋区段的设计

　　前处理设备设计较复杂，如果设计得不好，则不仅对前处理工艺，而且对涂装质量，进而对涂装成本都会产生大的影响。在设计顺序中，最基本的是装置断面的设计，装置的各部分和参数的设计是要应用化工技巧和经验等数据资料进行优化组合（见图 2-15）。如完成装置断面设计，则就完成总体 90％以上的设计。

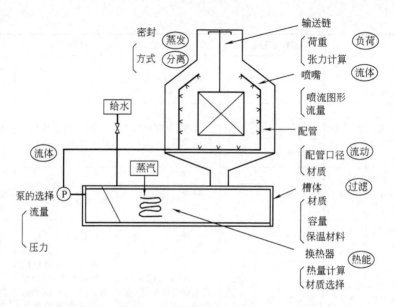

图 2-15　喷淋区段断面的设计

2.2.1　喷嘴的种类及特征

前处理喷淋区段用的喷嘴主要有两种，需要冲击力强的脱脂、水洗用 V 形（扇形）喷嘴和需要全面流量的磷化用的 W 形（锥形）喷嘴（雾化好，冲击力较弱的离心喷嘴）。与喷管的连接方式有卡箍型和螺纹连接型。为随意调节喷射方向，可采用可调球形喷嘴，安装过程均可徒手完成，快速拆卸，确保喷嘴不错位。喷嘴材质有 PP（聚丙烯，最高耐热温度为82℃）、PA（增强尼龙，最高耐热温度为 140℃）和 SUS（不锈钢），三者的耐化学腐蚀性优良，耐酸碱，采用耐温性、抗老化性良好，能耐强酸强碱的丁腈橡胶作密封圈。

两种可调球形喷嘴如图 2-16 所示。三种喷头流量数据及喷流图形如图 2-17 所示。

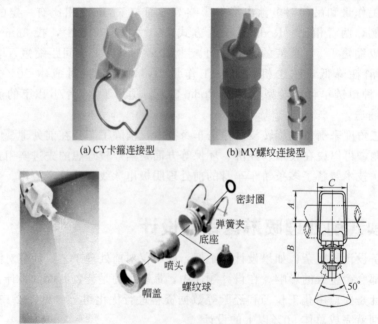

(a) CY卡箍连接型　　　　　　(b) MY螺纹连接型

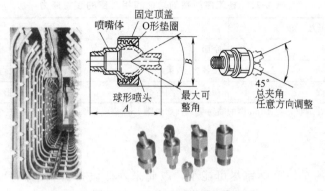

固定顶盖
喷嘴体
O形垫圈
球形喷头
最大可整角
B
A
45°
总夹角
任意方向调整

图 2-16 两种可调球形喷嘴

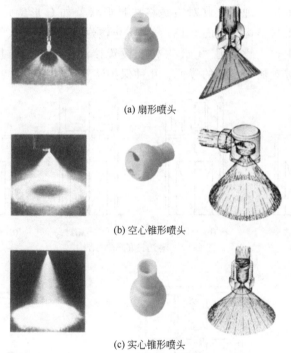

(a) 扇形喷头

(b) 空心锥形喷头

(c) 实心锥形喷头

图 2-17 三种喷头流量数据及喷流图形

2.2.2 喷淋处理时必要的能力

漆前处理工序，可分成脱脂、磷化、水洗（热水洗）三大类，必须分别按各自所需的功能设计喷射（淋）能力。

① 脱脂。脱脂工序的目的是除去附着在金属表面上的尘埃和油污，喷射的量、压力、温度越高，效率越好，可是关联到经济性，要选择适当范围。

② 磷化。磷化的目的是在金属表面发生化学反应，与喷淋量和温度有关，可是从反应速度理论考虑，开始喷淋后 30s 以内需大流量。

③ 水洗（热水洗）。水洗（热水洗）是洗净脱脂和磷化的处理液，用水置换，喷淋量和温度越高，效果越好，可是压力过高后，会产生过喷射、能量损失等负效果。

各工序所需的功能和相对应的装置能力列于表 2-21 中。

表 2-21　各工序所需的功能和相对应的装置能力

工序名称	压力/(kg/m²)		流量①/(L/m²)		喷嘴流量/(L/min)	
脱脂	高、效果好	1～2	全面	80	V形钢制或塑料制	8
水洗	到达全面	0.5～1	次数多、效果好	100	V形塑料制	8
磷化	到达全面	0.5～1	初期多，中期后减少		W形不锈钢制	10

①　指面积为1m²被处理物，在1min内的喷射量。例如脱脂1m²需配置8L/min的喷嘴10个。

2.2.3　喷淋室

设计的第一目的是使喷淋室尽可能小，以此来降低设备费和维护费，为防止被涂物摆动、落下等，被涂物与设备的间距最低也要150mm。

喷淋室的重要设计点是悬挂输送链部分如何密封。前处理的质量事故多半原因是附着在输送链部分的脱脂·磷化处理液，其对策是将挂具形状（如C形钩）和遮断处理液进入输送链的方法相组合的密封结构（见图2-18）。为防止输送链上的油污、污水滴落到工件上和处理液槽（电泳槽）中，一般采用"C形"钩和设置接油、接液盘；并设输送链保护装置，防止处理液及蒸汽酸雾对输送设备的侵蚀。几种保护装置的结构如图2-19～图2-21所示。

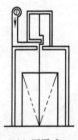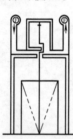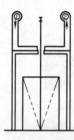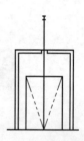

(a) 正压式　　　　(b) 负压式　　　　(c) 空气密封式　　　　(d) 法兰密封式
图 2-18　输送链的密封结构

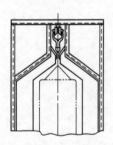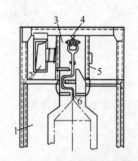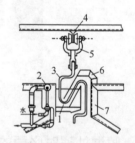

图 2-19　悬链防护罩　　图 2-20　迷宫式气封防护装置　　图 2-21　直通喷淋室的水封式保护装置

1—喷淋室；2—输入空气管道；　　　　　1—密封水槽；2—浮球注水器；
3—迷宫箱体；4—轨道；　　　　　3—密封吊钩；4—轨道；
5—侧门；6—吊钩　　　　　5—猫头吊；6—密封隔板；
7—设备骨架

2.2.4　间室

通过前处理工序之间过渡段的空间称为间室（沥水间），它随前后的工序而变化，重要的是力求最低限距离。例如在磷化工序的前后，前方较后方大，应极力防止处理液进入前工序。还有，加温工序后为防止工件表面干燥，沥水时间应尽可能短。

为防止通过被涂件串水，沥水间的长度应大于被处理件的长度，为能沥净、达到无水流，且几乎无水滴落的程度，沥水时间一般为 30s 左右，最长不宜超过 1min。如果沥水（液）时间长，则应改变装挂输送方式或开工艺孔等措施来解决；在输送链速度慢的涂装线，当沥水时间超过 1min 场合，为防止干燥和产生工件锈蚀，需设喷雾装置，喷新鲜自来水或预清洗水雾，确保被处理面湿润、不风干。

沥水间的下面有尖屋顶形沥水板（尖顶常加焊隔水板），隔水板的位置（沥水板的最高点）可以在两工序间隔的正中，一般偏近后工序，以便滴液和预清洗水流向前工序。在沥水板上，喷淋设备内铺设栅板人行通道，以便入内维修，更换喷嘴。沥水间的侧壁上按需要设密封门。为防止沿壁板串液，应在与沥水底板最高点相对应的侧壁上加焊挡水板。

为避免处理液和清洗水喷溅到设备外面，前处理设备均设置出、入口段和仿形门洞。出、入口段（室）的长度通常为 1m 左右（当输送链速度大于 2m/min 时，取长度大于 1m）。

2.2.5 喷淋泵

按喷淋所需的流量和压力，考虑处理液的 pH 值和耐酸性、材质等选定泵的形式。常用各种卧式泵、立式泵和管道泵。

泵的问题点在于泵与电动机连接部分的轴的密封，通常使用漏液型的密封压盖，为了不漏水使用机械密封。

2.2.6 处理液槽

处理液槽（清洗水槽）是确保喷淋循环所需液量的存液槽，随处理液而变更设计条件。

通常，需要每分钟喷淋量的 2～3 倍容量，脱脂、磷化的加温部分，容量小了，升温时间也短。

槽体设置有副槽、挡渣板、排渣口、放水管、过滤网板等。副槽伸出设备的外壳，以便补充槽液和安装泵吸口，并应加盖密封，以防止蒸汽酸雾外溢。放水管应设在槽底倾斜的最低位置，主槽底应加有一定的淌水斜度，便于排空清理。

2.2.7 喷淋配管及喷嘴布置

从槽到喷淋室的喷嘴配置泵和循环管路，槽和喷淋室间、与泵的口径相对应的管路称为主管，喷淋管路配的小口径管路称为支管（喷管）。从主管到支管的分布方法有竖向排列支管和横向排列支管（见图 2-22）。

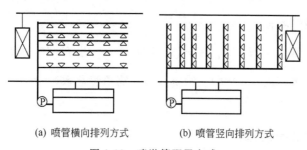

(a) 喷管横向排列方式 (b) 喷管竖向排列方式

图 2-22 喷淋管配置方式

在喷淋设备中喷嘴堵塞是最糟糕的事。在管路配置上的注意点是使支管上设置的喷嘴不易堵塞，且在清扫时易取下更换。还有，在停止喷淋时，使管路中不留残液，即布置有一定的倾斜度，使液体排尽，减少支管和喷嘴的堵塞。

为便于安装及清理，喷管不宜采用整体焊接，应做成可拆结构，管径大于70mm的喷管宜用法兰连接，管径小于70mm的喷管，采用管接头连接。喷嘴的布置取决于喷淋区段的长度（一般为工序所需的工艺时间×输送链的速度）和被涂物的高度等因素。布置喷嘴有以下一些经验数据：喷嘴到工件的距离最好不低于250mm；相邻喷管的间距为250～300mm（中心距）；同一喷管上下相邻喷嘴的间距（中心距）为：小件250mm，大件300mm。为防止处理液喷溅到邻室，喷淋区段两喷管上的喷嘴应向里倾斜一个角度，一般取20°。

喷嘴布置的形式有齐平式（即喷管上喷嘴位置都是齐平对应的）和交叉式（即各喷管上喷嘴位置与相邻喷管上是叉开的）。交叉式布置的优点是被处理面喷淋较均匀，且在相同喷淋区内喷嘴略少。

喷淋区每侧面的喷管数（竖向排列）的计算式如下

$$N=\frac{vt}{p}+1$$

式中　N——喷管数；

　　　v——涂装的输送链速度，m/min；

　　　t——该处理工序所需的工艺时间，min；

　　　p——喷管相邻间距，m。

喷管上的喷嘴数：在齐平式布置场合

$$n_1=H/P_1+1$$

在交叉式布置场合

$$n_1=H/P_1+1 \text{和} n_2=H/P_1$$

式中　n_1，n_2——喷管上布置的喷嘴数，个；

　　　H——工件的高度，m；当被处理工件较宽，要同时洗工件的顶部和底部时，则应相对延伸；

　　　P_1——喷管上的喷嘴间距，m。

以上vt/p和H/P_1的商都取整数。

喷嘴的总数：在齐平式布置喷嘴场合

$$M_齐=2N(H/P_1+1)=2NH/P_1+2N$$

在交叉式布置喷嘴场合

$$M_交=2N(H/P_1+1+H/P_1)/2=2NH/P_1+N$$

泵的容量计算：泵容量（m³/h）=喷淋区段所需喷嘴总数×所选用喷嘴在工艺所需的压力下的流量（L/min）×60/1000。

2.2.8　前处理设备的供排风

前处理设备设置供、排风系统的目的是防止蒸汽、水雾和处理液雾扩散到车间内，防止处理液雾（尤其是磷化液雾）在设备内乱窜，抑制磷化酸雾的不良影响；另外，供保护喷淋区段的输送链的气体密封用。

一般在前处理设备的入口处设置排风装置，并带有水汽凝聚回收装置。在表调与磷化工序间的沥水室供风，在磷化后抽风、抑制磷化酸雾向前、后工序扩散，使磷化后的水洗区段处于微负压。

排风量与入口（设备通廊）的截面积和浸用槽的液面面积有关。排风率的经验数据为液面 $4500 m^3/(h \cdot m^2)$、开口截面积 $2700 \sim 4500 m^3/(h \cdot m^2)$、供风量略大于排风量，达风量平衡。

2.3 浸渍式前处理槽的设计

在浸渍方式处理场合，由工艺设计（平面布置）按所提示的处理工序决定浸用槽的设计。按表 2-2 所列，前处理工艺在采用浸-喷结合方式场合中，仅脱脂、水洗 No.2、磷化、水洗 No.4 和纯水洗等工序采用浸渍处理。

2.3.1 浸用槽体

浸用槽体由主槽和溢流槽两部分组成，浸用水洗槽一般不设溢流槽，仅开溢流口。主槽按其结构及形状可分为船形槽和矩形槽两种，船形槽适用于连续生产，矩形槽适用于间歇生产和旋转输送方式的连续生产。槽底转角制成圆弧形，为便于清渣，槽底部应向一端倾斜，其斜度应为 1:30。供磷化用的浸槽，有时也制成锥斗形（锥角 60°），锥斗数量可满布于底部，也可局部，便于集渣。槽底部设喷管，使渣或沉淀物按要求流向低端或锥斗；喷管的布置，喷嘴数量和喷射角度及液速均要选择合适，应能做到让沉渣沿要求的方向缓缓移动，同时，又不能让沉渣受激烈冲击而翻起。

浸渍处理用槽的尺寸主要取决于被处理物（或吊装空间）的大小，在全浸没时，被处理物周围要留有一定的间隙，使工件在上下或前后移动时不碰撞槽壁。一般的经验数据是：小槽的被处理物与槽壁的间隙不小于 50mm、大槽不小于 100mm、流水生产线上的浸槽不大于 300mm。在槽子的底部，为不搅起淤渣，影响处理质量，工件在浸没时至少需离槽底 150mm（考虑在处理过程中工件摆动和升降时工件的倾斜，此间隙应适当加大）。工件顶部离开液面的距离应不小于 $100 \sim 150mm$，液面至槽沿的尺寸为 $100 \sim 150mm$。由这些尺寸的总和就可以算得浸槽所需的深度。

主槽有底座，这有利于空气流动，以减轻槽底的腐蚀，另外，安装时易于找平，生产时易发现槽体是否渗漏。

槽体的骨架采用普通钢板和型钢焊接而成，槽壁板虽可用钢板、塑料、玻璃钢等制作，可现今以采用不锈钢板制作为主，以保证使用年限，所用不锈钢的厚度取决于槽体的大小。为减少热量损失，需加温的槽壁应设有保温层。保温层厚度一般为 50mm，保温材料采用岩棉或玻璃丝棉等，外包 $\delta = 0.75mm$ 左右的薄板（镀锌板、不锈钢板或彩板）。

溢流槽的作用是控制主槽中槽液的高度，排除漂浮物以及保证槽液的不断循环。对于浮污不多的水洗槽，可以在某适当的位置开溢流口或竖溢流管来进行溢流。

2.3.2 槽液循环搅拌系统

槽液的循环搅拌系统由水泵、管道和喷管等组成，使槽液不断循环达到搅拌的目的。搅拌不断更新与工件表面相接触的槽液，保证槽液的温度和浓度的均匀，并加速工件表面的化学反应速度，缩短工艺时间，提高前处理质量。

槽液循环次数：一般脱脂槽液为不小于 2 次/h；表调槽液为 1 次/h 即可；磷化槽液也应不小于 2 次/h。磷化循环槽液的入槽部位很考究。一部分喷嘴布在入槽口的液面下附近，作用是产生表面流层，用于控制磷化初期的成膜；另一部分喷嘴布在槽底部，使底部的带渣液向集渣口流动，防止沉渣在底部积聚，槽底部槽液的流速控制在 2m/min 左右。

2.3.3 加热装置

前处理工艺的脱脂和磷化温度为节能，虽有低温化趋向，但是，一般脱脂液温度还需 45～55℃，磷化液温度需 35～45℃。加温热源最常用的是蒸汽和高温热水（在热源为液化天然气、煤气和燃油场合，也借助热水锅炉转换成高温热水），因它们是最方便和安全的热源。

蒸汽加热有直接加热和间接加热两种方式。直接加热就是向槽中直接通蒸汽，这种方法设备简单、加热迅速，其缺点是会冲稀槽液，需不时地对槽液补充药品调整，因此仅适用于水洗槽的加热，另外，冷凝水不回收，因此往往被动力部门所禁止。

脱脂、磷化、热水洗工序的加热方法可分为：

① 在槽内设置蛇形加热管和板式加热器（见图 2-23）的内部加热方式；

② 在外部设置热交换器等的外部加热方式。

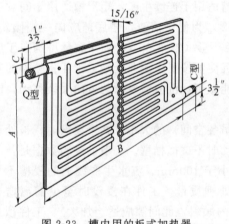

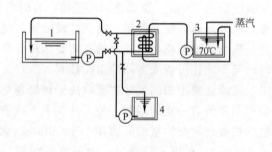

图 2-23　槽内用的板式加热器

图 2-24　外部加热方式

1—磷化槽；2—外部加热装置（热交换器）；

3—温水槽；4—硝酸槽

一般内部加热方式造价较低，喷淋槽用得较多。在需要过滤和泵的场合多使用外部加热方式。为便于槽内清理，浸用处理液槽场合也用外加热方式。磷化液加热大多采用槽外加热，即在磷化槽外设热交换器（见图 2-24）。常用的是板式热交换器，它的效率高且小型化，容易进行化学清洗除垢。加热磷化液的热水温度应控制在 70℃ 以下（热水与磷化液的温差应控制在 20℃ 以下），加热水温度高了，易使磷化液在热交换器内结垢和不稳定，影响热效率和堵塞管路。热交换器使用时，当发现进出口压力差变大时，表明热交换器管壁有结垢阻塞现象，此时应关闭加热系统，启动酸洗系统通入酸液，进行去垢冲洗。

喷淋段槽液在采用外部加热方式时，工作前预加热槽液不是经喷管流回工作槽中，而是通过专用的旁通管返回，以避免不必要的热损失，以及因脱脂液低温喷射而引起的泡沫。

槽液加热所需的热量主要是指将整个槽子和槽液加热到工艺要求的温度所需的热量和运行所需的热量（含加热工件、挂具所需的热量和槽液流失、汽化等热损失）。

2.4 相关装置

涂装前处理设备除浸渍式或喷淋式设备主体外，还需有能提供某些特殊功能的辅助装置，它是保障前处理效果的一个重要组成部分。它们包括脱脂工序的油水分离装置、磷化除渣装置、药品自动补加装置（浓度管理装置）、制纯水装置、排水处理装置（或清洗水循环再生利用装置）、槽液加温用的热水锅炉等。本节仅介绍前处理特有的油水分离装置、磷化除渣装置和药品自动补给装置。

国内涂装前处理工艺已采用的各种分离、过滤装置（如油水分离装置、磁性分离器、陶瓷超滤除油装置、磷化除渣装置等）的流程图和照片见图2-25。

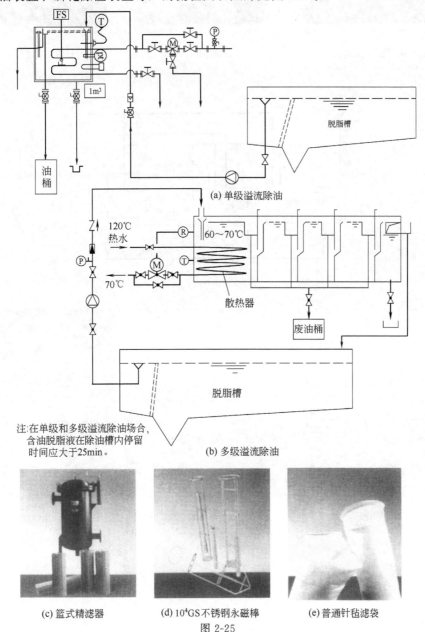

(a) 单级溢流除油

注:在单级和多级溢流除油场合，含油脱脂液在除油槽内停留时间应大于25min。

(b) 多级溢流除油

(c) 篮式精滤器　　(d) 10⁴GS不锈钢永磁棒　　(e) 普通针毡滤袋

图 2-25

(f) 袋式过滤器 　　(g) 滤芯式过滤器 　　(h) 日本三进油水分离器

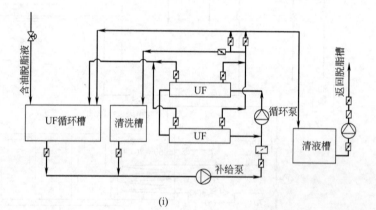

(i)

(j) 陶瓷超滤器 　　(k) 前处理UF除油装置(卧式) 　　(l) 陶瓷膜油水分离系统(立式)

(m) 德国沃尔夫旋液分离器

(n) 旋流分离器

(o) FEATURE全自动磁性过滤器

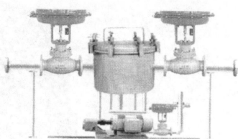

(p) 磁性过滤器

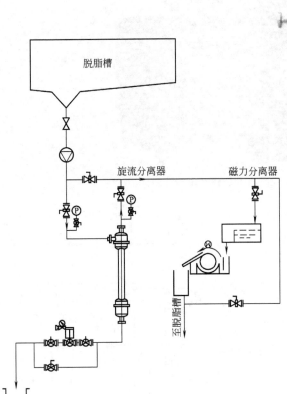

(q) 脱脂除渣、除铁粉系统

(r) 日本BUNRI磁性分离器

图 2-25

(s) 全自动叠片过滤器(又名盘式过滤器)　　　(t) 日本三进磷化除渣机

(u) 水平密闭压滤机(磷化渣压滤机)

基本参数：
型号：SMZ0.64/32L(相当日本三进FK6L)
过滤面积：0.64m², 过滤能力约20m³/h
磷化渣处理能力：30kg/h, 含湿量约50%, 渣饼厚约50mm
滤室材质：不锈钢
过滤压力：约4kgf/cm²
空气吹干压力：约6kgf/cm² (2000L/min)
出入口径：2~2.5″按需求确定
功率：压紧1.5kW+洗涤滤布5.5kW+移动滤布0.55kW
过滤介质：单丝复式压光滤布
　　　　　(自动行走, 自动洗涤, 滤布循环使用)
操作：全自动/手动PLC程控

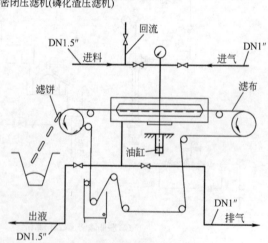

(v) 水平密闭压滤机工作原理

图 2-25　国内目前前处理工艺所用分离过滤装置
(1kgf=9.80665N, 1″=0.0254m)

2.4.1　油水分离装置

在脱脂过程中从被涂物上除下的油、尘埃等都滞留在脱脂槽中。油几乎被脱脂剂乳化溶解在槽液中，可是当达到 7000mg/L 的界限后，就会漂在液面上。另外工艺要求脱脂液中的油浓度应小于 3000mg/L（一般不允许超过 4g/L）。

在乳油点之前假如更新脱脂液，使其恢复处理性能，则可节省药剂和废弃物的处理费，为此，通常采用将槽液中的油分离除去的方法。

各种油水分离方式如表 2-22 所列。

表 2-22　油水分离方式

方　　式	费用/千元	特　　征
手工捞	零(0)	早晨、加温前
袋式分离器	小(10~30)	市售品种较多
加温分离	中(50~100)	破乳分离
重力分离	中(50~100)	外部循环
超滤(UF)膜分离	大(150)	垃圾堵塞
吸附分离	大(100~200)	聚结分离等

现今在工业涂装领域，常用的油水分离方法有加热油水分离法、超滤（UF）膜分离法、吸附净化法。

① 加热油水分离法。将含油脱脂液送入热油分离器（见图 2-26），加热破乳，油漂浮到槽的液面，经吸油口收集，流入储油槽。脱油后的槽液经液位的挡板，除去较重的沉淀物后返回工作槽。

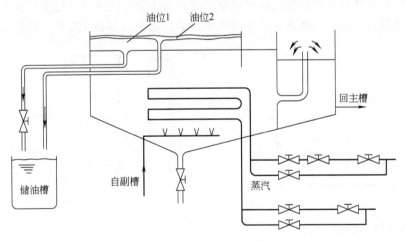

图 2-26　热油分离器

② 超滤（UF）法再生脱脂法。经过预过滤（除去粗的垃圾、铁粉和渣等）的含油脱脂液，经超滤膜浓缩净化，将 UF 液（不含油的脱脂液）返回工作槽中。

采用超滤方法进行油水分离是一项先进技术，其流程见图 2-27。保持脱脂液中油分一定，能大大延长槽液的更新期（见图 2-28）。当初的问题是一般 UF 膜耐温性差，不适用于

50～60℃的脱脂液的油水分离。现今采用耐温性优良的陶瓷超滤装置,运行性能良好。中国第一汽车集团公司(以下简称一汽)有两条汽车车身涂装线引进、采用了陶瓷超滤油水分离装置。

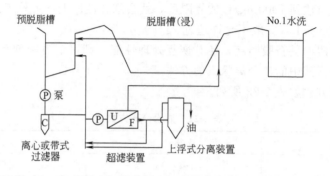

图 2-27   用 UF 法再生脱脂液的流程

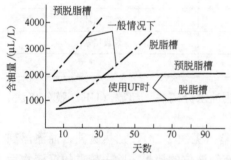

图 2-28   脱脂液中含油量的变化

③ 吸附除油法。它是利用亲油不亲水的材料特性,通过这些材料不断与含油污的脱脂液接触,捕捉吸附槽液中的油污。工作原理为转动装置带动吸油带以特定的转速在辅槽内不停地旋转,将吸附的油污经挤油口挤至储油桶内,吸附法净化装置如图 2-29 所示。

据日本帕卡濑精公司资料介绍:造成电泳涂膜尘埃缺陷的灰尘中,87%为金属粉尘(焊渣、切削粉),在脱脂前的热水洗和预脱脂工序采用间歇式大流量冲洗倾斜的车身,并在预清洗段配置专供清除清洗液中的铁粉的装置,其工作流程如图 2-30 所示。采取以上两个措施后,使车身电泳涂膜的不良件数由 120 台/月降到 25 台/月。

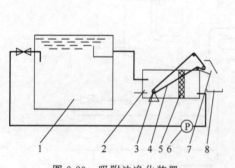

图 2-29   吸附法净化装置

1—脱脂槽;2—辅槽;3—传动装置;4—吸油滤带;
5—隔室过滤板;6—泵;7—挤油口;8—储油桶

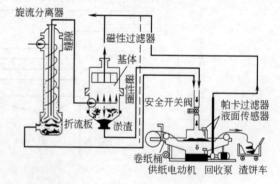

图 2-30   除铁粉装置的工作流程

2.4.2   磷化除渣装置

在锌盐磷化成膜过程中,不可避免地必然会产生磷化沉渣,另外,由于磷化液配比控制不当,会导致产生过量沉渣。磷化沉渣在槽液中含量过高,就会附着在工件上,影响涂膜性能；如果带入电泳槽，磷化沉渣就会破坏电泳槽液稳定，影响超滤装置的使用寿命；在喷淋式磷化处理场合，磷化沉渣过多，易造成喷管和喷嘴堵塞，附着在加热器上使其功能下降。因此，工艺要求磷化槽液中磷化沉渣含量不应超过一定量（一般控制在3g/L以下）。在磷化处理过程中必须及时除渣。防止磷化过程中的沉渣附着也是前处理的最重要设计。采用的过滤机和除渣方法的特征如表2-23所列。

（1）沉降塔　沉降塔是静置含渣液的一个储存塔，通过静置，使渣量沉降。在塔下部不同的高度上设排液阀，将清液引回工作槽，底部沉渣再通过压滤机进一步浓缩排掉。这种装置的结构简单实用，但不适用于大批量生产。渣的沉降速度：据经验，新渣约为1～2m/h，旧渣约为9m/h，因此，沉降时间不需要太长。

沉降塔也可制成锥底圆筒形，含渣槽液可从切线方向进入圆筒内，可靠旋转运动产生的离心力加速磷化沉渣下沉，清液随内层旋流上升。

（2）连续式斜板除渣系统　它是由连续斜板式沉降槽、浓渣槽和板框压滤机等组成（见图2-31）。沉降槽是一个带锥的斜斗的斜方槽，内有数块按一定距离平行排列的挡渣板。含渣槽液以极低的速度引入槽内，靠重力沉降，上移的沉渣粒被斜板挡回槽底，上部的清液溢流回工作槽。沉淀在槽底的浓渣液定期排放入浓渣液槽中，再用泥浆泵将浓渣液压往板框压滤机，变成渣饼排放掉。它可保证磷化槽液的含渣浓度在300mg/L左右。

表2-23　磷化沉渣去除方法

方法	费用	特征
沉降法	低	停工时进行
连续沉降法	中	在运行中除渣
加压过滤机	中	消耗滤纸费用
减压过滤机	大	滤布易堵塞
离心过滤机	中	噪声大

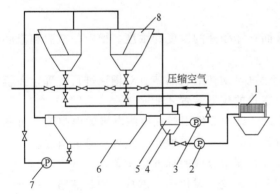

图2-31　连续式斜板除渣系统
1—板框压滤机；2,3,7—泵；4—旋液分离器；
5—浓渣液槽；6—磷化槽；8—斜板沉降器

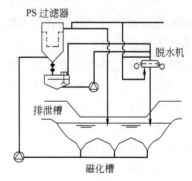

图2-32　PS过滤法装置示意图

（3）带式过滤机　它是在网带式输送机上放置滤纸，将含渣的槽液流注到滤纸上，沉渣被滤出，清液透过滤纸流到积液槽，收集后返回工作槽。带式过滤机能自动走纸，当滤纸被沉渣堵塞后，液面升高，高至一定位置，传感器发出信号，自控系统使链网动作，带渣滤纸前移，落入集渣斗中，新滤纸又铺在链网上，液面下降，液体与传感器分离，链网停止走动。

（4）反向袋式过滤法除渣系统（见图2-32）　它是日本帕卡设计工程公司开发的，由体积小的反向袋式过滤器（PS过滤器）和FK自动脱水过滤机等组成。它可使磷化槽液的残渣浓度降到150mg/kg左右。

PS过滤器是袋式过滤器的反向运行，磷化渣沉淀在过滤袋的外面，滤液从袋中滤出返回磷化槽中。滤袋外沉积一定磷化沉渣后，通压缩空气清洗，含渣浓度高的滤液从过滤器下部排出，其结构及工作原理如图 2-33 所示。它具有以下特点：①滤布的洗净（靠压力逆洗）时间短；②滤布的寿命长（一般为 1～3 年，硝酸洗净：1 次/2 个月）；③最终排渣液呈块，含水率为 65%。

FK 自动脱水过滤机的工作原理如图 2-34 所示，它可替代压滤机。借助泵将斜板沉降槽或 PS 过滤器排出的含渣量高的泥浆液输送到过滤机内的滤纸上过滤，沉降到一定厚度（最大 50mm），停止供液，通压缩空气使滤渣脱液，随后下部的汽缸动作使主体的上下部脱开，带渣的滤纸输出并除渣，然后下部汽缸动作，使主体的上、下部压紧，再重复上述动作，全过程微机控制。

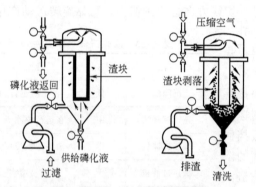

图 2-33　PS 过滤器的工作原理

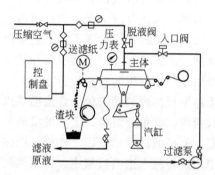

图 2-34　FK 自动脱水过滤机的工作原理

2.4.3　槽液浓度自动管理装置

前处理的槽液管理项目有：①槽液液面；②槽液的温度和浓度。槽液的液面和温度采用简单的装置就可管理。

槽液自动管理是测定槽液的浓度后，通过自动补给药品装置对槽液进行管理，在膜厚管理要求严格的生产线，需采用高技术和价格贵的仪器装置才能实现。

一般测定化学药品的浓度是用 pH 计，电导率等代用特性检测电极的电阻值。可是，前处理的脱脂、磷化槽液中有油、垃圾、磷化渣等，必须采取防止电极污染的措施。

自动补给装置是由计量（定量）泵和计时器组合成的标准化设备。

如果脱脂剂是粉状，则需备有事前的溶解装置。磷化药剂需从两种药液槽来补给。

2.5　节水技术和清洗水循环再生利用技术

涂装前处理是以酸、碱为主体的处理工艺，在脱脂、磷化处理后需经多次水洗，最终用纯水水洗，才能达到涂装工艺要求，并且排放的含大量重金属锌的污水必须经过处理。在水污染越来越严重、水资源短缺的今天，清洗水的循环再利用、前处理工艺实现"零"排放是当今人们最关心的热门技术。

前处理工艺的水洗目的是洗掉被涂物表面的处理液，最终纯水洗是除去杂质离子（达到滴水电导不大于 30μS）；水洗的原理是稀释、置换等物理作用。一般要达到工艺要求的洗净度，需水洗 2～4 次，每次水洗需用被涂物所带液量的 10 倍自来水（或低污染的清洗水）清洗，经 2～3 次水洗后才能达到原处理液浓度的 1/100～1/1000。

被涂物在每道工序后的带水（液）量与被涂物的结构、形状、装挂方式以及表面处理状况和液温等有关（见图 2-35），一般平均为 $100mL/m^2$，按上述水洗原理，每次水洗补给的水量应不小于 $1.0L/m^2$，实际经验数据为 $1.5\sim2.0L/m^2$。

2.5.1　节水技术

在工业涂装领域获得成熟应用的节水技术有以下几种。

① 逆工序补水法。传统的补水法是向各水洗槽工序独立补加新鲜自来水，通过溢流排放，耗水量很大，水利用率低。逆工序补水法是将新鲜自来水通过喷淋或直接补加到最后一道水洗槽工序，逆工序溢流到前一道水洗槽工序，即将污染度低的清洗水不断补充到前道水洗工序，降低清洗水的污染度，到最前一道水洗槽溢流排放。基于将多段水洗布置成串联梯级方式，与各段排水相比，可削减到 $[(1/10)\sim(1/100)]3W_1$ 程度（见图 2-36）。

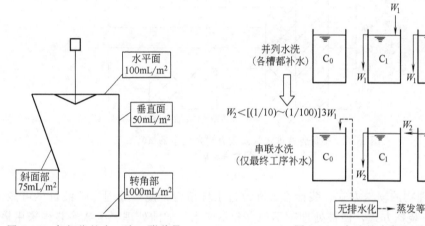

图 2-35　各部位的水（液）附着量　　　　　图 2-36　水洗的多段水洗化

② 预喷洗法。它是在逆工序补水法的基础上由溢流改为预喷洗（喷管设置在两工序间的沥水段上），从被涂物上流下的水流入（补给）前道工序，使被处理件带到下道工序的处理液减少（约不小于 20%，相对而言，起增加水洗次数的作用），提高清洗效率和水的利用率，减少处理药剂的消耗。四室喷射式清洗机预喷洗的流程如图 2-37 所示。预喷洗的水量根据前工序的需水量调整，一般自动控制，通过工件时喷。

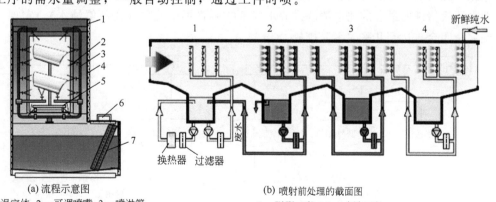

(a) 流程示意图
1—保温室体；2—可调喷嘴；3—喷淋管；
4—室体；5—滑橇输送机；6—维修盖；7—滤网

(b) 喷射前处理的截面图
1—脱脂工序；2,3—水洗工序；
4—纯水洗工序

图 2-37　四室喷射式清洗机预喷洗的流程

③ 热水洗、预脱脂和脱脂工序的补水不直接补加自来水，可补加或通过预清洗法，补加脱脂工序后的清洗水；磷化也可不直接补加自来水，可补加或通过预清洗补加磷化工序后的清洗水，以提高水的利用率，减少污水排放量。

④ 开发采用长效新型液体表面调整（表调）剂替代钛表调剂，减少表调工序的耗水量。胶体钛表调剂稳定性差，不受产量影响，而随时间老化，每周都需更新一次（即清槽排放），且对被工件带入的脱脂成分的稳定性也差，因此，需经常补给药剂，表调液需连续自动更新。新型液体表面调整剂不随时间老化，即使经过 30 日也还保持表调作用，对被工件带入的脱脂液成分的耐久性增强，可使表调工序的排水量及废弃物量降低 60％以上（见图2-38）。

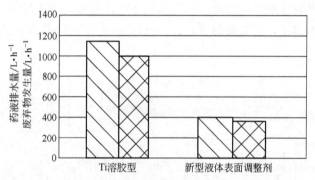

图 2-38　表调药液排水量及废弃物发生量的试算
□ 排水量；▨ 废弃物量

⑤ 选择被处理物的输送方式、装挂方式和改进工件结构，使被处理物带液量尽可能少。选择最佳的输送、装挂方式，使被处理物不积水和不兜水。如前处理、电泳涂装线采用最新的 Rodip-3 旋转浸渍输送机后，轿车车身的带液量，可由 10～12L/台减少到 1.0L/台以下（与推杆链和摆杆输送方式相比较），冲洗水量可以减少 25％。如果沥水时间过长或工件局部有积水，则应改进产品设计，增开必要的工艺孔排液。

⑥ 清洗水净化后循环再生利用。近 10 年中为提高水的循环利用率，脱脂、磷化后的清洗水不排放，经净化（采用纳米过滤或反渗透 RO）后，替代自来水或纯水再利用。如锌盐磷化处理后清洗水的再处理法如图 2-39 所示。又如采用 ED-RO 和纯水滤液（VEW-Filtrat，即电泳后清洗的最后的纯水清洗排放水经 RO 装置再生处理替代新鲜纯水），实现电泳后清洗完全闭合，达到几乎"零"排放。

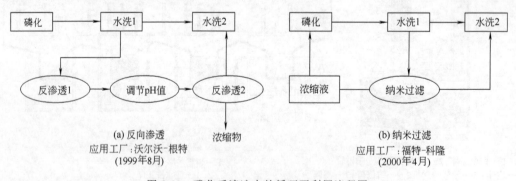

(a) 反向渗透　　　　　　　　　　　　　　　(b) 纳米过滤
应用工厂：沃尔沃-根特　　　　　　　　　　应用工厂：福特-科隆
(1999年8月)　　　　　　　　　　　　　　(2000年4月)

图 2-39　磷化后清洗水的循环再利用流程图

综上所述，节水技术和清洗循环再生利用，在国外环保法规要求严的地区和有《水资源管理法》的国家已获得成功应用。前处理、电泳涂装线的供水是仅补充工艺过程中的蒸发量和被处理物带走的水量（约为常规耗水量的 20%～30%）。

2.5.2 清洗水循环再生利用技术

按需再生的清洗水源不同，其循环再生利用法可分为随工序再生法和污水处理后再生法两种。

① 随工序再生法。按清洗水发生工序的不同，分别进行再生处理，不仅回收水，还回收处理药剂，如脱脂后、磷化后清洗水，前处理和电泳的最终纯水洗槽液分别再生处理（见图 2-39），滤液作为自来水或纯水再循环利用，浓缩液返回各工序再利用（见图 2-40）。按工艺要求，清洗水循环再生前后的水质的控制范围列于表 2-24 中。在开发清洗水的随工序再生技术时，可参见表 2-24 所列水质和所需水量设计选用何种滤膜（NF 或 RO）。此法的最大优点是最大幅度地提高了处理药剂和水的利用率，基本上可实现"零"排放。

② 污水处理后再生法。它是将各工序的排水混合后，进行中和凝集处理，使排水中的金属成分及磷酸成分等沉淀，将上清液和污泥分离。上清液再经砂过滤器和活性炭过滤器后，作反渗透装置的水源。再靠两级反渗透装置制成纯水再利用。其流程如图 2-40 所示。

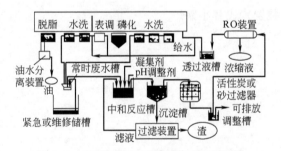

图 2-40 RO 装置再生前处理废水的原理图

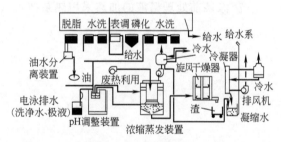

图 2-41 采用蒸发处理方式实现前处理无废水的系统

还有利用涂装车间的废热（烘干室废气、燃烧炉的烟道气）来加热喷雾状的废水，蒸发水分，成为浓缩液，再经脱水成为残渣。蒸汽经冷凝器成为冷凝水，作为纯水再利用（见图 2-41）。

与随工序再生法相比，此法虽也能实现清洗水的"零"排放，可是清洗水所含的各工序的处理药剂都成了废渣，水的再循环利用率达到 60% 左右，且处理工序及装置较多、较复杂。

表 2-24 清洗水循环再生的水质控制及利用

清洗排放水源	再生前水质	过滤净化后水质	再利用
脱脂后清洗水	1/10～1/20 脱脂液浓度	滤液小于 200μS/cm	替代自来水再利用
		浓缩液	回脱脂槽
磷化后清洗水	1/10～1/20 磷化槽液浓度	滤液小于 200μS/cm	替代自来水再利用
		浓缩液	回磷化槽
前处理、电泳后最终循环纯水清洗水	50～100μS/cm	滤液小于 10μS/cm	替代纯水再利用
		浓缩液	回前清洗工序

2.6 涂装前处理设备的发展趋势

① 设备紧凑化。在确保工艺技术要求、产能、通过性的前提下，处理室（前处理通道）和处理液槽体应尽可能紧凑。

② 通过精益优化设计，降低设备装机功率，削减能耗和 CO_2 排放量。

③ 采用计算机控制技术，提高前处理设备的自动化、智能化水平。如工艺参数（工况）自动测量、记录，自动监控、加料调整，设备故障预警和显示等。

④ 完善节水技术、清洗水再生回收利用和综合利用技术，提高水的利用率和削减单位处理面积（或件）的耗水量，实现零排放。如采用 PT-RO、纳米过滤技术回收清洗水再循环再利用技术，排风中的水汽（水雾）回收装置等。

⑤ 改进优化被处理件的装挂方式和输送方式，使设备紧凑化。如增大工件出入槽的角度或旋转进出槽，使结构复杂的工件（如汽车车身）内外表面100％处理完善，并使其在工序间带液（水）量尽可能少，削减前处理药品和水的消耗量。

⑥ 涂装前处理设备作业环境苛刻，一直处在水和蒸汽中，设备易被腐蚀。要保用10～20年。在设计前处理设备时就应选用耐蚀性材料（如优质不锈钢板及制件、塑料件等）和加强设备结构上的防蚀措施。

⑦ 涂装前处理槽液的加热采用热泵技术（装置）代替小锅炉。

第**3**章

电泳涂装工艺及设备设计

汽车车身涂底漆在汽车工业 100 多年历史中经历了喷涂、浸涂和电泳涂装三个阶段。当初采用喷涂法时，车身内腔和缝隙间表面喷涂不到而裸露，金属腐蚀从里向外，在高温高湿气候条件下使用 1～2 年就会产生穿孔腐蚀。第二次世界大战后采用浸涂法，开发采用转动浸涂法（rotodip）和拖式浸涂法，仍采用有机溶剂型涂料，在车身的耐蚀性方面有所提高；存在的问题是缝隙间有"溶落"现象，大槽浸漆火灾危险性大。因此，设法开发采用水性浸用涂料和探索新的涂装方法。

电泳涂漆法在汽车涂装中获得应用始于 20 世纪 60 年代初，它是在汽车工业中普及的技术更新最快的车身涂底漆方法。尤其是 1977 年以来，形成阴极电泳涂装法替代阳极电泳涂装之势。在汽车市场上形成未采用阴极电泳的轿车失去竞争力的局面。阴极电泳涂装工艺经过 20 多年的不断完善，已成为最成熟的汽车车身、车轮和车架等涂底漆（或底面合一涂层）的先进技术之一，对汽车车身而言，至今尚无替代它的更先进的涂底漆的方法。该项技术在家电、建材、农机、轻工等领域也得到广泛应用。

自 20 世纪 60 年代末，我国汽车工业开始采用阳极电泳法泳涂汽车覆盖件和驾驶室，在第 6 个五年计划时期从英国引进的三条车身阴极电泳涂装线和从日本、奥地利引进阴极电泳涂料，于 1986 年 7 月后相继投产，至今国产汽车车身已有 95％以上采用阴极电泳涂装法涂底漆。

基于浸漆涂装法存在多种缺点（涂膜上、下部不均，缝隙间的"溶落"现象，涂膜的耐腐蚀性差等），现今几乎已被电泳涂装法取代。电泳涂装设备是在浸渍涂装设备的基础上，增加直流电源、UF、后清洗、过滤等装置及功能发展而成的。

3.1 电泳涂装

电泳涂装（electro-deposition，ED）是一种特殊的涂膜形成方法，分为阳极电泳涂装（AED）和阴极电泳涂装（CED）。仅适用于与一般涂料不同的电泳涂装专用的（水溶性或水乳液）涂料（简称电泳涂料）。

它是将具有导电性的被涂物浸渍在装满水的、浓度比较低的电泳涂料槽液中作为阳极（或阴极），在槽中另设置与其相对应的阴极（或阳极），在两极间通直流电，一定时间后，在被涂物上析出或沉积均一、水不溶的涂膜的一种涂装方法。根据被涂物的极性和电泳涂料的种类，电泳涂装法可分为两种：阳极电泳涂装法，被涂物为阳极，所采用的是阴离子型

（带负电荷）电泳涂料；阴极电泳涂装法，被涂物为阴极，所采用的是阳离子型（带正电荷）电泳涂料。

电泳涂装过程伴随电泳、电沉积、电解、电渗四种化学物理作用而形成涂膜，其原理如下：

① 电泳。胶体溶液中的阳极和阴极接通电源后，胶体粒子在电场的作用下，带正（或负）电荷的胶体粒子向阴极（或阳极）一方泳动的现象称为电泳。胶体溶液中的物质不是分子和离子形态，而是分散在液体中的溶质，该物质较大（$10^{-7} \sim 10^{-9}$ m），不会沉淀而呈分散状态。

② 电沉积。固体从液体中析出的现象称为凝集（凝聚、沉积），一般是冷却或浓缩溶液时产生，而电泳涂装中是借助于电。在阴极电泳涂装时，带正电荷的粒子在阴极上凝聚，带负电荷的粒子（离子）在阳极上聚集，当带正电荷的胶体粒子（树脂和颜料）到达阴极（被涂物）表面区（高碱性的界面层）后，得到电子，并与氢氧根离子反应变成水不溶性物质，沉积在阴极（被涂物）上。

③ 电解。在具有离子导电性的溶液中，阳极和阴极接通直流电，阴离子吸往阳极，阳离子吸往阴极，并产生化学反应。在阳极产生金属溶解、电解氧化，产生氧气、氯气等。阳极是能产生氧化反应的电极。在阴极金属析出，并将 H^+ 电解还原为氢气。

④ 电渗。在用半透膜间隔的浓度不同的溶液的两端（阴极和阳极）通电后，低浓度的溶液向高浓度侧移行的现象称为电渗。刚沉积到被涂物表面上的涂膜是半渗透膜，在电场的持续作用下，涂膜内部所含的水分从涂膜中渗析出来移向槽液，使涂膜脱水，这就是电渗。电渗使亲水涂膜变成憎水涂膜，脱水使涂膜致密化。电渗性好的电泳涂料泳涂后的湿漆可用手摸也不粘手，可用水冲洗掉附着在湿漆膜上的槽液。

3.1.1 电泳涂装主要特征

电泳涂装的主要特征如下：

① 电泳涂料在水中能完全溶解和乳化，配制成的槽液黏度很低，与水差不多。很易浸透入浸在槽液中的车身（被涂物）的腔状构造及缝隙中。

② 电泳槽液具有高的导电性，涂料粒子能活泼泳动，而沉积到被涂物上。湿涂膜的导电性小，随湿涂膜增厚，其电阻增大，达到一定电阻值时，就不再电沉积上去。基于这两点，电泳涂装具有良好的泳透性，可生成比较均一的涂膜。

③ 槽液的固体含量低，黏度小，被车身带出槽外涂料少，且可用超滤（UF）装置和反渗透（RO）装置回收利用。

④ 涂膜的附着力强，防锈力高（20μm 厚的阳极电泳涂膜的耐盐雾腐蚀性 300h 以上，阴极电泳涂膜耐盐雾腐蚀性 1000h 以上）。

⑤ 电泳槽液的溶剂（水溶性溶剂）含量少，用喷灯点火都烧不起来，可少担心现场火灾和爆炸。

电泳涂装是一种特殊的涂膜形成方法，在涂装施工方面它与工业涂装应用的其他涂装方法（喷涂、高压静电喷涂、浸涂等）相比具有以下独特之处：

① 仅适用于 ED 涂装专用的水性涂料，即电泳涂料（AED 阳极电泳涂料和 CED 阴极电泳涂料），电泳涂料也不适用于其他涂装方法涂布，它属于低 VOC、无火灾危险性的绿色涂装法；

② 需较复杂的由多个系统（或装置）组成的专用设备；

③ 涂膜厚度可按工艺要求在工艺范围内实现适度调控（如薄膜、中厚、厚膜）；

④ ED 涂装后的湿漆膜可清洗（用 UF 液和纯水）、回收槽液和提高涂面质量。涂布过程伴随着复杂的物理化学反应，使水溶性基料变成水不溶性的涂膜；

⑤ 具有高泳透力，能确保被涂物的隐蔽内腔表面的涂装质量；

⑥ 最适用于大量流水线生产的金属件的自动涂装（打底）。如年产 30 万台轿车车身的涂装线（链速 6m/min 以上），选用阴极电泳涂底漆工艺，实现全自动化，是最高效、涂着效率（TE）最高和最经济规模的涂装生产线。

尤其后 3 点是其他涂装方法无法实现的。

电泳涂装法的优点列于表 3-1 中。

表 3-1 电泳涂装法的优点一览表

项 目	内 容
涂底漆工序可实现完全自动化	从漆前处理到电泳底漆烘干有可能实现生产工艺化,适用于大量流水连续生产
可得到均一的膜厚	依靠调整电量容易得到均一目标的膜厚。靠选择电泳漆的品种和调整泳涂工艺参数,膜厚可控制在 $10\sim35\mu m$ 范围内; 工件间和不同日期所沉积的漆膜(膜厚及性能)能重现; 与浸法不同,在烘干时缝隙间的涂膜不产生"溶落"现象
泳透(力)性好,提高工件内腔的防腐性,尤其阴极电泳涂膜的耐腐蚀性好	使喷涂、浸涂等涂法无法涂装到的部位和涂料难进入的部位也能涂上漆,且缝隙间的涂膜在烘干时不会被蒸汽洗掉,因而使工件的内腔、焊缝、边缘等处的耐腐蚀性显著提高; 阴极电泳漆膜的耐盐雾性在 500h 以上,甚至高达 1000 多小时
涂料的利用率高	与喷涂法等相比,涂料的有效利用率可高于 95%; 槽内涂料是低固体分的水稀释液,黏度小,带出槽外的少; 泳涂的湿漆膜是水不溶性的,电泳后可采用 UF 液封闭水洗回收带出槽的漆液
安全性比较高,是低公害涂装(涂料),无火灾危险性	与其他水溶性涂料相比,溶剂含量少且因低浓度,无火灾危险; 涂料回收好,溶剂含量又低,对水质和大气污染少,电泳涂料属低公害涂料; 采用 UF 和 RO 装置,实现电泳后的全封闭水洗,可大大减少废水处理量
电泳涂膜的外观好,烘干时有较好的展平性	电泳涂装所得涂膜的含水量少,溶剂含量也少,在烘干过程中不会像其他涂料那样产生流痕、溶落、积漆等弊病; 电泳水洗后的涂膜是干的,甚至手摸也不粘手。晾干时间短,可直接进入高温烘干

3.1.2 电泳涂装局限性

① 仅适用于具有导电性的被涂物涂底漆。如木材、塑料、布等无导电性的物件不能采用这种涂装方法。

② 由多种金属组合成的被涂物，如电泳特性不一样，也不宜采用电泳涂装工艺。

③ 不能耐高温（165～185℃）的被涂物，也不能采用电泳涂装工艺。近几年在国外已开发成功在 120℃、150℃下烘干的电泳涂料。

④ 对颜色有限定要求的涂装不宜采用电泳涂装，变化涂膜的颜色需分槽涂装。

⑤ 对小批量生产场合（槽液更新期超过 6 个月）也不宜推荐采用电泳涂装，因槽液的更新速度太慢，槽液中的树脂老化和溶剂含量的变动大，而使槽液不稳定。

3.1.3 阳极电泳涂装和阴极电泳涂装的比较

最初获得工业应用的是阳极电泳涂装法，1963 年成功地用于汽车车身涂装。在 20 世纪

70年代伴随着汽车产量增加,"盐公害"(为防止冬季的滑车事故,撒布大量的融雪盐,造成的汽车的腐蚀问题)的广泛发生,要求提高汽车的防锈力,因此开发了阴极电泳涂装。随后,防锈力高的阴极电泳涂装急速替代阳极电泳涂装,老线由阳极电泳涂装改成阴极电泳涂装,新建的车身涂装线都采用阴极电泳涂装,其结果见表3-2。阳极电泳涂装在汽车车身涂装中只有15年左右的历史。

表3-2 阳极电泳涂装改成阴极电泳涂装后的效果

比较项目		阳极电泳涂装	改成阴极电泳涂装后的效果
耐蚀性	仅脱脂的钢板		4倍以上
	锌盐磷化钢板		3倍以上
防伤痕处锈的扩大性	锌盐磷化钢板		3倍以上
泳透力(性)			1.5倍以上
库仑效率			约3倍
消费电力			约1/2
烘干温度		180℃ 20min(保温)	160℃ 20min(保温)

阴极电泳涂装法在汽车工业中普及非常快,仅几年工夫汽车车身涂装领域就替代了阳极电泳涂装,主要是它具有以下明显的优点:

① 因被涂物处在阴极,电泳涂装过程中不产生阳极溶解,使涂膜对底材的附着力和防腐蚀有所提高;

② 基于阴极电泳涂料的漆中含有对底材具有阻蚀作用的基团(如含氮基团),使阴极电泳涂膜的耐腐蚀性显著地优于阳极电泳涂膜;

③ 阴极电泳涂料的泳透力高于阳极电泳涂料,因而使被涂物的内腔和焊缝泳涂得更好;

④ 在近30年中阴极电泳涂料的性能又有很大的改善,并开发了很多新品种,如高泳透力阴极电泳涂料、锐边覆盖性能好的阴极电泳涂料和低加热减量的阴极电泳涂料等。

阳极电泳涂装和阴极电泳涂装的比较如表3-3所列。

表3-3 阳极电泳涂装和阴极电泳涂装的比较

项目	阳极电泳涂装法(AED)	阴极电泳涂装法(CED)
涂装原理		

续表

项目	阳极电泳涂装法（AED）		阴极电泳涂装法（CED）
槽液 pH 值	碱性 pH＝7.5～8.5（水溶性-分散体）		弱酸性 pH＝6.1±0.1（水溶性-乳液）
槽液 pH 值调整	隔膜法	加涂料中和法	隔膜法
槽内绝缘衬里	要	可以无	必须要有
槽液组成的离解状态	P⁻ 颜料　V⁻ 树脂　OH⁻ 氢氧根离子　H⁺ 氢离子　PV⁻ 涂料　S⁻ 溶剂　A⁺ 中和剂（碱性）　I⁺ 杂质离子		P⁺ 颜料　V⁺ 树脂　OH⁻ 氢氧根离子　H⁺ 氢离子　PV⁺ 涂料　S 溶剂　A⁻ 中和剂（酸性）　I⁻ 杂质离子

3.1.4　电泳涂装工艺

电泳涂装工艺由电泳、电泳后清洗、吹干和烘干（涂膜固化）等工序组成。各工序的功能、工艺参数管理要点等如表 3-4 和图 3-1 所示。

表 3-4　汽车车身的典型阴极电泳涂装工艺一览表

工序名称	处理功能	工序处理内容			控制管理要点	备注
		方式	时间/min	温度/℃		
1. 用阴极电泳涂装法涂底漆	在前处理①过的车体内、外表面泳涂一层均匀的规定厚度的电泳涂膜	浸（通直流电）	3～4	28～29	槽液固体分（NV）、pH 值、温度、电泳电压等	电泳涂膜厚度一般为（20±2）μm；在采用厚膜电泳涂料场合可达 35μm
2. 电泳后清洗 a. 0 次 UF 液洗 b. 1 次 UF 液洗 c. 2 次 UF 液洗 d. 新鲜 UF 液洗 e. 循环纯水洗 f. 新鲜纯水洗	洗净车体表面的浮漆，提高涂膜外观质量，回收电泳涂料。浸洗消除缝隙部位的二次流痕。溢流槽上 0 次 UF 液洗，对回收电泳涂料和防止表干有益	a. 喷 b. 喷 c. 浸 d. 喷 e. 浸 f. 喷雾	通过 20～30s 全浸没即出 通过 全浸没即出 通过	室温 室温 室温 室温 室温 室温	各工序清洗液的 NV 或电导率	①UF 液逆工序补加最终返到电泳主槽中； ②工序 f 用 RO-UF 液替代纯水，实现全封闭清洗，向 d 工序补加，大大减少电泳污水的排放量； ③出电泳槽至 UF 液洗时间不能大于 1min
3. 除水（防尘、吹 30～40℃的热风或预加热 60～100℃　10min）	车体倾斜倒掉积水和吹掉车体表面的水珠	自动倾斜和自动或人工吹风	2～3	室温可吹热风	检查涂膜表面积水和水珠状况	消除电泳涂膜的水斑、二次流痕等缺陷（提高电泳涂膜的外观）
4. 烘干	使涂膜固化	热风或辐射加热	30～40	160～180	烘干温度，涂膜干燥程度	测烘干温度-时间曲线，用溶剂擦拭法测干燥程度

① 磷化处理过的车体进入电泳槽液表面全干或全湿（无水珠）均可，半干的表面易使电泳涂膜发花。

3.1.5　阴极电泳涂装的工艺条件

它包括以下 4 个方面共 13 个条件（参数）。

① 槽液的组成方面：固体分、灰分、MEQ 和有机溶剂含量。

② 电泳条件方面：槽液温度、泳涂电压、泳涂（通电）时间。

③ 槽液特性方面：pH 值、电导率。

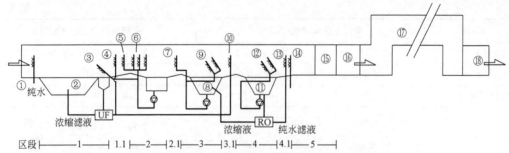

图 3-1　闭合式阴极电泳及后清洗工艺流程示意图

①—纯水喷雾 0.2～0.5m³/h；②—阴极电泳时间 180～300s；③—UF 液喷洗 0.6～1L/m²，1～2bar（1bar=10⁵Pa，下同）；④—新鲜 UF 液喷雾 0.3m³/h（自动控制）；⑤—UF 液预喷洗 3～4L/m²，1bar（区段 1.1）（本工序在间歇时间＞1min 场合下适用）；⑥—UF 液喷洗 50m³/h，1bar（区段 2）；⑦—UF 液喷洗 ＜2L/m²，1～2bar（区段 2.1）；⑧—UF 液浸洗（区段 3）；⑨—UF 液喷洗（区段 3）；⑩—新鲜 UF 液或来自工序 11 纯水＜2L/m²，1～2bar（区段 3.1）；⑪—UF 液（或纯水）浸洗 No.2 T=32～45℃（区段 4）；⑫—UF 液（或纯水）喷洗 8～10m³/h，1.5bar（区段 4.1）；⑬—再生纯水喷洗＜2L/m²，1～2bar（区段 4.1）；⑭—新鲜纯水喷洗 0.5～2m³/h（区段 5）；⑮—倾斜沥水（区段 5）；⑯—沥水＞12min，60～80℃；⑰—烘干；⑱—强冷却（工件＜45℃）

④ 电泳特性方面：库仑效率、最大电流值、膜厚和泳透力。

它们之间的相互关系及影响见表 3-5。

除表 3-5 中所列的工艺参数外，还有稳定性、更新期、加热减量、L 效果、熟化期、杂质离子许可浓度等。

表 3-5　槽液组成、特性值及涂装条件相互关系及影响

参数上升场合		pH 值	电导率	库仑效率⑤	最大电流值	膜厚	泳透力	UF 透过量⑥	漆面平滑性	镀锌钢板适应性⑦
		槽液特性值		电泳涂装特性				现象结果		
槽液组成	槽液固体分①	↗	↘	↗	↗	↗	↗	↘	↗	↗
	灰分和颜基比②	↘	↗	↗	↗	↗	↘	↗	↘	↘
	MEQ③	↘	↗	↗	↗	↘	↗	↘	↗	↗
	有机溶剂含量④	↘	↗	↗	↗	↗	↘	↘	↗	↘
电泳条件	槽液温度				↗	↗	↘	↘	↗	↘
	泳涂电压				↗	↗	↗	↗	↗	↘
	电泳时间									

① 固体分。电泳涂料和槽液在（105±2）℃下烘干 3h 所留下来的不挥发部分为电泳涂料的固体分（NV%=残留物质量/样品起始质量×100%）。

电泳槽液的固体分是电泳涂装的重要工艺参数之一，它直接影响涂层质量。一般在 AED 场合槽液固体分控制在 10%～15% 范围内，在 CED 场合控制在（19±1）% 范围内。进厂电泳涂料的固体分随产品类型和供应厂而不同，单组分的高达 60%～70%，双组分一般为 40%～50%。一般由供需双方商定供应标准。

② 灰分和颜基比。灰分指固体分或干涂膜经高温灼烧后的残留分，表示涂料、槽液和干涂膜中的含颜料量，要注意含有在高温下能烧掉的颜料（如炭黑）时，应作修正。颜基比指电泳涂料、槽液干涂膜中颜料与基料（如树脂）含量的比值。两者对电泳涂料的电泳特性和涂膜都有影响。

③ 中和当量（MEQ）。电泳涂料的中和当量是表示使涂料具有水溶性所需中和剂的中和程度，即化合部分的中和剂耗量的当量值。

④ 有机溶剂含量。为提高电泳涂料的水溶性和槽液的稳定性，电泳涂料的配方中加有亲水性的有机溶剂，一般使用中沸点、高沸点的酯系和醇系溶剂。槽液的溶剂含量一般系指槽液中除水以外的有机溶剂的百分含量。新配制的槽液中原漆带入的有机溶剂含量较高，一般待槽液经熟化过程，挥发掉低沸点的有机溶剂后，才能泳涂工件。国外已有配制的槽液不需要熟化的电泳涂料的品种，即原漆本身的有机溶剂含量已较少。

槽液有机溶剂含量现今还是电泳涂装的主要工艺参数之一，一般控制在 2.5%～4% 范围，有些电泳涂料品种需要较高的有机溶剂含量。槽液的有机溶剂含量高，涂膜臃肿、过厚，泳透力和破坏电压下降，再溶解现象变重；含量低，槽液的稳定性变差，涂膜干瘪。

由于有机溶剂挥发后污染大气，从环保考虑，发展趋向是提高树脂的水溶性，不用有机溶剂。槽液的有机溶剂含量的测定采用气相色谱仪。

⑤ 单位为 mg/C 或 C/g。

⑥ 槽液温度过高对 UF 不利。

⑦ 镀锌钢板面针孔。

3.2　电泳涂装专门用语

为加深对电泳涂装技术的理解和在工程设计中有统一的认识，将有关专门用语介绍如下。

3.2.1　电泳涂装工艺参数用语

（1）电泳涂装的工作电压、破坏电压和临界电压　在电泳涂装场合，能获得规定的、外观优良的涂膜厚度，两极间接通的电压称为电泳涂装的工作电压（简称泳涂电压）。电泳涂装一般应有一定的电压范围，超出泳涂电压上限的一定值时，在沉积电极上的反应加剧，产生大量气体，使沉积电极上的涂膜炸裂，绝缘被破坏，产生异常附着，这一电压值称为破坏电压。

低于泳涂电压下限的某一电压值时，几乎泳涂不上漆膜（或沉积与再溶解涂膜量相抵消），这一电压值称为临界电压。电泳工作电压介于临界电压和破坏电压之间。

泳涂电压是电泳涂装的重要工艺参数之一。在其他泳涂条件不变的场合，泳涂膜厚和泳透力随泳涂电压增高而增厚和提高（见表3-5）。在生产实践中常借助调整泳涂电压来控制涂膜厚度。

为获得优良的涂膜外观和较高的泳透力，在生产实践中一般起始电压低一些，以减轻电极反应；随后电压高一些，以提高内腔缝隙表面的泳涂质量。例如在垂直升降的泳涂设备上，起始15～30s电压低一些，随后升到该漆的工作电压，这也称为"软启动"，同时也是为了降低通电时的脉冲电流。在连续式带电入槽的电泳线上，按需电压可分多段控制，若分为2个区段，约1/3的汇流排（极板）为低电压第一区段；后2/3为较高电压的第二区段。同时在电控上要有防止电刷经过高低压汇流排间时产生火花的措施。

因某种原因被涂物停在电泳槽中，为防止再溶解，将电压降到临界电压，但是，这种方式不好，尤其在阳极电泳场合，阳极溶解继续进行，甚至使被涂表面的磷化膜全部被溶解掉。

漆厂在阴极电泳涂料的技术条件中都推荐介绍其工作电压和破坏电压值。

（2）电泳涂装场合pH值和电导率的含义　电泳涂料靠碱或有机酸和漆基中的羟基或氨基，并保持一定的氢离子浓度（酸性和碱性），而获得较稳定的水溶液或乳液。电泳涂料的水溶液或乳液的氢离子浓度也是用常规的pH值来表示的。

阳极电泳涂料所用中和剂是KOH、有机胺，其原漆和工作液（俗称槽液）呈碱性，其pH值一般保持在7.5～8.5范围内。阴极电泳涂料所用中和剂是有机酸，其原漆和槽液呈酸性，其pH值保持在5.8～6.7之间，一般控制在6.0～6.3。有些品种的色浆或原漆未完全中和，pH值超过7.0，调配工作液时需加酸，或用pH值低于6.0的槽液（或乳液）中和。第一代阴极电泳涂料的pH值较低（3～5），据资料介绍槽液的pH值低于5.8时，对设备的腐蚀严重，因而很快被淘汰掉了。

极液和超滤（UF）液的酸、碱度也用pH值表示。

测定pH值采用市售的各种pH计。按pH计使用说明书校准好pH计后，测定温度一般为25℃，重复测定三次，取平均值。槽液、极液和UF液的pH值可直接测定。电泳涂料（原漆）和树脂（乳液）应用去离子水调稀一倍后测定。

电导率指在1cm间距的$1cm^2$极面的导电量，在电泳涂装场合的槽液、UF液、极液和所用纯水的导电难易程度用电导来表示，也有用比电阻来表示。电导率是比电阻的倒数。

比电阻$（\Omega \cdot cm）=10^6/$电导率，电导率的单位为$\mu S/cm$或$\mu \Omega^{-1} \cdot cm^{-1}$。

电泳漆槽液的电导率与槽液固体分、pH值和杂质离子的含量等有关，它是重要的工艺参数之一，一般应控制在一定范围内，范围的大小取决于电泳涂料的品种，槽液电导率偏低或偏高都不好，都会直接影响电泳涂装的质量。

电泳涂料的调配、极液的更换和电泳后的最终清洗都需用纯水，一般用去离子水或蒸馏水。电泳涂装用纯水的水质一般用电导率表示，水质纯度标准为 $10\mu S/cm$ 或 $100000\Omega^{-1}\cdot cm^{-1}$，如果水质超过 $25\mu S/cm$，则涂料可能被污染，水质低于 $25\mu S/cm$，在实际操作中不会产生问题。

槽液的 pH 值、电导率是电泳槽液的两大特性值。它们对电泳特性、槽液的稳定性和涂装效果都有较大的影响，因此，应将槽液的 pH 值、电导率严格地控制在工艺规定的范围内。不同品种的阴极电泳涂料都有特定的最佳 pH 值范围，工艺控制范围为 $\pm0.05\sim0.1$，以保持槽液和涂装质量的稳定。

阴极电泳槽液系酸溶液体系，需靠适量的酸度才能保持槽液的稳定。当 pH 值高于规定值时，槽液的稳定性逐渐变差，严重时产生不溶性颗粒，槽液易分层、沉淀、电导下降、堵塞阳极隔膜和超滤膜，涂膜外观变差，尤其水平面有颗粒，小的像针尖状，大的手摸凸出。随着酸量增加（pH 值降低），槽液的可溶性有所增加，可是对涂膜的再溶性和对设备的腐蚀性增大，据资料介绍，pH 值在 5.9 以上，对设备腐蚀不严重。

不同品种的阴极电泳涂料槽液的电导率也有最佳的控制范围，基于电导率的微小变化，如 $\pm100\mu S/cm$ 将不会影响涂膜性能，故一般控制范围较宽，为 $\pm300\mu S/cm$。槽液电导率过高或过低对涂膜厚度、外观和泳透力均有影响，随槽液电导率增高，泳透力也随之增高，膜厚也相对增厚。

槽液电导率超过规定值的上限或偏高时，可用去离子水置换超滤液来降低，例如 300t 槽液用去离子水替代 20t 超滤液，可使槽液电导率下降 $\pm100\mu S/cm$。

（3）库仑效率　在电泳涂装场合，库仑效率是表示涂膜生长难易程度的目标值，有两种表示方法：耗 1C 电量析出涂膜的质量，以 mg/C 表示，故又称电效率；或沉积 1g 固体漆膜所需电量的库仑数，以 C/g 表示，如阴极电泳涂料的库仑效率应大于 30mg/C，或 28～35C/g，采用 NC-1320 型库仑计测定。

（4）槽液温度和电泳时间　槽液温度、电泳时间和泳涂电压是电泳涂装的三个基本工艺条件。经调试，选择最佳值后，在电泳涂装生产线上是保持稳定不变的。

阴极电泳槽液一般控制在（28±1）℃范围内，在厚膜阴极电泳涂装场合也有推荐较高的槽液温度 29～35℃（如 PPG 公司推荐的条件）。随槽液温度增高，涂膜增厚。槽液温度高，易使有机物的水溶液变质加速，对槽液的稳定性不利。槽液温度低，对槽液的稳定性有利，可是涂膜变薄，当低于 15.5℃时，湿涂膜的黏度大，被涂物面的气泡不易排出，因而涂膜薄，且易产生薄膜弊病。槽液温度对泳透力也有影响，通常在较低温度下得到较高的泳透力（见表 3-6）。

表 3-6　槽液温度与膜厚、泳透力的关系

项　目	测　试　结　果						涂装条件
槽液温度/℃	15.5	21.0	27	29	32	35	
涂膜厚度/μm	6.5	7.5	17	20	35	32	200V　2min　32℃
泳透力/cm			32	30.3	29.4	28.6	275V　2min　28.3℃

在电泳过程中，电能转变的热量和搅拌产生的热量，使槽液温度上升，为使泳涂质量稳定，必须将槽液温度控制在 ±1℃ 的范围内。

电泳时间系指被涂物浸在槽液中的通电（成膜）时间，通常限定在 2～4min。时间一旦设定，将不再变动，除非有提高或降低生产线速度的需要。

随泳涂时间的延长，涂膜厚度增厚，泳透深度增大，适当提高泳涂电压可缩短泳涂时间，达到同样泳涂膜厚。泳涂时间对涂膜外观有间接影响（见表 3-7）。

表 3-7 泳涂膜厚、泳透力与泳涂时间的关系

项 目	测 试 结 果			涂装电压/V
	泳涂 1min	泳涂 2min	泳涂 3min	
泳透力/cm	26.6	30.5	33.5	225
	26.0	32.7	36.2	275
	27.2	35.0	39.0	325
泳涂膜厚/μm	13.5	16.5	20.0	225
	19.5	24	26	275
	24.8	30.5	33	325

（5）电泳涂装的极距和电场强度 电泳涂装法的极距是指电泳涂装的阴极和阳极（或被涂物与电极）之间的距离，与静电喷涂法的极距（喷环与被涂物之间的距离）具有相同的含义，都有最佳的极距范围，它们直接影响电场强度及其分布。电场强度 $E = V$（电压）$/L$（极距）。电泳涂装的极距近了产生涂膜偏厚或异常附着，影响工件的通过性；极距远了产生涂膜偏薄或泳涂不上，增高电泳工作电压和增大电泳槽液容量，造成能耗大，运行成本高，因此在保证工件通过性和满足电泳涂装工艺要求的前提下，设计时极距要选用得合适、尽量小，不应随意扩大。

3.2.2 电泳涂装的泳透力

（1）泳透力的定义 泳透力（throwing power）是电泳涂料的主要特性之一。原定义为：在电泳涂装过程中使背离电极（阴极或阳极）的被涂物表面涂上漆的能力。

（2）泳透力的测定方法 一汽钢管法和福特盒法是早期测定泳透力的常用方法。上述定义成为一汽钢管法和福特盒法测定泳透力的基础，仅考虑了背离（远离）电极的被涂面（当初还有学者推荐玻璃管法测定泳透力），而对穿透空隙、克服屏蔽效应、泳涂空腔内表面（隐蔽和屏蔽表面）的能力（即泳透性）理解不到位。

当初 AED 和 CED 涂料的泳透力较低，采用一汽钢管法或福特盒法测定尚可。当第 2 代和第 3 代 CED 涂料泳透力提高后，采用一汽钢管法或福特盒法测定都是满管（或满盒），就无法进行评价了。21 世纪初开发采用的四枚盒法（见图 3-2），解决了测定高泳透力的难题，它也包含上述泳透力的含义。

四枚盒法展示了车身各部位的结构（外表面、内表面、隐蔽腔内表面，参见图 3-3）：

A 面车身侧（门）外表面；

B、C 面为背离（或远离）的表面（车身内表面）；

D、E 面表示车身门内腔和立柱内腔表面；

F、G 表示需穿过三个 $\phi 8mm$ 的孔，克服屏蔽效应才能到达的内夹层；

H 面为背（或远）离电极的表面（如车身顶盖外表面）。

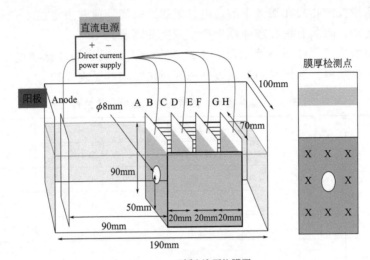

$$泳透力 = \frac{G板电泳平均膜厚}{A板电泳平均膜厚} \times 100\%$$

图 3-2　阴极电泳涂装及四枚盒法的原理示意图（彩图见文后插页）

注：① 电泳涂装过程伴随电解、电泳、电沉积、电渗等物理化学作用；

② 泳透力测试板尺寸：150mm×70mm，有 a、b 两种，a 板中央离底板 50 mm 处开 $\phi8$mm 的孔，试板按测试要求进行涂装前处理；

③ 极比：电极面积与 A～H 面的全部涂装面积之比＝1：8；

④ 电泳电压：以 A 面的涂膜膜厚及外观为基准选用；

⑤ 电泳时间：常规为 3min。

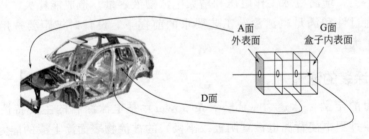

图 3-3　四枚盒各表面与车身结构对应图

四枚盒泳透力测试法的泳透力评价常用以下三种方法：

① 泳透力（G/A）＝G 板电泳平均膜厚/A 板电泳平均膜厚（即 G/A 板面的膜厚比）；或泳透力＝F＋G/A＋H，即匣腔内表面平均膜厚与面对电极和背离电极外表面平均膜厚之和之比。

② 8 个被涂面膜厚分布对比法（见图 3-4）；

③ 计算各涂面的泳透力，并作图对比法（见图 3-6）。

（3）涂装生产现场泳透力考核方法及评价　一般是剖解电泳涂装后的被涂物（车身），观察被涂物内、外表面、隐蔽空腔内表面的泳涂情况和测量涂膜厚度。评价标准：空腔内表面的膜厚与外表面膜厚之比达到 2/3，则泳透力为优，达到 1/2 为良。

某汽车公司的评价方法是：在电泳前确定车身内表面每个部位需检测膜厚的位置及检测点数，然后剖解电泳涂装的被涂物（车身），按规定的部位及检测点数测定漆膜厚度，与目标膜厚进行比较，合格率达到 90％以上为合格。

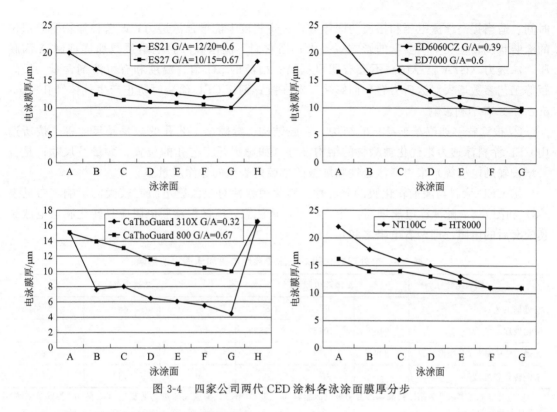

图 3-4 四家公司两代 CED 涂料各泳涂面膜厚分步

（4）影响 ED 涂料涂装泳透力的因素

① ED 涂料的电特性（湿漆膜的电阻系数和槽液的电导率）。电特性是影响泳透力的最关键要素之一。在电泳涂装时所用电泳槽液的电阻越小、导电性好，电沉积的湿漆膜的电阻越大，则该 ED 涂料的泳透力（G/A 膜厚比）就越高。提高湿漆膜的电阻系数，可抑制被涂物的外表面膜厚，即当湿漆膜的电阻达到一定的数据（一定的膜厚）后，膜厚不再随电泳时间的延长而增厚（参见图 3-5）；提高槽液的电导率来确保空腔部位的膜厚。

改善泳透力的主要手段是提高湿漆膜电阻（wet film resistance），湿漆膜电阻与所开发选用树脂的分子量（需高）、湿膜含水量（湿度）和溶剂含量有关，湿膜应是憎水型。从湿膜中去除水分（湿度），要在树脂中引进憎水剂（hydro-phobic agent）。

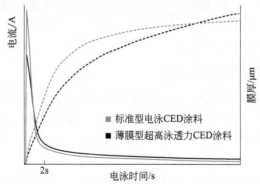

图 3-5 标准型电泳 CED 涂料和薄膜型超高泳透力 CED 涂料的电沉积特性
（彩图见文后插页，摘自 BASF 公司技术资料）

② 泳涂条件（泳涂时间和电压、槽液的温度、固体分和 pH 值、极间距等）。延长电泳

时间、适当提高泳涂电压和槽液的固体分，一定程度上能增强泳透力，改善被涂物匣腔部位的涂装状况，但无上一要素的影响效果大；因它们不能像湿漆膜电阻系数那样抑制 A 面膜厚，泳透力（G/A 膜厚比）不会有明显提高；槽液的 pH 值、温度和有机溶剂含量、极间距等工艺参数增大对泳透力有负面影响，对在镀锌钢板 CED 涂装时防止产生气体针孔（gas pinhole）有不利影响。

③ 被涂物（如汽车车身）的结构。空腔结构、缝隙、工艺孔的数量及尺寸等。按所选用 CED 涂料泳透力来优化被涂物的结构设计（如确定开工艺孔的位置、数量及尺寸；是否需增设辅助电极等）来提高泳透性和屏蔽的空腔内表面的泳涂质量。

④ CED 涂料与漆前转化膜的配套性。转化膜特性对湿漆膜电阻有较大的影响（参见表 3-8）和图 3-6。随泳涂电压增高，涂膜增厚，请注意，电泳湿漆膜电阻应是转化膜与电泳涂膜配套后的电阻（即两者电阻之和）。

表 3-8 前处理转化膜对电泳湿漆膜电阻和泳透力的影响

阴极电泳涂料[①] 前处理工艺	湿漆膜电阻/Ω			泳透力(G/A)		
	3[#]	6[#]	8[#]	3[#]	6[#]	8[#]
磷化处理	940	1098	1162	0.55	0.55	0.63
无磷转化膜处理(薄膜型)	809	1065	1065	0.11	0.59	0.60
未经转化膜处理[②]	780	960	987	0	0.11	0.12

① 电泳涂料编号：3[#]为第二代高泳透力阴极电泳涂料；6[#]、8[#]为第三代薄膜高泳透力阴极电泳涂料(6[#]为欧美系列、8[#]为日本系列)；

② 在电泳涂装前，试验样板(冷轧车身钢板)仅脱脂清洗，不经过其他转化膜处理。

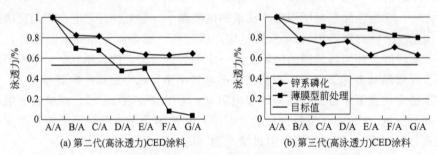

(a) 第二代(高泳透力)CED涂料　　(b) 第三代(高泳透力)CED涂料

图 3-6 两种漆前转化膜与两代 CED 涂料配套对泳透力的影响
(彩图见文后插页，摘自凯密特尔公司和 PSA 汽车公司的技术资料)

3.2.3 电泳槽液的稳定性和更新期

电泳槽液（或工作液）的稳定性系指槽液在规定的工艺条件下长期使用不变质、泳涂的工件涂膜外观及性能合格。更新期（turn over，T.O）系指泳涂工件消耗（或补加）的电泳涂料的累计使用量达到配槽所用涂料量的时间。两者有着相互密切的关系，更新期越短，槽液越易保持稳定。

电泳槽液是固体分只有 15%～20% 的有机物水溶液，且黏度很低，要长期使用保持稳定很难。影响电泳槽液稳定性的因素有：

① 槽液常处在敞口搅拌状态，水分和有机溶剂挥发，有机物与空气中氧气接触，产生氧化，常处在较高温度下（28℃），有机物易酸败或腐败变质。

② 在运行中被涂物经前处理和补给水向槽液中带入杂离子以及电极溶解产生的杂质离子。

③ 在不同的电泳涂装的工况下，不同颜料和树脂，不一定按原配比电沉积到被涂物，造成颜基比或某种组分失调现象，如颜基比失调易产生缩孔、涂膜失光等漆膜弊病。

④ 槽液被细菌、霉菌侵入。

生产线产量低、更新期长不利于槽液的稳定。当初涂料厂家推荐电泳槽液更新期为2~3个月，如果更新期超过6个月，不宜采用电泳涂装工艺。近期随着ED涂料所用树脂的水溶性有较大的改善，更新期可延长到9个月以上。国外大客车生产厂、车厢打底不用CED涂装工艺，因产量小；国内有三家大客车制造公司、车厢总成整体打底采用CED涂装工艺，电泳槽容量超150m³，其中有两家年产量超1万台，还在运行；另一家产量小，下马了。

电泳涂装适用于大量流水生产的金属件打底自动涂装，产量小、更新期长的场合不宜采用。在实际生产中虽可对上述导致槽液不稳定的因素采取一些技术措施来补救，如：按检测结果、补加失调的组分；借助超滤排除杂质离子、槽液UV杀菌和防霉等，可是仍难保证槽液稳定。像大客车（长12m）、车厢总成整体CED涂装，如更新期超过6个月，其槽液的稳定性、运行经济技术指标尚待研究是否可取。

另外，在涂装工艺设计和电泳设备设计中，在保证产量和通过性的前提下应尽量缩小电泳槽的容量。如在涂装过程中的车身输送方式，采用旋浸式替代悬挂式（推杆或摆杆），可取消车身两侧的推杆，而使电泳槽内宽减少200~300mm，应尽量利用装挂空间，优化被涂物的装挂方式。

按"流水不腐"的原理，加速更新（即尽量缩短更新期 T.O）是保持槽液稳定的最佳办法。

实例： 某阴极电泳槽的槽液容量为20t，固体分为20%。每天生产118件，每件的涂装面积为30m²，采用厚膜电泳涂装工艺，平均涂膜厚度为30μm，每月工作23天，电泳涂装的材料利用率为95%，所用电泳涂料的固体分为45%，涂膜的相对密度为1.3。试计算更新期。

解： 设原始配槽所需的电泳涂料量为M_0，则：

$$M_0 = 槽液容量 \times 槽液固体分 / 原漆固体分 = 20 \times 0.2 / 0.45 = 8.89t$$

在上述生产条件下电泳涂料的月耗量M_1，则：

$M_1 = $ 日产量×每件涂装面积×涂膜厚度×膜相对密度×月工作日数/(原漆固体分×材料利用率×10^6)

$= 118 \times 30 \times 30 \times 1.3 \times 23 / (0.45 \times 0.95 \times 10^6)$

$= 7.43t$

$$T.O = M_0 / M_1 = 8.89 / 7.43 = 1.2 个月$$

在生产中槽液实际更新率（即置换率），根据计算：1T.O（更新一次）置换率65%；2T.O置换率87%；3T.O置换率95%。

更新期长不利于槽液的稳定。电泳涂装法适用于大量生产，一般各漆厂推荐更新期为2~3个月；更新期超过6个月，不宜采用电泳涂装法，因很难维持槽液的稳定，因此在设计电泳涂装线时应认真考虑更新期。更新期长的场合，在确保电泳条件的基础上，槽液容量应尽可能设计小些。

电泳涂料的槽液稳定性系指槽液在规定的工艺条件下，长期使用槽液不变质，泳涂出的涂膜性能合格。有的涂料公司用更新期长（如6个月/T.O）来表示其槽液稳定性好。槽液稳定性在试验室中的加速试验方法有两种：敞口搅拌稳定性测定法和仿生产使用稳定性测定法。前者是考察槽液在敞口的状态下，连续搅拌、随溶剂挥发、槽液与空气接触对槽液稳定性的影响。一般敞口搅拌 1 个月，在仅补加纯水场合下，槽液及涂膜的各项性能无明显变化，则可认为该电泳涂料的敞口搅拌稳定性良好。

仿生产使用稳定性测定法是考察槽液在连续使用中性能的变化的，即连续电泳，耗漆量达配制槽液所需原漆量的 15 倍（故又称 15 倍稳定性试验法）。在这一过程中，槽液的各项性能（如颜基比等）若仍符合技术条件，则可认为该漆的使用稳定性良好。

电泳涂料的稳定性系指原漆的储存稳定性，即漆厂生产出的电泳涂料在某温度下储存多少个月不变质。双组分阴极电泳涂料因比较稀，易产生沉淀、分层，树脂的水溶性变差等造成变质，一般储存期为 3 个月左右。

电泳涂料储存稳定性在试验室中的加速测定方法为在 40℃ 的保温箱中放置 72h 后，以再配制槽液的性质及泳涂的漆膜性能不变为合格。

在开发和选用新型电泳涂料（即在生产线上尚未使用过的电泳涂料）场合，必须认真考核电泳涂料的储存稳定性和槽液的使用稳定性，方能放心使用，一般系漆厂的保证条件。

3.2.4 电泳涂装的"L"效果、加热减量、再溶解、湿膜电阻

（1）电泳涂装的"L"效果　在电泳涂装过程中往往由于槽液循环、过滤不佳，流速低，造成槽液中颜料或颗粒沉降，致使被涂物的水平面和垂直面的泳涂质量不一，易使水平面上的涂膜粗糙，再加上水平面上易积水，产生再溶解影响涂膜的平滑度。

用泳涂"L"形样板的方法考核被涂物的水平面和垂直面的电泳涂装质量，其结果称为"L"效果，又称水平沉积效果。如果水平和垂直被涂面上的涂膜光滑度和平整度无差异，可认为"L"效果好，当槽液有水平沉淀或有树脂的水溶性变差，析出颗粒的场合，水平面涂膜一定变粗，甚至手摸都可感觉出来，则"L"效果不好。

（2）电泳涂装的加热减量　在 105℃ 以下烘干所得的干燥的阴极电泳涂膜，在进一步升温到规定的烘干温度、达完全固化的过程中，热分解出低分子化合物（即冒烟现象），而使涂膜失重，称为加热减量。这些低分子化合物变成油烟污染烘干室，增加了清理和维护烘干室的麻烦，滴在被涂面上成为漆膜弊病。所以加热减量也是衡量阴极电泳涂料优劣的指标之一。从省资源、环保和减少烘干室维护麻烦的角度考虑，阴极电泳涂料的加热减量越低越好。阴极电泳涂料的加热减量高的达 6%～10%，较低的达 4% 以下，发展趋向希望降到零。

阴极电泳涂料的加热减量的测定方法为：

① 选择符合标准的样板称量；

② 在标准条件下进行电泳、水洗；

③ 将样板放在（105±2）℃ 的烘箱中烘 3h 冷却后称量；

④ 再将样板在正常固化条件下固化，冷却后称量；

⑤ 计算：

$$加热减量(\%) = \frac{W_1 - W_2}{W_1 - W_0} \times 100\%$$

式中　W_0——样板电泳前质量，g；

　　　W_1——样板在（105±2）℃烘干后的质量，g；

　　　W_2——样板正常固化后的质量，g。

（3）再溶解　电泳沉积在被涂物上的湿涂膜能被槽液或 UF 液再次溶解，产生涂膜变

薄、失光、针孔、露底、流痕等现象，因此再溶解是电泳涂膜弊病之一。在设计电泳涂装设备及其运行过程中，应避免被涂物停留在槽液和 UF 液中，尽量减少湿电泳涂膜与槽液和 UF 液接触的时间；电泳后清洗，仅需洗掉（回收）被涂物表面的浮漆，而不是清洗次数越多（清洗时间越长）越好；用 UF 液清洗时间长了（或清洗次数 3 次以上），会出现"再溶解"涂膜的弊病（如流 UF 液多的被涂面易产生流痕等）。

（4）湿膜电阻　湿电泳漆膜与电镀层不同，具有一定的电阻值，称为湿膜电阻。随电泳涂装过程，湿漆膜增至一定膜厚（电阻增加到一定值），电沉积反应趋于停止。它是电泳涂装的重要电流特性之一（参见图 3-7）。湿膜电阻是影响电泳涂装泳透力的关键因素之一，湿膜电阻越大，泳透力越高；它对电泳涂膜厚度均匀性也有较大影响；电泳过程中，一定时间后，电泳涂膜不再随电泳时间延长而增厚（见图 3-5）。第三代薄膜超高泳透力型 CED 涂料的基石就是它的湿膜具有较高的电阻值。

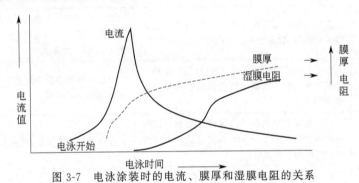

图 3-7　电泳涂装时的电流、膜厚和湿膜电阻的关系

3.3　电泳涂装设备和附属装置的功能

电泳涂装设备以电泳槽为中心，还配备多种附属装置，它们都对生产性能、质量、环境和成本有影响，因此要求电泳涂装设备应具有很高的功能。电泳涂装设备是投资较大、技术要求较高、结构较复杂的涂装设备。电泳涂装设备按表 3-4 所列的工艺流程可分为车体输送装置、电泳设备（槽本体）、电泳后清洗设备和烘干室。电泳设备及其附属装置的功能如图 3-8 和表 3-9 所示。

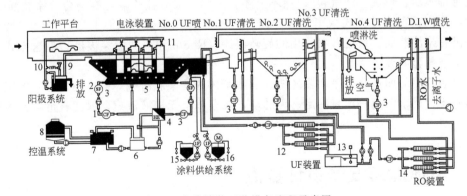

图 3-8　电泳涂装工艺设备流程示意图

1—搅拌循环泵；2—金属网粗过滤器；3—细过滤器；4—热交换器；5—搅拌循环管路；6—冷却水槽；
7—冷却机组；8—冷却水塔；9—阳极液槽；10—电导控制仪；11—阳极液盒；12—超滤（UF）装置；
13—UF 液槽；14—反渗透（RO）装置；15—树脂乳液槽；16—色浆槽

表 3-9 电泳设备和附属装置的功能

设备、装置名称	功 能	备 注
电泳槽(主槽)	存装电泳槽液,被涂物(车身)在其中进行电泳涂装。由确保目标膜厚来决定槽容量,电泳涂装的其他一切装置都为本槽服务	确保涂膜的生成(泳透力、膜厚分布等); 分为主槽和辅槽,槽液由出槽部溢流到辅槽
槽液循环搅拌系统	用设置在槽底部槽液循环喷管的喷嘴将槽液吹出,进行槽内搅拌; 保持槽内涂料均一,防止颜料的沉淀; 冷却发热的涂装面,除去扩散的电解气泡	由循环泵、槽内配管、吹出喷嘴等组成; 槽内配管、喷嘴使用塑料制品,槽外配管使用不锈钢材,以防止电蚀
过滤装置	粗过滤器:滤掉落入槽内的异物,保护循环泵; 精密过滤器:除掉槽中的尘埃、颗粒;降低车身表面的涂膜尘埃、颗粒弊病	多用金属网状类型; 多用纤维制得、透过面积大的筒状卷式或袋式
热交换器	交换掉电泳涂装电能和泵工作的机械能转换成的热量,确保槽液温度稳定在(28±1)℃	热交换器装在槽液循环管路中,采用不锈钢制板式换热器。一般用 7~10℃ 水冷却。加热用 40~45℃ 的温水
电极和极液循环系统	除去电泳产生的剩余中和酸(HAc),保持中和剂浓度稳定。达到电泳涂装和维持槽内酸浓度的目的	电极有隔膜电极和裸电极两种。电极用耐酸不锈钢(SUS316 等)
直流电源(+)极(-)极	产生直流的整流器供电泳涂装电流。阴极电泳场合车身作为(-)极,通过绝缘的汇流排和挂架侧的导线通电	在连续式生产场合,须有大容量的电源
备用槽(置换槽)	供定期清扫和维修时空出电泳槽,临时保管槽液用	为防止槽液沉淀和劣化,也需循环搅拌
电泳涂装室	保护电泳槽,防触电,防溶剂蒸气扩散	设有排风换气系统
电泳后清洗设备	除去附着在车体上的浮漆,回收涂料,提高涂膜外观质量	采用 UF 液喷洗和浸洗,逆工序回主槽
超滤(UF)装置(或 ED-RO 装置)	提供电泳后清洗液,回收涂料 除去槽液内的杂质离子,降低槽液电导率	采用 ED-RO 装置净化 UF 液替代纯水,实现全封闭运行

电泳涂装是车身全浸没在槽液中进行的,如何通过改变车体的输送方式和改变车体在槽液中的姿势,使车体表面100%都能泳涂上漆,一直是一个难题。主要是空腔上部的空气在全浸没时排不尽,形成"空气包",涂不上漆。采用一般悬挂式输送链场合,涂装面达90%以上时,改用垂直输送方式(车体前部向下)和摆杆式输链方式(45°进出槽)。虽有所提高,但仍有未涂装面。最近开发采用的旋转浸漆(Rodip 和多功能穿梭机)输送方式,基本上解决了空气包问题。

电泳涂装用的搬送装置是由输送链、承载车体的挂架和滑橇等构成的,应能控制车体在槽内的姿势,要求链速一定且稳定、无脉动,在车体上无槽液流痕,保证有足够的强度,且质量轻。

3.4 电泳涂装设备设计要点

3.4.1 电泳槽、备用槽

电泳槽是电泳涂装作业的浸槽(或称主槽),形状有船形和矩形两种。矩形电泳槽适用于垂直升降的间歇式生产，其内部大小取决于被涂物（或装挂吊具）的尺寸。船形电泳槽适用于大量流水连续式生产，其两端的斜坡长度取决于被涂物出入槽的角度；平段的长度根据链速和泳涂时间确定。根据输送被涂物的轨迹，求取必要的最小限度的主槽形状。为保证槽液较好的搅拌状态和最佳的极间距，电泳槽容纳被涂物要留有间隙，典型电泳槽的断面图及其间隙尺寸列于图 3-9 和表 3-10 中。

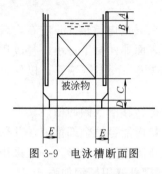

图 3-9 电泳槽断面图

表 3-10 典型电泳间隙尺寸　　单位：mm

项目	A	B	C	D	E
汽车车身	200～250	250～300	450～500	250～300	500～550
建材	150～200	200～250	100～150	250～300	450～500
家用电器	125～150	150～200	400～450	200～250	350～450
零部件	125～150	125～150	375～400	125～200	300～350

在电泳槽的出口端设有溢流槽（也称辅槽）。它的作用是承接电泳槽表面流带入的泡沫和尘埃，并有消除泡沫的功能。主槽与溢流槽之间设一可调堰，以调节槽液位及表面流动状态。槽液到溢流槽的落差最大不许超过 150mm（一般为 50mm 以内），以防起泡。

槽底和转角都应设计呈流线型，应尽量消除液流的死角。槽液的总容量在满足各种要求的前提下应尽可能小，以缩短更新期和配槽投料的资金。尤其被涂物（车身）与槽壁的间距（E，即极间距）不宜放大，国内有的设计院放大到 700～850mm，不仅造成槽液总容量放大许多，而且使电泳电压增高，泳透力降低。

阳极电泳槽内表面在不采用隔膜电极的场合，可不用绝缘衬里，而在阴极电泳涂装场合，电泳槽内表面及所有裸露金属表面（构件）都必须进行绝缘防腐蚀处理，因阴极电泳槽液呈酸性和阳极金属溶出，导致电泳槽壁穿孔腐蚀事故。确保槽体与槽液之间的绝缘很重要，不然电泳时槽内壁或裸露金属处会泳涂上漆，不电泳时漆膜又会碎落溶下，成为水溶性不好的颗粒，污染槽液。因此电泳槽内表面及槽内的所有构件（包括溢流槽）表面都应进行衬里处理，小型电泳槽衬里有的用 PVC 板，大型电泳槽衬里都用改性环氧树脂或不饱和聚酯玻璃钢。其涂布工艺如下。

① 涂衬里前钢板表面必须进行喷砂处理，露出金属色（银灰色），表面粗糙度为 40～70μm，以确保涂层的附着力优良，吹、吸干净被处理表面及缝隙，达喷砂 3A 质量标准。

② 滚、刷涂第一道底漆（改性环氧树脂或不饱和聚酯涂料）❶。

③ 在室温（20℃左右）下固化 8～10h。

④ 滚、刷涂第二道底漆，贴玻璃纤维布（或无纺玻璃丝织物），速贴两层，并用涂料渗透，滚涂平，用排气筒排除涂层中的气泡，转角处多铺一层玻璃纤维布，以增加涂层强度。

⑤ 在室温下固化 24h。

⑥ 打磨掉玻璃纤维。

⑦ 滚、刷涂第一道面漆（改性环氧树脂或不饱和聚酯涂料、白色）。

⑧ 在室温下固化 8～10h。

---

❶ 滚、刷涂第一道底漆用改性环氧树脂或不饱和聚酯涂料，为双组分或三组分（树脂、固化剂、促进剂），配比及黏度应根据供应厂家推荐或现场施工条件调整。

⑨ 仔细打磨、磨平涂面（打磨后露底涂面约 50％左右），清理磨灰。

⑩ 绝缘检查（耐高压试验），须耐压 15000V 以上。不合格处补涂。

⑪ 检查、修补耐压合格后，再滚、刷涂最后面漆。

⑫ 固化。

涂层标准：涂层总厚度约为 2～3mm；耐电压 15000V 以上；外观平整光滑；机械强度高；耐溶剂性。

为防止漏电和电沉积，与电泳槽连接的槽液循环管、排放管在靠近电泳槽 1m 左右，或阀门前也要进行绝缘处理，大口径不锈钢管内表面也像电泳槽内表面那样衬里；小口径改用 1m 左右长的 PVC 管连接。阳极液管采用 PVC 管，靠近极液槽前接一段不锈钢管，以便极液接地。

备用槽是供清理、维修电泳槽时，储存电泳槽液之用，故又称转移槽或倾卸槽。其形状取决于安置的场所，可以是长方形、槽车或圆柱形。备用槽的容量应能容纳全部槽液，并留有足够的余量。电泳槽的备用槽应具有足够的强度和刚性，防止装满槽液时变形，一般采用 6～10mm 厚的低碳钢板双面焊接而成，所有的缝应平滑无砂眼，槽外壁用槽钢加强。

备用槽内表面的涂层不需要具有绝缘性，仅需耐电泳槽液的高腐蚀处理。与电泳槽相比，涂布工艺简单，在喷砂处理后仅涂两道同样改性环氧树脂或不饱和聚酯涂料即可。

电泳槽、备用槽的外表面经喷砂处理后，涂锌铬黄环氧底漆，安装完再涂 1～2 道面漆即可。

3.4.2 电泳槽液循环系统和过滤装置

电泳槽液自配槽后就应连续循环搅拌，因故障停止的搅拌时间不应超过 2h。循环搅拌的主要功能有以下五点。

① 保持槽液均匀混合和防止颜料在槽中或被涂物的水平面上沉淀；提高车身内表面的涂装效果；表面洁净化。

② 槽液循环经过滤器，除去槽液中的颗粒状尘埃和油污。

③ 保持槽液的温度均匀，通过使用热交换器交换掉由涂装的电能和泵工作的机械能转换成的热量。

④ 及时排除电泳过程中在被涂物表面上产生的气体。

⑤ 借助 UF 装置采取 UF 液。

电泳涂装生产线的循环配管多而复杂，由泵、阀、管路按各自的功能组合而成。槽液循环系统一般由循环过滤、循环热交换过滤、超滤（UF）三条回路组成。槽液容量小的电泳槽仅配置后两条回路循环管路。

电泳槽中槽液流动方向如图 3-10 所示。槽液的流向直接影响泳涂面的质量（尘粒型麻点数）和清除槽液中尘粒的效率。为此，各专业公司都在改进电泳槽液的循环方式和电泳槽的结构，改为逆向流设计。

为提高电泳涂装的品质，使电泳涂膜烘干后的尘粒不良率为零，努力使前处理工艺不将尘粒（尘埃、颗粒）带入电泳槽中和较彻底地清除电泳槽内的尘粒，日本帕卡工程公司在对白车身的尘粒进行彻底地调查分析后，研究了尘粒的性质（尘埃的种类、白车身各部位的尘埃附着率、尘埃的质量和个数、尘埃的形状），在改进前处理设备的清渣措施（铁粉和磷化沉渣清除工艺、洪流和高压喷洗等）基础上，开发改进了电泳槽液的循环方式，创立了 PMT（parker magic turn）逆向流循环方式（专利技术）。

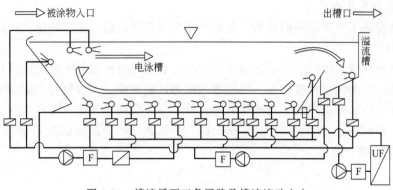

图 3-10　槽液循环三条回路及槽液流动方向

Ⓟ 泵；Ｆ 过滤器；▱ 热交换器

日本帕卡工程公司在电泳槽液循环方式和电泳槽及循环系统的结构上已进行了两次大的改进，详见表 3-11。

表 3-11　三种电泳槽液循环方式对比

A. 原来的方式 　设备特征：①辅槽：出槽侧 1 个 　　　　　　②吸口：1 处 　　　　　　③过滤器设在槽内循环的辅槽部 　　　　　　④船形槽 　问题点：①尘粒去除率低；②尘粒凝聚在底部； 　　　　　③发生尘粒再附着；④产品质量不稳定	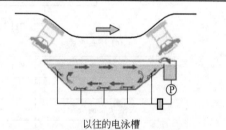 以往的电泳槽
B. PE 标准方式 　设备特征：①辅槽：出槽侧 1 个 　　　　　　②吸口：3 处 　　　　　　③入槽部有特殊锥斗 　　　　　　④全量过滤 　　　　　　⑤泵：2 处（入槽锥斗处和辅槽下） 　　　　　　⑥表面为与车身顺向流，中间、底部为逆向流 　　　　　　⑦船形槽带锥斗 　尘埃大幅度削减，实际业绩较多	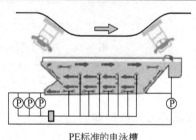 PE标准的电泳槽
C. PMT 方式 　设备特征：①辅槽：2 个 　　　　　　②吸口：3 处 　　　　　　③入槽部有特殊锥斗 　　　　　　④全量过滤 　　　　　　⑤泵集中在 1 处 　　　　　　⑥表面、中间为与车身逆向流，底部为顺向流 　　　　　　⑦入槽端部槽壁弯曲 　　　　　　⑧喷嘴配置	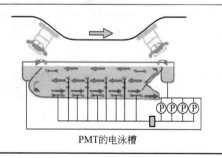 PMT的电泳槽

PMT 逆向流循环方式在 2006 年 9 月投产应用后显示效果如下：

① 消解了泡沫和尘埃的再附着；

② 防止尘埃从槽底部卷起；

③ 槽中央部的流动平稳顺畅；

④ 有效地收集尘埃颗粒。

它显著地提高了电泳涂装的品质，新的循环方式与老的循环方式相比，可成功地减少尘埃、颗粒 90%。

日本大气社也有电泳槽逆向循环的专有技术，它与原有传统的电泳槽液循环方式的不同之处是逆向流，表面流速相对加大，电泳槽两端都设溢流槽。两种循环方式如图 3-11 所示。新的逆向循环方式大幅度提高了电泳涂装的质量，使车身顶盖的颗粒形麻点（尤其是由铁粉形成的麻点）削减 90% 以上，由原来三条生产线平均每台车顶盖的颗粒形麻点从 6.4 个、6.9 个和 10.5 个减少到 0.5 个。

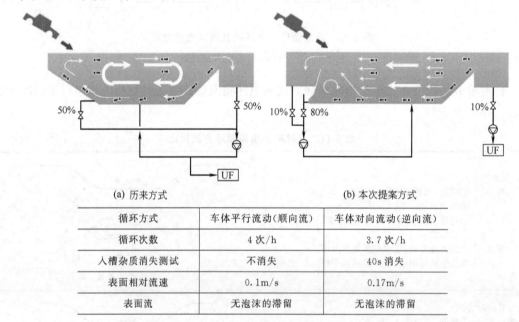

(a) 历来方式   (b) 本次提案方式

循环方式	车体平行流动（顺向流）	车体对向流动（逆向流）
循环次数	4 次/h	3.7 次/h
入槽杂质消失测试	不消失	40s 消失
表面相对流速	0.1m/s	0.17m/s
表面流	无泡沫的滞留	无泡沫的滞留

图 3-11　日本大气社新、旧两种电泳槽液循环方式对比

［顺向流系指槽液流向与被涂物（如车身）的行进方向一致（为同向）；

逆向流为槽液流向与被涂物的行进方向相反（相对而流）］

槽液循环方法改进前后的验证试验结果如表 3-12 和图 3-12 所示。

表 3-12　槽液循环方法改进前后的验证试验结果

项目		原来的方法	同流向	新方法
槽体形状和液流				
塑料珠	除去时间/s	∞	150	40
	扩散距离/m	槽全体	槽全体	距离入口 1.0~1.2
铁粉捕集率（主槽+副槽/3min）		57.3%	94.8%	100%
相对速度/(m/s)		0.10	0.06	0.17
评价		×	△	◎

注：1/5 尺寸设备试验 3 方案的比较结果。

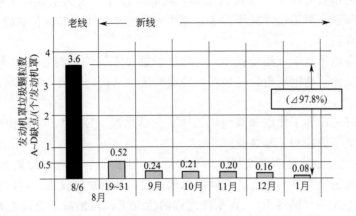

图 3-12　新涂装线的垃圾·颗粒品质结果

(注：发动机罩的垃圾·颗粒个数，月平均，$N=5\sim100$ 台)

在槽液循环过程中，应确保液面流速不小于 $0.2m/s$，靠近槽底部槽液流速最低为 $0.4m/s$，喷射器应安装在距槽底 $70\sim80mm$ 处。在连续式生产场合，槽液流向与被涂物（如车身）前进方向一致，液流速度一般要为车身移动速度的 $2\sim4$ 倍。槽液在循环管路系统内的流速必须都保持在 $0.4m/s$ 以上（管中最佳流速 $2\sim3m/s$），才能防止管路系统的沉淀。

槽液的循环次数根据所选用的阴极电泳涂料的品种不同，而有差异，如 PPG 体系要求循环次数 $4\sim6$ 次/h，而斯瑞拉克（Stollak）体系则要求 $2\sim5$ 次/h。以此来选用循环泵的流量，一般可按循环流量 $3\sim4$ 次/h 设计。

① 泵。一般使用卧式端吸式离心泵和立式端吸式离心泵，泵的选用取决于经济条件、设计结构及设计师的经验，分体卧式泵已成功地用于阴极电泳系统，泵的材质用不锈钢。泵的转速以 $1450r/min$ 为宜。在线上不设备用泵，而在库中备有备用泵供检修用，消除备用泵管路的涂料沉积。

② 管路。阴极电泳涂装的管路一般都用不锈钢管，在阴极电泳槽内分布的喷管用 PVC 管和塑料喷嘴，所以管路布置都要有一定的倾斜度，以允许完全排净，而且排放口要装低点。

③ 阀。在电泳系统中闸阀、偏心阀、球阀和蝶阀都可用，其结构、材质及布置对延长使用寿命都很重要。蝶阀用得较多，其阀片及轴只能用不锈钢制造，阀座要用聚四氟乙烯，阀门要尽可能地靠近"T"形结构安装，以使阀面得到冲刷，不形成死角（见图 3-13）。

阀多，在设备维修时可使局部管路停止流动，但从防止涂料沉淀角度考虑，减少阀和旁通管路较理想（见图 3-14）。

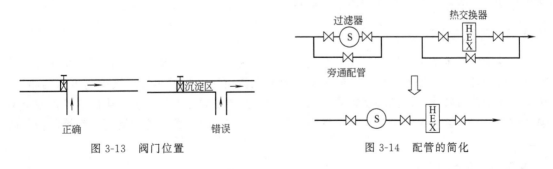

图 3-13　阀门位置　　　　　　　　　图 3-14　配管的简化

压力表安装的位置对减少堵塞极其重要，将其安装在管线的上端，不能水平或环形连管。为避免堵塞问题，可用膜片式压力表，压力表和膜片之间一般用甘油或一种乙二醇和水的混合物作填充介质。

法兰和垫片在电泳系统中用量较多，一般法兰都是不锈钢或与管路相同的材料制成的。为了安装方便和减少不锈钢用量，可采用一种活套法兰结构，可用一般钢材制造法兰，仅凸缘为不锈钢。

垫片材质最好是用异丁橡胶和聚四氟乙烯，天然橡胶（EPT）、丁腈橡胶、氟化橡胶等也可以，不能用氯丁橡胶和丁苯橡胶。

④ 过滤器。电泳涂装是薄膜涂装（10～20μm），因而很容易显现垃圾和颗粒漆膜弊病，必须设置过滤器除去槽液中的垃圾。为确保电泳涂膜的外观质量优良，对槽液过滤流量，最低要求不应小于1次/h（槽容积）。在条件允许的情况下，在槽液的全部循环管路中、电泳后清洗的循环UF液及循环去离子水管路中都应装过滤器，对槽液、循环清洗液进行最大限度的过滤。

槽液中尘埃颗粒（外界和被涂物带入的脏物）、凝聚颗粒（前处理带来的杂质与漆反应生成的脏物）及其他机械污染物靠过滤袋来清除。要求通过过滤器的槽液量最小不能低于槽容量。

槽液中有油污是涂膜产生缩孔的主要原因之一，在国外已开发成功吸油过滤器，把它装在标准袋式过滤器内，除油效果不错，要获得最佳效果，要求降低流速。PPG公司开发了一种轻便的、不用装在管路中的滤油器，每个吸油过滤器的最大流量为10gal❶/min。

常用的过滤器有滤袋式和滤芯式，滤袋多为纺织物和无纺布制成，安装在金属结构的支撑筒中，滤袋的清洗或更换视过滤器进出口压力而定，压差控制在0.05～0.08MPa。滤芯一般是由纤维质或塑料烧结而成的，一般初期压差不大于0.02MPa，如压差达0.08MPa时就需要换新滤芯。

阴极电泳槽液的过滤精度，在高的场合百分之百地通过25μm的滤袋式过滤器或50μm的胶卷式过滤器，最低为70～80μm。过滤器壳体及支撑架等应用耐酸钢或合成材料制造。有时槽液先通过粗过滤器再通过精过滤器（或两层）过滤。

过滤效果的好坏，不仅取决于过滤精度，也决定于循环液的吸口位置。从溢流槽吸槽液过滤相对密度轻的尘埃及颗粒；从电泳槽的进口端倾斜的底部沟中抽出槽液，过滤相对密度大的尘埃及颗粒。从转移槽中返回电泳槽的槽液应能100%地过滤。

过滤器内的槽液低流速，低压力，漆易沉淀，过滤效率差；高流速，高压力，易使过滤器堵塞，因而过滤器内槽液的流速和压力要有一恰当比例。

汽车车身等在切削、焊接工序等后进行涂装的场合，电泳槽内有铁粉、焊渣等蓄积，需使用磁性过滤装置（袋）除去槽液中的铁粉。

3.4.3　热交换器

电泳涂装要求槽液温度维持在一定波动范围，为±1℃，正常生产状态下，经常需要对槽液进行冷却。引起槽液温度上升的因素主要有电泳电流产生的热量，被涂物带入的热量，机械搅拌的能量转换及周围环境影响等几个方面，其中主要是电泳电流产生的热量。整个调温系统由热交换器、泵及冷温水系统管路、温水加热器、冷水槽、冷却塔及温度控制器、调

---

❶ 美加仑，符号为US gal，1US gal=3.78541dm³。

节阀等组成，如厂房温度能保证在 10℃ 以上时，温水加热可不考虑。

对标准的阴极电泳（薄膜型）系统，冷却系统要具有在满负荷生产情况下，保持漆液在 (15±1)℃ 的能力，一般的工作温度为 27～28℃。

对厚膜电泳来说，冷却装置具有在满负荷生产情况下，保持漆液在 (27±1)℃ 的能力，一般工作温度为 29～35℃。预计将来的发展趋势是允许电泳温度进一步提高，从而可减少冷却负荷。

冷水机组及热交换器要以 400V 电压和最高的计算电流强度下工作来设计（选型）。系统要能接通自来水以便冷水机组发生故障时应急使用。槽液侧压力要始终超过冷却水侧的压力以防止槽液污染，在冬季可以只用冷却塔，不用冷水机组。

板式和列管式换热器均可使用，槽液在进入热交换器之前要经过过滤，热交换器要用不锈钢制造，在热交换器上要装有排放口及去离子水冲洗连接管路。

电泳槽液的温度控制管路，以蒸汽、高温热水为热源的应转为 40～45℃ 的温水，冷源一般是 7～10℃ 的冷水。加温仅在冬季场合，大部分时间是冷却。

3.4.4　超滤（UF）装置

超滤（UF）装置主要由膜组件、泵、管路及仪表组装在一起组成，为确保超滤装置正常运行，通常都配有过滤及清洗系统。超滤属于一种压力驱动的膜分离过程，采用一种特定的半透膜来截留高分子量（大于 5000）物质（颜料、树脂），从而使溶液中分子量小于截留分子量的溶质（无机杂离子、低分子量树脂、溶剂和水）通过，所以超滤可以用来控制电泳槽液的杂离子含量，并且分离出来的"水（UF 液）"可用来冲洗涂了电泳漆的工件，使带出的浮漆再返回到电泳槽中，这种技术称为"闭合回路冲洗"。

超滤膜组件按膜支撑体的形状分为板框式、中空纤维式、卷式、管式等几种，后面两种最为普及。性能较好的 UF 膜，UF 液流量应为 20～50L/(m² · h)。

超滤系统一般是由超滤膜生产厂家整套提供。不同厂家对流程及配套系统都有不同要求，但它作为电泳装置的附属部分，有一些共性的要求在此介绍一下。

设计选用 UF 装置的规格：产 UF 液量 (m³/h)＝泳涂面积 (m²/h)×(1.2～1.5)(L/m²)×系数（一般取 1.2～1.3）。供给 UF 装置的电泳槽液量应为 UF 液产量的 20 倍，超滤器前设有袋式过滤器（过滤精度一般采用 100～150μm，卷式 UF 过滤器要求过滤精度为 25μm）。

UF 液管路、阀门等用不锈钢制造，UF 液储槽和 UF 装置清洗槽可用不锈钢、玻璃钢或塑料制成，UF 液储槽容积要能储存装置 2～3h 的流量。

要设计能使 UF 液直接从 UF 装置返回到电泳槽的管路，要有温度联锁报警系统，可以在规定的高温极限时使系统停车，过热会损坏 UF 膜。

UF 装置出水能力会随运行时间增长而下降。当流量降到设计流量的 70% 之前，就应进行清洗，所以 UF 装置设计流量应大一些，即使在低的流量情况下，也能保证每平方米涂装面积为 1.2L 的要求。

还要考虑在净化电泳槽排放 UF 液时，能为系统自动补充新鲜去离子水。

3.4.5　电泳用直流电源和阳极系统

直流电源由整流器供给，供车身阴极电泳的直流电源的电压应能在 0～400V 之间可调，泳涂零部件的电压可适当低一些（0～300V）。直流电要经滤波，电压脉冲幅度不能超过平均直流电的 5%，在满负荷情况下电压脉动率要小于 5%。

电流一般与涂装面积及涂料的库仑效率有关，电泳平均电流强度可按下式计算：

$$A = \frac{STd}{C}$$

式中　　A——平均电流，A；

　　　　S——涂装面积，m^2/min；

　　　　T——漆膜厚度，μm；

　　　　d——漆膜密度，1.3～1.4g/cm^3；

　　　　C——电泳涂料的库仑效率，mg/C。

实际电流要在此平均电流基础上乘系数 k。

一般对于连续式涂装，k 为 1.5～2；步进式全浸没通电，软启动，k 为 2～3。如无软启动，则脉冲电流很大（k 为 4，一般不采用）。系统设计时要考虑电流余量，备有发展余地。还有经验数据每平方米泳涂面积的电流强度为 10～20A。PPG 公司介绍其 Uni-Primer 厚膜阴极电泳底漆的电消耗大约为 2.2～2.6A·h/100 平方尺。整流器应与运输链联锁，如停链10～15s 后能自动将涂装电压渐降到零。运输链再启动时，电压要在 10～15s 内升到正常电压。在步进式电泳涂装场合，所谓软启动是指当被涂物浸没后，在 10～15s 内电压渐升到第一工作电压，维持规定时间后，再渐升到第二工作电压，而不是一下就升至第二工作电压。

在阴极电泳涂装场合，为提供最大的人身安全，一般都采用阴极（被涂物）接地的方式。

在阴极电泳涂装场合，阴极（被涂物）和阳极的面积比按 4：1 设计（这是理论值，随制漆厂和涂料类型而异）。阳极有隔膜电极和裸电极之分，隔膜阳极具有调整槽液中酸浓度的功能，能将电泳过程中产生的酸排出体系外，保持槽液的酸浓度一定，而裸阳极只有电泳涂装的功能，不能排出酸，为保持酸浓度一定，裸阳极面积不能太大，一般按隔膜电极/裸电极＝(3～5)/(1～2) 设计。裸电极一般用作槽底阳极。

通电方式有带电入槽方式和车体全浸没通电方式。在带电入槽场合，由于槽液面的泡沫电泳附着产生条纹斑痕涂膜弊病，所以在靠近车身入槽部位不布置或少布设阳极，来防止产生带电入槽的涂膜弊病。全浸没通电方式无此弊端，可是初期电流大。阳极布置在电泳槽两侧，在泳涂汽车车身那样较大的被涂物场合，可在底部和顶部布设阳极，以使涂层厚度均匀。

在分段供电场合，为防止漆在电压较低的阳极和极罩上沉积，分段电极的间距至少要大于一个极罩的间隙，如分段电压差超过 75V，要留 3 个极罩的间隙。如果采用了防止回流的二极管，留一个极罩间隙就足够了。

阳极一般采用 3.0mm 以上厚度的不锈钢板或钢管。在正常情况下，阳极的使用寿命取决于生产，一般为几年。阳极表面镀有钌的氧化物镀层，其使用寿命要比不锈钢制的长好几倍，可是初期投资也大。每个极罩可配装一个安培计，以便可连续观察各极罩的运行情况。

阴极电泳涂装用的阳极一般采用匣式极罩的板式阳极和管式阳极。管式阳极可设置在电泳槽的两侧，也可设置在槽底和被涂物与槽液面之间，并且更换轻便。阳极隔膜系统法是将阳极封闭在可冲洗的阳极罩中，极罩由不导电材料制成。敞开面（板式电极罩朝向被涂物的一面，管式电极四周都可算敞开面）装有离子选择性的隔膜。所有极罩要求密封良好，使用前必须做渗漏试验，在投槽时极罩中必须装有去离子水，以防隔膜破裂。

阳极液系统是由阳极隔膜系统、极液往返循环管路、泵、极液槽、电导和浑浊度控制仪、去离子水供给管路等组成。

阳极液循环管路必须用能耐 pH 值为 $2\sim5$ 的有机酸的不锈钢管或塑料管制成。阳极液的循环量为每平方米有效面积 $6\sim10\text{L/min}$，不断冲洗阳极，带走有机酸等阴离子。每个极罩的进液管上要装一个流量计。如果极液返回管为塑料管，应考虑阳极液接地措施。

阳极液循环系统要安设极液电导率的自动控制装置，设极液电导率为一定值，当偏差为 $100\mu\text{S/cm}$ 时，自动排放阳极液，加入新鲜去离子水，电导率传感器要装在阳极液返回管的位置。

阳极液必须是清澈而透明的，浑浊则说明有槽液进入阳极液。当槽液进入阳极液通电时会使阳极隔膜内表面涂上漆，从而使得阴阳两极之间的流动受影响，而影响涂层质量和生产效率，极液的浑浊度的测定可用目测和浑浊度测量仪。当发现阳极液浑浊，应立即停止极液泵，在可能情况下，切断直流电源，查出有漏洞的阳极罩，将其与系统隔断，停产后检修或迅速更新。

3.4.6 涂料补加装置

随着生产的进行，电泳槽内的涂料固体分下降，颜基比、中和剂及溶剂的含量都有所变化，需根据对电泳槽液的固体分、颜基比和助剂浓度的测定和涂装面积的推算，来确定相应的补给量、补给的配比和补给的周期。向电泳槽补加涂料的方式有以下四种。

① 直接向槽中倒漆。适用于小型和初配槽时或补给涂料的浓度与槽液浓度差不多的场合，一般不提倡采用此种方式。

② 设混合罐、搅拌机、输送泵及过滤器等。先将补加的涂料加入混合罐中，再加槽液或纯水充分混合后，借助于泵和管道将稀释好的涂料输入电泳槽中，属间歇补加方式。此种方法适用于日耗漆量 1000kg 以下的电泳槽。

③ 靠安装在槽液循环管道上的混合器连续补加。管道混合器是一端分别输入槽液和补加的涂料，混合好后从另一端输出。补加涂料量与槽液量之比为 $1:(50\sim100)$，此种方法适用于自耗漆量在 1000kg 以上的电泳槽。

④ 直接用泵分别将颜料浆和树脂从两条循环管线的过滤器出口侧注入管线中，颜料的注入速度不应大于 38L/min。树脂的注入速度不应大于 76L/min。

采用何种方式不仅取决于日耗漆量，还取决于涂料的品种。

3.4.7 电泳涂装室

为防尘、保护电泳槽和防止溶剂蒸气扩散，在电泳槽上设置一个封闭室（又称为电泳涂装室），该室一般用镀锌钢板、最好用铝合金和不锈钢材料制成，如果用普通钢板，必须涂环氧涂层。电泳涂装室留有玻璃窗和出入门，门上应装有安全保护联锁装置，以防止正常工作时人员进入时，发生触电事故。设排风换气系统，生产期间的换气次数为 15 次/h 左右。排气直接排向室外或过滤后作为烘干室补充新鲜空气用，一般不设供风系统。

电泳涂装室的尺寸设计：内宽度为电泳槽宽度加两侧的通道（约 $0.6\text{m}\times2$）；长度为电泳主槽及溢流槽长度，两端与前处理后的防尘通道和电泳后清洗管路连接；高度为被涂物出入口的轨顶高度加电泳槽两侧通道离电泳槽边的高度（一般取 0.6m 左右）。电泳涂装室的结构与一般涂装室同，两侧为带玻璃窗的间壁，照明灯具设置在玻璃窗外，照度不小于 200lx❶。

3.4.8 电泳后清洗设备

为提高电泳涂膜的外观质量，消除流痕和回收电泳涂料，基于湿电泳涂膜附着牢固，以及不易被水溶解（注意：湿电泳涂膜在电泳槽液和超滤 UF 液中能被溶解），在电泳涂装后配置后清洗设备，被涂物一出槽就喷洗，洗掉附着在电泳涂膜表面的浮漆。

电泳后冲洗工艺是选用 UF 液洗 2～3 次，随后水洗（参见表 3-4 的由 6 道工序组成的电泳后清洗工艺）。清洗后的 UF 液逆工序返回电泳槽。最终纯水洗是置换 UF 液，防止杂离子对涂膜污染。

电泳后清洗设备一般由三个区段构成（即三个喷淋段，或一喷两浸）。外形、结构简单的工件采用全喷式，有空腔、缝隙和结构复杂的工件（如汽车车身）选用"一喷两浸"方式。6 道工序的电泳后冲洗工序中"0"次 UF 洗和新鲜 UF 洗、新鲜纯水洗这三工序都不单独占用喷淋段，而布置在 ED 槽出口、喷淋段的最后排喷管位置或浸洗槽出口端，如图 3-1 所示。

在设计电泳后冲洗设备时要注意防止电泳涂膜再溶解，要注意被涂物通过电泳后冲洗设备的时间，与脱脂、磷化后冲洗工艺不同，不是清洗次数越多越好，清洗时间越长越好，反而是负面的。对外观要求不高和电泳后不再涂漆的被涂物（如车架、车下部件等）电泳后清洗次数可减少或仅 UF 液洗 1～2 次，不再用纯水洗。

为节能和降低运行成本，电泳后冲洗工艺及设备也要进行精益优化设计。有的公司推荐电泳后清洗采用三喷两浸五个区段的清洗设备，它不仅耗能大，投资高，还易产生再溶解现象。按清洗稀释原理（每次水洗稀释 10 倍以上），精益优化计算一下，选用三区段后冲洗设备，完全可达到清洗工艺目标。

CED 电泳槽液的固体分一般为 19% 左右，通过"0"次和第一次 UF 液喷洗，稀释 10 倍，降到 20% 左右，再经第二次 UF 液喷洗或浸洗，再稀释 10 倍，可降到 0.2% 左右。新鲜 UF 液的固体分一般在 0.5% 以下。再平衡和控制两次 UF 清洗液的固体分，以及被涂物表面的清洁度，就能达到以新鲜 UF 液固体分为基准的清洁度。控制循环纯水槽液电导（≤50μS）和新鲜纯水的水质（10μS 以下）；经循环纯水洗和出口端的新鲜纯水喷雾洗，使清洗后工件的滴水电导达到工艺要求（≤30μS）。

(1) ED-RO 技术应用　为实现真正的全封闭电泳后冲洗工艺和零排放，提高电泳涂料的回收率，减少新鲜纯水的用量，开发采用反渗透（RO）技术，当初由 UF 液通过 RO 制"纯水"，取代新鲜纯水（其管路连接方式见图 3-8），基于 UF 液的固含量和电导高，再要加大 UF 装置的 UF 液产出量和槽液平衡难，应用效果不理想，现今，改进采用 RO 装置再生循环纯水液制取纯水（RO 滤液）循环利用。这种电泳后冲洗水的再生装置称为 ED-RO 装置。由电导为 50μS 左右的循环纯水槽液制取电导为 5μS 左右的 RO 水，替代新鲜纯水，可削减新鲜纯水用量 50% 左右，ED-RO 装置的浓缩液提供前道工序用（ED-RO 装置管路连接方式见图 3-1）。ED-RO 技术已是成熟的节水技术和实现电泳后冲洗全封闭和零排放的绿色涂装技术。

(2) 电泳后冲洗设备的设计参数　全封闭式电泳后冲洗的工艺参数（喷洗量、时间、喷

---

❶ 照度单位，勒［克斯］，符号为 lx，1lx=1lm/m²。其中 lm 为光通量单位，流［明］。

洗压力）如表3-4和图3-1所示。喷洗压力1~2bar。喷洗量：循环清洗液场合50m³/h（其多少取决于链速和喷洗时间），补液量（新鲜UF液和纯水喷淋量或逆工序预喷淋量）0.5~2L/m²，补液量的多少与每平方米被涂面积的带液量有关。一般平均带液量以100mL/m²计算。按每次清洗稀释10倍计算，补液量应大于1.0L/m²。图3-1所示的电泳后冲洗工序流程中采用ED-RO再生纯水，喷洗小于0.2L/m²，从而使新鲜纯水喷洗量大幅度削减，仅为0.5~2m³/h。

处理时间：喷洗<30s；浸洗，浸没即出；"0"次喷淋、新鲜UF液和纯水喷雾洗都为一排喷管，浸槽出口端喷淋一般为1~2排喷管，清洗时间是"通过"。

沥液（水）时间："0"次至No.1UF喷洗之间，喷新鲜UF液和新鲜纯水之间的沥液（水）时间不应大于1min。其他各沥液（水）段可稍长，以减少带液量。当"0"次（或工件出ED槽）和No.1UF喷洗之间的沥液（水）时间大于1min的场合，需增设新鲜UF液喷雾，以防浮漆或颗粒与湿ED膜溶结。

处理温度：一般都为室温，近几年来，为提高轿车车身ED涂膜展平性，最终循环纯水槽温度提高到32~45℃。

（3）电泳后冲洗设备的结构　电泳后冲洗设备（冲洗封闭室、处理槽、泵和喷淋循环系统、过滤器等）与前处理磷化后水洗设备完全相同，室体壁板、槽体板材都采用不锈钢板，泵、阀门、管路等循环喷淋系统都选用不锈钢制品。喷嘴可选用塑料或不锈钢制品。

过滤器一般选用带式过滤器，过滤精度至少25μm，冲洗液过滤量2~3次/h。

与前处理、磷化后水洗不同之处：UF液和洗下来的浮漆易起泡，要采取防泡措施，在泵的吸口前应设泡沫隔板；溢流设在浸槽的进口端，确保工件出槽口液面无泡。另外，各相关槽的液面平衡控制很重要，要有自动平衡控制系统，最可靠最简单的平衡控制方式是逐槽逆向靠重力自然溢流方式。这样，既可以使UF液返回电泳槽，又可以消除自动环节故障对生产的影响。

电泳后清洗设备采用立泵和卧式泵均可，立式泵多适用于中、小型后冲洗设备的喷淋段，可省去液封系统。

"0"次UF液洗（一般用新鲜UF液或UF液与纯水1:1混合液）布置在电泳槽上或工件出槽口，喷洗量要远小于新鲜UF液总量，选用和安装喷嘴要适当。一般是喷雾型，两侧要设挡雾壁板，以保护相邻的设备和通道。

结构复杂的有缝隙的被涂物（如汽车车身）采用喷·浸结合式的电泳后冲洗工艺，基本上能洗掉空腔内表面的浮漆和缝隙中残余的涂料，消除二次流痕涂膜弊病。如果在烘干后还发现少量二次流痕，则在清洗后烘干前用压缩空气或水流清除缝隙中的积漆。

电泳后，清洗后，烘干之前，沥液时间不少于5min，并设工件倾摆装置和吹风装置。除掉工件积水和工件表面可能残留的水珠，以消除水滴斑迹。

电泳后清洗设备与烘干室之间在装饰性涂装场合必须设封闭的防尘通道。通道内空气流通应良好，有条件的还应供60~80℃的暖风，加速水分蒸发，改善ED涂膜外观质量。

3.4.9　电泳涂装设备设计实例

根据涂装线设计基础资料，电泳涂装设备设计程序如下。

涂装条件：被涂物　金属制件600mm×1000mm×1200mm，产量10000件/月；挂距1500mm。

涂装工艺：电泳涂装＋后清洗＋（烘干）＋（涂面漆）。

① 根据输送被涂物的轨迹，求取必要的最小限度的电泳槽形状。预测探讨被涂物在输送链上的装挂方式（单点还是双点吊挂）及其轨迹的变化。本设计的被涂物的宽为 600mm，长 1000mm，高 1200mm，因而电泳槽是长方形。输送链的弯曲半径取 900mm，入槽角度 30°。

被涂物在前进方向长，则输送链的弯曲半径要取大。假如输送链的轨迹（角度和弯曲半径）和被涂物的吊挂形状已确定，就可用计算机（CAD）简单地求出被涂物的运行轨迹，决定电泳槽的形状（见图 3-15）。

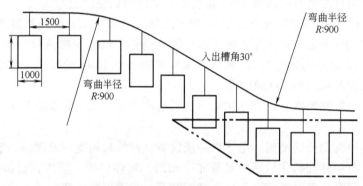

图 3-15　输送链轨迹和电泳槽形状（尺寸单位：mm）

② 根据电极间距、工件上部全浸没到液面的间距和下部循环配管的尺寸决定电泳槽断面的最小尺寸（见图 3-16）。当为被涂物是小件的多点吊挂可能落下的场合，在下部应安设保护网，工件下部至槽的间距要留有必要余地。

③ 电泳设备的配管线路。电泳槽的管路有涂料槽液系统和隔膜纯水系统两部分。配管较多且复杂（见图 3-17）。

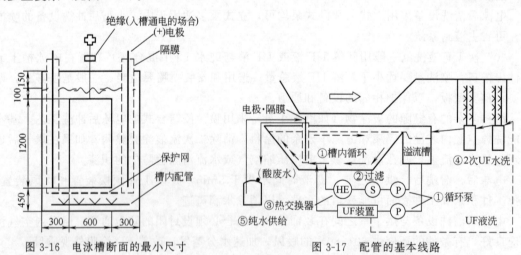

图 3-16　电泳槽断面的最小尺寸　　　　图 3-17　配管的基本线路

循环量的计算，一般以槽内容量为基准，以每小时循环几次表示。循环量小为经济，可是要注意循环量随所用电泳涂料有变化。

一般按每小时循环三次算出配管系统。槽内搅拌喷嘴使用搅拌效率良好的文丘里喷射器（ejector）形式。为节省搅拌电力，在停产场合采用变频器低速运转，或几台泵相互交替运转，在启动生产前 2～3h 再保持正常的搅拌运转状态。

④ 电极、整流器。电极由电泳槽内的被涂物面积算出。整流器由涂料厂指定的电压和被涂物面积计算出电流值来选型。泳涂单位涂膜重量所需的电量（C），因不同的涂料制造厂生产的电泳涂料而有差异。

电极用隔膜与槽液隔离，并通纯水保持一定的电导率。产生与纯水供给量相同的酸废水需要排水处理。

⑤ 电泳后清洗设备（UF 水洗）。通常采用喷淋式喷洗，喷洗两次，喷洗时间 30s。在与涂面漆配套的场合最后必须纯水洗，设置纯水喷雾环。

按上述程序设计的电泳涂装设备的基本设计书如表 3-13 所列。

近几年来 CED 涂料及其涂装工艺在环保、节能减排、降成本方面取得了较大技术进步，电泳涂装设备优化设计取得较大业绩。

表 3-13　电泳涂装设备的基本设计书

项　目	规　格
涂装条件	被涂物($W \times L \times H$)：600mm×1000mm×1200mm 涂装线速度：1.5m/min 电泳时间：2min
涂装方式	阴极电泳，带电入槽方式
电泳槽	本体：1200mm×1900mm×(4000～10000)mm，15m³ 溢流槽：2m³ 材质：δ4.5mm 钢板，玻璃钢(FRP)衬里
泵	循环：800L/min；UF：400L/min
配管	硬质聚氯乙烯塑料制
过滤器	金属网，双层式
热交换器	冷、温水、板式
UF 装置	滤液：10L/min
整流器	400V×400A(脉动率 10％以下)
电极、隔膜	3m²，两侧面配置
纯水装置	1m³/h
UF 水洗装置	喷淋式，2 次，400L/min×2

3.5　电泳涂膜弊病（缺陷）及其防治

基于电泳涂装方法的独特性，产生了电泳涂装独有的涂膜弊病（如异常附着、再溶解、二次流痕、泳透力变差、水滴痕、干漆痕等）。和一般漆膜弊病虽相同，确是在电泳涂装过程中产生的（如颗粒、缩孔、针孔、涂膜偏薄或偏厚、斑印、外观不良等）。涂装工艺和电泳涂装设备设计人员、现场工艺人员应了解电泳涂装的漆膜弊病的名称、现象和其防治方法，以便在设计中采取措施或改进设备系统，消除或削减电泳涂装涂膜弊病。

伴随着多种化学反应和物理作用，电泳涂装会产生一些独有的涂膜弊病和一些涂膜缺陷，其病因是由电泳涂料的某工艺参数不正常引发的。常见的电泳涂膜弊病有 15 种，列于表 3-14 中，产生电泳涂膜缺陷时的检查要点列于表 3-15 中，供参考。

表 3-14　电泳涂膜弊病（缺陷）、病因及防治

名称（代号）现象	缺 陷 病 因	防 治 方 法
颗粒：（A₂. A₄） 在烘干后的电泳涂膜表面上有手感粗糙的较硬的粒子，或肉眼可见的细小痱子，往往被涂物的水平面较垂直面严重，这种漆膜病态称为颗粒	1. 槽液 pH 值偏高，碱性物质混入，造成槽液不稳定，树脂析出或凝聚	速将槽液的 pH 值控制在下限，严禁带入碱性物质，加强过滤，加速槽液的更新
	2. 槽内有沉淀"死角"和裸露金属处	消除易沉淀的"死角"和产生沉积涂膜的裸露金属件
	3. 电泳后清洗液脏和含漆量过高，过滤不良	加强过滤，推荐采用精度为 25μm 的过滤元件，减少泡沫
	4. 进入的被涂物面及吊具不洁，磷化后水洗不良	确保被涂面清洁，不应有磷化沉渣，防止二次污染
	5. 在烘干过程中落上颗粒状污物	清理烘干室和空气过滤器
	6. 涂装环境脏	保持涂装环境清洁，检查并消除空气的尘埃源
	7. 补给涂料或树脂溶解不良，有颗粒	确保新补涂料溶解良好，中和好，检查无颗粒
缩孔（陷穴）：（D₅） 在湿的电泳涂膜上看不见，当烘干后漆膜表面出现火山口状的凹坑，直径通常为 0.5～3.0mm，不露底的称为陷穴、凹洼，露底的称为缩孔，中间有颗粒的称为"鱼眼"。产生这一弊病的主要原因是电泳湿涂膜中或表面有尘埃，油污与电泳涂料不相容的粒子，成为陷穴中心，使烘干初期的流展能力不均衡，而产生涂膜缺陷	1. 被涂物前处理脱脂不良或清洗后又落上油污、尘埃	加强被涂物的脱脂工序，确保磷化膜不被二次污染
	2. 槽液中混入油污，漂浮在液面或乳化在槽液中	在槽液循环系统设除油过滤袋，同时查清油污源，严禁油污带入槽
	3. 电泳后冲洗液混入油污	提高后清洗水质，加强过滤
	4. 烘干室内不净，循环风内含油分	保持烘干室和循环热风的清洁
	5. 槽液的颜基比失调，颜料含量低的易产生缩孔	调整槽液的颜基比，适当加色浆提高颜料含量
	6. 涂装环境脏、空气可能含有油雾、漆雾，含有机硅物质等污染被涂物或湿涂膜	保持涂装环境洁净，清除对涂装有害的物源，尤其含有机硅物质源
	7. 补给涂料有缩孔或其中树脂溶解不良，中和不好	加强补给涂料的管理，不合格的不能添加入槽，确保补给涂料溶解、中和、过滤好
针孔：（E₄） 电泳涂膜在烘干后产生针尖状的小凹坑或小孔，这种涂膜弊病称为针孔，它与缩孔（麻坑）的区别是孔径小、中心无异物，且四周无漆膜堆积凸起。由湿涂膜再溶引起的针孔，称为再溶解针孔；由电泳过程中产生的气体，湿膜脱泡不良而产生的针孔，称为带电入槽阶梯式针孔，一般产生在被涂物的下部	1. 电泳涂装后被涂物出槽清洗不及时，湿涂膜产生再溶解	被涂物离开槽液应立即用 UF 液或纯水冲洗，时间不超过 1min
	2. 槽液中杂质离子含量过高，电解反应剧烈，被涂物表面气体产生多	排放 UF 液、加纯水，降低杂质离子的含量
	3. 磷化膜孔隙率高，也易含气泡	调整磷化配方及工艺，使磷化膜结晶致密化
	4. 槽液温度偏低或搅拌不充分，使湿膜脱泡不良	加强槽液搅拌，确保槽液温度在 28～30℃下运行
	5. 工件带电入槽时运输链速度过慢	在链速过慢的场合，不宜选用带电入槽方式的电泳涂装工艺，改用入槽后通电
	6. 被涂物入槽端槽液面流速低，有泡沫堆积	使槽液面流速大于 0.2m/s，消除堆积的泡沫

续表

名称(代号)现象	缺陷病因	防治方法
再溶解:(N₅) 泳涂沉积在被涂物上的湿涂膜,被槽液或UF清洗液再次溶解,产生涂膜变薄、失光、针孔露底等现象	1. 电泳后的被涂件在电泳槽液或UF液中停留(接触)时间过长	断电后立即出槽,出槽后至后清洗间隔时间和在UF液中停留时间不宜超过1min
	2. 槽液和UF液的pH值偏低,溶剂含量偏高,后冲洗压力过高,清洗时间过长	将槽液和UF液的pH值和溶剂含量严格控制在工艺规定范围内,每次UF液清洗时间应控制在20s在右,冲洗压力不应超过0.12MPa
	3. 设备故障,造成停链	设备故障停链,应及时排除
泳涂的膜厚偏薄:(I₃) 被涂物泳涂后表面的干涂膜厚不足,低于工艺规定的膜厚。主要原因是工艺参数执行不严,槽液老化、失调、导电不良和再溶解	1. 槽液固体分偏低	提高槽液固体分,按工艺规定控制在±0.5%以内
	2. 泳涂电压低,泳涂时间不足	提高泳涂电压,延长泳涂时间
	3. 槽液温度低于工艺规定的范围	将槽液温度控制在工艺规范的上限
	4. 槽液电导率低	减少UF液的损失
	5. 槽液中有机溶剂含量偏低	按化验结果适量添加有机溶剂调整
	6. 槽液老化,更新期长,使湿漆膜电阻过高,槽液电导率变低	加速槽液更新,添加增厚调整剂
	7. 极板连接不良和被腐蚀损失,极液电导率低极,极隔膜堵塞	检查极板、极罩和极液系统,定期清理或更新,使其导电性能良好
	8. 被涂物通电不良	清理挂具,使被涂物通电良好
	9. UF液后冲洗时间过长,产生再溶解	缩短UF液冲洗时间
	10. 阴极电泳槽液的pH值偏低	加速阳极液的排放,或添加低中和度涂料,使槽液的pH值升到工艺规定的值
泳涂的漆膜过厚:(Z₁₁) 被涂物表面的干漆膜厚度超过工艺规定的膜厚,如果漆膜外观仍很好,一般不算造成不合品的弊病,主要是涂料消耗大,成本增大	1. 泳涂电压偏高	调低泳涂电压
	2. 槽液温度偏高	降低槽液温度(绝对不能高出工艺规定温度)
	3. 槽液的固体分含量过高	降低槽液的固体分
	4. 泳涂时间过长(如停链)	控制泳涂时间避免停链
	5. 槽液中的有机溶剂含量过高,建槽初期熟化时间短	排放UF液,添加去离子水,延长新配槽液的熟化时间
	6. 槽液的电导率高	排放UF液,添加去离子水,降低槽液中的杂质离子的含量
	7. 被涂物周围循环不好	通常因泵、过滤器和喷嘴堵塞而致
异常附着:(N₆) 由于被涂物表面或磷化膜的导电性不均匀,在电泳涂装时电流密度集中于电阻小的部分,引起漆膜在这部位集中成长,其结果在这部位呈堆积状态的附着。当泳涂电压偏高,接近破坏电压时,造成涂膜局部破坏,也呈堆积状态的附着	1. 磷化膜污染(有指印、斑印)	防止二次污染,严禁裸手触摸磷化膜表面
	2. 前处理工艺异常(脱脂不良、水洗不充分、磷化膜有发蓝、黄锈斑等)	调整前处理工艺,确保脱脂良好,水洗充分,磷化膜均匀,无黄锈,蓝斑
	3. 被涂物表面有黄锈、焊药等,未清除掉	白件进入前处理工序之前设预清洗工序,除掉黄锈、焊药等
	4. 槽液被杂质离子污染,电导率过大,槽液中的有机溶剂含量过高,颜料分过低	排放UF液,加去离子水,添加色浆,提高灰分,防止杂质离子混入
	5. 泳涂电压过高,槽液温度高,造成涂膜被破坏	降低泳涂电压,控制入槽初期电压,降低槽液温度,严防极间距太短

续表

名称（代号）现象	缺 陷 病 因	防 治 方 法
泳透力变差：(N₁) 在正常情况下被涂物的内腔、夹层结构内表面都能涂上漆，但在生产中有时发现内腔泳涂不上漆或者涂得很薄，这种现象称为泳透力变差。在汽车车身涂装生产中应定期抽检，将车身解体，观察其内腔、焊缝各部位的涂装状况，并测量膜厚，以考核泳透力的变化	1. 泳涂电压过低	升高电压
	2. 槽液的固体分含量偏低	确保槽液的固体分在工艺规定的范围内
	3. 槽液搅拌不足	加强槽液搅拌
	4. 极罩隔膜堵塞、电阻大	清理极罩或更新隔膜
	5. 新添加电泳涂料的泳透力差或不合格	加强进厂材料的抽检，涂料厂应保证质量
二次流痕： 经后清洗所得湿电泳涂膜表面正常，但经烘干，在被涂物的夹缝结构处产生漆液流痕。这种现象称为"二次流痕"漆膜弊病。其原因是被涂物夹缝在清洗中未洗净，在急剧升温时沸腾将槽液挤出，产生流痕	1. 被涂物的结构造成	在可能条件上改进结构
	2. 电泳后清洗工艺选择不当，水洗不良	对复杂的被涂物，如汽车车身，应选浸喷结合式清洗工艺，或用水冲或用压缩空气吹掉夹缝中的槽液 最后纯水浸洗，水温加热到 30～40℃，有利于消除二次流痕
	3. 进入烘干时升温过急	强化晾干功能，在烘干前预加热
	4. 槽液固体分和后清洗 UF 液含漆量偏高	适当降低槽液的固体分含量；降低后清洗 UF 液中的含漆量
水滴迹：(N₈) 电泳涂膜在烘干后局部漆面上有凹凸不平的水滴斑状，影响涂膜平整性，这种弊病称为水滴迹。 产生的原因是湿电泳漆膜上有水滴，在烘干时水滴在漆膜表面上沸腾，液滴处就产生凹凸不平的涂面	1. 湿电泳漆膜表面上的水滴、水珠在烘干前未挥发掉或吹掉	吹掉水滴、水珠，降低晾干区的湿度，加强排风，提高气温
	2. 从挂具和悬链上滴落的水滴	采取措施防止水滴落在被涂物上
	3. 被涂物上有积水	应设法倾倒积水
	4. 湿电泳涂膜的抗水滴性（电渗性差）	改进所用电泳涂料的抗水滴性
	5. 进入烘干室后温升过急	避免升温过急或增加预加热（60～100℃，10min）
	6. 纯水洗不足	增加纯水洗
干漆迹：(N₇) 在电泳涂装后附着在湿涂膜上的槽液未清洗净，烘干后涂膜表面产生斑痕，称干漆迹或漆迹	1. 被涂物出槽到后清洗区之间的时间太长	加强槽上的"0"次清洗，至循环 UF 液洗的沥漆时间不应大于 1min
	2. 电泳后清洗不良	检查喷嘴是否堵塞或布置不当，适当加大冲洗水量
	3. 槽液温度偏高，涂装环境湿度低	适当降低温度，提高环境湿度
涂面斑印：(N₄) 由于底材表面或磷化膜的污染，在电泳涂装后干漆膜表面仍可见到斑纹或地图状的斑痕。它与水滴迹和漆迹斑痕的不同之处是涂面仍平整，但对涂膜的耐水、耐腐蚀性有影响	1. 磷化后的水洗不充分	加强磷化后水洗，检查喷嘴是否堵塞
	2. 磷化后的水洗水质不良	加强磷化后水洗的水质管理，纯水洗后的滴水电导率不应大于 50μS/cm
	3. 磷化处理过的被涂面再次被污染	防止已处理过又被二次污染，保持环境整洁，防止挂具滴水

续表

名称（代号）现象	缺 陷 病 因	防 治 方 法
电泳涂膜外观不良： 优质阴极电泳涂料在最佳的泳涂条件下涂装，所得电泳涂膜外观光滑、平整、丰满，应无颗粒、缩孔、针孔、斑痕、猪皮状等缺陷。如果阴极电泳底漆涂层几乎可不打磨，可直接涂中涂或面漆，获得高级装饰性涂层。 电泳涂膜外观不良，除前述多种漆膜弊病外，系指阴阳面，光泽、光滑度等不匀，失光、外观不丰满、呈猪皮状、漆面粗糙，手感不好（用手摸不光滑，有粗糙的感觉）。 电泳涂膜外观不良一般是由再溶解、电泳涂料的"L"效果和热展平性不好、槽液的颜料含量过高、溶剂含量过低、被涂物周围的槽液流速过低、槽液有细小的凝聚物、过滤不良等原因造成的	1. 由于涂膜再溶解，使漆膜变薄、失光、露底	消除涂膜被再溶解的条件，严格控制槽和清洗的 pH 值及有机溶剂含量
	2. 电泳涂料的"L"效果不好致使水平面、垂直面光泽和粗糙度不一	改进所采用电泳涂料的"L"效果，控制涂料细度在 $15\mu m$ 以下
	3. 槽液的颜料含量过高	加树脂液，调整槽液的颜基比
	4. 槽液的有机溶剂含量过低	适量添加相应的有机溶剂
	5. 被涂物周围的槽液流速过低或不流动	加强槽液搅拌，检查喷嘴状态或流向
	6. 被涂物底材和磷化膜表面粗糙不匀，影响涂膜外观	改进底材表面的粗糙度及其均匀性，选用致密薄膜型磷化膜，加强磷化后的清洗
	7. 槽液固体分含量过低	提高槽液的固体分含量
	8. 槽液温度低	按工艺要求严控槽液温度
	9. 槽液过滤不良	加强槽液过滤，过滤精度不应高于 $25\mu m$
	10. 槽液中的杂质离子含量高，电导率太高	排放 UF 液，添加去离子水
带电入槽阶梯弊病： 在连续式电泳涂装场合，被涂物带电进入电泳槽，遇到右面所列情况，涂面上易产生多孔质的阶梯条纹状的漆膜弊病，一般称这种弊病为带电入槽阶梯弊病	1. 入槽部位液面有泡沫浮动，泡沫吸附在被涂面上，被沉积的漆膜包裹	加大入槽部位液面流速，消除液面的泡沫
	2. 被涂物表面干湿不均或有水滴	吹掉被涂面的水滴，确保被涂物全干或全湿状态进入电泳槽
	3. 入槽段电压过高，造成电解反应过烈	降低入槽段电压，在入槽段不设或少设电极
	4. 被涂物入槽速度太慢或有脉动	加快运输链速，且应均匀移动。链速在 $2m/min$ 以下易产生入槽阶梯弊病
电泳涂膜剥落：(P_4) 湿的电泳涂膜在后清洗过程中从底材上剥离的现象，多产生在阳极电泳场合	1. 电泳过程中的电渗不好，涂膜在底材上附着不牢	选用电渗性好的电泳涂料，加强漆表面处理，防止电泳涂膜与底材间有隔层
	2. 后清洗喷射压力过高	降低后清洗喷射压力

表 3-15 产生涂膜缺陷时的检查要点

序号	现　　象	确 认 事 项	检查确认内容
1	涂膜太薄	电压 通电不良 槽液温度 固体分 溶剂含量	检查电压是否适当（偏低） 检查挂具上是否有涂料附着、测极罩电阻 槽液温度是否保持在工艺规定范围内 固体分是否偏低 溶剂含量是否偏低
2	涂膜过厚	电压 通电时间 槽液温度 固体分 溶剂含量	检查电压是否适当（偏高） 运输链速度是否变慢 槽液温度是否保持在工艺规定范围内 固体分是否偏高 溶剂含量是否偏高

续表

序号	现象	确认事项	检查确认内容
3	缩孔、凹坑、针孔	涂料、槽液 环境 去离子水 前处理 颜料分	检查槽液中有无异物（油）混入 被涂物是否被油污、面漆雾污染 去离子水的水质是否合格 脱脂是否不良 颜料分是否偏低
4	涂膜有颗粒	涂料、槽液 水洗水 被涂物 环境	检查槽液内有无沉淀物、凝聚物或异物混入 电泳后的清洗水是否太脏 被涂物不清洁或磷化后水洗不充分 涂装环境是否不清洁
5	二次流痕	涂料 水洗	固体分是否过高 电泳后水洗是否不充分
6	涂层的异常附着	电压 灰分 溶剂含量 设备、操作 磷化	泳涂电压是否适当 灰分是否过低 溶剂含量是否过高 极间距是否过近 磷化药品是否未清洗净
7	水滴迹	挂具 被涂物	在电泳水洗后的晾干过程中挂具是否滴水 在电泳水洗后被涂物上是否有积水
8	不均匀的干漆迹	水洗 运输链速度 槽液温度 环境	电泳后冲洗是否充分 电泳和后冲洗之间的时间是否过长 槽液温度是否过高 涂装环境的湿度
9	再溶解	槽液 水洗水 运输链	槽液的 pH 值是否低 水洗水的 pH 值是否过低或冲洗压力是否过高 运输链速度是否变低或停止
10	涂层斑印	磷化后的水洗 环境 挂具上的污物	水洗是否充分 被涂物在电泳前是否被污染 挂具是否有污物滴落
11	涂层粗糙	磷化 固体分 去离子水 前处理 颜料分	磷化膜是否均匀，水洗是否充分 槽液固体分是否过低 去离子水的水质是否合格 脱脂是否不良 颜料分是否偏低
12	泳透力	槽液的泳透力 电压 固体分 搅拌	槽液和原涂料的泳透力是否合格 检查电压是否适当（偏低） 检查固体分是否偏低 检查槽液搅拌是否正常
13	带电入槽阶梯弊病	槽液面状态 电压 运输链运行状况	入槽部位液面有无泡沫 入槽段电压是否过高 运输链运行有无脉动

3.6　电泳涂装生产线设备管理要点

为确保生产的正常进行和获得稳定的涂装质量，电泳涂装生产现场必须对设备、槽液和生产环境进行严格的科学管理。必须定期测定，做好记录，并做出变化曲线，发现不正常现象，立即采取措施解决。

电泳涂装设备（装置）管理基本上包括观察机械、机器的磨耗和劣化，以及动作的变化，记录数据的变化，确认有异声、异味，实施检修和保全等管理要点，参照表 3-16 所列内容。

表 3-16   电泳涂装生产线（设备）的管理要点及检测频率实例

类　　别	项　　目	检查频率	备注（要领）
涂料特征	固体分(质量分数,%) pH 值	1 次/班 1 次/班	
涂装条件	槽液温度 泳涂电压/V 泳涂电流/A	2 次/日 2 次/日 2 次/日	根据得到标准的涂装膜厚的条件来确定
输送链	运输链速度/(m/min) 油污、尘埃滴落状况	2 次/日 1 次/日	定速输送,无脉动 防止油污、尘埃的滴落
涂装质量	膜厚 涂膜外观 涂膜硬度(或干燥程度)	2 次/日 2 次/日 2 次/日	无异常现象

3.7 电泳涂料的发展动向

开发采用电泳涂装工艺技术的起因和动力是解决汽车车身缝隙、空腔结构内表面的涂装质量问题。自 20 世纪 60 年代采用电泳涂装法替代浸涂水性涂料的车身打底涂装工艺，以消除缝隙的"溶落"现象和涂膜不均、流痕等缺陷；70 年代后期又由耐腐蚀性和泳透力更优的 CED 涂装替代 AED 涂装，并在汽车工业中得到高速普及应用。现今汽车车身几乎 100%采用 CED 涂装打底。通过近 40 年的发展，汽车车身缝隙和匣腔部位内表面涂装得到圆满解决，且使 CED 涂装更加绿色化。

电泳涂装法获得工业应用已有 50 多年的历史（第一条车身阴极电泳涂装线投产已 40 年了）。电泳涂装技术年年有创新，每 5~10 年产生一次革命性的变革。阴极电泳涂料适应用户和绿色涂装之需也差不多每 5~10 年更新换代一次。

按泳透力来划分，在近 40 年中汽车车身打底用 CED 涂料已更新换代三次：

① 第一代 CED 涂料 其泳透力略高于 AED 涂料，用四枚盒法测定 G/A 膜厚比约在 0.2 以下，为提高车身内表面的泳涂质量，需设辅助阳极，其湿漆膜的电阻偏低，随电泳时间延长，涂膜增厚。例如，某汽车公司面包车身电泳涂装线（链速 2.6m/min，生产节拍 190s/台）采用二段入槽不带电、出槽带电的供电方式，投产后发现车身电泳涂膜厚度不均（前部 17μm，后部 27μm，膜厚差 10μm）。试验取消出槽带电（约缩短车身后部电泳时间 2min），车身前、后部膜厚差降到 2~3μm，并节省 CED 涂料 6%。（注：出槽不带电影响湿漆膜电渗排水，如选用第三代 CED 涂料来克服车身前、后端膜厚差更科学、更经济些）。

② 第二代 CED 涂料（高泳透力型） 其 G/A 膜厚比约为 0.4 左右，即内腔膜厚 10μm，外表面膜厚 23μm 水平，箱式面包车身 CED 涂装还需采用辅助阳极。它与三元磷化膜配套，可获得较高的湿漆膜电阻和泳透力。可是与环保薄膜型无磷转化膜配套，湿漆膜电阻和泳透力有所下降，G/A 膜厚比降到 0.1 左右（参见图 3-6 和表 3-8）。

第一、二代 CED 涂料的泳透力尚不理想，还偏低，为使内表面达标（10μm）和覆盖良好，采用延长电泳时间来提高泳透性（匣腔内表面的泳涂质量）。例如：某汽车合资公司，将电泳时间由常规的 3min 延长到 4.5～5min，年产 30 万台轿车车身的电泳槽容积 300m³（摆杆输送式）扩大到 470m³（滚浸式输送），即电泳槽增长约 12m。现场见到拆解车身的测试结果，车身外表面涂膜厚度 25μm 以上。靠延长电泳时间来提高泳透性的措施，造成投资、一次投料量、运行成本、设备维护费用增大，这一技术措施与"绿色涂装"理念不相符。

③ 第三代 CED 涂料（薄膜超高泳透力型）　是近几年优化涂料配方、开发成功获得工业应用的超高泳透力 CED 涂料，与薄膜环保型无磷转化膜配套后的 G/A 膜厚比能达到 0.6 左右。当湿漆膜达到 15～18μm 后几乎不再随电泳时间的延长而增加膜厚。实现了汽车厂按绿色涂装理念提出的"进一步提高 CED 涂料的泳透力，能控制车身各表面涂膜厚度的均一性；耐腐蚀性、粗糙度（Ra）和施工性能与原有水平相仿、降低单车 CED 涂料耗用量和能耗、降低电泳涂装的成本"的愿望。

某合资汽车公司新建轿车车身涂装线，采用环保薄膜型无磷转化膜前处理工艺和第三代 CED 涂料打底工艺，各涂膜表面的膜厚均一性提高。车身外表面 CED 涂膜减薄，消除了超值膜厚，降低了 CED 涂料的消耗量 20% 左右（见表 3-17）；降低了能耗和阳极液的补水量及排液量，可降低 CED 涂装的综合成本 10% 左右。

表 3-17　两代 CED 涂料的单车耗用量

车身被涂面	占车身面积%	四枚盒表面	涂膜厚/μm		电泳涂料耗量下降/%
			现用 CED 涂料	薄膜高泳透力 CED 涂料	
外表面	30	A	22.0	15.0	9.5
内表面	50	D	13.5	11.5	7.4
隐蔽腔内表面	20	G	12.0	10.0	3.3
			总耗用量下降		20.3

该公司的电泳涂膜厚度的工艺基准：外表面 16～18μm，内表面 11～15μm，隐蔽腔内表面 8～14μm。

ED 涂装在汽车零部件（如车厢、车轮等部件）制造工业和其他工业领域也获得广泛应用，为适应各工业领域和各种金属件制品涂装要求，必将促使电泳涂料及其涂装工艺向功能化、个性化方向发展为目标。CED 涂料的发展趋向见表 3-18。

表 3-18　CED 涂料的类别一览表

编号	名称	应具有的关键特性	适用对象(被涂物)	备注
1	车身打底用（薄膜高泳透力型）	膜厚：外表面 15～20μm，内腔 10μm 泳透力：G/A=0.6 左右 涂膜外观：平整、光滑，Ra≤0.3 耐蚀性：盐雾≥1000h 固化窗口：宽广型(150～200℃)	轿车车身、驾驶室及覆盖件	与前处理转化膜配套后的性能 除车身有特需，一般烘干温度低温化(140～160℃)
2	底面合一型（耐候型）	膜厚：20～30μm，或厚膜 30～40μm 泳透力：G/A=0.3 左右 涂膜外观：平整无缺陷 耐蚀性：盐雾 500～720h 烘干规范：140～170℃×20min 耐候性：氙灯老化试验 400h 失光率≤30%	车轮、车架、五金、农业机械、雨刷器、金属家具	锐边覆盖性良好

续表

编号	名称	应具有的关键特性	适用对象(被涂物)	备注
3	锐边耐蚀型	膜厚:20~25μm 泳透力:G/A=0.2左右 锐边耐蚀性:盐雾 500h 烘干规范:(140~170)℃×(15~20)min	带切口(锐边)的工件、抛丸处理过的厚板件、铸锻件、建材	增强工件边缘的保护
4	超低温烘干型	膜厚:20~30μm 涂膜外观:平整无缺陷 耐蚀性:盐雾 500h 烘干规范:120℃左右×25min	不耐高温烘烤的被涂物(如橡胶或塑料与金属的组合件)、热容量大的被涂物、塑料电镀件	如减震器总成、压缩机、变压器

3.8　自泳涂装及其设备设计要点

当金属被涂物浸入自泳涂料的槽液中时，表面被酸侵蚀，在金属和槽液的界面上生成多价的金属离子，它使乳液聚合物颗粒失去稳定而沉积于被涂物表面，形成涂膜的方法，称为化学泳涂法。它既不同于一般的水性涂料的浸涂法，也不同于电泳涂装法，根据其现象，亦可称之为"自泳涂装(autophoretic coating)""自沉积""无电泳涂"。

自泳涂装的特点是金属涂装前化学处理和涂装两个过程在同一工序中同时进行。进入自泳涂装前，金属被涂物仅需进行除油、除锈(氧化皮)、水洗、纯水洗等洗干净工序，不需进行磷化处理等工序，且不耗用电能，不需要严格的温控，所以设备比电泳涂装设备简单，能源消耗低。它形成的涂膜厚度均匀，凡浸入槽液中，被涂物表面都能形成涂膜，此法比浸涂好，防蚀性也优良。

自泳涂料槽液的主要组成是乳液、颜料、酸和氧化剂。典型的槽液组成为固体分5%~7%(乳液、颜料)、氢氟酸0.15%、过氧化氢0.15%，余量为纯水，槽液 pH=3~3.5。自泳时间1~3min，槽液温度(21±2)℃，电导率 800~2000μS/cm，槽液组成要严格控制，自泳涂料槽液中多价金属离子浓度上升时，会导致整个槽液凝结。

3.8.1　自沉积机理

自沉积过程是在弱酸性槽液中进行的，在槽液中含有带负电荷的聚合物乳液(阴离子)、氟化铁和去离子水。槽液的固体分通常在3%~6%(质量分数)之间。在自泳槽液中仅含有少量或完全不含有机溶剂，槽液黏度与水相似。具有弱酸性和氧化性的槽液使浸在其中的钢铁零件有少量铁溶出，以致在零件表面含有高浓度的二价铁离子。由于带电粒子的不稳定性，使带正电荷的二价铁离子与带负电荷的聚合物乳液粒子相结合，并在钢铁零件表面沉积成漆膜。这种新沉积的有机膜具有黏附性，但仍是多孔渗水性的，这允许溶解的铁作为活性成分继续通过新沉积的漆膜扩散，并且继续侵蚀金属表面。

铁的溶解反应：

$$2FeF_3 + Fe \longrightarrow 3Fe^{2+} + 6F^-$$

沉积反应：

$$Fe^{2+} + (阴离子粒子) \longrightarrow Fe(阴离子粒子)$$
$$(持续扩散) \qquad (凝聚)$$

漆膜厚度是由 Fe^{2+} 和 Fe^{3+} 通过沉积聚合物膜的扩散来决定的，而这又取决于反应

（物）浓度、反应时间和槽液温度。

　　起初沉积速度非常迅速，但随着漆膜厚度的增加而逐渐降低，这是一个自限性的反应。这种特性使得自泳漆即便在几何形状复杂的零件上，也能提供非常均匀的漆膜厚度。

　　可以认为，自沉积湿漆膜是一种紧密附着的"湿的海绵体"，出槽后可立即在水中漂洗，事实上，涂层并不会被漂洗掉。由于自泳漆槽液的黏度低，其固体分仅为 3％～6％，所以带出量的损失很低。低带出量意味着较短的漂洗过程，并极大地减少了待处理的污水量。自沉积后的湿膜是多孔性的，但仍未交联。这个开放的细孔可以使随后的反应水洗阶段的化学物质渗透进这个"湿海绵体"中。图 3-18 所示的扫描电子显微镜照片显示了未交联和固化前致密、均匀的自泳漆湿膜的微观形态。在这个精细的图例中，聚合物浮液的平均粒子尺寸大约为 150nm。多孔性的结构使得铁离子可以有效通过，也使反应水洗剂的渗透容易实现。

图 3-18　自泳漆湿膜的扫描电子显微镜照片

3.8.2　自泳涂装工艺流程

　　① 自泳涂装前表面清理。通过人工清理和脱脂、水洗、纯水洗等工序除去被涂物表面的油污，如有锈、氧化皮、焊渣等场合，则采用酸洗、中和、水洗，或经喷丸处理等工艺除掉氧化皮等杂物，获得清洁的被涂面。

　　② 自泳涂装及后清洗。将被涂物浸入槽液中，按上述参数进行自泳涂装——→水洗（清洗水电导率控制在 200μS/cm 以下，水温 15～30℃，天冷需加热，要有溢流）——→反应水洗 1min（采用含铬或无铬后处理剂，固体分 6％～7％，pH＝6.5～7.5，水温控制在 15～30℃，天冷需加热）——→沥漆时间不大于 2min，相对湿度（RH）≥60％。

　　③ 烘干　热风循环。在 10min 内升温达 90℃，在 120℃下烘 15～20min，或按所选用的自泳涂料的烘干规范（通常在 110℃烘 25～35min）进行，随后进入冷却、质量检查。

　　汉高公司推荐的自沉积工艺过程：

　　工序 1　碱性喷淋清洗（70～90℃）

　　工序 2　碱性浸渍清洗（70～90℃）

　　工序 3　自来水清洗（20～35℃）

　　工序 4　去离子水清洗（18～25℃）

　　工序 5　自沉积（22℃）

工序 6 水清洗（22℃）

工序 7 反应水洗（21～60℃）60s

工序 8 固化（烘干温度取决于材料、工艺）

自泳涂膜的性能列于表 3-19 中。

表 3-19 自泳涂膜的性能

序号	项 目	丙烯酸系	偏氯乙烯系	测试方法
1	外观	黑色、平整、光滑	黑色、平整、光滑	目测
2	附着力/级	1	2	GB/T 1720
3	耐冲击性/N·cm	490	490	GB/T 1732
4	弹性/mm	1	1	GB/T 1731
5	耐盐雾性/h	400	700	ISO 3768
6	耐汽油性/h	720	720	GB/T 1734
7	耐机油性/h	720	720	GB/T 1734
8	耐酸性（1mol/L H_2SO_4）/h	240	48	GB/T 1763
9	耐碱性（1mol/L NaOH）/h	72	480	GB/T 1763
10	与面漆配套	与硝基、氨基、聚氨酯等面漆配套良好		

3.8.3 自泳涂装设备设计要点

按上述工艺流程，自泳涂装设备应包括自泳前处理设备、自泳设备、自泳后处理（清洗）设备和自泳漆烘干室等。自泳前处理设备和烘干室与一般涂装设备的结构和设计相同，因自泳涂装槽液含有氢氟酸，酸性较强，对金属的腐蚀性强，另外由腐蚀产生的多价金属离子影响槽液的稳定性，所以凡与自泳涂装槽液接触的设备表面都应有高耐蚀性塑料涂层，即不允许裸露金属材料制件在槽液中。

自泳槽体的结构和设计（见图 3-19）与电泳槽的结构、设计、制作工艺相仿，两者的不同之处是：电泳槽内壁的涂层是以电绝缘性为主，槽液应连续搅拌，且循环搅拌量大（3～4次/h），外部管路和换热器可用不锈钢制作，自泳槽内壁的涂层以耐蚀性为主，需内衬耐氢氟酸的橡胶、PVC 塑料或涤纶布玻璃钢，槽液搅拌可采用螺旋搅拌器或工程塑料制的泵，外部管路应采用塑料制品，采用氟塑料或聚丙烯塑料换热器。自泳槽液储槽和自泳后的水洗槽也要采用橡胶或涤纶布玻璃钢内衬。

自泳涂料槽液循环搅拌系统的作用是保证在加料和开工前槽液成分均匀，为防止产生沉淀，以保证涂层具有良好的外观和保持槽液的稳定，可选用搅拌机，其转速为 100～300r/min，且可调节；搅拌器材质为 316 不锈钢材，搅拌轴与垂直面为 5°～10°，采用螺旋桨叶，桨间距为螺旋桨直径的 2～2.5 倍。

由于在自泳过程中产生热量，还由于受环境温度及设备运转和停止时负荷变动等因素影响，槽液的温度会发生变化。为保证自泳涂装的质量和自泳槽液的稳定，需调节槽液的温度，一般使其控制在 15～30℃范围内。

自泳涂料的补给方法可采用计量泵与高位槽两种方法，加液槽采用塑料槽。

自泳涂装现仅适用于钢铁部件涂装，如车架、空调风管、钢制暖气包（片）等涂装。应用实例：北京北新建公司的暖气包采用自泳涂装打底，外表面再喷涂粉末面漆；苏州金龙

12m 长的大客车车架采用自泳涂装工艺。自泳涂料供应厂家有武汉材保表面新材料有限公司和长春汉高表面技术有限公司。

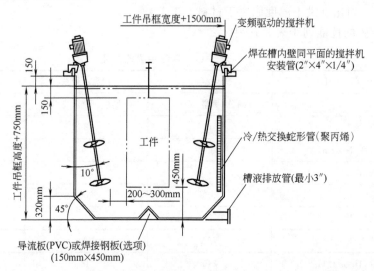

(a) 自泳涂装槽体结构

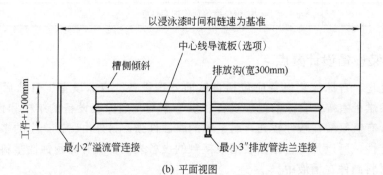

(b) 平面视图

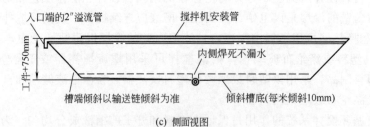

(c) 侧面视图

图 3-19　自泳涂装槽体结构示意图

第 4 章

>>> # 喷漆室及其相关设备设计 ▮▮▮▮▮

喷漆室（spray booth）是涂装室之一，所谓涂装室是指装备有涂装机具的、进行涂装作业的房间。喷漆室外还包括喷粉室、浸漆室、滚涂室、帘式涂装室等。喷漆室是专供喷涂液态涂料的、结构及装备最复杂的涂装室，是涂装车间必备的关键设备。与各种喷涂方法（如空气喷涂、无气高压喷涂、静电喷涂等）的组合，和适应千差万别的被涂物的变化，使得喷漆室的形态多种多样。涂装室中除喷漆室、喷粉室外，其他涂装室的结构、装置较简单，目的和功能仅为防尘和换气（排掉溶剂蒸气）。

4.1 喷漆室的功能和分类

喷漆室属于非标设备，必须正确选用和精心设计制造，才能获得最佳的经济技术效果。喷漆室的最基本任务是抽风排掉喷涂过程所产生的漆雾、涂料尘埃、溶剂等。

漆雾是喷涂过的涂料微粒子，它尚未干燥还保持有黏着性；而涂料尘埃是喷涂过的涂料粒子，随着溶剂蒸发而呈粉状并失去黏着性，且浮游在喷漆室内，再附着就成为涂装不良的原因之一。

喷漆室应具备以下两方面的功能（其代表性的目的和功能如表 4-1 所列）。

表 4-1 喷漆室的目的和功能

项目	内　　　容	项目	内　　　容
目的	1. 确保涂装场所的安全； 2. 防止垃圾的附着； 3. 涂料和漆雾不污染周围环境； 4. 及时排掉积存的溶剂蒸气	功能	1. 排气：换气和排掉漆雾； 2. 除尘：从排出的空气中除去涂料分（粉尘）； 3. 供风：供给洁净的空气； 4. 照明：照亮被涂物表面

① 能及时迅速地排除喷涂过程中产生的漆雾和溶剂蒸气，防止其污染工作环境和被涂面，确保安全生产，并能最大限度地捕集漆雾，不使其排到室外，使排风机和排风管不积漆。

② 能按照所用涂料的喷涂工艺和涂层装饰性等级的要求，创造最佳的涂装条件和工作环境，如能供给调温、调湿和净化无尘的空气，良好的照明，使喷涂作业不受外界环境（温度、湿度等气候条件）的影响，一年四季喷涂作业区内的温度、湿度始终保持在工艺要求的范围内，以确保喷涂质量恒定。

功能第一项是喷漆室必备的基本功能；第二项可按涂层的质量要求、现场条件、投资及运行成本等选择配置，在高装饰性涂装（如轿车车身涂装）场合，第二项也是喷漆室系统设备的必备功能。在保护性涂装和一般涂装场合（对涂层的装饰性要求不高），则可减少配置，如不配置供风系统、喷漆室敞开，从车间直接抽风或供风质量可降低。

喷漆室可做如下分类：

① 按有无供风系统分类。分为无供风型喷漆室（即敞开式）和供风型喷漆室。前者直接从车间内抽风，无独立的供风系统，适用于一般涂装；后者装备有独立供风系统，从厂房外吸新鲜空气。一般从喷漆室的顶部或上侧面向喷漆室供给净化过的空调风，使喷漆室具有单独的供排风体系，不干扰涂装车间内的换气、采暖体系，适用于装饰性涂装。

② 按排风方式分类。分为侧排风式喷漆室和下排风式喷漆室。侧排风口一般设置在侧面下部，与喷漆工位相对应，适用于中、小被涂件或工件在喷漆工作能转动场合的喷涂作业；下抽风口布设在喷漆室的格栅地板下，适用于大型和两面需同时喷涂的场合。

③ 按捕集漆雾的方式分类。分为干式喷漆室和湿式喷漆室。前者是借助挡漆板，用过滤层捕集漆雾。当初干式喷漆室的漆雾捕集装置的捕集容量小，需经常停产更换，一般仅适用于小批量和单位时间喷涂漆量比较小的喷涂作业，现今随着技术进步，干式漆雾捕集装置结构改进，捕集漆雾的容量大增，且可不停产更换，也已适用于大量流水生产和单位时间过喷漆雾量大的喷涂作业。后者是借助加有油漆凝聚剂的循环水清洗喷漆室的排气、捕集漆雾。按湿式漆雾捕集装置的结构，湿式喷漆室又分为文丘里式、水旋式（动力管型）、旋涡式、喷淋式、水帘式和水幕式等，湿式喷漆室适用于大量流水生产和单位时间喷漆量大的喷涂作业。

④ 按喷涂室的用途分类。分为底漆喷漆室、中涂喷漆室和面漆喷漆室、补漆喷漆室、喷涂车底涂料（PVC）室、保护蜡喷涂室、静电自动涂装喷漆室和静电粉末喷涂室等。由于用途不同，喷漆室的功能配置上有较大差别。还有喷烘两用室，它仅适用于单件、小批量（喷涂和烘干一道漆的生产节拍为 2h 的涂装作业），如汽车服务站修补涂装用。

在喷涂有机溶剂型涂料的场合，按防止有机溶剂中毒的法规，作业者对作业场合的风速应控制，随喷漆室的形式不同，规定了最低风速（见图 4-1）。

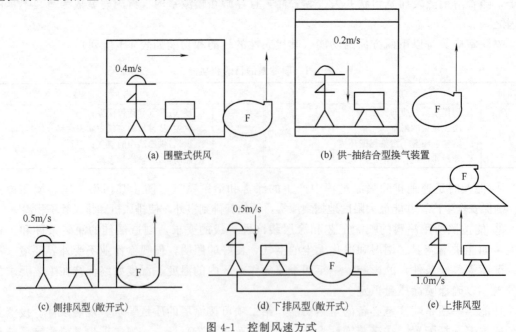

(a) 围壁式供风　　　　　　　　　(b) 供-抽结合型换气装置

(c) 侧排风型(敞开式)　　　(d) 下排风型(敞开式)　　　(e) 上排风型

图 4-1　控制风速方式

在图 4-1 中表示出两种供风方式（即围壁式定向供风，供-抽结合型换气装置）和三种排风形式（侧排风、下排风和上排风）组合成的五种类型的喷漆室。其中，供-抽结合型（push-pull）是现代化喷漆室常用的供排风方式，它的优点是作业面风速均匀（见图 4-2）、风速较低，0.2m/s 即可。第五种上排风型喷漆室，因漆雾和溶剂蒸气较空气重，所需风速大，故不宜选用，属淘汰技术。

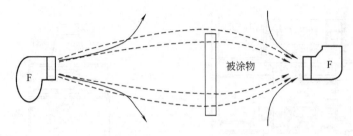

图 4-2　供-抽结合式的气流

除尘是将排风中的漆雾和尘埃从空气中分离出来，有用过滤器材吸着的干式和用水清洗的湿式两种分离方法。喷涂时，涂料微粒化（雾化）越好，除尘越困难，5μm 以下的漆雾90％以上除不掉。

在喷涂烘烤型涂料的场合，各种方式的除尘效率列于表 4-2 中。

表 4-2　喷漆室的除尘效率

过 滤 方 式		滤层厚度	除尘效率	过 滤 方 式		滤层厚度	除尘效率
干式	过滤方式	50mm 100mm	70％ 80％	湿式	喷淋式		60％～80％
					洗涤式		80％～95％
	挡漆折流板		60％		涡流洗涤式		90％～99％
	并用	100mm	90％		油洗式		90％～95％

在设计、选用保养喷漆室场合，应遵循以下基本原理解决所遇到的问题：

① 漆雾要比空气重 1000 倍；

② 漆雾受惯性力的作用；

③ 有机溶剂汽化后比空气重；

④ 有机溶剂在喷涂中膨胀汽化温度下降；

⑤ 有机溶剂型涂料的漆雾在水中不溶解，被水包裹，水性涂料漆雾能溶解于水；可再生或用特种凝聚剂使其凝聚；

⑥ 漆雾干后成涂料尘埃，重量减半；

⑦ 吹气能灭蜡烛之火，可是吸气却不能；

⑧ 空气流在某种场合能发生涡流现象。

4.2　喷漆室系统中的设备及其组成

喷漆室系统设备一般由喷漆室本体、供风系统、漆雾捕集装置、循环水系统、排风系统及废漆清除装置等组成。由于喷漆室的用途不同，其形状、大小和结构有较大的差异，各公司设计、制造的喷漆室都有自己的专利和"专有技术",因而在总体上有差别。国内外各涂装设备公司最新的上供风、下排风大型喷漆室的结构与工作原理如图 4-3～图 4-8 所示,侧排风喷漆室的结构与工作原理如图 4-9 所示,圆盘式静电喷漆设备(室)结构见图 4-10,集装箱喷漆室的结构、尺寸和轨道输送见图 4-11。

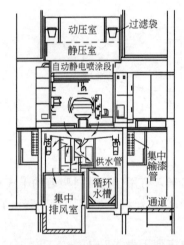

图 4-3　D 公司的轿车车身面漆
喷漆室的结构与工作原理

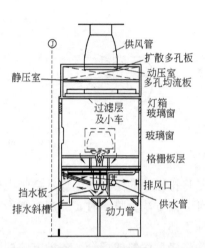

图 4-4　H 公司的车身中漆、面漆
喷漆室的结构与工作原理

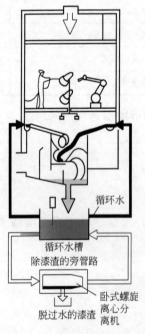

图 4-5　E 公司的塑料保险杠大型喷漆室
的文丘里湿式捕集漆雾与除渣原理

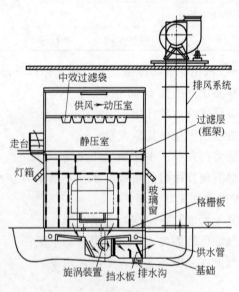

图 4-6　L 公司卡车驾驶室面漆
喷漆的结构与工作原理

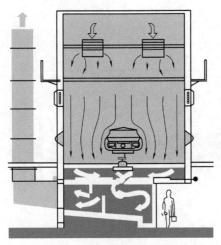

图 4-7 T 公司的轿车车身喷
漆室的结构与工作原理

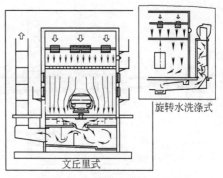

旋转水洗涤式

文丘里式

图 4-8 P 公司的轿车车身喷
漆室的结构与工作原理

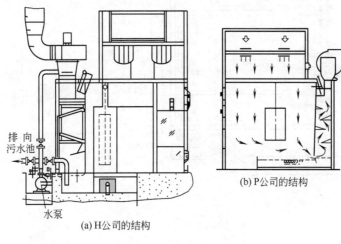

排向
污水池

水泵

(a) H公司的结构

(b) P公司的结构

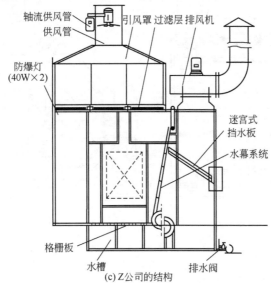

轴流供风管
供风管
引风罩 过滤层 排风机

防爆灯
(40W×2)

迷宫式
挡水板

水幕系统

格栅板
水槽
排水阀

(c) Z公司的结构

图 4-9 三种水幕式侧排风喷漆室的结构

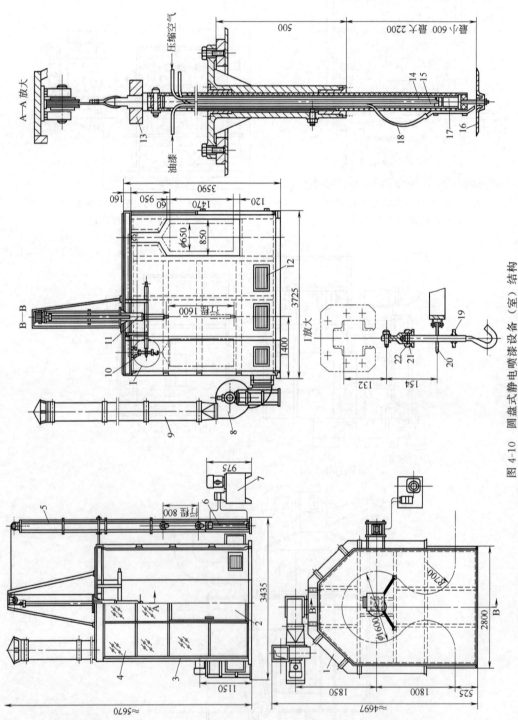

图 4-10 圆盘式静电喷漆设备（室）结构

1—排风管；2—门；3—室体；4—玻璃窗；5—喷枪升降机构；6—升降液压机；7—油泵站；8—防爆离心风机；9—排气管；10—圆转掉具；11—圆盘喷枪；12—百叶窗；13—配重；14—压缩空气；15—高压电缆；16—圆盘；17—气动电动机；18—供气管；19—导向块；20—回转钢球；21—回转链轮；22—套

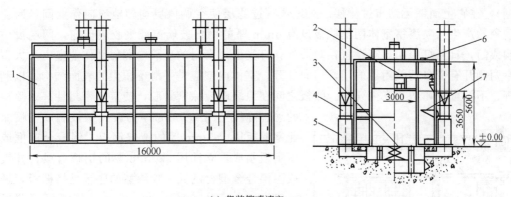

(a) 集装箱喷漆室

1—室体；2—喷顶小车；3—升降台；4—引风机；5—漆雾过滤器；6—照明系统；7—走台

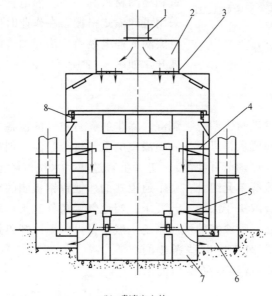

(b) 喷漆室主体

1—送风管；2—静压室；3—无纺布；4—上操作平台；
5—下操作系统；6—吸风口；7—地坑；8—轨道

图 4-11 集装箱喷漆室的结构、尺寸和轨道输送示意图

注：1. 被涂物：20ft❶、40ft、45ft 集装箱；外形尺寸：长度分别为 6058mm、12192mm、13716mm，宽度为 2438mm，高度为 2591mm（超高 2896mm），集装箱内外表面均喷涂。

2. 喷涂方法：高压无气喷涂富锌底漆、中涂和面漆。

3. 喷漆室是由喷漆室室体、漆雾过滤器、送排风系统、升降平台、操作走台、喷顶小车和照明系统组成的。喷涂区风速为 0.5m/s。采用蜂窝型纸质干式过滤器或湿式漆雾过滤器。

4.2.1 喷漆室本体

喷漆室是由动压室、静压室、喷漆作业室和格栅底板组成的。由供风系统送来的空调风进入动压室，经导流板、多叶调节阀（均流板）或袋式过滤器，均匀地进入静压室。在静压

---

❶ 长度单位，英尺，符号为 ft，1ft＝0.3048m。

室与喷涂作业室之间，装置有 ϕ4～5mm 的镀锌丝和钢板制成的支撑框架（即喷涂作业间的顶棚），在它上面铺无纺布过滤层。经过这一过滤层使空调风更均匀地流向作业间，避免紊流现象的产生。喷漆室室体两侧壁板设有 6mm 厚的钢化玻璃窗或夹胶玻璃窗，两端设仿形门洞或门，日光灯照明灯箱设置在侧壁外，灯光通过密封的玻璃窗照射到作业室内。大型喷漆室两侧开有带自动关闭器的门，门向外开。室体内壁应是平滑不积尘的表面结构，以利于清理、不挡气流，防止产生死角。壁板之间在组装时应涂密封胶，使室体密封性好。喷漆室

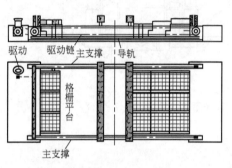

图 4-12　可伸缩格栅

的动、静压室用 1.5mm 厚的镀锌钢板制成，喷涂作业室壁板用 1.5mm 厚的镀锌钢板、铝合金窗框或不锈钢板制成，立柱用 3.0mm 厚的钢板弯成，并镀锌或用铝合金型材制成。喷漆室的底板是格栅板，栅孔一般为 30mm×90mm，厚 30mm，格栅板用普通钢板焊成，不需涂漆或镀锌。为减少喷漆室的清理工作量和提高材料利用率，静电自动喷涂段喷漆室的底板采用可伸缩式格栅，在作业时格栅缩回，以减少对带电漆滴的静电吸引，清理和检修喷漆机具时，格栅伸展开，如图 4-12 所示。

4.2.2　供风系统

供风系统是向喷漆室供给经调温、调湿、除尘的新鲜空气的设备，它是一个多功能的大风量系统。按喷涂工艺的要求，可对送入喷漆室的空气进行过滤、加热、冷却和加湿。它是由新鲜空气入口（栅栏、可调节百叶窗）、初（粗）过滤、水洗（喷淋段、挡水板）、加热、后过滤、供风机、消声段等单元组合在一个通道式的、镀锌钢板制的室体内构成的。上述各功能单元段的选用及组合取决于涂装工艺要求、当地气候条件和工厂现场条件。

根据我国的气候条件，喷漆室的供风系统一般不设计降温冷却单元。因风量大，夏季降温耗能及投资大，近几年来南方有些新建的涂装线的供风系统开始装备具有降温功能的系统。

在涂层的装饰性要求不高或投资不足时，供风系统可仅由供风机和加热器组成，供风过滤靠喷漆室顶部的袋式过滤器和过滤布实现，即仅考虑喷漆室第一功能的需要（将飞散在空气中的漆雾和溶剂蒸气挤压出喷漆室，达到换气和保持工作环境良好的目的）。

在室内外温差大（＞25℃）的场合，为节能和回收喷漆室排风的热量，采用热轮来预加热从室外吸入的新鲜空气。为喷漆室两侧洁净间所设的供风装置是从室内吸风，经过滤、调温后送入其中，一般由喷漆室的供风装置供风。它们的结构如图 4-13 所示。

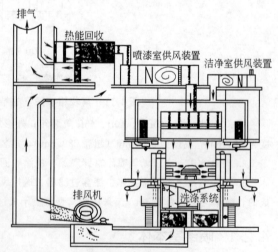

图 4-13　带排风、热能回收和两侧洁净室供风的喷漆室系统结构

4.2.3　漆雾捕集和排风系统

漆雾捕集和排风系统由漆雾捕集装置、排风风机及风管等组成，漆雾捕集装置在喷漆室的格栅底板下或喷漆室一侧的排风通道中，有干式和湿式两种。

干式漆雾捕集装置一般由挡漆折流板（迷宫式）和几层过滤层组成，需经常清理和更换过滤材料，且因不使用水，火灾危险性大。

湿式漆雾捕集装置用加有漆雾凝聚剂的循环水洗涤带漆雾的空气（即喷漆室的排气）。从图 4-3～图 4-9 中可看出，漆雾捕集装置的水洗涤方式和结构有多种形式，并且各涂装设备公司在不断改进。达到高的漆雾捕集率必须基于以下两点。

① 必须使喷漆室的废气与清洗水充分接触混合。借助高风速通过文丘里器、旋风动力管或旋涡装置使带漆雾的空气和水流呈龙卷风似高速旋转混合，然后从缝隙口排放出去。

② 必须使水和凝聚的漆滴与空气分离完全。其措施是利用不同的风道截面来多次改变风速，使气流由高风速突然降到低风速（例如风速由 23～25m/s 降到 3～4m/s），水和漆滴从气流中甩出，多次改变气流方向，使排风气流多次碰壁板和挡板，把气流中的水和漆滴挡落在漆雾捕集装置的底板上，带废漆的水流到循环水槽中，过滤除渣后再循环使用。

有些公司宣传漆雾捕集率达到 98%～99.5%，实际上很难测定。作者凭经验认为：若长期使用，达到排风机和排风管内几乎不积漆、屋顶的排风口见不到漆色即可。

漆雾捕集装置都很高大，适用于立体布局的涂装车间，漆雾捕集装置和循环水槽布置在一层，喷漆室布置在二层。如果布置在 0.00 平面，要建很深很大的地坑，清理和维修都很困难，更不适用于老厂房的改造。一汽 20 世纪 80 年代引进的水旋动力管型喷漆室就建在老厂房的 0.00 平面上，在使用中遇到的问题是地坑很深，循环水槽在 -4.5m 深，漆雾捕集装置下部几乎无法清理，风阻大（排风机风压需用 1500Pa 以上）。

针对上述问题，结合国情（投资少，老厂房改造多），作者在消化国外技术的基础上，组织开发旋涡式上供风下抽风喷漆室（见图 4-6），设计选用了旋涡洗涤装置（vorter scrubber，其结构见图 4-14）和迷宫式挡水板。旋涡洗涤装置具有自清功能，维修周期大大延长，且维修容易，所有部件都易接近。在近 10 年中，使用效果良好，其优点是地坑浅（循环水池深 -3.0m），易清理，风阻小（排风机风压 1100～1200Pa），在通过重型被涂物的场合，喷漆室地坑中线可立支撑柱。

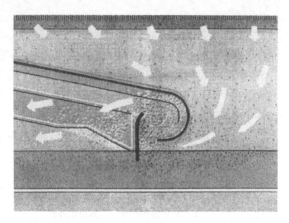

图 4-14　旋涡洗涤装置

排风机可以用离心式风机或轴流式风机，因后者风压低，已较少采用，离心式风机的风压高，风量大，根据分段排风或集中排风的需要，选用不同风压和风量的风机。大型喷漆室采用集中排风型结构和分段排风（每 6～7m 设置一台排风机）型结构。为执行《大气污染物综合排放标准》（GB 16297—1996）中的二级标准，一般应采用集中排风、废气单点高空排放，排气筒（烟囱）高度（m）和排放速率（kg/h）有关，按标准计算。若不得不采用多点排放，则须按上述排放标准标出等效气筒高度和允许的排放速率。

4.2.4　循环水系统

湿式喷漆室漆雾捕集系统是借助水幕、水流来捕集漆雾，因此用大量的水在喷漆室的底部或侧面来构成水幕，再在吸风口随排风卷入洗涤装置中，水汽充分混合后分离，带着漆渣的水落到水槽中或流回循环水槽，经过滤、除渣后，再借助泵打回喷漆室的溢流沟中，循环使用。循环水系统是由循环水槽、泵及管路、除渣装置、凝聚剂添加装置等组成。在耗漆量和产量小的场合，循环水池可作为废漆处理池（或槽），池中循环水的流速控制在 0.7m/min 左右，停留时间 10min 左右。在循环水中必须添加与所用漆种相适应的凝聚剂，使漆滴失去黏性并悬浮在水中，当循环水在池中低速流动时，废漆产生沉淀或漂浮到水面上，应定期清理。在产量大、耗漆多的场合，需装备自动的刮渣和捕集浮物的装置来替代人工清理。

喷烘两用喷漆室是由带干式漆雾捕集装置的喷漆室与低温（60~80℃）烘干室合二为一的。它的工作原理是靠一台风机在喷涂作业时吸室外的新鲜空气，经加热器调温后，压送到室体的顶部，再送入作业间，并将带漆雾的空气经干式过滤层压向室外；在烘干作业时，通过转换开关，将作业间内的空气经加热器加热后压送到室体的顶部，送入作业间内，空气内部循环（仅排出 10% 废气）加热升温到工艺所需的温度，进行低温烘干。室体与风管都加 50~70mm 厚的保温层。市售的喷烘两用喷漆室基本都是这一工作原理及结构。从安全和创造良好的作业环境考虑，应增设排风机，当喷涂作业时排风机工作，供风机吸室外新鲜空气供风；烘干时排风机停止运转，供风机吸喷漆室内空气并强制补充 10% 的新鲜空气，循环加热，尤其是大型的喷漆烘干两用室更应作这一改进。

4.3　喷漆室设计参数的选择

4.3.1　喷漆室大小及布置

喷漆室的大小（$L \times W \times H$）首先取决于喷涂作业间大小（内部 $L \times W \times H$）。再根据选用喷漆室的类型和供、排风系统的布置方式来确定其外形尺寸。喷涂作业间的大小与被涂物外型和大小、生产方式（间歇或连续作业）、喷涂作业方式（手工喷涂还是自动喷涂）、喷涂工位的布置等因素有关。

（1）喷漆室的喷涂作业间内尺寸　参考表 4-3 的数据选定。

表 4-3　喷漆室的喷涂作业间内尺寸

喷漆室内尺寸		工件输送方法	上供风-下抽风型喷漆室	侧排风型喷漆室[①]
宽度（W）		地面输送或悬挂式输送	两侧作业场合，W＝被涂物宽度[②]＋作业区宽[③]（0.8~1.5m）×2	单侧作业场合，W＝被涂物宽度[②]＋作业区宽[③]（0.8~1.5m）＋工件距水幕距离（0.3~0.6m）
高度（H）	地面输送		H＝被涂物高度＋工件离格栅板距离（0.3~0.5m）[④]＋工件离顶棚的高度（1.5~2.0m）	H＝被涂物高度＋工件离地面距离（0.3~0.5m）[③]＋工件顶离顶棚的高度（0.6~1.2m）
	悬挂式输送		H＝被涂物高度＋工件离格栅板距离（0.5m）＋工件顶至输送轨顶的高度（0.6~1.2m，吊汽车车身大型工件，1.5m 以上）	H＝被涂物高度＋工件离地面（水槽）距离（0.3~0.5m）＋工件顶至输送轨顶的高度（0.6~1.2m，吊汽车车身大型工件，1.5m 以上）

续表

喷漆室内尺寸	工件输送方法	上供风-下抽风型喷漆室	侧排风型喷漆室[①]
长度(L)	连续式(地面或悬挂)输送	$L=$单件(或单挂)喷涂工时(min)×输送链速度(m/min)+工件距出入口距离(0.6~1.0m)×2(长度还与喷漆室内设置的工序、工位数有关)	
	间歇式输送(喷涂时工件静止态)	$L=$被涂物长度+被涂物两端距喷漆室出入口的距离(1.0~1.5m),如喷涂 12m 长的大客车车身,则喷漆室的长度需 14~15m	

① 包括水幕型下侧排风喷漆室。

② 当被涂物在喷漆旋转场合,$W=\sqrt{W_0^2}+\sqrt{L_0^2}$,式中,$W$ 为工件回转的最大宽度,W_0 为工件宽度,L_0 为工件的装挂长度。

③ 作业区(即工位)宽度是被涂物与喷漆室内壁的间距。它与喷涂作业性质(如喷涂车身需开门)和布置喷漆机有关,因作业需要适当加宽。

④ 在地面输送场合,被涂物下端与格栅板(或地面、水槽)间距为 0.3~0.5m,含工艺小车(或滑橇)的高度,为使被涂物下端面涂装可能,可适当增大间距。

喷漆室本体的设计实例:被涂物金属件(L1000mm×W600mm×H1200mm),产量 10000 件/月,挂距 1.5m,输送链速度 $V=1.5$m/min,喷涂时工件转动,喷涂时间 2min。

喷漆室断面的决定:如图 4-15 所示,①~⑨相对应的尺寸为本设计的尺寸。

① 被涂物的高度:1200mm。

② 被涂物的宽度:旋转时的最大宽度为 $\sqrt{600^2+1000^2}=1166$mm。

③ 被涂物顶离输送链轨顶高度:900mm(600~1200mm)。在吊挂汽车车身大型工件的场合也可增大到 1500mm 以上。

④ 被涂物下端与水槽间距:300mm。在被涂物下端面能喷涂的场合可适当增大间距。

⑤ 水槽高度:400mm(300~500mm)。

⑥ 喷涂作业区宽度:1000mm(800~1500mm)。取决于所选用涂装机种类。

⑦ 工件与水幕间距:400mm(300~600mm)。防止水幕场合溅水,对应取被涂物高度。

⑧ 净化室:600mm(450~800mm)。

⑨ 供风室:450mm(300~900mm)。为使均一吹出,取一定的倾斜面。

图 4-15 所示喷漆室的长度为输送链速度×喷涂时间+出入口间距(1500×2+750×2=4500mm)。由喷漆室的断面和长度决定排风量:当侧排风时,取风速为 0.5m/s 场合,排风量=4.5×(①+③+④+⑤)×0.5×3600=22680m³/h。排风机选用:风量 22680m³/h、静压 $6×10^2$Pa 的离心机。喷漆室的除尘方式为无泵洗涤式(无水幕)。水槽 3m³(材质 SUS304)。供风装置:冬季蒸汽加温;供风机(90m³/min)4 台;供风过滤布置在喷漆室顶棚上用中效 5μm。照明:40W×4 的灯箱 3 组(安全防爆型);噪声:85dB(喷漆室内)/80dB(喷漆室外)。

(2)喷漆室的外形尺寸 总高度=喷漆作业间高度+动、静压室高度(一般为 3.0m 左右)+地坑深度或漆雾捕集装置的高度(它与所选用的漆雾捕集装置类型有关)。

总宽度=喷漆作业间的宽度+壁板的厚度(70~80mm)×2,另外还要考虑灯箱和检修通道的宽度、分段排风场合的风管宽度、排风机的位置、侧排风的水幕及漆雾捕集装置的宽度(0.8~1.0m)。

总长度=喷涂用作业间的长度+壁板或门的厚度(70~100mm)×2。

在受厂房下限标高限制的场合,动、静压室可选用紧凑型结构,动、静压室高度可缩到 2.0m 左右(见图 4-16)。喷漆室作业间面积($L×W$)在满足生产和工艺要求的前提下,应尽可能小,以减少供、排风量,降低运转成本。例如将自动静电喷涂机布置在喷漆室外,使

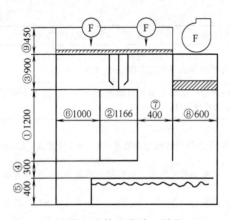

图 4-15　喷漆室本体的设计（单位：mm）

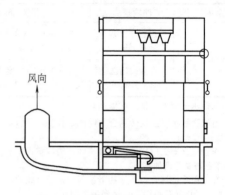

图 4-16　紧凑型动、静压室的
上供下抽风喷漆室结构

该喷涂作业段的宽度由 5.5m 降到 4.6m。在间歇式生产中，被涂物停在喷漆室内进行喷涂作业的场合，喷漆室两端（出入口）应设门；在连续式生产的场合，喷漆室前、后应与擦净间、晾干室连接，以防外界气流的干扰和确保喷漆室内空气的清洁度。

4.3.2　风速和供排风量的平衡

（1）风速　喷涂作业区内的风速是喷涂室功能较重要的指标之一。有定向的风速（如上供风、下抽风喷漆室应具有自上而下的垂直风速），确保喷漆工的操作工位处于新鲜的流动空气中，并将在喷涂过程中产生的漆雾和溶剂蒸气迅速排除掉。风速不应小于溶剂蒸气的扩散速度（0.2m/s）。喷漆室内的气流应定向均匀，无死角，风速太高会影响喷漆作业，且浪费动能。风速一般推荐在以下范围内：

① 手工喷涂区段 0.35～0.50m/s；

② 自动静电喷涂区段 0.25～0.30m/s；

③ 擦净间换气 30～40 次/h；

④ 点修补漆间和注蜡间每延米长供排风 2000m³/(h・m)，PVC 车底涂料喷涂间 2800m³/(h・m)（作业面宽均为 5mm）；

⑤ 晾干室（流平、连接烘干室的防尘通道）换气 30 次/h 以上。

风速是计算喷漆室的供、排风量的依据，喷漆室供风量可按下式计算：

$$Q = 3600AV$$

式中　Q——供风量，m³/h；

A——气流通过部位的截面积，在上供风、下抽风场合就是喷涂作业区段的面积，m²；

V——风速，随被涂物的形状大小变化：遮盖面大的可选风速的下限，遮盖面小的选风速的上限，m/s。

（2）供、排风量的平衡　喷漆室的排风量一般略低于供风量，使喷漆室内略处于微正压，以避免喷漆室外未经净化的空气窜入喷漆室内。在喷漆室未配置供风装置的场合，喷漆室风量也可按上式计算，应考虑喷漆室内的风阻，需留有 10%～20% 的余量〔即计算值×(1.1～1.2)〕。还有一种方法是以喷涂作业间的换气次数来测算喷漆室的供、排风量，如单位时间喷涂量少的补漆作业间应不小于 120 次/h，喷漆量大的喷漆室应不小于 300 次/h，自动静电涂装间应不小于 200 次/h。

喷漆室内风量的平衡是喷漆室设计成功与否的主要标志之一，也是喷漆调试的主要内容，在使用过程中应经常观察维护，确保运行正常。喷漆室的供、排风量的平衡及有关参数见图 4-17 和表 4-4、表 4-5。

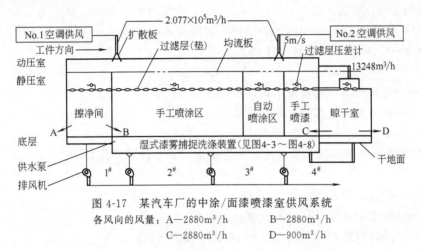

图 4-17 某汽车厂的中涂/面漆喷漆室供风系统

各风向的风量：A—2880m³/h　　　B—2880m³/h

　　　　　　　C—2880m³/h　　　D—900m³/h

表 4-4　某汽车厂的中涂/面漆喷漆室系统的供风参数

项　　目	区　段　名　称				
	擦净间	手工喷涂区	自动喷涂区	手工喷漆	晾干室
面积(L×W)/m²	10.0×5.5	27.0×5.5	8.0×4.6	8.0×4.6	36.0×3.5
风速/(m/s)	0.3	0.5	0.3	0.367	
供风量/(km³/h)	59.4	267.3	39.7	39.7	13.2

表 4-5　某汽车厂的中涂/面漆喷漆室系统的排风参数

项目名称	1#	2#	3#	4#
功率/kW	22	110	110	110
风量/(m³/h)	53640	119304	119304	119304
压强/Pa	500	1800	1800	1800

根据计算得到的喷漆室的供、排风量，喷漆室及风道的风阻和排风方式（分段还是集中排风），来选择风量及风压合适的供风机和排风机，设计风管。风管内的风速一般在 8.0m/s 左右。

供铁道和地铁客车、货车车厢涂装用的大型喷漆室（长 20～30m，宽 6m）的供风量和排风量都很大（约 23×10⁴m³/h 以上），能耗大、运转成本高。基于不是所有工位同时漆涂或用机械手喷漆，设计采用分段按喷涂程序轮换供、排风法。如分成 5～6 个区段，这样仅采用 4.0×10⁴～5.0×10⁴m³/h 供、排风量就可运行，实践证明，该法能大幅度降低喷漆室的运行成本。也有采用变频技术，按喷涂作业的需要来调节喷漆室各区段的供、排风量，从而达到节能的目的。

4.3.3　湿式喷漆室的总供水量计算

湿式喷漆室是借助大量的循环水来洗涤排气，来达到捕集漆雾的目的，因而必须配置一套循环水的供给系统。供给水量计算有以下三种方法。

① 水空比计算法。给水量与排风量大小、水洗漆雾捕集装置的类型、结构有关。一般给水量与排风量有一定的比例，称为水空比（即洗涤 1m³ 空气的用水量）。水空比与水洗方式有关，喷射式水洗的水空比为 1.2～2.0kg/m³，也就是洗涤 1m³ 空气需 1.2～2.0L 水，水幕式水洗的水空比要大一些（1.5～3.0kg/m³），中型瀑布喷淋式水空比为 1.5～2.5kg/m³，多级水帘式水空比为 1.6～2.5kg/m³；大型水旋式水空比为 1.4～1.6kg/m³，大型文丘里式水空比为 3～3.3kg/m³。计算公式如下：

$$G_w = Qe/1000$$

式中　G_w——湿式喷漆室的总供水量，m³/h；
　　　Q——喷漆室含漆雾空气的总排风量，m³/h；
　　　e——水空比，L/m³ 或 kg/m³。

② 以喷漆室的长度（或水幕长度）为基准来计算。计算公式如下：

$$G_w = LK \times 60$$

式中　G_w——喷漆室的总供水量，m³/h；
　　　L——喷漆室（或水幕）的长度，m；
　　　K——经验数据，一般取 0.2～0.45m³/(min·m)。

K 值的大小取决于水幕漆雾捕集装置的结构，如文丘里式的给水量要比旋风动管型的大一些；单侧旋涡型和侧面水幕型比两侧双排旋涡型的给水量小。

③ 水幕（瀑布）式捕集漆雾装置的供水量计算法。计算公式如下：

$$G_w = L\delta v \times 3600$$

式中　G_w——水幕式喷漆室的总供水量，m³/h；
　　　L——喷漆室（或供水槽、淌水板）的长度，m；
　　　δ——溢流水槽或淌水板上的水层平均厚度，一般取 0.003～0.005m；
　　　v——水流速度，一般取 0.4～1.0m/s。

喷漆室的水是循环使用的，在运行过程中新鲜水的补充量为：喷淋式每小时补充循环水量的 1.5%～3%；其他方式为每小时补充循环水量的 1%～2%。

无泵喷漆室指无供水泵的湿式喷漆室，它是借助高风压的排风机，将底部水槽中水卷吸上去达到水洗排气的目的，一般只适用于小型喷漆室和喷漆量不大的喷涂作业。

4.3.4　照明

喷漆室内应有良好的照明，确保喷漆工有良好的视野，喷漆区段的照度要求如下：一般涂装和自动静电涂装，300lx 左右，照明电力 10～20W/m²；装饰性涂装，300～800lx，照明电力 20～35W/m²；高级装饰性涂装，800lx 以上，照明电力 34～45W/m²；超高装饰性能涂装，1000lx 以上。

实例：某轿车公司引进的大型喷漆室各区段照明电力配置如下：擦净区 29W/m²，手工喷漆区 37.2W/m²，自动静电喷涂区 20.78W/m²。

采用日光灯时，灯箱安装在喷漆室壁板的外侧，通过密封的玻璃照亮喷漆室内，为提高照度和定向照射，灯后应配有反射罩。灯应选用优质节能型、光通量大的日光灯管。

照明器具按防爆性能可分为耐压防爆型、安全防爆型，在喷漆室本体内场合使用耐压防爆型，在喷漆室外有玻璃隔断的场合使用安全防爆型。耐压防爆型价格高，通常设计使用安全防爆型。

照明器具一般是 2、3、4 灯式，多灯式较经济。照度与距离的平方成反比，希望设置在近作业位置的背上部。

照明装置的计算按下式：

$$N = \frac{EAD}{FN}$$

式中　N——所需灯管数量，只；

　　　　E——喷涂区段要求的照度，lx；

　　　　A——照射的面积，m²；

　　　　D——减光补偿率，根据保养程度良、中、劣分别取 1.4、1.7、2.0；

　　　　F——每只灯的光通量❶，lm，例如 40W 荧光灯 $F = 2850$lm；

　　　　N——喷漆室照明率，它与喷漆室形状系数（K）、壁板的反射率有关，可根据表 4-6 选取。

表 4-6　喷漆室照明率

喷漆室形状系数 (K)①	照　明　率		喷漆室形状系数 (K)①	照　明　率	
	反射率②50%	反射率 30%		反射率②50%	反射率 30%
0.6	0.28	0.23	1.25	0.43	0.38
0.8	0.34	0.29	1.5	0.46	0.44
1.0	0.38	0.34	2.0	0.48	0.46

　① $K = BL/H(B+L)$

　　式中　K——喷漆室形状系数；

　　　　　B——喷漆室工作区宽度；

　　　　　L——喷漆室工作区长度；

　　　　　H——喷漆室工作区高度。

　② 反射率与喷漆室工作区内壁颜色有关。白色60%～80%，浅色35%～55%。用镀锌钢板，铝合金板，不锈钢板制的喷漆室壁板内表面不涂漆，反射一般大于60%。

4.4　相关装备的设计要点

4.4.1　供风装置

供风装置是向喷漆室供给经调温、调湿、除尘过的新鲜空气的设备，故又称为空调供风系统。为得到高级的外观装饰性涂装，供风装置是不可缺少的，在汽车车身涂装线上，其设备费、设备所占面积也占喷漆设备的一半以上。

为提高涂装的外观装饰性，必须供给无尘的、清洁的空气，尘埃、温度、湿度成为主要影响因素。

① 尘埃（垃圾）。空气中的尘埃附着在被涂物上，就成为涂膜的垃圾或颗粒弊病，其大小、严重程度按被涂物的涂装基准虽有差异，可是都要按基准选定除去尘埃的过滤器。过滤网（孔径）越细，风机的静压越高，电力和噪声也越大，因此需综合考虑最适宜的选择。

② 温度。温度是加温和冷却，通常一般是冬季加温。加温方法用蒸汽或热水最安全，在无蒸汽或热水的场合，也使用天然气直接燃烧和电加热器。在室外气温5℃以下的场合，

---

　❶ 光通量单位，流［明］，符号为 lm，1lm＝1cd·sr。

一般使温度升到 $15\sim20℃$。在夏季 $30℃$ 以上的场合，也有采用冷却降温的，可是冷却设备费较喷漆室本体费贵得多，运行成本也很高，所以仅限于特殊的涂装场合。

③ 湿度。随近年水性涂料使用量增多，逐渐开始加强湿度的管理，喷涂水性涂料的环境湿度应控制在 70% 左右，而对喷涂溶剂型涂料场合的湿度管理甚少，但要注意高湿度结露和低湿度时产生静电的现象。

供给喷漆室系统空调风的质量基准：温度最佳范围为 $20\sim25℃$，冬季不低于 $15℃$，在无降温条件下，夏季应低于 $35℃$；湿度 $RH=50\%\sim80\%$（或按所用涂料的特性要求）；含尘量（即清洁度）应控制在表 4-7 所列的范围内。

表 4-7 供给喷漆室系统空调风的质量基准

名　称	粒径/μm	粒子数/(个/cm^3)	尘埃量/(mg/m^3)
一般涂装	<10	<600	<7.5
装饰性涂装	<5	<300	<4.5
高级装饰性涂装	<3	<100	1.5

从表 4-7 中可以看出，所要求的空调风质量远比国际标准（ISO 14644—1）的洁净室和洁净区的空气洁净度的等级低。在涂装场合，以涂层的装饰性要求（或等级）控制尘埃粒径为主。

供风装置的布置方式有连体式和分离式两种。

① 连体式。供风装置成为喷漆室附属装置，是最简易和普及的形式。将过滤器安装在喷漆室的顶棚或侧面，借助供风机压入空气，设备费用低且经济，可是大型喷漆室的过滤器（材）更换作业困难，也不可能进行冷却和湿度管理。

② 分离式。供风装置与喷漆室分离，成为独立的空调供风系统，供风机、过滤器和调温调湿装置等设置在厢（室）内。维修保养容易，可是设备费用和设置空间增大。

喷漆室的典型的空调供风系统组成，如图 4-18 所示，它们安装在一个通道式的、一般为镀锌钢板制的室体内。由于风量较大，且夏季降温耗能量及投资大，一般不设降温装置，

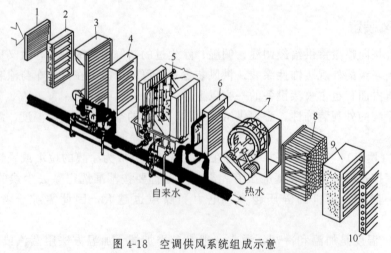

图 4-18 空调供风系统组成示意

1—防鸟百叶窗（进风口）；2—吸风电动阀；3—预（初）过滤器；4—预加热器；5—水洗段及挡水板；
6—后加热器；7—风机；8—后过滤器；9—消声段；10—多叶调节阀

只具备加热升温的功能。加热一般用热水或蒸汽，在北方冬季，室外气温降到－20℃以下的场合，可在吸风口安装天然气燃烧喷嘴，直接加热，在风沙大的地区，可在引风口增设砂过滤器。水洗段的水槽，壁板采用不锈钢板制成，供应的水质要好，一般采用纯水。

在过滤器的前后一般安有压差计，当压力上升到一定值时就应更换过滤元件。过滤器采用无纺布过滤材料制成，有袋式和平铺式两种，平铺式过滤面积小，相对过风速度高，阻力大，一般不采用。

一般都从厂房外吸风，吸风口朝向选择在强风时沙尘少的场所，离喷涂室排气口稍远处或在其风向上侧处，吸风口应安装防雨百叶窗和金属网或栅栏，以防止吸入雨水和鸟类。

为防止风机的噪声传入喷漆室，在风机后的风道内应安消声器。风机一般采用双向进风的离心风机。空调供风机组的流程如图 4-19 所示。

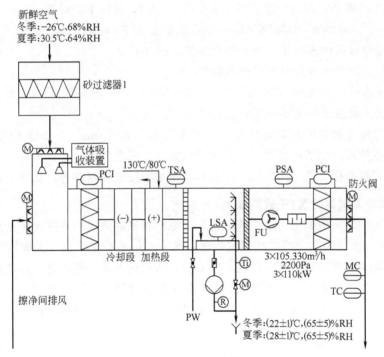

图 4-19　空调供风机组流程

供风系统提供的经空调供风机组的清洁空气直接送往喷漆室、擦净室和晾干室的顶部。

4.4.2　漆雾捕集装置

排风和漆雾捕集系统由漆雾的捕集装置、排风机及风管等组成。漆雾捕集装置（排风洗涤装置）有干式和湿式两种。由此将喷漆室称为干式喷漆室和湿式喷漆室。

在喷漆室中进行喷涂作业场合，为防止过喷漆雾污染作业环境和安全，防止漆雾散落在被喷涂物面上，喷漆室必须设置强有力的排风系统，漆雾捕集装置是喷漆室排风系统的关键设备，以清除掉排风中的漆雾（液滴或颗粒物）。

漆雾捕集装置的工作原理由以下几方面组合而成：

① 借助过滤介质（如水、石灰石粉）与带漆雾的喷漆室排风通过旋涡作用充分混合，

随后使带漆滴的水（或石粉）与空气分离，并从捕集装置中排出。

② 多次转换排风的风向，使排风中所含的漆雾（或水滴）碰壁吸附在壁板上（如迷宫式挡板、漆雾分离器）与气分离。

③ 改变风速，当风道的截面积增大，排风风速由高变低场合，排风中带的漆雾、颗粒失速而降落，与气流分离。

④ 利用静电除尘原理，当排风通过高压静电场合时，其所带的漆雾荷电被吸住和沉积在接地的极板上。

漆雾捕集装置都不具有处理喷漆室排风中的挥发性有机化合物（VOC）的功能。因喷漆室的排风量大、VOC 浓度极低，在其排风系统安设吸附 VOC 装置，投资大，运行成本高而不经济。

漆雾捕集装置的捕集效果常以除漆雾（尘埃）率来表示。有些喷漆室的说明书介绍漆雾去除率可达 98％、99％以上，这种表达不确切，因所有漆雾捕集无去除（或分离）VOC 的功能，只能捕集液滴和颗粒，即漆雾的不挥发分（NV），可按下式计算。

$$除漆雾(尘埃)率(\%) = A/[B \times (1-TE) \times NV] \times 100$$

式中　A——单位时间内该作业点捕集的涂漆渣，kg/h；

　　　B——单位时间内该作业点喷涂涂料量，kg/h；

　　TE——喷涂的涂着效率，％；"1－TE"即为过喷涂产生的漆雾量，kg/h；

　　NV——施工黏度涂料的不挥发分，％。

喷漆室的除漆雾效果好坏以排风的含尘量来表示，如 $\leq 3 \text{mg/m}^3$ 是湿式喷漆室的基准；现今希望喷漆室排风直接能循环利用，要求排风的含尘量更低些，更严格些。也有凭经验目测喷漆室排风管口的排气色（即排风管出口风帽不被所喷漆涂料着色）来评判的。

4.4.2.1　干式漆雾捕集装置(干式喷漆室)

最初的干式喷漆室是采用板状（或袋式）过滤材料来捕集喷漆室排风中的漆雾，其结构如图 4-20 和图 4-21 所示，与湿式喷漆室相比，具有不用水和化学品，无需配置废水、漆渣处理设备；耗电少噪声低；不产生恶臭；投资少，运行成本低；使用过的过滤材料可作为燃料利用等优点；其受过滤截留量的限制，需频繁更换过滤器，且需停产进行；手工作业环境差，难以满足喷涂漆量大的水式生产之需等不足之处，近年来已得到解决。

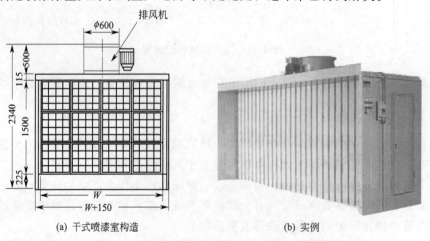

(a) 干式喷漆室构造　　　　　　　　　　　(b) 实例

图 4-20　干式侧排风喷漆室（尺寸单位：mm）

(a) 工业用涂装线应用实例

(b) 木器涂装应用实例

图 4-21　袋式过滤器应用实例

进入 21 世纪以来，涂装设备公司开发成功多种干式漆雾捕集装置，并成功应用到车身涂装线替代湿式漆雾捕集装置。它们有以下三种：

（1）以石灰石粉为粘漆雾滤料（filter elements）的干式分离技术，除净喷漆室排风中的漆雾，分离过程完全自动化，且不用水和化学药品。排风中的涂料颗粒含量为 0.1mg/m³，不需追加过滤，补加总供风量 6%～20% 的新鲜空气后直接循环利用，较湿式漆雾捕集装置能节能 30%。市场上常见的有 EcoDryScrubber 和 Dryspin（参见图 4-22）。在实际使用中废弃滤料量大，每台车身高达 11kg。

图 4-22　干式漆雾捕集装置（EcoDryScrubber）结构示意图（彩图见文后插页）

（2）采用静电除尘原理的静电漆雾捕集装置。它是靠阴极电栅使喷漆室排风中的漆雾荷电，沉积在接地的分离板和风道壁板上，并用含分离剂的水溶液润湿分离板（不是冲洗）将沉积的涂料洗下，收集在下部的槽中，按其工况可称为半干式。排风的涂料颗粒量为 0.3～0.8mg/m³，也不需要追加过滤，补加总供风量 6%～20% 的新鲜空气后直接循环利用。该装置与湿式漆雾捕集装置相比，节省水 87%，节能 78%，市场上常见的有 Escrub（参见图 4-23）。

（3）机械漆雾捕集装置。它是由滤材机械组成的箱式分离模块，设计有电动挡板，可快速更换，过滤过程不用水和其它添加剂。排风中的涂料颗粒量为 0.5～2mg/m³，风压损失逐渐增大，对系统进行压力监控，确保操作稳定、连续、无乱流。排风可循环利用。市场常见的有 E-Cube（参见图 4-24）。箱体的容量很大。根据不同的作业模式，使用寿命可达一周至数周不等。例如，10m 长的喷漆室内，按三班运作，每小时产生过喷漆雾量 60kg，则其使用寿命为一周。

上述三种干式雾捕集装置都具有较高的漆雾捕集效率，使喷漆室排风含尘量都达到循环再利用的基准，但从捕集装置的结构和经济方面来评价，笔者认为第三种机械漆雾捕集装置更适合我国国情替代湿式漆雾捕集装置，宜进一步开发完善普及。

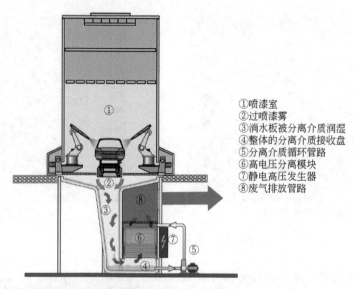

①喷漆室
②过喷漆雾
③淌水板被分离介质润湿
④整体的分离介质接收盘
⑤分离介质循环管路
⑥高电压分离模块
⑦静电高压发生器
⑧废气排放管路

图 4-23　静电漆雾捕集（净化）系统（Escrub）组成图

图 4-24　E-Cube 干式漆雾捕集装置（彩图见文后插页）

4.4.2.2　干式漆雾捕集装置的结构设计

干式漆雾捕集装置一般由漆雾分离段、沉降空间段、过滤段三部分组成（见图 4-25）。

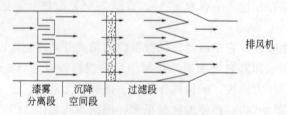

图 4-25　干式漆雾捕集装置的结构示意图

（1）漆雾分离段　它是靠多次改变喷漆室排风流的风向（碰壁）使所带漆雾黏附（或吸附）在壁上，与排气分离，一般采用迷宫式分离器，按其形式和结构有挡板式和匣式。漆雾分离器的作用是分离排风所带的大部分漆雾减轻过滤段的负荷，延长过滤器寿命和更换周期。

① 挡板式漆雾分离器。用不锈钢板或镀锌钢板制成的波形或双 "Π" 形挡板组装而成（参见图 4-26）。它也可用作为湿式喷漆室的挡水板。

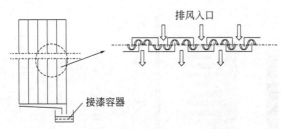

图 4-26 挡板式漆雾分离器结构示意图

应用实例：某汽车厂车桥底盘件喷涂线，手工喷涂黑色水性涂料，装备是敞开式侧抽风湿式喷漆室、悬挂式输送链、通过式烘干室等，在喷漆室排风口（喷淋水洗室前）安设了图 4-26 所示的漆雾分离器，能分离排风中的大部分漆雾，每班或每日喷涂作业结束后，刷洗分离器挡板，洗液可直接回收利用，提高涂料的利用率。

② 匣式漆雾分离器。它是迷宫式分离器，被设计成箱匣式组件，可按需折叠、装配。Edrizzi 公司的商品——系列漆雾分离器是其典型代表。它们的材质是具有阻燃性的硬纸板，其规格型号列于表 4-8 中，它们的结构及组装方式参见图 4-27，为运输方便漆雾分离器呈未装配状，压叠成平板状，推荐储存和作业条件为：15～25℃，相对湿度 45％～65％。汽车行业采用 Vario 干式漆雾捕集装置改造侧排风湿式喷漆室应用实例见表 4-9。

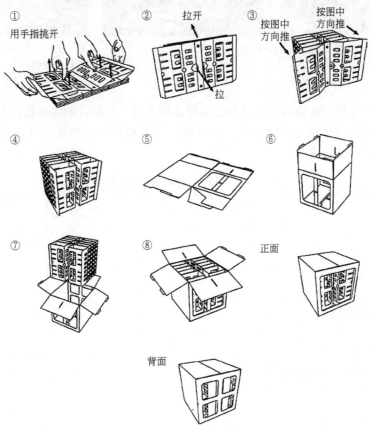

图 4-27 组装匣式（Videos）漆雾分离器的组装示意图

喷漆室排风在匣式漆雾分离器中的流向如图 4-28 所示。还有漆雾分离器与过滤器组件（如 Cube01 和袋式过滤器 NFE02，见图 4-29），板式过滤器 NFEWP02 和 NFEWP03（见图 4-30）。

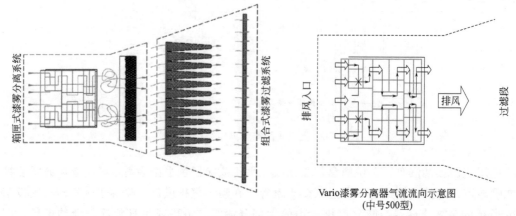

Vario漆雾分离器气流流向示意图
(中号500型)

图 4-28　匣式漆雾分离器中排风流向图

图 4-29　Cube01 和 NFE02 实物照片

图 4-30　NFEWP02 和 NFEWP03 板式过滤器照片（过滤面积分别为 0.22m² 和 0.43m²）

（2）沉降空间段　在漆雾分离器和过滤段之间布设一空间，随风道截面积的扩大，风速变小，促使排风中的尘埃（漆滴、颗粒）沉降，另外使排风以较低的风速通过滤层（袋），对减少风阻和截留尘埃有利。

表 4-8　Vario 漆雾分离器的规格型号一览表

图例	规格项目	细 300/500 型	中 300/500 型	粗 300/500 型
	尺寸/mm	进风口 485×485 侧 285/495	同左	同左
	吸附容量/kg/m²	高达 100	高达 100	高达 100
	分离程度/%	≥97	≥97	≥97
	名义风流量/[m³/(h·m²)]	2000～3000（每平方米过滤器表面积）	同左	同左
	最终压力（参考）	400Pa	400Pa	400Pa
	推荐内流风速/(m/s)	0.25～2.0	0.25～2.0	

续表

图例	规格项目	细 300/500 型	中 300/500 型	粗 300/500 型
（时钟图）	初期压差（在正常风速场合）	105Pa/110Pa	68Pa/88Pa	21Pa/50Pa
℃	耐温性	≥80℃	≥80℃	≥80℃
	耐湿性（在潮湿含中）	30min,100～150g/m³	30min,100～150g/m³	30min,100～150g/m³
	净重/g	1406/2153	1124/1892	802/1576
	耐火性	DIN 4102 不可燃烧性试验 结构材料等级 B1 阻燃物		
结构示意		（结构示意图）	（结构示意图）	（结构示意图）
（箭头图）	排风在匣内变向次数	2.5 次/4 次(3 小腔)	2 次/3 次(大、小各一腔)	1 次/2 次(1 大腔)

表 4-9 汽车行业采用 Vario 干式漆雾捕集装置改造侧排风湿式喷漆室应用实例

项目	参数
1. 涂装工艺	机器人空气喷涂、小塑料件罩光
2. 喷漆室配置	尺寸：6m×3m,通过式罩光(troghput varmishing)改造；湿式改成干式喷漆室(参见图 4-31)
3. 输送系统	悬挂式输送链
4. 材料	2K-水性涂料、溶剂型涂料,耗漆量 120kg/日,过喷涂 60%
5. 涂装车间空气管理	风量 30000m³/h,风速 0.35～0.45m/s
6. 采用 Edrizzi® 系统改造后的数据	节能成本 65000 欧元/年,改造成本仅 50000 欧元 更换周期： Edrizzi® vario 300 细型：2 周/15 件/3.75m² 二次过滤器 NFEWPO3:3～4 周/15 件/7.5m² 二次过滤器 NFEWP03 滤布：1 组/15 件/7.5m²

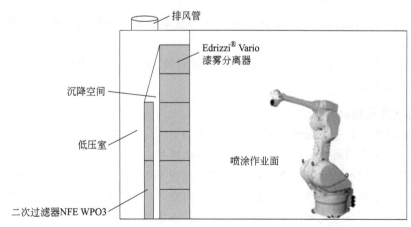

图 4-31 采用 Vario 漆雾分离器的侧排风喷漆室截面图

（3）过滤段　它的作用是截留经漆雾分离段后排风中的颗粒物，经多级过滤使排风的含尘量达到环保排风基准或排风循环利用的含尘基准要求。过滤段在设计时尽量扩大过滤面积，滤材的选用是关键，一般选用表面积大的滤材（如波形或带菱形"◇"块滤材参见图 4-32）。滤材的过滤粗、细精度和设置几级过滤，按工艺技术要求确定。

喷漆室用板状过滤材料　　　　　　　　　　　　　　　　　　弯曲性过滤袋

图 4-32　喷漆室用过滤材料

4.4.2.3　对干式漆雾捕集装置的标准组合件(厢式单元)的技术要求

根据上述介绍及有关技术分析，结合我国国情应立即着手研制开发干式漆雾捕集装置和漆雾分离器标准组合件，来改造和替代现用的湿式漆雾捕集装置。新型干式漆雾捕集装置宜不用过滤介质（如水、石粉等载体）、不靠高压静电场，仅靠改变喷漆室排风的风向、风速和过滤截留等机械作用，来分离和清除排风中的漆雾。在开发设计中，应考虑新型干式漆雾捕集装置具有以下技术要求：

① 除漆雾率高，一般情况≥98%，排风的涂料颗粒含量应≤3mg/m³，在喷漆室排风循环利用场 合排风含尘量应控制在≤1.0mg/m³，不需要加滤，仅补充 6%～20% 的新鲜空气，排风就可直接循环使用（达到高级装饰性涂装用喷漆室的供风要求：含尘量≤1.5mg/m³、粒径<3μm）。

② 截留（或吸附）容量大，更新周期长，在不同工况下能使用一周至数周。

③ 在大量流水生产的喷涂线能实现单元漆雾捕集（或分离）装置（厢）的更换，确保喷漆室和喷涂作业正常运行。

④ 设计结构应尽量标准化，结构简便，造价成本较低，易组装更换，易维护清理，废弃物易回收利用。

⑤ 厢式纸质漆雾分离器（匣）的耐火性、耐潮湿（耐水）、耐温性应适应喷涂水性涂料和溶剂型涂料的要求。

4.4.2.4　湿式漆雾捕集装置

湿式漆雾捕集装置是用循环水来洗涤带漆雾的空气。它的工作原理是使喷漆室的废气与水充分混合，利用不同风速、挡水板和风向的多次转换，使水和漆滴与空气分离，水中加有凝聚剂，使漆滴落到水中就相互凝聚；带废漆的水流到循环水槽（或废漆处理装置），过滤后再循环使用；除掉漆雾的空气可通过排风机排向室外。因此湿式漆雾捕集装置，又称为排风洗涤装置或气水混合分离室。具体方式有干式、水幕式、无泵式、文丘里式和旋风动力管式等多种。它们的结构见图 4-3～图 4-6、图 4-9，排风洗涤装置也是喷漆室的关键设备，它直接影响喷漆室的性能（漆雾捕集率）。它们的特性比较见表 4-10。

表 4-10　各种排风洗涤装置的特性比较

项目		侧抽风式			上送风下抽风式	
		干式喷漆室	水幕式喷漆室	无泵式喷漆室	文丘里式喷漆室	旋风动力管式喷漆室
除尘率		90%～95% 条件:正确地选择过滤器,并正常地更换	80%～90% 条件:喷嘴无堵塞,充分满足水和空气比,喷雾均匀	98%～99% 条件:液面正常	97%～98% 条件:水幕不中断,散水板面上无异物	98%～99%
维护保养	内容	根据过滤器前后压差更换过滤材料	泵、配管、喷嘴、过滤器、分离器等检查与清理	确认自动液面控制器的工作状态及槽液管理(pH 值检查,加入药品)	泵、配管、过滤器等检查与清理	
	影响	直接影响风机性能(风量、气流),到一定程度风量会严重下降	直接影响洗净效率,喷嘴堵塞,部分效率严重下降	液面状态影响性能,运行中要经常调整	除水量减少外,几乎没有影响,散水板面及文丘里管内存在异物有影响	散水板面上的水膜要厚,异物影响则小
	检修频率(参考)	根据涂料及涂装量约每周更换 1 次	喷嘴检查与清理每日 1 次,管路清理每月 1 次	pH 值检验每天 1 次,淤渣清理每年 1 次,浮物清理每天 1 次	过滤器以外的水槽及风道每年检修 1 次	
	日常维护的难易程度	简单(更换过滤器)	费工夫(正常保养困难)	简单(仅液面管理)	简单	
性能的稳定性		稳定性差	不稳定(维持困难)	稳定	在大容量场合下也稳定	非常稳定
运转动力		不用水泵 风机压力 25～30mmH₂O① 风机动力 0.75～1.5kW/m	喷射压力 0.15MPa 水量 300～350L/(min/m) 动力 3～4kW/m 风机压力 30～40mmH₂O① 风机动力 1.5～3kW/m	不用水泵 风机压力 100mmH₂O① 风机动力 2.2～4.5kW/m	水喷出压力 0.05MPa 水量 450～500L/(min/m) 动力 3～4kW/m 风机压力 120～130mmH₂O① 风机动力 6kW/m	水喷出压力 0.05MPa 水量 300L/(min/m) 动力 2.5～3.5kW/m 风机压力 130～140mmH₂O① 风机动力 6kW/m
至作业地面的高度/mm		无	600～700	600	3000～3500	2000～2500
安装宽度/mm		有效宽度＋600	有效宽度＋600(单侧)	有效宽度＋720(单侧)	有效宽度＋框架宽度	有效宽度＋框架宽度
气流分布		由于过滤器的阻力,而使风量变动,气流状态过快不好	由于侧面下方排风,气流随喷漆室的形状及送风方式而变差		空气从地面中心吸入,不产生涡流现象,气流状态良好,室内墙壁污染和着色小	
特征		适用作为涂料用量少的小型简易喷涂室,净化空气能力有限,不注意更换,风量便急剧下降	最早使用的大型喷涂室,性能不稳定,维持困难,适用作为中小型涂装室	适用作为涂料消耗量不大的场合,要另设置涂料分离槽	涂料用量大的轿车涂装线等大型涂装室	

① 1mmH₂O＝98Pa,下同。

4.4.3　废漆清除装置

废漆清除装置的功能,是及时清除掉从喷漆室的排风洗涤装置排出的污水中的废漆渣,并将经过除渣的水打回喷漆室底部的水沟中循环使用。它是由循环水槽、除漆渣装置、循环水泵和凝聚剂添加装置等组成的，在耗漆量和产量小的场合可简化为一个废漆沉池（或槽），在池中循环水的流速控制在 0.7m/min 左右，停留时间 10min 左右，在循环水中添加凝聚剂，使循环水处于低流速场合，以使废漆产生沉淀或漂浮到液面上，定期清理。这种方法的废漆清除率不高，且清池是一种又脏又累又危险的工作。

在产量大、耗漆量多的场合，需装备自动除废漆渣装置去替代人工清理。近几年国内引进的有多种废漆渣清除装置，其流程如图 4-33 所示。

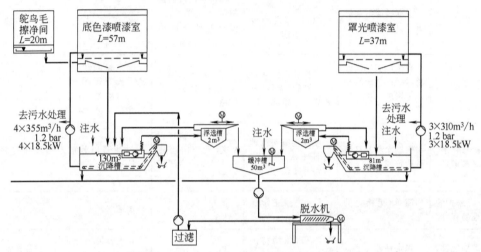

图 4-33　供轿车车身面漆喷涂线用的废漆渣清除装置的流程图

4.4.4　喷涂设备的材质

制作喷漆室壁板、空调室内壁板、风管等一般都采用 $\delta 1.2 \sim 1.5mm$ 的镀锌钢板；空调室外壁板（在保温层外）采用 $\delta 0.75 \sim 1.0mm$ 的镀锌钢板、彩板或波形板。玻璃选用 $\delta 4.0 \sim 6.0mm$ 的钢化玻璃、夹胶玻璃或钢丝加强玻璃，以防碎裂时伤人。喷涂设备的立柱使用 $\delta 3.0mm$ 钢板成型的立柱（镀锌或涂防锈环氧涂层）或用铝合金型材制成。湿式喷漆室循环水与喷漆室循环水和废漆凝聚剂或生物处理液接触的水洗室、水槽等使用不锈钢、玻璃钢（或普通钢板经喷砂处理后涂耐酸耐碱的环氧涂料）、PVC 塑料等防蚀性能好的材质。

涂装车间的换气供风需过滤。给喷漆室、晾干室、洁净间、擦净间供的新鲜空气必须洁净，需经初效过滤和中效过滤（在要求高的场合需经高效过滤、调温），因而在空调供风装置和喷漆室的动、静压室间布设多道由合成纤维（无纺布）制的初效过滤网和初效、中效袋形过滤网。在喷漆作业室顶棚上铺设由高强度的合成纤维制的滤网（不易碎断、渐密式多层结构型），有的场合在滤网上还均匀地涂布特殊黏液，以防止系统轻微颤动而造成灰尘的穿透掉漏。

确保喷漆室作业区的洁净和供风的清洁度，正确地选择过滤网的材质、规格型号等十分重要。喷漆室的供风系统是多级过滤，各级所用滤网材质和网孔径不一样，详述于 4.4.5 节中。

供风系统多级过滤配置方案：①空调机内第一级 G4～F5（袋式），第二级 F7、F8（袋式）。喷漆室顶棚 F5 顶棉（静压，均布气流）。②空调机第一级 G4～F5（袋式）。喷漆室动、静室间 F7（袋式），喷漆室顶棚 F5。③空调机内第一级 G3（袋式），第二级 F5（袋式），喷漆室动、静压室间 F5（袋式），喷漆室顶棚 F5。第三种配置过滤精度不高，对高质量喷漆作业不适用。第一种配置由于动、静压室间不设过滤器，只设均风调节孔，该级过滤器在空调机内，因而更换过滤器不会造成动、静压室及顶棚的污染。

4.4.5　喷漆室系统用过滤材料

喷漆室的空调供风系统和漆雾捕集装置采用多种不同类型的过滤材料。

4.4.5.1　空调供风系统用过滤材料

（1）过滤的概念　简单而言，过滤的作用是利用滤材的多孔性结构，将流体（气体或液体）中的尘埃颗粒，予以阻挡或抓住，仅使允许存在的较细尘埃颗粒通过的程序。

今日的工业，尤其是精密工业，如集成电路、半导体、制药等，甚至涂装工业，其所需之水、空气，都必须做有效的污染控制及防治。目前在国内大力推动工业升级的政策下，各式空调洁净室的发展与需求与日俱增。

当然，过滤在诸多的污染控制程序中扮演着相当重要的角色。

（2）过滤（空调领域的空气过滤）

① 撞上→粘住。空气中的尘埃粒子，或随气流做惯性运动，或做无规则运动，或受某种场力的作用而移动。当运动中的粒子撞到障碍物时，粒子与障碍物表面间的引力使它粘在障碍物上。

② 纤维过滤材料。过滤材料应能既有效地拦截尘埃粒子，又不对气流形成过大的阻力。非织造纤维材料和特制的纸张符合这一要求。杂乱交织的纤维形成对粒子的无数道屏障，纤维间宽阔的空间允许气流顺利通过。

③ 惯性原理。大粒子在气流中做惯性运动。气流遇障绕行，粒子因惯性偏离气流方向并撞到障碍物上。粒子越大，惯性力越强，撞击障碍物的可能性越大，因此过滤效果越好。

④ 扩散原理。小粒子做无规则运动。对无规则运动做数学处理时，使用传质学中"扩散"理论，所以有扩散原理一说。粒子越小，无规则运动越剧烈，撞击障碍物的机会越多，因此过滤效果越好。

⑤ 效率随尘粒大小而异。过滤器捕集粉尘的量与未过滤空气中的粉尘量之比称"过滤效率"。小于 $0.1\mu m$ 的粒子主要做扩散运动，粒子越小，效率越高；大于 $0.5\mu m$ 的粒子主要做惯性运动，粒子越大，效率越高。在 $0.1\sim0.5\mu m$ 之间，效率有一处最低点。

⑥ 阻力。纤维使气流绕行，产生微小阻力。无数纤维的阻力之和就是过滤器的阻力。

过滤器阻力随气流量的增加而提高，通过增大过滤材料面积，可以降低穿过滤料的相对风速，以减小过滤器阻力。

⑦ 动态性能。被捕捉的粉尘对气流产生附加阻力，于是，使用中过滤器的阻力逐渐增加。被捕捉到的粉尘形成新的障碍物，于是，过滤效率略有改善。

被捕捉的粉尘大都聚集在过滤材料的迎风面上。滤料面积越大，能容纳粉尘越多，过滤器寿命越长。

⑧ 过滤器报废（见图 4-34）。滤料上积尘越多，阻力越大。当阻力大到设计所

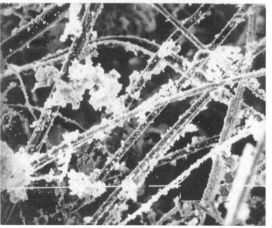

图 4-34　报废过滤器电镜照片

不允许的程度时，过滤器的寿命就到头了。有时，过大的阻力会使过滤器上已捕捉到的灰尘飞散，出现这种危险时，过滤器也该报废了。

（3）过滤效率对照 空气过滤器效率规格比较如图4-35所示。

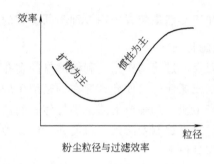

粉尘粒径与过滤效率

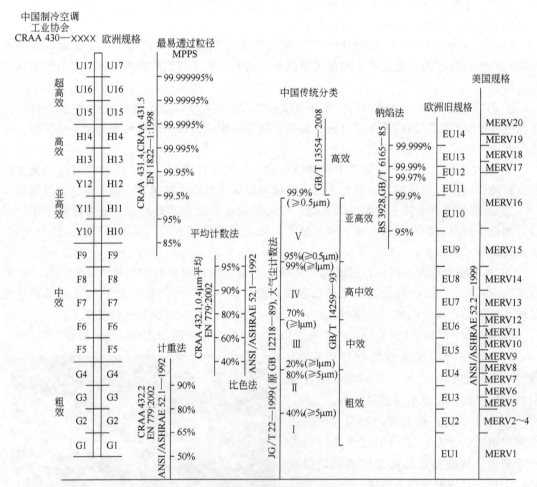

图 4-35　空气过滤器效率规格比较

（4）几种过滤网的特性及用途 几种过滤网的特性及用途如图4-36所示。

（5）汽车喷漆室专用过滤网 汽车喷漆室专用过滤网如图4-37所示。

初效过滤网

特性

- 采用化学合成纤维如聚酯(polyester)、聚酰胺(polyamide)等系列纤维制成。
- 依纤维之线径粗细及密度程度不同,以非织物式形成对尘埃过滤之不同效率。

用途

- 一般建筑大楼、涂装、精密工业等空调系统之初(粗)过滤用。
- 工业废气、加工油类之处理。

喷漆房天井滤网

特性

- 采用高强度的合成纤维,不易碎断,并以技术先进的渐密式多层结构成型,保障其高飞尘量的装载,而且获得低压损的性能,经济性佳,降低机械耗能。
- 特殊黏液,均匀地涂布在滤网上,防止系统轻微颤动而造成灰尘的穿透掉漏。

用途

- 涂装工厂喷漆房如:汽车厂、汽车修理厂、摩托车厂、自行车厂、家电厂等。

初效袋型过滤网

特性

- 采用进口热熔合成纤维,具耐燃性,组织均匀。纤维之间的接点牢固,其过滤空间大,容尘量高。
- 比一般采用树脂喷胶式的滤材,压力损失低,滤袋使用寿命长。
- 可选用特殊黏液均匀地涂布在滤网上,提高过滤袋的捕尘效率。

用途

- 空调系统之初、中效过滤。

玻璃纤维滤网

特性

- 采用玻璃长纤维,以非织物方式制成,具弹性、压损低。
- 难燃性,可耐温120℃。
- 具长纤维之特性,对漆雾捕集效果佳。

用途

- 一般空调系统之进气粗滤处理。
- 干式涂装工程如喷漆台、汽车喷涂房之排气系统。

椰棕纤维滤网

特性

- 采用椰棕长纤维经卷曲、喷胶轧压成型。
- 组织无方向性,但均匀,捕尘效果佳,压损低。
- 利用长纤维之特性,吸附力强,尤其对干式喷漆之漆雾有特好的捕尘效率。

用途

- 适用于一般粗尘过滤系统。
- 干式涂装工程如喷漆台、气车喷漆房之排气系统。

卷起式玻璃纤维过滤网

特性

- 采用玻璃长纤维制成,滤材背面具有强劲的编织网,不易变形。
- 超强弹性纤维结构,不因风阻大滤材而压缩在一起,影响容尘量。
- 滤材上喷有特殊黏着剂,强化捕灰能力。
- 难燃性,可耐温度120℃。

用途

- 适用于一般空调系统之进气粗滤处理。
- 各厂牌之自动卷起设备如:AAF、DELBAG、FARR、TROX 等。

图 4-36 几种过滤网的特性及用途

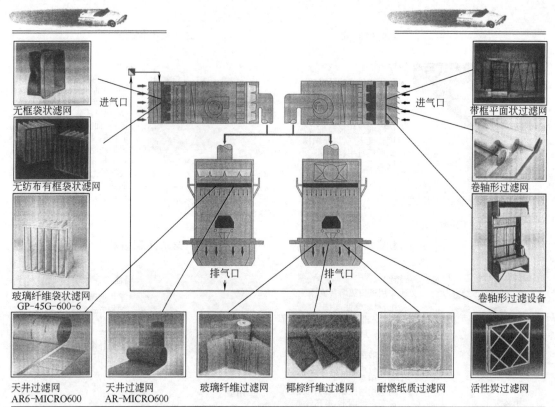

给气过滤网系统：•自动卷起滤网及设备 •平面状过滤网 •袋形过滤网
天井过滤网系统：• 平面状过滤网
排气过滤网系统：•玻璃纤维滤网 •椰棕纤维过滤网 •耐燃纸质过滤网 •活性炭滤网

图 4-37　汽车喷漆室专用过滤网

4.4.5.2　干式喷漆室漆雾过滤材料的选用及案例

漆雾过滤材料的选用应考虑所喷涂油漆的种类及其漆雾特点、过滤材料类型和特性等因素。

（1）涂料的类型和漆雾特点　在工业涂装领域适用于喷涂的工业涂料有下列品种：

① UV 涂料：紫外线固化涂料。一般喷涂后先低温烘烤 3～5min 去除少量溶剂，再经紫外光照射几秒钟固化。其湿漆膜的黏性大、漆雾固含量高。

② PE 涂料：不饱和聚酯涂料。一般包含树脂、促进剂、固化剂等三个组分，其溶剂苯乙烯在成膜时完全参与反应，因此其固含量接近 100%，各组分混合后即诱发聚合反应。无需烘烤，15min 即可发生固化反应。

③ PU 漆：聚氨酯涂料，是最常用的油漆之一。其固含量只有 50% 左右，一半以上的溶剂会挥发。如汽车主机厂采用的 2K 清漆为双组分聚氨酯清漆。常温下 24h 内即表干不粘手。

④ NC 涂料：硝基漆，是比较常见的木器及装修用单组分涂料。其固含量很低，需要多道喷涂。4～5min 即可表干。

⑤ 丙烯酸涂料和三聚氰胺树脂涂料（俗称烤漆）：丙烯酸涂料一般分为热塑型和热固

型。汽车行业单组分清漆以热固性丙烯酸涂料为主。单组分丙烯酸涂料和氨基烤漆基本不发生自干，必须高温烘烤才能实干。热塑型丙烯酸漆的干燥时间非常短（与 NC 相仿），可反复受热软化和冷却凝固能在表面形成一层"橡胶皮"。

⑥ 环氧涂料：主要品种是双组分涂料，由环氧树脂和固化剂组成，附着力强，防腐性能出色。表干的时间适中，一般小于 4h。改性的环氧树脂涂料单组分需烘干固化。

⑦ 醇酸涂料：用于建筑物以及机械、车辆、船舶、飞机、仪表等涂装，可制成自干或烘干型油漆。自干型常温下约 18h 可自干。

⑧ 水性涂料：水性涂料包括水溶型、水稀释型、水分散型（乳胶漆）3 种，目前主要是以丙烯酸改性水性聚氨酯为主要原料。水性涂料也分为单组分和双组分，多数均能发生表干。

喷涂用工业涂料也可按其所用溶剂、组分、固体分和干燥性能等分为有机溶剂型（油性）和水性涂料；单组分和双（多）组分、高、中、低固体分（NV）涂料；快干（低温自干型）和烘烤型涂料。

喷涂时所形成的漆雾的粒度分布和体积分数如图 4-38 所示。

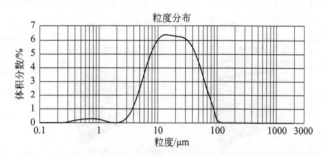

图 4-38　喷涂时所形成的漆雾的粒度分布和体积分数
（其组成与施工黏度涂料相同）

（2）漆雾过滤材料的类型（如图 4-39、图 4-40 所示）

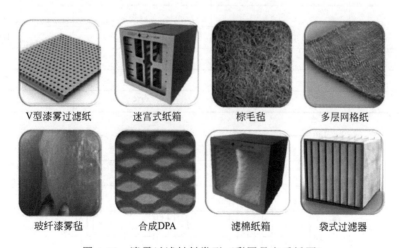

V型漆雾过滤纸　　迷宫式纸箱　　棕毛毡　　多层网格纸

玻纤漆雾毡　　合成DPA　　滤棉纸箱　　袋式过滤器

图 4-39　漆雾过滤材料类型（彩图见文后插页）

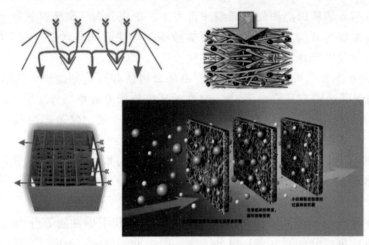

图 4-40 漆雾过滤（分离）材料类型及其过滤原理（彩图见文后插页）

（3）漆雾滤材特性和性能参数 参见图 4-41 捕捉效率与漆雾颗粒直径的关系和表 4-11 DPA 滤材的性能参数。

表 4-11 DPA 滤材的性能参数

项目	漆雾过滤袋式 DPA B	漆雾过滤袋式 DPA W	漆雾过滤袋式 DPC
参考图片			
规格尺寸/mm	592×592×320(520)	592×592×292	485×485×490
耐温性/℃	80	80	80
耐湿性/%	100	100	100
滤材材质	3D 合成	3D 合成	3D 合成
过滤效率/%	99.8	99.8	99.8
单个额定风量/(m³/h)	2300(3400)	1800	1800
初始压差/Pa	14	14	14
更换压差/Pa	300	300	300
外框材质	ABS	ABS	环保纸箱

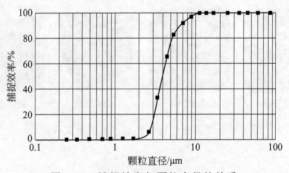

图 4-41 捕捉效率与颗粒直径的关系

（4）不同油漆漆雾的滤材选用（参见图 4-42、表 4-12）

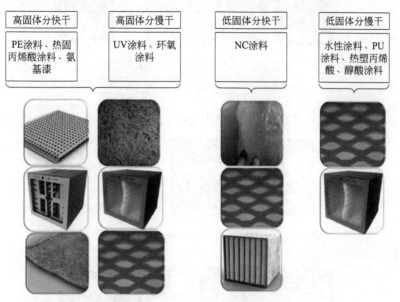

图 4-42 喷涂不同漆种宜选用的漆雾滤材（彩图见文后插页）

表 4-12 各种漆雾滤材的优缺点

漆雾滤材	优缺点
V 型漆雾过滤纸	优：容漆量大，自支撑力强 劣：精度低，细小漆雾穿透量多污染后道设备
玻纤过滤毡	优：价格便宜 劣：10μm 以上 70% 效率，无自支撑，脱落污染涂装环境
棕毛毡	优：环境友好，自支撑力强 劣：精度低，污染风道及后续设备
合成 DPA	优：自支撑力强，精度高 10μm 以上 99.8%，容漆量大 劣：单价略高
袋式过滤器	优：精度高 劣：自支撑力弱，容漆量小寿命短

（5）干式喷房的滤材应用实例

【实例 1】喷漆室排风经干式过滤后排放

工况：总排放量 18000m³/h，喷涂双组分溶剂型漆（原漆∶固化剂∶溶剂＝2∶1∶0.3），油漆使用量 100kg/d，手工喷涂上漆率 30%，过喷漆雾量 70kg/d。

改进漆雾捕捉滤材及结构，由原来的三级简化为一级袋式过滤器（漆雾捕集容量 13kg/m²），漆雾过滤器更换周期由 1d 延长到 9～14d，喷漆室风压长期稳定正常，延长活性炭使用寿命（参见图 4-43）。

【实例 2】干式排风循环利用

工况：总排风量 27000m³/h，喷涂双组分溶剂型漆，油漆使用量 225kg/d，喷涂上漆率 60%，过喷漆雾量 90kg/d。

改用新的漆雾过滤材料，由二级过滤简化为一级，改进滤材（漆雾捕集容量 10kg/m²）后，漆雾过滤器更换周期由 1d 延长到 4d，降低运行平均风阻，节省电能（参见图 4-44）。

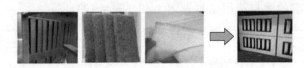

项目	原方式	现方式
过滤层次	三级	一级
使用寿命	1d	9~14d
漆雾捕集容量	无统计(N/A)	13kg/m²

图 4-43　三级过滤改用一级袋式（活性炭）过滤

项目	原方式	现方式
过滤层次	三级	一级
使用寿命	1d	4d
漆雾捕集容量	无统计(N/A)	13kg/m²

图 4-44　改用新的漆雾过滤材料（二级简化一级）

【实例 3】干式纸箱

喷房排风总量 73000m³/h；喷房风速 0.36m/s；第一级过滤器进口风速 1.1m/s；单组分溶剂型清漆/色漆（高温漆）；喷漆量：72kg/d；为弥补迷宫纸箱型漆雾分离器的过滤精度不足，加了板式过滤器，即经二级过滤（纸箱式过滤器＋板式过滤器）后直排。过滤器布置如图 4-45 所示。经 15d 运行测试，总喷漆量 900kg，两级过滤器总捕集漆雾量 231kg（第二级 DPA 漆雾捕集容量 7kg/m²），结果证实这种组合的漆雾过滤器寿命较长。

4.5　喷漆室的安全与环保措施

（1）安全和灭火措施　涂装车间的火灾原因主要是静电着火，有机溶剂型涂料也易燃，附着涂料的喷漆室一旦着火后，灭火困难。

为提高静电涂装机的作业效率，需尽可能使喷头（杯）靠近被涂物设置，可是接近被涂

图 4-45　干式漆雾捕集纸箱过滤器布置

物后会产生火花发电，因此防止被涂物在喷漆室内摇摆十分重要，还要防止被涂物间的相互接触和被涂物掉落。在喷漆室内旋转被涂物的装置（旋转盘和齿条）的设计也很重要。还有，挂具和旋转装置上附着涂料，应自动清除或定期清扫。在喷涂有机溶剂涂料的场合，喷涂作业区是甲级防火区，喷漆室设计应符合国家和当地消防安全法规的要求。喷涂作业室内的电器、电机和排风机应选防爆型。手工喷涂和自动静电喷涂工序应布置在同一喷漆室内，还应设置二氧化碳自动灭火设备。一旦发生事故，为促使操作人员尽快躲避，在整个系统中应有报警装置。在一般的手工喷涂场合，喷涂作业区内配备自动喷水的装置（当达到一定温度，易熔合金熔开即自动喷水灭火）和一般灭火器。

在使用二氧化碳灭火场合，喷雾后，在有空气的情况下，高温状态的可燃物有可能再燃，为了安全，设置喷水灭火管路。二氧化碳对机械无影响，而有水的场合必须注意对电气系统等的影响。

从能捕集喷涂产生的漆雾、防止漆雾和溶剂蒸气扩散的角度来看，喷漆室是具有环保功能的设备，但它不能消除喷涂行业的最大公害——有机挥发物（VOC）。由于喷漆室的排气量大，溶剂含量又很低，国内外至今还没有好的处理方法（尤其在大型喷涂作业线上），仅采用高空排放来达到环保排放标准。市场上虽有用矿物油代替喷漆室的循环水、在喷漆室排气系统设活性炭塔等办法来吸附有机溶剂的报道，但作者认为：油和活性炭能溶解、吸附有机溶剂，开始使用时，排气中的 VOC 可能达到环保要求，如果不能及时将吸附的溶剂除去或将油处理再用，则可能导致吸附饱和，再循环使用时，大气量的排风通过，就又将 VOC带入大气。另外，油是可燃物，不仅增加喷涂现场的火灾和油雾污染环境的危险性，而且可能导致涂膜产生缩孔。喷涂作业的 VOC 公害问题可通过采用环保型涂料（高固体分涂料、水性涂料）和提高喷涂的涂着效率等措施根治。

（2）消声措施　喷漆室的噪声往往与工场内外并加在一起，所以在设置设备前，应确认工场内外的噪声基准，选定喷漆室的形式是必要的（见表 4-13）。喷漆室的噪声不应大于 85dB。

由风机产生的噪声有指向性，改变风管的朝向，大致可解决，可是在工场周围有住宅等场合，需要设置消声器、消声箱等。

生产线上的消声装置也只能将噪声减小 5dB。

表 4-13　噪声的大致标准（范围）

方　式	噪声/dB	方　式	噪声/dB
干式	75~80	无泵式	85~90
水洗式	75~85	油洗式	70

（3）防止漆雾、恶臭的措施　在喷漆室的漆雾捕集装置结构差、捕集效率低的场合，涂装车间的排风管周围的屋顶被漆雾沾染变色。另外，喷漆室中溶剂臭不能除去，相伴着喷漆室的腐败臭。

消除喷漆室的漆雾、恶臭的措施是装备排气处理装置，处理大风量的脱臭装置的价格非常高，现今仅有处理小风量的洗涤装置。

4.6　喷漆室设计、使用中的注意事项

① 为确保涂装工艺所需的供风清洁度，必须正确选用过滤袋和过滤层。在喷漆室供风系统中一般设有粗过滤（初过滤）和细过滤，分别采用初效、中效过滤袋。在喷漆室的动、静压室间和顶棚一般还需设置过滤袋（代替均流器）和无纺布过滤层。

喷涂作业间顶棚的过滤层的材质和铺设质量、无纺布过滤层的质量都将直接影响气流的均匀性和涂膜质量，铺设的厚度要均匀、夹紧，不应有漏缝，选用的无纺布应是不起尘型。如果在无纺布过滤层下放置 1~2 层黏性纱布，更能保证进入喷漆室内空气的净化程度。

在新建安装喷漆室的过程中，应注意供风系统（风管、动、静压室等）的清洁度，应擦净后安装，在冷调试之前应彻底清理擦净，启动供、排风机运转一定时间，在正式投产前再安装过滤袋和过滤层。

在喷漆室运行中应经常检查过滤层（袋）前、后的气压差，如果压差大于额定值，则需要更换或清洗过滤袋（层）。

② 喷漆室系统设备中严禁采用含有导致涂膜产生缩孔的材料（如有机硅酮、油等）及配件。如密封胶、垫圈、密封橡胶条等在选用前必须通过缩孔试验，确认不含导致产生缩孔的物质才能使用。

③ 喷漆室的循环水中必须加有与所用涂料相适应的漆雾凝聚剂。如不加凝聚剂，则洗涤落入水中的漆滴仍具有黏性，黏附在循环水系统的管壁、淌水板和漆雾捕集器上，影响捕集效率和造成管路堵塞，且不易清理。

凝聚剂选用合适、专业管理好，则可大大延长喷漆室中循环水的排放周期。一般汽车厂2~3 个月排放 1 次，最长为半年排放 1 次，而上海通用汽车公司由专业公司承包管理，做到了 2 年未排放，每年少排放废水 1000t 左右，而且处理效果好，漆渣含水率低于 40%，降低了凝聚剂的消耗，降低了运行成本。

④ 只有加强喷漆室的维护管理，才能充分发挥喷漆室的功能和确保涂装质量。其维修管理项目如下。

a. 制定喷漆室的使用操作规程，培训合格人员。

b. 制定喷漆室的清扫管理制度。在喷涂过程中，喷漆室内极易被漆雾污染，每班（或每日）保持喷涂工位整洁，每周都必须进行清扫。须经常检查壁板与水洗涤装置等的工作状态及清洁度，还必须定期检查排风机叶片的清洁度，做到及时清扫。

c. 应制定每天、每月、每年喷漆室维修事项，进行日、月、年保养。

4.7 完善喷漆室系统设备应关注的课题

为节能和适应环保要求，在改用水性涂料后，在改进、完善喷漆室系统设备方面有以下课题。

(1) 与水性涂料特性相关的技术课题 喷涂水性涂料用的喷漆室与溶剂型涂料喷漆室相比，在主体结构、基本功能（风速、风向等）方面虽无大差别，可在设计时要注意水性涂料的以下特性。

① 喷漆室内的温度、湿度的差异对刚喷涂完的水性涂膜外观的影响很大，必须严格控制和调整供风的温、湿度。在水性涂装场合，在高湿度条件下，涂料中的水分蒸发少，由于湿度不同，喷涂剂在被涂物上的状态（NV、黏度）产生变化，影响涂膜品质。特别在汽车涂装线上的金属色涂装等高级涂装场合，为防止涂料流挂、涂色不均等外观不良的弊病，湿度应控制在70%左右，而在喷涂溶剂型涂料场合，对湿度的控制要求不严。因湿度管理设备成本占供风装置的一半以上，还有所需能量占涂装装置的一半以上。为节能，希望开发不受喷漆室内的湿度左右的新的涂装工艺。

② 采用水性涂料后环境负荷比例有变化，从表4-14可看出，VOC排放量可大幅度减少，可是排渣量（产业废物）有所增加，排气过滤负荷增大，其原因是水性涂料能溶解于喷漆室的循环水中，要选用反应速度快的凝聚剂，因此排水处理也是最大的技术课题。

表4-14 喷涂水性涂料场合的环境负荷变化

项　目	溶剂型涂料	水性涂料（比较）	项　目	溶剂型涂料	水性涂料（比较）
大气	VOC：大	约1/10	产业废弃物	漆渣	约1.1倍
水质	BOD，COD：小	约10倍		排水处理渣	约1.5倍
	总含氮量：小	约100倍		排气过滤器	约2倍

③ 水性涂料类似表面活性剂，易发泡。喷漆室的水槽容积应留有余地，设计小的水面落差是必要的。

④ 与溶剂型涂料相比，水性涂料易产生油缩孔，应确认供风口周围无油雾，在环境气氛差的场合，使用油用高性能过滤器吸着油雾较好。

⑤ 因水性涂料导电，在静电喷涂场合，涂装机的带电方法和涂料供给系统的绝缘方法要开发改进。

注：近几年开发采用干式喷漆室（漆雾捕集装置）替代湿式喷漆室，上述②③问题已得到改善和解决。

(2) 喷漆室排气循环利用及其溶剂处理课题 为节能，如何再循环利用喷漆室的排气，成为需要解决的课题，现今已有擦净间和自动静电喷涂区段的排风循环再利用的实例。排风中的溶剂处理因排风量大，VOC浓度低，至今还没有较理想的处理方法。现正在开发的喷漆室含高浓度VOC的排气处理方法：借助活性炭吸附装置，使其浓缩10倍左右，再脱附，并用脱臭热回收装置（RTO）燃烧处理。

(3) 设备安全课题 必须在安全方面做更精细的考虑。将喷涂机制造厂、涂料厂的情报反映在设备设计中，综合探讨涂装线的条件和目标品质等，结合设计制造经验，做出最佳的最适用的设计。

（4）高效率除去漆雾课题　在进行喷漆室系统设计时，期望开发更高效率除去漆雾的方式。

4.8　喷漆室节能、削减 CO_2 排出量的技术动态

供空调风的喷漆室是涂装车间耗能最多的设备，其能耗占到汽车车身涂装车间总能耗的40％以上，因此，喷漆室是节能减排的重点革新对象。在当今为环保考虑的宗旨下，在涂料更新采用水性涂料的场合，对喷漆室空调供风的温度和湿度要求更高，能耗较喷涂有机溶剂型涂料场合增大。

随着涂料的水性化，削减 VOC 排出量的效果非常大，可是与溶剂型涂料相比较，如表4-15 所列的多种原因却增加了 CO_2 的排出量。各种影响程度如图 4-46 所示。特别是空调能耗增加显著，仅这部分就上升约 1.6 倍；总体约增加 1.5 倍 CO_2 排出量。

表 4-15　水性化对 CO_2 排出量的影响

项目	水 性 涂 料	有机溶剂稀释涂料
空调条件	·冬季的低温化困难 ·春秋、夏季必需的减湿 ·适应各种涂料场合全年必需恒温化、恒湿化→增加空调的加热能量和冷却能量	·冬季可实现低温化（18～19℃） ·春秋、夏季的减湿负荷小
晾干设备改造	·必要 →增加动力、加热、冷却能	·不要
喷漆室循环水①	·由于 BOD、COD 成分增加，排水量增加 →与污水处理有关的 CO_2 排出量增加	

① 采用干式喷漆室替代湿式喷漆室后，取消了循环水，BOD、COD、排水量和污水处理增加 CO_2 排放等问题已解决。

涂装设备的 CO_2 排出量平均 169.6/（kg·台），其中喷漆室的 CO_2 排出量就占 46.3％〔78.6/（kg·台）〕。

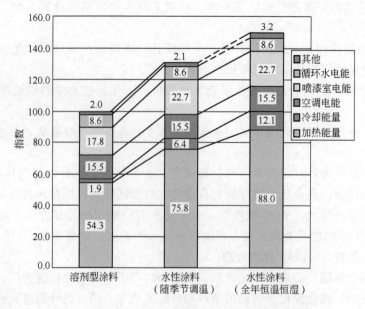

图 4-46　两种涂料在不同环境中 CO_2 排出量的变化

4.8.1 喷漆室节能减排的技术措施

在喷漆室系统已获得工业应用、成熟的节能削减 CO_2 排出量的技术措施有以下几种：

① 加热和冷却能源的选择。如加热源用天然气，CO_2 排出量少，要比液化石油气（丁烷）CO_2 排出量减少 8％以上（见表 4-16）。

表 4-16 消费 1MJ 热能伴随的 CO_2 排出量

加 热 源	CO_2 排出量	加 热 源	CO_2 排出量
电	0.154kg/MJ(0.555kg-CO_2/kW・h)	液化石油气(丁烷)	0.059kg/MJ
天然气	0.049～0.051kg/MJ	重油	0.071kg/MJ

② 降低喷漆室的风量。喷漆室 CO_2 排出量随喷漆室供风量的变化而增减，所以降低喷漆室供风量是削减 CO_2 排出量的首要措施。

缩短喷漆室工艺长度、削减喷漆室宽度、降低喷漆室风速是减少喷漆室供风量的三要素。在涂装工艺设计、涂装机选择和气流控制技术方面应充分探讨以上要素。

③ 控制空调温度（供气温度设定值和 CO_2 排出量的关系）。

不随气象条件变化保持全年恒温恒湿，喷漆室的耗能和 CO_2 排出量最大，随季节分别设定温湿度值范围，则能大幅度地削减 CO_2 排出量（见图 4-47）。如果按水性涂料的特性（水的蒸发度与饱和度的依存关系），将全年管理温度的范围扩大，则效果更大。这与水性涂料的喷涂施工窗口有关，需开发采用温度范围大的水性涂料。

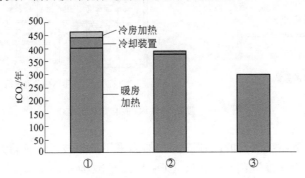

图 4-47 供气的温湿度设定值和 CO_2 排出量的关系

（每 1000m³/min 风量的 CO_2 的排出量）

① 全年 25℃，RH70％（恒定）；

② 冬季 22℃，RH70％；夏季 28℃，RH80％；其他 25℃，RH75％；

③ 冬季 21～23℃，RH65％～75％；夏季 27～29℃，RH75％～85％；其
　他 24～26℃，RH70％～80％。

④ 在设备上改进，选用节能型配套件和热能、动能回收装置。如设计低压损洗净器和空调装置，选用高效率的电动机、风机和照明器具，全热交换器和排风循环利用等。

⑤ 在运行时加强维护管理。如休息时间段的喷漆室停止运行或降低风量，不需要照明的区域熄灯；灵活应用变频技术等。

4.8.2 喷漆室排风循环利用

喷漆室一般都是一次性供/排风，排风不能循环再利用或少量（20％左右）循环利用，

因而要保持喷涂作业环境（供风温度在 25℃ 左右，RH70％ 左右），从室外抽取全部新鲜空气，冬季加温夏季冷却，再加上调温，需耗大量能源。

为节省能源，在北方地区，采用"热轮"或热管等热交换装置回收排放的热量；另外从厂房内吸气，经空调除尘装置向洁净间和一般操作间供风，循环利用厂房内的空气。

喷漆室排风能直接循环则是最大的节能减排技术，因排风的温度和湿度与喷涂作业要求的接近或相等，可大幅度削减供风加湿或冷却能耗，尤其是在采用干式喷漆室的场合。已获得工业应用的喷漆室排风循环利用技术有以下两类。

① 湿式喷漆室系统的排风循环利用技术。如图 4-48 所示的湿式汽车车身喷漆室系统，由准备室、内表面手工喷涂段、外表面机器人喷涂段和修补检查室组成。原来一次性供/排风，现改为排风再循环。再循环方式分为干式再循环（即将准备室的排风，经过滤后循环到内表面喷涂段使用）和湿式空气再循环（即将由内表面喷涂段和修补检查段经水洗式漆雾捕集装置排出的湿空气，再经再循环空调器除湿、加温后，供外表面机器人喷涂段用，随后排放）。

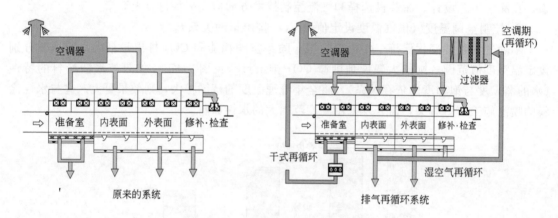

图 4-48　喷漆室供风的再循环流程

该技术再加上再循环空调器的冷却除湿和加温采用热泵技术。实际应用验证，节能减排和降低成本的效果显著（投资削减 36％，CO_2 排放量减少 61％，运行成本降低 64％）。详见本章 4.8.3 节。

② 干式喷漆室系统的排风循环利用技术。德国多家公司在近 10 年开发的喷漆室排风中的漆雾干分离技术是喷漆室的革命性的大变革，它改变了干式喷漆室的理念，为喷漆室排风再循环利用技术进步做出重大贡献，彻底解决了原湿式喷漆室存在的环保性差、能耗大、耗水耗化学药品等问题。

经干式漆雾分离装置（EcoDryScrubber）的喷漆室排风已很清洁（颗粒过滤器排出量可减少至常规的过滤介质的 1/100，浓度可由 $3mg/m^3$ 降到 $\leqslant 0.1mg/m^3$），因而可不需另外追加过滤装置，可直接循环利用，仅需补充 5％～20％ 的新鲜空气。

干式漆雾捕集装置（EcoDryScrubber）实现 80％ 以上喷漆室排风直接循环再利用，经济技术效果显著，与同类型湿式喷漆室系统相比，节能达 60％，降低单车成本（CPU）10％（见图 4-49）。还有静电漆雾捕集装置（Escrub）及喷漆室排风循环利用系统（见图4-50）。

在机械手自动静电喷涂水性涂料的场合，图 4-49 和图 4-50 所示的喷漆室排风循环利用

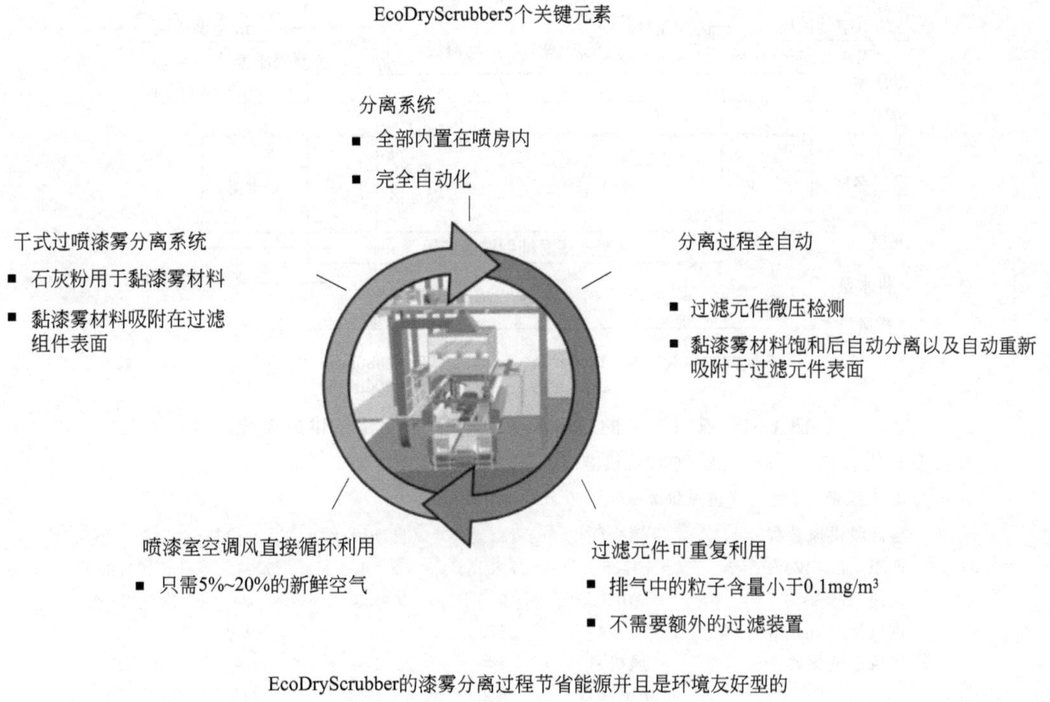

EcoDryScrubber5个关键元素

分离系统
- 全部内置在喷房内
- 完全自动化

干式过喷漆雾分离系统
- 石灰粉用于黏漆雾材料
- 黏漆雾材料吸附在过滤
  组件表面

分离过程全自动
- 过滤元件微压检测
- 黏漆雾材料饱和后自动分离以及自动重新
  吸附于过滤元件表面

喷漆室空调风直接循环利用
- 只需5%~20%的新鲜空气

过滤元件可重复利用
- 排气中的粒子含量小于0.1mg/m³
- 不需要额外的过滤装置

EcoDryScrubber的漆雾分离过程节省能源并且是环境友好型的

图 4-49 干式漆雾捕集装置（EcoDryScrubber）结构示意图

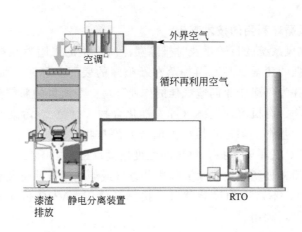

图 4-50 喷漆室排风循环利用及废气处理流程示意图

系统应该是可行的、先进的，在节能减排、降低涂装成本等方面能获得较大的经济效益。在喷涂有机溶剂型涂料和手工喷涂场合，还是应严控和检查排气中的 VOC 含量，确保卫生安全。喷漆操作时应戴防毒口罩或充气面罩。

4.8.2.1　传统的喷漆室供/排风系统

为确保喷漆作业区的洁净度，卫生安全和消防安全，传统的喷漆室供/排风几乎都是一次性的，排风不循环利用，其供/排风系统流程、风量平衡及有关工艺参数如图 4-51所示。

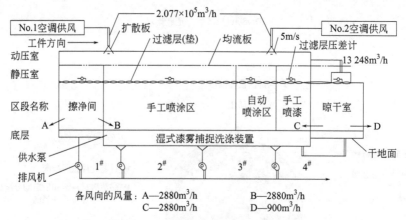

图 4-51 某汽车厂的轿车车身中涂/面漆喷漆室供风系统

注：① 产能 JPH 30～35 台/h，喷涂有机溶剂型涂料（BC）
② 总供风量 2 台空气供风量 $2.077\times10^5\,\mathrm{m^3/h}$ 的机组

各区段供风参数	擦净间	手工段	自动段落	手工检补	晾干室
面积（$L\times W$）/$\mathrm{m^2}$	10×5.5	27×5.5	8×4.6	6×4.6	36×3.5
风速/（m/s）	0.3	0.5	0.3	0.4	换气 30 次/h
供风量/（$\mathrm{km^3/h}$）	59.4	267.3	39.7	39.7	13.2

③ 排风系统参数：

风机号	1#	2#	3#	4#
功率/kW	22	110	110	110
风量/（$\mathrm{m^3/h}$）	53640	119304	119304	119304
风强/Pa	500	1800	1800	1800

4.8.2.2 喷漆室排风循环利用的技术基础

喷漆室配置供/排风系统的目的是及时排除喷涂时产生的未附着在被涂物上的飞散漆雾和溶剂蒸气，防止飞散的漆雾（粒）再掉落在新喷涂的表面上和防止溶剂（VOC）浓度超标，产生安全问题，并为喷漆作业创造最佳的作业环境。与所供的新鲜空气对比，喷漆室排风中含有漆雾、颗粒物、有机溶剂气体（挥发性化合物 VOC）等污染物。经技术状态良好的湿式漆雾捕集装置，基本上除掉排风中的漆雾及颗粒物（除尘率可达 98%～99%，颗粒含量≥$3\mathrm{mg/m^3}$），VOC 几乎除不掉，排风的湿度增高（RH≥90%），需再经处理后才能循环使用，如经新型干粉末吸滤的干式漆雾捕集装置（或静电漆雾捕集装置）的喷漆室排风的颗粒含量≤$0.3\mathrm{mg/m^3}$，不需追加过滤就可直接循环使用。VOC 也除不掉，需补充 5%～20% 的新鲜空气才可循环利用。

喷漆室排风中的 VOC 含量是决定排风可否循环利用（或排风利用率）的关键因素，排风在循环过程中除尘，除湿易实现，可配置再循环空调供风装置，而除掉或降低 VOC 含量，在这样大风量场合难做到。

确保喷漆作业的人身安全和消防安全，必须严控喷漆作业工位空气中的 VOC 含量，可理解为：有人操作的作业区 VOC 含量应维持卫生许可浓度（单位为 mg/L）以内，自动作业区（无人区）VOC 含量应维持在消防浓度以下（即可燃气体爆炸下限浓度的 25% 以下）。涂装用有机溶剂的爆炸浓度和卫生许可浓度列于表 4-17 中。按表 4-17 所列数据估算，取涂装常用的正丁醇、乙酸乙酯、二甲苯等三种溶剂为代表，其平均爆炸下限浓度为（51＋80.4＋130）/3＝$87.1\mathrm{g/m^3}$，消防安全浓度为 87.1/4＝$21.78\mathrm{g/m^3}$，卫生许可浓度为（0.2＋0.2＋0.05）/3＝0.15mg/L。

因此，喷漆室排风循环利用率与单位时间内的喷涂的涂料量、涂料类型、涂料施工固体分（或 VOC 含量）、涂装方法及涂着效率等因素有关。喷漆室的供/排风量由喷漆作业面积（喷漆室喷涂区段的长度×宽度）和风速设计选定，基本是定值，因而，产能越大，单位时间的喷漆量越大和涂料的 VOC 含量越高，排风循环利用率越低。采用环保的低 VOC 型涂料（参见图 4-52 和表 4-18）场合，排风循环利用率可明显提高。以金属底色漆为例，现用溶剂型，VOC 含量 80%，而水性底色漆 VOC 含量 10%～15%；在采用机器人自动静电喷涂水性涂料场合，完全可供循环风，仅需补充少量（约 10% 左右）新鲜空气或 VOC 含量低的手工喷漆段的排风。

表 4-17 涂装常用有机溶剂的特性

溶剂名称	结构式	沸点℃	爆炸下限		爆炸上限		卫生许可浓度/(mg/L)
			容量 Φ/%	浓度/(g/m³)	容量 Φ/%	浓度/(g/m³)	
乙醇	C_2H_5OH	78.2	2.6	49	18	338	1.0
正丁醇	C_4H_9OH	108	1.68	51	10.2	309	0.2
丙酮	CH_3COCH_3	56.2	2.5	60.5	9.0	218	0.2
环己酮	$C_6H_{10}O$	154～156	1.1	44	9.0		
乙基溶纤剂	$HOCH_2CH_2OC_2H_5$	134.8	2.6	9.5	15.7	574	0.2
乙酸乙酯	$CH_3COOC_2H_5$	77.2	2.18	80.4	11.4	410	0.2
乙酸丁酯	$CH_3COOC_4H_9$	126	1.7	80.6	15	712	0.2
乙酸戊酯	$CH_3COOC_5H_{11}$	149	2.2	11.7	10	532	0.1
甲苯	$C_6H_5CH_3$	110.7	1.0	38.2	7.0	264	0.05
二甲苯	$C_6H_4(CH_3)_2$	139.2	3.0	130	7.6	330	0.05
涂装用汽油		140～200	1.4		6.0		0.3
S-150 芳烃溶剂油	$C_{10}H_{14}$	175～208					

表 4-18 汽车用中涂、面漆的固体分和 VOC 含量一览表

涂料类型		涂料名称		固体分(NV)/%		挥发性有机溶剂(VOC)含量			备注
				原漆	涂装	%	g/L	指数	
有机溶剂型涂料（SB）	低、中固体分（LS～MS）	底漆		55	50	50			现用已属 HS
		中涂		60～65	55	45	455	100	
		本色面漆		50～60	46～55	45～54			
		底色漆	金属色	28～32	18～25	75～82	650～750		
			本色	40～50	20～25	75～80			
		罩光清漆		52	47	53			
	高固体分（HS、3C1B 型）	中涂			55±3	45±3		60	
		底色漆	金属色	48	45～50	50～55	455～515		
			本色		50～70	30～50			
		罩光清漆			55～63	37～45			
水性涂料（WB）		中涂		52(>46)			180	10	
		底色漆		18～35	18～25	20～25	180～265		含水 46%～55%

注：各涂料公司的涂料品牌、品种、颜色和施工性能等不同；NV 和 VOC 含量也随之变化，表中所列数据仅供参考。

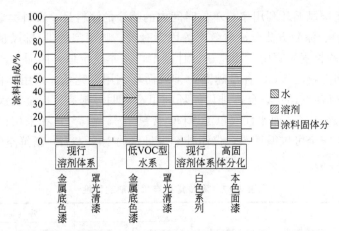

图 4-52 水性低 VOC 型涂料与现用溶剂型涂料的组成关系图

4.8.2.3 喷漆室排风循环利用实例(5 个)

【实例 1】轿车车身溶剂型罩光清漆喷涂自动化程度对喷漆室排风循环利用的影响，它们的供/排风气流平衡如图 4-53 所示。

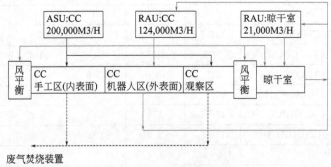

(a) 手工、自动喷涂喷漆室

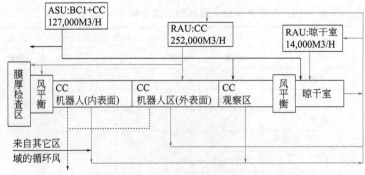

(b) 全自动喷涂喷漆室

图 4-53 两种喷涂罩光清漆（CC）工况喷漆室系统循环风技术实例

注：①ASU—新鲜风空调装置；RAU—再循环风空调装置；
②喷漆室排风循环利用率（%），循环风量/总供风量（新风量＋循环风量）×100%；
(a) 手工喷漆与自动静电喷漆相结合工况下：145000/（200000＋145000）×100%＝42%；
(b) 全自动静电喷漆工况下：252000/（127000＋252000）×100%＝66.45%。

【实例 2】汽车车身面漆喷涂线供/排风，循环利用方式（参见图 4-54）

工况：采用有机溶剂型底色漆和罩光清漆，手工喷涂内表面和机器人静电喷涂外表面；

被涂物 $L5895\sim6295\text{mm}\times W2088\text{mm}\times H1511\text{mm}$ 轿车车身和 $L7200\text{mm}\times W2200\text{mm}\times H2500\text{mm}$ 面包车车身混流生产；生产节拍 $30\sim40\text{min}/$台；喷漆室系引进的干式。生产方式：步进式。

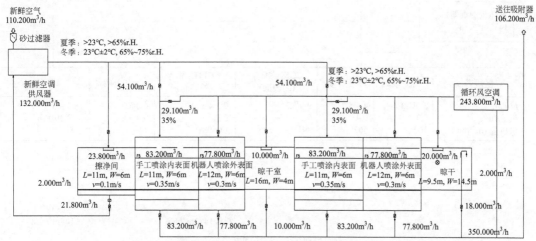

图 4-54　面包车车厢喷漆室（线）供/排风，循环利用流程及风量平衡示意图

从图 4-54 中可见：喷漆线的总供风量为新鲜风量（110200m³/h）＋循环风量（21800 m³/h＋243800m³/h）＝375800 m³/h。喷漆室排风循环利用率 265600/375800×100％＝70.68％，虽喷涂的涂料都是有机溶剂型，可因产量小，单位时内喷涂的涂料少；所产生的挥发性有机化合物（VOC）也少（约 2kg/h）；因而循环风利用率较高，且在供手工喷漆室的新风中混入 35％的循环风。

【实例3】日式轿车车身 3C1B 水性（WB）喷涂线喷漆室供/排风，循环利用方式（参见图 4-55）

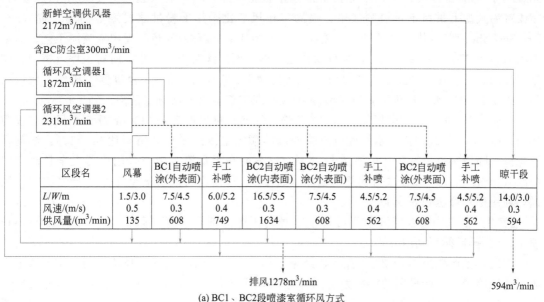

(a) BC1、BC2段喷漆室循环风方式

底色漆(水性BC)喷涂线总供风量为新风(2172−300)+(1872+2313)=1872+4185=6057m³/min (或363420 m³/h)，
喷漆室排风循环利用率：4185/6057×100%=69.09%

图 4-55

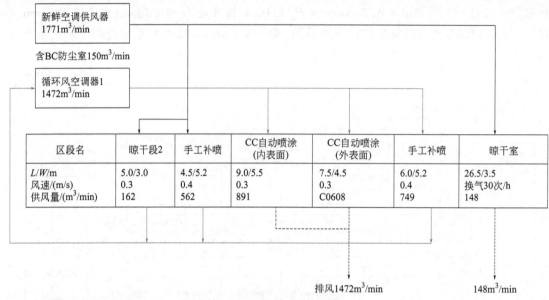

(b) CC段喷漆室循环风方式

罩光清漆(溶剂型CC)喷涂线总供风量为新风(1771-150)+循环风(1472)=3093m³/min(或185580m³/h),
喷漆室排风循环利用率：1472/3093×100%=47.59%

图4-55　某中日合资汽车公司轿车车身面漆喷漆室排风循环利用示意图

　　工况：产能JPH 30～35台/h；喷漆室为湿式（文丘里型），机器人自动静电喷漆为主体，喷漆作业面积：区段长度（L）×区段宽度（W）；BC1、BC2段和CC段自动喷漆室采用循环风方式。

　　【实例4】德式3C1B轿车车身面漆喷涂线供/排风循环利用方式（参见表4-19、图4-56）

　　工况：生产能力20万台/年 JPH 30台/h，生产节拍2min/台（即工位停90s，移动30s）生产方式：步进式，即车身在工位停止状态喷涂，喷涂后快速（约11m/min）移动。喷漆室为大型上供风下排风喷漆室，喷涂室排风净化采用干粉过滤式漆雾捕集装置（Eco Dry Scrubber型），排风循环利用。喷涂工艺为3C1B（或称双底色、无中涂喷漆工艺，即紧凑型IPⅡ和Ecoconcept工艺，全自动作业，整个面漆线实现无人化，所有工序（擦净、喷涂车身内、外表面、开关车门和箱盖、自动检测BC膜厚等）由44台机器人操作。所用涂料：BC1和BC2水性底色漆，罩光清漆（CC）是双组分有机溶剂型清漆。

　　从表4-19和图4-56中可见：BC+CC喷漆线的总供风量为504400m³/h，新风供量仅为102400m³/h，占20.3%。水性底色漆喷漆段的喷漆室排风循环利用率达84.31%，溶剂型罩光清漆喷漆室排风循环利用率达82.6%。这表明在大量流水生产采用机器人全自动空气喷涂（spray mate）和杯式自动静电喷涂（ESTA）水性涂料或溶剂型涂料场合喷漆室排风循环利用率均可达到80%以上。

　　【实例5】某中美合资汽车公司轿车车身高固体分面漆3C1B喷涂工艺（HS SB 3wet）喷涂线供/排风循环利用方式

　　工况：生产能力JPH 25.3台/h，链速4.0m/min，节距6.8m。喷漆室为大型湿式上供风下排风喷漆室。所采用的涂料为高固体分汽车用溶剂型涂料，它们的涂装固体分（NV）为：中涂55%±3%；底色漆（浅色67%±3%；深色52%±3%，金属色45%±3%）；罩光清漆（CC）60%±3%。喷漆工艺为3C1B工艺，喷漆线由中涂、底色漆（BC）和罩光（CC）三个喷漆段串联组成。

表 4-19　轿车车身面漆喷涂线各区段基本参数

区段号名称		00 洁净间	01 擦净间	02 气封室	03 BC机器人（内部）	04 BC机器人（ESTA）	05 中间检查	06 BC机器人（spray mate）	07 检修补喷段	08 检修	中间干燥	21 机器人检查膜厚	22 CC机器人（内部）	23 CC机器人（ESTA）	24 检修补喷段	25 检修
作业面/m	长	50	8.0	5.0	17.0	9.0	5.5	8	7.0	5.0		8.0	17.0	9.0	7.0	10.5
	宽	5.2	5.5	3.2	5.5	5.5	5.5	5.5	5.5	3.2		5.5	5.5	5.5	5.5	3.2
风速/(m/s)				0.10	0.4	0.30	0.10	0.40	0.3	0.10		0.10	0.40	0.30	0.3	0.10
供风量/(m³/h)	新鲜风	20000	5000	6000+2×1000	3600	1800		1800	42000 (45000)				4800	2400	42000 (45000)	
	循环风				135000	53000	11000	64000	←1000 1000→	6000+1000+4000		16000	135000	53000	←1000 1000→	←1000→12000, 500→
排风量/(m³/h)		4000	4000	8000 (45000)	134000±3600	53000±1800	11000	64000±1800	40000	11000	←4000 4000→	19000 (20000)	135000±4800	54000±2400	40000	12500
循环风量/直排风量（循环循环利用率）					274000/51000(或45000) (84.31%)								216000/45500 (82.6%)			

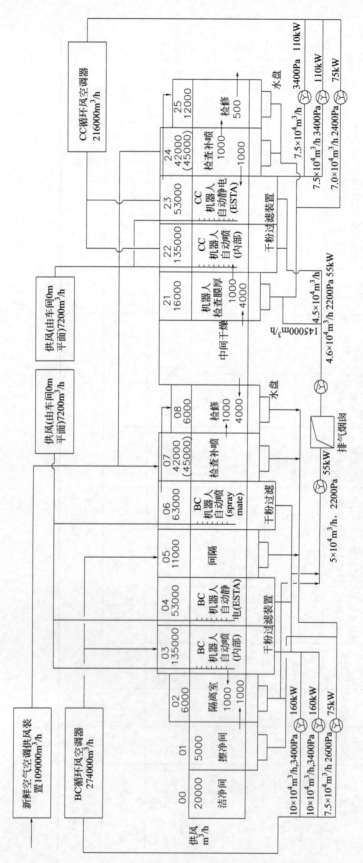

图 4-56　某中德合资汽车公司轿车车身面漆喷涂线供排风及循环利用流程图

喷漆系统设备各作业段长度：漆前准备段(8m)、风幕(2m)→中涂手工喷涂内表面(8m)→中涂自动喷涂外表面(8m,4台机器人)→BC手工喷涂内表面(17m)→BC自动喷涂外表面(15m,8台机器人)→罩光(CC)手工喷涂内表面(12m)→CC自动喷涂外表面(11m,6台机器人)→检修补漆段(5m)→晾干室(30m)。其6.5m楼面的喷漆作业面和17.5m空调平台的平面布置参见图4-57。

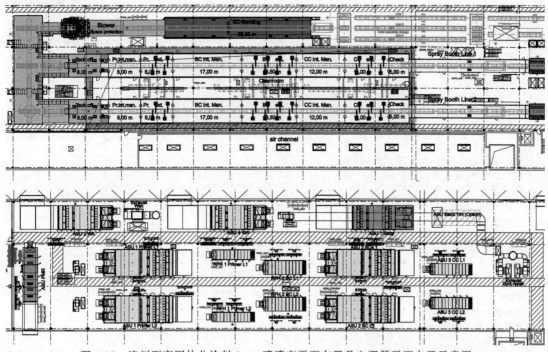

图4-57　溶剂型高固体分涂料3wet喷漆室平面布置及空调器平面布置示意图

供/排风方式：每个喷漆段由手工喷漆室和机器人自动喷漆室组成，手工喷漆室供新鲜空调风，排风不循环利用；自动喷漆室供20%新鲜空调风，排风80%循环利用(被称为节能型喷漆室)每个喷漆段装配备2台空调供风装置（一大一小），大的供新鲜空气，小的是喷漆室排风的循环风空调装置，它的功能是除温调温，自动喷漆室排风循环利用方式参见图4-58。

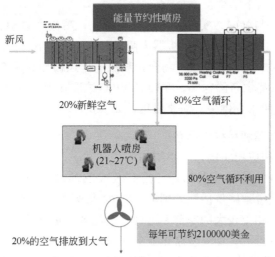

图4-58　供自动喷漆用的节能型喷漆室的供/排风及循环利用示意图

每条线有长度分别为 8m、15m、11m 的三个自动喷涂室,其总供风量约为 190000m^3/h,其中供新风占 20%(38000m^3/h),循环风占 80%,节能和降成本效果显著。

归纳上述 5 个实例,喷漆室供风和排风利用情况列于表 4-20 中。

表 4-20　不同工况喷涂线供风状况及排风利用率一览表

实例	喷涂工况	供风状况		总供风量/(m^3/h)		喷漆室排风利用率/%
		手工喷涂室	机器人喷涂室	总量	其中新风量	
1	轿车车身:JPH 30~35,涂料:CC、SB① A. 手工喷涂内表面,机器人喷涂外表面; B. 机器人全自动喷涂内·外表面	新风 100% 仅手工补喷段供新风	循环风 100% 循环风 100%	34.5×10⁴ 33.3×10⁴	20×10⁴ 12.7×10⁴,其中 BC 供风约 6.0×10⁴	42.03 79.88
2	面包车和轿车车身:JPH 1.5~2,涂料全部 SB,手工喷涂内表面,机器人喷涂外表面,步进式、干式喷漆室	新风 65% 循环风 35%	循环风 100%	37.58×10⁴	11.02×10⁴	70.68
3	轿车车身:JPH30~35 中涂、BC 为 WB,CC 为 SB。3C1B 涂装工艺,手工喷涂内表面,机器人自动喷涂外表面	BC 线:新风 100% CC 线:新风 100%	循环风 100% 循环风 100%	6357m^3/min 3243m^3/min	2172m^3/min 1771m^3/min	65.83 45.39
4	轿车车身:JPH30,涂料 WBBC,SBCC;"三湿"工艺,停止状态喷涂,机器人全自动喷涂,EcoDryScrubber 干式喷漆室	仅手工补喷段和擦净间供新风	循环风 100%	BC 段:32.5×10⁴ CC 段:26.6×10⁴	5.0×10⁴ 5.0×10⁴	84.6 81.2
5	轿车车身:JPH25.3,中涂、BC、CC 均为 HSSB 型。湿式喷漆室,"三湿"工艺和手工喷涂内表面,机器人喷涂外表面	新风 100%	新风 20% 循环风 80%	三台自动喷涂室总供风量为 19.0×10⁴	3.8×10⁴	自动喷涂室:80 手工喷涂室:0

①涂料:WB 为水性涂料,SB 为有机溶剂型涂料,BC 为底色漆,CC 为罩光漆,HS 为高固体分。

从表 4-20 中对比出以下结果:

① 通过实例 1(a)与(b)、实例 3 与实例 4 对比,喷涂全自动化的喷漆室排风循环利用率较半自动喷涂(手工喷涂内表面,机器人喷涂外表面)高出 30%~90%。

② 采用水性涂料(中涂和底色漆)场合,喷漆室排风循环利用率略高于溶剂型涂料。

③ 手工喷漆段一般都供新鲜空气,在确保 VOC 浓度在卫生许可浓度以下,则也可新风和循环(一次)风混合使用,供手工喷漆段用,如实例 3。

4.8.2.4　喷漆室排风循环利用技术小结

通过上述技术分析和应用实例,可小结如下:

① 使喷漆室排风科学地循环利用,已是有效成熟的涂装节能减排技术,与一次性的供/排风相比,能较大幅度地降低能耗和削减 CO_2 的排放量,尤其是在室外气温与喷漆室的工艺温度(23℃±2℃)相差较大的季节和地区,节能效果更显著。

② 喷漆室排风循环利用率需按喷涂作业的工况设计及调整。喷涂作业工况包括:喷涂方式(人工喷涂还是自动喷涂),所喷涂的涂料类型(溶剂型还是水性涂料),室外的气象条

件（温湿度、含尘量）、某喷漆区段内单位时间喷涂的涂料量（VOC 产生量）等。

决策喷漆室排风循环利用率的高低的关键因素是供/排风系统中的 VOC 浓度（含有量）。喷漆室供/排风中的 VOC 浓度的设计基准为：有人作业的喷漆段（室）的供风 VOC 浓度应以所用有机溶剂的卫生许可浓度（一般为≤200mg/m³）为基准；自动喷漆段（室）的供/排风 VOC 浓度以小于消防安全浓度［一般为有机溶剂爆炸下发浓度的 1/4（约为 20g/m³）为基准。后者的 VOC 浓度为卫生许可浓度的 100 倍。因此自动喷漆室排风循环利用率可达 80% 以上，并且可将手工喷漆室的排风作为自动喷漆室循风使用（补充空气量）。新鲜的空调风的 VOC 含量应为零，供有人作业的喷漆室使用。当单位时间内喷涂的涂料产生 VOC 量小的场合，在卫生许可的 VOC 浓度范围内，可混用部分本喷漆室的循环排风。

③ 喷漆室供/排风系统中 VOC 含量和排风循环利用率的计算：

a. VOC 含量

$$VOC = \frac{M}{V}$$

式中　VOC——供/排风体系中的 VOC 浓度（含有量，g/m³）；

M——单位时间内产生的 VOC 量，g/h，它由单位时间内在该工位喷涂的涂料量×(1−NV−W)×60%（在喷漆区的挥发率）计算所得（注：W 为水性涂料的含水量，有机溶剂型涂料场合 $W=0$）；

V——该喷漆段的总供风量，m³/h，它由新风供风量（V_1）和排风循环风量（V_2）组成。喷漆段（室）的作业面积（$L×W$）×风速×3600＝总供风量。

b. 排风循环利用率 ρ

$$\rho = \frac{V_2}{V_1+V_2} \times 100$$

式中　V_1——为新风供风量，m³/h；

V_2——为排风循环风量，m³/h。

排风循环利用率越高，即新风供量越小，节能效果更好。

c. 换气周期（T）系指新风量或排出废气量达到总供风量的时间，其计算方法：

$T=$ 供风总量/新风供补量（单位为 h，参见表 4-21）。

表 4-21　喷漆室供风工况、换气周期与 VOC 浓度基准的一览表

供风工况		换气周期 /h	供风 VOC 浓度估算[2]		
排风循环利用率 /%	新风[1]供风量 /%		手工段基准 0.2g/m³	自动喷涂段基准 20g/m³	
95	5	20	0.19	19	19.01
90	10	10	0.18	18	18.02
80	20	5	0.16	16	16.04
60	40	2.5	0.12	12	12.08
40	60	1.67	0.08	8	8.12
20	80	1.25	0.04	4	4.16
0	100	全更新（无循环）	0	0	0.2

① 新风系指补充某喷漆室系统新鲜空气(即从室外吸取的空气)或从手工喷漆室来的 VOC 含量低的排气。

② 根据估算 VOC 浓度选择排风循环利用率及新风供风量。

④ 在设计喷漆室时采用排风循环利用新技术，必须根据实际工况和现场条件，对排风循环利用方式、流程及风量平衡和控制进行精益优化设计，在确保人身和消防安全的前提下应尽可能提高喷漆室排风的循环利用率。在采用自动静电喷漆水性涂料场合，排风的循环利用率应达到 90% 以上，喷涂有机溶剂型涂料场合，排风的循环利用率应达到 80% 以上。如能根据供/排风的 VOC 浓度实现智能化控制和调节供/排风量，则更好。

⑤ 喷漆室排风的漆雾捕集装置有湿式和干式两类。在采用湿式漆雾捕集装置场合，排风循环利用称湿空气再循环，因含湿量高（一般 RH 大于 90%），排风需经除湿调温后才能循环利用，在采用干式漆雾捕集装置场合，排风循环利用称为干式再循环，排风经过滤后再循环利用。采用现代最新式的干式漆雾捕集装置（EcoDryScrubber 或 Escrub 和 E-Cube 型）场合，因净化度高（达 $0.3mg/m^3$），排风不需追加过滤可直接循环利用。

4.8.3　喷漆室空调采用热泵大幅度消减 CO_2 排放量的实例

日本日野汽车公司羽村工厂的涂装车间于 2007 年改造翻新时采用了环保型水性涂料，一般作业空调采用高效率的空气热源热泵，2009 年焊装车间采用同样的热泵，取得了削减蒸汽损失，能源利用效率化的成果。

本节介绍的是羽村工厂的涂装工程和采用冷温同时输出型热泵的汽车喷漆室空调系统。

（1）涂装工程概要　涂装工艺从前处理开始，脱脂→水洗→表调→磷化处理→水洗（除去车身表面的油污及异物），随后进行以防锈为目的的电泳涂装→水洗→烘干，涂密封胶（目的是防锈、防漏水、隔声降噪）→涂中涂（提高平滑性、耐冲击性）→烘干→涂面漆（外观着色和表面保护、鲜映性）→烘干→检查，涂装工程完结，最终检查，作业人员戴手套触摸漆面，检查平滑性、不合格项，在荧光灯直接照射下目测涂装良好程度。

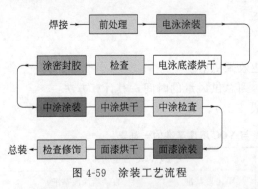

图 4-59　涂装工艺流程

涂装工艺流程如图 4-59 所示。

（2）汽车喷漆室采用热泵技术　在日野汽车公司，推进削减 CO_2 排放量成为全公司的活动。

据统计，在羽村工厂 CO_2 排出量的四成是由涂装过程产生的。日野汽车、大气社、东京电力等公司，分别持有汽车涂装技术、涂装设备的设计、效率能源利用相关方面的知识，联合共同详细探讨削减涂装过程 CO_2 排放量，并作为技术方案。

其结果：采用热泵作为汽车涂装（面漆涂装）喷漆室的空调热源，同时实现降低成本和削减 CO_2 排放量的目标。

（3）喷漆室空调的概要　汽车在喷漆室和洁净间中，在严控清洁度、气流、温湿度的环境下进行涂装。因为汽车涂装作业是大的被涂物的涂装，所以空调所需能量多，排放的 CO_2 量约占涂装过程的四成。

（4）喷漆室空调的热源　原来的热源，冷却时使用气体吸收式冷冻机，加热时应用燃气和蒸汽。它是相对于 1 的输入，输出 1 以下的热量，热损失多。

近年，开发出的热泵效率高，且相对高温区域的机种的调试积累经验，采用后取得削减运行成本、CO_2 排放量的显著效果。

（5）采用方式的具体探讨　本喷漆室由人工涂装和机器人涂装两个工序构成（见图 4-60）。

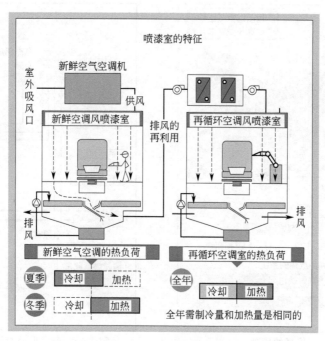

图 4-60 喷漆室的特征

① 喷漆室的种类

a. 新鲜空气空调喷漆室 有人的喷漆室的空调通常供给为室外的新鲜空气，称为新鲜风空调。受室外气温变动的影响，需要冬季升温，夏季冷却降温。调整温度大，造成设备大型化。

b. 循环风空调 机器人喷漆室的空调因是新鲜风空调喷漆室的排风再利用，称为循环风空调。它是用循环水湿式洗净排气中含有漆雾的空气，不受外界气候条件的左右，仅需冷却除湿、加温来调整温湿度。通常冷·温的热量恒定不变，且几乎同量平衡。

② 热泵的种类 热泵大致可分为两种（见图 4-61）

a. 空气热源热泵 一般的热泵，热源是无限的大气，可向冷·温任何一方输出，且有切换的自由度。

b. 冷·温同时输出型热泵 冷·温同时输出。热负荷的平衡是必需的，所得的效果是空气热源式的数倍。花很长时间算出的这种组合式效果，在冷·温热的负荷均等的循环风空调机上，采用冷·温同时输出型热泵，这是最佳的方向性的决策。结合工程项目探讨热泵机种也是一个课题。

c. 品质上的问题 面涂循环风空调喷漆室是保证涂装外观的重要工程，采用热泵后，满足温湿度的管理值是不可缺少的。

d. 空调系统的问题 冬季喷漆室运行时，热负荷的平衡是否有问题，必须确保热源的可靠性的设备设计。

e. 投资成本问题 选定最佳的成本方案，不应有增高感，而必须是降低成本的方案。

（6）现今的开发系统

在采用冷温同时输出型的热泵的场合，原一般靠冷却塔维持热平衡机能，现变更为运用热泵后，原有设备使用的冷却塔就不用了（见图 4-62）。

为提高热源的可靠性，在温热方面设置了温水槽用蒸汽直接加热。其结果是节省了设备占用面积和抑制了配管成本，上述 c、d、e 问题得到了解决。

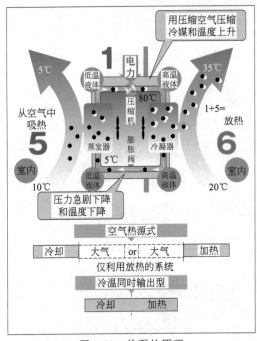

图 4-61 热泵的原理

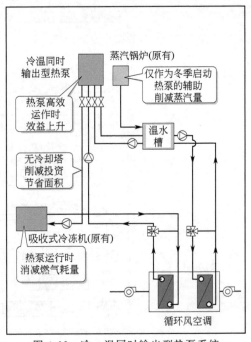

图 4-62 冷·温同时输出型热泵系统

（7）采用后的效果

基于采用后的测定结果，年间推算效果如图 4-63 所示。此实例是显著体现由蒸汽转换为电的优点的实例，维持与更新前同样的涂装工程品质，运行成本下降 64%，CO_2 排放量下降 61%。

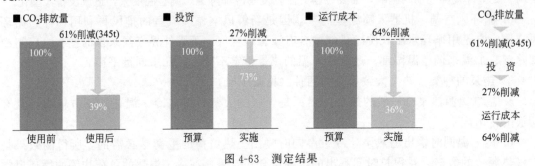

图 4-63 测定结果

4.9 油漆循环供漆系统的设计与选型

近些年，随着国内汽车制造业的快速发展，涂装作业的规模越来越大，油漆循环系统已成涂装车间的标准配置，但由于生产规模及产品、材料的差异，对油漆循环系统的要求也不尽相同。针对油漆循环系统的设计、设备选型和安装工艺要求，2005 年国家发布了专业技术标准，并于 2015 年进行了修订，最新版本的技术标准为《涂装供漆系统 技术条件》（JB/T 10536—2015）。

4.9.1 油漆循环系统概述

众所周知，任何一种油漆内都包含一定比例的固体微粒，如颜料和金属粉等，它们在调配好的油漆中呈均匀悬浮状态，这种状态的保持是获得高品质喷涂表面的关键。然而一旦油漆静止下来，这些固体微粒就会有产生沉淀和聚集的倾向，使喷出的油漆不能达到正常的外观和性能，对于金属漆和珠光漆，以上问题就更为突出。对于一个传统的涂装厂或涂装车间来说，当其生产规模（或说是喷漆量）达到一定程度后，一件或一批产品需要通过几个甚至十几个喷漆工位才能完成全部的喷涂工作，如果每一个工位所使用的油漆都是从不同的油漆罐中取出的，严格地说，这些油漆的颜色和性能是不一致的，而且，使用小型容器调漆也会造成更多的油漆浪费，使用油漆循环系统是保证质量和节省油漆的首选方案。

油漆循环系统是由多个材料供应管组成的，用于保持和控制油漆的工艺要求，并将油漆以一定的压力和流量输送到喷漆工位的一种管道网路，它包括中央供漆设备（泵、涂料处理元件、空气处理元件、油漆桶、控制部分）、喷站出口元件和管路系统。

然而，油漆的长距离输送，会遇到两个影响油漆品质的问题：沉淀和剪切。实验表明，大多数溶剂性油漆以不低于 0.3m/s（水性漆 0.1～0.3m/s）的速度流动时，就不会产生沉淀现象，因此，油漆循环系统的设计与元件的选用首先要保证油漆在系统管路中能以合适的速度流动。同时，过高的流速、过多的油漆处理元件、不光滑的流道以及不合适的连接也是油漆循环系统中产生剪切和沉淀的主要原因。所以设计一个循环系统通常要考虑油漆的种类与黏度、循环管路的长度、喷站的数目、油漆的消耗量、漆膜的表面要求、生产环境要求等，并以此来设计循环形式，以及选择泵、容器、管路尺寸、连接形式及喷站元件。常见的油漆循环方式有主管循环、两线循环和三线循环。

4.9.2 油漆循环方式的选择

设计一套油漆循环系统，首先要确定油漆循环方式，确定油漆循环方式，必须综合考虑所输送的油漆类型、投资规模、产品要求和发展等多方面的因素。下面就从这几个方面对上述三种最常见的油漆循环方式做一分析和对比。

（1）主管循环（见图 4-64） 主管循环是最简单也是最基础的一种循环方式。目前，一些汽车厂还采用此种循环方式。在该种循环方式中，主管将油漆送至每个喷枪，然后回到调漆间。随着水性涂料在汽车上的应用，有些对剪切敏感或不易沉淀的水性漆又回到了这个系统上来。

主管循环系统的喷站使用一个墙置式的涂料调压器来控制喷枪的流量，调压器配有压力表，可以直观地显示和调整提供给喷枪的油漆压力。

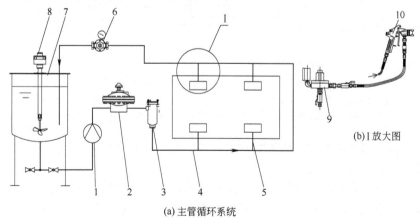

(b) I 放大图

(a) 主管循环系统

图 4-64 主管循环系统及部件放大图

1—泵；2—稳压塔；3—过滤器；4—主管；5—支管；6—背压阀；

7—油漆罐；8—搅拌器；9—调压器；10—喷枪

使用主管循环系统有很多优越性，首先该系统设计简单且易操作，无需很多经验就可调出所要求的系统平衡。供料速度可通过调节供料泵的行程数来调定，油漆压力可由系统的背压阀来调定，每个喷站的墙置油漆调压器可以精确控制和显示喷枪的流量。由于主管具有较大的尺寸和足够的循环流速，而且主管的压力可以按需要很容易地进行调整，因此不易发生沉淀的积累和堵塞，同时，该系统能最大限度地满足喷站数量的增加，喷站需增加时，只要从主管中接出支管即可，因此，从发展的眼光看，该系统能提供最大的系统扩充性，且只需很小变化。另外，不需变径的主管可以提供最光滑的流道，从而使油漆输送过程中对油漆的剪切降到最低。而粗大的主管在输送黏度较高的材料以及较多取出口和较长管道的系统时，也不会造成过大的压损。除此而外，这种系统对安装、施工来说最经济，且只要最少量的油漆来充满这一系统。

该系统的不足之处在于，因其支管不循环，对于易沉淀的油漆或要求较高的产品来说，支管内的沉淀物或杂质会引起喷枪的堵塞与色差的产生，另外，因为清洗时每根支管均需要单独清洗，因此，换色较不容易完成。

总之，主管循环虽不是一个最理想的系统形式，但对于一些要求不高或是使用的材料不易沉淀或剪切敏感的厂家来说，主管循环仍是一种经济、实用的系统。同时，当在较长管道和较多油漆取出口的系统中使用高黏度材料时，主管循环也是一种合适的选择。

（2）两线循环（见图4-65）　两线循环系统是基于工程学的原理来设计的，它是一种理想状态下的理想系统。所谓理想状态，是在系统的供管和回流管中存在理想的对称，在这种情况下，系统不需要也不能够另使用调压器来控制和平衡系统。在这种系统中，油漆通过一条由粗变细的渐变的主管被供至每根支管，再通过一条由细变粗的渐变的主管流回调漆间，而供管和回流管系统网络应是完全对称的。

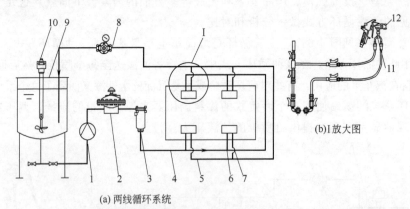

(a) 两线循环系统

图 4-65　两线循环系统及部件放大图

1—泵；2—稳压塔；3—过滤器；4—主供管；5—主回管；6—支路供管；7—支路回管；
8—背压阀；9—油漆罐；10—搅拌器；11—枪下调压器；12—喷枪

两线循环系统的喷站不需要墙置式的油漆调压器，通常只使用一个枪下调压器或枪下 Y 形接头来控制供给喷枪的流量。

事实上，一个适当的两线循环系统是最经济的，这一系统要求较低的压力和流量，运行成本和能量消耗也低于其他系统，相对其他系统来说，管路系统及喷站处油漆出口组件的费用也相对较低。由于支管参与循环，因此该系统对于包括水性漆在内的任何一种油漆都是适用的。又由于管路元件较少，也使得元件特别是调压器的设置对油漆产生的剪切降到最低，同时，该系统换色时的清洗工作也是最容易完成的。

目前国内的汽车厂中，两线循环系统是应用最普遍的，特别是在水性漆推广过程中，两线循环系统也更适用于那些容易沉淀的油漆。但对于大型系统中使用高黏度油漆的情况，两线系统中的不同取出口之间可能会产生较大的压差，对于输漆泵的出口压力也比主管循环要求高。

（3）三线循环（见图4-66）　在常用的三种循环形式中三线循环系统的系统控制性和灵活性是最好的。该系统结合了主管循环和两线循环的优点，在设计结构和系统的扩充性上，应说是综合性最好的系统。

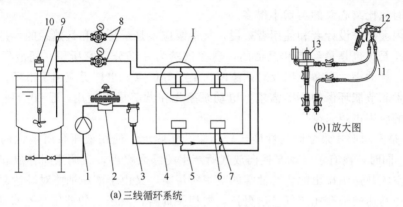

(a) 三线循环系统

(b) I放大图

图 4-66　三线循环系统及部件放大图
1—泵；2—稳压塔；3—过滤器；4—主供管；5—主回管；6—支路供管；7—支路回管；
8—背压阀；9—油漆罐；10—搅拌器；11—枪下调压器；12—喷枪；13—调压器

该系统包括一条主管循环管路及一条渐变的回流管，这条渐变的回流管是系统中的低压管。该系统的每个喷站均装有墙置式调压器，并经过装在枪上的调压器循环到枪，其中，墙置式调压器用来控制出口的循环量，枪下调压器可依据枪的循环量来控制供漆量。

三线循环的优点是很明显的，较大尺寸的主管保证喷站有充足的油漆供应，循环到枪的形式使金属漆也不易产生沉淀，墙置式涂料调压器可以控制和显示每一喷站的油漆流量和压力，因此，喷站在系统中的位置、软管长度以及有关的压力损失都不会对系统平衡产生影响。三线循环还有一个很大的优点就是能够方便而且经济地满足将来的设计需要，这包括将来的材料改变，增加或减少喷站或喷漆室，以及适应工厂工艺改变而要求的喷站重组或管子直径及长度的改变，虽然这种变化并不是无限的。

然而，三线循环也有其不足的一面，最重要的一点：由于三线循环采用双调压、双背压系统，以及双回流设计，因此，它比其他系统需要更高的设备及安装费用，而且管路内需要更多油漆来充满，系统运行时需要消耗更多的能量等，这一切都会造成更多费用的发生；另外，对于使用水性漆的用户来说，较多的调压器会对油漆造成剪切，而使油漆产生衰变，因此在设计时要注意使流过调压器的压差尽可能地小或选用低剪切元件。

随着全球范围内节能减排概念的深入人心，需要更高出口压力和更大流量输送泵的三线循环系统，已经较少被选择了。但对于一个希望得到高品质产品及将来可能改变工艺及材料的使用者来说，三线循环仍是一种选择。

4.9.3　循环系统内的设备选择

当循环系统的形式确定后，就需要确定系统所需要的设备了，这些设备包括：中央供漆系统内的设备、喷站出口元件及管路。

（1）中央供漆系统内的设备　一个完整的中央供漆系统由泵、油漆处理组件和空气（或液压油，或电机）控制组件及料桶组成。

① 泵。泵是供漆系统的核心，泵的选择通常要考虑流量、压力、化学兼容性和驱动形式。流量的确定要考虑喷漆时所喷出去的油漆和系统循环所需的油漆量；压力的确定要考虑油漆喷涂所需要的压力以及管路中的压力损失等。为了保证系统的可靠性，考虑流量时一般按照不超过 20 次/min 的工作频率来考虑，这样有利于保证系统工作的稳定。值得一提的是，在选择泵时，优先选择四球式的柱塞泵，因为它具有比一般双球泵更稳定的性能和更长的寿命，同时也比离心泵的剪切小得多。

对于国内大部分设计者和使用者来说，气动泵应该是最传统和最熟悉的，是先期最为广泛应用的输漆泵，也是最经济和灵活的，现在依然为一部分厂家所用；而液压泵具有噪声低、耗能少、脉动小、寿命长以及对调漆间污染小等优点，也广泛应用于市场；基于设备自动监控等技术和节能环保的不断需求，电动泵率先在欧美推出使用，近 10 年来在国内汽车厂，电动泵的应用也越来越广泛。

图 4-67 是不同形式泵之间的性能比较结果。实际上，使用液压泵所消耗的能量只有气动泵的 1/3，同时，没有了气动泵换向放气所产生的巨大噪声，在调漆间存放和调制的油漆也避免了被空气马达中排出的含有油雾的空气所污染，又由于液压油能对马达起到润滑的作用，因此液压马达的寿命比空气马达更长，据相关资料，液压泵的液压马达寿命不低于 100 万个往复次数。除此之外，液压泵还不会出现因空气马达内结冰而造成停机的现象。因此液压泵得到市场的更多认可和应用。随着世界范围内呈现的环保和节能的发展趋势，以及水性漆的广泛应用和易于控制等特点，促使电动柱塞泵逐渐成为市场主流，因其（见图 4-68～图 4-70）比液压泵、气动泵体现出更为节能、高效、低噪和智能的特点，近些年占据了汽车整

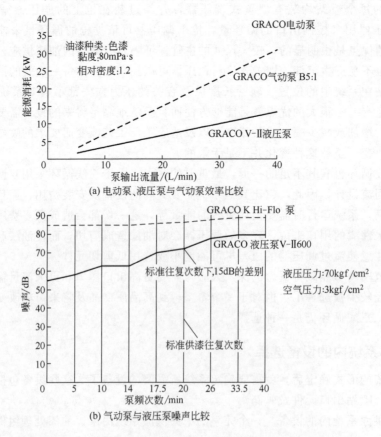

(a) 电动泵、液压泵与气动泵效率比较

(b) 气动泵与液压泵噪声比较

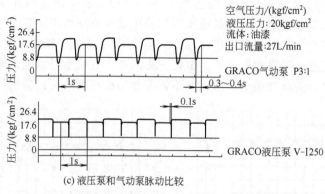

空气压力/(kgf/cm²)
液压压力: 20kgf/cm²
流体: 油漆
出口流量: 27L/min

GRACO气动泵 P3:1

GRACO液压泵 V-I250

(c) 液压泵和气动泵脉动比较

图 4-67 不同形式泵的性能比较（1kgf=9.80665N，下同）

车涂装和汽车零部件涂装的主要市场，当前应用于汽车涂装的电动泵以直流（见图 4-68 和图 4-69）或交流电机（见图 4-70）作为驱动电机，以齿轮齿条或凸轮作为传动机构，配以纵向（见图 4-68 和图 4-69）或横向柱塞泵（见图 4-70），而传统的电动离心泵和电动转子泵因为剪切力大或耐用性不理想已经被证明不适合水性漆输送。

电动柱塞泵可以通过控制系统即时控制泵的流量和压力，在系统短时间要求高流量时，如喷涂时，需要大的瞬时流量，泵也能够通过变频控制提供大流量并配合背压阀的自动调整提供高压力以满足机器人喷涂、换色的要求。在循环（没有任何喷涂，比如生产间歇或休息）时，可以配合主动式背压阀提供较低的工作压力，喷涂时，控制达到所需的压力；循环时，降低压力，控制减小载荷，既能达到所需的循环压力，又能通过降低载荷延长系统的使用寿命和减少对油漆的剪切，增加系统的可靠性，保证油漆的品质。

图 4-68 直流单驱动电动泵　　图 4-69 直流双驱动电动泵　　图 4-70 交流电动泵

关于电动泵的应用详见本章 4.9.6 节。

② 油漆控制元件。油漆控制元件包括稳压器、过滤器、背压调压器、搅拌器、补料泵、压力表等。这些组件的选用主要是考虑材料、压力、流量等与主循环泵的匹配。对于水性涂料及对剪切敏感的材料，要选用低剪切的元件；搅拌器的选择要与油漆桶的尺寸相匹配，不同形式元件的性能对比如下。

a. 稳压器。常用的稳压器有隔膜式和罐式。实验表明，隔膜式稳压器比罐式稳压器稳定效果更持久。图 4-71 显示了两种过滤器在工作一周后所表现出来的脉动程度，可以看出隔膜式稳压器稳定效果很稳定，而罐式稳压器的稳压效果衰减得很厉害，这主要是因为在罐式稳压器中，油漆与空气接触，在工作过程中，空气不断被油漆带走，造成稳压效果下降。因此选用时，应优先选用隔膜式稳压器。值得一提的是，有些型号的电动输送泵，可以通过控制程序的设定使输出的脉动很小，所以并不需要使用稳压器就可以输出压力稳定的油漆。

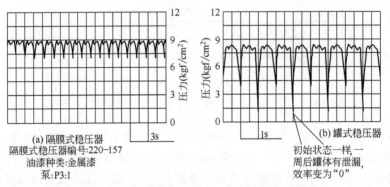

(a) 隔膜式稳压器
隔膜式稳压器编号:220-157
油漆种类:金属漆
泵:P3:1

(b) 罐式稳压器
初始状态一样，一周后罐体有泄漏，效率变为"0"

图 4-71　稳压器性能比较（一周以后运行状态）

　　b. 过滤器。常用的过滤器有袋式和滤芯式两种，两种均可达到所要求的过滤效果，袋式过滤器允许的流量更大，安装方便；而滤芯式过滤器，滤芯使用寿命长，材料更稳定，所以两种形式的产品都得到了一定的应用。对于金属漆循环系统而言，过滤器的选择曾经是一件很困难的事：目数太高，会使金属片被阻拦，目数太低，又会使杂质通过。美国 GRACO 公司曾推出一种金属漆专用的振荡式过滤器，其滤孔呈长方形，通过特有的空气加振方式使金属片可以沿长孔方向容易地通过而杂质则被截留，使用这种过滤器可以更好地保证金属漆的喷涂效果和质量，减少色差的出现和返修，在一些汽车厂也得到了好评，但由于该过滤器对空气的清洁度要求较高，使用推广受到了限制。

　　c. 补料泵。常用的补料泵有柱塞泵和隔膜泵，相比而言，隔膜泵流量大、价格低、安装方便、抗空打能力强，是最佳的选择。

　　d. 搅拌器。为防止油漆罐内的油漆因静止而发生沉淀现象，油漆罐通常需要安装搅拌器。油漆罐内的搅拌器的设计需要与油漆罐的设计相配合，不适当的搅拌器长度、桨叶尺寸、搅拌速度、安装位置以及桨叶形状都可能对油漆的品质产生适得其反的作用。一般而言，搅拌器的搅拌应该是使油漆能够在罐中平稳地进行翻腾而不产生旋涡。对于水性漆和金属漆，应该使用低剪切搅拌器。配合系统的动力需求，可选用空气或电能作为搅拌器的动力。

　　e. 背压调压器。背压调压器是用于控制系统管路中的压力以满足喷涂的需要，常用的有低剪切型和非低剪切型。低剪切型主要是应用于对剪切敏感的材料，如水性漆和金属漆。对于采用电动泵并使用休眠模式的循环系统，气动背压阀是必不可少的，它可以根据系统的工作状况（喷涂或循环）由控制系统在不同的背压值间进行切换，在喷涂时提高系统的压力，而不喷涂时降低系统的压力，这样就能更好地保证系统的安全和油漆的品质。

　　应该说，油漆处理元件种类繁多，性能各异，而且对最终的油漆质量起很关键的作用，因此设计时一定要根据实际情况有针对性地选择，切忌生搬硬套。

　　③ 空气/液压油控制元件。空气控制元件包括空气过滤器、油雾器、调压器、空打保护器及相关的阀门、管路及接头。

　　这部分元件选用的主要依据是泵的空气消耗量与进口尺寸。其中的空打保护器由于能有效地防止泵的空打，从而保护气动泵不被严重磨损，在现在的循环系统中已成为必不可少的空气控制元件。

液压油控制元件主要指液压油调压器和流量控制装置，压力的控制将决定泵的输出压力，而流量的控制则决定了泵的往复频率。另外，为了防止泵的空打和在紧急情况下及时停泵，通常在液压油管道上会设置自动控制的截止阀。

对于电动泵而言，一个控制柜和防爆插座或开关是不可缺少的，而控制系统的功能可根据管理需要进行调整，但调漆间内的所有电气元件都需要时防爆的。

④ 油漆罐。油漆罐是用于存储油漆以满足喷涂需要的容器，但油漆罐的设计必须避免造成油漆沉淀的产生。首先，油漆罐内壁必须尽可能的光滑，不能有沟槽和死角，焊缝必须经过打磨和抛光，这样才能减少油漆附着，也能减少对油漆翻腾时的阻碍；而油漆罐的尺寸要根据油漆消耗量、管路容量和材料的包装来确定，必要的密封可防止外界环境的污染。通常需要选用不锈钢材料，而回流管应伸到液面以下，以防止在油漆表面产生气泡。对于水性漆，需要对罐进行电解抛光和钝化处理；对于有保温的容器，液面控制装置是必不可少的，它可有效地防止冷凝水或漆皮的产生和对油漆的污染。

(2) 喷站出口元件　喷站出口元件包括油漆及空气调压器、枪下调压器、喷枪快换接头、阀门、软管及接头等，对于自动喷站还可能包括换色阀、电磁阀等。喷站出口元件的设计主要是根据循环系统的形式，再综合考虑耐压、流量和材料的耐蚀性能，对于剪切敏感材料，还要考虑选用低剪切元件。喷站设置通常是在喷漆室外部，这可以防止出口元件被油漆污染，也便于拆装和维修。在出口元件前和需要拆卸的位置之前，要设置阀门，软管的长度要适宜，过长、过短都不好。图 4-72 是主管循环中常用的手动喷站布置形式。

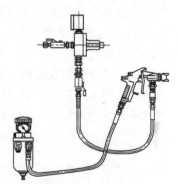

图 4-72　主管循环中
常用的喷站布置

(3) 管路　循环管路看似简单，但却是影响循环系统工作质量的一个最重要部分，目前，国内有些厂存在不同程度的管路内油漆沉淀的问题，这与管路设计、材料水平及施工质量不无关系。

循环管路的设计是循环系统设计的重要组成部分，它需要综合考虑喷漆间与调漆间距离、喷站数量、泵的型号等因素。过大的管路尺寸将需要泵输出较大的流量，过小的管路尺寸又会造成较大的压损，通常情况下，主管尺寸在 22～42mm 之间，渐变管的尺寸在 10～38mm 之间，支管尺寸在 10～12mm 之间，水性漆的油漆管路有时会更大些。从长远的角度考虑，管路材料应选用不锈钢管，管内壁越光滑越好，接头可采用卫生式接头或卡套式接头，螺纹接头是不允许的，接头内径与管内径应保持一致，管路的转弯与升降应尽可能地少，转弯半径需要大于 6 倍管径，以减少压力损失和沉淀，同时便于清洗。应该说，对于一个油漆循环系统，管道部分是最不起眼而又对质量影响最大的部分。油漆管道里通常是看不见摸不着的，但又是最容易产生油漆沉淀和降解的地方，不规范的设计施工造成的管道中的段差、管道连接处的沟槽，不适当的流速和压力，都是造成颗粒、色差等油漆缺陷的原因。而且这种缺陷的出现有时是长期而且无法根治的，因此需要特别的注意。

总之，在油漆循环系统中，对管路的要求是很高的，特别是对流道内表面的光滑程度和尺寸精度要求更高，选材和施工时要一丝不苟，否则系统的正常运行和喷涂的质量就没有保证。

目前有些国内厂商在设备选型上存在一种误区,就是将某些主要设备的规格选得很高,但对其他方面(例如管路、阀类、接头的材料、结构和性能)不重视,造成主要设备和配套元器件功能不匹配,使系统的性价比下降,所以选择合理的配套元器件也是设备选型中很重要的内容。

关于油漆输送管路的选材、施工等具体要求详见本章 4.9.5 节。

4.9.4　油漆循环系统的监控

油漆循环系统设计中,在选择了合适的设备后,应正确设计与之相适应的控制系统。

(1) 配置控制系统的好处

① 从传统的由人直接操作单独设备的方式,转换到由一个控制单元自动执行,保证设备运转的准确性、重复性,减少人工带来的误操作,在提高生产效率的同时降低了劳动强度。

② 通过控制系统,能时刻掌握油漆循环系统中设备的运行状态。如果是电控系统,还能提供更加精确和设备时刻的状态和过程参数(液位、压力、流量、温度等),并能时刻显示系统的故障信息,精确指出故障所在,减少排除故障的时间,缩短停机时间。

③ 可以将一定时间内的过程参数进行存储,并在网络中传输,便于管理人员调用和分析,生成各种过程图表和报表,为生产管理提供依据。

④ 通过控制系统为工厂提供了一个信息接口,服务于未来的可能实施的信息化管理(如 ERP 等)。

(2) 主要控制及监测对象　油漆循环控制系统通过对液位、压力、流量和温度等参数的检测,主要实现对循环泵(特别是电动泵)、液压单元、输漆模组、油漆温度和废溶剂回收单元等的控制,如图 4-73 所示。

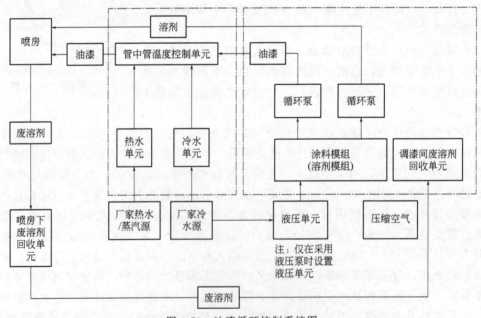

图 4-73　油漆循环控制系统图

① 液压单元控制(适用于液压泵系统)。液压单元采用多台油泵,并定期地循环交替使用,保证液压单元工作连续不间断。

同时,主控制盘和现场工作箱上可以监测到液压单元状态。通过安装在液压单元上的传感器，能检测到液压油的温度、液位、油泵电机的工作状态，冷却电机的工作状态，以及进油口和出油口的开关状态。

② 输漆模组的控制。

a. 油漆上料控制。通过油漆罐液位高低控制上料泵的停启，实现油漆从调漆罐到循环罐的加料过程。

b. 搅拌器的控制。可根据油漆罐的液位高低控制搅拌器的搅拌速度。

c. 循环泵的控制。根据涂料罐的液位状况、涂料管道的压力状况、监控泵的工作频率，必要时能自动停止循环泵，对电动泵而言，必要时启动溢流装置，对循环泵和循环系统进行保护。

③ 废溶剂回收单元的控制。根据废溶剂罐的液位控制废溶剂从管道回收和转移。

④ 温度控制。通过采集安装在换热单元的温度传感器检测温度信号，由温度控制器或PLC，通过 PID 调节，精确控制油漆温度。

为了保证油漆温度控制的精度，系统还可对与油漆换热的热媒或冷媒进行准确的温度控制。

(3) 控制系统设计时考虑的因素　从技术层面上，控制系统的设计应考虑如下几个因素：控制形式、安全性、稳定性、操作界面友好性、电动泵的控制模式及系统可扩容性。

① 系统的控制形式。随着控制技术的发展，电控在工厂自动化领域占据着统治地位，很多工厂和设计单位把电控作为油漆循环控制的首选。

但是结合实际情况，一些建成的生产线或正在建设的生产线采用了气动控制或气控与电控相结合的形式。

至于采取何种控制形式，是设计者（包括工厂和设计单位）基于安全性、经济性、稳定性、操作界面的友好性、系统可扩容性和其他因素综合考虑的结果。

② 系统的安全性。由于所输送的介质是油漆、溶剂及其他辅助材料，其中很多都具有易燃、易爆、易挥发特性，有些还具有腐蚀性，为了消除这些特性给人身、设备和材料工件造成的潜在威胁，除了给油漆循环系统配置必要的消防、通风控制、温湿度控制、防静电处理等辅助系统之外，油漆循环控制系统在设计与选型时还应根据设备安装位置及部位，按照国家防爆及防腐标准进行控制电路的设计和设备、元器件的选型。

安全性是油漆循环系统设计时必须重点考虑的因素。

③ 系统的稳定性。油漆循环系统为了保证生产过程中的喷漆质量和生产量，必须最大限度地全天候 24h 连续稳定运行。所以控制系统在设计选型中应重点考虑控制回路和元器件的工作稳定性、元器件的寿命及供货周期。

国内外许多知名厂商罗克韦尔、西门子、施耐德提供的自动控制解决方案，在很多领域都取得了成功，包括在油漆循环控制系统中的应用。控制系统的组成元件，从控制器、模块或设备、操作及显示终端、网络组件到检测元件和执行元件，可以来自一个厂商，但更多时候是来自多个厂商。无论哪种情况，系统内部的通信协议都应采用通用的标准，使各组成元件相互兼容。

对于检测元件的选型，要充分考虑油漆的特殊性。比如液位计，从测量原理来分，有浮球式、音叉式、超声波式、静压式、静电容式、雷达式等，在选型时应根据容器的结构、油漆介质特性、油漆的温度、容器内压力和环境温度、湿度等选择合适的液位计。

选型时强调控制元件的稳定可靠，并不能保证控制元件"永远不坏"，应选用供货周期短的元件，尤其是关键的控制元件。

就整个系统而言，不仅在正常情况下，而且在一般故障状态时，也都能实现油漆循环系统中关键设备的控制，保证"油漆循环起来"这个基本功能，常见的方法是：

a. 增加手动功能，保证关键设备能在脱离检测元件的情况下强制运行。

b. 降级使用功能，保证关键设备能在脱离控制器的情况下强制运行。

④ 操作界面友好性。"操作界面友好"是指提供给操作者一个功能齐全、功能区分科学、不易误操作、界面美观、符合人体学的操作平台，从而减轻操作者的劳动强度，提高工作效率。

一般都给每个输漆模组设置一个操作箱，除了提供必要的操作功能外，也能目测设备运行状态和异常状态。

⑤ 电动泵的控制模式。对于电动循环泵，更加灵活的控制系统可以使输送泵实现多种工作模式之间的切换：常见的是设置生产模式和休眠模式。

生产模式：即在正常喷涂期间，电动泵运行时的输漆模组出口流量维持在较高数值，通过将管线回流背压阀的压力自动调整至较高压力，保证输漆系统的压力和流量满足生产工艺的需要。

休眠模式：即在不喷涂的时候，电动泵以某一设定的较低流量运行，保证油漆的循环所需的最基本流速要求，此时，管线回流背压阀松开，系统压力维持在较低水平。对于某些特定的油漆，甚至可以短时停止循环。由于汽车厂通常有多种油漆同时处于循环模式（特别是面漆），而只有一种油漆处于喷涂模式，在此模式下，电动泵的能耗得以降低，可达到节能的目的。

通常情况下，模式切换可以通过与输送链或机器人喷涂系统进行信号联锁，由机器人给出喷涂或停止喷涂的信号，电动泵自动实现两种模式的切换。

⑥ 系统可扩容性。随着汽车工业的蓬勃发展，汽车制造厂在建设生产线时，往往会考虑在未来扩大生产规模，油漆循环控制系统设计时应根据需要考虑以下几点。

a. 建立符合未来发展的控制网络形式与结构。

（a）提供并入工厂级网络的接口。

（b）确定符合现有控制规模和未来可预测控制规模的控制级和设备级总线形式。

b. 选择符合未来控制技术发展的中央控制单元。

c. 根据未来规模要求，工厂应配置合理的盈余动力及其他辅助系统。

实践证明，设计一个可扩容性良好的控制系统，可减少扩容改造的直接投入成本，大大减少因改造带来的停产时间。

随着工厂管理要求的提高，预先的故障预警和维护提醒能够帮助生产和维护人员更好地使用和维护设备，减少设备故障造成的停线。例如通过存储电机的运行时间在电机寿命快到时多级提醒或警告更换备件；通过存储电动泵运行时间来提醒或警告更换泵的密封圈或加注润滑脂；通过检测电机的工作电流发生不明情况的增大来预警电机损坏故障，等等。

当然，油漆循环控制系统的设计和选型要考虑的因素还很多，比如生产线建设所需的直接资金预算，生产、维护成本，控制系统管理部门的结构体系及其人员的技术素养等，高规格的控制系统在油漆循环系统的成本构成中会占很高的比例，这些因素都影响油漆循环控制系统的方案、实施及建成后的实际效果。

总之，油漆循环控制系统设计中，要根据实际情况，在确保系统的安全性和稳定性前提下，充分考虑系统的操作性、可扩容性，利用先进的控制技术为实际的生产服务，创造更大的效益。随着技术的发展，越来越多的控制系统开始使用 PC 技术替代 PLC 控制，控制功能越来越强，呈现出小型化、高速传输甚至智能化的趋势。

4.9.5　油漆循环系统（PCS）管路设计及质量控制

油漆循环系统作为汽车工厂涂装车间的关键设备之一，不仅在设计时要考虑多种配置部件的选择搭配和平衡以保证设计的统一和优化，还必须严格控制管路及接头的选材和施工，这样才能保证系统的质量。循环管路（见图4-74）看似简单，但却是影响循环系统工作质量的一个最重要的部分。

图4-74　油漆循环管路

目前，国内有些厂存在不同程度的管路内油漆沉淀或过度剪切的问题，这与管路设计、材料水平及施工质量不无关系。

（1）管路设计要点　循环管路的设计是循环系统设计的重要组成部分，它需要综合考虑喷漆间与调漆间的距离、喷站之间的距离、喷站油漆使用量、油漆在管道中的流速等因素。通常要求溶剂型油漆在主管道中的流速在0.3～0.7m/s，而对于水性漆，考虑到剪切敏感性，一般要求在0.1～0.3m/s，也有要求流速达到0.3m/s以上，这取决于不同特性参数油漆的流速要求。同时，注意各段的压力和流速平衡。

过大的管路尺寸将需要高流量的油漆输送泵，降低了设备投入和使用的经济性，同时也会在管路中需要更多的油漆来填充；过小的管路尺寸又会造成较大的压损，使系统的工作压力升高，增加剪切力，降低安全性。水性漆的油漆管路有时会选的大些，因为水性漆对剪切比溶剂型油漆要敏感，而黏度又往往更大，所以要同时保证所需流量和较低的流速，只能加大管路的截面积。

一般来说，无论是溶剂型油漆还是水性漆，管路材料应选用至少是304以上等级的不锈钢流体管（内外径公差±0.1mm），管内壁光滑（光洁度0.8以上），接头可采用卫生式接头或卡套式接头，螺纹连接应尽量避免，接头内径与管内径应保持一致。在两线系统中，如需变径，必须平滑过渡，管的转弯与升降应尽可能地少，弯曲半径需要大于六倍管径，以减少压力损失和沉淀，同时便于清洗。

总之，管道内的油漆保持适宜的流速，管道和接口内壁光滑，剪切小，不产生挂壁积存和沉淀式循环管路制作是关键。

（2）管道切割过程　传统的切割工艺会用高速砂轮锯片切割管道，工人操作砂轮机时很难保证切割方向与管道的轴线垂直。使断口粗糙伴有较多缺陷，如图4-75所示的A处会产生油漆颗粒的沉积，导致喷漆时产生污点或换色时难以清洗。同时砂轮锯在高速切割时会磁化切割下的金属颗粒，并使其部分吸附在管道内壁上。这些都可能成为油漆循环系统管道中的污染源。国内曾经发生过使用砂轮片切制油漆输送用钢管，导致管路长期无法清洗干净（长达13个月左右，才少见颗粒出现）的现象，使喷涂油漆质量降级，产生严重的质量问题。生产中、高档轿车的工厂应特别注意。

为保证管路制作和安装质量，除了要求安装人员采取正确的安装工艺和具有一定的熟练程度，还需必要的设备来保证工艺的正确实施。切制钢管时，必须采用专用的平口装置和倒口器，不能产生磁化吸附性颗粒，去掉管内外毛刺和飞边，同时实现钢管的截面光滑并与轴线垂直，确保使用卡套接头时钢管截面与接头截面，或者钢管与钢管的（新的连接方式）截面紧密相接，没有缝隙，以免油漆颗粒循环运行时产生沉积。

（3）管道焊接过程　使用卫生接头时，需要与管路进行焊接。由于人工焊接会受到焊工焊接水平、熟练程度和疲劳程度等诸多因素的影响，焊接质量不能均一稳定，焊缝内表面可能不够光滑或尺寸偏差过大（见图4-76），既影响管路的通径要求，又易于产生积漆挂存，最终影响喷涂质量。为保证不锈钢焊接质量，最好使用自动的氩弧焊机（见图4-77），可以根据钢管材质、直径和壁厚设定正确的氩气保护时间和焊接电流，确保焊缝均匀、光滑和焊透性好，实现单面焊接双面成型（见图4-78）。通常焊缝处内径变化不应大于±0.5mm。

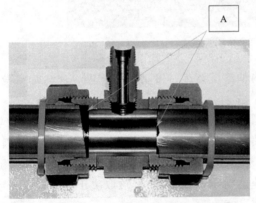

图4-75　卡套连接缺陷示意

图4-76　人工焊接内部焊渣和砂轮切割管口

图4-77　自动焊接设备

图4-78　自动焊接单面焊接双面成型

（4）管路弯制过程　目前，大部分油漆循环系统设备供应商使用手动弯管器弯制钢管，钢管的材质性能、内径和壁厚等存在差别，弯曲后，钢管的内径变化较大，通常 $\pm(1\sim3)$ mm，甚至起皱，拉延后的不均匀降低了材料的机械性能。

近年来，走珠式快速清洗供漆系统逐渐得到汽车厂的认识，优点是管路清洗或换色时节省时间和清洗材料。而这种装置对管路的制作要求较高，手动弯管器无法满足钢管弯曲后的截面积变形要求。使用专用的自动液压弯管机，凭借工艺装备的保证，管路弯转后直径圆度误差小于 ±0.5mm，既保证了钢管弯曲后材料机械性能的均匀，又满足了截面积变形要求（见图 4-79）。

图 4-79　自动弯管设备

总之，油漆循环系统的管路是要求很高的工艺管路，特别是对流道内表面的光滑程度和尺寸精度要求很高，设计、选材和施工都需要精益求精，否则系统的正常运行和喷涂的质量就无法保证。

4.9.6　汽车水性漆供漆系统与智能电动泵的应用

汽车涂装是工业涂装的典型代表，大量流水生产，一般为多层涂装，采用烘干型涂装体系，它是耗能大户和产生"涂装公害"的污染大户。随着环保意识的不断提高及相应法规的不断完善和健全，采用水性涂料等低 VOC 或无 VOC 的环保涂料以及低能耗的工艺及相关设备是汽车涂装行业的必然发展趋势。

本节针对汽车行业用水性涂料的特性及其对供漆系统的要求，结合新型智能电动供漆泵的特点，重点介绍电动泵应用于水性漆供漆系统中的各项优点，并与目前也被广泛使用的液压泵作相应的比较。

（1）水性涂料的特点及其供漆系统的特性　众所周知，树脂分散在水中的材料类型多为水性涂料，它们的性质及流动行为较传统的溶剂型涂料有较大的区别：

① 水性涂料的颜料分散性差；

② 表面张力大；

③ 蒸发潜热大，即其受温度及湿度影响大；

④ 分散安定性不好，抗剪切力性能差；

⑤ 导电性好，腐蚀性高。

由于水性涂料的上述特性，其对喷涂温度、湿度等施工窗口及烘烤温度等施工条件均有严格要求，在此不再赘述。

由于剪切力对水性涂料的稳定性有影响，甚至有破坏作用。同时对水性涂料的黏度有影响，在循环系统中造成的剪切力不同时水性涂料会表现出不同的黏度，会产生不一致的流速，从而影响循环系统的平衡和设备内流体流速的不稳定。

因此水性涂料的供漆系统中除了材料上使用不锈钢或与之匹配的非金属材料外，必须设法降低循环系统的剪切力，选用低剪切力的泵及相关组件。此外在非生产过程中，降低系统管路内涂料的流速，也能降低剪切力对涂料的降解作用。

（2）电动泵的种类及新型智能电动泵的特点

① 电动泵的发展及种类　电动泵在其发展进程中也出现过不同类型的产品，按照其结构来区分，可分为以下几种。

a. 凸轮转子式。如图 4-80 所示，利用两个转子转动提供流体和压力。

其不足之处为耐用性差、产生剪切、不能输送低黏度的涂料、机械式的轴封需要持续的涂料供给、易产生热量及浪费能源。

b. 离心式，如图 4-81 所示，可靠性和耐用性极佳，具有低能耗、无脉动和低噪声等优点，但剪切力偏大，不适合金属漆、水性漆等剪切敏感性涂料。

图 4-80　凸轮转子式电动泵　　　　　　图 4-81　离心式电动泵

c. 柱塞式，如图 4-68 所示，通过活塞在泵缸体内的往复运动来抽吸和输送流体，其最大的特点是对油漆的剪切极低，最大程度上减小了油漆在输送过程中的品质降级，所以成为油漆长时间输送和循环最为优先选择的泵种类和形式。

柱塞式电动泵通过配备相应的控制硬件及软件可达到很平稳的压力和流量输出效果，因而也被称为"智能电动泵"。

② 智能电动泵的特性

a. 稳定的压力输出，低脉动。

如图 4-82 所示，此种电动泵在与气动泵及液压泵（有或无稳压器）供漆情况下对主管路中油漆压力的脉动对比，可见电动泵可极大地降低油漆循环系统中的压力脉动。这样既有利于涂料性能稳定，又保证喷漆系统产生良好的喷涂效果。

b. 与喷涂设备及生产线同步。

对于电动泵配备智能控制系统，如变频电机、可编程控制软件等，则可实现以下的功

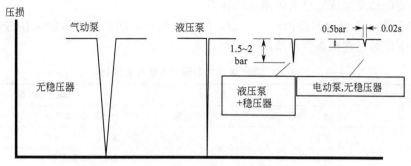

图 4-82 电动泵与气动泵、液压泵的脉动等级比较图
(1bar=0.1MPa)

能：根据实际生产的状况，与喷涂设备同步，仅将在使用的颜色材料循环系统进入工作状态，而其余的颜色循环系统处于低流量、低压力的"休眠"模式。（即涂料流速降至最低，且仅定期地循环防止涂料产生沉淀。）

如图 4-83 的统计图所示，根据生产线上的实际统计，在满负荷生产过程中，处于高流量运行状态下的泵的平均数量约为 3.5 台。

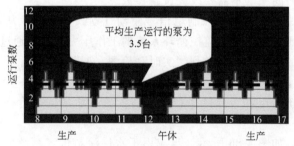

图 4-83 生产期间泵运行的数量

此外在油漆许可的条件下，还可与生产线同步，即在非生产期间，如周末或假日期间，智能地控制循环系统处于"休眠"模式，如图 4-84 所示。

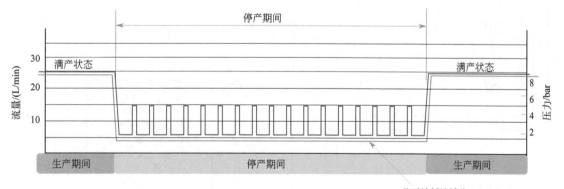

图 4-84 生产及休眠模式示意图

这样可为涂料循环系统带来以下好处：对涂料的降解等破坏作用大幅减轻，保证材料性能稳定；降低能耗；减轻系统负载，延长设备寿命；降低运行成本。

智能电动泵的上述特点使其在水性涂料循环系统中应用的优势大大体现。

（3）智能电动泵与液压泵的供漆系统比较

① 设备配置　在电动泵推向市场之前，国内大型涂装线的供漆系统采用液压泵，因而在此介绍一下两种泵在配备供漆系统的区别，如表 4-22 所示。

表 4-22　液压泵与电动泵的系统配置对比

项目名称	液 压 泵	电 动 泵
能源效率	电力→液压动力→涂料泵:效率较高	电力→涂料泵:效率高
液压动力单元	需要	不需要
稳压器	需要	单柱塞缸电动泵需要
压力传感器	不需要	需要
变频设备	不需要	需要
背压调压阀	手动背压阀	气动背压阀
涂料的降解	低	最低:通过控制泵的输出可进一步降低

对于如图 4-85 所示的水性涂料的两线循环系统：当采用液压泵供漆时，一般通过手动调节背压阀来调整系统压力，系统的流量通过调整液压油的流量来改变液压泵的往复次数来控制。系统在非生产时间一般不需要改变设备参数。

当采用电动泵供漆时，可通过控制电信号驱动气动式背压阀，从而调节供漆系统的压力，同时系统需配备压力传感器，监控循环系统的工作压力。这样通过与生产设备的联锁信号来变频调节电动泵的输出流量，做到"实时"检测、调节和控制。

② 设备投资和经济性　根据表 4-17 内的比较可见，对于配套一套水性涂料的两线循环系统，液压泵供漆系统与电动泵供漆系统的设备配置有所不同，价格上电动泵的供漆系统略高。

但对于能耗而言，如图 4-86 所示，当应用于水性涂料供漆系统时，由于电动泵系统所具备的与涂装设备及生产线同步、变频控制流量的特性，可使其系统电能消耗大幅降低。同时可降低设备的负载，延长设备使用寿命。

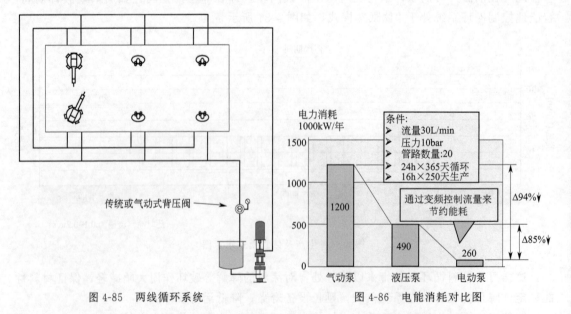

图 4-85　两线循环系统　　　　　图 4-86　电能消耗对比图

（4）小结　随着环保意识的不断提高及相关法规的不断完善和健全，在汽车行业内水性中涂、面漆涂料将逐步取代溶剂型涂料。智能电动泵由于其对涂料具有低降解、系统实时调控、节能降耗等特性，必将成为水性涂料供漆系统供漆泵的主力军，从而达到节约资源、降低运行成本和清洁生产等目的。

4.9.7　走珠式供漆系统

近些年，汽车厂不断地开发出各种客户喜爱的个性化颜色，这使得汽车厂及配套的零部件厂使用的油漆颜色数越来越多，而每种颜色油漆的平均消耗量却不断减小，系统换色的频率也越来越高，而由于集中供漆系统要求每天 24h 不间断地进行循环，因此，带来的空间（调漆间）占用和能量消耗（来自不喷涂的循环系统）逐渐增加。为了解决这些问题，需要一种能够快速换色、且在换色时节省涂料和溶剂的技术，用于小规模喷涂油漆的集中供漆。走珠技术就是这样的一种技术。

走珠式供漆系统也被称为走珠式快速换色供漆系统，该系统在普通的供漆系统管道内设置一个或多个走珠，以控制油漆或溶剂的供给并用物理的方式协助完成管道内部的清洁，这种走珠的设置，使一般供漆系统内部仅仅依靠溶剂的单一化学清洗方式变成了化学加物理的双重清洗，清洗效率大大提高，在大多数情况下，供漆系统清洗并完成换色的时间可以达到 30min 以下，配合复杂的逻辑控制系统，走珠技术还可以应用于油漆的快速回收和精确定量的供漆，并使材料的浪费降至极低的水平。由于走珠式供漆系统可以快速完成不同油漆的清洗和更换，所以一组或几组走珠式供漆系统的使用，可以替代多套普通油漆循环系统或卫星站式循环系统。

（1）走珠式供漆系统的分类　现有走珠系统依据不同特点和类型可以分为以下几种类型：按循环形式分，可以分为主管盲端走珠系统和主管循环走珠系统；按定量形式分，可以分为定量走珠系统和非定量走珠系统；按走珠位置分，可以分为主管走珠系统和支管走珠系统；按集成形式分，可以分为矩阵走珠系统和常规走珠系统。

① 主管盲端走珠系统（图 4-87）。是指系统中走珠主管无需形成循环回路，通常由供料模块（见图 4-88，料桶部分、输送泵、过滤器和流体流向阀岛）、发射站、接收站、分配站、走珠、管路及复杂的电气控制系统等组成，系统喷涂前，待喷涂的油漆将走珠从发射站推向接收站，使油漆填满管路，喷涂时，主管中的流体也不需回流到原料桶，喷涂不同产品的间隔时间油漆处于短时静止状态。系统喷涂结束时，主管中的走珠将流体从接收站端推回到

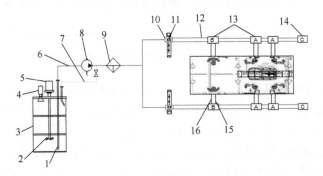

图 4-87　主管盲端走珠系统

1—虹吸管；2—搅拌器；3—原料桶；4—液位计；5—气动马达；6—供料管；
7—回料管；8—供料泵；9—过滤器；10—走珠发射器；11—走珠；12—走珠主管；
13—中转分配站；14—走珠接收器；15—废液回料管；16—支管供料管

发射站端,使流体回流到原料桶中。由于走珠系统中的油漆在管路中停留时间很短,在产生沉淀之前就被使用或回收,所以一般情况下,盲端系统能够满足较小喷涂量油漆的使用要求,同时节省设备投资并保证油漆的品质,也是目前最多被采用的形式。

图 4-88　走珠系统供料模块

主管循环走珠系统,是盲端系统中的油漆主管形成回路,系统喷涂时,主管中的流体可以回流到原料桶中完成油漆的循环。循环系统的设计适合于稍大用量的油漆或产品喷涂的间隔时间较长的情况,系统喷涂结束时,主管中的走珠将流体从接收器端推回到发射器端,使流体回流到原料桶中。所以主管循环走珠系统可以适合小到中等喷涂量的油漆使用。

② 定量走珠系统。系统中需要采用计量装置,单根走珠主管中设置两个或两个以上走珠,系统填充时,预定量的流体填充于特定的两个走珠之间。系统喷涂结束时,走珠主管中几乎没有多余的流体残留,适用于价格昂贵的油漆或涂料。非定量走珠系统(如图 4-87 所示),单根走珠主管中只设置一个走珠,不必实现定量填充。

③ 主管走珠系统中只在主管中设置走珠。系统喷涂结束时,主管中的走珠将流体从接收站端推回到发射站端,使流体回流到原料桶中。支管供料管中的流体直接从废液回料管中推送至废料回收系统中。支管走珠系统是在主管走珠系统的基础上,在每一个支管供料系统中也增加走珠发射器及走珠接收器。系统喷涂结束时,支管供料系统中的走珠将支管中的流体从支管供料系统中的接收器端推回到发射器端,使支管中的流体回流到主管中,而后主管走珠系统对主管中的流体进行回推,从而使系统主管和支管中的流体全部回收到原料桶中,但相对来说,支管走珠系统设备投入较高。

④ 矩阵走珠系统是将多套常规走珠系统进行高度集成,使系统能在短时间能进行颜色切换,同时能够进行系统回料、清洗、填料等动作。

(2) 典型走珠式供漆系统的工作流程　国内目前应用最多的是主管盲端走珠系统,下面以主管盲端走珠系统为例,进行简要的工艺流程(如图 4-89 所示)介绍。

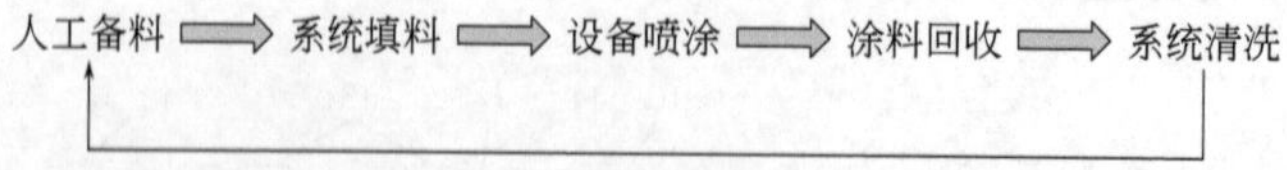

人工备料 ⇒ 系统填料 ⇒ 设备喷涂 ⇒ 涂料回收 ⇒ 系统清洗

图 4-89　主管盲管走珠系统工艺流程

人工备料阶段,操作人员在配套的容器中调配将要使用的小颜色油漆;系统填料阶段,系统内的流体或压缩空气,将走珠从发射站推送到走珠接收站,油漆填充满主管和支管等待喷涂;喷涂阶段,系统确认喷涂条件,通知喷涂设备可以喷涂;涂料回收阶段,系统内压缩空气将走珠从接收站推回到发射站,管道内的涂料一并被推送回供料桶中,主软管中的涂料几乎全部回收;系统清洗阶段,涂料回收完毕后,管路、搅拌器、支管等进行清洗。系统清洗完毕后,再次具备系统填料条件。

(3) 走珠式供漆系统的优点　与传统供漆系统相比,走珠系统具备以下优势:换色时间短,自动化程度高,操作简单;占用空间较少,换色时油漆能够回收,油漆浪费量少;可在调漆间内处理回收的涂料，换色清洗消耗的溶剂量更少；小颜色、小批量喷涂作业，灵活性大；可在常规的油漆管线基础上额外增加走珠系统。

（4）走珠式供漆系统的适用范围 因走珠系统换色清洗时间短，清洗及消耗量非常少，所以非常适用于小颜色、换色频率高的生产要求。早期走珠系统主要应用于汽车零部件喷涂、涂料生产、家具生产等行业。为了满足环保及节能减排的要求以及提高车间生产的柔性适应性，整车厂也在逐步使用走珠系统。

4.9.8 结论

油漆循环系统的质量将直接影响工件的涂装质量，所以要针对所用特定的材料、工艺要求及生产要求选择适合的系统形式、系统元件及管路，系统选用不当将会造成油漆性能的衰退、色差的产生、油漆的沉淀甚至系统堵塞，要获得高品质的工件，合理设计油漆循环系统是非常关键的。一个完善的系统设计依靠合理的安装工艺来实现，安装工艺不当或低施工水准同样将无法保证整个循环系统乃至整条涂装线的性能要求，因此，完善、合理的系统设计和正确的安装工艺才能确保系统的正常运行。

[4.9节资料由兴信喷涂机电设备（北京）有限公司孙东、吴晓光提供]

第 5 章

粉末涂装工艺与设备设计

粉末涂料和粉末涂装获得工业应用虽已半个多世纪，但因其与传统的溶剂型液态涂料有所不同，原有的涂装设备需更新，又因粉末涂料的固化温度较高、换色难、较难薄膜化和涂膜装饰性差，故粉末涂装在工业涂装领域普及较慢。自 20 世纪 90 年代以来，全世界对环境保护提出了越来越高的要求，对涂装车间的挥发性有机物（VOC）排放限量越来越严。粉末涂料是无溶剂涂料，属环保型涂料和绿色涂装工艺，在环保法规的促进下，粉末涂料及涂装得到高速增长和发展，随粉末涂料的制造技术和涂装技术的进步，上述难题（烘干温度低温化、薄膜化、涂层的装饰性等）都已得到解决，粉末涂料不断取代液体涂料已成为当今的主流之一，北美、德国在 20 世纪 90 年代，已成功地应用作为装饰性要求高的、需在 140℃下固化轿车车身用的中涂和罩光涂料。

我国粉末涂料年产量由 1995 年的 4.0 万吨猛增到 2004 年的 42 万吨，居世界第一，成为粉末涂料生产大国。在近十多年中，粉末涂料及涂装技术在国内家电、汽车零部件、家具、建材等工业领域中的普及速度也大大加快，如建材行业的钢筋、铝型材、防盗门等也采用粉末涂装。

粉末涂料按其形态可分为干粉和浆状两大类，据介绍，水浆粉末涂料的施工工艺及所用装备与水性涂料相仿。在本章中主要介绍干粉末涂料涂装工艺及所用设备设计的相关知识和程序。

5.1 粉末涂装工艺方法

已获得工业应用的粉末涂装工艺方法有流动床法、熔射法、静电流动床法、粉末静电振荡涂装法等及其改良的方法（见表 5-1）。干粉末涂料在被涂面上的附着状态与液态涂料完全不同，它是靠热熔黏附和静电吸附两种方法。前者是将预热的被涂件浸入到粉末流动床中，或将粉末热熔喷射到被涂物上，使粉末涂料热熔黏附在被涂物表面；后者是使粉末带负电，借助于静电引力吸附在接地的被涂物上，再经加热熔融（固化）后成涂膜。粉末粒子的绝缘电阻都很高，当附着到被涂物后，其自身所保有的荷电量不能立即减少，能保持相当长的时间，在热熔融前能不受重力、空气流动和振动的影响，能安定地附着在被涂物表面上。因此，在静电粉末涂装前被涂物不需预热，可在常温下涂装。静电粉末涂装是工业涂装领域最常用的粉末涂装法。

表 5-1 主要的粉末涂装工艺方法

处理方式	涂装方法	机 理	特 征
喷涂	熔射 静电吸附	用熔射枪头加热粉末 用静电枪使粉末带电	现场施工,不需要大型装置 涂膜外观良好,适用范围广
浸渍	流动浸渍 静电流动浸渍	将加热过的被涂物在流动槽中附着涂料 在流动的粉末中使其荷电附着	适用于高膜厚、复杂形状物的涂装 适用于高外观、小件涂装

5.2 粉末涂装的基本知识

5.2.1 粉末概述

在设计粉末涂装设备时,如对粉、粉末的基本性状、特性不理解,就无法进行精细的设计。所谓粉,是指小的固形物的集合体,它的细度很重要。将边长 1cm 的正方体制成边长 $50\mu m$ 的正方体粉末,其个数是 200 的立方,800 万个;表面积由 $6cm^2$ 增大到 $1200cm^2$,真的体积不变,可是可见体积(含粉末间的空气)却增大 2 倍左右。当制成 $20\mu m$ 的微粒粉末,其个数为 1.25×10^8 个,表面积增大到 $3000cm^2$。

因粉末涂料增大表面积后,使其具有易带静电、易受水分和易受热影响、易燃烧、易附着在物体上等性质,随个数增加产生难操纵、易飞散、难管理等问题。如果在设备设计中未考虑这些,则就可能不会满足粉末涂装的功能。

5.2.2 设计时须知的粉末涂装用语

① 粒径(粒度)分布。粉末粒子的直径称为粒度,粒度的分布范围称为粒度分布。粉末涂料粉碎后用筛除去粗的颗粒,得到规定粒度的粒子。在比较新粉和回收粉的性质时确定筛目是必要的(见图 5-1)。

② 体积密度。充填某体积的粉末质量的比值,是选用容器时所必需的。

③ 安息角。粉末积存难易程度的大致标准,供料斗设计和确定风管内风速时参考(见图 5-2)。

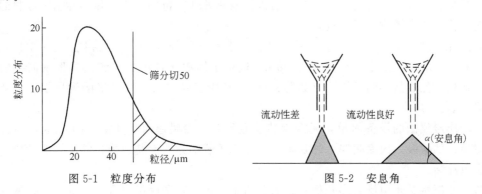

图 5-1 粒度分布　　　　　　　　　图 5-2 安息角

④ 流动层。粉末被空气吹起流动,呈浮游状态。是粉末涂料供给槽、流动槽、静电流动槽等的设计所必需的。

⑤ 爆炸界限。用可燃物与空气混合比例表示其爆炸燃烧范围(上限、下限),它随粉末涂料所用的树脂种类变化,是决定排气量时必需的数值(见表 5-2)。

表 5-2　粉末涂料爆炸下限浓度（参考值）

粉末涂料的种类	爆炸下限浓度/(g/m³)	粉末涂料的种类	爆炸下限浓度/(g/m³)
环氧树脂	50	丙烯酸树脂	35
聚酯树脂	40		

⑥ 摩擦荷电。摩擦异种物质而带电的性质在粉末涂装中得到活用。涂料是树脂、颜料等的混合物，不同的涂料的带电性有差异。

5.3　粉末涂装法及其设备构成

5.3.1　流动床浸渍法及其设备构成

它的工作原理是将粉末涂料装入具有多孔底板的槽中，从多孔底板下供给空气，使粉末涂料被空气吹动漂浮起来呈流动状态（称之为流动床），将加热到粉末熔点以上的被涂物浸渍入槽中，漂浮在工件周围的粉末就熔融涂着，随后从槽中取出，冷却后即成涂膜（见图 5-3）。

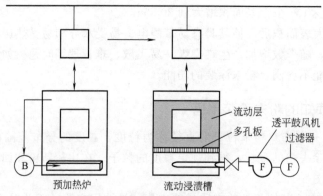

图 5-3　流动床浸渍槽及其设备

流动床浸渍槽的膜厚靠热量和浸渍时间来控制。为使涂着的粉末粒子熔合成平滑的连续涂膜，当被涂物没有足够的必要热时，需进行后热处理。特别在采用热固性粉末涂料时，为了完全固化，通常需进行后热处理。

此法几乎适用于所有的粉末涂料品种。要求粉末的粒径为：环氧树脂 $50\sim300\mu m$，聚酰胺 $100\sim300\mu m$，聚氯乙烯 $100\sim300\mu m$。适用于体积比较小的被涂物或形状简单的球状物，不适用于热容量小的被涂物（如薄板件）。常用于管接头、洗衣机的附属框、电器部件的绝缘涂装。

流动床浸渍法的设备简单，无需涂装职业经验，涂膜厚可达 $150\sim1000\mu m$，最适用于要求耐蚀性的涂装，因涂膜厚、外观差，不适用于装饰品的涂装。换色需要换流动槽，不适用于多色涂装。

流动浸渍装置是由槽、多孔板（金属、树脂、布等）和底板组合而成的，造价便宜，管理、维修容易。还有，作为生产方法效率好，没有大气、水质、产业废弃物等环境公害。根据生产量、被涂物尺寸，可选用手动、半自动或全自动的输送方式。

此法的缺点是被涂物的大小受限制，要预热，膜厚不匀，槽内温度上升、被涂物的热容量要大等。

5.3.2 静电粉末喷涂法及其装置构成

静电粉末喷涂法的工作原理与一般的液态涂料的静电喷涂法几乎完全相同，不同之处在于粉末喷涂是分散的，而不是雾化的。它是靠静电粉末喷枪喷出的粉末涂料，在分散的同时使粉末粒子带负电荷，带电荷的粉末粒子受气流（或离心力等其他作用力）和静电引力的作用，涂着到接地的被涂物上，再加热熔融固化成膜。静电粉末喷涂法是在工业涂装领域中占主导位置的粉末涂装法。

静电粉末喷涂设备由喷涂室、回收装置、排风扇、排出装置、筛网过滤器、涂装机（含涂料供给系统）、涂装用压缩空气、喷枪、往复机等组成。图5-4中的高压静电粉末喷枪、往复机或机器人、供粉装置等构成的自动静电喷粉系统，是静电粉末涂装的核心设备，属标准设备，一般由专业厂家配套供应。随着粉末喷涂行业的蓬勃发展，粉末涂装技术的进步，国内外粉末涂装设备制造厂家已开发成功多种新型的静电粉末喷枪、供粉装置或供粉与回收粉末合一的装置（如智能型供粉中心）。在本章主要介绍涂装机以外的非标装置及智能供粉中心。

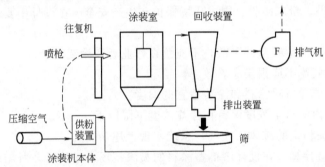

图 5-4　静电喷粉系统

（1）喷涂室（喷粉室）

① 形状及附带机器。喷涂室的形状和溶剂型涂料喷漆室相似，仅考虑设计基准值的差异。涂料喷雾室要容易清扫，所占空间应尽可能小。喷涂室的主要基准值如图5-5所示。

喷粉室有敞口型和密闭送风型两种，后者见图5-6。

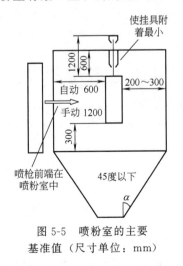

图 5-5　喷粉室的主要
基准值（尺寸单位：mm）

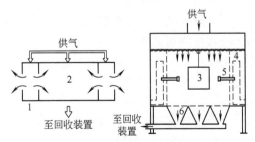

图 5-6　密闭送风型喷粉室
1—空气风幕；2—涂装室；3—被涂物；
4—往复升降机；5—喷枪；6—漏斗形箱

喷粉室的底部应设计成不堆积粉末涂料或堆积量少的形状。料斗等的倾斜部的角度以涂料的安息角为基准，因有静电吸附，要取大于安息角的角度。在无法取角度的场合应采取振动器和冲击器等设施。

还有，喷粉室在高度受限的场合，其底部应设计成水平的，采用刮帚器等相应的排出机械。

② 喷粉室的材质。粉末的附着量是选定喷粉室材质的主要因素，选用在静止状态的附着量和空气吹后的附着量一样少的材质。还有，被涂物大的场合要考虑强度和造价的影响，试用过各种材质。当初考虑制作加工性和造价等采用彩板、不锈钢板占主流，可是为使换色时的清扫容易，逐步用聚氯乙烯、聚丙烯、有机玻璃、聚碳酸酯等塑料替代。

③ 外室（相当于洁净间）。因粉末涂料轻，随风从喷粉室的出入口向周边漏出，飞散污染到整个涂装车间。为此，将喷粉室作为内室，再在其外侧设置外室。

通常在涂料装卸和清扫时产生飞散，因而在外室中作业，则可改善涂装车间总体的作业环境。

（2）排风系统（排风机、风速、排风管） 喷粉室及其排风（换气）系统的设计好坏直接影响静电喷涂效果、粉末回收、周边环境保护和生产安全。在设计中要确保喷粉室应具备下列功能。

① 涂料粉尘不应向涂装室外飞散，不应落在作业者和涂装机上。

② 喷粉室内的气流不应损伤涂着效率。

③ 喷粉室内应能保持对涂料和涂装适宜的温度。

④ 确保喷粉室内的粉尘浓度保持在爆炸浓度下限以下。

在设计中是靠喷粉室的排风（换气）系统实现上述功能的。

喷粉室的排风量计算：在设计溶剂型涂料的喷漆室场合是从工艺所需风速和断面面积计算出排风量；而在喷粉室内不是以此法为基准，而是以被涂物周围的水平风速数值和粉尘爆炸下限值计算出排风量，因而排风量偏大。排风量与回收装置的造价有比例关系，一般希望设计小为好，可是爆炸界限必须确认。

喷粉室内的风速和换气风量根据作业环境，粉尘爆炸浓度的下限和涂着效率等综合考虑决定。作为标准的被涂物表面风速为 0.5m/s 左右，一般以 0.3～0.7m/s 为宜。换气风量可通过下列计算选定，这时作业面的排风量为 Q_1：

$$Q_1 = A_1 v_1$$

式中　Q_1——排风量，m^3/min；

　　　　A_1——喷粉室作业断面面积，m^2，一般指（被涂物宽度＋两侧各加 0.2m）×（挂距长度或链速＋两头各加 0.2m）所占的断面面积；

　　　　v_1——被涂物面的风速，m/s。

假设敞开口（送风口）的换气量为 Q_2，则：

$$Q_2 = A_2 v_2$$

式中　Q_2——换气风量，m^3/min；

　　　　A_2——敞口部面积，m^2；

　　　　v_2——风速，m/s。

另外，从安全的角度考虑，使从喷枪喷出的涂料粉尘浓度维持在粉尘爆炸浓度下限（一

般为 $30\text{g}/\text{m}^3$ 左右）以下所需的排风量，设所需的排风量为 Q_3，则：

$$E_\text{x} > \frac{W}{Q_3}$$

式中 Q_3——排风量，m^3/min；

E_x——爆炸浓度下限含量，g/m^3；

W——每分钟喷出粉末的总质量，g/min。

并考虑安全度为 3～7 倍（一般喷粉室内最大粉尘浓度控制在 $10\text{g}/\text{m}^3$ 以下）设计：

$$Q_3 = \frac{(3\sim7)W}{E_\text{x}}$$

由此可算出喷粉室的若干个换气风量（Q_1、Q_2、Q_3），以其中最大的风量作为喷粉室的排风量 Q，再根据设定的 Q 值计算上述的 v_1 和 v_2，如果 v 值大于 $0.7\text{m}/\text{s}$，则相当于超过风速的风量必须靠强制送风来补充。值得注意的是，不能由于担心喷粉室的安全而大幅度地提高通风量，这样会造成粉末回收装置的投资加大，而且过大的风量会影响喷粉室的静电效果，影响涂覆质量及上粉率。

通常喷粉室的排风口设置在喷粉室的下部，设计呈漏斗状，通过吸风管从侧面吸入回收装置，风管内的风速要适当，这取决于管径，应确保在管内不积聚粉末涂料，并要求通风管内十分光滑和管道尽可能少弯曲。转弯部应是转角缓的弯管。风管材质应采用易漏泄静电的金属材质。风管的形状有圆形和角形，为防止粉末滞留，希望用圆形。风管内的风速一般取 10～15m/s，如风速取大，风管径可小，粉末滞留也少。可是增大风速，需增高静压，排风机的动力也增大，还要按风管长的场合和短的场合来决定风速。风管的总长度在系统中十分重要，短为好。

喷粉室室体应密封，以避免外界气流对喷粉的干扰，喷粉室装有安全防爆照明灯，照度一般为 500lx 以上，喷粉室上部就是带有玻璃窗、门及照明的室体，为了回收落在喷粉室下面的粉末，喷粉室下部有振动床、自动刮板等回收粉末的结构。振动床、自动刮板都是将落在喷粉室下部的粉末自动均匀、连续地输送到回收粉末装置，再送到供粉系统，使新旧粉末随时混合均匀后再使用。但喷粉室下部只有锥斗的简单形式使用较多，这种方式需人工清理喷粉室下部的粉末，工作量大，条件较差，且不能使新粉和旧粉连续均匀地混合，遇到下雨天，落在喷粉室下部的粉末时间长，会造成粉末受潮，与新粉混合使用时，易出现质量问题。因此这种方式只适用于产量不高、质量要求相对较低的场合。

还有排风机的静压，随回收装置的方式有差异，在袋式过滤场合必须要有相当的静压，可是又发生了风机噪声问题，超越 90dB 的场合必须设消声装置。

（3）粉末回收装置 粉末回收是对排风系统的空气中所含的漂浮粉末的回收利用。回收装置是从含有粉末的空气中分离捕集粉末，将清洁的空气排出，防止粉末涂料飞散，不产生公害的非常主要的装置。它应具备如下条件。

① 回收效率应高，希望达到 95％以上，回收的粉末涂料经放电、精选后，应能直接再循环利用。

② 连续作业性良好。

③ 噪声和占地面积要小。

④ 安全可靠，应有防备粉尘爆炸的安全设施。

粉末的回收方式有袋式过滤器、烧结板过滤器、旋风分离器等，它们可单独使用，也可以联合使用。

① 袋式过滤器。过滤袋是采用无纺布缝制而成，一般直接安装在通风系统中。可根据粉末的粒径大小，选择采用中效过滤器或高效过滤器，这种过滤器早先经常采用，但由于粉末对无纺布极易堵塞，不好清理，现在逐渐被淘汰。在不需要换色的场合，单独使用袋式过滤器较多。

② 烧结板过滤器。它由低压聚乙烯材料构成，然后再在外表面涂有防黏附的聚四氟乙烯材料，这种过滤器不受气候潮湿的影响，不易堵塞，正常情况下不易损坏，无需备件。其结构形式与无纺布过滤

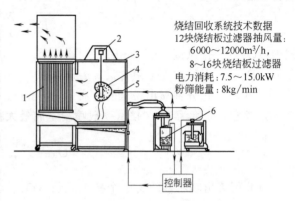

烧结回收系统技术数据
12块烧结板过滤器抽风量:
6000~12000m³/h,
8~16块烧结板过滤器
电力消耗: 7.5~15.0kW
粉筛能量: 8kg/min

图 5-7　烧结板回收粉末系统循环流程
1—烧结板回收装置；2—输送链；3—喷粉室；
4—被涂物；5—喷枪；6—供粉装置

一样，为多层孔结构，越向过滤器表面，孔越小，由于其过滤阻力低，单位面积承载粉末的能力强，过滤效率高达99.9%，回收率高，所以过滤后的空气可直接进入供风系统循环使用。烧结板回收粉末系统见图5-7。

③ 旋风分离器。这是一种传统的分离方式，广泛用于化工生产的通风除尘领域，自粉末涂装工业化应用以来，旋风分离回收粉末的方式一直被人们广为采用，其原理是利用离心沉降原理从气流中分离出粉末的设备，旋风分离器上部为圆筒形，下部为圆锥形，喷粉室内含有粉末的空气通过抽风机从喷粉室内抽出，送到旋风分离器的上侧进气管，以切线方向进入旋风分离器，获得旋转运动，大量的粉末涂料在气流的旋转过程中，由于离心力的作用，碰向分离器的内壁而离心力消失，向下沉降在锥形底部而被回收，含少量粉末的较干净空气从圆筒顶的排气管排出。含粉末涂料的气体通过旋风分离器进气口的速度一般为20~25m/s，所产生的离心力可分离出小于5μm的粉末。

旋风分离器各部分有一定比例，图5-8为一个标准形式的比例，只需规定出一个主要尺寸，如上部圆筒直径或进气口宽度即可近似得到其他部位的尺寸。

旋风分离器回收效率一般以质量分数（%）表示，它不仅与旋风分离器的性能有关，还与进入空气中的粉尘的粒度分布有关。另外粉尘浓度大小对其也有一定影响，浓度大则易聚集，效率会有所提高。旋风分离器性能由旋风分离器的结构所决定，实践证明，锥形部分的高度比圆筒形高度重要，圆锥形高度增加，回收效率提高，但当其为圆筒直径2倍时，回收效率就不再增加；减少排气管直径可以提高回收效率，但阻力增加；排气管插入深度也很重要，设计时，应使其下口稍低于进气管的下沿，以免进入的含粉末的

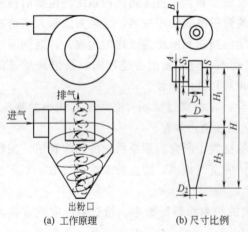

(a) 工作原理　　(b) 尺寸比例

图 5-8　旋风分离器工作原理及
尺寸比例（标准型）

$A = D/2$, $B = D/4$, $D_1 = D/2$,
$H_1 = H_2 = 2D$, $D_2 \approx D/4$, $S_1 = D/8$

空气短路，但并不是排气管插入深度越深，回收效率就越高，事实证明，当排气管插入深度比进气管高度稍大即可。

旋风分离器的阻力：气流通过旋风分离器后有一定的压力降，其计算公式为：

$$\Delta p = \zeta_c \frac{\rho \mu_1^2}{2}$$

式中　ζ_c——局部阻力系数，无量纲；

　　　μ_1^2——进口处气体速度，m/s；

　　　ρ——粉末涂料的密度，g/cm^3。

阻力因数（ζ_c）随旋风分离器的形式不同而不同，要通过实验测得，但当排气管插入筒内的深度有3倍于进气管高度以内时，对阻力系数无多大变化，因此旋风分离器的阻力一般可根据实验或经验数据得到，压降通常在0.03～0.2kPa之间。

现在利用旋风分离器回收粉末时，常用一种多单元小旋风回收系统，其实，它就是将许多小直径旋风分离器并联在一起，组成一个整体，它的分离效果比处理同量气体的大直径旋风分离器好，但是由于气流的分配难以完全均匀，所以回收效率不能达到一个小直径设备单独操作时所能达到的效果。应用多单元小旋风回收系统的成败，在于能否按设计要求将气流均匀分布在各个小旋风分离器内，使每个小旋风分离器内的气体流量相等，若做不到这一点，进入个别小旋风分离器的空气比正常要求小得多时，由于离心力变小，其分离效果会显著下降。

旋风分离器对于5μm以上的粉末回收率效果良好，一般为95%左右，但对5μm以下的粉末回收效果不佳，所以应配以其他的回收方式联合使用，图5-9为多单元小旋风分离器和烧结板过滤器同时使用时的回收粉末涂料的系统图。

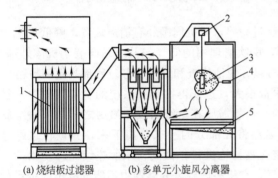

(a) 烧结板过滤器　　(b) 多单元小旋风分离器

图 5-9　多单元小旋风分离器和烧结板过滤器的粉末回收系统

1—烧结板；2—输送链；3—工件；
4—喷枪；5—喷粉室

当初在仅使用旋风分离器场合，其分离效率为60%～80%，20%以上排向室外，而引起涂装车间内外的污染问题，在排气工程中应设置袋式过滤器，防止粉末涂料飞散。

流程是喷粉室——旋风分离器——袋式过滤器——排风机。途中的风管配置越短越好。

回收装置的排出装置：从旋风分离器、袋式过滤器底部的粉末涂料的排出，需在连续排气的途中进行，为遮断空气采用双重挡板方式和旋转阀方式。因粉的压缩性，旋转阀进行了改良，故连续生产场合采用旋转阀占主流。

使用回收的粉末涂料需过筛，方式为电动式，筛目（孔径）应与所使用涂料的制造厂家洽谈确定。

为使粉末涂料的连续回收循环使用和防止超细粉末污染环境，在国外开发了多种先进的组合式的粉末回收系统，浙江明泉工业涂装有限公司研发成功的 MGPL 除尘器就属于这一类型新的组合式粉末回收装置。

MGPL 转翼式除尘器（组合式粉末回收装置），是由多段旋风分离器和后级脉冲回收过滤装置组成。它的工作原理和结构如图5-10所示。

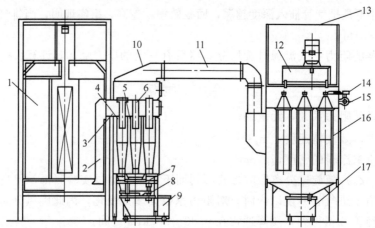

图 5-10　多段旋风分离器与后级脉冲回收系统示意图

1—喷粉房；2—未处理气体抽吸罩；3—未处理气体分气室；4—导流片；5—旋风子；6—插入管；
7—带缓冲板的气流稳定室；8—振动筛；9—装有供粉泵的集粉车；10—防爆板；11—连接风管；
12—风机；13—过滤棉；14—脉冲电磁阀；15—储气包；16—滤芯；17—超细粉集粉器

后级脉冲回收顶部是洁净空气排放口，装有过滤棉，风机周围装有消声装置，降低风机的噪声。中部是反吹清理室，为便于维护和保养，反吹清理用的储气包及电磁阀装于机体外部。下部是超细粉过滤室，内装滤芯，打开室门，可以方便地检查和调换滤芯。底部是超细粉箱。

由于喷房系统总装有多支自动喷枪，喷粉量很大，这使得抽吸到系统的含尘气体中，粉末含量大，这时靠单级脉冲回收是很难处理的。这就需要在单级回收与喷房之间加入一组旋风分离器（即多段旋风分离器）。多段旋风分离器将大部分的粉末分离下来，并进行过筛进入集粉桶内，再由装于集粉桶上的供粉泵直接向喷粉枪供粉，做到粉末的连续循环使用。

在多段旋风分离器之后是一组脉冲回收装置，它将多段旋风分离器中不能分离出的少量超细粉，通过滤网过滤下来，洁净的空气可直接在车间内排放，由于大部分可用的粉末已经用多段旋风分离器分离出来了，后级的滤网仅用于处理超级细粉，其过滤的效率很高，效果很好。

此外，多段旋风分离器把风机抽吸过来的含尘气体分配到各个旋风子上，因此每个旋风子所分摊的处理风量相应小了，所以整个设备的高度也相应降低，这给换色时的清洗工作带来了便利。因此，此种类型的回收系统对于多枪喷粉时，是首选的类型。

MGPL 转翼式除尘器（组合式粉末回收系统）与原低压脉冲袋式除尘器相比，在相同能耗的情况下，新产品在处理气量上提高了 50%，除尘回收效率高达 98% 以上，其测试参数为：输入电源（380±38）V，频率 50Hz，功率 15kW，处理风量 9000m³/h，过滤面积 100m²，回收器滤芯最大通气量 12000m³/h，反吹压缩空气压力 0.6MPa，耗气量不小于 0.3m³/min，净化效率大于 99%，噪声小于 80dB，安全等级 IP54。

（4）智能型供粉中心　供粉中心是粉末涂装中将粉末输送到喷枪，确保粉末高效自动循环使用的关键设备之一，主要由可编程控制器和人机界面控制、绝对位置检测、粉末位置追踪、吸粉管垂直升降、粉末回收、筛粉控制、自动清粉控制、粉箱振动和流化等系统组成（见图 5-11）。供粉中心控制原理图见图 5-12。

过去普遍采用抽吸式供粉桶或流化床供粉桶，虽然增加了电磁振荡器，桶内加搅拌等措施，但文丘里管堵塞，出粉不均仍是主要问题，其结果严重影响喷涂效率和表面喷涂质量。特别在多色喷涂场合，传统的供粉桶更是因清理时间过长、换色难度大、粉末多，致使生产效率低、生产成本高、作业环境污染严重。

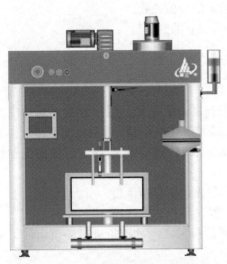

图 5-11　HL-QCC 智能型供粉中心的照片

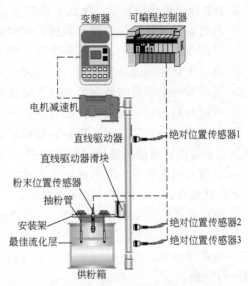

图 5-12　供粉中心控制原理图

新型的智能型供粉中心使原来的状况有了较大的改观。它能将粉末连续、均匀、定量地供给喷枪。具有新粉与回收粉末自动配比循环使用的优点，使静电粉末喷涂的供粉更加均匀。自身具备特制的振动平台及流化装置，因此，无论是采用专用的供粉箱供粉，或是采用原包装粉箱供粉，都能够确保流化均匀。系统具备粉末位置追踪及自动控制新粉添加功能。具备脉冲式反吹装置及逆向清洗蠕动泵，确保喷枪及管路的自动清理更加方便迅速，实现粉末的快速换色，使操作区间更加清洁。

(1) 供粉中心的主要技术指标

① 回收单元风机开启时噪声不大于 75dB，供粉中心正面操作区间开口处保持 0.5m/s 风速。

② 粉末筛粉机及流化供粉器的振动电机开启时运行平稳，不与其他部件产生共振。

③ 升降式文丘里座应能达到最快速度 5mm/s，运行时保持平稳，无颤抖。

④ 操作区间光照度达到 300lx。

⑤ 粉末管路自动反吹清理工作气压达到 0.4MPa，管路耐压应达到 0.7MPa。

⑥ 流化供粉器锁紧装置锁紧力不小于 500N，保证工作时的稳定。

⑦ 各运动部件活动自如，与粉末直接接触的部件保持良好接地，如粉末筛粉机、升降式文丘里座、流化供粉器等的接地电阻不大于 5Ω。

⑧ 供粉压力 0.45MPa；流化压力 0.01～0.03MPa。

⑨ 升降式文丘里座：行程不大于 1000mm，负载不大于 50kg。

⑩ 粉末探测距离：60～300mm。

⑪ 不锈钢粉桶容量：100kg。

⑫ 自动清理反吹气压：0.4MPa。

⑬ 回收风机：流量 3000m³/h，风压 1500Pa。

⑭ 旋风筛粉机精度：80 目。

⑮ 回收过滤精度：不大于 1μm，可直接排放，效率达 99%。

(2) 供粉中心的主要配置特征

① 具备带有粉末探测器的升降式文丘里座，使得文丘里的吸粉管可以根据粉位的高低

始终处于最佳的流化层区域，保证了供粉质量。

② 具备高精度粉末位置检测器件，实时追踪粉末的当前位置。

③ 升降机构采用防尘、运行平稳、荷载不小于 50kg 的升降缸。

④ 微孔流化管质地细密均匀、韧性好。

⑤ 装有旋风筛粉机与特制的不锈钢流化粉桶。

⑥ 可以使新粉与回收粉按比例循环使用。

⑦ 具备对喷枪粉管、文丘里泵、喷枪等内部的自动清理系统，用压缩空气通过供粉中心底板上安装的吹嘴进行脉冲式反吹清理，为换色或下班时的清理工作提供方便。

⑧ 自带有回收装置，能将操作区工作时产生的、少量的粉末及时回收，使整个供粉操作区间保持负压，保证工作环境干净整洁。

⑨ 可以直接使用原装粉箱供粉，也可以使用特制流化供粉桶供粉。

⑩ 供粉桶不需密封，可以在供粉的同时进行加料，易于清理换粉。

⑪ 具备筛粉机，将从旋风分离器中分离、抽回的粉末，经过筛粉机循环使用，保证回收粉末的质量。

⑫ 采用 PLC 程序控制，触摸屏操作，可显示各部分的工作状态、报警信息、参数设定，手动/自动操作选择，可以根据工件的不同，预设多项预定义参数，并可以随时修改。

⑬ 控制系统具备粉末不足预警、无粉报警功能，提醒操作人员及时加粉或更换粉箱。

⑭ 系统调试和使用方便灵活，能与其他各种喷粉系统友好配合。并且能够向其他设备提供必要的数据。当系统出现任何错误或参数输入错误时，能够及时准确地提供错误信息。

（供粉中心资料由浙江华立涂装有限公司提供）

5.3.3　静电粉末喷涂设备的设计实例

（1）中、小件喷粉设备

被涂物：金属制品（600mm × 1000mm × 1200mm）；生产量：1 万件/月；挂距：1.5m；输送链速度：1.5m/min；喷涂工艺：前处理＋烘干水分＋静电粉末喷涂＋烘干；喷涂颜色：主色两种＋其他色；喷涂时间：自动 1min。

① 设计程序。首先确定喷粉室的尺寸，以涂装实验（经验）的数值为依据，算出涂料喷雾量、排气量，进行附带装置（回收装置等）的设计。

a. 断面。按图 5-5 的计算基准确定各尺寸。

b. 喷粉室长度。由涂装时间算出。自动喷 1min；手工喷 0.5min。出入口按被涂物的长度取，外部的遮蔽风幕段的长度取 0.5m。

c. 计算排风量。由断面风速和爆炸下限算出。

ⓐ 由断面风速计算出的排风量。作业断面面积（m^2）× 风速（m/s）× 60 ＝ 排风量，即 $(1+0.2+0.2) \times (1.5+0.2+0.2) \times 0.5 \times 60 = 80 m^3/min$。

ⓑ 由爆炸下限计算出的排风量。涂装实验测得的涂料吐出量为每支枪 200g/min，三支枪的吐出量为 600g/min，聚酯粉末涂料的爆炸浓度下限为 $40g/m^3$。最低排风量，以安全率为 3 计算：$600 \div 40 \times 3 = 45 m^3/min$。本装置的排风量取 ⓐ、ⓑ 计算的最大值，则为 $80 m^3/min$。

② 排气风管管径。为防止粉末的滞留，风管内风速选用 10m/s，风管的面积 $A = 80/60 \div$

$10 = 0.13\text{m}^2$。圆形风管的直径 $D = \sqrt{0.13 \times 4 \div 3.14} = 0.4\text{m}$。

③ 回收装置。主色是由 2 个旋风分离器（回收）、1 台袋式过滤器（排气）组合而成。各装置选定 $80\text{m}^3/\text{min}$ 风量为基准。

④ 排出装置。旋转阀各 1 个，合计 3 个。

⑤ 筛。安装在旋风分离器下部的振动筛 2 台。

⑥ 空压机和除湿除油装置。粉末涂装与溶剂型涂装比较，更要求除去压缩空气中的水分、油分，涂装专用的空压机场合望选用无油型压缩机。

3 支自动喷枪，1 支手动喷枪，每支喷枪的空气量为 200L/min，则选定的空气量为 $200\text{L/min} \times 4 = 800\text{L/min}$。

应设置除湿用的空气干燥器和油过滤器。

⑦ 换色（清扫及时间）。本设计例为 38min，如喷粉室和涂装机等同时进行换色作业，投入人员时间可缩短。实际上，粉末装置制造厂提出缩短换色时间的各种方式，因此可根据被涂物、换色条件、涂装生产线条件选用最合适的方式。

⑧ 设计实例的设计说明、设计实例的设备、涂装机的规格及其流程如图 5-13 所示。

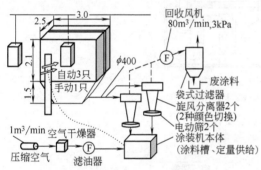

图 5-13　静电粉末喷涂设备设计实例的流程示意图

（2）BMW 车身喷粉涂装室　在 20 世纪 90 年代，德国宝马公司（BMW）两条轿车车身涂装线采用了粉末罩光新工艺，它的粉末涂装室的断面如图 5-14 所示。粉末涂装通常干式是在喷粉涂装室中进行。粉末涂料不具有黏性，因而可靠离心分离器和过滤器使涂料与涂装室空气分离，在粉末涂装场合，涂装室排风的再循环和涂料的回收再使用成为可能。

图 5-14 中新鲜空气仅供给涂装室侧面的涂料供给室和涂装室下部，由此回收风再供给涂装室的循环风用。还有在涂装室的下部设置带式过滤器，从输送机部分排出的涂料（废粉）废弃，从其他方面排出的涂料处理后回收再利用。

粉末涂装室的空气温湿度控制也十分重要。但与溶剂型涂料相比，粉末涂装室的风速可降低，排风可循环使用，因此可节能。在溶剂型涂装场合，为防止过喷涂难以降低喷漆室的风速，在汽车涂装场合通常最低需要 0.3m/s。

可是，在粉末涂装场合，不需要担心使用喷涂液体涂料那样的过喷涂。也就是说在粉末涂装时工件近旁的气流（涂装室的下降气流和从喷枪中喷出的空气）对涂装效率有大的影响。所以，涂装室的下降气流风速控制得尽可能低是十分重要的。通常为 $0.1 \sim 0.2\text{m/s}$ 较好。

图 5-15 所示的是汽车粉末涂装涂装线的实例。图中涂装室风速为 0.15m/s，仅为液体涂装的 $(1/2) \sim (1/3)$ 的风速。还有，空气总量的 10% 是新鲜空气，其余 90% 通常在涂装室中循环。新鲜空气的温度及湿度两者都要控制，而循环空气仅控制湿度。

关于 10% 补给空气的排放，不直接向外排出，可先送往涂料准备室和涂装室的下部，或输送机部位，还有在涂装工厂内，这样可降低工厂的空调能耗。

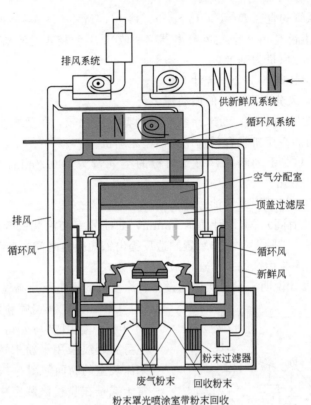

排风系统

供新鲜风系统

循环风系统

空气分配室

顶盖过滤层

排风

循环风

循环风

新鲜风

粉末过滤器

废气粉末　回收粉末

粉末罩光喷涂室带粉末回收

图 5-14　粉末涂装室体系

[注：宝马（BMW）公司资料]

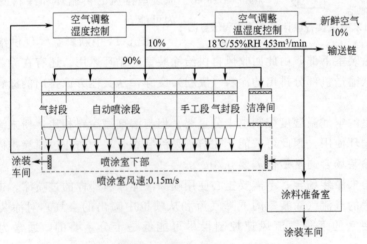

空气调整湿度控制

空气调整温湿度控制

新鲜空气 10%

10%　　18℃/55%RH 453m³/min　　输送链

90%

气封段　自动喷涂段　手工段气封段　洁净间

涂装车间

喷涂室下部

喷涂室风速:0.15m/s

涂料准备室

涂装车间

图 5-15　汽车粉末涂装线的空调空气的流程实例

（本资料摘自日刊《涂装技术》2011，9：109-110，喷涂技术一文）

5.3.4　静电流动床浸渍法

　　流动床浸渍法虽比较简便，可是被涂物须预热，不然粉末粒子粘不上，还必须将被涂物全浸没在流动的粉末中。静电流动床浸渍法是在流动粉末中附加静电附着的方式，兼顾了两种涂装方式的长处（见表 5-3 和图 5-16）。

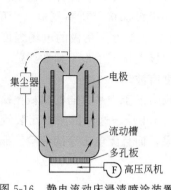

图 5-16 静电流动床浸渍喷涂装置

表 5-3 静电流动床浸渍方式的特征

涂装方式	特征(优点)
静电流动浸渍	涂膜外观优良 涂膜薄膜化 不需预热 与被涂物材质无关
流动浸渍	装置简易 回收装置小 适应于凹凸形状的涂装 不需旋转被涂物 占用空间小 涂料损失少

静电流动床浸渍法的粉末涂料装入量少,流动层内设有电极,电极上接 3 万～9 万伏负电压,当有接电的被涂物通过时,荷电的粉末粒子就会漂浮起来涂着在被涂物上。常温下靠静电引力涂着且保持着状态稳定。此法特别适用于线材、带状等具有连续性生产的、形状比较简单物件的粉末涂装(见图 5-17)。

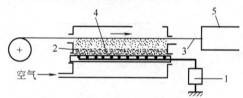

图 5-17 静电流动床浸渍法涂带
状物的装置原理图

1—高压静电发生器;2—粉末涂料流动区;
3—带电的粉末涂料涂着层;4—高压电极;5—熔融炉

5.3.5 静电粉末振荡涂装法

它是在高压场作用下,靠阴极电栅的弹性振荡,使粉末粒子充分带电和克服惯性,沿着电场力线吸附到接地的被涂物上的一种新的粉末涂装法,获得工业应用是在 20 世纪 70 年代后期。它具有静电粉末喷涂法与静电流动床浸渍法两者的优点,其最大特点是不用压缩空气作为载体,不需要大型的粉末回收装置。

静电粉末振荡涂装法的工作原理:在塑料制的涂装箱内,以接地的被涂物作为阳极,在距被涂物 200mm 左右的底面或侧面设置电栅作为阴极,电栅铺在粉末涂料上或埋在粉末涂料中,接上负高压电,在两极间形成高压静电场,即在阴极电栅上产生电晕放电,粉末以电晕套或与电栅直接接触而得到电荷(注意:此刻尚无涂装效果)。借助于外力作用(如静电场的作用力或其他机械作用力),使阴极电栅产生弹性振荡而导致粉末粒子由静态变成动态,带负电荷的粉末粒子在高压静电场的作用下漂浮起来,沿电力线方向高效地被吸往和涂着到被涂物上,随后加热熔融,固化成膜。由于使阴极电栅产生振荡的方式不同,静电粉末振荡涂装法又可分为静电振荡法和机械振荡法两种。

静电振荡法是由德国卜勒纳斯路公司在 1975 年研制成的。在西欧称之为"卜勒尼林"法,其涂装设备的应用简称为 BPE 应用。静电振荡法的原理[见图 5-18

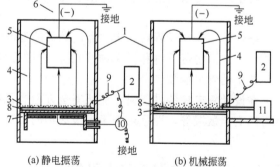

(a) 静电振荡   (b) 机械振荡

图 5-18 静电粉末振荡涂装法的原理图

1—塑料制的塑料箱;2—高压直流电源;3—上阴极;
4—电力线;5—被涂物;6—运输链(接地);
7—下阴极;8—粉末涂料;9—高压电缆;
10—转向开关;11—机械振荡装置

（a）]：阴极分为上阴极和下阴极，上下阴极用耐高压绝缘性好的塑料板隔开，在塑料板上面是粉末涂料与上阴极（电栅），下面安设下阴极。上、下阴极都接上负高压电（4万～9万伏）。并使下阴极在接地和额定高压之间产生周期性的变化，随着下阴极的电场强度的周期性变化，在同性相斥、异性相吸的静电场作用下，使上阴极电栅产生上下弹性振荡。此法的缺点是上下阴极间有击穿的可能性，阴阳极间的电场强度有波动。

机械振荡法克服了静电振荡法的缺点。实践表明，仅借助于水平方向的机械振荡也可使阴极电栅产生弹性振荡，达到同样的涂装效果 [见图 5-18（b）]。这种机械振荡装置的电场强度不波动，电流特性稳定，显著地提高了静电涂装效果，而且无电击穿的危险。振荡装置的结构也大大简化了。两种振荡法的特性对比见表 5-4。

表 5-4　两种振荡法的特性对比

特　　　性	静电振荡法	机械振荡法
工作原理	高压静电＋静电振荡	高压静电＋机械振荡
振荡装置结构	较复杂	简单
振动频率调整	较难	较容易
阴极与粉末接触	阴极丝仅上下弹性振动，接触面小，仅沿阴极丝 2～3mm 宽的一条	因阴极电栅水平方向振动，接触面大，整个平面
上、下电极击穿可能性	有	无（取消了下电极）
电流特点	电流较大且波动，对高压静电发生器的寿命可能有影响	电流较小且较平稳
电场方向	不稳定，电场强度产生波形变化	稳定

5.4　粉末涂装的防火防爆

粉末涂料是以不含溶剂的树脂为主体。在环保方面较彻底地解决了 VOC 的排放公害问题，在火灾危险性方面较有机溶剂型涂料要小些，可是粉末涂料也是易燃物，在高浓度场合会发生粉尘爆炸。堆积状的粉末涂料的燃烧通常从表面开始，而在流动状态时，粉末的燃烧是呈爆炸状态的，能将装置和建筑物炸飞。

粉尘爆炸的条件是：①粉尘浓度在一定浓度范围内；②燃烧所需的空气；③着火能量的条件。

条件①、②在风管内、集尘器内的可能性高。条件③中的着火能量应考虑静电积聚、火花放电、被涂物落下时和被涂物彼此接触时的火花放电、静电和由高压涂装机的放电等种种原因产生的着火能量。

在设计粉末涂装设备时，应从安全方面装备如袋式过滤器等的集尘器的接地、涂装机接触时的安全装置等，而且还需考虑被涂物的吊挂方式、堆积的涂料等生产线上的问题。

5.5　粉末涂装应用实例

5.5.1　车厢"粉漆共线"生产线实例

粉末涂料涂装的优势是能够实现涂料的回收利用、零 VOC 排放、零废水、零废渣排放，环保优势极为显著，但换色时间较长；液态涂料涂装的优势是能快速实现颜色切换、不同颜色间换色只需 15s，适用于颜色种类较多的产品生产，但涂料利用率低，三废排放较大，因此如何将两种工艺同时运用到汽车生产中，充分发挥各自优势，必将对行业发展起到极大的促进作用。车厢液态涂料与粉末涂料共线涂装实例如下。

5.5.1.1 车厢涂装工艺现状

国内典型的车厢"粉漆共线"涂装工艺如图 5-19 所示：

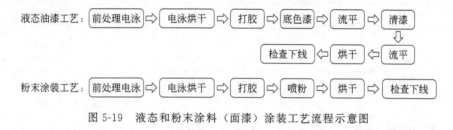

图 5-19 液态和粉末涂料（面漆）涂装工艺流程示意图

车厢涂装相对于车身驾驶室涂装而言主要有两点不同：一是车厢结构、型材类型繁杂，有铁平板、铁瓦楞、横瓦楞、竖瓦楞、仓栅车、竹胶板、花纹板，不同的类型对应的搭接形式不同；二是车厢涂装需要将车厢板组挂后进行涂装，以提高生产效率，故对不同结构的组挂方式、输送方式要求极高（车身驾驶室输送主要靠地面滚床输送，而车厢板则主要靠吊具悬挂输送，输送系统集中布置在空中），这就需要对涂装线的输送悬挂装置进行系统的设计分析验证，以保证输送的稳定性、自动化率等能够满足生产省人省力的要求。

目前行业内车厢涂装工艺多为液态油漆，适用于单涂层或双涂层（BC＋CC）喷涂面漆工艺。

基于粉末涂装换色较困难（换色时间需 15min 以上）和难薄膜化（一次喷涂需在 $50\mu m$ 以上），它仅适用于汽车车身、车厢涂装中的换色频率小的或不需换色的中涂、本色面漆和罩光清漆的喷涂工艺；双涂层面漆工艺中 BC 和 CC 都采用粉末涂料，将超厚了，粉末金属底色漆品种很少，仅在重防腐涂装中有采用粉末富锌底色漆加粉末面漆的"干碰干"（1.5 次烘干，即富锌粉末底漆加热熔融后与粉末面漆一起烘干）的厚涂层工艺介绍。

因此在颜色种类较多的车厢生产中，粉末喷涂只能替代部分的液态油漆颜色，若采用粉末喷涂完全替代液态油漆喷涂的工艺设计及实际生产等均较为困难，不能快速响应市场需求，故需要新的解决方案。

结合上述的分析，粉末喷涂在环保方面存在明显优势，但若完全采用粉末喷涂取代油漆喷涂，则粉末喷涂工艺就必须要兼顾金属漆、本色漆十几种颜色的生产，将会大幅提高工艺装备投入及运行能耗等，将粉末的优势冲抵殆尽。故这里所讨论的车厢涂装工艺设计过程中，采用喷粉喷漆共线生产工艺，充分利用液态涂料与粉末涂料各自的优势，进行车厢涂装生产。

5.5.1.2 车厢粉漆共线喷涂线的规划设计

（1）车厢涂装工艺流程（参见表 5-5）

表 5-5　车厢涂装生产线工艺流程

序号	工序名称	工艺方法	工艺参数		输送方式	备注
			温度/℃	时间/min		
1	上挂	自动/手动			四链提升输送	
2	前处理					
2.1	热水洗	喷淋	55±5	1		
2.2	预脱脂	浸	55±5	1		
2.3	脱脂	浸	55±5	3		
2.4	第一水洗	浸	室温	浸没即出		出槽新鲜工业水喷淋
2.5	第一纯水洗	浸	室温	浸没即出		
2.6	硅烷	浸	25±5	3		出槽喷
2.7	第二纯水洗	浸	室温	浸没即出		
2.8	第三纯水洗	浸	室温	浸没即出		出槽新鲜纯水喷淋
3	阴极电泳					
3.1	阴极电泳	浸,300～400V	28±1	3		出槽设 UF1 喷
3.2	UF1 水洗	浸	室温	浸没即出		设出槽喷
3.3	UF2 水洗	浸	室温	浸没即出		设出槽喷
3.4	第四纯水洗	浸	室温	浸没即出		出槽新鲜纯水喷淋
4	转接	自动/手动			高位辊道	
5	电泳烘干		160	30min	双普链	
6	面漆前擦净、打胶	手动			单普链	
7	自动喷漆(或喷粉)	自动	22～28		单普链	
8	补漆	手动	22～28		单普链	
9	面漆烘干		150～180	35min	单普链	
10	面漆检查				单普链	
11	下件	自动/手动			升降机、移行机	

注:本项目采用了低温粉末,烘干温度范围为160～180℃,烘干时间20min。

(2) 粉漆共线平面设计　为实现金属漆与素色漆的共线生产,金属漆为底色漆＋清漆喷涂两道涂层,因此喷漆室分为底色漆喷漆室、色漆流平室、清漆喷漆室、清漆流平室,金属漆经清漆流平后进入面漆烘干室。粉末喷涂选择在最后一个流平区域,喷漆室及风管采用移动活接结构。当生产金属漆时,粉末喷房移出流平室,防止清漆漆雾污染喷粉房,粉房位置如图 5-20 所示位置 1。当进行粉末喷涂时,将喷粉房自动移入流平区,如图 5-20 所示位置 2,工件通过喷漆室但不喷涂,进入喷粉室后再进行粉末喷涂。为保证产品质量和安全,喷粉室移动前后均需要对清漆流平室区域进行清理。

5.5.1.3　车厢涂装自动输送系统设计

　　车厢涂装输送系统采用双排四链提升系统＋双排高位辊道＋双排悬链＋高位辊道移行＋单排悬链等输送方式组合应用:前处理电泳工艺采用双排四链提升系统进行输送,采用提升

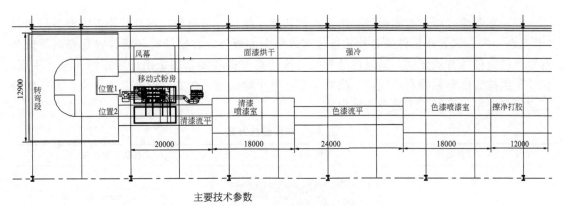

主要技术参数

1.工件：卡车车厢　　2.工件吊挂尺寸(长×宽×高)：85000mm×350mm×2550mm
3.能源：天然气　　4.输送方式：普链　　5.面漆工艺：喷漆或喷粉

图 5-20　面漆段布置简图

电机驱动替代提升葫芦满足重载工件在工艺槽体的升降，实现高节拍生产要求，工件电泳后由四链提升系统自动转接至双排高位辊道系统上，再由双排高位辊道输送系统自动输送至电泳烘干炉入口，工件从双排高位辊道上自动转接至双排悬链上，由悬链输送通过烘干炉进行电泳漆烘干，实现烘干炉低能耗高效率生产需求。烘干后工件由悬链自动转接至高位辊道移行机上，再由双排高位辊道输送至喷漆室入口，在喷漆室入口双排高位辊道逐一将两排工件转接至单排悬链上进行喷漆作业，满足工件双面喷涂需求及提高产品质量。通过以上自动输送及转接满足了车厢涂装各工序（电泳、烘干、喷漆等）生产需求、自动分流、自动转换，实现工件流转无人化。

（1）四链提升输送系统设计　四链提升输送系统的工作原理：四链提升输送系统主要由槽间行走装置、槽内提升装置、上层吊具、下层吊具、挂钩、控制系统等组成（见图5-21）；单个车厢地板或者多个车厢边板通过挂钩组挂成一个大片，通过挂钩与下层吊具连接，两个下层吊具分别挂一组工件形成两排挂在上层吊具上，即一个上层吊具挂两个下层吊具，携带两排工件通过提升链与提升装置相连，提升装置与行走装置相连组成整个系统，提升装置通过两排各两个提升电机控制上层吊具在槽体内的上升与下降，行走装置由滑触线控制驱动电机带动整个系统完成在水洗槽、脱脂槽、磷化槽、电泳槽等槽体间的输送，电泳完成后将下层吊具及工件转移到烘干输送系统进入烘干炉，上层吊具随四链提升系统返回上件点继续进行工件输送任务。

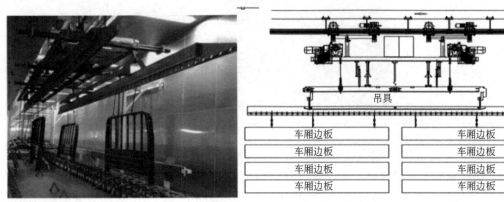

图 5-21　四链提升输送系统

（2）车厢涂装组挂方案设计　由于不同长度、结构、板材的车厢共线生产需要进行组挂（参见表 5-6），即各小板件通过挂钩连接组成一个大板件，在组挂时各板件容易倾斜导致外形宽度超过槽体有效宽度，通过设计新型吊挂结构使得各类车厢板组挂后在同一竖直平面，保证了组挂后的车厢顺利通过各个涂装工序，整个输送通道的宽度设计紧凑安全，有效提升了空间利用率、降低了工艺设备的投资。

表 5-6　车厢组挂方案

序号	工件名称	工件图片	挂钩方案图片
1	边板		
2	前围板		
3	底板		
4	顶板		

5.5.1.4　喷涂系统及粉房设计

液体涂料的喷漆室系统与其它生产线相同，采用上送风下排风的水旋式喷漆室，喷漆室的自动段风速为 0.3～0.4m/s，人工段风速为 0.4～0.5m/s，采用往复机自动喷涂和人工补漆方式，其他不做重点介绍。相比水性漆喷漆室温湿度环境，粉末喷涂对温湿度无严格的要求，推荐的最佳喷涂工艺条件：温度 18～25℃，相对湿度 40％～60％，喷涂窗口管理范围较宽，如图 5-22 (a) 所示。新增喷粉房经计算后确定粉房尺寸：6000mm 长×2000mm 宽，送风风量为 24000m³/h，喷粉房的布置图如下图 5-22 (b) 所示。

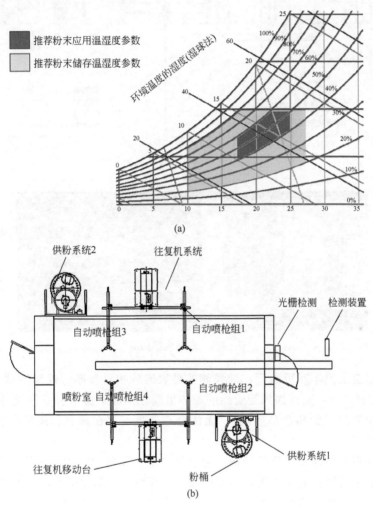

图 5-22　粉末喷涂温湿度范围 (a) 和喷粉房布置图 (b)

　　根据工件尺寸、膜厚要求及生产节拍等计算，喷粉系统采用自动供粉系统，4 台往复升降机，每台往复机安装有 8 把自动喷粉枪，同时配置有大旋风粉末回收系统＋二级过滤系统，二级过滤系统自动收集超细粉，收集后的超细粉可由粉末厂家低价回购，实现废渣的零排放，系统流程图及平面布置图如下图 5-23 所示。同时为保证系统安全，在喷粉房及大旋风回收系统均设有粉末浓度报警装置和火焰探测系统，并配置消防灭火系统＋控制系统。

5.5.1.5　粉末喷涂创新点

　　车厢一般采用波纹板或平板件，为保证强度在车厢长度方向一般会设置加强筋，加强筋与波纹板之间会形成一个腔体，该区域在正常喷涂过程中极易露底，如图 5-24 所示。

　　在采用喷枪垂直工件表面的方式进行粉末喷涂的情况下，在一定的距离范围内（180～300mm），涂膜厚度与喷枪离车厢的距离紧密相关，在保证车厢大部分的平面区域膜厚合适

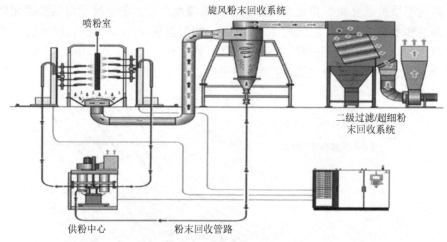

图 5-23　喷粉系统流程图

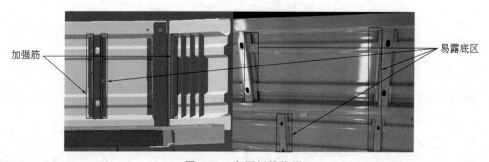

图 5-24　车厢板结构图

时，加强筋一般会凸出车厢板表面，加强筋的外表面就相对较厚（现场测试大面 80μm 时，加强筋外表面 120μm），而被加强筋遮挡的腔体里膜厚却非常薄（有些位置基本没有，赤裸裸的暴露，影响客户感受和产品质量），无法全部覆盖，存在露底、漆膜厚度不够的问题，一般需要人工补喷。

　　针对车厢存在加强筋及凹槽的结构，通过对喷粉喷嘴角度首创性采用 45°角喷涂，实现了车厢边角及加强筋区域的全覆盖，主要产品实现喷粉全自动化覆盖，零人工补喷，粉末喷嘴结构如图 5-25 所示。

图 5-25　粉房 45°弯头

　　由于回收粉经过喷房、大旋风回收系统，过程中易受到污染，若采用全回收粉或混合回收粉进行喷涂，涂膜表面极易出现缩孔缺陷。因此为了解决回收粉全部利用的问题，此项目对粉末供粉系统及喷涂系统进行全新的设计，粉末喷涂采用 2C1B（两涂层一烘干），实现粉末"干碰干"喷涂工艺。系统将喷粉枪分为前后两组，每组 16 把喷枪，设有两套供粉系统分别供给前后两组，回收粉用于第一道喷涂，新粉用于第二道喷涂，第一道和第二道喷涂的喷粉量可根据粉末回收情况进行调整，该方式实现回收粉利用率达到 100%，且采用新粉作为第二道喷涂，对第一道回收粉中可能存在的缩孔等缺陷进行了有效的遮盖，确保了漆膜外观质量。

5.5.1.6 经济效益及社会效益

本实例中的粉漆共线技术为国内首次在车厢涂装上应用，通过技术组合及创新，采用 2C1B 粉末喷涂即"干碰干"喷涂工艺，实现回收粉 100% 利用，优化喷粉枪，采用 45°角喷粉，实现了车厢边角及加强筋区域的全覆盖，零人工补喷。同时与液体涂料相比，其经济效益及社会效益也极为明显，以素色漆（白色）为例，单涂层粉末涂料与溶剂型涂料成本对比如表 5-7 所示。

表 5-7 粉末涂料与溶剂型涂料成本对比一览表

对比内容	粉末涂料	溶剂型涂料	备注
土建成本	10	200	溶剂型涂料需要建设循环水池及排烟烟囱等
喷房尺寸 (L×W×H)/m	6×2×4.8	18×4×5.8	溶剂型喷漆室分为自动喷涂段与人工喷涂段，因此喷房室体较长
送风量/(m³/h)	24000	99360	
排风量/(m³/h)	24000	99360	
能耗成本/(元/台套)	18	38.83	粉末烘干能耗略高，已计入
涂料利用率	97%	30%~40%	按膜厚、原漆固体分及涂料利用率折算；粉末涂料单台套的千克用量约为溶剂型涂料用量的 0.5~0.6。
涂料成本/(元/台套)	98	160	标准货箱
人工成本/(万元/年)	10	30	每人每年 10 万元成本
VOC	0	70g/m²	
废水	0	0.2g/m²	
固废	0	67.5g/m²	少量废粉由厂家回收利用

注：1. 溶剂型涂料采用静电喷涂，但由于边板之间的间隙，因此涂料利用率偏低。
2. 溶剂型涂料采用往复机喷涂过程中，因考虑涂料利用率及静电效应等，为避免边角流挂，加强筋区域的膜厚会偏低，需要 2 人进行人工补漆，避免露底。另需安排一人监控往复机等设备运行，粉末喷涂只需一名监控人员即可。

经实验室及实物市场跟踪，粉末涂层的性能略高于原溶剂型涂料，同时由于粉末涂料膜厚一般控制在 $80\mu m$ 以上，涂膜的耐磨、抗刮擦性能及 DOI 要远优于溶剂型涂料。同样生产纲领的情况下，粉末喷涂对应的送排风量、能耗、涂料成本、土建成本、三废排放等均要优于液体涂料，具有明显的经济效益和社会效益。

5.5.1.7 粉漆共线技术展望

粉漆共线工艺是车厢涂装线项目实施过程中的二次优化，在生产组织过程中需要根据不同的工艺调整面漆烘干炉的炉温，虽然通过烘干炉的设计开发能够保证生产线自动识别进入烘干炉的工件是喷漆的还是喷粉的，进而调整炉温，但是也带来了生产组织的不便，后期的发展方向应是开发低温烘干粉末，使得喷粉与喷漆能够在同一烘干温度下烘干。

由于金属漆需要一次单独的高温烘干工序，因此本项目暂时无法实现全部颜色均采用粉末喷涂，若后期粉末金属漆也可实现与粉末清漆的"干碰干"喷涂，整个涂层只需要一道高温烘干，则可以在现有喷粉室前增加一套金属漆的喷粉室，即可实现车厢等工件的所有颜色均采用粉末工艺路线，实现真正意义上的零排放，届时粉末涂料将具有更广阔的应用前景。

本项目在粉末喷涂方面的一些应用探讨仅供同行参考，不足之处敬请指正。

(5.5.1 节资料由江淮汽车邢汶平提供)

5.5.2 MDF 人造板的粉末涂装

5.5.2.1 概述

人造板是以木材或其他非木材植物为原料，经机械加工分离成各种单元材料后施加或不施加胶黏剂和其他添加剂胶合而成的板材或模压制品，主要包括胶合板、刨花（碎料）板和纤维板等三大类产品。纤维板分类与性能见表 5-8，木制品板式家具及儿童家具大部分采用中密度纤维板（middle density fiberboard，MDF 或 MDFB）作为基材，由于人造板孔隙率较大，用普通油漆涂装后，受木纤维毛细孔影响，家具成型后使用过程中持续有甲醛挥发。因此，木制品涂装存在生产中的 VOC 排放和家具使用中甲醛挥发的双重危害，采用粉末静电喷涂可以解决上述问题，可谓木制品涂装技术的一次革命。

表 5-8　纤维板分类与性能（GB/T 11718—2009）

分　类	技术性能	备　注
高密度板 HDF	密度＞800 kg/m³	① 定义：纤维板 density board(wood)
中密度板 MDF	密度 650～800 kg/m³ 含水率 3%～13% 甲醛释放量 8.0mg/100g(穿孔法)	纤维板是以木质纤维或其他植物纤维为原料，施加脲醛树脂或其他适用胶黏剂制成的人造板材。 ② E₀、E₁ 代表甲醛释放量等级的环保标准，E₀≤0.5mg/L，E₁≤1.5mg/L，E₂≤5.0mg/L，参考 GB 18580—2001
低密度板 LDF	密度＜450kg/m³	

5.5.2.2 MDF 粉末涂装技术原理

木材含有的水分直接影响木底材的表面电阻，需将表面电阻控制在 $10^5 \sim 10^8 \Omega$，含水率控制在 6%～8%之间。含水量过高（＞10%），造成涂层烘干固化时产生针孔、起泡等现象；含水量过低（＜4%），板材开裂。木材表面电阻过大，影响静电粉末涂装的涂着效率（TE）和板材易变形。为解决 MDF 人造板基材的多孔性问题，需对其进行表面封闭；而通过导电涂层处理可以解决基材绝缘难以进行静电喷粉的问题。通过特殊涂装材料可以实现封闭＋导电的功能。

① MDF 板材涂装前表面处理

a. 脱水：热风吹干 110℃×20min（或红外辐射与热风循环 1～2min），可保证木制品含水率在 6%～8%。

b. 砂光打磨：可使表面粗糙度达到 $Ra1 \sim 2\mu m$（半光表面）。

c. 火焰法去除纤维浮毛（实木/刨花板），擦净或吸尘方法可去除浮灰和静电吸附的尘埃。

② 板材表面封闭及导电涂料

a. 红外反射纳米导电水性底漆：封闭 MDF 素材，获得导电涂层，并在后续粉末涂层的固化时，根据红外辐射原理，采用红外反射特性，防止红外渗透波长对基材影响，红外反射底涂可以转化为吸收红外加热波长，并具备隔热功能，避免 MDF 基材升温过高（≥100℃），素板水分析出，造成基材变形、开裂等现象，保持产品稳定性。

b. 功能导电粉末涂料：对 MDF 基材直接喷涂导电粉末涂层，实现封闭＋导电，可进行干喷干粉末涂装。

c. UV 光固化底漆：根据光化学原理，光能引起涂层分子中电子分布发生变化，使涂层分子处于激发态，由光固化涂料通过紫外光 UV 快速固化/封闭基材水分及挥发物溢出功能，封闭 MDF 基材。

d. 常规采用素板预热处理，表面打磨砂光后，在粉末静电喷涂前需进行预热处理，温度在 80～90℃之间，然后进一步粉末涂装。

③ 人造板粉末涂层的红外辐射快速固化技术　根据热化学红外辐射加热原理，通过粉末涂料红外光谱分析获得粉末涂料红外光谱图中的红外吸收波长，对红外辐射源进行设计，热能的匹配使分子振动幅度发生改变，涂层基态分子发生化学变化。人造板粉末涂层固化过程分为两个阶段——熔平阶段和交联固化阶段。在交联固化阶段，涂层表面温度提高10℃，化学反应速度增加1～3倍。由于粉末涂料的成膜聚合物分子中含有羟基和羧基，其固有振动频率相应的吸收波长在 2.8～3μm，因此当该波数（或波长）的红外辐射光能量与辐射源吸收波长相等时，各基团将吸收红外辐射能，加速粉末聚合物固化进程。

以某聚酯-环氧粉末涂料为例，其傅里叶红外光谱（FTIR）见图 5-26。

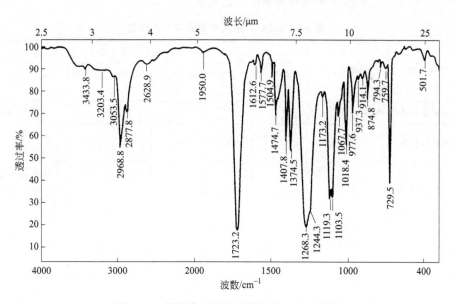

图 5-26　某聚酯-环氧粉末涂料的 FTIR 谱图

对图 5-26 进行解析，波数 3433cm^{-1}（波长 $\lambda_1=2.92\mu m$，波长和波数互为倒数）处是羟基伸缩振动吸收峰，2968cm^{-1}（$\lambda_2=3.37\mu m$）、2877 cm^{-1}（$\lambda_3=3.48\mu m$）是甲基伸缩振动吸收峰，1723 cm^{-1}（$\lambda_4=5.80\mu m$）是酯基 C＝O 键伸缩振动吸收峰，1407 cm^{-1}（$\lambda_5=7.11\mu m$）、1374 cm^{-1}（$\lambda_6=7.28\mu m$）是相邻两个甲基弯曲振动吸收峰。根据能量匹配原理，并结合维恩定律（$T=2898/\lambda_{max}-273.2$），计算可得到红外辐射源的发射温度分别为：$\lambda_1//T_1=719℃$、$\lambda_2//T_2=587℃$、$\lambda_3//T_3=560℃$、$\lambda_4//T_4=226.5℃$、$\lambda_5//T_5=134.4℃$、$\lambda_6//T_6=125℃$。因此我们可以通过红外光谱解析官能团波长，结合红外辐射发射源进行直接的能量转换关系，相对应的转换关系可见图 5-27。

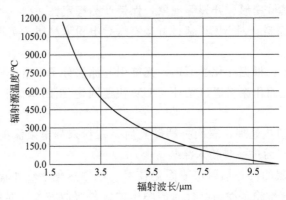

图 5-27 红外辐射源温度与红外辐射吸收波长的关系

结论：粉末涂料通过 FTIR 谱图解析后，获得特征吸收波长，由吸收波长与红外辐射源能量进行匹配，通过维恩定律进行相关计算，可为红外辐射热源的温度和输入功率提供设计依据，实现粉末涂层红外辐射快速加热固化的智能化控制。

5.5.2.3 工艺流程

MDF 人造板导电底漆法静电粉末涂装工艺流程见表 5-9。

表 5-9 MDF 人造板粉末涂装工艺流程

序号	工序名称	处理方式	工艺技术参数					备注
			温度/℃	RH/%	表面电阻/Ω	含水率/%	涂层厚度/μm	
1	涂装前处理	MDF 素板				≤13%		E_1 或 E_0 MDF 板
1.1	涂装前打磨	人工/砂光机	RT	≤65	—	6~8	—	200~1000# 砂纸；表面粗糙度≤1~2μm
1.2	底涂/导电复合涂层	人工喷涂	RT	≤65	—	6~8	80~100	水性封闭底漆 60~80μm；（水性纳米）红外反射导电涂料 30~40μm
1.3	烘干	红外加热与循环热风	110~120	≤65	10^4~10^6	6~8	—	5~30min
1.4	砂光	人工	RT	≤65	10^4~10^6	6~8	—	400~1000# 砂纸
1.5	中转存放	自动	≤40	≤60	10^4~10^6	6~8	—	恒温/恒湿
2	粉末涂装							
2.1	粉末喷涂线上件	人工	RT	≤65	10^4~10^6	6~8	—	转挂，前处理质量检查
2.2	粉末涂装	自动喷涂 人工补喷	RT	≤60	—	—	60~100	静电喷粉
2.3	红外辐射加热固化	熔平/流平段 固化1 固化2 固化3	MDF 表面温度 130~180	—	—	—	—	固化 3~8min；四个段区间根据喷涂的粉末吸收红外光谱设置固化温度，PLC 智能控制

续表

序号	工序名称	处理方式	工艺技术参数					备注
			温度/℃	RH/%	表面电阻/Ω	含水率/%	涂层厚度/μm	
2.4	下线检验	—	—	—	—	—	—	相关标准粉末涂层质量标准

注：RT 指室温，RH 指相对湿度。

5.5.2.4 装备设计方案

（1）MDF 人造板粉末涂装前处理设备

① 打磨砂光机：木质材料及其制品的砂光处理（MDF-E1）要求表面粗糙度 $Ra1\sim2\mu m$。

② 底涂的干燥固化：底涂表干适用于导电涂料底漆的干燥，常温固化或（110～120℃）×（20～30min）（热风干燥）固化后工件打磨/砂光后存放在恒温恒湿车间。

③ 恒温恒湿中转仓库（工序间温度＜40℃，RH ＜60%）。

（2）静电喷涂设备　用于金属制品的粉末静电喷涂设备完全适用于 MDF 纤维板的粉末静电喷涂，可采用普通的高压静电喷涂设备或摩擦静电喷涂设备，都可以对 MDF 纤维板实施粉末静电涂装。高压静电喷涂时，电压不宜过高，一般在 30～50kV 即可。喷出的粉雾浓度不能太低，否则会影响上粉率。

喷粉房/回收系统与普通喷粉设备基本相同，可以选用美国诺信（Nordson）（图 5-28）、德国瓦格纳（Wagner）等公司的静电喷涂设备。

图 5-28　美国诺信（Nordson）公司静电喷涂设备

（3）MDF 人造板粉末涂层固化设备

① 电红外辐射加热器　粉末涂层固化时采用的红外辐射加热器为粉末冶金电阻带式红外辐射加热器，它是以铁铬铝合金电阻带或铬镍合金电阻带为电热基体，在其表面喷涂烧结铁锰酸稀土钙或其他高发射率涂料而制成的粉末冶金电阻带。按一定的要求排布的电阻带式红外辐射加热器（美国 KEY 节能集团产品）见图 5-29。MDF 粉末涂层表面固化工艺为（130～180℃）×（3～5min）。

② 燃气催化无焰红外辐射加热器　天然气或液化气通过铂或铑等贵金属催化剂反应后会产生漫反射的红外中长波无焰辐射，辐射源温度在 500℃左右，可用于 MDF 粉末涂层快速固化。此类产品如德国贺利氏（Heraeus）公司/法国森吉士玛泰（SUNKISS MATHERM）公司的天然气催化燃烧红外加热器产品（图 5-30）。这种无焰催化反应能够使红外辐射源的表

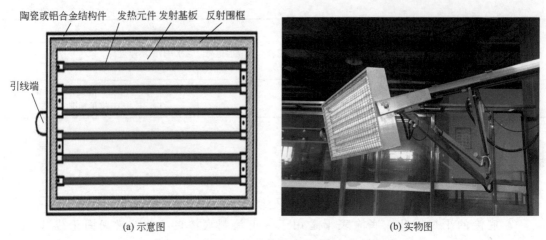

(a) 示意图　　　　　　　　　　(b) 实物图

图 5-29　美国 KEY 节能集团公司电红外加热器

面温度控制在 175～480℃ 之间，而且这个过程并不会释放 NO_x 气体（一氧化氮和二氧化氮）或一氧化碳。其辐射强度可以在 20%～100% 之间无级调节。

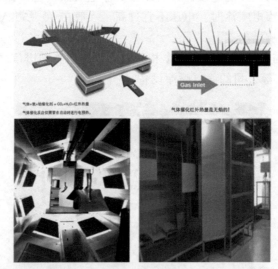

图 5-30　德国贺利氏（Heraeus）公司天然气催化燃烧红外加热器
（彩图见文后插页）

　　红外辐射源可以传递能量，并对需要的地方进行加热。红外辐射加热系统由 PLC 控制，并且经过精确设计，以匹配工艺过程。这不仅可以节约能源、提高工艺稳定性，而且能够提高产能和质量。与传统系统相比，工艺时间可减少高达 66%，占地面积可减少高达 50%。

　　系统发射的红外辐射波长介于 3.5～5.5μm 之间，因此与粉末涂层和水的吸收光谱完全可以能量匹配，特别适用于粉末涂装和水性涂料的干燥固化。

5.5.2.5　MDF 板式家具粉末涂装应用案例

　　某办公家具涂装企业生产的办公桌、柜等用品主要采用 E1 等级的 MDF 板材，其尺寸为 1300mm×1000mm（厚度 10～30mm）；生产纲领 600～2000m²/日（40 万件/年）；工时基数 16h×300d；设备利用率 90%；涂装产品质量按标准 GB/T 3324 执行；当地气候条件为夏天 35～40℃/冬天 1～5℃、RH 55%～85%。

技术要点简述如下：

① 涂装前处理工艺技术要点

a. 木制品砂光处理（MDF，E1）表面粗糙度检验；

b. MDF 木制品（砂光）后，喷涂纳米石墨烯红外反射水性导电涂料（PW-2101/PW-1101），热风干燥 110～120℃×30min 固化（五源科技表面工程研究所产品）；

c. 固化后工件打磨/潮湿后存放在恒温恒湿房（工序间温度＜40℃，RH＜60%）。

② 涂装工艺及管理要点

a. MDF 表面导电表面电阻 $10^4 \sim 10^6 \Omega$，含水率 6%～8%，表面粗糙度 Ra 1～2μm。

b. 检查涂装材料质量，确认粉末型号、规格，低温型＜130℃，中温型＜150℃，高温型＞160℃，粉末取样过筛粒度分布 120～140 目，不挥发物＞99.5%，低温粉末储存温度＜25℃，RH＜60%，先用冷轧钢板 08F 厚度 0.6～0.8mm 样板热风烘箱打样，检查粉末质量是否与供应商提供样板相同。产品质量要求：供应商提供化学安全技术说明书（MSDS），并提供粉末红外光谱图备案。

c. 喷粉区域要求恒温/恒湿环境，洁净度≤1.0 万。

d. 生产线运行空载试验，检查单元设备是否正常，并检查生产车间、环境、温度、湿度、粉尘颗粒度、供电、供气等生产条件是否具备。

工艺平面布置及相关设计数据见图 5-31，车间现场见图 5-32。

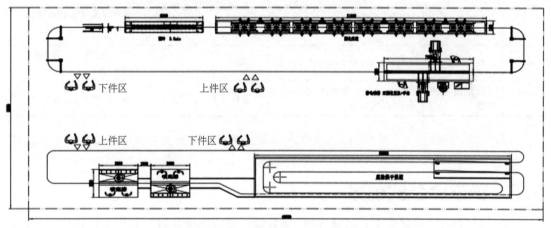

图 5-31 MDF 家具板粉末涂装车间平面布置图

图 5-32 MDF 人造板办公桌面板粉末喷涂车间现场（彩图见文后插页）

生产线设计说明：

① 涂装工件为 MDF 板（中密度纤维板），E1，板厚 10～30mm。主要工件尺寸：$L \times W = 1300\text{mm} \times 1000\text{mm}$（厚度 10～30mm）。设计工件质量≤30kg，两点吊挂，悬链式输

送线。

② 设计工艺线速 2.5m/min；运行速度在 0.3～3.0m/min 之间连续可调。

③ 喷粉线采用 QXT-200 轻型悬挂链，单点承重 30kg，图示链条全长 50m，单驱动单张紧，选用变频器及 PLC 调速控制。

④ 厂房尺寸：$L \times W \times H = 40000\text{mm} \times 18000\text{mm} \times 6000\text{mm}$。

⑤ 涂装生产线工艺流程：涂装前处理（打磨双面、四条边和八条棱等）→人工悬挂→烘干→下件/检查→转挂至喷粉线→静电粉末喷涂（双面、自动往复机，人工补喷）→粉末固化（130～160℃×5～8min）→强冷却→下件。

此 MDF 人造板粉末涂装线投产后，产品涂装质量完全符合标准，涂层质量见表 5-10。从根本上解决了木制品涂装存在的生产中 VOC 排放和家具使用中甲醛挥发的双重危害问题，综合成本低于水性涂料涂装工艺。

表 5-10　MDF 人造板粉末涂层质量指标

序号	项目	指标	测试结果	备注
1	表面粗糙度	1.0～2.0μm	1.0～1.6μm	轮廓算数平均偏差 Ra
2	涂膜外观	漆膜平整，允许轻微橘皮，颜色符合规定色差范围	漆膜平整、光泽度亚光 10%～50% 高光＞85%	粉末涂料及其涂层的检测标准指南 GB/T 21776-2008
3	涂层厚度	粉末一次涂装厚度 60～80μm	红外反射导电涂层 60～80μm，粉末涂层 60～80μm	超声波测厚仪（美国德福斯高公司）
4	涂层附着力	划格法：间距 1mm；6×6；0 级	0 级	百格测试标准 GB 9286—1998
5	涂层耐溶剂实验	二甲苯手工擦拭法，不出粉，不起皮，无脱落	合格	GB/T 23989—2009

（5.5.2 节资料由五源科技集团王一建、钟金环、张凯提供）

5.6　粉末涂装的前景

在环境保护法规的促进下，限制 VOC 排放量，使粉末涂装将得到更快的推广应用，假如在涂装线上与溶剂型、水性涂料进行比较探讨、综合评优，则粉末涂装将替代其他涂装。

2000 年 PPG 公司开发了所谓 P2 Zero 概念，即零排放油漆车间。P2 Zero 概念的主导思想是寻求生态环境义务、制造厂和汽车用户利益最大化的途径。在满足苛刻的环保要求和用户质量要求的前提下，减少三废处理的成本，减少油漆车间操作成本和简化油漆工艺，见图 5-33。

车身钢板的防腐底漆保护层在制成零件前涂覆（可在钢厂进行，见图 5-34），进入油漆车间的车身不需再涂底漆，只喷涂一道粉末底色和一道粉末罩光。目前除车身制造技术未成熟外，其他技术都已过关。

粉末底色喷涂要经过 3 道工序完成。回收的过喷粉末与一定比例新粉混合用于第一道喷涂车身外表面及车底，第二道用机器人喷涂纯净色粉于车身内外表面，第三道用机器人或喷涂机喷涂纯净色粉于外表面。这样颜色更换时不必清理喷涂室，与液态涂料换色相同，系统完全可以实现回收粉和新粉的平衡，实现多种颜色的喷涂。这使粉末喷涂的换色及回收粉循环使用的难题获得圆满的解决。

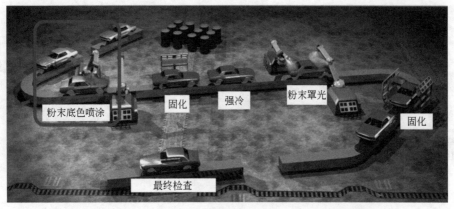

图 5-33 P2 Zero 概念车身油漆工艺示意图（彩图见文后插页）

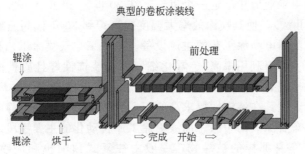

图 5-34 钢板涂装线示意图

P2 Zero 概念车身油漆工艺的特点：工艺等待时间很少；取消了传统的调漆间；喷涂及固化施工范围宽；工艺调整灵活；从钢板到漆前车身的生产过程取消了防锈工艺；彻底消除了传统涂装焊缝及空腔结构防腐差的问题；节省涂装车间面积；降低三废处理费用；无漆渣系统；取消废漆处理系统；无喷漆室排气；空气污染趋于零；固体废料趋于零；无液体排放；涂料制造及使用效率大于 95%；无气味无危险。

上述概念虽然尚未获得广泛的工业化应用，但已经展示了粉末涂装工艺的发展前景。

第❻章

>>> **机器人静电喷涂技术的规划设计** ‖‖‖‖

静电喷涂技术获得工业应用已近一个世纪。在 20 世纪 50 年代开发成功了电喷枪静电涂装法（即 Rans Burg Ⅱ法），使其喷涂效率大幅度提高；到 80 年代高速旋杯式静电喷枪和往复式静电喷涂机已成为静电喷涂工艺的主流设备。与手工空气喷涂工艺相比，旋杯式自动静电涂装的涂着效率高（涂料利用率高）、雾化细、涂膜装饰性好且质量稳定、节能降耗，对环保有利；其生产效率高，可使喷漆工序实现自动化（可使喷漆工脱离有害的作业环境），因而得到广泛的应用，尤其在装饰性要求高的工业涂装领域，确保了静电喷涂工艺自身的重要地位，已成为汽车车身涂装的中涂、面漆喷涂工序自动化的主要手段。

如静电喷涂轿车车身那样的被涂物，一般由往复式顶喷机和侧喷机组成静电喷涂站（ESTA），配置 6～9 支高速旋杯式静电喷枪。由于其柔性小（不能进行内表面喷涂和多品种的混流生产），故旋杯式静电喷枪的涂装效率还偏低、有效利用率低，且维护工作量大，投资偏大，运转成本偏高，进入 21 世纪以来，已被技术先进的喷涂机器人组成的静电喷涂站取代。

如年产 20 万～30 万辆轿车车身的中涂喷涂线和年产 12 万～15 万辆的面漆喷涂线装置的自动静电喷涂站（ESTA），原需配备 9 支高速旋杯静电喷枪，现只需要用 3～4 台喷涂机器人（即 3～4 支高速旋杯式静电喷枪），就能承担 9 个杯式往复式喷涂机的喷涂任务。由此，带来投资减少、运转成本降低（除电力增大 2.7 倍外，压缩空气和清洗溶剂消耗量、维修工作量仅为 9 杯往复式喷涂机 ESTA 的 35％左右），并大幅度提高了喷杯的有效利用率和喷涂作业的柔性。

在工业涂装领域，有以下场合使用机器人。

① 喷漆用机器人。供喷涂液态涂料用的配备旋杯式静电喷枪机器人；

② 涂胶用机器人。供喷涂膏状涂料（如 PVC 车底涂料、各种焊缝密封材料、隔音防震材料）用的配备无气高压喷枪的喷涂机器人；

③ 火焰处理用机器人。为改善聚丙烯型塑料件表面状态和提高涂层的附着力，采用带有火焰喷头的机器人，进行被涂物漆前的火焰表面处理。

本章不是介绍机器人的设计制造，而是向读者介绍有关专门用语和设计选用喷涂机器人的原则及相关技术。

6.1 喷涂机器人的主要优点

① 柔性大。

a. 工作范围大，升级可能性大。

b. 可实现内表面及外表面的喷涂。

c. 可实现多品种车型的混线生产，如轿车、旅行车、皮卡车等车身混线生产。

② 提高喷涂质量和材料使用率。

a. 仿形喷涂轨迹精确，提高涂膜的均匀性等外观喷涂质量。

b. 降低过喷涂量和清洗溶剂的用量，提高材料利用率。

③ 易操作和维护。

a. 可离线编程，大大缩短现场调试时间。

b. 可插件结构和模块化的设计，可实现快速安装和更换元器件，极大地缩短维修时间。

c. 所有部件的维护可接近性好，便于维护保养。

④ 设备利用率高。

a. 往复式自动喷涂机利用率一般仅为 40%～60%。

b. 喷涂机器人的利用率可达 90%～95%。

喷涂机器人、手工喷涂和往复式自动喷涂机的特性比较列于表 6-1 中。

表 6-1　三种喷涂方法的特性比较

项　　目	手　　工	往　复　机	机　器　人
生产能力	小	大	中
被涂物形状	都适用	与喷枪垂直的面	都适用
被涂物尺寸大	不适用	适用	中
被涂物尺寸小	适用	不适用	适用
被涂物种类变化	适用	适用	需示教
涂膜的偏差	有	有	无
补漆的必要性	有	有	无
不良率	中	大	小
涂料使用量(产生废弃物)	小	大	小
设备投资	小	中	大
维护费用	小	中	大
总的涂装成本	大	中	小

6.2　专用术语

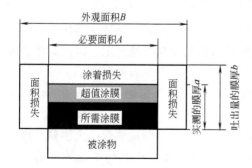

图 6-1　涂装效率的概念

涂装效率＝涂着效率（a/b）×涂装有效率（A/B）

（1）涂装效率、涂着效率和涂装有效率　涂装效率是喷涂作业效率，包含单位时间的喷涂面积、涂料和喷涂面积的有效利用率。涂着效率是喷涂过程中涂着在被涂物上的涂料量与实际喷出涂料总量之比值，或被涂物面上的实测膜厚与由喷出涂料量计算的涂膜厚度之比，也就是涂料的传输效率（transfer efficiency，简称 TE）或涂料利用率。涂装有效率是指实际喷涂被涂物的表面积与喷枪运行的覆盖面积之比；为使被涂物的边端部位的涂膜完整，一般喷枪运行的覆盖面积应大于被喷涂的面积。涂装效率、涂着效率和涂装有效率三者之间的关系及概念如图 6-1、图 6-2 所示。

（2）喷涂轨迹　喷涂轨迹指在喷涂过程中喷枪运行的顺序和行程，采用喷涂机器人可模仿熟练喷漆工的喷涂轨迹。日本某汽车公司采用往复式自动静电喷涂机和喷涂机器人喷涂轿车车身，并对两者的喷涂轨迹和涂装效率进行实测对比（见图 6-2、图 6-3）。

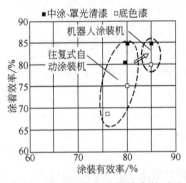

图 6-2　两种涂装机涂装效率的对比

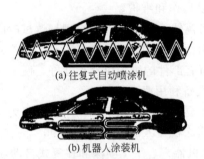

图 6-3　涂装轨迹的比较

（3）旋杯转速　旋杯转速是对高转速旋杯雾化细度影响最大的因素。当其他工艺参数不变时，旋杯的转速越大，涂料滴的直径越小。在稍低速范围内，转速对雾化细度的影响比在高速范围内明显地增大。

旋杯转速会对膜厚有影响，其关系曲线见图 6-4。当转速过低会导致涂膜粗糙；而雾化过细会导致漆雾损失（引起过喷），使涂膜厚度有波动；同时当雾化超细时，则对喷涂室内任何气流均十分敏感。

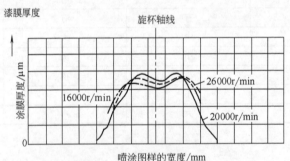

图 6-4　膜厚与转速的关系曲线（因为是相对
旋杯的示意图，故都未表示数值）

旋杯的过高转速除引起过喷外，还会导致透平轴承的过量磨损，增加清洗用压缩空气的消耗和降低涂膜所含溶剂量。最佳的旋杯转速可按所用涂料的流率特性而定，因而对于表面张力大的水性涂料、高黏度的双组分涂料的旋杯转速比普通溶剂型涂料的要高。

一般情况下，空载旋杯转速为 6×10^4 r/min，负载时设定的转速范围为 $(1.0 \sim 4.2) \times 10^4$ r/min，误差 ± 500 r/min。

（4）涂料流率　它是单位时间内输给每个旋杯的涂料量，又称喷涂流量、出漆量（率）。

除旋杯转速外，涂料流率是第二个影响雾化颗粒细度的因素。当其他参数不变的情况下，涂料流率越低，其雾化颗粒越细，但同时也会导致漆雾中溶剂挥发量增大。

涂料流率高会形成波纹状的涂膜，同时当涂料流量过大使旋杯过载时，旋杯边缘的涂膜增厚至一定程度，导致旋杯上的沟槽纹路不能使涂料分流，并出现层状漆皮，这会产生气泡或涂料滴大小不均的不良现象。

每支喷枪的最大涂料流率与高速旋杯的口径、转速、涂料的密度等有关，其上限由雾化的细度和静电涂装的效果来决定。经验表明，涂料应在恒定的速度下输入，在小范围内的波动不会影响涂膜质量。

在实际的喷涂过程中每个旋杯所喷涂的区域不同，其涂料的流率等也不相同，另外由于被涂物外形变化的原因，旋杯的涂料流率也要发生变化。以喷涂汽车车身为例，当喷涂门板等大面积时，吐出的涂料量要大，喷涂门立柱、窗立柱时，吐出的涂料量要小，并在喷涂过程中自动、精确地控制吐出的涂料量，才能保证涂层质量及涂膜厚度的均一，这也是提高涂料利用率的重要措施之一。

空气喷枪的出漆量一般为 250~600mL/min。高速旋杯式静电喷枪的出漆量一般控制在 300~500mL/min。为提高喷涂机器人的涂装效率和减少自动静电喷涂站（ESTA）配置喷涂机器人的数量，发展趋势是开发出漆量大于 800mL/min 的杯式静电喷枪。

（5）喷枪（具）的移动速度（即喷涂 TCP 速度） 在喷涂过程中，当被涂物在喷涂过程中处于动态时，则喷具相对工件的移动速度要做模拟修正。喷涂 TCP 速度是机器人喷涂的重要工艺参数之一。它直接影响涂装效率、喷涂质量。在采用喷涂机器人场合，TCP 速度一般控制在 600mm/s 以下，发展趋势是使喷涂机器人的 TCP 速度（线速度）在达到最佳雾化及喷涂效果的基础上适当提高。

（6）旋杯的整形空气 它的功能是调整漆雾的幅度，并将漆雾推向被涂物；防止漆雾飞散，防止漆雾往后返，污染旋杯和导向的电晕电极环。

此气体从旋杯后侧均匀分布的小孔中喷出，用于限制喷涂幅度，这样便可影响各喷涂装置间交叠喷涂区域的涂膜厚度，涂膜厚度与整形空气压力的关系曲线见图 6-5。但整形空气并不能使产生在旋杯边缘、经机械雾化后的涂料滴再次雾化。

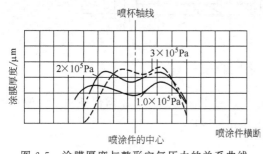

图 6-5 涂膜厚度与整形空气压力的关系曲线

整形空气压力增加，导致从旋杯边缘切向抛出的涂料滴微粒大幅度地朝旋杯轴向偏移。这样喷涂区域变窄，所用涂料集中在较小区域内，在涂料量不变的情况下，形成更厚的涂膜。

整形空气压力过高，很容易污染喷涂器具。例如，整形空气过高的压力引起的干扰气流，会促使涂料附着在旋杯的后侧。当整形空气压力过低时，对喷幅影响小，使喷涂产生相反的结果，但也会造成旋杯的污染。尤其在外部荷电系统场合，为防止涂料残留在电极环上，需根据涂料量准确地调整整形空气的压力，这点很重要。

整形空气的压力值由涂料输出量、工件表面及喷涂室的主要条件来决定，应根据实际经验进行调整和设定。

（7）喷涂时间和机器人喷杯（枪）的有效利用率 喷涂时间指生产节拍时间减去被涂物之间的间隙通过时间和喷杯换色清洗时间。机器人喷杯的有效使用率指机器人喷杯的有效作业时间与生产节拍时间的比值。喷杯的有效作业时间为生产节拍时间减去喷杯空转时间。

（8）机器人的自由度 表示机器人（手）的自由度的大致标准是用轴数。人工喷涂时喷枪动作的轴（关节等活动因素）是手指、手腕、肘、肩、腰、足的6个动作。

已商品化的有3轴到8轴的机器人，喷涂会根据输送方式、喷涂区域等各方面因素而使用5轴以上且成本、维修和被涂物形状综合平衡好的机器人。现今机构还是以转动和移动的组合为主，其目标是开发能像人手那样三维运动的机构。

6.3 喷涂机器人的选用和配置

6.3.1 喷涂机器人的选型

对于选用涂胶或喷漆机器人的规格，需考虑以下几个因素。

① 机器人的工作轨迹范围。在选择机器人时，需保证机器人的工作轨迹范围必须能够完全覆盖所需施工的工件的相关表面或内腔。如图6-6所示，为喷漆机器人与运动的车身（安装在输送小车上）的断面示意图，可看出此喷漆室机器人的配置可满足车身表面的喷漆需求。

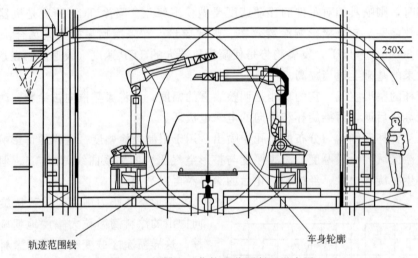

图6-6 机器人工作轨迹范围断面示意图

间歇式输送方式，机器人是对静止的工件施工。除工件断面上，还需保证在工件俯视面上机器人的工作范围能够完全覆盖所需施工的工件相关表面。

如图6-7所示，左右两台机器人各覆盖左右半个车身，当机器人的工作轨迹范围在输送运动方向上无法满足时，则需要增加机器人的外部导轨，来扩展其工作轨迹范围。

② 机器人的重复精度。对于涂胶机器人而言，一般重复精度达到0.5mm即可。而对于喷漆机器人，重复精度的要求可低一些。目前各大公司的喷涂机器人均可达到该指标。

③ 机器人的运动速度及加速度。机器人的最大运动速度或最大加速度越大，则意味着机器人在空行程时所需的时间越短，则在一定节拍内机

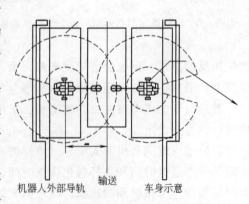

图6-7 机器人工作轨迹范围俯视图

器人的绝对施工时间越长，可提高机器人的使用率。所以机器人的最大运动速度及加速度也是一项重要的技术指标。但需要注意的问题是，在喷涂过程中（涂胶或喷漆），喷涂工具的运动速度与喷涂工具的特性及材料等因素直接相关，需要根据工艺要求设定。此外，由于机器人的技术指标与其价格直接相关，因而根据工艺要求选择性价比高的机器人。

④ 机器人手臂可承受的最大载荷。对于不同的喷涂场合，喷涂（涂胶或喷漆）过程中配置的喷具不同，则要求机器人手臂的最大承载载荷也不同。

6.3.2 喷具的喷涂流量

喷具的喷涂流量与该工位所完成的喷涂面积、涂膜的干膜厚度、生产节拍、喷杯的特性（如喷具的最优出漆量、转速、整形空气量等）、静电压、涂料传输效率、机器人的使用效率等因素有关。在设备规划过程中，可采用以下公式来估算喷具的平均理论喷涂流量。

a. 该工位每台车身所需的油漆消耗量 Q。

$$Q = \frac{S\delta}{TNV}$$

式中　Q——油漆消耗量，mL/台；

S——该工位（即车身）的喷涂面积，m^2/台；

δ——干膜厚度，μm；

T——涂料传输效率，对于使用静电旋杯的情况，该值一般取 70%~80%；

NV——施工黏度下涂料的体积固体分，%。

例如，车身的外表面喷涂面积为 $10m^2$/台，罩光清漆的喷涂膜厚为 40~45μm，其施工黏度下的体积固体分为 40%，静电旋杯的传输效率为 75% 的情况下：

$$Q = 10 \times 45/(75\% \times 40\%) = 1500 \text{（mL/台）}$$

b. 每只喷具（静电旋杯）的平均理论喷涂流量 q_n。

$$q_n = \frac{Q}{nt\eta K}$$

式中　q_n——n 台机器人时的流量，mL/min；

Q——油漆消耗量，mL/台；

n——喷涂机器人的数量；

t——喷涂时间，min，即生产节拍减去旋杯换色清洗的时间和喷具的主针关闭时间，一般旋杯的清洗时间为 10~15s，但主针关闭时间会因喷涂轨迹的不同而有所区别，在估算过程中可通过修正系数来校正；

η——喷涂机器人的使用效率，一般为 90%~95%；

K——修正系数，可取 0.8。

例如生产线的生产节拍为 1.6min/台，即喷涂时间为 $t < 1.6 - 15/60 = 1.35$min，则使用 3 台机器人和使用 4 台机器人时的流量 q_3、q_4 分别估算为：

$$q_3 = \frac{Q}{nt\eta K} = 1500/(3 \times 1.35 \times 90\% \times 0.8) = 515 \text{mL/min}$$

$$q_4 = \frac{Q}{nt\eta K} = 1500/(4 \times 1.35 \times 90\% \times 0.8) = 385 \text{mL/min}$$

由于对于普通的静电高转速旋杯而言，其喷涂流量控制在 300~400mL/min，即可达到最佳的雾化及喷涂效果，因而根据上述计算可知在此情况下应配备 4 台喷涂机器人。

目前各喷涂设备生产厂家也陆续开发了大流量的旋杯，从而可减少喷漆机器人的配置数量，因而在实际规划过程中，应根据喷具的具体特性细化配置方案。

6.3.3 喷具相对工件的喷涂移动速度

目前大多数喷涂机器人的最大工件坐标速度（即 TCP 速度）可达 1200mm/s。但在喷涂过程中对于高转速静电旋杯而言，喷涂时喷具的喷涂 TCP 速度一般小于 600mm/s。若速度过高，会降低涂料的传输效率，造成涂料的消耗量过高。对于空气喷枪而言，喷涂 TCP 速度一般小于 900mm/s。

喷具的喷涂移动速度与该工位所完成的喷涂面积、喷涂时的交叠次数、生产节拍、喷具的特性（如喷幅的大小等）、机器人的使用效率等因素有关。

在设备规划过程中，可采用以下公式来估算喷具的喷涂 TCP 速度 v_a：

$$v_a = \frac{SO_f}{Wt\eta K}$$

式中　S——该工位（即车身）的喷涂面积，m^2；

　　　O_f——喷涂交叠系数（交叠面积为 50％时，$O_f = 2$；交叠面积为 66％时，$O_f = 3$；交叠面积为 75％时，$O_f = 4$）；

　　　W——喷幅宽度，m；

　　　t——喷涂时间，min；

　　　η——喷涂机器人的使用效率，一般为 90％～95％；

　　　K——修正系数，可取 0.6～0.9。因喷涂轨迹的不同会产生较大的差异。

若初步估算过程中，机器人喷涂 TCP 速度过快，则需考虑增加机器人的配置数量，从而降低各机器人所对应的喷涂面积，则可降低其喷涂 TCP 速度，取得好的喷涂效果和最适合的机器人配置方案。

此外，由于在实际喷涂过程中各台喷涂机器人所喷涂的面积不可能完全相同，因而实际喷涂流量和喷涂 TCP 速度也会有所不同，一般各机器人生产厂家均有相应的模拟软件，可估算出各喷具在喷涂过程中的最高流量和最高喷涂 TCP 速度，所预估的数据的参考价值较高。

现在数字化工厂技术获得越来越广泛的应用。在生产工程阶段，通过借助最新的整合数字工厂（由工艺、工具、设备及生产作业组成，使我们可虚拟仿真生产过程的工厂），从而可以提高工艺设计质量，极大地缩短生产工程设计时间。目前最为通用的 Siemens 公司的 Process Simulate 软件，它是数字化工厂的核心部分。该软件具有强大的喷漆和涂覆工艺的设计、优化和离线编程的功能。目前该软件已成为国内外许多大型汽车生产厂家的数字化仿真系统的主要应用软件，对设备规划起到很好的辅助作用。通过此工具建立喷涂路径，并可在下载至车间设备之前核对机器人或机械设备的到达性；可建立模板式的程序，便于接纳新的模式、变形产品的整合；并可修改喷漆参数、机器人或其他设备的速度、喷枪距离和开关位置等。

6.3.4 喷涂相关的元器件的配置

换色阀及控制喷涂流量的元件（如计量泵、流量计）与喷具的距离越近越好，这样可以降低换色时的油漆和稀料的损耗量。计量元件一般安装在机器人的第 3 轴手臂的最前端，如

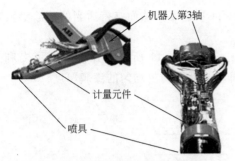

图 6-8　喷涂元器件安装示意图
（彩图见文后插页）

图 6-8 所示。

　　此外，用于控制喷涂工具（如旋杯、空气喷枪）的气动元件与喷具的距离也不应过远，否则会导致气动元件的延时，而影响喷涂质量。一般较好的方案是将气、电元件安装在机器人第 2 轴手臂内，其电气控制通过总线来实现，这样可大大地减少电气布线，同时也极大限度地减小了气动管路的长度，降低气路控制的响应时间，也使机器人手臂运动更灵活。

6.3.5　喷涂机器人站的控制方式

　　对于每个喷涂工位，根据喷涂机器人的数量不同在电气控制上进行扩展，其控制系统总体如图 6-9 所示。此外，将机器人的控制系统和喷涂应用设备的控制系统集成在机器人控制器中，便于设备的安装和维护。

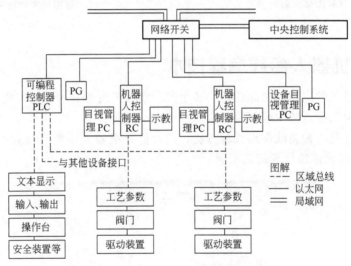

图 6-9　喷涂机器人站控制系统示意图

　　根据本节所述各参数的计算结果和准备购置的喷涂机器人系统的特性来选用和配置你所规划设计的喷涂机器人站。

6.4　喷漆机器人喷涂轨迹的设置

　　喷漆机器人的喷涂轨迹较多采用水平往复运动和垂直往复运动，如图 6-10 所示。两者的区别在于水平往复喷涂时，喷具在喷涂过程中拐点少，即绝对喷漆时间长，此外当喷具由下方开始喷漆时，即喷具一直处于漆雾的上方，可一定程度上减少喷漆过程中喷具的污染，同时目前车的外形经常会有一些棱线设计，水平往复运动也有助于实现较好的喷涂质量。

　　但是，当跟踪式连续喷涂链速较高时，如产能在 60JPH 以上的单线连续喷涂的某些喷涂线，如链速为 7.8m/min、配备 10 台机器人的中涂外喷线，其喷涂轨迹一般采用垂直往复运动，这样会更有利于十台机器人的喷涂站内各机器人的工作负荷的均衡，保证最大限度的设备利用率，也意味着所有机器人可保持相对低的 TCP 速度，从而维持适当的喷涂参数，保证更好的喷涂质量。

另外，Fanuc 公司提出了三角形及 X 形喷漆轨迹，如图 6-11 所示，并已申请了专利。从理论上讲，该喷漆轨迹可保证最长的绝对喷漆时间，并可得到更均匀的漆膜厚度。

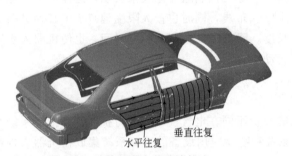

图 6-10　喷漆机器人的喷涂轨迹（一）
（彩图见文后插页）

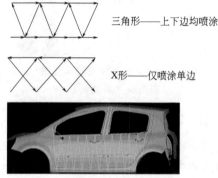

三角形——上下边均喷涂

X形——仅喷涂单边

图 6-11　喷漆机器人的喷涂轨迹（二）
（彩图见文后插页）

6.5　喷漆机器人离线编程技术

随着喷漆机器人的应用越来越广泛，各生产厂家也开发和完善了喷漆机器人的离线编程软件，这样可最大限度地减少喷漆机器人的在线调试时间。

离线编程软件是一种离线图形编程方法，用以简化机器人示教路径和喷涂工艺的改进。图 6-12 为离线编程软件操作界面的示例。

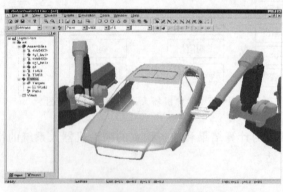

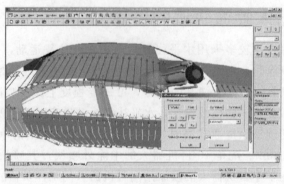

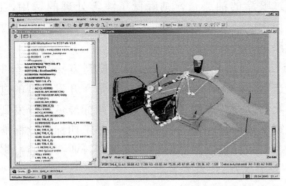

图 6-12　离线编程软件操作界面示意图

操作者使用一台个人电脑，将需喷涂车型的 CAD 数据输入电脑后，以绘图方式选择工件的喷涂区域，并从中挑选合适的喷涂方案，再利用喷涂过程的参数和专用术语，生成机器人的喷涂路径，所生成的路径及相关参数可下载至机器人控制系统中，从而大大提高编程效率。

对于在生产过程中需优化喷涂路径或参数的情况，该离线编程软件允许操作员在不停产情况下离线编程，因此提高了机器人系统的正常运行时间。如 ABB 公司的 Shop Floor Editor 软件包，FANUC 公司的 Paint PRO 软件包和 DURR 公司的 3D-Onite 软件包，以及 6.3.3 节中所提到的 Process Simulate 软件。

6.6　自动喷涂工艺和设备的新动向

6.6.1　底色漆喷涂工艺

旋杯＋旋杯的设备配置已是底色漆喷涂设备的主流，逐步取代传统的旋杯＋空气喷枪的底色漆喷涂工艺。

（1）工艺比较　对于金属漆和珠光漆等底色漆，传统的喷涂工艺为：高转速静电旋杯喷涂第一道底色漆，空气喷枪喷涂第二道底色漆，如图 6-13（a）所示。

新的底色漆喷涂工艺——高速静电旋杯喷涂两道底色漆，如图 6-13（b）所示。其优点是降低车的涂装成本、减少 VOC 排放量和节省能量。例如车表面积为 $9.5m^2$，底色漆固体分为 15%，第二道漆膜厚度为 $5\mu m$，若第二道底色漆采用空气喷枪（传输效率为 35%），则该涂层涂料耗量为 904mL；若第二道底色漆采用高速静电旋杯（传输效率为 70%），则该涂层涂料耗量为 452mL，那么一部车可节省底色漆 0.45L。

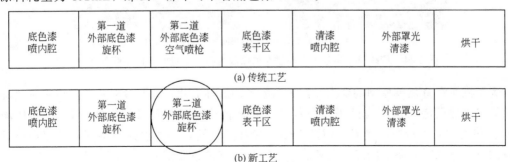

底色漆喷内腔	第一道外部底色漆旋杯	第二道外部底色漆空气喷枪	底色漆表干区	清漆喷内腔	外部罩光清漆	烘干

(a) 传统工艺

底色漆喷内腔	第一道外部底色漆旋杯	第二道外部底色漆旋杯	底色漆表干区	清漆喷内腔	外部罩光清漆	烘干

(b) 新工艺

图 6-13　面漆线工艺流程示意图

同时，由于减少了过喷涂的油漆量，则降低了漆雾处理的费用，减少了 VOC 排放量，对环境保护起到了积极作用。

（2）旋杯＋旋杯喷漆工艺与车身色差控制的关系

① 车身色差控制方法。众所周知，车身色差的控制方法主要有主板法和车身样板法。许多跨国性大型汽车制造企业均采用主板法。主板法是在开发车型的过程中确定相应的颜色系列，之后进行颜色调配和制作标准颜色样板，并将此标准色板分发到各整车厂、外饰件厂及油漆供应商作为各厂家生产质量控制的检测标准，并定期标定此标准色板以确保全球性生产的各种产品的标准统一，从而控制产品质量。现汽车行业一般通过多角度色差仪来对整车外观色差进行质量检测。

② 旋杯＋旋杯喷漆工艺的工艺参数调整。一般情况下，采用空气喷涂方式制作上述标准色板。对于金属或珠光底色漆的 100％旋杯喷涂工艺，若第二道底色漆在喷涂过程中采用传统的旋杯或喷涂参数，所得的漆膜效果与空气喷枪喷涂的漆膜外观会有明显的不同。如图 6-14 中所示，是当旋杯雾化器的喷涂参数分别是：旋杯转速 30000r/min、成型空气 250L/min 的情况下所得到的底色漆漆膜图像。图中可明显地看出两者有很大的色差，尤其是漆膜的明度很低，无法满足漆膜的外观质量要求。

空气喷枪喷涂第二道底色漆

旋杯喷涂第二道底色漆
（旋杯转速:30000r/min;成型空气:250L/min）

 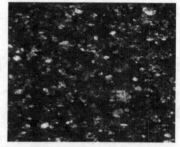

(a) 金属底色漆漆膜在100倍光学放大镜下的图像

空气喷枪喷涂第二道底色漆

旋杯喷涂第二道底色漆
（旋杯转速:30000r/min;成型空气:250L/min）

(b) 珠光底色漆漆膜在100倍光学放大镜下的图像

图 6-14　传统喷涂参数下旋杯喷涂的漆膜与空气喷枪喷涂的漆膜的比较

为了满足车身色差控制的要求，需采用新型的旋杯雾化器，并针对每种颜色来调整旋杯喷涂第二道底色漆时所对应的工艺参数（如旋杯转速、高压和成型空气量等）。如法国的 PSA 公司通过采用新型旋涡流（VORTEX）旋杯雾化器，并通过提高旋杯的转速和成型空气量的方法来取得所要求的漆膜色相和明度效果。其参数比较如表 6-2 所列。

表 6-2 传统旋杯与新型旋涡流旋杯参数比较

参 数	传统旋杯	新型旋涡流旋杯
转速/(r/min)	15000～30000	40000～70000
成型空气	150～250L/min	400～600L/min

此外喷漆过程中增加静电电压值时，会降低漆膜的明度，而提高旋杯的转速可提高漆膜的明度，如图 6-15 所示为某两种颜色漆膜的 45°明度与高电压值、转速值的关系图。

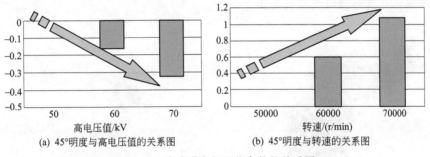

(a) 45°明度与高电压值的关系图   (b) 45°明度与转速的关系图

图 6-15 漆膜明度与工艺参数的关系图

应当注意的是调整高压值、转速和成型空气等施工工艺参数应针对每一种颜色而定，并且各参数的调整范围也是有一定限度的，当通过上述无法达到要求时，则需要适当调整油漆的配方来达到漆膜的色相和明度的质量要求。

（3）喷漆设备的配备方式

对于此工艺，几大喷涂机器人供应厂家的设备配置方式有所不同，现将几家主要喷涂设备供货厂家的设备参数作简单对比（见表 6-3）。

表 6-3 各喷涂机器人厂家的喷涂底色漆的参数对比

厂家名称	新工艺喷涂参数的调整趋势	底色漆涂膜分配比例	
		第一道底色漆	第二道底色漆
ABB	整形空气量高,静电高压值相对降低	约 50%	约 50%
DURR	旋杯高转速,整形空气量高	约 70%	约 30%
FANUC	高流量旋涡式整形空气	约 60%	约 40%

采用新工艺所面临的问题是：为满足色差匹配的要求，需针对每种颜色来调整旋杯喷涂第二道底色漆时所对应的工艺参数（如旋杯转速、高压和整形空气量等），有时甚至需要适当调整涂料的配方来达到质量要求。一些大型的国际性汽车 OEM 公司对于采用该工艺做了一定的总结（如法国的 PSA 公司等），在首次采用新工艺时应注意以下几点：

① 实现充分的各种颜色的研究和小试工作；

② 必须认识到通过调整工艺参数（如旋杯转速和高压值）来调整颜色是有限度的；

③ 在新颜色投入生产的初期，一定要与涂料供应商密切配合，以期达到理想的效果。

此外，国外已有越来越多的汽车生产厂家采用高速旋杯来喷涂汽车内表面，在喷涂过程中荷电压为零，且增大整形空气量，这样可大大提高涂料的传输效率，达到节能和环保的效果。

6.6.2　新型旋杯系统

保护环境、消除或减轻污染已成为人们非常重视的课题。欧美的大多数汽车厂家已通过采用水性涂料、高固体涂料来降低 VOC 的排放。目前国内也有越来越多的汽车制造厂家开始采用水性涂料。

因为水性涂料的导电性，所以传统的水性涂料喷涂的荷电方式为外部荷电，图 6-16 为直接荷电旋杯，图 6-17 为外部荷电旋杯。外部荷电旋杯与直接荷电旋杯相比，其涂料传输效率有所下降，且其外部电极易被污染。

图 6-16　直接荷电旋杯　　　　　　　　　图 6-17　外部荷电旋杯

目前，一些公司针对喷漆机器人应用越来越广泛的状况，开发了可安装在喷漆机器人身上、既适用于传统的溶剂型涂料、又适用于水性涂料的旋杯系统。

如图 6-18 所示，为 ABB 公司所开发的一种新型的弹匣式旋杯系统；SAMES 公司和 FANUC 公司均有各自所研发的柱塞式旋杯系统，其示意图见图 6-19。

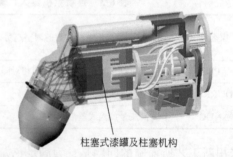

柱塞式漆罐及柱塞机构

图 6-18　弹匣式旋杯外观图　　　　　　　图 6-19　柱塞式旋杯示意图

这两种旋杯均只适用于喷漆机器人，对于往复式喷涂机不适用，因为此系统的换色机构安装在室体壁处。在换色时，喷漆机器人将在换色站进行换色所需的相关操作。

两种旋杯装置共有的特点是：

① 同时适用于溶剂型涂料和水性涂料；

② 水性涂料可直接荷电进行涂装，提高传输效率；

③ 因为换色阀等元器件不安装在机器人的手臂上，且无油漆管路连接在机器人的手臂上，所以机器人运动更加流畅。

弹匣式旋杯系统的工作原理如图 6-20 所示，其优缺点是：

① 即使小批量涂装工作，也只需增加弹匣即可，而且易于采用新的颜色，但多种颜色的弹匣安装所需的空间较大；

② 换色时只需换弹匣，并可在短时间内完成；

③ 换色时不需要清洗涂料通路，而只需清洗旋杯，因而涂料和溶剂损失可减少93%。

图 6-21 所示为柱塞式旋杯系统换色清洗站的示意图及实物照片。当换色时，机器人将手臂前端的旋杯处于清洗站内，开始换色操作过程。柱塞式旋杯系统的优点是：

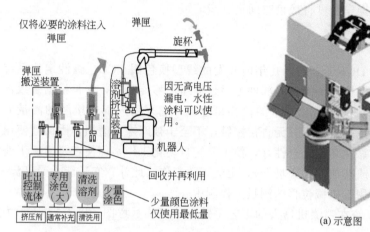

图 6-20 弹匣式旋杯的工作原理图

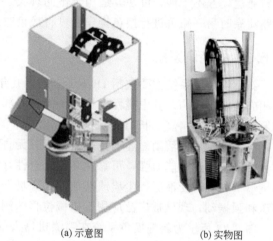

(a) 示意图　　　　(b) 实物图

图 6-21 柱塞式旋杯换色清洗站

① 换色系统安装在喷漆室壁处，最多可安装三十多路颜色，且便于维护；

② 换色时仅清洗柱塞罐，涂料和溶剂损失大大降低，并且可在5s内完成。

随着科技的进步，尤其是控制技术和计算机软件水平的不断提高，喷漆机器人及旋杯系统也必将在性能上有进一步的提高，更加智能化、人性化。同时将不断提高油漆使用率，降低汽车制造成本，做到更加节能和环保。

此外，DURR公司在2017年开始投放市场的一种新型雾化器，如图6-22所示，其用于外部荷电的电极位于雾化器外部裙边处。

图 6-22 新型水性涂料雾化器

其最大特点是可同时实现车身外表面和内表面的水性涂料喷涂。其结构简单，极大程度地避免了水性涂料雾化器外部电极污染的问题；另外在喷涂内表面时可以极好地避免外部电极与车身内表面零件的干涉，同时可结合配有旋涡式成型空气环的旋杯一起使用，从而在喷涂内表面时提高涂料的喷涂传输效率。同时内喷加高压的雾化器产品，在一定程度提高上漆率，改善铰链处的喷涂效果，可节省一定的油漆用量。此外此雾化器也适用于保险杠等各种车身零部件的喷涂。对于现有的部分生产线在必要的情况下可以用此新型旋杯替代现有的外部电极式雾化器。

同时近几年内各大设备生产方也陆续开发了配备有双主针的雾化器，两路涂料有各自的涂料通道，互不干涉，可使其适用于不同种类、甚至是互相不兼容的涂料同线使用。此外，一路喷涂时另一路可进行换色操作，可将换色时间进一步缩短。

6.6.3　换色阀系统

新型换色阀系统主要包括 DÜRR 公司近几年内开发的线型换色阀 LCC、磁性定位系统及相应的定位机构。其中磁性定位系统的核心部件为磁致伸缩位移传感器，它是根据磁致伸缩原理制造的高精度、长行程、绝对位置测量的位移传感器。它采用内部非接触的测量方式，由于测量用的活动磁环和传感器自身并无直接接触，不至于被摩擦、磨损，因而其使用寿命长、环境适应能力强，可靠性高，安全性好，便于系统自动化工作，即使在恶劣的工业环境下（如容易受油漆、尘埃或其他的污染场合），也能正常工作。此外，它还能承受高温、高压和强振动，现已被广泛应用于机械位移的测量、控制中。

图 6-23 所示为新型换色系统在喷漆机器人的工艺手臂上的组装示意图。图 6-24 所示为线型换色阀系统 LCC。

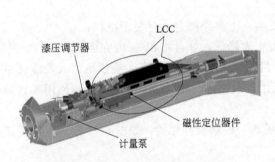

图 6-23　新型换色系统组装示意图

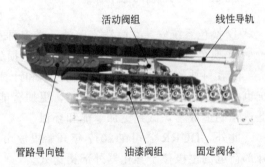

图 6-24　线型换色阀 LCC

运行时在磁性定位系统控制下活动阀组直接移动至所需的一路油漆阀组处，与该油漆阀组对接，从而省去常规换色阀组的共用油漆通道，这样每次换色时只有活动阀组的油漆通道需要清洗，既可减少换色时的油漆损耗量，又可节省换色时使用的清洗材料量和换色清洗时间。此换色系统可实现换色时油漆损耗量仅为 10mL，并且换色时间在 10s 之内完成，从而提高了生产率且取得了节能、降本、环保等功效。

6.6.4　机器人自动喷涂车身内表面的设备配置

欧美的大多数汽车厂家多年前已实现车身内外表面的全自动喷涂。目前国内也有越来越多的汽车制造厂家开始实现车身内表面的自动喷涂。尤其是近几年内新建的涂装线基本上内外喷涂均采用机器人自动实现，自动化程度已经很高。

下面简要介绍自动喷涂内表面的设备配置。

如图 6-25 所示为典型的节拍式双工位机器人自动车身内表面的平面布局示意图。其中

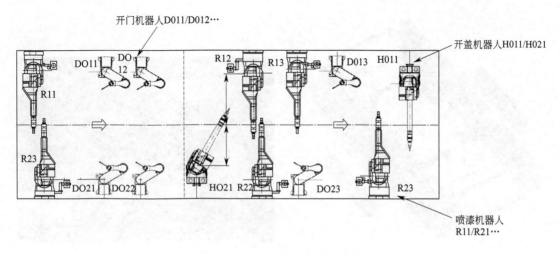

图 6-25　自动喷涂内腔工位示意图

R⋯为配有外部移动轴的七轴喷涂机器人，D⋯为开门机构，如图 6-26 所示，H⋯为开启发动机室和行李箱的开盖机器人，其结构原理上即为六轴喷涂机器人本体配上相应的开盖用工夹具，而不需要配置喷涂用的工艺设备。

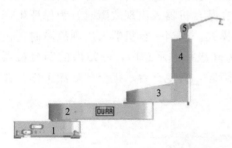

图 6-26　开门机构

1—轴 1 基座；2—转臂 1；3—转臂 2；
4—升降机构；5—操作执行机构

一般喷涂流程为：在第一工位内两台机器人完成车身内表面 75％的工作量，在第二工位由四台机器人完成内表面剩余的 25％工作量及发动机室和行李箱内的全部内表面。位置相对的两台机器人一般交错工位喷涂，减少相互污染的可能性，并最大限度地利用工作节拍。

如图 6-27 所示为一个连续链内喷站的布局图。

所有的开盖、开门及喷涂机器人分布在上下两个导轨上。上下位喷涂机器人根据所需喷涂的区域在各自导轨上行进、在连续喷涂站内跟踪车身、完成相关部位的喷涂工作，同时安装在导轨上的开门、开盖机器人同步跟踪车身、负责车门及前后盖的开启及关闭动作。图 6-28 为此类内喷站的三维示意图及喷涂站内实景。

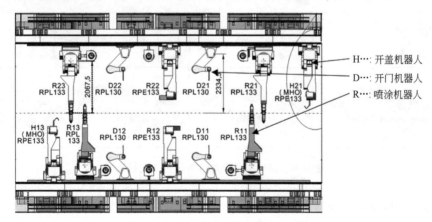

图 6-27　连续链自动内喷站

图 6-28 双导轨自动内喷站三维图及站内实景

6.6.5 自动喷涂降级模式

近几年内新规划建造的油漆车间的自动化程度已大大提高，基本内外喷涂均由机器人自动喷涂。喷涂线上仅安排有限的检查修补工位。这样在某台机器人出现故障时，为保证生产产量不受大的影响，许多厂家在规划时即考虑了降级模式。即当一台机器人出现故障时，由喷涂站其他的机器人完成所有的喷涂任务。图 6-29 为降级模式示意图，一站内的四台机器人喷涂范围以不同的颜色示意。当一台机器人出现故障时，其他三台承担全部喷涂工作，并重新分配喷涂区域，如相应的颜色所示。

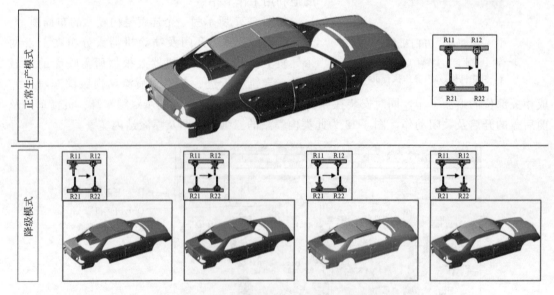

图 6-29 降级模式示意（彩图见文后插页）

一般常用的降级程序为降低输送链的链速，但保持降级喷涂时喷具的 TCP 与正常生产模式下的 TCP 相同，这样降级模式下喷涂参数与正常模式下参数完全一致，从而极大地减少的调试工作量，并避免新颜色投入时的额外调试工作，即百分百地确保降级模式时的生产质量与正常模式下完成相同。

6.6.6 喷涂机器人系统的数字化 & 智能化

随着大数据时代的到来，人工智能、物联网等各项技术的不断发展及外围设施的不断完善，越来越多的厂家重视各种设备、生产等相关数据的管理、云备份、共享及后续处理应用，同时数字工厂的理念也越来越具体化。例如杜尔公司已建立了 LOXEO 应用本台，并在平台上不断完善数字工厂的相关功能。目前针对自动喷涂机器人站提供维修助手、设备分析等相关软件包，从而通过各项数据的综合利用，可进行预防性的设备维护工作，最大限度地提高设备的利用率，防范生产停顿带来的经济损失。

6.7 喷涂施工自动化实例

自 20 世纪 90 年代末以来，机器人自动静电喷涂开始取代往复式自动静电喷涂机喷涂汽车车身外表面的中涂、面漆。进入 21 世纪以来国内新建的汽车车身中涂、面漆喷涂线，也都选用机器人自动静电喷涂车身的外表面，车身内表面仍采用手工喷涂。为克服人的因素引起的涂装质量问题、改善喷漆工的作业环境、提高喷涂的一次合格率和降低劳动成本，随机器人控制技术的进步，在近几年来实现了汽车车身中涂、面漆喷涂全自动化（线内无人化）。近年来国内引进技术兴建的多条轿车车身面漆喷涂线也都实现了全自动化。现将所采用机器人自动喷涂机的类型及图样介绍如下，供参考。

德国奥迪公司 2011 年 7 月报道，内卡苏尔姆（Neckarsulm）工厂 3 个涂装车间总共采用 127 台机器人（到 2013 年再加 27 台），实现车身中涂、面漆喷涂自动化（见图 6-30）。其中 A17 涂装车间喷涂段平面布置情况参见图 6-31。

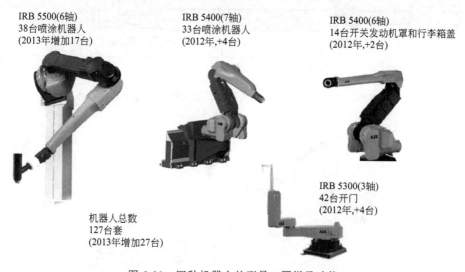

图 6-30 四种机器人的型号、图样及功能

（1）喷涂策划方案 喷涂轿车车身外表面，沿车身水平行程，至边柱分开。中涂、底色漆（BC）和罩光（CC）采用杯式静电喷枪，BC_2 采用空气喷枪。它们的工艺参数如表 6-4 所列。

表 6-4　喷涂的工艺参数

项目　　工位	BC₁	BC₂	CC	
喷涂状态	沿车身水平运行			运行轨迹见图 6-32～图 6-34
喷枪类型	杯式 φ70mm	空气喷枪 Devibb iss797 喷嘴口径 1.4mm	杯式 φ70mm	
喷幅（TCP）间距	250mm	350mm		
间距	100mm	130mm		
高压	70kV			
转速	4500kW			
循环时间	81s	81s	81s	
链速	5.2m/min	5.2m/min	5.2m/min	
喷枪移动速度	800mm/s	800mm/s	800mm/s	

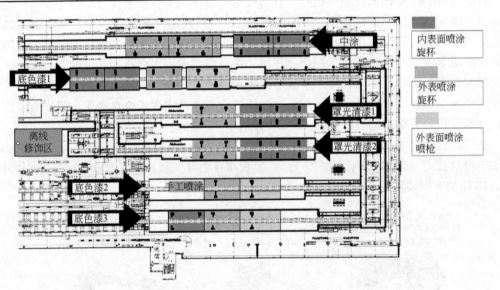

图 6-31　A17 涂装车间中涂、底色漆、罩光喷涂工段的平面布置图

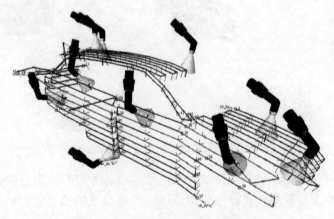

图 6-32　底色漆 BC₁ 喷涂行程轨迹图

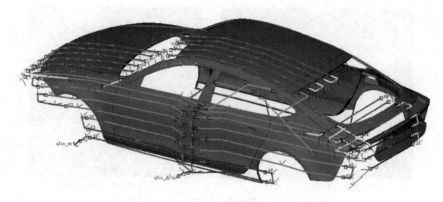

图 6-33　底色漆 BC_2 喷涂行程轨迹图

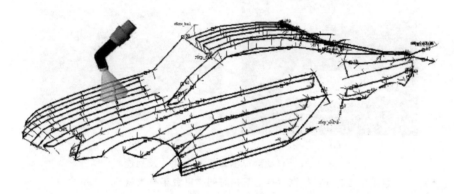

图 6-34　罩光清漆 CC 喷涂行程轨迹图 (R8)

（2）喷涂顺序　BC 内表面手工喷涂→在同一喷漆室中用机器人喷涂外表面的 BC 涂层；静电喷杯喷外表面第一层（借助雾化器更换系统，可自动变更雾化器）→空气喷枪喷涂外表面第二层→底漆层干燥→CC 内表面手工喷涂→机器人杯式静电喷涂，外表面 CC 涂层→烘干。

大众汽车公司新建的车身面漆喷涂线、密封和门槛 PVC 喷涂线都采用机器人涂装。JPH 为 30～35 台/h 的面漆喷涂线和配置 46 台（套）机器人，它们的图样如图 6-35～图 6-40所示，供参考。

(a) 底色漆外表面自动喷涂　　　　　　(b) 清漆外表面自动喷涂

图 6-35　底色漆和清漆外表面自动喷涂作业

(a) 底色漆内表面自动喷涂　　　　　　(b) 清漆内表面自动喷涂

图 6-36　底色漆和清漆内表面自动喷涂照片

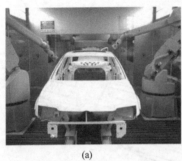

(a)　　　　　　　　　(b)

图 6-37　自动膜厚测量机器人照片及功能

（测量精度±1μm，根据运行的节拍时间，每台车身测量 60～120 个点）

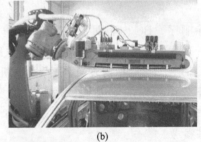

(a)　　　　　　　　　(b)

图 6-38　车身自动清洁机器人

（通过剑刷在喷涂色漆之前对复杂的凹凸表面进行清洁）

(a) 底部密封粗密封喷涂机器人　　　　(b) 门槛PVC自动喷涂机器人

图 6-39　密封、门槛自动喷涂机器人

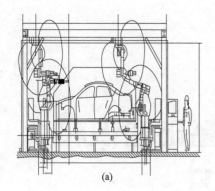
(a)

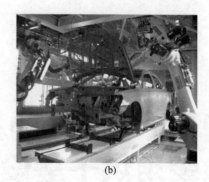
(b)

图 6-40 内腔粗密封机器人

第**7**章

固化（干燥）的基础知识和
涂装用烘干室设计

固化（干燥）是工业涂装线的三大基本工序之一，是涂膜形成的重要工序，所用装备（烘干室）是工业涂装线的关键设备，其耗能量的大小直接影响涂装成本。所以固化方法及装备的选用是否合理，烘干规范的选用和执行是否正确，会直接影响涂层质量和涂装成本。还有，地球的温室效应和节能省资源等已成为关系人类生存的课题，因而也不能忽视烘干室的高温造成作业环境恶化和排气对环境的污染等问题。

涂装线用的烘干室（又称干燥炉）大致可分为以下两大类：

① 前处理、洗净后的水分烘干室；

② 涂膜（涂装后的）烘干室。

两者的目的和功能完全不同，前者仅水分蒸发，使潮湿的工件变成干燥的工件。后者使涂膜固化（干燥），即将被涂物加热到固化温度。随涂料（树脂、油等漆膜形成物）的固化（干燥）机理不同，涂膜固化可分为挥发干燥、氧化聚合、催化剂固化、热固化等。在挥发干燥、氧化聚合和催化剂固化场合，热不是涂膜固化的必要条件，而仅为缩短干燥时间，所使用烘干室称为强制干燥室。热固化（烘烤型）涂料的固化成膜，是靠涂料树脂的热固化反应所需要的温度和时间（例如140℃ 20min）等为必要条件，所用烘干室一般俗称烘烤炉。

烘干室还可按其用途、加热方式、热源、生产方式、炉体形状等分类（见表7-1）。

表7-1　烘干室的各种分类

分类项目	名　称	注　解
用途	水分烘干室（干燥）	仅蒸发水分
	强制干燥	适用于热塑性涂料，双组分涂料
	烘干	适用于热固性涂料烘干
加热方式	直接热风	适用于外观装饰性较低的底漆、中途层烘干
	间接热风	适用于面漆烘干
	辐射加热（红外线）	
	特殊加热（紫外线）	仅适用于紫外线固化涂料
	（照射）等离子、电子束	仅适用于电子束固化涂料

续表

分类项目	名　称	注　解
热源	燃气（天然气、煤气）	宜作为 100℃ 以上高温烘干室的热源
	燃油（柴油、煤油）	
	电	适用于作为各种烘干室的热源
	蒸汽、高温热水	适用于作为 110℃ 以下烘干室的热源
生产方式	连续式	适用于大量流水涂装线
	间歇式	适用于批量生产涂装线
	间歇、连续式	适用于生产节拍不小于 5min 的涂装线
炉体形状	桥式（"Π"形）	尚可分单行程、多行程，适用于大量流水涂装线
	直通式	
	箱式	适用于小批量生产

7.1　涂膜固化机理

涂覆在被涂物上的涂料，由液态（或粉末状）涂膜变成无定形的固态薄膜的过程，称为涂膜成膜（固化）过程。它的机理是伴随着复杂的物理作用（如挥发、熔融）和化学作用（如氧化聚合、缩合、聚合等），在涂膜固化过程中何种作用为主导，与涂料的类型、组分和结构有关。

随涂膜固化机理的不同，工业用涂料可分为热塑性涂料和热固性涂料两大类。

（1）热塑性涂料　热塑性涂料又称非转化型涂料。其成膜过程仅靠物理作用，无化学转化作用。液态溶剂型涂料成膜是靠溶剂挥发；无溶剂或热塑性粉末涂料成膜是靠熔融。所形成的干涂膜能被溶剂再溶解或受热再熔化。属于这一类型的涂料有硝基漆、过氧乙烯漆、热塑性丙烯酸树脂涂料、热塑性粉末涂料和 PVC 型车底涂料及密封胶等。

（2）热固性涂料　热固性涂料又称转化型涂料。其成膜过程除溶剂挥发和熔融等物理作用外，主要靠缩合、氧化聚合、聚合等化学作用。通过化学反应使液态或热熔融的低分子树脂转化为固态的网状结构的高分子化合物，所形成的干涂膜不能再被溶剂溶解，受热也不能再熔化，只能焦化分解。随着其成膜过程中，化学反应机理不同和活化能的来源不同，热固性涂料又可细分为以下几种。

① 氧化聚合物固化型涂料。它是自干型涂料之一，其成膜过程除溶剂挥发外，主要靠吸收氧气产生氧化聚合反应固化，因此在室温下也能自然干燥，在室温下一般需 16~24h 才能干燥，提高环境温度或在 100℃ 以下的烘干室中烘干，能缩短其干燥时间，但要注意易表干产生"起皱"漆膜弊病。属于这一类的涂料有油性漆、干性油改性的醇酸树脂涂料等。

② 双组分或多组分涂料。它属于原漆分装型，在涂装前按一定的配比混合后，在一定的时间内涂装完，其湿涂膜靠双组分之间的化学反应交联固化成膜。在室温下也能自干，提高环境温度或在 100℃ 以下的烘干室中烘干，能大幅度缩短其干燥（固化）时间，固化时间由数日或数小时缩短到 30min。双组分聚氨酯丙烯酸树脂面漆，双组分环氧树脂底漆和聚酯腻子（原子灰）等都属于这一类型涂料。催化固化型涂料也可归属于这一类。

③ 加热固化型涂料（俗称烘烤型）。它在常温下不能干燥成膜，必须加热到规定的温度

下烘干，才能形成达到规定性能的干涂膜。属于这一类型的涂料有环氧树脂涂料、氨基醇酸树脂涂料、聚酯涂料、酚醛树脂涂料、电泳涂料、热固性丙烯酸树脂涂料和热固性粉末涂料等。

④ 照射固化型涂料。其成膜固化机理是依靠高强度能量的紫外线或电子线照射，激发专用涂料中基团活化，引发基团聚合反应固化。属于这一类的涂料有 UV 固化涂料（含 UV 与热的双固化涂料），电子线固化专用涂料。

（3）涂膜的固化（干燥）方法及环境条件　涂膜的固化（干燥）方法可分为自然干燥、烘干固化和照射固化三种，又可详分如下：

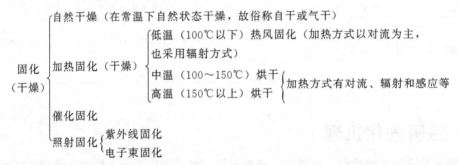

为确保涂膜质量、外观装饰性、防腐性，涂膜的自干或烘干场所应具备下列条件：

① 烘干室内或自干场所要清洁、无灰尘，空气要干净；

② 温度应符合涂料的技术要求，过高或过低都会影响干燥效率和涂膜质量；

③ 空气流动的场所（或烘干室内）要比空气不流动场所干燥得快，因空气流动有利于溶剂的挥发；

④ 无论在自干场所，还是烘干室内都要设置排风换气装置，便于在干燥过程中从涂膜挥发出来的溶剂不超过一定浓度，以防溶剂蒸气爆炸或影响涂膜质量。

7.2　烘干方面的专门用语

（1）干燥、烘干、固化　三个专门用语虽然常混用，但在语义上有所差别：具体如下。

① 干燥（drying）。在日常生活中使潮湿的东西变干的过程称为干燥。在涂装工艺中，常理解为靠物理作用（水分或溶剂挥发），使湿工件干燥或使湿涂膜变成干涂膜的现象称为干燥。在涂装线上，为加速水分、溶剂挥发，缩短干燥时间，设置干燥（烘干）室，是为了采用比自然干燥稍高的温度促进涂料的干燥，一般在温度 100℃ 以下的干燥场合称为强制干燥（forced drying）。

② 烘干（baking）。又称热固化（thermosetting），指涂料涂布后，用高温加热使涂膜固化的工序。

③ 固化（curing）。涂料的成膜过程是由液态（或熔融状）的湿涂膜变成干硬的涂膜，即由分子量较小的树脂变成网状结构的高分子的涂膜过程，因而用"固化"来称这一过程较科学、概念较全面，尤其针对转化型涂料、UV 或电子束固化涂料，更是如此。

（2）传导、对流、辐射　它们是热力学的三种传递热量的方式，在烘干室的炉体设计时是"传导"，热风方式加热是"对流"，红外加热方式是"辐射"，作为烘干室的总体应将各种要素组合（见表 7-2）。

表 7-2　热传递方式的种类及应用实例

方　式	应用实例	特　征	装置费用	运行费用
传导	钢带	适用于板状形状	中	小
对流	热风循环炉	适用于复杂的形状	大	中
辐射	红外线烘干室	表面和内表面温差大	小	大

对流加热是涂装线干燥的最基本的加热方式。"热由高温流向低温"是对流的理论，达到何种程度随状况和条件有较大的差异，因此实际烘干室的设计较难。

对流、传导可以用下式表示：

$$Q = UA\Delta T$$

式中　Q——所需的热量；

U——热导率；

A——面积（面积比例）；

ΔT——炉内空气温度与被涂物的温度差（温差比例）。

其中，U 值难确定。

烘干室场合，空气对流的风速是最大的要因，可举下列状况说明：

① 如高温热风的风速越大，则传热量就越大；

② 烘干室内的吹风速度随吹出的截面积变小而升高；

③ 炉内温度达 100℃ 以上后，提高传热效率，燃料消费也增大，效率变差。

一般认为"被涂物的板厚度薄、空气温度高、空气的流速快、温度上升就容易"，可是达到何种程度随条件不同有差异。

（3）散热、隔热　通常的烘干室温度为 80～200℃ 左右，送风管还要高 50℃ 以上，烘干室整体的散热面积大。还有向车间内约 0～30℃ 的室内空气散发热量，要设法防止这种散热，来降低燃料成本。

防止散热的隔热方法，如暖瓶的真空双层容器法，又如宇宙火箭采用特殊的"隔热材料"，使上千度的热不传入室内。在涂装线上要求采用价廉、效率良好的隔热方式。按使用温度分别使用各种以玻璃纤维为主的隔热材料（或称保温材料）。还有保温层厚度有 50～200mm。

一般的隔热（保温）方式如图 7-1 所示，热导率列于表 7-3 中。

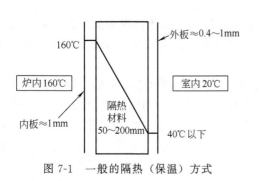

图 7-1　一般的隔热（保温）方式

表 7-3　隔热材料及其热导率

材　料	热导率/[W/(m·K)]
铁	84
水	0.6
隔热材料 玻璃棉 岩棉	0.04～0.05
泡沫塑料	0.03
干燥空气	0.024

干燥空气的隔热性能不差，只是对辐射和对流而言，不能作为隔热材料。还有石棉曾经是烘干室隔热性优良的、主要的隔热材料，可是现今禁用。

（4）烘干规范（烘干窗口、烘干温度/时间曲线）　烘干规范是涂料标准（或技术条件）和涂装工艺文件中所规定的烘干技术条件。以烘干温度（℃）×烘干时间（min）表示，即在此条件下，烘干所形成的涂膜性能应是该涂料和配套工艺涂层的最佳性能。

烘干规范（即烘干温度和时间）取决于被烘干的涂料类型、被烘干物材质及热容量和加热方式等因素。烘干时间包括升温时间和保温时间。升温时间是被烘物从室温到规定的温度所需的时间，升温时间随涂料品种有所变化，如电泳涂膜、粉末涂料涂层的烘干，升温可急一些，时间可短些；溶剂型涂料和厚涂层，则升温要温和些，时间可稍长，反之易产生针孔和起皱等漆膜弊病。保温时间是被烘物温度升到规定温度后应持续的时间，保温时间必须保证，才能确保涂膜干透。

烘干规范通常由涂料厂推荐，也可由涂装厂根据现场条件和产品涂层的性能要求，通过试验确定。烘干规范是涂装工艺设计和烘干室设计的基石。

烘干规范是涂料厂通过试验验证来表示的。某种涂料的烘干温度和时间在一定的范围内变化，仍能保持涂膜性能合格，烘干温度和烘干时间选定在这范围（窗口）内，涂膜固化无问题（见图7-2、图7-3）。请注意烘干窗口的烘干温度是工件温度，烘干时间不包含升温时间，仅为保温时间。

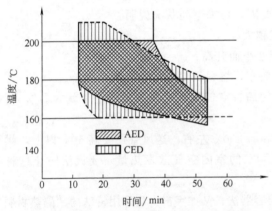

图7-2　某公司生产的阳极电泳涂料（AED）和阴极电
泳涂料（CED）的烘干规范（烘干窗口）
　　［规定的烘干条件：AED、CED都为（170±10）℃
　　（工件温度）20min。图中交叉部分表示AED、
　　CED都适用的烘干时间范围］

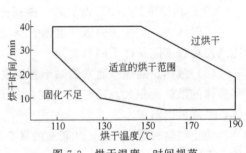

图7-3　烘干温度、时间规范
（注：烘干温度是底材表面温度）

表7-4所示的是某种汽车面漆的烘干窗口。它是以涂膜在固化过程中的胶化率和涂膜性能（○表示优，△表示良，×表示不合格）来选定烘干条件。从节能观点考虑，在达到涂膜性能水平的前提下，来选择必要的最低限的固化条件。

烘干温度/时间曲线是表示烘干室的特性和涂装工艺文件的烘干规范的一种方式，它又称固化曲线（见图7-4～图7-7）。它可由与被烘干物随行的温度/时间测定仪测得。在烘干过程中，根据烘干室内各点空气温度和被烘干物各点温度，绘制出烘干温度/时间曲线。它是验收烘干室是否符合工艺要求的烘干规范和考查烘干室运行状态的重要依据。它也可表示出烘干室内温度的均匀性，一般要求烘干室内温度均匀性为±5℃（或为烘干温度的±2.5%）。

（5）表干、半硬干燥、完全干燥、过烘干　它们是表示涂膜固化（干燥）过程中不同阶段的固化（干燥）程度的术语。

表 7-4　烘干窗口实例

烘干温度/℃	烘干时间（保温）/min					
	10	20	30	40	50	60
120		90.3 (×)	91.3 (×)	92.4 (×)	92.8 (△)	93.0 (○)
130		91.7 (×)	92.8 (△)	93.5 (○)	93.9 (○)	93.9 (○)
140	91.3 (×)	92.8 (△)	93.6 (○)	94.1	95.1 (△)	94.7
150	92.8 (△)	93.5 (○)	94.1 (○)	94.6 (○)	95.1 (△)	95.7 (×)
160	93.3 (○)	94.1 (○)	95.1 (△)	95.8 (×)	96.3 (×)	96.7 (×)

注：1. 所用汽车面漆的烘干条件为 150℃ 20min。

2. 测试条件。在进行底漆层处理过的 0.8mm 厚钢板上，涂布规定厚的面漆，并在温度分布良好的电热式热风烘箱中烘干。

3. 在固化不足的条件下（胶化率 92.5％ 以下），涂膜耐湿、耐药品、耐溶剂性和硬度不好。在过烘干条件下（胶化率 95％ 以上），涂膜的附着力、耐崩裂性不好。

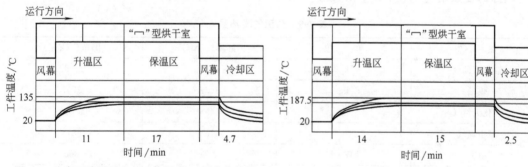

图 7-4　汽车面漆烘干室的工作温度-时间变化曲线

图 7-5　阴极电泳底漆烘干室的
工作温度-时间变化曲线

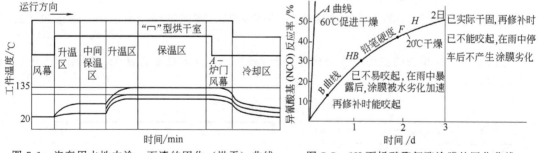

图 7-6　汽车用水性中涂、面漆的固化（烘干）曲线

图 7-7　2K 丙烯酸聚氨酯涂膜的固化曲线

① 表干（又称触指干燥）。涂膜仅表面干燥、内部未干透。当手指轻触涂膜感到发黏，但涂膜不附在手指上的状态，该状态已干燥到不粘尘的程度，故又称不粘尘干燥。

② 半硬干燥。用手指轻捅涂膜，在涂膜上不粘有指痕状态。

③ 完全干燥。涂膜已完全干硬。用手指强压或捅，在涂膜上也不留有指纹或伤痕的状态；涂膜的各项性能应达到最佳、无缺陷的完全干燥状态。

④ 过烘干。因烘干温度过高、烘干时间过长，涂膜已烘干过头；轻时影响涂层间的附着力，严重时涂膜变脆，甚至脱落，已成为一种涂膜弊病。

还有打磨干燥，即涂膜干燥到可打磨状态。

在涂装现场，除目视法观察涂膜的光、色的变化和用手指触摸来检测、判断涂膜的干燥程度外，对热固性涂膜，常用溶剂（调漆所用的相应的溶剂或如丙酮、环己酮等强溶剂）擦拭法。用已被溶剂润湿的纱布在涂膜上来回擦拭几次，如纱布被污染或涂膜发黏，则表示涂膜未干透；另外可以通过测定涂膜的力学性能（冲击强度、弹性、硬度和附着力等）判断涂膜是否过烘干。

（6）"湿碰湿"（wet on wet）涂装工艺　传统的涂装工艺是涂一道（层）烘一次，为简化工艺和节能，随着涂料施工性能的改善，开发采用涂两道（层）烘一次（2C1B）、涂三道（层）烘一次（3C1B，如中途＋底色漆＋罩光三涂层烘一次）的工艺，即在涂层间仅晾干或用较低温度的热风吹干，两道或三道涂完后一起高温烘干。

（7）热量的单位：卡（Calorie）、焦耳（Joule）　原来，热量的单位是卡（使1g水升温1℃所需的热量为1卡），曾在工业界和家庭普遍使用，可是，使多少温度的水升温1℃，所耗热量有差异，故而采用国际单位（SI单位）中能量的统一单位：焦耳（J），卡已不能正式使用，仅限定在营养学、健康领域使用。

热源的发热量列于表7-5中供参考。

表7-5　热源的发热量

热　源	单　位	国际单位（MJ）[①]	旧单位（kcal）
液化石油气	kg	50.2	11992
煤油	kg	36.7	8767
液化天然气	kg	54.5	13019
城市煤气	m³	41.1	9818
电力	kW·h	3.6	860
蒸汽	kg	2.68	641

① MJ 为 10^6 J。
注：资源不同，发热量有差异，上述数据供参考。

所谓焦耳，是指1N的力使物体移动1m所做的功，按能量保存的法则，热量和功的统一表示。

与烘干室设计相关的主要单位的换算如表7-6所示。还要注意，使1g水升温1℃的比热容数值不是1，而是1/4.18。

表7-6　单位的换算

项　目	原来单位	SI单位	项　目	原来单位	SI单位
热量	kcal	4.187J	压力	kgf/m²	$9.807×10^4$ Pa
比热容	kcal/(kg·℃)	4.187kJ/(kg·K)	压力	mmHg	$1.333×10^2$ Pa
热导率	kcal/(m·h·℃)	1.163W/(m²·K)	动力	hp	745.7W
热传系数	kcal/(m²·h·℃)	1.163W/(m·K)			

（8）热效率　热效率是指烘干室运转时，供给热量和被涂物带走热量之比，在热平衡计算作业时，用来判定该烘干室的热利用经济效益。

烘干室的实际热效率的计算式如下：

$$N = \frac{\text{被涂物实际带出的热量}}{\text{运转时所需的全部热量}} \times 100\%$$

一般对流热风式烘干室的热效率如表 7-7 所示。

表 7-7　对流热风式烘干室的热效率　　　　　　单位：％

加热方式	直通式	桥式	加热方式	直通式	桥式
直接加热	10～25	25～40	间接加热	10～20	20～35

7.3　水分干燥及烘干室的设计

7.3.1　水分干燥的基础知识

用水系处理剂前处理被涂物后，被涂物表面上残留的水分，其状态随被涂物的形状和前处理最终工序的液温而变化。各部位的附着水量随形状和表面处理的多少有增减（水平面 $100mL/m^2$，斜面 $75mL/m^2$，垂直面 $50mL/m^2$，转角 $1000mL/m^2$，请参见本手册第 2 章图 2-35）。表面的附着水量是水分烘干室设计上的最基本数值，一般取平均值为 $100mL/m^2$。

水在大气压下的沸点为 100℃，一般考虑烘干室要使水的温度达到 100℃才能蒸发，实际上垂直面在 50℃左右就已大半蒸发，被涂物不到 100℃就干燥。

前处理工艺的热水洗的液温为 50℃，2～3min 就干。可是为保持热水洗的水质，需大量水更新，随之加热能量增大。

在处理后的水质差的场合，在被涂物下部的凹面上会产生污染物杂质的浓缩，导致涂装后起泡（涂膜剥离）。

水分烘干室的干燥规范为 80～150℃，5～10min，要使水平面和凹面积留的水完全蒸发，因此被涂物的温度要上升 50～100℃，达到喷涂条件还需冷却时间。

水分干燥的处理物表面的水一般不称为含水率，而以单位面积上附着的水量来表示。用含水率表示水分的意思有两种，全体中的水分量和以干燥固体分为分母的水分量，两者都表示含水率。在涂装线上沉渣和污泥等是前者，木材等使用后者（见图 7-8）。

设定水分干燥的时间、温度是以干燥、滞留的水为基准。假如用吹干等物理方法除去滞留的水，仅是表面薄膜的水分和锐边部附着的水分，只需 1min 左右就可能干燥。

图 7-9 所示的为气流干燥卷材或水平板状的示意图。

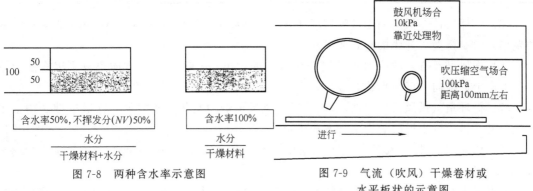

图 7-8　两种含水率示意图　　　　图 7-9　气流（吹风）干燥卷材或
　　　　　　　　　　　　　　　　　　　　水平板状的示意图

吹干有采用压缩空气和鼓风机吹风两种方式。在涂装线上一般使用空压机。可是在使用压缩空气场合，必须使用通过干燥器除湿过的空气。

吹水的空气压与距离的平方成反比，因此被涂物凹陷部分和里面难吹干，要注意空气压过高，会使轻的被涂物从挂具上掉落。在吹干场合还要注意防止结露问题，吹风的温度应略高于室温。

被涂面水分未除尽，对涂装质量有较大的影响，在溶剂型、粉末型涂装场合，残留的水分是使涂装后产生漆膜起泡、针孔的原因。在水性涂料场合，残存的湿气虽可被吸收为水性涂料的水分，但成为水滴程度后，就成为起泡等涂膜缺陷的原因。

7.3.2　水分烘干室的设计程序

（1）温度　受热源制约，燃气、煤油等的热风循环场合为 80～150℃。蒸汽、电的热风场合为 60～100℃。

（2）时间　取决于形状、板厚。板厚 1.6mm 以内的薄板场合，取 3～5min，板厚 2.3mm 以上的薄板场合，取 5～10min，如有袋状结构，应适当增长干燥时间。

（3）加热方式（直接或间接）　热源为燃气（如天然气）场合，采用直接加热方式；热源为煤油、蒸汽和电等场合，采用间接加热（热风）方式。

（4）热量计算

① 被处理物（含挂具）的升温。前处理后加热升温到 15～100℃所需的热量。

② 水的蒸发量。蒸发 100mL/m² 处理面积上的水量所需的热量。

③ 炉体（含风量）加温。由烘干室本体的材料和比热容计算升温的热量和维持散热温度所需热量。

④ 排气热量。补充新鲜空气替代蒸发的水分、燃烧气体的空气加温所需的热量。

上述是主要的热量计算项目。选定燃烧装置的安全率取 1.3～1.5。某电气制品的水分烘干室的热量计算实例列于表 7-8 中。

表 7-8　水分烘干室的热量计算实例

项　目	热量/kJ	百分率/%	项　目	热量/kJ	百分率/%
处理物加热	30000	23	风管散热	15000	11.4
输送链挂具加热	20000	15.4	排气(补充空气)加热	40000	31
水分蒸发	500	3.8	合计	130000	
炉体散热	20000	15.4			

（5）炉体设计　根据输送链的速度和处理时间决定烘干室本体的大小，再根据生产方式决定出入口是桥型、开闭的门式或风幕。

（6）送风循环方式的探讨　热风循环方式的吹出口和吸入口的方向可分别组合成上→下、下→上、横向→横向形式。最多采用的是下→上，根据被处理物的形状决定。

（7）循环量（供风机的风量）　供风机的风量按炉内空气每小时循环次数或使炉内抽出空气上升几摄氏度再返回炉内两种方式确定。

（8）供风机　根据风量和风压选定供风机。风压是供风机的持久力，通常在 0.8～1.5kPa 的范围。

根据烘干室的温度和燃烧气体的温度决定供风机的耐热规格。特别是轴承部分在高温场合必须选用水冷型。

（9）燃烧器　按上述4项计算的热量，选定相对应的燃烧器的容量。

（10）温度调节　根据烘干室的温度管理范围选定调节方法，而在水分烘干场合无需复杂的控制，仅是开关控制。

（11）材质的选用　烘干室各部位用材应确认耐热温度，在烘干水分的场合，还要注意伴随水分蒸发的温度、腐蚀等。还有在消防上必须是不燃材料。

（12）平面布置上的问题　从前处理工艺的最终工序到液滴完必须要1min的间隔。如果1min以内被涂物所带的水还滴不尽，则应改进吊、装挂方式，或因产品形状、结构上不可避免兜水的场合，在产品设计阶段考虑开排水孔。从水分烘干室出来后到能涂装的工序需3～5min的冷却时间，在场所不足的场合，应设置强制冷却装置冷却。

（13）早晨投产时间和午休时间　设置时间开关控制早班前处理设备启动运行、挂件出前处理设备的时间与水分烘干的升温时间。

在午休时间不切断开关，为节能采用下降设定温度的方法。

7.3.3　新型的水分烘干室

通常的水分烘干室是用热风吹干，随后需配置冷却室，使工件温度在涂漆前降到35℃以下，耗能和占地面积较大。基于塑料件热传导性差，升温和冷却速度慢，热风吹干虽干得快，但易产生水渍斑和热变形，影响工件的涂装质量。所以现今市场上，应用一种新的水分干燥法，即采用低湿空气吹干法。它是将干燥室内的空气循环通过冷却除湿机，使空气干燥（相对湿度在30%以下），再吹向工件，带走工件表面的水分（慢速均匀挥发），可避免产生水渍斑，干燥时间较长，约为通常高温热风吹干的2倍，但可取消随后的冷却工序。

据最新的报道：将水性涂料（水性中涂和底色漆）的晾干工序归纳为水分干燥工序。例如，为适应"湿碰湿"工艺要求，在晾干后，水性底色漆涂膜中的水分残留量不能超过10%，因水分蒸发慢，势必延长晾干区或增加预加热（红外辐射和吹热风），这样才能确保水性底色漆涂膜中的水分（90%以上）挥发掉。含水量70%以上的水性底色漆，在喷涂过程中挥发25%～40%，剩余35%左右的水分需要在晾干工序挥发。

初期水性底色漆的晾干，采用红外线预加热，装置1m长的加热器的额定容量为30kW，在运行时电能消耗大，且车身外板的一部分高温，随后还需冷却到40℃以下。现今报道，改进的晾干办法是在热风中供给减湿空气来提高水分蒸发速度，取消原来的红外加热段和冷却工序（见图7-10）。新型的水性涂料晾干室（水分干燥室）是厢体式设备，根据其温度条件，能较大幅度节省能源和削减 CO_2 的排出量。

7.4　烘干室的组成及其功能

从表7-1中可知，烘干室的加热方式为热风式和辐射式。本节中主要介绍两种加热方式的烘干室组成及其功能，和设计方面的注意点。

烘干室一般由室本体、进出口端部（气封室）、热风循环系统（含循环风机、排风风机、循环风管、吸风口和吹风口）、加热装置（加热器或燃烧炉、热交换器等）、测温系统等组成。

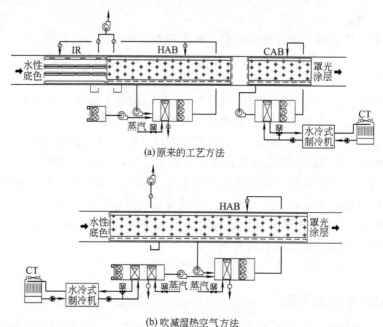

(a) 原来的工艺方法

(b) 吹减湿热空气方法

图 7-10　晾干（flash-off）工艺设备的改进
IR—红外辐射加热段；HAB—吹热风段；CAB—冷却段；CT—冷却塔

7.4.1　热风式烘干室

热风式烘干室的特征是烘干不受被涂物的形状、材质薄厚等的影响，因而在工业上使用最多。它各部位的功能和设计注意点介绍如下。

（1）烘干室实体（俗称通道）　它是一个保温的厢式体，应具备以下功能。

① 优良的热绝缘性、保温性，没有"热桥"；具有热膨胀性。

② 无泄漏，内壁的气密性好；便于维修与清理。

③ 总质量要轻，热容量要小。

④ 应有自行装载的功能。能承载输送系统和风管的负荷。

⑤ 不发生尘埃、灰尘、锈等。安装快速、清洁。

根据使用温度等，烘干室本体内外壁板、绝热材料等的选用如表 7-9 所示。

表 7-9　烘干室室体的材质

温度/℃	用　途	保温/mm	内壁板[2]/mm	外壁板[1]/mm	风管[3]保温/mm
60 以下	自然干燥	50 岩棉	1 镀锌钢板	0.4 钢板	不需要
60～120	强制干燥	75 岩棉	1 镀锌钢板	0.6 钢板	50 隔热层
120～180	烘干	100 玻璃棉	1 镀锌钢板	0.6 钢板	50 隔热层
180～240	粉末涂料和含氟涂料	150 玻璃棉	1 镀铝钢板	0.8 钢板	100 隔热层
240 以上	氟涂料	200 玻璃棉	1 镀铝钢板	1.0 钢板	150 隔热层

① 外壁板涂装可用银灰色、指定色或用彩板。
② 在烘干水性涂料场合，内壁板可选用不锈钢板。
③ 风管用材与内壁板同，高温风管采用耐热不锈钢板。

烘干室室体一般是镶板式结构，有的公司设计的烘干室，在工厂焊接成一定长度（如 4m、6m、9m）的室体模段（内壁板硅青铜密封焊接），再运到现场焊装成烘干室整体。如何轻量化，又能耐输送系统的荷重，在结构设计上十分重要。可用轻质量的钢梁，内外壁板夹绝热材料组装制成壁板的方法。还有烘干室受热膨胀，考虑有吸收收缩的结构也不可缺。为防止油烟和热气外溢，壁板间和风管连接头间隙的密封也十分重要。

烘干室骨架和支撑架用型钢制作，表面经喷丸或酸洗除锈后涂防锈底漆，安装结束后涂面漆。烘干室内的钢结构部件不允许涂涂料，应镀锌防锈。

烘干室外壁板如果选用镀锌钢板，在制造、安装过程应注意保护，不宜和不需涂涂料。在镀锌钢板上涂涂料，如果底漆选用不当，在使用过程中使涂膜老化、剥落，反而成为涂装车间的尘源。

（2）烘干室的出入口部（气封室）

由于烘干室有效空间的气温高于外界和周围设备的温度，为防止热空气散发出来和冷空气的进入，烘干室的被烘干物的出入口部必须设置保温装置（如气封室），其方式有以下三种。

① 设置上下升降或左右开的炉门（仅适用于间歇式烘干作业）。

② 设置倾斜式（桥式）或垂直升降进出口端（气封室）。使烘干室底面高于进出口端的上沿，利用热空气比冷空气轻来达到气封隔热的效果。

③ 设置风幕间隔区段（气封室）。

烘干室进出口端部的具体结构见图7-11。

（3）热风循环系统　热风式烘干室是靠循环空气的对流传递热，被烘干物

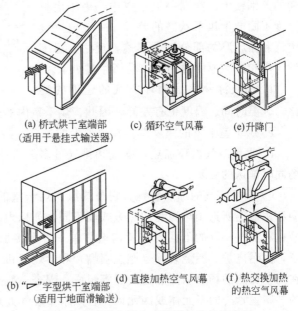

(a) 桥式烘干室端部（适用于悬挂式输送器）　(c) 循环空气风幕　(e) 升降门

(b) "⌐"字型烘干室端部（适用于地面滑输送）　(d) 直接加热空气风幕　(f) 热交换加热的热空气风幕

图 7-11　烘干室进出口端部的结构示意图

的升温速度和烘温分布的均匀性取决于热风循环系统的设计。因此热风循环是烘干室设计的关键。它是由风机、循环风管、吹风口和吸风口、循环风加热装置等组成的。

烘干室一般装备有循环风机和排风机。循环风机是从烘干室内抽气，经加热装置（加热器或热交换器）加热后，再送回到烘干室内；排风机是从烘干室室内排除烘干过程中产生的溶剂蒸气和油烟。

被涂物在烘干室内应处于同一温度下，这点十分重要，需保持烘干室的风速均一，设计采用调节风门调整吹风口的风速。当被涂物的形状是平面状等均一的场合时，高速吹风，能大幅度地缩短升温时间，使用静压2MPa以上的喷嘴。吹风口的出口风速为3~15m/s。

在采用喷嘴吹风的场合，设计要点是使整条送风管道静压相同。因喷嘴主要靠静压送风，这样才能使各喷嘴的出口风速相同，为此主风管须配置必要风量为2~5倍容量的静压室。

被涂物的部分烘干不均匀、过烘干等缺陷，多为吹风口调整不良造成。供吹风的方法有下吹风、侧吹风和上吹风等方法（见图7-12）。选用何种方法，取决于被烘干物体的形状、输送和吊装挂方式；也有两种方法的结合式（下吹和侧吹，上吹和侧吹）。

循环式吸风管一般与吹风管对称设置，可是也有从烘干室体直接吸风的场合。

① 热风循环量与温度的关系。烘干的基本条件是将被涂物升温到所规定的温度，在该

温度下保持规定的时间。为此，烘干室内空气的温度必须是从入口到出口整体均一的温度，为使上下及左右方向的温度差小，就需要一定的风速。

特别是上下方向希望有 0.3m/s 以上的风速。实际上循环风机要大于 0.1m/s 的速度。还有，以烘干室的内容积为基准，应选用每分钟循环 2～3 次风量的循环风机。

本方式要注意以下几点。

a. 被涂物底材厚度不同的场合，升温时间的差别较大。在同一烘干室中，由于底材厚度不同产生烘干状态的差异。一般温度设定低和涂膜厚的部分烘干不透，反之，温度设定高和涂膜厚度薄的部位易产生过烘干。

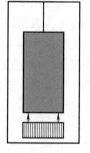 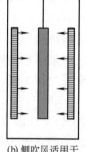

(a)下吹风一般适用于吊挂式输送　(b)侧吹风适用于板状、棒状（宽度窄的）物体的输送　(c)上吹风适用于地面输送

b. 随被涂物表面循环空气的速度的变化，升温时间、温度也有差异，因此，烘干室内的风速必须均一化。

图 7-12　烘干室内布置供风管吹出的方法

c. 烘干室上下的温度差，在风速慢的场合，沿高度方向每米约差 10℃。

d. 大量空气循环加热，漏气和排气过多等易造成热能损失。为此，烘干室的设计有现场同时确认的必要。

② 循环空气的加热装置。它是热风式烘干室的热风循环系统的重要组成部分。它的类型和构造随所选用热源和加热方式而不同，如以电为热源的加热装置与燃油燃气（天然气、液化石油气）等的不同：前者构造简单，可直接加热；以燃油燃气为热源的加热装置较复杂，由燃烧炉、燃烧装置（燃烧喷嘴）和燃烧风机（向燃烧喷嘴压送新鲜空气用），以及仅在间接加热的场合用的热交换器等组成。现今一般是由循环风机、燃烧炉、热交换器等组成的、布置紧凑的三元体或四元体（含烘干室废气处理功能）的热风循环加热装置。根据循环空气风量、能源类型、加热温度等选择加热装置的类型、规格型号。

③ 循环空气的加热方式。在使用天然气、液化石油气、燃油、城市煤气等热源场合，烘干室循环空气的加热方式分直接加热和间接加热两种。在烘干品质（如外观装饰性）要求高的场合，采用间接加热方式，即燃烧气体（烟道气）通过换热器加热烘干室的循环空气的方式；燃烧气参与热风循环，直接加热被涂物的方式称为直接加热，用于烘干品质要求不高的场合。它们在涂膜品质、成本方面的优缺点如表 7-10 所示。

表 7-10　循环空气的加热方式的比较

项　目	直接加热	间接加热	间接辐射
热源	液化石油气、液化天然气、煤油、电	柴油、煤油、液化石油气、蒸汽	柴油、煤油、液化石油气
设备费用	低	增加热交换器、燃烧风机	增加热交换器、燃烧风机
燃料费	低	增高 20%～30%	增高 20%～30%（随形状有差异）
涂膜品质	不完全燃烧、醛类、NO_x 的影响，特别是浅色	无问题	被涂物部位不同有温差（内部的温度差）
排气体	多	少（炉内气、燃烧气体）	少（炉内气、燃烧气体）

为确保烘干室循环空气的清洁度，在循环空气系统设有过滤器；在烘干装饰性要求高的涂膜场合，在烘干室内的吹风口增设过滤层。

（4）烘干室的控温系统 通常烘干室是按涂料的烘干条件设计，保持烘干室内温度一定的控制管理。烘干室内温度监控传感器的位置布置在烘干室正中。烘干室的温度管理虽较简单，但实际上与烘干室内容量、热负荷、加热装置的容量、循环风量有关，并产生大的变化，因而需要有适当的温度控制方式。

图 7-13 所示的是采用燃油、燃气为热源的烘干室的温度调节控制方式。它是由温度传感器、温度调节器和燃烧机实施控制的。

传感器在高温时使用热电耦，低温时使用测温电阻体。温度控制按监控精度、目的不同方式也不同，在烘干室方面使用的较好方式有开关控制、位置控制和比例控制三种方式，如图 7-14 所示。

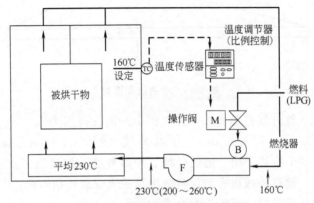

图 7-13 烘干室温度调节功能图

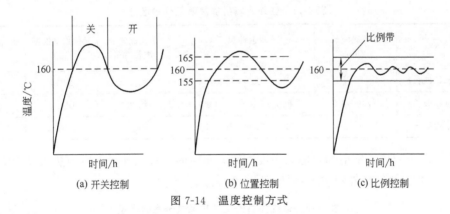

图 7-14 温度控制方式

① 开关控制。它是最基本的控制方法，如设定温度为 160℃ 的场合，超过 160℃ 关，低于 160℃ 以下就开。随被涂物的大小和室温的变化等，温度的管理幅度也产生变化，此方式仅适用于温度差大的场合。

② 位置控制。温度管理在 160℃±10℃ 时，调节温度在 150℃ 和 170℃ 的操作点（例如高燃烧、低燃烧等）控制方式，多适用于枪型燃烧器等喷嘴喷雾的场合。设定变更简易，便于涂料类型的变更。

③ 比例控制。设定在 160℃ 场合，在其前后一定的比例范围内控制燃料管理燃烧状态，使温度管理幅度小。

随当今的燃气的调节机器的进步，以精度优良的 PID（比例积分微分）控制为主流。在被涂物同一形状的场合，可根据事前的模拟（自动调整），使设定温度达±（2～3）℃。

7.4.2 辐射式烘干室

除热风式烘干以外，涂装干燥也利用热能、光能。涂装干燥利用的电磁波的波长如图7-15所示。

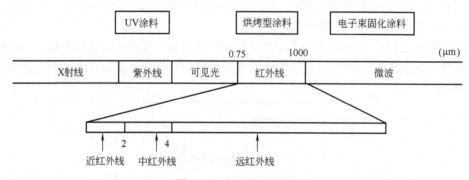

图 7-15　电磁波和涂料

（1）红外线固化　红外线是热光线，在光谱中的波长范围为 $0.75\sim1000\mu m$，按波长红外线可分为近红外线（$0.75\sim2.0\mu m$）、中红外线（$2.0\sim4.0\mu m$）和远红外线（$4.0\sim1000\mu m$）。它们都可用于涂装干燥。近红外线、中红外线能使涂膜、被涂物两者同时加热，达到缩短时间的目的，远红外线尚有与涂料的树脂的吸收波长相匹配，产生共振的作用。辐射的波长取决于辐射体的温度（见表7-11）及材质。

表 7-11　红外线辐射加热器元件的区分

名　　称	红外线波长 /μm	辐射体温度 /℃	最大能量的 波长/μm	元件启动时间 /min	备注
远红外线（长波长）	4～15 以上	400～600(650 以下)	约 1.2	约 15	暗式
中红外线（中波长）	2.0～4	800～900(650～1100)	约 2.6	1～1.5	亮式
近红外线（短波长）	0.75～2.0	2000～2200(1100 以上)	约 1.2	1～2s	亮式

与热风烘干相比，辐射加热能大幅度缩短升温时间。远红外烘干室和热风烘干室的实际比较如表7-12所示。红外辐射加热具有以下特点。

表 7-12　远红外烘干室和热风烘干室的比较

项目	热风烘干室	远红外烘干室	项目	热风烘干室	远红外烘干室
加热效率	△	◎升高 50%	机器寿命	◎	○
设备费用	○	○	安全性	◎	◎
设备空间	△	◎因烘干时间短,烘干室缩短	加热升温	◎	○仅需 1/2 的时间
温度控制性	○	◎应变迅速	CO₂ 排出		◎减少 30%～50%
可操作性	◎	◎	节能	○	◎减少 20%

注：◎优良；○良好；△一般。

① 热能靠光波传导，被涂膜和被涂物易吸收，升温速度快。如在热风对流加热场合，被涂物从室温升到150℃左右，约需10min，而辐射加热仅需1～3min。

② 基于被涂物吸收红外线而升温，往往被烘干物的温度会高于室温，因而热量会从物

体和涂膜内向外传，与涂膜干燥过程中溶剂蒸发方向一致。对消除在热风烘干时，易使涂膜表面固化，易产生溶剂气泡针孔状的涂膜缺陷有利。

③ 除规则的被涂物外，红外辐射加热对结构、外形复杂的被涂物的加热均匀性较热风对流加热差。辐射加热的均匀性受辐射距离、辐射源的温度、被辐射面的照射强度和吸收性等的影响较大。

市场上推荐的高红外加热（固化）技术，在涂装工业领域也获得了应用。所谓高红外加热技术是可瞬间提高强度、高能量、高密度全波长段红外辐射的技术。它与传统红外元件不同之处是启动快，表面辐射功率大（见表7-13）。

表 7-13　高红外辐射元件与传统红外元件的性能对比

性　能	传统红外元件	高红外辐射元件
表面功率/(W/cm^2)	3~5	15~25
启动时间	5~15min	1~3s

高红外加热技术包含辐射元件、耐高温的反射罩和控制技术。高红外辐射元件为短波石英灯，表面温度达 $700\sim1000℃$，以热辐射为主，辐射热占总能量的 $77\%\sim90\%$。灯的寿命达 5000h 以上。高红外辐射元件具备快速固化条件，试验证明：在常规电烘箱中需 $170℃\times30min$（含 10min 的升温时间）烘干的阴极电泳漆涂膜，在高红外辐射烘干的条件下，只需 2.5min 就完全固化；热风对流 $180℃\times30min$（含 10min 升温时间）烘干环氧聚酯粉末涂料（灰色），高红外烘干只需 $3.5\sim4.0min$ 就完全固化。在外形简单又规则被涂物上涂粉末涂料、不挥发分占 95% 以上的电泳漆涂膜、PVC 涂料的固化技术中，采用高红外固化技术已获得成熟应用。

（2）紫外线（UV）固化　UV 的波长在可见光 $200\sim400\mu m$ 的领域，是短波长的不可见光。UV 干燥不是靠热能，而是利用 UV 固化反应的方式，即 UV 固化树脂在紫外线灯下瞬时（数秒钟）就固化的性质。仅适用于 UV 固化型涂料，以清漆为主体。UV 固化法及 UV 固化型涂料的优缺点列于表 7-14 中。

表 7-14　UV 固化型涂料的优缺点

优　点	缺　点①
固化时间短	复杂形状不适用
固化温度低	耐候性不足
固化无公害（CO_2少）	变黄性
排出溶剂量（VOC）减少（有可能为0）	附着力不足（固化时的残留应力大）
涂膜外观平滑、鲜映性高	本色漆固化不良（UV 光遮断）
硬度高	弹性不足
设备费用低（与电子线设备相比，设备紧凑）	涂料的皮肤刺激性

① 随技术的进步，采用 UV 和热双固化法及清漆，表中所列缺点基本上能消除。

（3）电子线固化　适用于能极短时间加热的电子线固化涂料，借助电子线照射短时间（10~60s）就固化的性质。

UV、电子线固化涂料几乎不含 VOC，在环保、节能方面有优势，可是对作业者应保护，烘干室应是封闭型。还有被涂物无需高温，因而广泛适用于塑料、纸、厚壁钢管等的涂装干燥。

红外线、UV、电子线照射都有指向性，因此要充分注意被涂物的形状，内部和阴影部位等的事前确认。为克服辐射固化法的这一缺点，扩大应用面，故开发了辐射式与热风式相结合的烘干室和 UV 与热固化涂料的双固化技术。

针对外形、结构复杂的被涂物（如汽车车身），采用红外线辐射和热风对流结合的加热方式，充分利用两种加热方式的优点，弥补各自的缺点；烘干升温段选用红外辐射加热，以缩短升温时间，又避免由热风气流使湿涂膜粘尘；保温段选用热风对流加热，使被涂物各部位的温度均匀和辐射不到的表面涂料也能同样固化。

（4）双固化（twin cure system） 指 UV 固化和热固化并用（混合使用）的涂膜固化法。此法仅适用于 UV 和热固化清漆。双固化工艺及涂膜性能优良，在节能、环保和降低涂装成本方面都有较强的竞争优势。

双固化法使克服 UV 固化型涂料及 UV 固化作为外涂装的罩光涂料时，阴影部的涂膜固化不足、涂膜变黄性和耐候性不足等的致命缺点成为可能。

复杂形状被涂物阴影部的 UV 照射量（能量）不足，由热固化成分的交联来弥补 UV 成分的固化不足，使涂膜性能达标。UV 固化时的，变黄量受 UV 成分及所加光引发剂量的支配，借助于 UV 固化与热固化并用，来减少 UV 成分量及所加光引发剂量，也就抑制了变黄性。耐候性不足，与上述同样借助减少光引发剂量，来抑制 UV 照射后，干涂膜中残留光引发剂量而解决之。还有产生开裂问题，靠 UV 固化与热固化并用的方法，可使由 UV 固化时的基团聚合产生的涂膜中残留应力得到缓和。双固化法的固化工艺如图 7-16 所示。

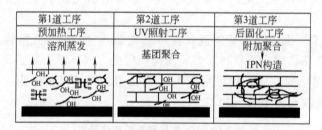

图 7-16　双固化法的固化工艺

工序 1 是蒸发涂膜中所含的溶剂的预加热工序，它在双固化法固化工艺中起着非常重要的作用。如涂膜中有残存溶剂，在 UV 照射场合仅涂膜表面层 UV 固化，内部未固化。严重时，涂膜起皱，用手指抓压，涂膜有凹陷、柔软的感觉，这种涂膜缺陷表明固化不足。而在轻微蒸发不足的场合，看不出表面上的涂膜缺陷。可是，在长期耐湿性·耐候性试验时，与溶剂完全蒸发后 UV 照射的涂膜相比，有着显著的涂膜物性差异。第 1 道工序必须充分蒸发掉涂膜中所含有的溶剂。

工序 2 是照射 UV 工序，使涂膜中 UV 固化成分形成基团聚合物的网状结构，不言而喻，它充分给予推算 UV 固化所需的 UV 能量。

工序 3 是使热固化成分靠热能形成附加聚合（聚氨酯结合）的网状结构的后加热工序。

如以上工序所示，先使 UV 成分固化，再在 UV 固化的网状结构间使热固化成分附加聚合，形成 IPN 结构。总之，工序不能逆布置，在热固化→UV 固化场合，将产生以下两个问题。一是 UV 成分固化受阻。热固化成分的网状结构形成后，再 UV 照射，由于涂膜高分子化，迁移性下降，使 UV 成分达不到所规定的聚合率。二是外观装饰性低下。选用 UV

固化型罩光涂料原有的目的之一是提高外观，按图 7-16 的固化工艺执行，UV 照射后能形成镜面那样平滑的外观，可是，在热固化→UV 固化场合，受热固化成分对外观装饰性的支配，易形成橘皮。

图 7-17 是 UV 罩光涂装生产线的布置设计。其特征是被涂物（摩托车汽油箱）在涂装、固化过程中旋转。"旋转"可使汽油箱各部位照射的 UV 光（照射能量）均一、无阴影。涂装时"旋转"，可防止产生垂流、涂装不均、流痕等涂装缺陷，另外，可厚膜涂装，改善外观装饰性，不需要熟练的喷漆工，采用机械手实现自动涂装，在一条涂装线上可生产大小不同、形状复杂的摩托车汽油箱 50 种以上，与热固化型罩光涂装线的比较列于表 7-15 中。UV 涂装线的全长、工程时间约为原有热固化型涂装线的 1/3，非常紧凑。测定涂膜的鲜映性，以 PGD 值评价涂膜的外观装饰性，UV 罩光涂膜外观呈镜面状态，PGD 值为 1.0。

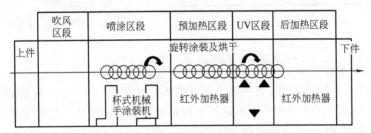

图 7-17　摩托车 UV 固化型罩光涂装布置

喷涂实现了无人涂装（机械手自动喷涂），其他三项指数都以热固化型罩光为 100 计。从表 7-15 的结果看，单位被涂物（油箱）的加工成本（含涂料成本）可降低 50% 以上。

表 7-15　UV 涂料与热固化型罩光涂装线的比较

参　数	UV 涂装线	热固化型涂装线	参　数	UV 涂装线	热固化型涂装线
生产线总长/m	21	53	能源成本指数	40	100
工程时间/min	20	66	再涂装指数	70	100
外观(鲜映性,PGD 值)	1.0	0.5	尘埃不合格指数	70	100
人员数(喷漆工、抛光工)	0(无人)、1	2、3			

7.4.3　强冷室

强冷室，又称冷却室，具有靠吹冷风强制刚从烘干室出来的被涂物降温，以适应下道工序的需要和不影响厂房内的气温的作用。冷却室应紧靠烘干室的出口端布置，一般长度为 1~2 个车位（或 3~5）。在南方夏季高温作业时，冷却室不可缺少；在北方，尤其是冬季，当室温较低时，在生产节拍较长的场合，为省投资也可以不装备冷却室，而采用自然冷却。

冷却室由吹冷风箱的壳体、送排风机组、送排风管等主要部件组成，供风系统是否需要安过滤器，视新鲜空气的清洁度而定，其结构和冷却室内的气体流动，如图 7-18 所示。

冷却所需要的冷空气从厂房外吸入，一般情况下还需要设过滤器，然后靠风机压送到冷却室两侧的风道，再通过喷嘴吹向被冷却物。加热后的空气从冷却室的上部吸出，排向室外，或当室外气温较低时部分循环使用，如在冬季新鲜空气与循环气混合使用，可提高气温。

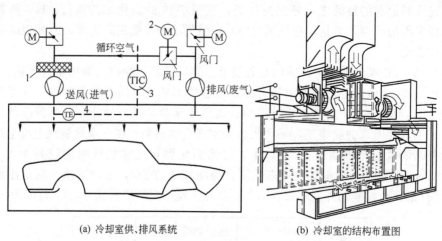

(a) 冷却室供、排风系统　　　　(b) 冷却室的结构布置图

图 7-18　冷却室结构和内部气体流动图

1—过滤器；2—电动机；3—控制器；4—冷却室本体

在理想状态下，被冷却后的工件温度不超过冷却空气温度 10～15℃（即略高于室温，40℃左右）。冷却作用只适用于工件的表面，不适用于材料堆积处和遮盖的、气流不易接近的部分，这些部分只能靠热传导冷却，即这些部位的热量要经一定时间后才能达到热量的平衡。

要注意绝不允许烘干室的废气窜入冷却区，因烘干室的废气在高温下呈气态，在冷却时会迅速冷凝，冷凝物会滴落在被涂物上污染漆面或造成涂膜弊病。

冷却室的结构设计要避免冷凝物滴落在被涂物上。冷却区的进风和排风比率必须保持平衡。

7.5　涂膜烘干室的设计与计算

在工业涂装领域，基于被涂物外形结构复杂，多种场合是多品种混流生产，一般都选用热风对流烘干室和辐射、对流相结合的烘干室。现以热风对流烘干室为例，介绍设计、选用烘干室的程序。

7.5.1　设计依据（必要条件）

① 烘干室的类型。在涂装工艺设计时，根据工艺流程和平面布置的要求、厂房条件、被烘干物的形状及大小等条件选用烘干室的类型，如直通式或桥式、单行程或多行程、地面输送或悬挂输送、连续式或间歇式等。

② 最大生产率（kg/h）或被涂物数量（台/h）。

③ 被烘干物的最大外形尺寸（mm）、装挂方式和质量（kg），规格型号［长度 L（前进方向）×宽度 W×高度 H］。

④ 输送机特性。输送速度（m/min）、移动部分质量（含挂具，kg/h）和运转方式。

⑤ 被烘干涂膜的类型（如电泳涂膜、水性涂料涂膜、粉末涂膜或有机溶剂型涂膜等）进入烘干室时被涂物所带涂膜的质量（kg/h）和所含溶剂的种类及质量（kg/h）。涂膜在烘干过程中有无分解物；分解物量即涂膜的固体分在烘干过程中的失重率（%）。

⑥ 烘干规范。烘干温度（℃）、烘干时间（min），最好用烘干温度-时间曲线和范围表示。

⑦ 环境温度，即车间现场温度。

⑧ 加热方法和热源种类及其主要参数。

⑨ 确保涂膜外观要求的措施。

⑩ 是否要留技改的余地等。

⑪ 对废气处理的要求。

7.5.2 烘干室实体尺寸的计算

（1）通过式烘干室的实体长度的计算 通过式烘干室的实体长度按下式计算：

$$L = l_1 + l_2 + l_3$$

$$l_1 = \frac{vt - \pi R(n-1)}{n}$$

式中 L——通过式烘干室的长度，m；

l_1——烘干室加热区和保温区的长度，m；

v——输送机速度，m/min；

t——烘干时间，min；

R——输送机的转向轮半径，m，应注意被烘干物在转弯处的通过性；

n——行程数，当单行程时 $n=1$，则 $l_1 = vt$。

l_2 和 l_3 分别为烘干室的进、出口端，直通式一般为 $l_2 = l_3 = 1.5 \sim 2.5$m，桥式或"Π"字型烘干室，l_2 和 l_3 应根据输送机升降段的水平投影来确定。

（2）烘干室实体宽度的计算 烘干室的实体宽度按下式计算：

$$B = b + (n-1) \times 2R + 2(b_1 + b_2 + \delta)$$

式中 b——被烘干物的最大宽度，m；

b_1——被烘干物与循环风管的间距，m；

b_2——风管的宽度，m；

δ——烘干室保温壁板的厚度，一般取 $\delta = 0.08 \sim 0.15$m。

n 和 R 与烘干室实体长度计算式相同。

（3）烘干室实体高度的计算 烘干室实体的总高度按下式计算：

$$H = h + h_1 + h_2 + h_3 + h_4 + 2\delta$$

式中 h——被烘干物的最大高度，m；

h_1——被烘干物的顶部至烘干室顶板间距，m；

h_2——被烘干物底部至烘干室底板间距，一般 $h_2 = 0.3 \sim 0.4$m；

h_3——在底部安设风管或地面输送机场合的通过高度，如果底部不设风管和无地面输送机，则 $h_3 = 0$；

h_4——桥式和"Π"字型烘干室离地面的高度，一般 $h_4 = 3 \sim 3.2$m，如果是直通式，则 $h_4 = 0$；

δ——烘干室顶板和底板所选用保温壁板的厚度，一般 $\delta = 0.08 \sim 0.15$m。

（4）烘干室进、出口端门洞尺寸的计算

门洞宽度 b_0(m) $b_0 = b + 2b_3$

门洞高度 h_0(m) $h_0 = h + h_5 + h_6$

式中 b——被烘干物的宽度，m；

h——被烘干物的高度，m；

b_3——被烘干物与门洞侧边的间隙，一般 $b_3 = 0.1 \sim 0.2$m；

h_5——被烘干物与门洞下侧边的间隙，一般$h_5=0.1\sim0.2$m；

h_6——被烘干物与门洞上侧边的间隙，一般$h_6=0.08\sim0.12$m。

7.5.3　烘干室的热量计算

烘干室的热量计算基本上是求出必要的热量。需计算升温时间（从启动到达到设定温度的时间）内的热量，和生产运行每小时必要的热量，根据计算结果决定加热器（如燃烧器）的容量和循环风机的容量。

（1）升温时的热量　使烘干室内温度达到设定温度的升温时间在运转上是必要的，升温时的热量计算如下：

① 烘干室本体加热量 Q_1＝铁的比热容×与烘干室有关的质量×（室体平均温度－室温）；

② 风管系统加热量 Q_2＝铁的比热容×与风管有关的质量×（风管平均温度－室温）；

③ 烘干室内输送链加热量 Q_3＝铁的比热容×输送链质量×（烘干室内温度－室温）；

④ 烘干室内空气加热量 Q_4＝空气的比热容×烘干室内空气质量×（烘干室内温度－室温）；

⑤ 排出空气加热量 Q_5＝空气的比热容×升温时排出空气质量×（烘干室内温度－室温）。

升温时所需要的总热量 $Q_H=Q_1+Q_2+Q_3+Q_4+Q_5$

升温时间在冬季和夏季期间有较大的不同，因此有必要随季节变动烘干室的启动（点火）时刻。

（2）生产运行时的热量

① 被涂物加热量 Q_a＝铁的比热容×每小时的被涂物质量×（烘干室内温度－入口温度）；

② 挂具加热量 Q_b＝铁的比热容×每小时通过的挂具质量×（烘干室内温度－入口温度）；

③ 涂料蒸发的加热量 Q_c＝溶剂蒸发热量；

④ 烘干室实体散热量 Q_d＝实体面积×散热系数×（风管外壁温度－室温）；

⑤ 风管散热量 Q_e＝风管面积×散热系数×（风管外壁温度－室温）；

⑥ 排气的热损失量 Q_f＝空气比热容×每小时排放的空气质量×（烘干室内温度－室温）；

⑦ 烘干室出入口的热损失量 Q_g＝空气的比热容×平均风速×开口部面积×（烘干室内温度－室温）。

生产运行时所需的总热量 $Q_R=Q_a+Q_b+Q_c+Q_d+Q_e+Q_f+Q_g$。考虑安全因素，在总热量 Q_R 上需增加 30%～50% 安全系数。

当采用间接加热时，除上述负荷外，还有加热交换器，燃烧炉材料的热负荷。

以上算出的升温时和生产运行时所需的热量，在设计时，必须选比 Q_H 和 Q_R 都大的加热装置。

按上述理论计算热功率很麻烦，且导热、散热、蓄热等系数的范围很大，也要按经验来取。国内有些单位（公司）总结多年的经验，得出以下经验公式，可供烘干室设计参考。当炉温为180℃场合，烘干室容积×3×860＝Q_{180}（×10^4cal/h），在炉温140℃场合，烘干室容积×2.2×860＝Q_{140}（×10^4cal/h）。例如，烘温为180℃的电泳漆烘干室（L50×W2.8×H3.4），其加热功率则为（50×2.8×3.4）×3×860＝122×10^4cal/h。烘温为140℃的中涂或面漆烘干室（L42×W2.8×H3.4）的热功率则为（42×2.8×3.4）×2.2×860＝76×10^4cal/h。

7.5.4　循环风量的计算

在计算对流式烘干室的循环风量时，以上述所需热量为基准，如果在升温时的单位时间内和运转时所需热量差额大时，就要加以考虑，一般情况下以其最大值为基准。即：

$$v_c = \frac{Q}{\gamma c_v \times 60 \times \Delta t}$$

式中　v_c——必要循环风量，m^3/min；

　　　Q——所需热量，kJ；

　　　γ——空气的密度，kg/m^3；

　　　c_v——空气的体积热容，$kJ/(m^3 \cdot ℃)$；

　　　Δt——循环空气的最高温度和最低温度的差，即燃烧器或热交换器出入口的温度
　　　　　差，℃。

循环风量的温度差 Δt 小时，风量就大；反之，风量就小。一般设计时，以下面的炉内温度与 Δt 值的关系较好：

炉内温度	200℃左右	150℃左右
Δt 值	70~80℃	40~60℃

某公司在设计汽车车身用大型对流式烘干室时，所采用的循环空气在循环前后的温度差的经验值为：升温区：20~50℃；保温区：5~20℃

由所需热量计算出循环风量后，再探讨与炉内循环次数的关系。即：

$$n = v_c / V_1$$

式中　n——炉内循环次数，次/min；

　　　v_c——循环风量，m^3/min；

　　　V_1——炉内容积，m^3。

炉内循环次数的值，对炉内温度的均匀化有很大的影响。如果 n 值太大，循环风机的功率要大，按比例所需的风管也要加大；如果 n 值太小，Δt 值就大，这使热源装置的设计和烘炉的控制产生困难。一般 n 值以 2~7 次/min 较为适当，被烘干件为结构简单的薄板件，n 可选小些；如果是结构复杂（有内腔、夹层等）的厚板件，则 n 可选大些。在烘炉中，n 值为 10 次/min 左右。

烘干室内的空气流动应无死角，通过工件表面的热空气流动应稳定。

当选定循环送风机时，以上述计算的 v_c 值作为标准状态时的风量，并要求考虑选用与由循环管等因素产生的阻力相当的风压送风机。在实际场合，为得到所期望的风量，还必须考虑风管的长短，吹出口和吸入口的弯曲，吸入方的抽力和过滤器堵塞所产生的阻力，选用时也应留有余量。

7.5.5　烘干室区域的划分和排气

一般涂料的干燥是用烘干温度与烘干时间来表示的。但有些涂料中的树脂聚合要求在一定温度下进行，在低于这一温度下烘干时，涂膜性能就不能充分发挥。涂有溶剂型涂料的被涂物在进入烘干室时，涂层表面急速固化，就易产生针孔，但为了不产生色相变化，又希望在较短时间内（一般 5min）移至高温，烘干室这个区域被称为"升温区"，随后在被涂物涂膜所需要的温度下保持一定时间，该区域被称为"保温区"。在升温区和保温区供给热量有差异。在大型烘干室的烘炉上，热源装置和热风循环系统分开设置较好。另外分配给各区的热量与运转时的所需热量有关。一般在保温区供给被涂物的热量用温度下降 5~10℃ 换算。为缩短升温时间，在一般升温区采用较高的炉内温度设计，对溶剂型涂料则采用与远红外辐射元件并用的烘干室是有效的。

在涂装溶剂型涂料时，在各作业区上都有溶剂的挥发，其比例可见表7-16。

表 7-16　在作业区的溶剂排出量

作业区	测定(排放)点	气体浓度 $(\times 10^{-6})$	溶剂排出量 /(kg/h)	排出总量 /(kg/h)	溶剂使用量 /(kg/h)	排出比例 /%
喷涂室	1	127	43.2	203.9	260.7	78.2
	2	14	54.3			
	3	191	74.5			
	4	74	31.9			
晾干区	1	99	2.6	7.2		2.76
	2	105	4.6			
烘干室	1	122	18.4	25.4		9.74
	2	50	7.0			
合计			236.5	236.5	260.7	90.7

为了防止在烘干室内引起火灾和爆炸，必须进行排气，在循环系统内溶剂的浓度必须控制在爆炸下限值（L.E.L）以下。一般排气浓度应在爆炸下限值的（1/4）～（1/10）。从溶剂的相对分子质量来判断保持溶剂浓度在安全限制以下所需的排气量为：

$$W = (22.4/相对分子质量) \times m(100/L.E.L) \times 安全率$$

式中　W——烘干室内的排气量，标准 $\mathrm{m^3/h}$；

　　　m——炉内蒸发溶剂的密度，kg/L；

　L.E.L——爆炸下限值。

烘干室内的排气量除上述外，还要加上直接加热型燃烧时使用的空气量、燃烧气体生成量和被涂物带进的空气量等。

烘干室内的溶剂，大部分将在烘干的初期蒸发出来（升温区内），这时间大约是 5～10min，故排气装置应设置在溶剂蒸气浓度高的部位。

7.5.6　烘干室设计和计算方法举例

(1) 设计基础资料

被涂物：金属制品；尺寸：600mm×100mm×1200mm；质量：15kg。

输送链和挂具质量：10kg；挂距：1.5m；输送链速度：1.5m/min。

生产纲领：10000 个/月。

确认烘干时间：20min（即通过烘干室的时间，含升温时间和保温时间）。

烘干温度：160℃。

热源：液化石油气。

(2) 设计程序

① 烘干室室体设计。通过时间 20min×输送链速度 1.5m/min＝30m；取桥式出入口都为 4m。直线长度为 40m，选用双行程，长度 20m。

如确定断面面积就可以决定烘干室的尺寸（见图 7-19）。

② 加热方式的选定。燃料用天然气和液化石油气；采用直接热风循环，热风从下部吹入，上部吸出。

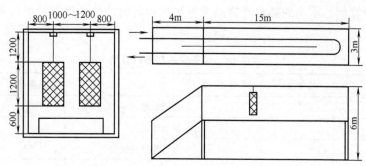

图 7-19 烘干室尺寸确定法举例

③ 循环风机的能力确定。烘干室内容积：200m³；循环次数：2 次/min，应选用风机的能力：400m³/min；静压：500Pa。

④ 循环风机和机种选定。按机种产品目录样板所需范围内的风机进行选择，并查出吸入口和吐出口的尺寸。因耐热性轴承部分采用空冷式（如有 250℃以上，使用水冷式轴承部件），故燃烧空气温度最高为 250℃以下。

⑤ 燃烧机种的选定。燃烧器：按热量计算选用容量为 1000MJ/h 的空气加热形式。控制方法：比例控制（PID）。

⑥ 决定过滤器的方式。在循环系统设置过滤箱，插入耐热过滤器。烘干室吹风设置（500mm×250mm）铝制金属过滤网。

（3）设计规格说明书举例 由上述结果编制的烘干室设计书如表 7-17 所示。

表 7-17 烘干室设计书举例

项 目		规 格 型 号	机器配件
本体	尺寸	L15m×W3m×H3m，出入口(气封室)5m	
	材质	内壁板：1.0mm 厚的镀锌钢板	
		外板：0.6mm 厚的钢板	
		保温层：150mm 厚的玻璃棉（原文保温层厚为 100mm）	
燃烧装置	燃烧器	液化石油气用，1000MJ/h	A 公司
	燃烧风机	10m³/min×2MPa×0.75kW	B 公司
	燃烧炉	卧式循环形式	
循环风机		400m³/min×500Pa×5.5kW，限载空冷式	C 公司
循环风管	尺寸	600mm×900mm，30m 长	
	材质	内外板：0.6mm 厚的镀锌钢板	
		保温层：50mm 厚的玻璃棉	
过滤器	材质	(500mm×500mm×100mm)×20 枚，玻璃纤维制（耐热 200℃）	D 公司
温度控制	比例控制	PID 控制仪，(160±5)℃	E 公司

（4）热量计算例　本例的热量计算结果是生产运行时的热量计算结果，合计 500MJ（见表 7-18）。

表 7-18　烘干室的热量计算例

项　　目	热量/MJ	百分比/%	项　　目	热量/MJ	百分比/%
被涂物加热	75	15	风管散热	80	16[②]
输送链、挂具加热	75	15	排气热损失[①]	60	12
溶剂蒸发	30	6	出口排气热损失	60	12
炉体散热	120	24[②]	合计	500	100

① 也可理解为补充新鲜空气的加热。
② 炉体、风管的热损失大，宜加强保温措施。

燃烧器选用 1000MJ，可见有 100% 的富裕。升温时间按本章 7.5.3 节计算的升温时所需的总热量考虑：冬季场合为 40min；夏季场合为 30min。

7.6　烘干室的维护保养

（1）预防性的维护　为确保涂层质量和烘干室的正常运行，应定期对烘干室的状态进行检查和维护保养。预防性的维护包括以下几方面。

① 对烘干室内外的清洁应给予特殊的管理，这是质量的保证。

② 定期地检查过滤器的状态。过滤器过脏，使气流减少，会影响烘干室的温度曲线，并有弄脏被涂物的危险。

③ 定期地测定烘干室的烘干温度曲线，对异常的原因进行分析。

④ 出于质量与安全的考虑，应遵照烘干室使用说明和故障寻找说明的有关程序工作。

（2）维修保养　一般由涂装设备设计部门和生产厂家提供维修保养说明，具体如下。

① 大修。将设备全部拆开、清理，更换所有磨损件，全部润滑、组装，必要时进行涂装，进行功能检验。在国外大修由设备生产厂家负责定期进行。

② 定期更换零部件。目的是预防性保养。

③ 功能检验。检验某部件的功能，预先的功能检验可在现场进行，或将部件拆下后进行。

④ 检验。人工或目测检查某机组的状况。

⑤ 修理。修理有缺陷的部件，修理工作一定要经过培训的专业人员进行。

⑥ 调整。检查额定值，必要时进行再调整。

⑦ 清理。设备零件及机组分别用清洗剂进行清理。

⑧ 润滑工作。部件与机组的润滑部位（如注油嘴等）加润滑剂，或注入相应的油槽内。

上述各项的执行周期一定由设备生产厂家推荐，或由使用厂家根据工厂实际情况确定。

7.7　烘干室的节能减排技术措施

被涂物在涂装线上加热和冷却要反复多次。一般单涂层体系（含前处理、水分烘干和喷涂移到 140℃ 烤漆），被涂物合计需 310℃ 升温，两涂两烘干（2C2B）涂层场合需要 435℃ 的升温。传统典型的轿车车身涂装工艺（参见本手册第 1 章表 1-5）。车身加热和冷却反复 4 次以上。合计升温510℃以上，烘干冷却能耗及 CO_2 排放量占到涂装车间总能耗和 CO_2 排出总量的20%左右，烘干室是汽车车身涂装车间能耗排名第二的涂装设备。因此，烘干工序（烘干室系统）是涂装车间实现节能减排的重点革新对象之一。

在烘干工序的热平衡计算时一般将被涂物实际带出的热量视为热能的有效利用率（热效率），对流热风式烘干室的热效率为20%～30%（参见本章表7-7），大部分是用于装置加热的，以及空气中的散热损失（见表7-18）。如果仅将几十微米厚的涂膜升温和溶剂蒸发所需的热量作为有效利用热量，则热效率就更低了。

为了节能减排，涂料厂商按客户之需，开发成功了固化温度低温化、快速化的工业用涂料和适用于"湿碰湿"工艺的配套涂料。工艺应用的实践成果显示，节能减排效果非常好，尤其后者"湿碰湿"工艺（2C1B或3C1B）的实现，削减了被涂物加热冷却的次数，不仅节能，还简化了工艺，提高了生产效率。

例如，三聚氰胺涂料的烘干条件是140℃×20min，固化"低温化"和"快速化"改良后。验证削减 CO_2 的效果。

① 固化温度低温化（125℃×20min）的效果，温度下降一成后，被涂物的加热、炉体散热，以及出入口排风热损失等也下降一成。

② 烘干时间缩短化（140℃×18min）的效果，时间缩短一成后，烘干室炉体等的面积因而缩小，散热量和来自炉体的排气热量也下降一成（见表7-19）。

表 7-19　三聚氰胺涂料固化规范和快速化的效果比较

项　　目	原　基　准	改　良　后	
	热量/MJ	低温化/MJ	短时化/MJ
烘干规范	140℃×20min	125℃×20min	140℃×18min
被涂物加热	75	68(10%)	75
输送、挂具加热	75	68(10%)	75
溶剂蒸发	30	30	30
炉体散热	120	108(90%)	108(90%)
风管散热	80	72(90%)	72(90%)
排气热损失	60	54(90%)	54(90%)
出入口排气损失	60	54(90%)	60
合计	500	454	474
	削减效果	9%	5%

以上是通过选用改良涂膜固化性能的涂料和涂装工艺，实现烘干固化工序节能减排的目的。本节重点介绍烘干室设备系统（含晾干室、烘干室、强冷室）的节能减排技术，以及已获得工业应用提高烘干室热效率的措施。

7.7.1　烘干时加热方法多样化，加热方式复合化

工业涂装用烘干室按加热方法可分为热风对流烘干室、红外辐射烘干室、感应加热烘干室和特种烘干室（紫外线UV烘干室、电子束加热），普遍采用的是热风烘干室和红外辐射烘干室，它们的加热方式（传递热量的途径）不同，如表7-20所列。从表中可看出，不同加热方法的加热方式是复合的，仅是以某种热传递方式为主，如热风对流烘干室是以对流为

主体，红外辐射烘干室以辐射热为主。

　　烘干室加热方法多样化系指烘干室加热不是单独一种方法，而是按需，取长补短采用多种加热方式的结合（如红外辐射与热风对流相结合），缩短烘干时间，提高热效率。又如感应加热和热风对流结合，紫外固化与热固化（热风对流加热）结合的双固化方法等。

　　热风对流烘干室内壁采用抛光不锈钢板或贴衬铝箔，不仅对烘干室保温有利，主要是增强内壁的反射性和辐射性，对提高能效有利。

表 7-20　不同加热方式的热传导比较　　　　　　　　单位：%

加热方式	热风烘干室	红外辐射烘干室		
		远红外	中红外	近红外
对流热	77	42	32	22
辐射热	20	55	65	75
传导热	3	3	3	3

7.7.2　烘干室加热能源混合化

　　工业涂装用烘干室的加热能源主要是电、燃气（天然气、液化石油气 LPG），现今趋向能源混合化，像混合动力汽车那样，使用汽油与电池混合动力，达到削减 CO_2 排出量和改善燃料费用的目的。例如烘干室的升温段选用电红外辐射加热，后保温段采用燃气的热风对流加热组成电和燃气混合型烘干室。电红外加热与热风加热相结合，能较大幅度地提升节能·降成本的效果，如表 7-21 所列。

表 7-21　能源混合化改造后 CO_2 削减效果

项　目	LPG 使用量		电使用量 /(kW/月)	$LPG \cdot CO_2$ /(kg/月)	$电 \cdot CO_2$ /(kg/月)	合计 CO_2 /(kg/月)	削减量 /%
	/(m³/日)	/(kg/日)					
烘干室现状	1800	3600	3110.8	10800	1120	11920	100
烘干室改造后	700	1400	8562.0	4200	3082.4	7282.4	61.1

　　注：CO_2 量是 $LPG \cdot CO_2$＋电气 CO_2 的合计。能源与 CO_2 产生量的换算：丙烷 3.0kg · CO_2/kg，电 0.36kg · CO_2/kW · h。

　　还有热泵和燃气（LPG）相结合的烘干室。利用热泵技术产生的 80～120℃ 热风作为补充烘干室的新鲜空气，产生的冷水作强冷室降温或电泳槽液的调温用。应用实例验证，节能减排，降成本效果显著（CO_2 排出量削减 30%，LPG 使用量削减 24%，运行成本降低 12%）。

7.7.3　开发新的节能高效的涂膜固化技术

　　如在采用紫外固化涂料（UV 涂料）的前提下，开发采用 UV 固化烘干技术和 UV 与热双固化法，可大幅度节约能源和提高固化效率。

　　还有对于厚质、形状规则的中小型金属件，涂膜固化采用感应加热法。

7.8　烘干室精益化设计

　　从节能减排、提高效能的角度重新审核原有烘干室设计，进行精益优化设计，提高烘干室的热效率，具体技术措施如下。

7.8.1　择优选用烘干室的类型

烘干室虽可按所采用的热源和被烘干涂料、加热方式和烘温等来分类命名，在汽车车身涂装领域，常按烘干室的外形（即烘干室主体与车身进出口端的组合）来分类，一般分为直通式和桥式两大类型（参见表 7-22）。热风循环加热装置设备在直通式烘干室的顶上（或侧面），桥式烘干室按其外形，又可分为 A 式、Γ 型和"Π"字型三种，其热风循环加热装置布置在烘干室下的楼面上。

表 7-22　车身涂装用烘干室类型及其特性

类型	进出口端(气封段)方式	输送车身方式	气封效果	适用对象	空间(有效段长度比)	备注
直通式	1)气封式(循环空气或热空气风幕)	滑橇输送机和各种地面输送机	一般(气封难度大)	适用于轿车车身涂装烘干大量流水生产,不适用高大的车身	一般	在采用滑橇输送机场合,车身在烘干室中可积放式通过
	2)两端带门烘干室(或一端设门的烘厢)	各种地面输送机	好	适用于间歇式生产和大客车车厢涂装烘干	小	
桥式	1)A 式:倾斜爬坡式	地面反向积放式输送机+工艺小车	好	适用于大量流水生产的轿车车身和卡车驾驶室涂装烘干	一般(大)	可双行程(U 字或 S 字型),车身在烘干室内不能积放通过
	2)"Π"型:垂直升降式	滑橇输送机+升降机	好	同上	较 A 式小20%左右	车身在烘干室内积放式通过
	3)"Γ"型:垂直升降式与热风幕结合式(半桥式)	同上	好	同上	同上	积放通过取消出口高温升降机,更利于立体工艺布置

桥式烘干室进出口端的保温气封效果好，在传统烘干室中应用较多；直通式烘干室采用了改进的进出口端气封室结构。也有较多的车身涂装线采用。实际应用观察到"Π"型和直通式烘干室的长处及不理想之处如下：

"Π"型烘干室的长处是进出口端保温气封性能好，热风循环加热系统布置在烘干室下，利于维护，不阻挡人、物通行，有利于立体工艺布置，提高车间的空间利用率。不理想之处是高温升降机增加了故障点和输送机部分造价。

直通式烘干室的长处是直通、无需升降车身动作运行更可靠，烘干室内故障易发现和消除；不理想之处进出口端气封段的要求较高，供、排风平衡不好，易向晾干室、强冷室串气；进口段、涂膜为湿膜，吹高速风有负影响；在工艺布置上与喷漆室、晾干室连线 200 多米长，将楼层隔断，影响人、物流（从涂装烘干线一侧到另一侧，要从另一层绕行）。在某汽车公司烘干室的热风循环加热系统布置在直通式烘干室一侧，占生产面积大，厂房空间未利用。

"Γ"型烘干室是"Π"型烘干室的改进型，充分组合Π型和直通式烘干室的长处，在采用滑橇输送和立体工艺布置设计场合，笔者推荐选用"Γ"型烘干室，即烘干室进口端选用垂直升降方式，出口端选用高速风幕气封段室。它可继承"Π"型和直通式，两类烘干室的长处，基本上可克服上述两者的不理想之处。"Γ"型烘干室的结构及布置请参见图 7-20、图 7-21。

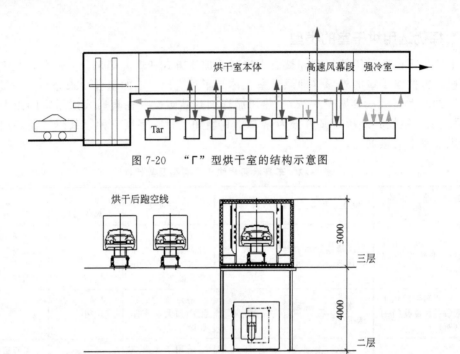

图 7-20　"Γ"型烘干室的结构示意图

图 7-21　"Γ"型烘干室剖面及布置示意图

　　"Γ"型烘干室（图 7-20、图 7-21）取消了"Π"型烘干室出口端的高温升降机，采用高速风幕气封室替代，因烘干室出口车身涂膜已干固，吹极高速风，也无负影响。另外"Π"型烘干室升降机故障在实践中证实主要是出口端升降机，它运送高温车身，等待接车身点在烘干室上部，始终处于高温状态下作业，因而易产生故障；而烘干室进口端升降机运送室温车身，在升温段前，等待接车身点在烘干室下部（远离高温区）；其作业环境远优于出口端升降机，因而故障少。

7.8.2　烘干室紧凑化

　　在满足工艺要求和被烘干车身通过性的前提下，尽量缩小烘干室的内容积，减少烘干室的散热面积。因汽车车身是空腔结构件，不必担心被烘的涂装面积超载而引起爆炸事故。

　　如尽可能选用在烘干室中车身能积放式通过的输送机，这样有利于缩小挂距（车身之间距）和链速，可较大幅度地缩短烘干室长度。以"Π"型烘干室与 A 型烘干室相比，后者采用工艺小车，要上、下坡（或车身在烘干室内需转弯或返回），使车身之间隔距离要长 1m 左右，致使同规模的 A 型烘干室的长度要比"Π"型（积放式的）烘干室长 15%～20%，换言之，A 型烘干室的散热面积、内容积增大 15%～20%，使加热量和散热量等的耗能量增大。

　　又如优化烘干室剖面尺寸，减少烘干室的内容积。车身顶部与烘干室内顶面距离由通常400～450mm，缩小到 300mm；车身最宽位置至风箱内壁距离由 300～350mm，缩小到200mm。随烘干室内容积（不含风管、风箱的容积）的缩小，可降低烘干室内空气的加热量和热风的循环量。

　　将烘干室的热风循环系统管路尽量布设在烘干室内，以减少其散热面积和散热量。

7.8.3 烘干室的经济规模

在选用设计车身涂装用烘干室时应充分考虑其经济规模，计算烘干室的有效段（即主室体）与辅助段（烘干室进出口段，风幕段）的长度之比（有效段占烘干室总长度的 80% 以上较经济）。研究和总结汽车车身涂装车间工艺设计经验的实例如下：

年产纲领 15 万台，车身涂装线的电泳底漆（180℃，30～35min）、中涂（150℃，30min）和面漆（140℃，30min）烘干，分别采用 1 台烘干室最经济；其经济规模为 JPH 30～40 台/台（与车身长度有关）、链速 3.0m/min 左右，烘干室总长度 100～150m 之间，主室体（有效段）长度占烘干室总长度的 80% 以上。

有的设计配置两台总长 60～80m 烘干室，就不够经济了，烘干室的散热面积增大，造价要增加 25% 以上，因辅助段长度增加一倍，有效长度占烘干室长度比变小了。如果因受产量和厂房长度限制，则另当别论。

7.8.4 优化活用晾干室和烘干室升温段设计及新风量计算

如在水性涂装场合为促进湿涂膜含水量的挥发，适当提高晾干室的气温，统一考虑晾干和预升温的活用设计。又如利用晾干室的排气作为烘干室补充新风用；一般补充烘干室的新鲜空气从车间抽取，虽经过滤其洁净度亦比晾干室排风差，在采用"Π"型或"Γ"型烘干室场合，自然从晾干室与烘干室的连接口吸进新风（约 2000m³/h）。晾干室空气（排风）虽含有一定浓度的 VOC，但含量少；较车间空气清洁。实践证明晾干室排气作为烘干室新风用是可行的，且可借助烘干室废气焚烧处理，在采用有机溶剂型汽车涂料场合可降低每台车身的 VOC 排放量（资料报道：降 6.98g/m²）。

烘干室新风量的计算：有两种方法（按溶剂的爆炸极限计算和经验值计算），取其最大值。在烘干室热风循环系统内溶剂浓度必须控制在爆炸下限值（L.E.L）以下。一般排气溶剂浓度应控制在 L.E.L 的（1/4）～（1/10）。经验值：面漆烘干（温度 140℃），某公司按每分钟空气更新率 18% 计算。另一公司按单位工件被涂面积所需新风量（1.8m³/m²）考虑。

7.8.5 其他精益化措施

① 加强烘干室的保温隔热措施。从表 7-19 中可以看出炉体和风管的散热损失热量大，占总能耗量的 40%，设计选择优质的保温材料，适当增加绝热层的厚度，优化保温部件的结构，尽量减少烘干设备的散热损失。如烘干室体和风管绝热层的标准厚度为 160mm，其风管绝热层表面厚度≥$T_{车间}$＋约 15℃，绝热层厚度增厚到 200mm，则风管绝热层表面温度≥$T_{车间}$＋约 13℃。

② 在以燃气（LPG）为热源的场合，在被烘涂层及工艺许可的前提下（如电泳涂膜、PVC 涂料和中涂涂膜的烘干），采用直接加热方式（即烟道气烘干），因经过热交换器的间接加热，经一次热交换，热量损失就达 30% 左右。

③ 优化烘干室出入口端及风幕（气封）结构设计，提高出入口端的保温性，减少出入口排气的热损失。

④ 选用热泵技术降温除湿和加湿的低温·低湿空气干燥水分法替代传统的烘干·冷却水分干燥工艺，利用 50℃ 的干空气对流 5min 工艺替代"红外加热 1.5min＋80℃ 热风 3min＋冷却"的现行工艺，取消冷却工序，节能削减 CO_2 排出量。采用热泵和 VAM 技术回收烘

干室排风的热量和利用太阳能作为涂装工艺的能源（见图7-22）。

⑤ 采用计算机技术，实现烘干室参数电控智能化。从现今仅显示、记录的电控功能升级到烘干室工艺参数和工况全自动控制，且智能化（分析和评估能耗情况，及时予以控制）。

⑥ 烘干室排风热量的回收综合利用。如通过热交换器预热补给烘干室或用作晾干室的新鲜空气；加热水供前处理或作为生活用水，以及用作污水处理的废热蒸发装置的热源等。

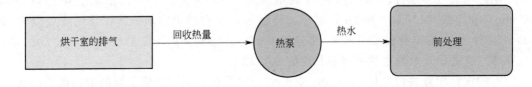

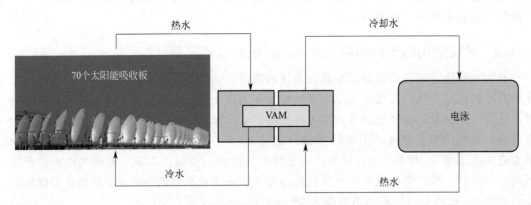

图 7-22　供涂装车间应用的废热回收和太阳能技术

VAM—Vapour absorption machine，蒸汽吸收机

第**8**章

涂装用机械化运输设备的设计

8.1 概述

现代汽车工业涂装都是流水作业，无论是间歇（步进）式生产，还是连续式生产，被涂物（工件）在车间与车间之间、生产线与生产线之间、工序之间的转移都是靠各种各样的机械化运输设备来实现的；被涂物在涂装过程中的旋转、翻转、倾斜摆动、按程序动作、升降、变节距、变速、识别计数、自动转挂、储存等按工艺需要的工作和整个生产过程的自动控制，也都是靠运输设备来实现的。机械化运输系统贯穿工业涂装生产的全过程，是现代化大量流水涂装生产线的动脉，因此它是涂装车间的关键设备之一。它的功能、可靠性和先进性直接影响涂装生产线的开动率、生产效率和涂装质量。

工业涂装生产技术与输送技术是相互依存、相互促进的关系。很多工业涂装技术的进步和涂装质量的提高都是靠选用各种新型的输送设备来实现的，各种输送技术开发成功促进了涂装技术的进步。

在涂装车间的设计中被涂物输送方式的选择和输送设备类型的选用是十分重要的关键工作，技术性极强；它直接影响涂装车间的面积、空间利用率和整个工程的投资。涂装线的工艺设计中机械化运输设备的选择至关重要，由于机械化输送方式及设备类型的不同，会使整个工艺方案和工艺平面布置图发生变化。涂装工艺设计人员应熟知各种类型的机械化运输设备的功能及结构（规格、型号），以及在工业涂装领域中的应用状况及发展动态。

8.1.1 涂装生产中机械化运输设备的作用和意义

在流水线生产的工业涂装领域中，机械化运输设备是涂装生产的动脉，尤其在现代化的汽车车身涂装车间内，它是重要的关键设备，贯穿于涂装生产的全过程。机械化运输设备在机械化运输系统中，不仅能完成输送被涂物（如轿车白车身）、转挂、储存的任务，同时还能实现涂装工艺要求，如前处理、电泳、烘干、涂胶、自动喷涂、中涂和面漆、返修补漆、喷蜡等各工序的工艺要求（例如按程序动作、升降、变节距、变速、摆动和倾斜工件等），还可装设可移动数据存储器来识别被涂物的类型、色种，识别废品，自动计数，根据给定的指令来进行生产等实现涂装线自动化的功能。随着轿车工业的飞速发展，涂装工艺也有着长足的进步，国内涂装线除合资企业由国外涂装公司承包外，大部分都由国内自行设计与制造，特别是机械化运输设备，除极个别设备外，基本上都是自主品牌的产品，即使是国外涂装公司承包的涂装线，其机械化运输设备也是由国内制造厂家来制造，汽车白车身从投入到涂装好的成品车身，整个生产过程均可实行自动化控制运行。机械化运输设备已真正成为涂装线的大动脉。

机械化运输设备在整个涂装生产系统中还起着组织与协调的作用，是实现涂装作业省力化、自动化和科学管理化的核心，它的可靠性（能否稳定的运行），将会直接影响涂装设备的生产效率和涂装质量。在近几年中，各专业公司为涂装生产开发了不少自动化程度高、效率高的机械化运输设备，涂装用的主要机械化运输设备列于表 8-1 中。

表 8-1　涂装用主要机械化运输设备

类别	名　称	特　征
架空输送机（被涂物吊挂在输送机下面）	1. 普通悬挂输送机	动力消耗少，维修方便，适用于各种形状被涂物的运输，因吊架间距是固定的，自由度较积放式悬挂输送机小，不具有自动转挂、积放和垂直升降等功能
	2. 双链式悬挂输送机	由同步运行的两条悬挂输送机组成。两条输送机方向也可以用挂杆连接，其功能与普通悬挂输送机相同，前者适用于横向装挂的车架涂装线，后者可供浸漆联合机使用
	3. 轻型悬挂输送机	回转半径小，平面布置方便，适用于轻量的中、小被涂物的运输
	4. 积放式悬挂输送机	由牵引轨道和承载轨道组合而成。有能自由地进行分线、合流、存储、垂直升降等功能，适用于各种形状的被涂物的运输
	5. 龙门自动行车输送机	由若干特种行车组成。每台行车能按工艺分工自动往返运作，具有自动装卸、垂直升降等功能，适用于多品种混流生产的中、小件前处理、电泳涂装的运输
	6. 摆杆式输送机	由两条同步运行的链条和"U"形摆杆组成。出入槽角度可达 45°，被涂物上方无输送机构，具有自动装卸功能，适用于大批量生产的轿车车身的前处理电泳线
	7. 全旋反向输送机（即 Rodip）	是在摆杆式输送机基础上发展起来的一种前处理电泳线用输送设备，滑橇入槽可以旋转 360°，工艺性能良好
	8. 多功能穿梭机	是单机运行的一种前处理电泳用输送设备。车身在槽中可选择不同浸入角度、翻转方式和前进速度，工艺性能良好，但设备价格高
	9. 中心摆杆输送机	是一种新型的输送设备，可用于前处理电泳线上，用以代替积放式悬挂输送机和摆杆式输送机，载荷小车组数量少，可选用 C 型钢，设备价格较便宜，回程可与空中摩擦输送机结合使用
	10. 空中摩擦输送机	用摩擦轮来传递载荷小车组是一种间歇式输送工具，结构简单，工艺布置灵活，无噪声，可以与中心摆杆输送机配套使用，也可用于 PVC 底涂生产线
地面输送机	1. 地面反向积放式输送机	设置在地面上或地沟内的反向积放式输送机，推动载荷小车，可以分流、合流储存和上、下坡运行
	2. 滑橇输送机	是靠放置在地面上的输送链和滚床等装置来输送装有被涂物的滑橇，具有自由分流、合线、积放存储、垂直升降、自由出线等功能，平面布置的自由度大、占地面积小
	3. 鳞板式地面输送机	设在地面上或地沟内的板式链，带动放置在板式链上的被涂物
	4. 普通地面推式输送机	设在地面上或地沟内的输送链推动或拉动载荷小车，根据链条的回转方向可分水平回转和垂直回转两种，具有分流、积放、变节距等功能
	5. 地面摩擦式输送机	用摩擦轮来传递载荷小车组，间歇式运行，可以成为链式输送机等地面机械化运输设备的一个重要组成部分
	6. 单链双轨式输送机	适用于轻工产品，小车稳定性好、定位精度高，可用于机器人自动喷涂

续表

类别	名称	特征
起重运输设备	1. 电动葫芦	由电动葫芦和单轨组成。可设计成直线或环形轨道
	2. 单梁起重机	可做纵向与横向运动的起吊装置
	3. 地面升降台	靠压缩空气或液压来升降的工作台，供装卸工件之用
	4. 自行葫芦	由承载轨道、升降葫芦和自行小车组合而成。能按工艺要求的程序自动运行，具有能积放、垂直升降、分线、合流等功能，适用于小批量生产的车身前处理、电泳的运输
	5. 步移式特种起重机	采用特种吊具，自动程序控制，用于前处理，电泳工艺

8.1.2 涂装生产中机械化运输设备的选择要点

现代化的工业生产都向着经济规模化发展，企业为追求经济效益，在生产管理上尽可能采用精益化生产方式。因此，在进行涂装车间的工艺设计时，能否合理地选用机械化运输设备是设计工艺平面布置图的基础，它将直接影响涂装设备的选型、物流是否畅通、厂房占地面积是否合理，以及车间技术经济指标等。应尽量降低设备的投资额度、减少动力消耗和维修费用，在提高产品质量、降低工人劳动强度的前提下，获取最大的经济效益。

在选择机械化运输设备时，基本依据为以下几点。

① 根据所输送被涂物的形状、大小选用。按照所输送被涂物的形状、大小、重量和工艺特性选择最佳的装挂方式和每个挂具（或小车）的最合理的装载量。

② 根据年生产纲领和年时基数选用。根据年生产纲领和年时基数，计算出生产节拍和输送机速度，来决定选用间歇式输送机还是连续式输送机及输送机的类型。涂装车间的年时基数一般按两班制、每周工作五天计，但也有为了少投入、加速产出，按三班制或倒大班、每周工作六天计，视工艺要求而定。

对于生产规模小、生产节拍时间长、输送链速度小的生产，易选用间歇式输送机，反之则选用连续式输送机，以汽车车身或组合装框的中小件被涂物为例，生产节拍在 5min/台（框）以上，即车身年产量少于 4 万台，输送机速度小于 2m/min 的场合，前处理、电泳涂装线宜选用步进间歇式输送机（如自行葫芦输送机），中涂、面漆线可选用间歇式输送机（如在采用带门的烘干室场合）也可选用连续式输送机。输送机速度大于 2m/min、生产节拍少于 5min/台的场合，宜采用连续式输送机。

车身涂装线的经济规模为年产量 20 万～30 万台，它是由一条前处理阴极电泳涂装线（链速为 7.5m/min 左右），两条 PVC 涂胶密封线（链速为 3.5～4m/min），一条中涂线（链速为 7.5m/min）和两条面漆线（链速为 3.5～4m/min）组成。

③ 根据涂装工艺各工序的操作要点及其环境来选用。过去由于机械化运输设备品种少，往往是一条悬挂输送机贯穿涂装工艺的全过程，现在随着输送机技术的发展、品种的增多，除小件涂装线仍采用普通或轻型悬挂输送机外，其余均可普遍按照工艺要求选用不同类型的输送机连接在一起贯穿涂装线的全过程。

机械化运输设备的具体选择的建议如下。

(1) 家电产品、自行车、摩托车和汽车零件等涂装线用设备的选择 如洗衣机、电冰箱、自行车、摩托车和汽车等的零件质量轻，产量大，前处理、涂装、烘干等涂装工序可以布置在一条线上，视产品质量，采用轻型悬挂输送机或普通悬挂输送机作为运输工具，当线路很长，链条的实际牵引拉力超过了链条的许用拉力时，可以采用多级拖动方法来解决。

（2）汽车车身等大型被涂物的涂装线用设备的选择

① 前处理电泳线。过去认为，当轿车车身，卡车和拖拉机的驾驶室的生产节拍在 5min/台（框）以上时，前处理、电泳一般布置在一条线上，采用自行葫芦作为运输工具。随着机械化运输技术的发展，这一惯例已经被打破，间歇式输送机（如自行葫芦系统）已可实现生产节拍 3min/台以上，即两班制、年工作日 250 天的车身产量可达 8 万台，此时脱脂、磷化、电泳工位采用双工位技术，突破了设计的瓶颈和常规。对于大批量生产，其生产节拍少于 3min/台（框）时，可以选用积放式悬挂输送机或摆杆式输送机作为运输工具，此时，前处理和电泳分别用两条独立的输送机来运送，依靠输送机本身的特性来实现自动过渡。最近几年，一些合资企业，前处理电泳线的输送设备分别引进了全旋反向输送机（Rodip）以及多功能穿梭机输送机。汽车、拖拉机车身所用的可换件、小冲压件可组装在一个吊具上与车身、驾驶室一起通过前处理、电泳线，不必另行建小零件线，可充分发挥前处理电泳线的作用。

前处理前白车身的储备线，视前处理电泳线所选择的机械化运输设备类型而定，生产方式的目标之一是向储备量为零努力，自行葫芦输送机、积放悬挂输送机本身均有积放存储功能，故而不需另设副链进行储存。输送机在前处理、电泳设备内的工作环境很差，因受脱脂、磷化等药剂和高温水蒸气的侵蚀，输送机易受腐蚀，在运行过程中易产生污物，易落到被涂物水平面上影响质量，因而要考虑用 C 形钩、接污盘、防水板等来保护。

② 烘干工序机械化运输设备的选择。不管前处理电泳线采用什么机械化运输设备，如自行葫芦、积放式悬挂输送机、摆杆式输送机或 Rodip 输送机，从提高产品质量的角度出发，电泳、底漆、中涂、面漆的烘干工序，原则上均采用地面输送机。对于一些长而薄的零件，如汽车车厢板，前处理电泳选用自行葫芦与普通悬挂输送机之间以一套辅助装置实行自动转挂的操作方式。电泳烘干若选用架空输送机时，同样可采用 C 形钩、接污盘等保护措施以防止污垢掉到被涂物上，影响涂层质量。

③ 粗密封、底板防护、细密封。粗密封、细密封一般在地面输送机上进行，而底板防护则将车身吊挂在空中喷涂，其机械化运输设备视批量而定，小批量生产可选用普通电动葫芦，中等批量生产则可选用自行葫芦输送机，对于大批量生产的车身，底板防护则选用积放式悬挂输送机、摩擦输送机和反滑橇输送机系统作为运输工具，此时必须辅以自动上、下料升降机及吊具自动闭合和打开装置。

④ 中涂、面漆喷漆以及补漆线。对于小批量生产，建议选用水平循环地面推式输送机或者垂直循环地面推式输送机，对于中批量和大批量生产，则建议选用地面反向积放式输送机或滑橇输送机系统，视车间的布局而定，若整个涂装车间均是平面布置，则两种形式均可，若涂装车间系立体布置，则选用滑橇输送机系统较为方便且易于满足工艺要求。但无论选用哪一种机械化运输设备，喷漆室地面输送机与烘干室地面输送机必须分开。因喷漆室的地面输送机采用不使涂料落到链条上的结构，而烘干室输送机则要适应热胀冷缩的功能，烘干室的地面输送机在烘干室内部不应刷涂料，以防止烘干过程中涂膜脱落，影响产品质量。

8.2 架空运输机

架空连续运输机的种类和规格很多，涂装车间常用的架空连续运输机有采用单线架空轨道的提式悬挂输送机，以及采用双线架空轨道的积放式悬挂输送机两大类。架空连续运输机和其他输送机比较，具有下列一些优点。

① 能够形成空间线路和容易按涂装工艺要求布置的线路。

② 可以有很长的线路，单驱动装置时可达 400～500m，多驱动装置时，可达 2000m，国内已有应用四级拖动的实例。

③ 不占用地面生产面积，动力消耗比较少。

④ 可以实现高度机械化和自动化，可以进行连续的、有节奏的生产。

⑤ 复杂线路的安装精度要求高。

悬挂输送机的结构简单、尺寸也较小，只能按涂装工艺确定的固定速度运行。对于要求实行运输和涂装工艺综合机械化而言，为使在节奏上完全不同的单独运输线路和工艺线路联合成一个完全自动化系统，并使货物能够自动寄送、储存，则必须采用积放式悬挂输送机，因此，随着涂装生产自动化操作的要求，积放式悬挂输送机的运用越来越广泛。下面对这两种形式的悬挂输送机分别予以介绍。

8.2.1 悬挂输送机及其组成部分

悬挂式输送机的结构布置如图 8-1 所示。悬挂输送机的牵引链条 8 沿架空轨道 6 运动，在牵引链条 8 上接有滑架 9，滑架上连接有装载货物的吊具 1。架空轨道安装在厂房的屋架或其他构件上，也可以安装在单独的支撑结构上（如柱、门架等），架空轨道沿生产的工艺路线布置，有直线段和许多转向站，可以组成空间路线。

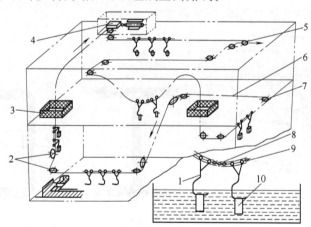

图 8-1 悬挂式输送机的结构布置简图

1—吊具；2—回转装置；3—保护栏栅；4—驱动装置；5—拉紧装置；6—架空轨道；
7—回转装置；8—牵引链条；9—滑架；10—加工工件

悬挂输送机是由牵引链条、滑架、吊具、架空轨道、驱动装置、拉紧装置和安全装置等组成。

（1）牵引链条 由于悬挂输送机的线路为空间线路，因此要求牵引链条在水平方向和垂直方向都应具有较好的挠性。涂装车间输送机常采用牵引链条按节距分 100mm、160mm 的两种可拆卸链条（见图 8-2）和双铰接链（见图 8-3）。可拆卸链条的内环头部制成圆棱形以增大转角，减少垂直弯曲半径，可拆卸链条一般用于小车载重量较大如 5000N、10000N 的悬挂输送机等。双铰接链的主要优点是垂直弯曲半径小，但结构复杂，价格较高，它适用于小车载重量在 1000N 以下的轻型悬挂输送机。

（2）滑架 可拆卸链条的滑架基本形式，如图 8-4 所示。滑架用来支持货物的吊具，并使它沿着架空轨道运行，或者用来支持链条质量，以免链条产生过大的挠度，前一种称为载重滑架，后一种称为空载滑架。滑架的滚轮现在都制成整体轴承式，有闭式和开式两种，当悬挂输送机要通过高温烘干室时，一般选用开式滚轮，双铰接链的滑架一般与链条一起制成。

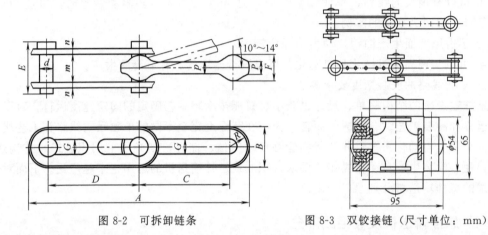

图 8-2　可拆卸链条　　　　　　　　图 8-3　双铰接链（尺寸单位：mm）

（3）架空轨道　悬挂输送机的线路均为单线线路，可拆卸链的架空轨道可以采用 10～16 工字钢，视载荷大小选用，双铰接链链条选用特种箱形断面型钢制成（见图 8-5）。

架空轨道可以固定后连接在屋架上、墙上或柱子上。

为了消除滑架在线路垂直弯折处的凹形，在受到牵引构件的张力作用后产生的升起现象，应装有导向作用的反轨（见图 8-6）装置。

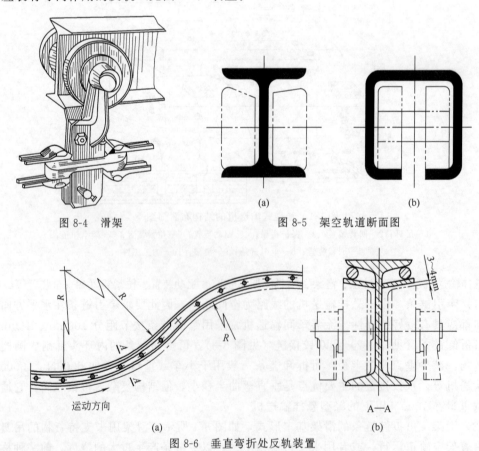

图 8-4　滑架　　　　　　　　　　　图 8-5　架空轨道断面图

图 8-6　垂直弯折处反轨装置

（4）回转装置　悬挂输送机在水平面内的转向是利用转向链轮、带槽光轮或滚子组来实现的，其结构见图 8-7 和图 8-8，选用的原则取决于牵引构件的形式，以及牵引链条的张力和转向半径。

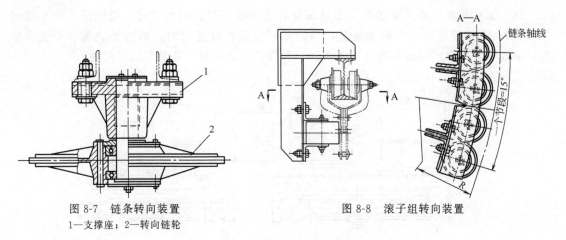

图 8-7　链条转向装置
1—支撑座；2—转向链轮

图 8-8　滚子组转向装置

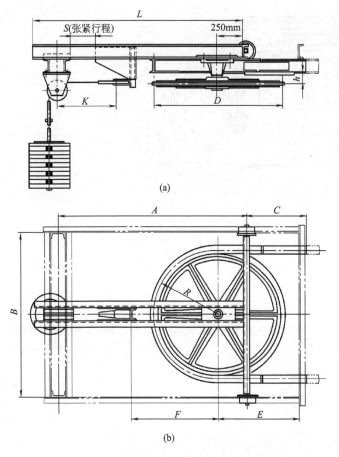

(a)

(b)

图 8-9　重锤式拉紧装置

（5）拉紧装置　拉紧装置是用来改变悬挂输送机由于链条的磨损、温度升高时热胀冷缩所引起的链条长度的伸长而造成张紧的装置，常用的拉紧装置有重锤式、弹簧式和气动液压式三种，图 8-9 所示为重锤式拉紧装置，它是由活动框架、支撑框架、滑轮、链轮、重锤及伸缩接头组成的。拉紧装置一般设置在张力最小或接近张力最小的运输段上。通常放置在驱动装置之后不远的弯曲段上。

（6）驱动装置 悬挂输送机的驱动装置放置在线路张力的最大处。当线路长度不超过500m 时，一般只放置一个驱动装置，当线路很长或比较复杂时，则需要放置多个驱动装置，驱动装置有角形驱动装置（见图 8-10）和履带驱动装置（见图 8-11）两种。

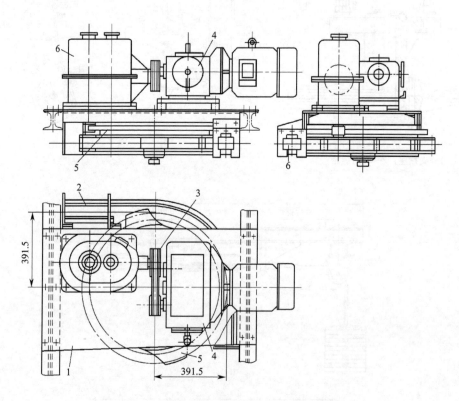

图 8-10 角形驱动装置简图（尺寸单位：mm）

1—平台；2—链条轨道；3—转动皮带；4—链条变速机构；
5—带齿轮的驱动链轮；6—锥齿轮传动机构

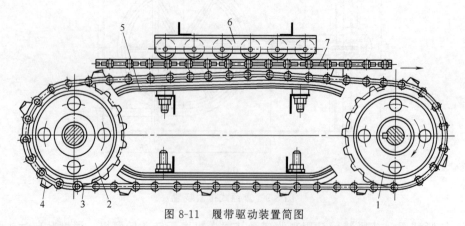

图 8-11 履带驱动装置简图

1—平台；2—链条轨道；3—带转动；4—链条变速机构；5—带齿轮的驱动链轮；6—锥齿轮转动机构；7—输送链

角形驱动装置装放在输送线路上的90°转向处，并通过驱动链轮与牵引链条的啮合来传递牵引力。

履带驱动装置装放在输送线路的直线区段上，利用驱动装置履带链条上的凸头4与牵引链条的啮合来传递牵引力。

（7）安全装置　为了防止输送机的驱动机构和行走部分在偶然过载下被破坏，应在驱动链轮上或传动装置中装设一个保险销，在超过计算牵引力20%～30%时，销子即被切断。

当牵引链条断裂或偶然松脱时，位于上升区段或下降区段的牵引链条、滑架及吊具就会在自重作用下滚向下方而造成事故，为了防止这种情况发生，在上升区段和下降区段，均应装有特种安全装置——捕捉器，如图8-12所示。

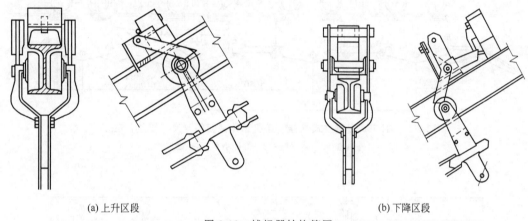

(a) 上升区段　　　　　　　　(b) 下降区段

图 8-12　捕捉器结构简图

8.2.2　积放式悬挂输送机

积放式悬挂输送机是20世纪80年代起步、80年代中期快速发展起来的一种新型机械化运输设备，它是悬挂输送机的一种变形，在涂装生产中利用积放式悬挂输送机可以实现装卸料的自动化，在非工艺过程中可以实现快速运输、积放储存，在工艺生产过程如前处理、电泳等工序，可以按照工艺节拍程序来运行，还可以变节距来运输。

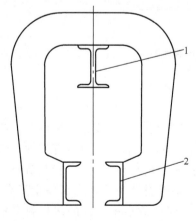

图 8-13　积放式悬挂输送机轨道截面图
1—牵引轨；2—载荷轨

8.2.2.1　积放式悬挂输送机的结构特点及积放原理

与普通悬挂输送机相比，涂装车间用的积放式悬挂输送机具有双层轨道（见图8-13），上层轨道为牵引轨道，下层轨道为载荷轨道，牵引链条沿牵引轨道运行，携带运输物品的载荷小车沿承载轨道运行。积放式悬挂输送机的牵引轨道及牵引链条即为普通悬挂输送机的工字钢轨和模锻可拆链条，并按一定的间距布置一个推杆或推钩，积放式悬挂输送机的载荷小车，可通过牵引链条上的推钩或推杆拨动而运行。载荷小车可以由主线运送到辅线上去，也可由辅线合流送到主线上来，由于引进渠道不同，我国的积放式悬挂输送机种类也很多，尽管其积放原理相同，但其推杆和积放小车类型均有不同。

按积放式悬挂输送机道岔过渡形式的不同，可分为四种结构形式。图 8-14 为 JF500 型积放式悬挂输送机的总体截面图，图 8-15 为 WTJ 型积放式悬挂输送机在积放状态时的总体截面图，用压轨法实现过渡，而图 8-16 为 NKC 型积放式悬挂输送机链条滑架与载荷小车组的相互关系图，用偏置轨道型实现过渡，图 8-17 为宽推杆积放式悬挂输送机的截面图。

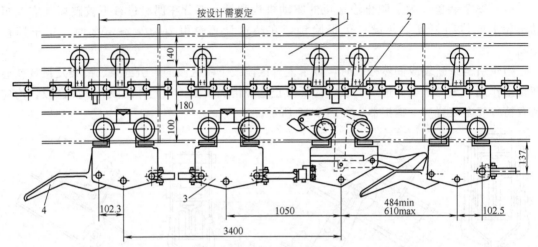

图 8-14　JF500 型积放式悬挂输送机总体截面图（尺寸单位：mm）

1—轨道；2—输送链；3—推杆小车；4—推爪

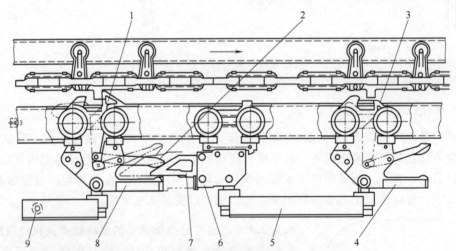

图 8-15　WTJ 型积放式悬挂输送机总体截面图

1—升降爪落下；2—前铲沿尾板松弛；3—升降爪被停止器压下；4,8—前小车；
5—第一辆载货小车；6—后小车；7—尾板；9—第二辆载货小车

　　JF 型和 WTJ 型积放式输送机的积放原理是相同的，二者的前小车均装有一个可上下活动的升降爪，升降爪通过杠杆与前铲相铰接。后小车上装有一楔形尾板和过渡爪等零件，牵引链条上的推杆跟前小车的升降爪相啮合，使载荷小车沿承载轨道运行。当某一辆载荷小车运行到停止器处时，停止臂将升降爪压下，使载荷小车脱离跟牵引链条的啮合而停止下来。当后面的一辆载荷小车来到时，其前小车上的前铲沿前面一辆载荷小车后部的尾板斜面抬起，并借助杠杆的作用迫使第二辆载货小车的升降爪落下，故第二辆载荷小车也随之停下来。这样，后续来的载荷小车便一辆接一辆地停下来。

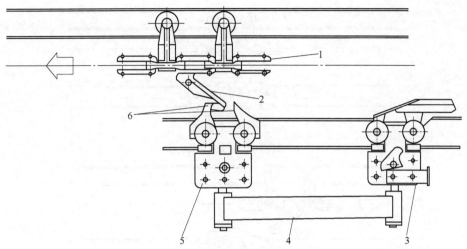

图 8-16 NKC 型积放式悬挂输送机链条滑架与载荷小车组相互关系图

1—牵引链条；2—凸轮推杆；3—后载荷小车；4—载荷杆；5—前载荷小车；6—推爪

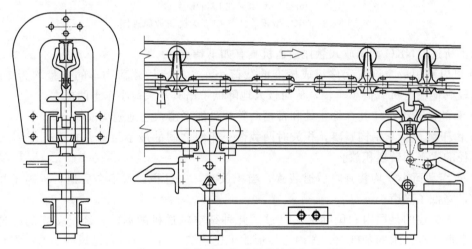

图 8-17 宽推杆积放式悬挂输送机截面图

当停止器按指令打开时，停止器缩回，升降爪由于前铲的重力而抬起。牵引链推杆就将第一辆载荷小车带走，由于前一辆车的尾板离去，后面一辆载荷小车的前铲落下，升降爪抬起，故第二辆载荷小车也投入运行。这样载荷小车便一辆接一辆地又重新投入运行。

NKC 型积放式悬挂输送机的积放原理与 JF 型和 WTJ 型积放式悬挂输送机相比有许多优点：它没有上下活动的升降爪及与之相关的前铲、杠杆机构及尾板等复杂的脱开机构；NKC 型积放式悬挂输送机牵引链条上的推杆是可以转动的，前载荷小车上所装的推爪只能转动不需要升降，而后载荷小车上则装有一带槽的凸轮板，可以用来控制推杆，使推杆抬起，因而使推杆与前载荷小车推爪相脱离，而使载荷小车处于积放位置。图 8-18 为 NKC 型积放式悬挂输送机的积放原理图。

图 8-18（a）表示两台载荷小车组正处在积放位置，第二组载荷小车组的前载荷小车已经套在第一组载荷小车组的后载荷小车的带槽凸轮板的槽中，带槽凸轮板就使推杆抬起而越过载荷小车组的推爪。图 8-18（b）表示正常的积放情况下，载荷小车组一直保持在此位置，直到前面的停止器缩回，缩回载荷小车组被带去，使之保持正常的运行间距。

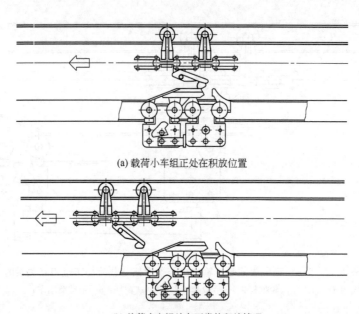

(a) 载荷小车组正处在积放位置

(b) 载荷小车组处在正常的积放情况

图 8-18　NKC 型积放式悬挂输送机积放原理图

综上所述，NKC 型积放式悬挂输送机具有如下特点。

① 可以利用最廉价的元件组成标准的载荷小车，前、后载荷小车的质量均为 15kg 左右，远较其他输送机载荷小车轻，从而极大地降低了吊具及载荷小车组的成本。

② 新的凸轮推杆使其在停止处和带槽凸轮板处能平滑快速地脱离或啮合。

③ 由于载荷小车结构紧凑，积放时两载荷小车组之间的最小距离为 600mm，从而能在很小半径的水平回转段积放。

④ 每组载荷小车均装有防后退装置，当积放时，一旦积放就不会后退，提高了积放的稳定性，降低了噪声。

上面所叙述的是国内和国际上流行过的几种架空输送机的形式，经过多年的筛选和比较，在掌握原有技术的基础上，国内已经形成了比较统一的、具有自己风格的宽推杆积放式悬挂输送机。宽推杆悬挂输送机采用新型的宽推杆，其工作面较原牵引链推杆宽 2～3 倍，采用新型的前小车，其升降爪较原输送机升降爪宽 4～5 倍，在道岔过渡处用宽推杆来实现一次性过渡，从根本上解决了积放小车的传递方式，将原来的二次传递简化为一次传递。从而设计出了新型的道岔结构，宽推杆悬挂式输送机还采用了新型的轨道，承载轨道采用特制的异型凸缘槽钢，不仅有效地提高了轨道的承载能力和刚度，而且由于轨道凸缘和积放小车导轮之间由原来的点接触改为线接触，明显地提高了轨道的耐磨性和小车运动的平稳性。

积放式悬挂输送机的另一重要特点，就是可以由多条输送机组成一个积放式悬挂输送机系统，载荷小车由一条输送机转送至另一条输送机去的方法很多，可以通过道岔装置来实现，也可以通过直线传递方式来实现，后推式传递是一种基本方法，但四种形式的悬挂输送机在实现传递的方法上是各不相同的，现分别介绍其实现方法。

① WTJ 型积放式悬挂输送机。它采用的是压轨后推式传递法（见图 8-19），在传递区内，送车区牵引链的轨道比正常牵引轨道降低了一个距离，称为压轨区，在压轨区内，牵引链推杆跟后小车上的过渡爪发生啮合，当送车牵引链的推杆在链条绕出处跟前小车上的升降爪脱啮时，后小车的过渡爪已经处在压轨区内。运行过来的推杆跟过渡爪发生啮合，推动载荷小车继

续前进,使前小车越过传递区两条牵引链之间的空当。当后小车上的过渡爪跟送车链推杆再次脱开啮合时,前小车的升降爪已处在接车链推杆的啮合区内,这样运行过来的推杆立即将小车带走,完成传递过程。为了避免两条牵引链之间因速度的不同而发生传递干涉,接车区牵引链轨道比正常牵引链轨道相应提高了一个距离,称为抬轨区,在抬轨区内,牵引链推杆与前小车的止退爪之间有间隙,不能产生啮合,这样就消除了快慢链之间传递时的干涉。

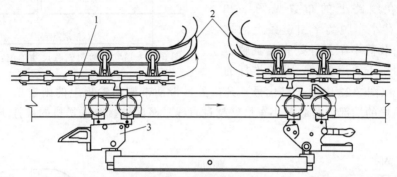

图 8-19 WTJ 型积放式悬挂输送机压轨后推式传递法

1—链条;2—链条轨道;3—小车

② JF 型积放式悬挂输送机。它采用抬副推爪法传递。根据上面所述输送机与输送机之间过渡采用的压轨后推式传递,在过渡区有三种不同高度的轨道截面,这给设计与制造均带来了难度,JF 型积放式悬挂输送机对此做了改进。WTJ 型后小车上的过渡爪是固定的,而 JF 型后小车上的过渡爪可以升降(见图 8-20),只需在传递区域内安装一套过渡滑轨(见图 8-21),后小车过渡爪运行至过渡滑轨处,过渡爪被过渡滑轨抬起,送车牵引链上运行过来的推杆就跟过渡爪发生啮合,推动载荷小车前进,越过空挡,当后小车上的过渡爪跟送车链推杆再次脱开啮合时,前小车的升降爪已处在接车链推杆的啮合区内,这样,运行过来的推杆立即将载荷小车带走,完成传递过程。

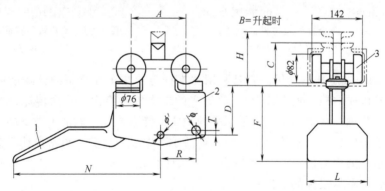

图 8-20 JF 型积放式悬挂输送机后载荷小车图 (尺寸单位:mm)

1—推爪;2—小车;3—滚轮

③ NKC 型积放式悬挂输送机。它采用偏置后推式传递,NKC 型的凸轮推杆见图 8-22 (a),凸轮推杆带有一很宽的翅膀,中间有一宽为 58mm 的开口,在开口处仍然有一个小钩,在正常运行时,这个小钩带着前载荷小车上的推爪前进。安装在后载荷小车上的带槽凸轮板[见图 8-22 (b)]有一副推爪,在正常积放时,主推杆从副推杆上越过,副推爪不起作用,在线与线之间传递过渡时,或者是通过道岔装置传递过渡时,凸轮推杆就带着副推爪

走，这个动作是通过偏置轨段来实现的。图8-23表示偏置轨段的截面图及其布置方法，一般载重轨道的牵引轨的中心线与两槽钢载重轨的中心线是一致的，偏置轨段两槽钢的中心线相对于牵引轨中心偏移一定尺寸，它在线路上的布置见图 8-23（b），当前载荷小车脱离牵引链条上的推杆推动时，后载荷小车正好处在偏置轨道的末端，此时由于轨道偏置，凸轮推杆的

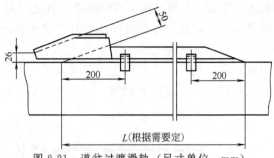

图 8-21　道岔过渡滑轨（尺寸单位：mm）

一翼偏过 50B（图 8-23 中输送机代号）开口处，带动带槽凸轮板上的副推爪，当后载荷小车驶到偏置轨段的端部，前载荷小车恰好越过直线过渡区被接收输送机的推杆所带走，完成传递过程。

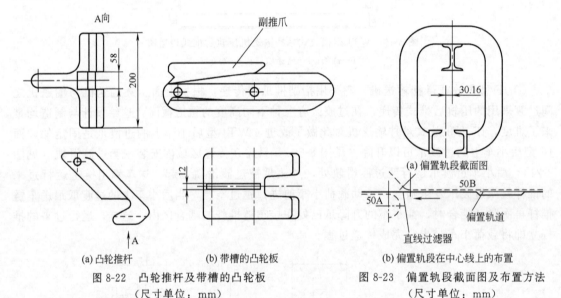

图 8-22　凸轮推杆及带槽的凸轮板
（尺寸单位：mm）

(a) 凸轮推杆　　(b) 带槽的凸轮板

图 8-23　偏置轨段截面图及布置方法
（尺寸单位：mm）

(a) 偏置轨段截面图　(b) 偏置轨段在中心线上的布置

④ 宽推杆积放式悬挂输送机。它是利用宽推杆与前小车加宽了的升降爪可靠的啮合而顺利用通过道岔传递空档（见图 8-24），将原来的二次传递简化为一次传递，缩短了传递时间，加快了生产节拍，从根本上改变了原来的抬压轨传递方式，取消了送车端的压轨段。同时由于采用宽推杆传递，道岔传递中心距与前后小车中心距无关，道岔设计不会因工程项目的不同及前后小车的中心距变化而重新设计，从而简化了设计程序，且全部采用标准型道岔，便于生产管理及易损件的更换。

8.2.2.2　积放式悬挂输送机的主要部件

积放式悬挂输送机是普通悬挂输送机的发展，其许多标准部件均与普通悬挂输送机相同，如链条、滑架、转向装置、传动装置、拉紧装置、牵引轨道等，在 8.2.1 节已做了介绍，不再复述。积放式悬挂输送机的规格和种类较多，按牵引链条节距分有"3"、"4"、"6"三种，按单小车承载能力有 250kN、500kN、1000kN 三种规格，在此仅作一般性介绍。

① 轨道。积放式悬挂输送机的载重轨道为型钢组合型轨道，其基本结构分上下两层，并由一定间隔布置的括架连接成一个整体。上层牵引轨为工字钢轨道，下层载荷轨道由一对

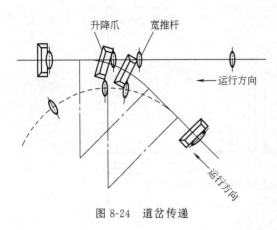

图 8-24　道岔传递

槽钢组成，如图 8-24 所示。WTJ 型、JF 型、NKC 型积放式悬挂输送机的轨道截面形式均相同，但其具体尺寸有差异。轨道按其在线路上的位置要求可分为水平载重轨段、倾斜载重轨段、上拱下挠轨段、无牵引载重轨段等。新型宽推杆积放式悬挂输送机的承载轨道，有的采用特制的异型凸缘槽钢来制造，见图 8-25。

　② 载荷轨的滚子组回转装置。牵引轨的回转装置与普通悬挂输送机系统相同。载荷轨的回转装置一般选用滚子作牵引链转向之用，其结构见图 8-26。

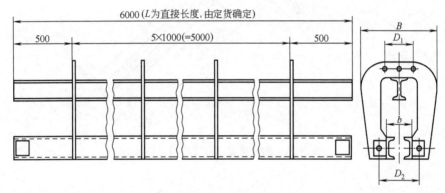

图 8-25　载重轨道（尺寸单位：mm）

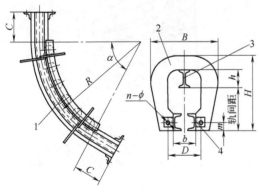

图 8-26　载荷轨的滚子组回转装置
1—滚轮；2—托架；3—链条轨道；4—小车组轨道

　③ 道岔装置。在积放式悬挂输送机系统中，有着多条输送机，道岔装置起着重要的作用，道岔分为出线道岔和入线道岔两大类，各类积放式悬挂输送机其道岔装置结构基本相同，图 8-27 为一出线道岔，它有一根由很厚钢板制成的道岔舌，此道岔舌可在耐磨轴承上摆动，道岔舌的运动很灵活，便于操纵，维修量少。出线道岔是用汽缸来操纵的，入线道岔也带有可摆动的道岔舌，但不用汽缸来操纵，而是靠前载荷小车本身来挤压道岔舌，使之运动。

　④ 载荷小车。积放式悬挂输送机的载荷小车一般为复合式小车组，最常用的是双车型和三车型载荷小车，分别见图 8-14～图 8-17。物品纵向尺寸过大或载荷过重时，也有采用四车型、五车型的复合车组，单台小车之间用均衡梁或联系杆相连接，其具体组合在系统设计时确定。各种积放式悬挂输送机载荷小车的结构已在本章 8.2.2.1 中论述过。

　⑤ 停止器。停止器是用以阻止载荷小车前进、使之积放的部件，各种形式的积放式输送机停止器的结构虽不同，但原理却相同，图 8-28 为 JF 型积放式悬挂机输送机所用的一种停止器，它与 WTJ 型停止器一样，其停止臂可横越于承载轨道的上方，当载荷小车到停止器

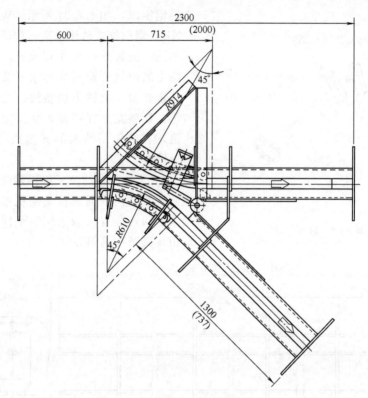

图 8-27   出线道岔（尺寸单位：mm）

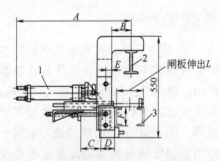

图 8-28 JF 型停止器结构（尺寸单位：mm）
1—汽缸；2—链条轨道；3—载荷小车轨道

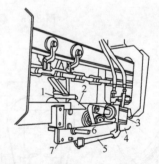

图 8-29 NKC 型停止器结构
1—凸轮推杆；2—凸轮停止装置；3—汽缸；
4—后载荷小车；5—连杆；6—停止退销；7—前载荷

处时，伸出的停止臂将前小车上的升降爪压下，脱离推杆啮合，使小车停下。NKC 型积放式悬挂输送机，由于其载荷小车的结构不同于 JF 型和 WTJ 型载荷小车，故停止器的结构亦不相同，NKC 型积放式悬挂输送机的停止器结构，见图 8-29。停止器的凸轮停止装置是用两块楔形钢板分置在载重轨道的两侧用汽缸来带动的。大端在上用以抬起推爪，小端在下用以挡住载荷小车的停止销。

8.2.3 摆杆输送机

摆杆输送机是用以代替自行葫芦和积放式悬挂输送机的，它适用于高质量要求、大量流水生产的前处理、电泳涂装线。它优于积放式悬挂输送机之处在于：一是摆杆式输送机放置在工艺槽的两侧,从而消除了输送机在运行过程中带给被涂物面的污染;二是摆杆式输送机入槽、出槽角度均为45°,远大于积放式输送机入槽、出槽的角度(25°~30°),从而可以节约工艺设备的长度,但就摆杆输送机本身的造价而言,要较积放式悬挂输送机略高。图8-30为前处理电泳摆杆输送机总图,由传动装置、拉紧链轮、回转链轮、链条轨道、前后摆杆等主要部件组成。它用两台减速电动机同步传动,输送机的速度根据工艺需要可在3~8.2m/min范围内调整,摆杆系U形件,两端部分别安在摆杆输送机的两侧链条上,摆杆可在套筒滚子链上转动,供上、下坡时摆动之用,轴向一端固定,一端自由。摆杆输送机一般均与滑橇输送机系统配套使用,滑橇就放在U形摆杆的支撑杆上,电泳电流通过电刷导入,通过支撑杆传给车身。摆杆中间安有一导向轮,供摆杆返回时导向之用。回转链轮及其支座皆为焊接结构,输送机中间的回转链轮均固定在前处理和电泳设备的室体上,为防止溶液喷溅到链条上,在链条内侧安装有防水板,链条之下安有接污盘。为便于检修在输送机的两外侧安有辅助轨道、手动葫芦和滑车。滑橇是通过入口处驱动滚道同步送入并装在摆杆上。

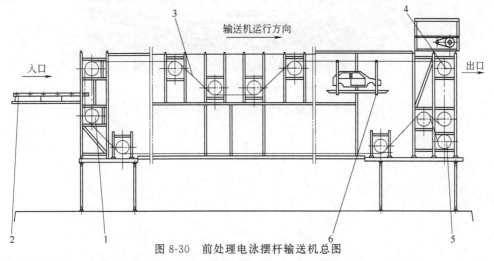

图 8-30 前处理电泳摆杆输送机总图

1—回转链轮装置;2—入口处滚床;3—链条轨道及回转链轮;4—传动装置总成;5—拉紧链轮;6—前、后摆杆

国内的输送机制造业,在图8-30所示的前处理电泳用摆杆式输送机的基础上做了较大的改进,把链轮转向改变成由上拱下挠轨段直接转向,如图8-31所示。用链轮转向制造难度大,成本高,而用上拱下挠轨段转向则制造难度低,但其设备长度相应地增大了。

图 8-31 新型摆杆输送机的上拱下挠轨段

8.2.4　全旋反向输送机

全旋反向输送机（即 Rodip 输送机）是一种新型的前处理电泳用输送设备，用以代替悬挂输送机和摆杆式输送机，图 8-32 是全旋反向输送机与摆杆式输送机在电泳槽中运行时动作的比较。图 8-33 是全旋反向输送机运送车身通过电泳槽图。

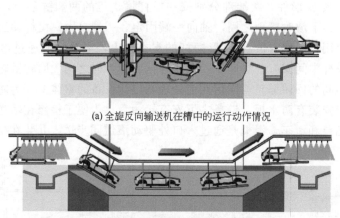

(a) 全旋反向输送机在槽中的运行动作情况

(b) 摆杆式输送机在槽中的运行情况

图 8-32　全旋反向输送机与摆杆式输送机运行动作的比较图

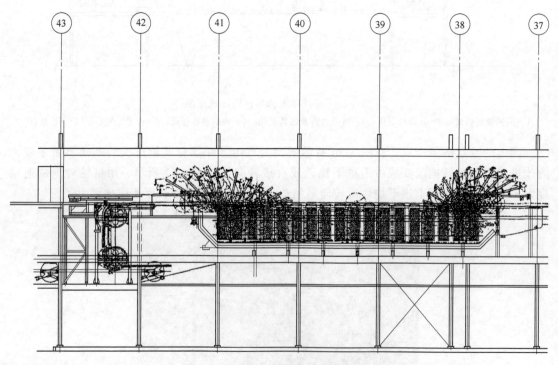

图 8-33　全旋反向输送机的局部总图

从图中可以看出，全旋反向输送机的上轨道和承载牵引链为一直线轨道和链条，制造和安装都比较简单，全旋反向输送机的链条可见图 8-34，链条上按照车体载荷的节距，装置有一滑橇支撑托架支座，此滑橇支撑托架支座用以放置滑橇支撑托架，见图8-35。滑橇就放置在此托架上，用锁紧机构锁紧，车体和滑橇依靠导向滚子2在特制的轨道上行走，实现车体的旋转，可以自由旋转360°，根据所设置的导向滚子轨道，车身入槽时，旋转180°，后底部向上，尾部向前，反向前进，再旋转180°出槽，实现反向浸渍［见图8-32（a）］，此种输送机工艺性能好，输送机长度短，从而设备长度短，可节省投资费用，运行费用低，特别适用于单品种大批量生产的涂装车间，对于多品种生产，由于360°翻转对车身锁紧孔的强度、结构尺寸要求较高，易发生工艺孔变形或滑脱，导致车体掉入槽中，故应慎选。

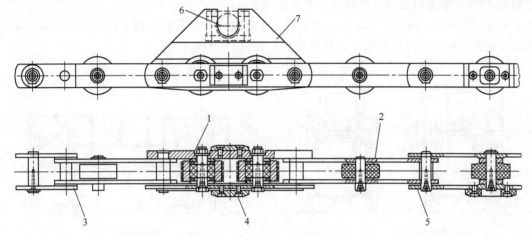

图 8-34　全旋反向输送机的链条

1—铜制滚子；2—塑料制滚子；3—连接链板；4—侧面导向滑块；5—密封链板；6—支撑托架；7—滑橇支撑链板

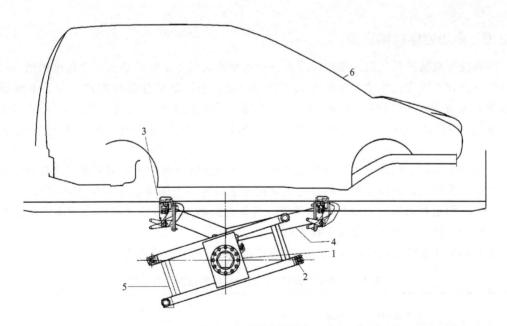

图 8-35　滑橇支撑托架

1—支撑托架轴；2—导向滚子；3—锁紧机构；4—支撑臂；5—滚子连杆；6—车件

最近几年全旋反向输送机在原有 Rodip-3 的基础上又有所改进，发展成 Rodip-4 型。Rodip-4 型与 Rodip-3 型相比，最大的优点在于其结构简单，且载荷小车组是带可折叠轴的可回转装置，是从侧面返回，从而减小了设备的高度。Rodip-3 型与 Rodip-4 型在使用上的比较见图 8-36，新型 Rodip-4 型全旋反向输送机有两种型式，即 Rodip-4M 型和 Rodip-4E 型。M 型用环链作为牵引元件，结构简单无需润滑，维修量少，前后仅需一个传动轮和一个拉紧轮，且安在槽的一侧。推荐在大于 40 台/h 的情况下，Rodip-4E 型用单独的减速电机传动，一个减速电机传动装置带动一组载荷小车及车身运行。回转则单独由另一组减速电机来带动。在工艺段按工艺速度来运行，而在返回段则高速运行。故其载荷小车组相对比 Rodip-4M 型为少，适用于每小时 3～40 台车身的前处理电泳线。这两种全旋反向输送机 E 型和 M 型可以满足前处理电泳线各种产量的需要。

最新的全旋反向输送机 Rodip-4 型还可在不改变原有工艺的前提下，把原有的前处理电泳线的老机械化运输设备拆除掉，改造成新的 Rodip-4 型输送机。

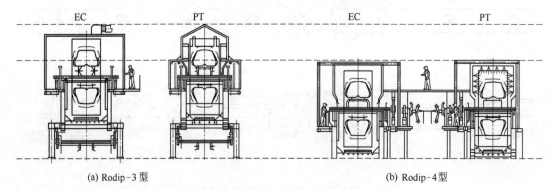

(a) Rodip-3 型　　　　　　　　　　　　　(b) Rodip-4 型

图 8-36　Rodip-3 型与 Rodip-4 型所需空间比较

(图中 EC 为电泳涂装设备；PT 为前处理设备)

8.2.5　多功能穿梭输送机

多功能穿梭输送机是前处理电泳用的一种新型输送设备，它的最大特点是可根据不同车型来分别优化不同浸入角度、翻转方式和前进速度，来满足最佳处理方式，为了得到最好的质量，通过 PLC 的控制，车身可以灵活地以不同的位置和朝向通过槽体，由于其优越性，使设备大大缩短，从而可用于前处理电泳设备，可代替摆杆式输送机或其他运输设备。

多功能穿梭输送机是一种单独的输送设备，在前处理及电泳线上可根据工艺及产量的需要安装多台多功能穿梭输送机，此多功能穿梭输送机有三个驱动装置（见图 8-37），即行走驱动装置、摆动驱动装置和旋转驱动装置，其轨道跨越于设备的两侧构成一环形的闭合线路。为便于检修，在线路上设置了检修轨段。

轿车用多功能穿梭输送机的主要技术参数如表 8-2 所列（供参考）。

表 8-2　轿车用多功能穿梭输送机的主要技术参数

轴距/mm	轮距/mm	质量(不带车身)/kg	行驶速度/(m/min)	加速度/(m/s)	提升速度/[(°)/s]	提升角(从水平位置开始)/(°)	回转速度/[(°)/s]	回转角(从水平位置开始)/(°)
3200	4600	4800	54.6	0.45	13	±53	22	±90

前处理电泳涂装用的滚浸式输送机近几年来又有较大的改进，详见本章 8.9 节。

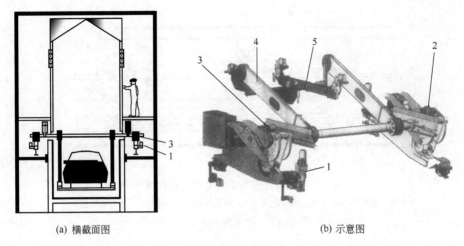

(a) 横截面图　　　　　　　　　　　　　　　(b) 示意图

图 8-37　多功能穿梭输送机横截面图和示意图
1—行走驱动装置；2—摆动驱动装置；3—旋转驱动装置；4—旋转臂；5—摆动手

8.3　地面输送机

随着涂装技术的进步，对涂装质量的要求越来越高。为满足涂装工艺要求，最近几年地面输送机在涂装生产中获得了广泛的应用。现简单地介绍一些应用较广泛的地面输送机。

8.3.1　地面反向积放式输送机

地面反向积放式输送机是为了适应高度工业化的需要而研制的，它比普通地面输送机具有高度的多功能性和灵活性，地面反向积放式输送机可以由多条输送机组成一个输送机系统，低速运行速度可调节，高速运行速度可分挡设置，还可以实现快速分发，产品可循环运输，能实现自动上、下料，从而提供最大的物流运输量，借以降低运输成本，是大量流水生产涂装线的一种有效的运输设备。

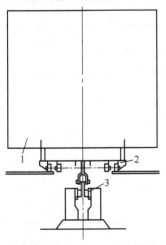

图 8-38　地面反向积放式
输送机结构图
1—工件；2—载荷小车；
3—地面推杆链

8.3.1.1　地面反向积放式输送机的积放原理

地面反向积放式输送机的载荷小车组、滑架和推杆的总体结构图，如图 8-38 所示（牵引链条轨道未示出牵引链条及滑架），积放原理见图 8-39。从图中可以看出，载荷小车组也是由前载荷小车、连杆、中载荷小车和后载荷小车复合组成的。前载荷小车上装有一个上下可活动的升降爪，升降爪与前铲相接，后载荷小车上装有一楔形尾板，牵引链条上的推杆跟前小车上的升降爪相啮合，使载荷小车沿承载轨道运行。当某一辆载荷小车运行到停止器处时，停止器将升降爪抬起，使载荷小车与牵引链条上的推杆脱离啮合而停下来，当后面的一辆载荷小车来到时，其前小车上的前铲沿前面一辆载荷小车后部的尾板斜面抬起，从而迫使第二辆载荷小车的升降

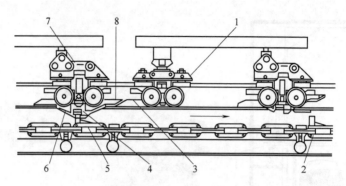

图 8-39　地面反向积放式输送机积放原理图
1—后载荷小车；2—牵引链条；3—楔形尾板；4—升降爪；5—推杆链；
6—后挡推爪；7—前载荷小车；8—前铲

爪抬起，故第二辆载荷小车也随之停下来，这样后续来的载荷小车便一辆接一辆地停下来。释放的原理也是一样，前面的一辆走了，后面的一辆也可接着被带走。

特别指出的是，由于地面反向积放式输送机的牵引链条是在载荷小车组的下面，故牵引链条滑架的轨道是用两条槽钢（或角钢）构成。

8.3.1.2　地面反向积放式输送机的主要部件

地面反向积放式输送机的牵引链条的节距亦为 100mm 的可拆卸链条，按其载荷，小车轨道可分为 DTJ160 和 DTJ100 两种。载荷小车载重质量分别为 1000kg 和 500kg 两种，其主要技术参数见表 8-3。

表 8-3　地面反向积放式输送机主要技术参数

参 数 内 容		输送机型号	
		DTJ160	DTJ100
可拆卸链条/mm		100	100
链条许用拉力/N		14000	14000
载重质量/kg		1000	500
链条运行速度/(m/min)		1～15	1～15
轨间距	标准轨/mm	265	245
	上下坡轨/mm	235	
垂直弯曲半径/mm		900、1200、1500、2000	750、1200、1500、2000、3500
牵引轨		【10】	【10】
承载轨		16a 槽钢	【10】
压缩空气压力/MPa		0.4～0.6	0.4～0.6

① 载荷小车。地面反向积放式输送机的载荷小车，一般为复合式小车，最常用的有双车型和三车型载荷小车组，三车型载荷小车组有前小车、后小车、中间小车三种小车组成（见图 8-40～图 8-42）。各单个小车组之间用均衡梁或连杆相连接，其具体组合在系统设计时确定。载荷小车的车身为整体铸钢件，具有减振性能，小车的车轮为螺栓连接，便于更

换，小车的车轮为整体轴承有全珠粒无保持架和有保持架两种，前载荷小车的升降爪为精密铸钢件，并经过热处理，质量容易控制，使用寿命长。

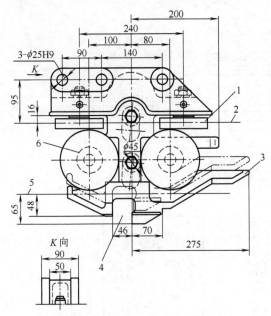

图 8-40　前小车（尺寸单位：mm）

1—水平导向轮；2—槽钢轨道；3—积放用前铲；
4—推杆槽；5—槽钢轨道下平面；6—小车车轮

② 轨道。地面反向积放式运输机的轨道，按其固定情况，可分为载重轨道、牵引轨道和无牵引载荷轨道三种。图 8-43 为水平载重轨道的基本截面形式，上层双槽钢为载荷轨道，下层牵引轨道亦为双槽钢（【10】），由一定间隔布置的括架连接成一个整体。与积放式悬挂输送机一样，地面反向积放式输送机也具有爬坡性能，可以实现升降变化，故也有上拱下挠载重轨段和倾斜载重轨段。

③ 滚子组回转装置。滚子组回转装置分为载重轨滚子组回转装置和牵引轨滚子组回转装置两类。每种滚子组回转装置都有多种可选择的回转半径 R 和回转角度 α。图 8-44 为 $R=900\text{mm}$、$\alpha=45°$ 的载重轨滚子组回转装置的结构图，依靠各种角度的滚子组回转装置，组成 90° 或 180° 的回转装置。由两个 $\alpha=45°$ 滚子组回转装置所组成的 $\alpha=90°$ 的回转装置；以及由六个 $\alpha=30°$ 滚子组回转装置所组成的 $\alpha=180°$ 的滚子组回转装置。滚子组回转半径和回转角度的大小，可根据载荷小车组的结构及其通过性来布置并选用。

④ 道岔装置。地面反向积放式输送机若有多条输送机组成一个输送机系统，则要利用道岔装置来实现输送机与输送机之间的过渡。道岔装置的形式很多，但基本上可分为两大类，一为出线道岔，它有一根用很厚钢板制成的道岔舌，此道岔舌可在耐磨轴承上摆动，道岔舌的运动很灵活，便于操作，维修量少，出线道岔是用汽缸来操纵的，图 8-45 是左入线

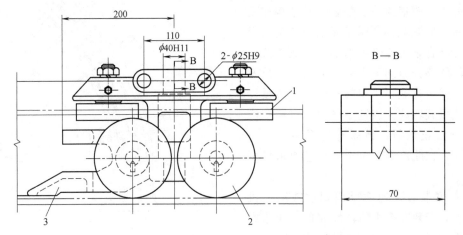

图 8-41　后小车（尺寸单位：mm）

1—水平导向轮；2—小车后轮；3—尾铲

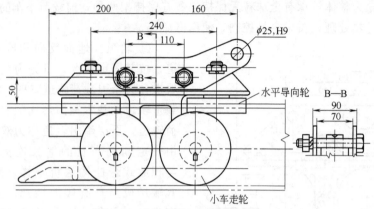

图 8-42　中间小车（尺寸单位：mm）

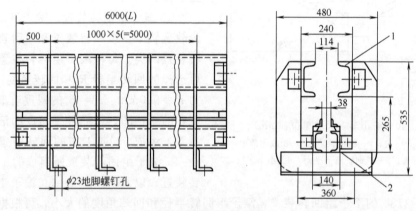

图 8-43　水平载重轨道（尺寸单位：mm）

1—小车轨道；2—链条轨道

道岔布置图，它也带有可摆动的道岔舌，但不用汽缸操纵，而是靠前载荷小车本身来挤压道岔舌，使之运动的。图 8-46 和图 8-47 分别为出线道岔和入线道岔的典型布置图。

⑤ 传动装置。地面反向积放式输送机的传动装置为履带式传动装置，其结构如图 8-48 所示。它是利用履带链条上的凸头与牵引链条的啮合来传递牵引力的，一般放置在牵引轨段线路张力的最大处。为防止事故发生及链条张力过载，将履带式传动装置设计成浮动式可旋转的，当链条张力超过额定值时可自行停止运行。链条运行速度为 1～15m/min，在此范围内可根据工艺要求任意选择。

⑥ 拉紧装置。地面反向积放式输送机的拉紧装置安装在牵引轨段线路的最小张力处，用汽缸来拉紧，拉紧行程为 600mm，如图 8-49 所示。

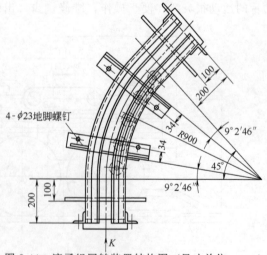

图 8-44　滚子组回转装置结构图（尺寸单位：mm）

（$R = 900$mm，$\alpha = 45°$）

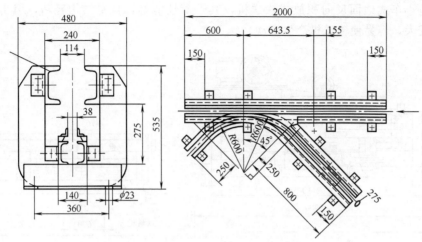

图 8-45　左入线道岔布置图（尺寸单位：mm）

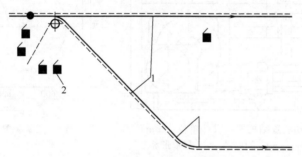

图 8-46　出线道岔典型布置图

1—输送链；2—接近开关

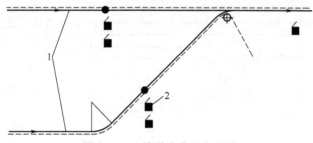

图 8-47　入线道岔典型布置图

1—输送链；2—接近开关

⑦ 停止器。地面反向积放式输送机的停止器用汽缸来带动，如图 8-50 所示，闸板用四个滚轮来支撑，使运动平滑，当闸板伸至载荷轨道下面时，挡住运行而来的前载荷小车，并使前载荷小车的升降爪抬起，使之与牵引链条上的推杆脱离而停顿下来。

上面论述的地面反向积放式输送机又可称为轨道小车式地面反向积放式输送机，其载荷小车组在轨道上运行，其运行阻力较小、安装简单、土建费用低，但结构较笨重。在工艺区烘干室，由于其运行时的不平衡性，容易倾斜，对工艺性有一定影响，为解决这一问题，常在工艺区烘干室转弯处加上平衡轨道。

目前，在涂装车间使用的还有一种地面反向积放式输送机，其载荷小车在地面上运行，又称为着地小车式地面反向积放式输送机，其平衡性能好，自身结构轻巧，但土建费用较高，阻力较大，容易使输送机产生蠕动。

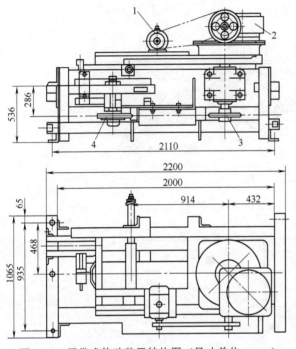

图 8-48　履带式传动装置结构图（尺寸单位：mm）

1—电动机；2—减速机；3—履带动力轮；4—履带张紧轮

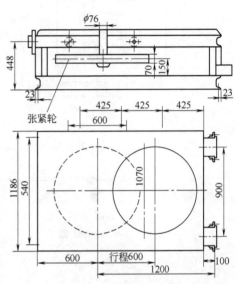

图 8-49　拉紧装置（尺寸单位：mm）

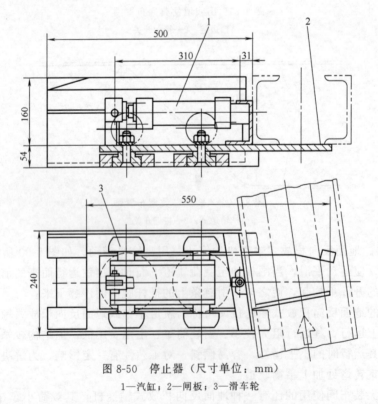

图 8-50　停止器（尺寸单位：mm）

1—汽缸；2—闸板；3—滑车轮

8.3.2 滑橇输送机

现在运用于涂装车间的滑橇输送机系统是由滚床、可升降滚床、电动移行机、横向移行机、可积放输送机、双排工艺输送机、升降机等多种基本单元联合组成的，滑橇输送机系统靠滑橇来实现工件的运输，它的特点如下。

① 它能适应多变的工艺要求，如把一条线上的滑橇与工件按工艺需要，可分成两线输送或将两、三线合为一条线路输送等，分流、合岔均比较方便。

② 可以根据工艺需要改变运送间距，如喷漆室区的运送间距与烘干室区的运送间距可以不等。

③ 可以放置大量的储存线供午休或下班时间设备排空之用，从而保证不间断地进行涂装生产。

④ 电气控制标准元件数量较多，装机容量较大，但运送区间短，实际消耗功率较少。

上述的设备特点，地面反向积放式输送机也可以实现，但如下特点则是积放式地面输送机所不能及的。

① 滑橇输送机系统可以利用升降机实现多层立体空间布置，例如为了节能，积放式地面输送机只能靠爬坡来实现桥式烘干室的需要，而滑橇输送机则可以通过垂直升降来满足"Ⅱ"字型烘干室的需要。

② 空滑橇可以实现堆垛储存，每垛可以放置3～5个滑橇，从而大大减少了空滑橇储存线的数量和面积。

③ 地面反向积放式输送机在系统中需设置大量的地下工程，而滑橇输送机则没有地下工程，所有设备均安置在地面之上，从而降低了建筑费用。

8.3.2.1 滑橇输送机系统的基本单元及其作用

① 滑橇。滑橇是滑橇输送机系统中的运载工具，用来承载工件，如汽车车身，见图8-51。滑橇的结构及尺寸决定着输送机系统各基本单元的基本参数。滑橇的基本结构：底座用两根100工字钢或长方形管焊接而成，前托架和后托架用型钢组焊而成。对滑橇的制造精度要求很高，焊接以后必须进行消除应力处理，在使用过程中，还要经常用检验夹具检查滑橇是否有变形，若有不合格者，应及时取下进行修理。滑橇在运行过程中到达接近开关处或离开时会发出感应控制信号。小批量、多品种是涂装车间生产的一个难点，在滑橇输送机系统中，为解决这一难点，设计出了一种组合式滑橇，它是由滑橇底座、限位装置和支撑托架联合组成的（见图8-52），此种组合方式，滑橇通过调换支撑托架可生产8种车型。

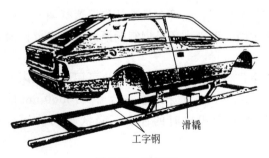

图 8-51 滑橇图

图 8-52 组合式滑橇

滑橇根据工艺需要，可以分为底漆滑橇和面漆滑橇两种，工艺要求不同，结构上也稍有不同。如底漆滑橇若通过摆杆式输送机则需要装置锁紧机构等。

② 滚床。滚床在滑橇输送机系统中是用途最多的基本单元。它的基本结构见图 8-53，是由传动装置、托滚、支撑框架等基本部件组成的。滚床既可以起输送作用又可以起停放储存作用。工艺输送机、可积放输送机、升降机等输送设备的前后一般均放置滚床，作为出入口输送段，起承前启后的过渡作用，还可构成其他设备的一个标准部件，如升降机、偏心升降工作台、转运小车、回转装置等设备上都可以装上滚床，组成各种需要的基本单元。

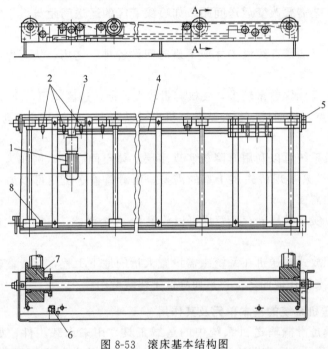

图 8-53　滚床基本结构图

1—圆柱齿轮减速电动机；2—链轮；3—传动链轮；4—链条；5—轴承；6—链条轨道；7—托滚；8—接近开关

滚床的长度及宽度主要根据滑橇的长度和宽度来确定。一般滚床的速度为 24m/min，选用带制动装置的减速电动机，当滚床放置在工艺输送机的前后，作为入口输送段或出口输送段时，滚床有两种速度，一是高速，二是低速，故传动装置选用不带制动装置的变速减速电动机，在特殊工艺要求下也可以选用变频装置来调速。

在高温条件下工作的滚床，如烘干室内的滚床，则应把传动装置移至室外，用万向联轴节把动力传给滚床。

滚床可为链条传动，也可为皮带传动，托滚可为钢制，也可在托滚外包以聚氨酯，以减少对滑橇的磨损，聚氨酯托滚一般安装在滚床的中间，两端则还是钢制托滚，以减少滑橇的撞击对聚氨酯的损坏。

可以用滚床来代替可积放输送机，当用滚床来代替可积放输送机时，也可用两台滚床连成一台，用一个传动装置来带动，例如用两台 $L=5000mm$ 滚床组成一台 $L=10000mm$ 的滚床，滚床用以代替可积放输送机的理由是可以减少积放时的冲击，降低车间的运行噪声。

滑橇输送机系统的高度一般为 500mm，因而滚床的高度亦为 500mm。

③ 单滚。单滚的结构图见图 8-54，是由单一托滚轴、传动装置和支撑装置三部分组成。

托滚轴的间距与滑橇的宽度相同，单滚一般放置在两标准输送设备之间做过渡之用，单滚一般的输送速度亦为 24m/min，当放置在工艺输送机的前后作为入口输送段或出口输送段时，也有两种速度，一是高速 24m/min，二是低速 6m/min，也可不用电机驱动，随滑橇运转，只做过渡承载用。

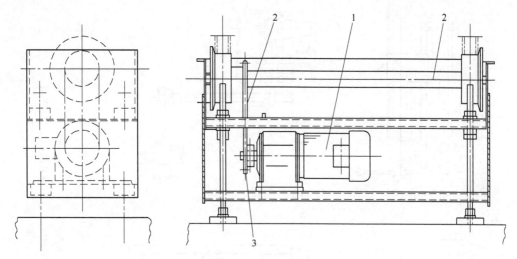

图 8-54　单滚结构图

1—圆柱齿轮减速电动机；2—托滚轴；3—传动滚子链

④ 偏心升降台。偏心升降台的结构如图 8-55 所示。操作时，传动装置通过两根套筒滚子链 2 带动两根回转轴 6、11，在回转轴的悬臂安装有两曲柄凸轮，当回转轴旋转 180°时，曲柄凸轮由最低位置升至最高位置。曲柄凸轮带动上部框架升高，上部框架两端装有导向轨，用以引导上下运动。在偏心升降台上部框架上装上滚床可成为升降滚床。偏心升降台的升降行程为 80mm，一般放置在横向移行机中间，滑橇输送机系统的基本标高为 500mm 时，可升降滚床最低高度为 420mm，升起后的最大高度恰好为 500mm，此时横向移行机的高度则为 480mm。

⑤ 横向移行机。横向移行机结构如图 8-56 所示。它是由传动装置、拉紧装置、牵引链条、链条轨道等部件组成的，传动装置选用插接式减速电动机，带用扭矩支撑装置作为安全停机之用。牵引元件选用套筒滚子链，也可选用不对称带滚轮的板式链（节距为 160mm），目前更多的是选用皮带作为牵引元件，因其噪声低、维护方便。输送机的运行终端装有停止挡铁，横向移行机一般与可升降滚床、滚床等联合布置，其用途很广泛，例如，可以改变滑橇与工件的运行方向，还可以把一条线路上的滑橇与工件根据工艺需要分成两条线路运送，也可以利用横向移行机把两条线路的工件合并运送到一条输送机线路上去等。图 8-57 是横向移行机结构的一种典型布置图，整个滑橇输送机系统是个连续运行的系统，但就横向移行机而言，本身是一台间歇运动式设备。为便于整个系统连续运行，横向移行机及与之相连的输送设备都必须是高速的。横向移行机的推荐速度为 12m/min。

⑥ 中心旋转滚床及偏心旋转滚床。中心旋转滚床的作用是用以改变滑橇与工件的运行方向，图 8-58 为可回转 90°的偏心旋转滚床，滚床的回转中心固定在一个回转轴承座上，而在回转端则装有回转行驶用的传动装置，带动行走轮和支撑轮，二者在行驶轨道上回转行走，在回转轨道终端装有减振挡铁。旋转滚床的回转速度为 2r/min。

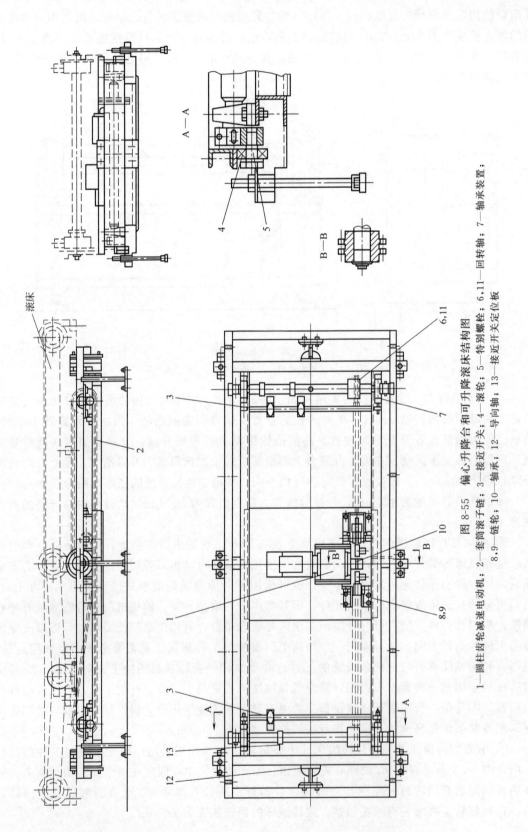

图 8-55　偏心升降台和可升降滚床结构图

1—圆柱齿轮减速电动机；2—套筒滚子链；3—接近开关；4—滚轮；5—特别螺栓；6,11—回转轴；7—轴承装置；
8,9—链轮；10—轴承；12—导向轴；13—接近开关定位板

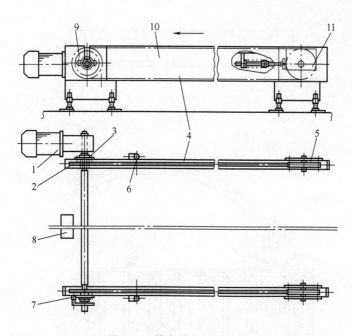

图 8-56　横向移行机结构图

1—锥齿轮减速电动机；2—链轮；3,5—轴承；4—牵引链条；
6—导向（或阻挡）滚子；7—接近开关；8—链条润滑装置；
9—传动装置；10—链条轨道；11—拉紧装置

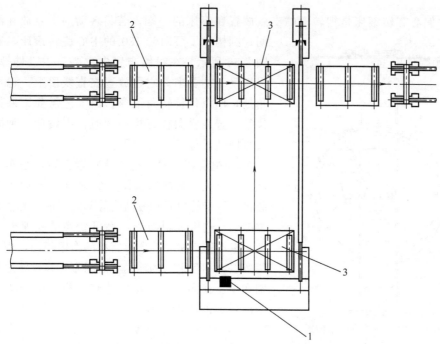

图 8-57　横向移行机结构的典型布置图

1—横向移行机；2—滚床；3—可升降滚床

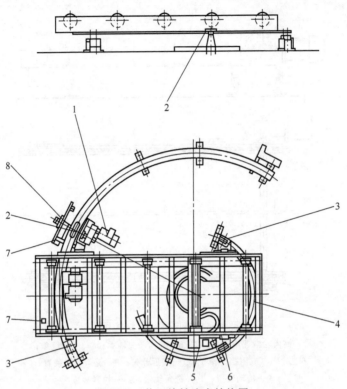

图 8-58　偏心旋转滚床结构图

1—减速电动机；2—轴承；3—走轮；4—滚床；5—供电导向链；6—缓冲器；7—接近开关及安装支架；8—主动轮

上述偏心旋转滚床是把转动的支点放置在滚床的一端，若将转动的支点放在滚床的中间，则构成了可回转 180° 的中心旋转滚床，其结构如图 8-59 所示。在线路布置中主要是供工件掉头之用，以满足工艺要求。它可放置在直线段上，也可放在转角处，用以代替转角滚床。当工艺需要工件掉头的工位须放置在横向移行机中间时，则设计一种既可升降又可回转的等待平台即可。

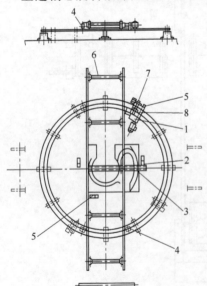

图 8-59　中心旋转滚床结构图

1—减速电动机；2—缓冲器；3—供电导向链；
4—走轮；5—接近开关及安装支架；
6—滚床；7—主动轮；8—轴承

⑦ 电动移行机。把滚床放置在转运小车之上即成电动移行机，其结构如图 8-60 所示，转运小车由传动装置、行走轮以及行驶轨道等部件组成。为使停止时定位准确，选用带制动的极性可变换的变速电动机来传动。电动移行机与横向移行机的作用相同，用于两条或两条以上相互平行的输送机之间做转移过渡之用。其区别在于：横向移行机可以连续运行，用于两条线之间距离较大的情况，而电动移行机仅用于短距离运送。电动移行机的运行速度一般为 24m/min。当电动移行机的运行速度达到 40m/min，完全可以代替横向移行机，从而节省了投资成本，电动移行机的最高速度可达 48m/min，两线之间的最大距离可达 18m。

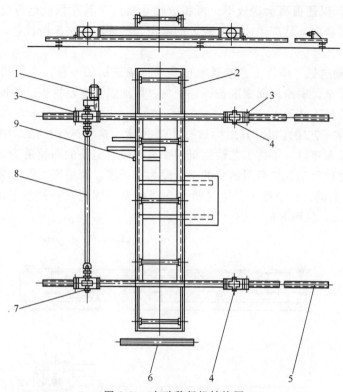

图 8-60 电动移行机结构图

1—减速电动机；2—滚床；3—滚子轴承；4—L形卡圈；5—缓冲器；
6—供电导链；7—轴承；8—万向轴；9—接近开关和安装支架

⑧ 可积放输送机。可积放输送机是单排输送机的一种形式，在滑橇输送机系统中为数甚多，一般做运输、排空、储存之用。它是由传动装置、轨段、托滚轨段、拉紧装置及牵引元件等标准部件组成，见图 8-61。可积放输送机的牵引链条为不对称的板式套筒滚子链，运行时，滑橇是用链条滚子来支撑的。当前面的滑橇被停止器挡住之后，滑橇停止不动，后面的滑橇则一个个相继停住，起积放储存之作用，牵引链条的滚子则在滑橇底座下滚动运行。滑橇底座的另一侧用托滚轨段来支撑。可积放输送机的运行速度较快，

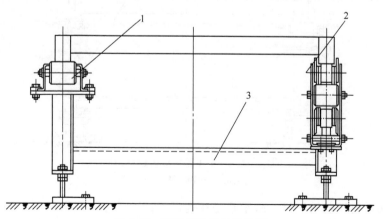

图 8-61 可积放输送机结构图

1—滚轮；2—输送链；3—支架

通常为 12m/min，以便提高运送效率。可积放输送机由于其在积放运行过程中会对滑橇造成磨损，运行不够稳定，易产生冲击及较大的噪声，已逐渐被滚床所代替，用滚床来实现储存功能。

⑨ 单排工艺输送机。单排工艺输送机也是单排输送机的一种，主要用于涂装的工艺过程，如细密封烘干室，中涂、面漆准备区，中涂、面涂烘干室及检查、装饰线等地方，根据工艺需要又可分为以下几种。

a. 常温用单排工艺输送机。其结构如图 8-62 所示，这种运输机的结构与可积放输送机的区别就在于链条轨道段，单排工艺输送机用于支撑牵引链条的两轨道为 40mm×20mm 的扁钢，可积放输送机用于支撑牵引链条的上轨段为排托滚，而用于支撑链条的返回轨道则是 20mm×30mm 的扁钢，在单排工艺输送机上，滑橇是用固定在外链板上的托架来支撑的，托架间距为 960mm，见图 8-63。

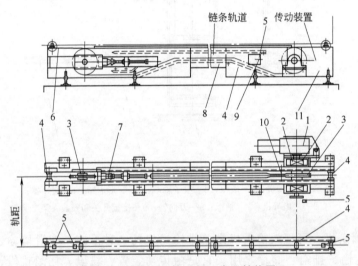

图 8-62　单排工艺输送机（常温结构图）

1—锥齿轮减速电动机；2—轴承装置；3—链轮；4—托滚；5—接近开关及安装支架；6—拉紧装置；
7—锥形弹簧；8—链条轨道；9—链条润滑装置；10—插销；11—传动装置

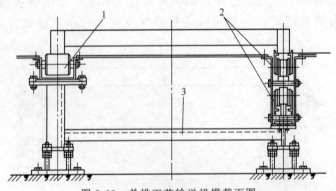

图 8-63　单排工艺输送机横截面图

1—滚轮；2—输送链；3—支架

b. 高温用单排工艺输送机。由于它是在高温条件下工作，牵引链条在加温和冷却时温差较大，伸长和收缩较大，故其牵引链条的拉紧行程要求较长，按烘干室的结构又有所不同，一般可分为以下两种。

ⓐ 直通式烘干室用单排工艺输送机（见图 8-64）。其传动装置系统放置在冷却区，故与一般输送机的传动装置形式相似，拉紧装置则采用重锤式，如涂胶用烘干室即采用此种输送机。

ⓑ Ⅱ字型烘干室用单排工艺输送机。如中涂、面漆用烘干室所用，其结构如图 8-65 所示。它的传动装置放置在烘干室之外，也是采用重锤式拉紧装置。

高温用输送机的返回链条一般均位于热区之内，从烘干室内通过，以减少热量损失，高温用输送机的速度根据涂装工艺需要一般设计成可以调节的，其速度的调节是通过变频装置控制传动装置来实现。

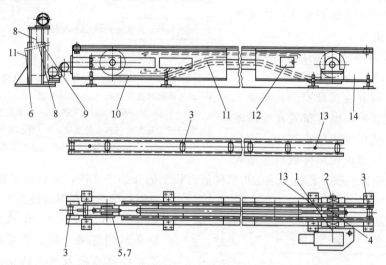

图 8-64　直通式烘干室用单排工艺输送机（高温Ⅰ型）结构图
1—锥齿轮减速电动机；2—轴承装置；3—托滚；4—链轮；5,7—轴承及尼龙隔套；
6—定位开关；8—钢丝绳及其附件；9—拉紧配重；10—工艺链条；
11—拉紧装置；12—润滑装置；13—接近开关；14—传动装置

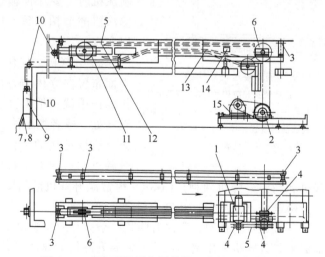

图 8-65　Ⅱ字型烘干室用单排工艺输送机结构图
1—锥齿轮减速电动机；2—轴承装置；3—托滚；4—链轮；5—滚子链；6—滚子轴承及尼龙隔套；
7—接近开关及其附件；8—安装支架；9—拉紧配重；10—钢丝绳及其附件；11—拉紧装置；
12—工艺链；13—转向链轮装置；14—润滑装置；15—传动装置

⑩ 高温用双排链式输送机。它主要用于电泳Π字型烘干室。采用双排链式的原因是底漆滑橇在通过电泳槽后，有一定的黏附物，故采用双排链式输送机比较平稳。图 8-66 为电泳烘干室用双排工艺链式输送机结构图，其结构与中涂面漆Π字型烘干室单排链式输送机的区别在于，其返回链条放置在烘干室外，另用一保温槽沟将其保护起来，以免热量散失到车间里。

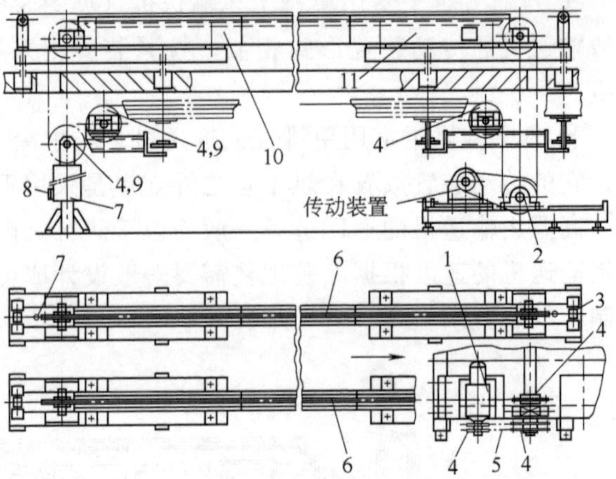

⑪ 喷漆用双排链式输送机。它的结构如图 8-67 所示，从图中可知，其传动装置用万向联轴节连接到室外，根据工艺及空间位置需要，也可布置在喷漆室内。与一般输送机的不同点在于：面漆滑橇不是像积放输送机那样被链条滚轮所支撑，也不是像一般工艺链式输送机那样被链板上的托架来支撑，而是用 C 形托架来支撑。

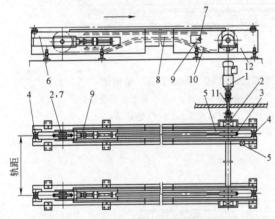

图 8-66　高温用双排链式输送机结构图

1—圆柱齿轮减速电动机；2—轴承装置；3—托滚；4—链轮；
5—滚子链；6—工艺链；7—拉紧配重；
8—接近开关及其附件和安装支架；9—滚子轴承及尼龙隔套；
10—转向装置；11—转向链轮装置

C 形托架固定在牵引链条的外链板上，每隔 960mm 放置一个。喷漆室盖板将牵引链条封闭起来，避免漆雾沾染链条，输送机的横截面及牵引链条的结构，如图 8-68 所示。

喷漆用双排链式输送机的速度根据工艺需要可以调速，当喷漆室采用自动喷涂机时，要保证输送机的速度与自动喷涂机的节拍一致，借助一个脉冲器可以实现。

⑫ 升降机。现代化的涂装车间已由平面布置向立体布置的方向发展。升降机的作用就是把工件和滑橇由低处运送至高处，或者把工件从高处运送至低处。升降机按运送的工位不同，可分为二层升降机和三层升降机两种。按所处的环

图 8-67　喷漆用双排链式输送机结构图

1—圆柱齿轮减速电动机；2—轴承装置和防护环；3—传动链轮；
4—托滚；5—接近开关及其附件；6—拉紧装置；7—拉紧链轮；
8—链条轨道；9—链条润滑装置；10—工艺链条；
11—万向轮；12—传动装置

境又可分成常温升降机和高温升降机两种。图 8-69 为常温升降机的简图，它是由立柱、升降滑架、传动装置、升降链条（或皮带）和安全链条、平衡重块、滚床等标准部件组成的。常温升降机的传动装置一般放置在顶部，高温升降机一般采用Π字型烘干室，其传动装置均放在室体外的下部地面上，升降机采用变频调速，常温升降机的速度当升降行程在 6m 以下时，为 24/6m/min。升降行程在 6m 以上时，为 36/6m/min，高温升降机选用 36/6m/min 速度。升降机在正常运行时为高速，为使定位准确快到定位点时则转换成低速运行。在特殊场合，为满足工艺需要，升降机速度也可达 48m/min，升降机的立柱一般为双柱式，但有时也采用四柱式升降机。

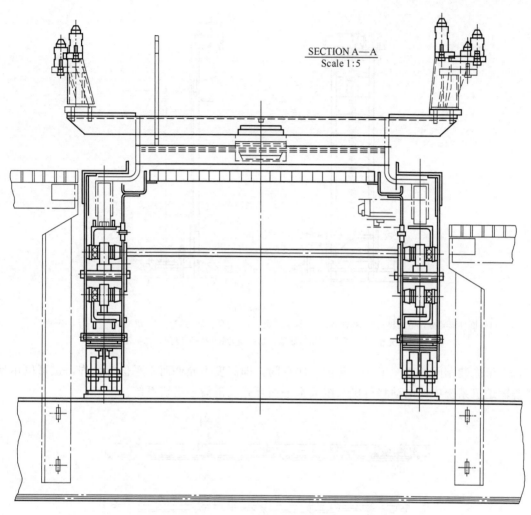

图 8-68　喷漆室用双排链式输送机截面图

⑬ 滑橇堆垛机和滑橇卸垛机。在滑橇输送机系统中，使用的滑橇数量是比较多的。为了减少空滑橇的储存面积，先进的方法是选用滑橇堆垛机和滑橇卸垛机，空滑橇返回储存时将空滑橇堆垛存放，一般可以堆垛存放四层，这样就可以大大减少空滑橇的存储场地。滑橇堆垛机和滑橇卸垛机是由一台剪式升降机下降恢复到最低高度，接受下一台空滑橇的进入。第二台空滑橇进入滚床并停止后，剪式升降机稍升起托住第一台滑橇，此时，可回转支座运动脱离第一台滑橇，剪式升降机继续升起一滑橇堆垛高度后，可回转支座又得回转将第二台滑橇托住。如此循环实现空滑橇堆垛的目的。滑橇堆放四层之后，滚床和剪式升降机将滑橇托住，可回转支座向外转动，脱离滑橇升降机下降至最低位置，送往可积放输送机上去储存。

⑭ 反滑橇输送机系统。它是滑橇输送机系统的一种变形，例如滚床由放置在地面或平台上改变成吊挂在空中，用带吊具的滑橇来代替普通的滑橇，升降机由运送普通的滑橇改成可带吊具滑橇的升降机，反滑橇输送机系统中的滚床详见图 8-70，反滑橇输送机系统中带吊具滑橇及升降机详见图 8-71。上述吊挂式滚床与升降机组合成垂直循环式反滑橇输送机系

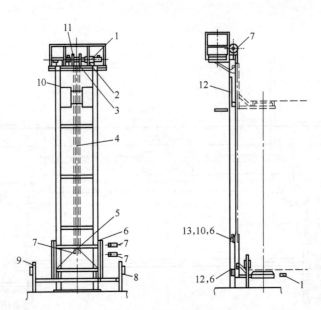

图 8-69　常温升降机

1—圆柱形轮减速电动机；2—联轴节；3—轴承装置；4—链条；5—弹簧；6—缓冲垫；7—行程开关；
8—反光镜；9—光栅；10—导滚；11—链轮；12—汇流排；13—轴承

统，用于涂装车间的底涂工序，若为立体空间，即高度不允许而水平位置允许，也可以用反滑橇输送机系统中的电动移行机来组成水平循环式反滑橇输送机系统。

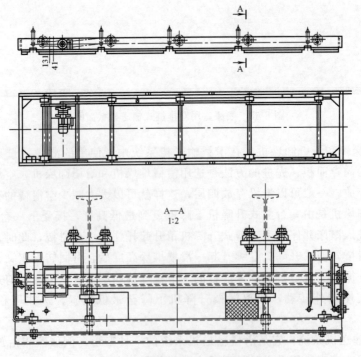

图 8-70　反滑橇输送机系统中的滚床

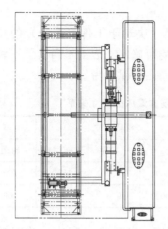

技术参数
起重速度：$v=6\sim36$ m/min
滚床速度：$v=6\sim24$ m/min

电机参数
转速：$n=22$min
扭矩：$M=2390$Nm
功率：$P=5.5$kW

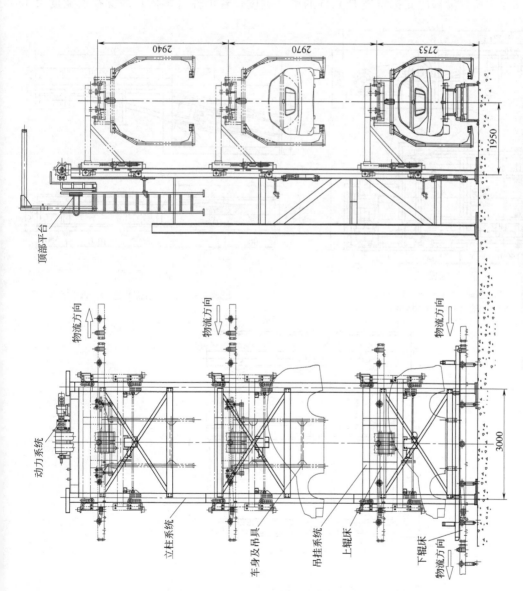

2940

2970

2753

1950

顶部平台

物流方向

物流方向

物流方向

3000

动力系统

立柱系统

车身及吊具

吊挂系统

上辊床

下辊床

物流方向

图 8-71　反滑橇输送机系统中带吊具滑橇及升降机（尺寸单位：mm）

8.3.2.2 滑橇输送机系统设计参数的选择

① 滑橇输送机系统基本尺寸的选择。滑橇的尺寸决定于工件（车身）的尺寸，滑橇的尺寸一旦确定，输送机系统设备的基本尺寸大部分均可确定。表 8-4 列出了一种比较成熟的工件（车身）尺寸、滑橇尺寸和基本滚床的尺寸关系表以供参考。

表 8-4　车体尺寸、滑橇尺寸和基本滚床的尺寸关系　　　　　　　单位：mm

名称 车型	车体尺寸			滑橇尺寸			基本滚床尺寸	
	长	宽	高	长	轮距	支撑臂宽	轮距	长度
A 型	4638	1814	1421	4900	700	1600	700	5000
B 型	4600	1780	1420	5000	900	1448	900	5320

表 8-4 中所列滑橇的支撑臂宽是允许的最大宽度。若工件（车体）的支撑点宽度大于

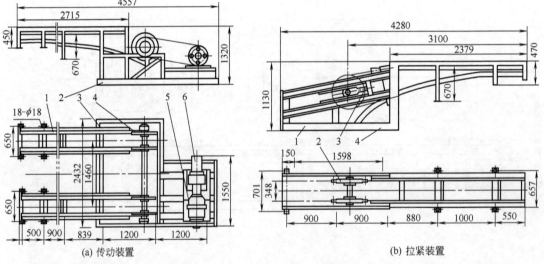

(a) 传动装置

1—轨道；2—地脚螺栓；3—机架；4—转动链轮；
5—减速器；6—无级调速电动机

(b) 拉紧装置

1—支架；2—链轮；3—张紧螺栓；4—调整螺栓

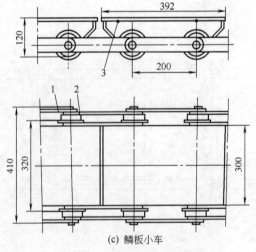

(c) 鳞板小车

1—链片；2—滚子；3—鳞板小车

图 8-72　双排鳞板式地面输送机（尺寸单位：mm）

1600mm 时，为保存稳定性要考虑增加滑橇和滚床的轮距，目前国内的滑橇输送机系列尺寸有：轮距为 700mm、900mm、1100mm 三种可供选择。

表中所列车体长度与滑橇长度及基本滚床的长度三者之间的关系是比较紧凑的，在选用时，基本滚床的长度不变，滑橇尺寸可根据车体尺寸适当缩短。

② 滑橇输送机系统基本设备运行速度的选用。在滑橇输送机系统中，其基本设备的速度除工艺输送机如细密封、中涂准备、中涂喷涂、面漆准备、烘干室用输送机等的速度是根据工艺要求进行计算确定外，运输用设备的速度基本上是比较固定的。8.3.2.1 节所介绍的速度，均可选用。

8.3.3　鳞板式地面输送机

鳞板式地面输送机在涂装车间可以用于汽车补漆线、喷蜡线等地方，也可用于涂胶线，按其结构可分为单排与双排两种形式。根据工艺需要来选择，载荷之鳞板与地面相平，全部设备均在地沟内，图 8-72 为双排鳞板式地面输送机的传动装置、拉紧装置及鳞板小车图。此输送机输送距离长，操作控制简单，配有无级调速电动机，能耗小、运行平稳、噪声低。

8.3.4　普通地面推式输送机

普通地面推式输送机安装在地面以下，利用推头与推杆推动载荷小车和被涂物通过喷漆室、烘干室等工艺设备，图 8-73 为普通地面推式输送机的传动装置、拉紧装置和推头小车图。此输送机输送距离远，操作控制简便，配有无级调速电机，其运行速度可根据工艺要求确定，能耗低、运行平稳、噪声低。

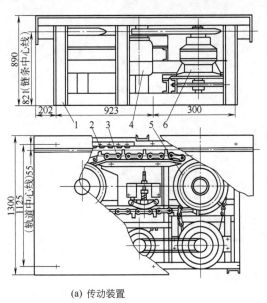

(a) 传动装置

1—机架；2—滚子列；3—驱动链条；4—电动机；
5—轮链；6—减速器

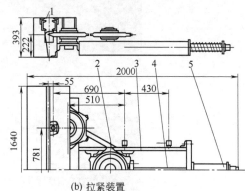

(b) 拉紧装置

1—轨道；2—张紧链轮；3—机架；4—调节丝杠；5—弹簧

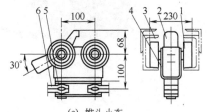

(c) 推头小车

1—行走轮；2—推头；3—推头架；4—螺栓；5—外链片；6—内链片

图 8-73　普通地面推式输送机（尺寸单位：mm）

8.3.5　特种地面输送机

普通地面推式输送机或地面反向积放式输送机都属于单链双轨的输送机形式，但由于两轨道间距改小，小车的稳定性及定位精度不高，不适合机器人自动喷涂，这里介绍一种为适合于大批量轻工产品涂装生产需要而开发的特种地面输送机，如图 8-74 所示，载荷小车由两条轨道来支撑，轨道间距较宽，一条轨道装有牵引链带着载荷小车前进，另一条轨道只起导向、平衡、定位作用，小车用三点式支撑，稳定性好，但在喷漆室内的定位精度高，垂直偏差小（不大于 1%），二次转挂不会东倒西歪，非常适合机器人自动喷涂。从图 8-74（b）可以看出，在工件支架中部装有一链轮，在自动喷涂机区段内，可借固定链条带动链轮旋转，达到旋转的目的，以适应自动喷涂的需要。从图 8-74（a）可以看出，输送机既可以在水平面内回转也可以通过上拱下挠轨段实现爬坡。

(a)

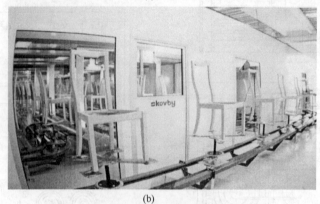

(b)

图 8-74　特种地面输送机

8.3.6　反向轨道输送机

反向轨道输送机是由反向地面输送机改制而成的，在载荷小车组上可以放置滑橇，从而使反向地面输送机与滑橇输送机结合在一起，滑橇输送机系统吸取反向地面输送机的优点，取消了升降机，实现垂直方向的爬坡和水平回转，特别适用于烘干室内的机械化运输，国内已有多家涂装车间使用此输送机形式。图 8-75（a）反向轨道输送机的横截面图，图 8-75（b）是反向轨道输送机载荷小车组带着滑橇的横截面图，图 8-75（c）是反向轨道输送机出入口处通过转接滚床的横截面图，通过转接滚床将滑橇从滑橇输送机系统过渡到反向轨道输送机上，又可将滑橇从反向轨道输送机返回到滑橇输送机系统中来。图 8-75（d）即为转接滚床的照片。

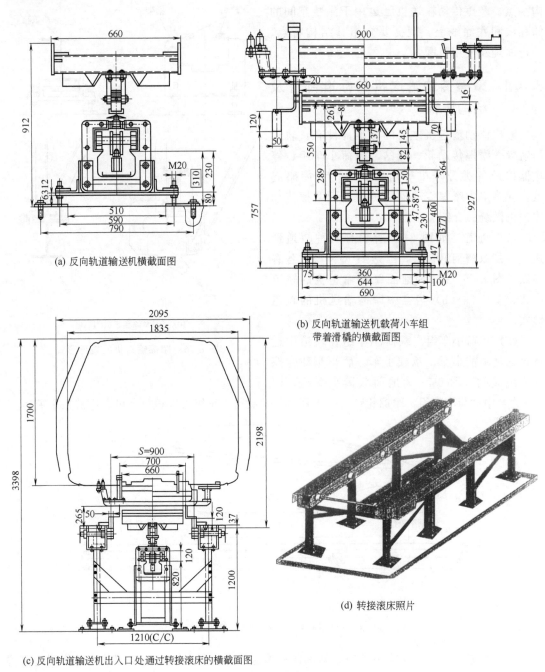

(a) 反向轨道输送机横截面图

(b) 反向轨道输送机载荷小车组
带着滑橇的横截面图

(c) 反向轨道输送机出入口处通过转接滚床的横截面图

(d) 转接滚床照片

图 8-75　反向轨道输送机各部的横截面图和转接滚床照片（尺寸单位：mm）

8.4 摩擦传动输送机

摩擦传动输送机是一种新型的输送机形式，它结构简单、工艺布置灵活、单元施工快捷，可以任意控制速度，且无噪声，无振动，维修方便，所以得以广泛应用。它分空中摩擦传动输送机和地面摩擦输送机两类，由于其结构特点，摩擦传动输送机已运用于涂装车间的储存线和底涂线上。现扼要介绍其结构特点、运行原理及使用范围。

8.4.1 摩擦传动输送机的标准部件及结构特点

摩擦传动输送机主要的标准部件有：轨道与轨段、摩擦传动轮、道岔、载荷小车组、停止器以及各类升降机等辅助装置，为简略起见，现将空中摩擦传动输送机与地面摩擦传动输送机做统一介绍。

（1）轨道 如图 8-76 所示有两种轨道形式，一是双槽钢组合型，二是 H 型钢型，各有特点，图 8-76（a）为地面摩擦输送机的轨道形式，图 8-76（b）为空中摩擦输送机的轨道形式。

（2）载荷小车组 载荷小车组在轨道中运行，它是由前小车、承载小车、后小车和摩擦杆所组成的，图 8-77 为地面载荷小车组，图 8-78为空中载荷小车组，摩擦轮带动摩擦杆运行，载荷小车组可以积放，可以用链条来带动。

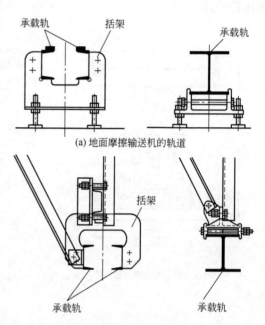

(a) 地面摩擦输送机的轨道

(b) 空中摩擦输送机的轨道

图 8-76 摩擦输送机的轨道形式

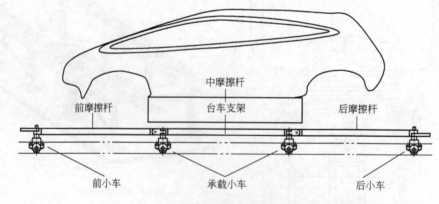

图 8-77 地面摩擦输送机载荷小车组

（3）摩擦传动轮 摩擦传动轮是摩擦传动输送机中用得最多的重要部件，其作用是借弹簧作用压紧摩擦杆，靠摩擦轮的摩擦力推动载荷小车组前进，图 8-79 为直线段用摩擦传动轮简图，图 8-80 为水平回转段用摩擦传动轮简图，摩擦轮表面包以聚氨酯，耐磨性能好，

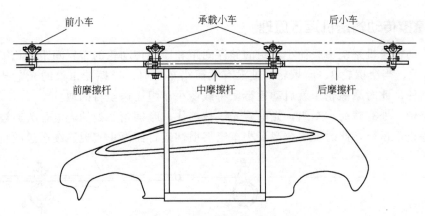

图 8-78 空中摩擦输送机载荷小车组

增加摩擦力,空中摩擦输送机与地面摩擦输送机的摩擦传动轮结构基本相同,仅安装方式有区别而已。摩擦传动轮常用的线速度为 20m/min,最高可达 30m/min。

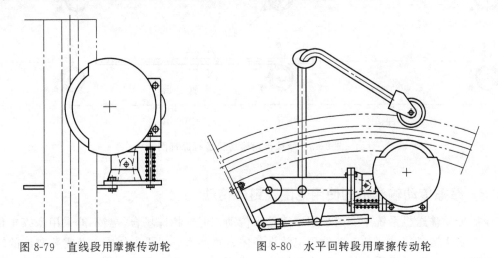

图 8-79 直线段用摩擦传动轮　　　　　图 8-80 水平回转段用摩擦传动轮

(4) 道岔　道岔是摩擦传动输送机系统中的一个重要部件,通过它可以把载荷小车组从一条线路上转送到另一条线路上,通过它可以分岔,也可以合流。图 8-81、图 8-82 分别表示两种不同轨道截面的两种不同道岔形式。

停止器以及各类升降机等辅助装置的结构介绍从略。

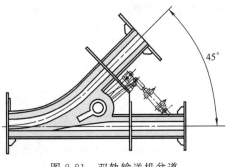

图 8-81 双轨输送机岔道

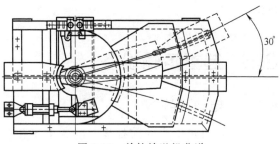

图 8-82 单轨输送机岔道

8.4.2　摩擦传动输送机运行原理

摩擦传动输送机系统中载荷小车组的储存间距和摩擦传动轮的布置间距是相等的，如图 8-83(a) 所示，当摩擦轮 3、摩擦轮 2 处没有载荷小车组时，摩擦轮 1 处的光电开关光线就被摩擦杆挡住，此时摩擦轮 1 就启动运行，将载荷小车组运送至目的地。

若摩擦轮 3 处有载荷小车组，光电管光线被挡住，摩擦轮 2 处的光电开关亦被挡住，则摩擦轮 2 停止不运行，此时下一个载荷小车组靠惯性运行而停止实现连续运送的目的。

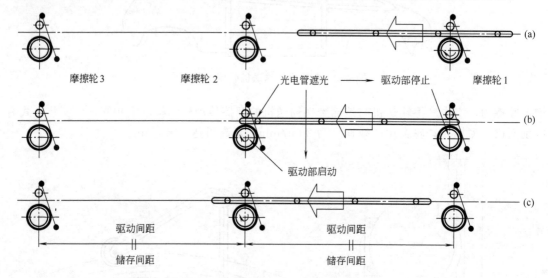

图 8-83　摩擦传动输送机运行原理图

8.4.3　摩擦传动输送机的使用范围及链条传动

摩擦传动输送机系统中一般采用摩擦轮来传动，但在特殊场合，当不能采用摩擦轮传动时，可以采用链条传动。如在前处理电泳设备内、喷漆室、烘干室体内以及需要爬坡的轨段等，当摩擦传动输送机系统处于两个不同标高平面时，既可以用链条传动来实现爬坡升高，也可以利用升降机来实现工件的转运。在涂装车间，地面摩擦传动输送机仅仅用于储存线，而空中摩擦线则可用 PVC 线和前处理电泳的排空线。摩擦传动输送机系统中的链条传动与传统的链条传动基本相似，当摩擦传动输送机的轨道为双槽钢组合时，其链条传动通常布置在上面（空中）或下面（地面），而轨道为 H 型钢时，则牵引轨可布置在承载轨的两侧，链条传动的方式既可以是水平循环式也可以是垂直循环式，根据工艺需要与场地的可能性来确定。

8.5　起重运输设备

8.5.1　电动葫芦

对于小批量生产的前处理、电泳工序和涂胶工位，可供选择的起重设备有 CD1 型和 MD1 型两种电动葫芦，其外形结构见图 8-84，常配套安装在单梁起重机上或架空工字梁上，其特点是结构紧凑，自重轻，体积小，操作方便。CD1 型电动葫芦的起升速度为 8m/min，

MD1 型电动葫芦具有 8m/min 和 0.8m/min 两档起升速度。起重质量有 0.5t、1t、2t、3t、5t、10t 六种，每种起重质量的葫芦按起升高度又分 6m、9m 两种标准型和 12m、18m、24m、30m 四种超高型葫芦。其运行速度有 20m/min 和 30m/min 两种，工艺选用时应注明形式、起重质量和起升高度。

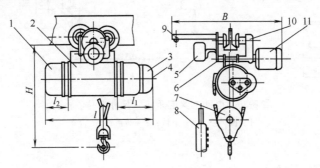

图 8-84　MD1 型、CD1 型电动葫芦外形结构图

1—起升机构减速器；2—卷筒装置；3—起升电动机；4—制动调节器；5—电器装置；6—电动小车；
7—吊钩装置；8—按钮；9—电缆电流引入器；10—运动机构减速器；11—运行电动机

对于喷涂车间考虑到漆雾有爆炸危险，应考虑选用防爆型电动葫芦。

8.5.2　单梁起重机

电动葫芦装在架空工字梁上时，其工作区域仅在一条直线范围内，为扩大其使用范围，可以选用单梁起重机，其工作范围为一工作面，单梁起重机共有四种形式：

① 手动单梁悬挂起重机（见图 8-85）；

② 手动单梁起重机；

③ 电动单梁起重机（见图 8-86）；

④ 电动单梁悬挂起重机。

单梁起重机适用于搬运量不大而又讲究效率和速度的场合，一般用于小批量生产的涂装车间。其起重质量与电动葫芦的起重质量相对应，单梁悬挂起重机一般建议直接吊挂在屋架之下，其工作范围较窄，而单梁起重机则可直接支撑在厂房柱子的中腿上，故其工作范围相对较大，可根据涂装工作的需要来选择。

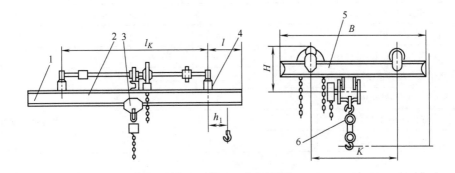

图 8-85　手动单梁悬挂起重机

1—桥架；2—传动机构；3—手动单轨小车；4—主从动车轮；5—安全夹机构；6—手拉葫芦

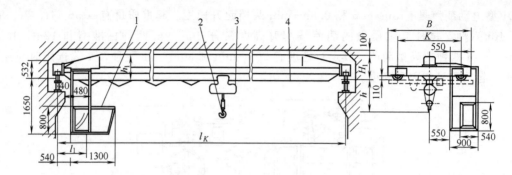

图 8-86　电动单梁起重机（尺寸单位：mm）

1—操纵室；2—吊钩；3—葫芦；4—行车

8.5.3　自行葫芦输送机

在批量较少，生产节拍在 5min/台以上时，可以采用间歇式输送机方式。自行葫芦输送机可作为前处理电泳涂装线的运输设备。自行葫芦输送机的结构见图 8-87，它是由前小车、主动小车、后小车、连杆、环链葫芦、导向装置组成的。在 H 型轨道上行走，滑触线布置在轨道的侧面，结构紧凑。它采用微机内认址方式，靠小车自身识别操作信号，能自动、准确、可靠地实现输送，以及上升、下降、摇摆等各种动作。当输送机线路上安有多台自行葫芦时，可以自行实现积放。涂装车间的前处理电泳线一般布置成环形线路，可利用道岔装置安装修理支线，也可借此布置多条支线。可改变载荷杆或连杆的长度来适应不同长度的工件需要。升降起重摆动选用环链葫芦，使用安全、寿命长、效率高，也可选用电动葫芦作为升降机起重设备。自行葫芦输送机主要性能参数见表 8-5，自行葫芦的数量可以根据生产需要来选用，或者根据生产的增长而增加自行葫芦的数量，因而可以降低投资额度。

表 8-5　自行葫芦输送机主要性能参数

部件名称及主要参数		规 格 型 号				备注
		ZH-250	ZH-500	ZH-1000	ZH-2000	
额定起重质量/kg		250	500	1000	2000	用户选定
运行速度 /(m/min)	常用	16.7				
	最大	20				
电压/V		380				
电动机功率/kW		0.2	0.5	0.55	0.75	
电动环链葫芦	起重质量/kg	250	500	1000	2000	用户选定
	提升速度/(m/min)	2、4、8	2、4、8	2、4、8	2、4	
	提升高度/m	3、4、6、9	3、4、6、9	3、4、6、9	3、4、6、9	
轨道 H 型钢	直轨(标准长度)/mm	8000				非标准长度按设计定
	弯轨 半径/mm	1000、1500				
	弯轨 角度/(°)	45				

上面所述的是钢制轨道型自行葫芦，最近几年自行葫芦输送机系统有很大的发展，从而扩大了自行葫芦输送机系统的用途。第一个发展是由单一的钢制轨道发展成铝合金轨道，即

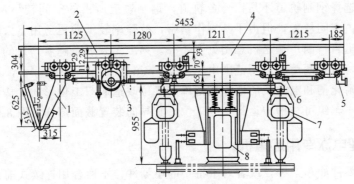

图 8-87 自行葫芦输送机的结构图（尺寸单位：mm）

1—前小车；2—滑触线；3—主动小车；4—H 型钢轨道；5—后小车；6—连杆；

7—环链葫芦；8—导向定位装置

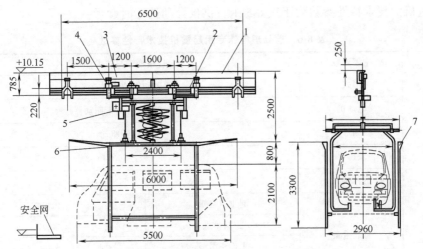

图 8-88 铝合金轨道自行葫芦输送机总图（尺寸单位：mm）

1—上横梁；2—铝合金轨道；3—四车型载荷小车组；4—减速电机；

5—电动环链葫芦；6—车身吊具；7—导向装置

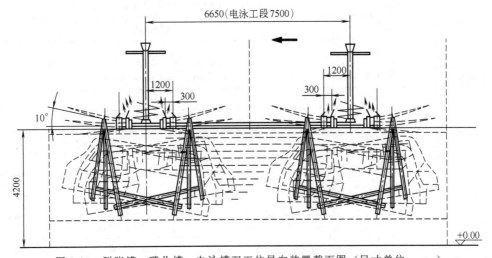

图 8-89 脱脂槽、磷化槽、电泳槽双工位导向装置截面图（尺寸单位：mm）

可根据用户需要选择钢制轨道还是铝合金轨道,钢制轨道所占的空间较小,但故障率较高,而铝合金轨道所占空间较大,但由于其制作精密,故障率较低而更适用于大批量快节奏的涂装线,铝合金轨道自行葫芦输送机总图见图8-88。第二个发展是随着产量的不断提高,生产节奏的不断加快,自行葫芦的应用范围由原来的5min/台提高到3min/台,其方法是在前处理线的脱脂槽、磷化槽和电泳线的电泳槽由单一工位改造成双工位形式,从而提高了生产节拍,此时的载荷小车组可在槽中运行一个工位,其导向装置截面图详见图8-89。

8.5.4 前处理电泳专用起重机

对于特长的零件如车架等,或者对于特小的小零件,不适合用连续式前处理电泳设备进行处理,可以采用专用起重机来进行前处理和电泳处理。图8-90为前处理电泳专用起重机的一种形式。工件长达12m,三个车架装在一个框架上进行前处理和电泳,前处理和电泳用槽并行排列,工件在槽中可以前后摆动。可根据产量需要选择两台或多台专用起重机来工作。该起重机的技术特性参数列于表8-6中。供设计和选用时参考。

表8-6 前处理电泳专用起重机技术特性参数

部件名称	主要参数	规格型号与技术参数	
行走机构	形式	桥架和传动装置,8轮形	
	电动机	3.0kW×4P(带制动器)	
	控制形式	变频驱动	
	减速比	1/56.64	
	运行速度	15m/min(最大17.8m/min,60Hz)	
	总起重量	起重机自重	92000N
		控制箱重	3000N
		工件+滑橇	50000N
		总重	145000N
升降装置	形式	4条NO120升降机链条	
	电动机	11.0kW×4P(带制动器)×TWIN	
	控制形式	变频驱动	
	减速比	1/136.14	
	升降速度	8m/min(最大10.6m/min,60Hz)	
	升降质量	三层桥架质量	13150N
		升降框架质量	6280N
		工件质量	45000N
		滑橇质量	5000N
		总质量	71830N
其他	电源	AC380V,50Hz	
	滑橇及工件尺寸	滑橇	L5500mm×W1200mm
		工件	L11795mm×W1534mm×H300mm(×3层)

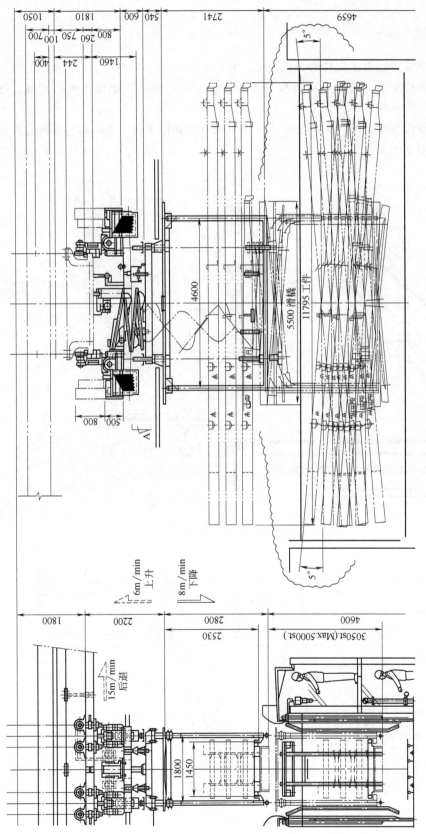

图 8-90 前处理电泳专用起重机（尺寸单位：mm）

8.6 吊具

吊具是用来放置被输送货物的一种装置，它的形状与尺寸应与货物的种类、形状、尺寸及质量相适应，应能很方便地进行装载与卸载，在运行过程中应保证货物不滑落。图 8-91 为涂装车间部分常见的各种吊具。

采用可拆卸链条时，吊具在滑架的下方，采用双铰接链条时，吊具可直接固定在链片上或托架上（见图 8-92）。

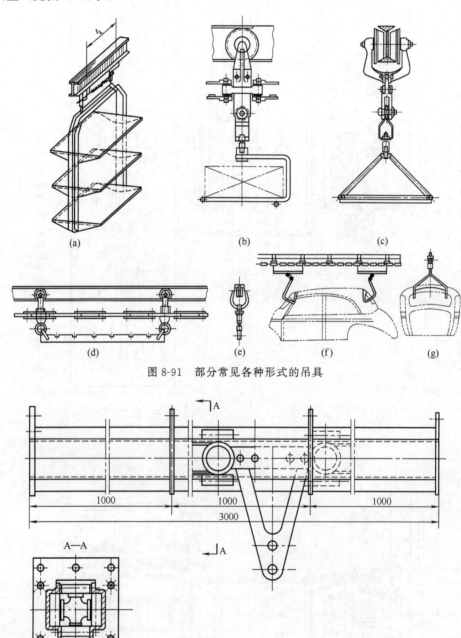

(a)　　　　　　　　　　(b)　　　　　　　　　　(c)

(d)　　　　　　(e)　　　(f)　　　(g)

图 8-91　部分常见各种形式的吊具

图 8-92　双铰链与托架的连接图（尺寸单位：mm）

大批量轿车车身涂装前处理电泳线的吊具，当采用自行葫芦系统作为运输工具时，可为门式的，详见图 8-93。当采用悬挂输送机作为运输工具时，其吊具可为 C 形钩式，详见图 8-94。鉴于电泳槽便于导电，吊具一般都做成刚性、不可打开的，防止电泳时将铰接处粘住，对于小批量多品种且车型外形比较大的吊具可以参考图 8-95 的结构。

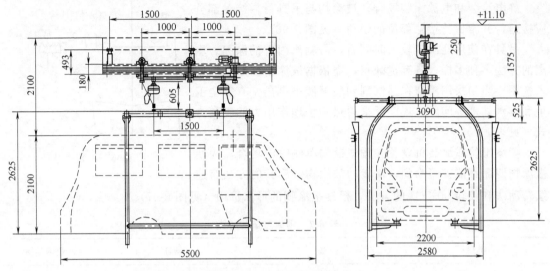

图 8-93　自行葫芦用门式吊具（尺寸单位：mm）

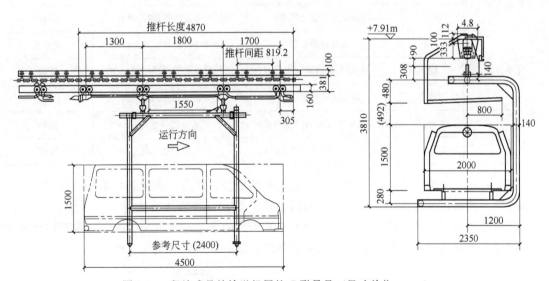

图 8-94　积放式悬挂输送机用的 C 形吊具（尺寸单位：mm）

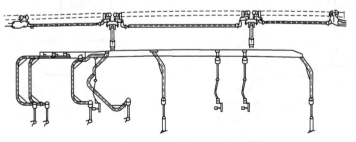

图 8-95　小批量、多品种用吊具（尺寸单位：mm）

吊具的设计要点是为轻量化选择形状、材质；将与被涂物的接触点做成锐角，接触点不易附着涂料；选用能耐烘干室的高温、前处理的酸碱的材质；还有在被涂物上不积液；不产生气泡的结构等。

静电涂装和电泳涂装场合，被涂物与吊具材料接触部分应接地，并常保持接触部位的锐角（见图 8-96）。

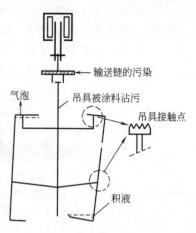

图 8-96 涂装用吊具

吊具在使用几次或较长时间后，需剥离附着的涂膜。剥离的方法多种多样，各有优缺点，需依据被涂物和吊具的要求选用。当初采用浸渍在强溶剂和酸碱液中剥离，有安全卫生和排水处理等问题；现广泛采用热和物理作用力的剥离方式（见表 8-7）。

喷漆工位或涂装机设置在输送链的单侧喷涂场合，为使被涂物四面都能被喷涂到，需转动被涂物。旋转的方法有连续转动法和仅转 90°三次的方法，根据被涂物的形状选用（见图 8-97）。

表 8-7 剥离方法的种类

类型		方法	特征	产业废弃物
物理方法	手工	锉刀、砂轮机	需要劳力	废粉
	喷丸	将吊具放入喷丸箱中	材质强力磨耗,需要铁丸	废粉
化学方法	溶剂	浸入强溶剂的容器中	浸泡时间长,对底材无影响	废溶剂
	酸	浸渍在强酸溶液中	时间长了,铁材溶解	废酸
	热碱液	苛性钠的热溶液	注意接触皮肤	废碱液
热处理	流动槽	浸渍在氧化铝等的高温流动槽中	底材的热老化	废粉
	高温炉	在 400℃左右的炉中蒸发燃烧	底材的热老化	废粉

还要在吊挂式涂装线上注意防止从悬链上掉落垃圾、颗粒，成为涂装不良（垃圾、颗粒涂膜弊病）的最主要的原因。因此，将吊具设计呈 C 形，在输送链的垂直部分设置接污盘，特别在涂装时吊具需转动的场合和被涂物的水平面多的场合是不可缺少的。因水平转弯和上下升降段，设计接污盘时需考虑留有余地和保修，这点很重要（见图 8-98）。

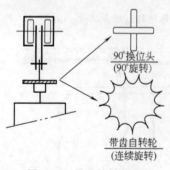

图 8-97 吊具旋转装置

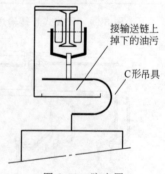

图 8-98 防尘罩

8.7　机械化运输设备的设计与计算

前面几节介绍了机械化运输设备的作用和选择要点，以及各种机械化运输设备的主要品种和结构，这里对于机械化运输设备的设计与计算只作综合性的论述，因为所有的设计与计算基本上大同小异，领会其精神，实质就能一通百通。

在8.1.2一节中，曾建议将汽车拖拉机车身所用的可换件、小冲压件组装在一个吊具上与车身驾驶室一起通过前处理电泳线，不必另行建小零件线，以充分发挥前处理电泳线的作用，对于汽车工业、整车工业可以如此处理，但对于一些轻工业企业或者是汽车零部件企业，则应该按照实际情况尽量组合以提高设备的利用率，减少设备投资。机械化运输设备系统的设计与计算主要是按照机械化运输（工艺）平面布置图来进行的，但反过来又给工艺设计提供必要的、充分的依据，按照工艺选定机械化运输设备的形式后应进行如下工作。

8.7.1　确定设计计算的原始资料

机械化运输设备的设计计算的原始资料应包括以下内容。

① 输送机系统的工艺流程图（包括平面布置图和立面图）上应标出轨高，有关工艺设备的位置尺寸、小车的初步配置尺寸、装卸地点、装卸方法等。

② 输送物件的质量、规格、种类、外形尺寸及特殊性能（如易燃、易碎、剧毒腐蚀等）。

③ 输送物件的吊挂方式及吊具的结构要求，包括小零件的组合吊挂方法及吊具结构。

④ 输送系统的生产率、生产节拍或运行速度及调速范围等。

⑤ 输送机系统的特殊要求，如成套输送、自动装卸及同步运行等。

⑥ 输送机的工作条件，包括环境温度、湿度、粉尘情况及工作制度等。

⑦ 输送机所在厂房的土建资料及有关设备方位和水、电、风及气管走向等。

8.7.2　载荷小车组技术参数的确定

积放式悬挂输送机、地面反向积放式输送机、摩擦输送机等载荷小车组均是由前小车、中小车、后小车、连杆和载荷梁组成的，其技术参数的选用原则上基本相同，滑橇尺寸的大小与工件尺寸大小或工件组合吊架大小有关，载荷小车组常用形式有二车型、三车型和四车型，根据工件尺寸来选定。

图8-77、图8-78、图8-88、图8-89分别表示摩擦输送机和自行葫芦载荷小车组的结构方式。图8-99表示积放式悬挂输送机载荷小车组图，载荷小车的前小车、中小车和后小车之间的距离称为小车的中心距，用字母 A（二车组）或 A_1、A_2、A_3、…（三车组以上）表示，对于普通积放式悬挂输送机而言，载荷小车前小车升降爪工作面到后小车或中小车后推爪之间的距离称为传递中心距。对于新型宽推杆输送机而言，由于宽推杆工作面较原牵引链推杆加宽了2～3倍，从根本上解决了积放小车的传递方式的问题，将原来的二次传递方式，简化为一次传递方式，最大中心距 A 与工件的长度、积放长度有关，而 A_1、A_2、A_3、…选其最大者，则分别与水平回转半径，上拱下挠轨段的半径及角度有关。

二载荷小车组密集型停靠时，二载荷小车组中心之间的最短距离称为载荷小车组的积放长度，用字母 L 表示，积放长度与最大载荷小车组之间的尺寸关系，随输送机的形式与结

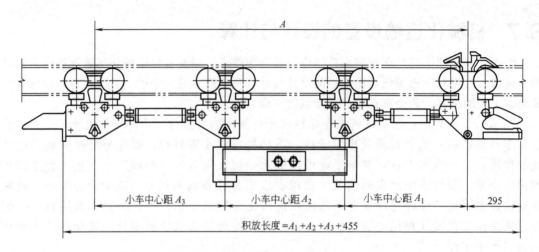

图 8-99　积放式悬挂输送机载荷小车组图（尺寸单位：mm）

构尺寸的不同而有所差别，可根据手册来确定。

（1）最大载荷小车中心距 A 的确定　最大载荷小车中心距的确定，应满足输送物件在积存时应留有足够的间隙，最小运动间隙为 $200\sim300\mathrm{mm}$，一般输送机的积放长度就能满足此要求。同时还应考虑水平回转时的通过性校验。

（2）一般载荷小车中心距的确定　最大载荷小车组的中心距分别由两个或三个以上的一般中心距 A_1、A_2、A_3、…所叠加而成的，在一般载荷小车的数个中心距中，由于结构的原因不可能完全相同，择其大者来选择水平回转半径和上拱下挠半径。

（3）载荷小车组中心距与弯轨半径的确定

① 水平弯轨半径的确定。积放式悬挂输送机、反向积放式输送机或者是摩擦传动输送机，载荷小车组通过水平回转段时，牵引链推杆或者摩擦传动轮经前小车、连杆和载荷梁将牵引力传递给中小车和后小车，由于连杆和载荷梁的制约作用，前小车、中小车和后小车的导轮会对槽钢轨道翼缘产生较大的侧面压力，连杆或载荷梁的轴线方向与单个小车的运动方向的夹角（压力角）

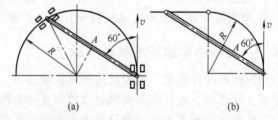

图 8-100　载荷梁与水平弯轨的关系

越大，导轮对轨道的侧面压力就越大，当连杆或载荷梁轴线进入到小车运动方向的摩擦角范围内时，小车就会被锁死，为了减少小车导轮对槽钢轨道翼缘的侧面压力，减少其磨损，通常情况下，连杆或载荷梁轴线与小车运动方向的夹角不得大于 $60°$（见图 8-100），由图8-100 可知，当载荷小车通过大于 $90°$ 的水平回转段时，小车中心距 A 和水平弯轨半径 R 的关系为：

$$A \leqslant 2R\cos30° = \sqrt{3}R \tag{8-1}$$

当载荷小车通过 $90°$ 水平回转段时，小车中心距 A 和水平弯轨半径 R 的关系为：

$$A \leqslant 2R \tag{8-2}$$

当载荷小车通过道岔时，由于道岔舌板结构的限制，道岔的水平弯轨半径为一定值，为了使小车中心距较大的承载小车能够顺利地通过道岔，可以采用减小道岔转向角度的方法来解决。道岔的转向角度一般采用45°或60°，只有载荷小车中心距较小时，才采用90°转向道岔。

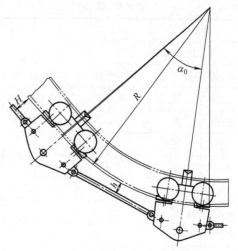

图 8-101 下挠段通过性计算图

② 垂直弯轨半径的确定。积放式悬挂输送机，反向积放式输送机的垂直弯轨半径除了与链条节距和滑架间距有关外（见8.7.3节），还与载荷小车中心距有一定的关系。因而对联系杆或均衡梁的长度有一定的要求，当承载小车中心距较大，垂直弯轨半径较小时，在垂直弯轨的下挠段，承载小车的联系杆或载荷梁将会与承载轨底部产生运动干涉，详见图8-101。故而应通过计算来进行校正。最后确定载荷小车中心距 A 或 A_1，A_2，其计算公式如下：

$$A(A_1,A_2) \leqslant 2\sqrt{(2R'+H+h)(H-h)} \tag{8-3}$$

式中　　h——联系杆或均衡梁至下挠圆弧轨底的最小距离；

　　　　H——载荷小车牵引点至下挠圆弧轨底的距离；

　　　　R'——下挠圆弧轨底半径；

A（A_1，A_2）——见图8-99，其推荐值见表8-8。

表 8-8 $A(A_1，A_2)$ 的推荐值　　　　　　　　　　单位：mm

输送机型号	R'	H		A_1		A（或 A_2）	
		联系杆	均衡梁	推荐值	极限值	推荐值	极限值
WTJ3	2239	59	100	400	700	850	1100
WTJ4	3294	69	200	500	950	1700	2100
WTJ6	6367	78	250	950	1400	2000	2800

注：WTJ3、WTJ4、WTJ6分别为3″、4″、6″推杆悬链的链条节距。

为了避免承载小车的联系杆或载荷梁与承载轨底的运动干涉，可采取缩短小车中心距、加大垂直弯轨半径、加长载荷梁的承载销长度、改变联系杆的结构形式等措施。

（4）小车传递中心距即牵引链条推杆间距的确定　最大载荷小车组中心距 A 确定之后，就要来确定小车传递中心距，小车传递中心距对于工艺链来说，推杆间距即为工艺间距，一般均为慢速链，它根据工件长短及工艺操作空间来决定工艺间距。

小车传递中心距对于快速链（即传递链或称储存链）来说，与滑架位置有关，应考虑推杆布置过密或过稀的经济性。表8-9列出了一些工件长度、小车中心距、积放长度与推杆间距的参数值，可供选用时借鉴。

表 8-9　工件尺寸（长度）、小车中心距、积放长度与推杆间距参考表　　单位：mm

输送机		车型及工件尺寸	小车中心距	积放长度	推杆间距
形式	链条节距				
工艺链	6″	4770×1815×1440	1300(A_1)+2000(A_2)+1530(A_3)=4830(A)	5300	6434(42t)
工艺链	6″	4500×1750×1530	1200(A_1)+1800(A_2)+1530(A_3)=4530(A)	5455	5821.6(38t)
储存链	6″				1225.6(8t)
工艺链	6″	4500×2000×1500	1300(A_1)+1800(A_2)+1300(A_3)=4400(A)	4870	6434.4(42t)
储存链	6″				910.2(6t)
工艺链	6″	4320×1600×1452	1000(A_1)+2038(A_2)+1073(A_3)=4111(A)	5181	5821.6(38t)
工艺链	6″	4040×1640×1900	1200(A_1)+1800(A_2)+1530(A_3)=4530(A)	5000	5821.6(38t)
储存链	6″				1225.6(8t)
储存链	4″	4650×1800×1250	1200(A_1)+2000(A_2)+1800(A_3)=5000(A)	5455	1433.6(14t)
储存链	4″	4200×1662×1424	1450(A_1)+1800(A_2)+1424(A_3)=4674(A)	5150	2048(20t)

8.7.3　滑架与链条的选择

滑架与链条是积放式悬挂输送机与地面反向积放式输送机的基本元件，也是通用悬挂输送机的基本元件。8.2.1 一节中说明了涂装车间输送机常用牵引链条的节距分 100mm，160mm 两种，此为 XT 系列，是国家标准件，常用于通用悬挂输送机系统中，而积放式悬挂输送机和地面反向积放式输送机目前的牵引链条仍沿用 WT 系列。此系列为美国标准，表 8-10 中列出了两种不同系列牵引链条和滑架的基本参数。

表 8-10　两种不同系列牵引链条和滑架的基本参数

牵引链型号	XT80	XT100	XT160	WT3	WT4	WT6
链条节距/mm	80	100	160	76.6	102.4	153.2
链条许用拉力/kN	11	15	30	9	15	27
滑架许用载荷/kN	1.25	2.5	4	1.1	2.3	5
链条运行速度/(m/min)	0.3~15			0.3~18		
输送线极限长度/m	450	600	750	450	600	750
角驱动弯轨半径/mm	330	413	404			
最小水平回转半径/mm	203	317	404	300	450	600
最小垂直弯曲半径/mm	1600	2000	3150	1200	1700	3400
最小吊挂间距/mm	320	400	600	306.4	409.6	612.8

表中链条的许用拉力是在良好工作环境下的许用拉力，如装配车间、家电及仪表生产车间等，对于涂装车间的工作环境，由于水蒸气、漆雾及腐蚀性气体的污染，属于恶劣性环境，其链条许用拉力相对降低 15%～20%，表中所列许用拉力为在速度为 8m/min 以下时选用，若速度大于此值，如快速链，其运行速度为 15m/min，则其需用拉力还得降低 7%～9%。

表 8-10 列出了各种输送机的极限长度，我们建议对于单级驱动的输送机而言，XT100

型输送机或 WT4 型输送机的长度不要大于 400m，XT160 型输送机或 WT6 型输送机的长度不要大于 600m，若大于此数，则考虑选用多级驱动的输送机。

表 8-10 中还列出了各种链条的最小吊挂间距，此最小吊挂间距实际上即为最小滑架间距，合理的吊挂间距是要根据工件的大小、转挂方式、停歇时间、摆幅及允许的最小运动间隙来确定的。

输送机并行轨线之间的距离，必须保证最大尺寸的物件之间的净空间隙不少于 300mm，并需校核垂直弯曲段的通过性和水平弯曲段的通过性，对于小零件要做此校核，对于大零件也需要做此校核，对于通用悬挂输送机需要做此校核，对于多车组积放式悬挂输送机或地面反向积放式输送机也要做此相似的校核。

8.7.3.1 垂直弯曲段与水平回转段通过性校核

（1）垂直弯曲段通过性校核 为了保证物件在垂直弯曲段爬坡轨道上的顺利通过，物件的实际运动间隙 e 必须满足如下条件（见图 8-102）：

$$e = T_{min}\cos\beta_{max} - b_{max} \geqslant e_{min} \tag{8-4}$$

式中 T_{min}——物件的最小吊挂间距，mm；

β_{max}——垂直弯曲段爬坡轨道的最大倾角，(°)；

b_{max}——物件纵向尺寸的最大值，mm；

e_{min}——物件的最小运动间隙，通常情况下，$e_{min}=200\sim300$mm。

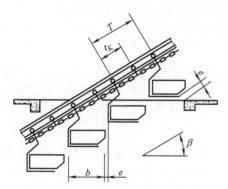
图 8-102 垂直弯曲段通过性校核

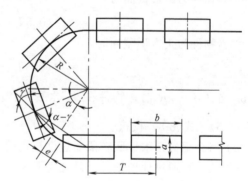
图 8-103 180°水平回转段通过性校核

（2）水平回转通过性校核

① 180°水平回转段通过性校核。保证物件在 180°水平回转段顺利通过的条件（见图 8-103）是：

$$e = 2R\sin\alpha - \sqrt{a^2+b^2}\cos(\alpha+\gamma) \geqslant e_{min} \tag{8-5}$$

式中 R——水平弯轨半径，mm；

α——相邻物件所对圆心角之半，$\alpha = \dfrac{T}{\pi R}\times90°$，(°)；

T——物件吊挂间距，mm；

a——物件的横向尺寸，mm；

b——物件的纵向尺寸，mm；

γ——物件的纵向尺寸与其对角线的夹角，$\gamma = \arctan\dfrac{a}{b}$，(°)。

式(8-5)中的特殊情况有以下三式。

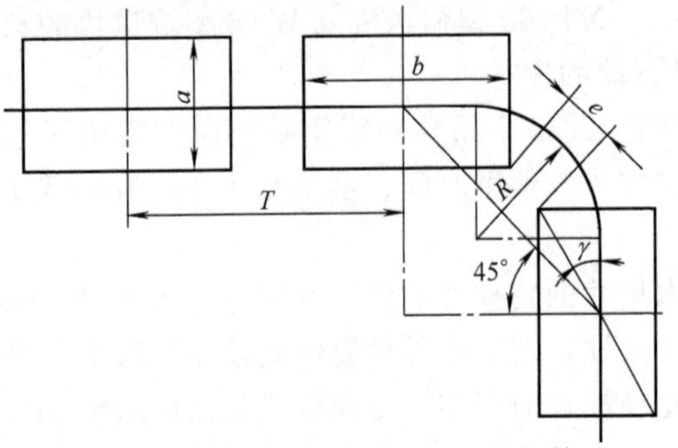

图 8-104　90°水平回转段通过性校核

a. 当物件旋转时：

$$e = 2R\sin\alpha - \sqrt{a^2 + b^2} \qquad (8\text{-}6)$$

b. 当物件为圆形截面时（d 为物件直径）：

$$e = 2R\sin\alpha - d \qquad (8\text{-}7)$$

c. 当物件为正方形截面时（a 为正方形边长）：

$$e = 2R\sin\alpha - \sqrt{2}\,a\cos(\alpha - 45°) \qquad (8\text{-}8)$$

② 90°水平回转段通过性校核。

a. 当 $T > 0.5\pi R$ 时，保证物件在 90°水平回转段顺利通过的条件（见图 8-104）是：

$$e = \sqrt{2}\,[0.5T + (1 - 0.25\pi)R] - \sqrt{a^2 + b^2}\,\cos(45° - \gamma) \geqslant e_{min} \qquad (8\text{-}9)$$

或

$$e = \sqrt{2}\,(0.5T + 0.2146R) - \sqrt{a^2 + b^2}\,\cos(45° - \gamma) \geqslant e_{min}$$

式（8-9）中的特殊情况有以下三式。

ⓐ 当物件旋转时：

$$e = \sqrt{2}\,(0.5T + 0.2146R) - \sqrt{a^2 + b^2} \qquad (8\text{-}10)$$

ⓑ 当物件为圆形截面时：

$$e = \sqrt{2}\,(0.5T + 0.2146R) - d \qquad (8\text{-}11)$$

ⓒ 当物件为正方形截面时：

$$e = \sqrt{2}\,(0.5T + 0.2146R - a) \qquad (8\text{-}12)$$

b. 当 $T \leqslant \dfrac{1}{2}\pi R$ 时，物件在 90°水平回转段的通过性校核与 180°水平回转段情况相同，用式（8-5）～式（8-8）校核。

以上所介绍的是水平回转段通过性校核的计算方法。当然，在方便的情况下，也可以用图解分析法进行通过性校核。另外还需要说明一点：由于水平回转段各链节的中心线外切于轨道半径的圆弧线，故物件的实际运动间隙略小于上述计算值，其计算误差通常很小（1.5～16mm），可略去不计。

8.7.3.2　吊挂间距与弯轨半径的选择

（1）吊挂间距的选择　输送物件的吊挂间距 T 是根据物件在垂直弯曲段和水平回转段的通过性来决定的，而且吊挂间距必须是链条节距 p 的偶数倍，即

$$T = 2ip \qquad (8\text{-}13)$$

式中　i——正整数（$i = 1，2，3，\cdots\cdots$）。

当需要在吊具上完成一定的工艺操作时，除校核物件在垂直弯曲段和水平回转段的通过性外，还应根据工艺要求校核吊挂间距的选取是否合理。

吊挂间距一般采用 $T = (4\sim16)p$，当吊挂间距 $T \geqslant 10p$ 时，则应在两负载滑架之间设置空载滑架，以作为牵引链条的支撑构件（见图 8-105）。

滑架间距通常采用 $t_K = (4\sim8)p$（包括空载滑架），常用的吊挂间距和滑架间距见表 8-11。

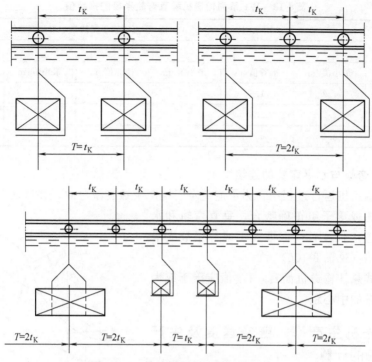

图 8-105　吊挂间距的选择与滑架布置

表 8-11　吊挂间距与滑架间距

吊挂间距 T	$4p$	$6p$	$8p$	$10p$	$12p$	$14p$	$16p$
滑架间距 t_K	$4p$	$6p$	$8p$	$4p$、$6p$	$6p$	$6p$、$8p$	$8p$

（2）弯轨半径的选择　水平弯轨半径的选择主要是由物件的通过性决定的，详见水平回转通过性校核。由于角型驱动装置的水平弯轨半径是一定值，其通过性必须进行校核。

垂直弯曲半径的选择主要是由滑架间距 t_K 和牵引链在铅垂方向的回转角度 φ 所决定，则：

$$R = (1.5 \sim 2.5)\frac{t_K}{2\sin(1.5\varphi)} \qquad (8\text{-}14)$$

XT 系列输送机垂直弯轨半径的推荐值见表 8-12，WT 系列输送机垂直弯轨半径的推荐值见表 8-13。

表 8-12　XT 系列输送机垂直弯轨半径的推荐值

链条节距 p /mm	垂直弯曲段链条张力与许用张力之比								
	50%			75%			100%		
	$R^{①}$/m								
	$4p$	$6p$	$8p$	$4p$	$6p$	$8p$	$4p$	$6p$	$8p$
80	1.6	2	2.5	2	2.5	3.15	2.5	3.15	4
100	2	2.5	3.15	2.5	3.15	4	3.15	4	5
160	3.15	4	5	4	5	6.3	5	6.3	8

① 滑架间距 $t_K = (4 \sim 8)p$ 时，垂直弯轨半径的推荐值。

表 8-13　WT 系列输送机垂直弯轨半径的推荐值

| 牵引链型号 | 滑架间距 $t_K=(4\sim8)p$ 时,垂直弯轨半径的最小值和推荐值 | | | | | |
| | 4p | | 6p | | 8p | |
	最小值/m	推荐值/m	最小值/m	推荐值/m	最小值/m	推荐值/m
X-348	1.2	1.5	1.2	2	2	2.4
X-458	1.7	2.4	2.1	3	2.7	3.6
X-678	3.4	4.6	4.9	6	—	—

8.7.3.3　垂直弯轨与水平弯轨的连接

通用悬挂输送机运行过程中,为了避免牵引链产生螺旋型弯曲,并保证牵引链与回转装置的链轮、光轮或滚子组正确啮合,垂直弯轨和水平弯轨之间的连接长度必须保证大于或等于最大滑架间距的 1.5 倍 (见图 8-106)。

对于积放式悬挂输送机而言,L_x 值应等于或大于最大载荷小车的中心距。

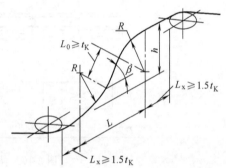

图 8-106　垂直弯轨和水平弯轨的连接

8.7.4　输送机生产率、链条速度及生产节拍的计算

8.7.4.1　链速的确定

(1) 由数量生产率确定链速

① 当输送同一种物件,且每一吊具上物件的数量相等时,牵引链的运行速度 (m/min) 为:

$$v=\frac{ZTK}{60M\psi} \tag{8-15}$$

式中　Z——物件的数量生产率,即每小时输送的件数,件/h;

　　　T——吊挂间距,m;

　　　M——每个吊具上的物件数量,件;

　　　ψ——工时利用系数,考虑到检修及其他停工时间,通常取 $\psi=0.85\sim0.95$;

　　　K——输送能力储备系数,由输送物件的生产性质决定,通常取 $K=1.05\sim1.20$。

② 当输送几种物件,且每一吊具上物件的数量不等时,牵引链的运行速度 (m/min) 为:

$$v=\frac{TK}{60\psi}\sum\frac{Z_i}{m_i} \tag{8-16}$$

式中　Z_i——每种物件的数量生产率,件/h;

　　　m_i——每一吊具上各种物件的吊挂数量,件。

③ 当成套输送几种物件时,应按一组滑架进行计算,如图 8-107 所示,牵引链的运行速度 (m/min) 为:

$$v=\frac{ZnTK}{60m\psi} \tag{8-17}$$

式中　Z——物件的成套生产率,即每小时输送物件的套数,套/h;

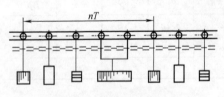

图 8-107　物件的成套输送

n——每套物件所占的滑架间距数。

（2）由生产节拍确定链速　生产或输送一个物件所需要的时间称为生产节拍。数量生产率 Z 与生产节拍 A 的关系式为：

$$Z(件/h)=\frac{60}{A} \tag{8-18}$$

当给定生产节拍时，可换算成数量生产率，然后确定牵引链的运行速度。

（3）由特定的工艺要求确定链速　由特定的工艺确定链速（m/min）的计算式如下：

$$v=\frac{L}{t_0} \tag{8-19}$$

式中　L——工艺操作段的长度，m；

　　　t_0——工艺操作时间，min。

上面所介绍的计算方法是通用式，对于特殊的输送机如积放式悬挂输送机等，还要进行分支道岔生产率的计算、合流道岔生产率的计算等。在各类输送机的计算中，升降装置的生产节拍是全线最薄弱的环节，故而必须进行升降装置生产节拍的核算。

8.7.4.2　升降装置（含升降机）生产节拍的计算

在各类输送机中，积放式悬挂输送机、自行葫芦、滑橇输送机系统等都会装有升降机，而升降机的生产节拍是输送机生产率的薄弱环节，必须进行生产节拍的核算，但由于各类升降装置，其用途不同，结构也不同，因而很难用一套公式概括来计算，下面介绍一种计算方法与两个计算实例，仅供参考。

（1）升降段生产率的计算　图 8-108 所示为积放式悬挂输送机装载工位升降段，从升降段前面 B 点停止器发出的承载小车，经过一次牵引链的后推传递到 C 点停止器，延时后升降轨下降，下降到位，进行装载，

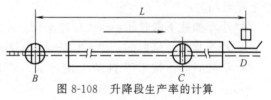

图 8-108　升降段生产率的计算

装载完毕，升降机上升，上升到位，C 点停止器打开，承载小车组离开升降段，当承载小车组运行到 D 点的清除开关时，B 点停止器才能再次打开，允许第二辆承载小车组进入升降段。

承载小车组从 B 点到 D 点时，牵引链有可能走过的最大距离还包括以下内容：

① B 点停止器打开时，送车的牵引链有可能损失一个推杆间距 T；

② 承载小车组从 B 点到 C 点，牵引链有一次传推传递过程，更换推杆时牵引链的损失距离为 $nT-A$（n 为使 $nT>A$ 的最小自然数，A 为小车中心距）；

③ 传递后接车的牵引链又可能损失一个推杆间距 T；

④ C 点停止器打开时，又可能损失一个推杆间距 T；

⑤ 从 B 点到 D 点，承载小车组走过的路程为 $L+A$。

所以，承载小车组从 B 点到 D 点，牵引链可能走过的最大距离为：

$$L_{max}=T+(nT-A)+2T+(L+A)=L+(n+3)T \tag{8-20}$$

满足系统生产率的条件为：

$$L_{max}/v+\Delta t+\sum t \leqslant M \tag{8-21}$$

$$或 \qquad L_{\max} + v(\Delta t + \sum t) \leqslant v/J \qquad\qquad (8\text{-}22)$$

式中　v——牵引链的运行速度，m/min；

　　M——生产节拍，$M = 1/J$，min；

　　J——线路生产率，件/min；

　　Δt——升降机下降前的延时时间，min；

　　$\sum t$——升降机升降及工位操作时间，min。

　　积放式悬挂输送机系统中还有很多限制输送频率的地方，但生产率计算的方法大致相同。当达不到系统生产率要求时，可以通过提高牵引链运行速度、合理安排停止器的位置和采用密集型推杆等方法来提高线路的输送频率。目前为了提高升降段的生产节拍，升降段很少利用推杆来推动小车组，而是利用汽缸来直接传送。

　　(2) 自行葫芦输送机生产节拍的计算　涂装车间前处理电泳经常选用自行葫芦输送机作为运输工具，前处理电泳线的工位很多，如脱脂、水洗、电泳等，设生产节拍要求为3.33min/台，现以单工位即水洗工位为例，该工艺过程，槽中采用单工位完成，工艺节拍的核定如下。

　　单工位工艺动作：当小车进入水洗工位停止后，快速下降至一定高度，慢速入水直至全部浸入，摇摆 1 次，停留一段时间（浸入即出）后，摇摆 1 次，慢速起升至一定高度后，快速起升至规定高度，沥水后行至下一工位（见图 8-109）。

　　① 上工位行走至第一工位时间。$t_1 = 8.0$（高速行走距离）$\div 20 + 0.4/5 = 0.4 + 0.08 = 0.48$min。

　　② 下降时间。下降高度为 3.25m，前 1.15m 采用高速下降，后 2.1m 采用低速下降。则下降时间为：

　　a. 小车快速下降时间：$t_2 = 1.15 \div 12 = 0.1$min；

　　b. 小车慢速下降时间：$t_3 = 2.1 \div 3 = 0.7$min；

　　c. 摇摆时间：按上下抖动 1 次计算，每次抖动高度差为 400mm，则 $t_4 = 0.4 \div 3 = 0.13$min，停留时间 $t_5 = 0.2$min；

　　d. 摇摆时间：按上下抖动 1 次计算，每次抖动高度差为 400mm，则 $t_6 = 0.4 \div 3 \times 1 = 0.13$min。

　　③ 起升时间。前 1.15m 采用低速起升，后 2.1m 采用高速起升。则起升时间为：

　　a. 慢速起升时间：$t_7 = 1.15 \div 3 = 0.4$min；

　　b. 快速起升时间：$t_8 = 2.1 \div 12 = 0.2$min。

　　④ 沥水时间。$t_9 = 0.5$min。

　　工艺时间运行图如图 8-109 所示。

　　工位工艺时间：

$t_1 + t_2 + t_3 + t_4 + t_5 + t_6 + t_7 + t_8 + t_9 = 0.48 + 0.1 + 0.7 + 0.13 + 0.2 + 0.13 + 0.4 + 0.2 + 0.5 = 2.84$min

　　从以上分析可以得出，经过优化配置，每个工位的工艺工作时间未超出工艺节拍要求的3.0min/台。

　　(3) 滑橇输送机系统中升降机生产节拍的计算　图 8-110 表示某厂滑橇输送机系统中一台高温升降机生产节拍核算图例，图示升降机行程为 5500mm，工件送入行程为 6800mm，工件送出行程为 5800mm，升降机及滚床速度为 24m/min，变频调速，生产节拍要求为3.33min/台，升降机节拍为 89s 符合要求。

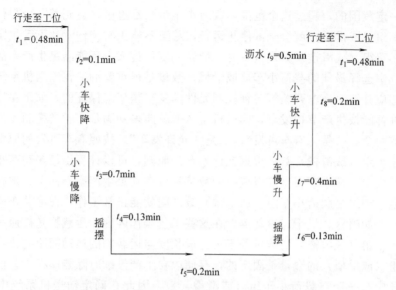

图 8-109 自行葫芦输送机单工位工艺动作图例

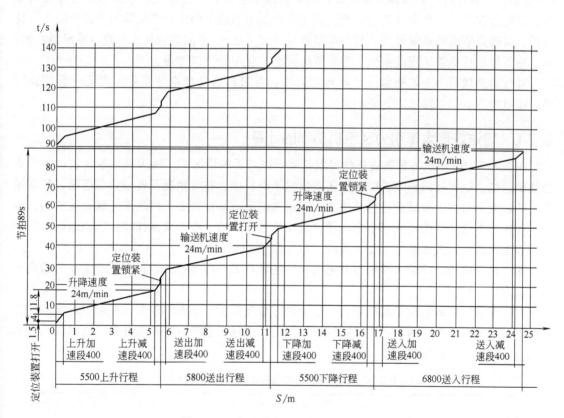

图 8-110 高温升降机生产节拍核算图例

8.7.5 输送机系统中载荷小车组（或滑橇）数量的确定

这里所说的输送机系统含积放式悬挂输送机系统、反向积放式输送机系统、滑橇输送机系统、摩擦输送机系统以及自行葫芦输送机等，在此类输送机系统中载荷小车组（或滑橇）

的数量是有一定范围的，超过这个范围，载荷小车组数量过多，达到某一极限值时，整个系统中载荷小车组（或滑橇）就会全部停止运行，甚至不能正常工作，达不到规定的生产率的要求。载荷小车组（或滑橇）数量过少时，周转调度不过来，不能满足生产率的要求。因此在输送机系统中选择最佳的载荷小车（或滑橇）数量是很重要的。在输送机系统中生产率是靠停止器、感应开关、光电开关等各种控制元件的发车频率来保证的。如果在输送机系统中各类控制元件都能按生产节拍发车，输送机生产率就能得到满足，各类控制元件按生产节拍发车的条件有两个：一是"有车可发"；二是"允许发车"。按照有车可发的原则，可以计算出最小载荷小车组（或滑橇）数，根据允许发车的原则，可以计算出最多载荷小车组数。

输送机系统中载荷小车组（或滑橇）的数量只要在满足生产率条件下，选在最小载荷小车组（或滑橇）和最多载荷小车组（或滑橇）数之间就能正常工作。在涂装车间有许多不同的工艺操作段，如喷涂、烘干、冷却等，在这些工艺操作区内，运载物是按照一定间距运行的，其载荷小车组（或滑橇）的数量等于工艺段长度与运载物的运动间距之比，工艺操作段内载荷小车组（或滑橇）的数量是固定的，存储段在生产停歇时除能储存工艺段的载荷小车组数以外，还应有一定空载荷小车组（或滑橇）数，因此在确定输送机系统中载荷小车组（或滑橇）的数量时，必须认真研究用户所提供的信息资料，根据生产率要求、弹性储备系数、系统储存量、生产调节系统以及实际生产中空车和重车的比例变化等因素进行综合对比分析，以确定输送机系统最佳载荷小车组数量（或滑橇），不同的载荷小车组（或滑橇）数，对于整个输送机系统工程的造价也有显著的影响，应一并予以考虑。

自行葫芦载荷小车组数量的计算较为简单，可根据前处理电泳线单车走完全程所需时间，除以生产节拍，再加1台备用即可。

8.7.6 输送机最大牵引力及电机功率的计算

在表8-9中列出了各种输送机的极限长度，在必要的情况下，通用悬挂输送机、积放式悬挂输送机、地面反向积放式输送机还应根据线路长度、布置情况及各段负载情况，计算输送机的最大牵引力。滑橇输送机系统与摩擦输送机系统是由许多不同的单元联合组成的，因而不存在计算输送机的最大牵引力问题。通用悬挂输送机、积放式悬挂输送机、地面反向积放式输送机的计算方法基本上是相同的。对于快速储存链而言，仅负载计算方法不同而已，现就通用悬挂输送机的最大牵引力及电机功率的计算做一扼要描述，仅在特殊情况下需进行逐点张力的计算。

（1）牵引链的线载荷及运行阻力 作为输送机线路设计的基本参数，在牵引链张力计算之前，必须首先计算输送机各类计算区段的单位长度移动载荷（或称线载荷）及单位长度运行阻力。以下分三种情况讨论，见表8-14。

表8-14 牵引链的线载荷及运行阻力计算公式

计算区段	单位长度移动载荷 q_i/(N/m)	单位长度运行阻力 f_i/(N/m)
空载段	$q_1=q_0g+\frac{1}{T}(P_0+P_1+P_2)g$	$f_1=Cq_1$
负载段	$q_2=q_1+\frac{1}{T}Qg$	$f_2=Cq_2$
装卸段	$q_3=0.5(q_1+q_2)$	$f_3=Cq_3$

注：q_0—单位长度链条质量，kg/m；T—吊挂间距，m；P_0—吊具质量，kg；P_1—空载滑架质量，kg；g—重力加速度，g=9.8m/s²；P_2—负载滑架（包括重载滑架）质量，kg；Q—输送物件质量，kg；C—水平直线段运行阻力系数。

当环境温度在 0℃ 以上、负载滑架载荷在 1000N 以上时，XT 系列输送机水平直线段运行阻力系数 C 见表 8-15。当负载滑架载荷小于 1000N 时，水平直线段运行阻力系数 C 应乘以修正系数 K，K 值可由图 8-111 查得。

表 8-15　水平直线段运行阻力系数

输送机工况条件	Ⅰ类	Ⅱ类	Ⅲ类
水平直线段运行阻力系数 C	0.015	0.02	0.027

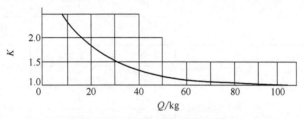

图 8-111　阻力系数的修正图

（2）牵引链的最大张力计算　牵引链的最大张力概算由下式决定：

$$S_{max} = S_0\gamma + (f_1 L_1 + f_2 L_2 + f_3 L_3)(1 + K\gamma) + (q_2 - q_1)(H_2 - H_1) \qquad (8\text{-}23)$$

式中　　S_0——初张力，通常取 $S_0 = 500 \sim 1000N$；

　　　　f_1——空载段单位长度运行阻力，N/m；

　　　　f_2——负载段单位长度运行阻力，N/m；

　　　　f_3——装卸段单位长度运行阻力，N/m；

　　　　L_1——空载段展开长度，m；

　　　　L_2——负载段展开长度，m；

　　　　L_3——装卸段展开长度，m；

　　　　γ——局部阻力综合系数，$\gamma = (\psi^x \xi^y \lambda^z)$；

　　　　ψ——垂直弯曲段的阻力系数；

　　　　ξ——链轮及光轮水平回转段的阻力系数；

　　　　λ——滚子组水平回转段的阻力系数；

　　　　x——全线垂直弯曲段的个数（上拱段，下挠段各计一次）；

　　　　y——全线链轮及光轮水平回转段的个数；

　　　　z——全线滚子组水平回转段的个数；

　　　　K——局部阻力经验系数，当 $x + y + z \leqslant 5$ 时，$K = 0.50$，当 $x + y + z > 5$ 时，$K = 0.35$；

　　　　q_1——空载段的移动载荷，N/m；

　　　　q_2——负载段的移动载荷，N/m；

　　　　H_1——装载点的线路标高，m；

　　　　H_2——卸载点的线路标高，m，当 $H_2 < H_1$ 时，以 $H_2 - H_1 = 0$ 计。

垂直弯曲段和水平回转段的阻力系数又称比增系数，也就是说，牵引链每经过一个垂直弯曲段或水平回转段，其增加后的张力值均为原来张力的某一倍数。XT 系列输送机阻力系数 ψ、ξ、λ 值见表 8-16，WT 系列输送机阻力系数 C、ψ、ξ、λ 值见表 8-17～表 8-19。

表 8-16　XT 系列输送机运行阻力系数

阻　力　系　数			转角	输送机工况条件		
				Ⅰ类(良好)	Ⅱ类(中等)	Ⅲ类(恶劣)
垂直弯曲段 ψ			≤25°	1.01	1.012	1.018
			30°	1.012	1.015	1.02
			35°	1.015	1.02	1.025
			40°	1.02	1.025	1.03
			45°	1.022	1.03	1.035
链轮及光轮 ξ 水平回转段 ξ	滚动轴承	$R≤450mm$	90°	1.025	1.033	1.045
			180°	1.03	1.04	1.055
		$R>500mm$	90°	1.02	1.025	1.035
			180°	1.028	1.036	1.05
	滑动轴承	$R≤450mm$	90°	1.035	1.045	1.065
			180°	1.04	1.055	1.075
		$R>500mm$	90°	1.03	1.036	1.05
			180°	1.04	1.05	1.07
滚子组水平回转段 λ			30°	1.02	1.025	1.03
			45°	1.025	1.032	1.04
			60°	1.03	1.037	1.045

表 8-17　WT 系列输送机运行阻力系数

链条节距	直线段运行阻力系数 C	垂直弯曲段阻力系数 ψ		
		15°	30°	45°
3″	0.02	1.011	1.021	1.031
4″	0.015	1.008	1.016	1.024
6″	0.011	1.006	1.012	1.017

表 8-18　WT 系列输送机光轮水平回转阻力系数 ξ

回转角度	滚动轴承				石墨合金轴承			
	链条润滑良好		链条无润滑					
	$R<400mm$	$R≥450mm$	$R<400mm$	$R≥450mm$	$R=300mm$	$R=450mm$	$R=600mm$	$R=750mm$
90°	1.012	1.008	1.025	1.02	1.053	1.038	1.031	1.026
180°	1.015	1.01	1.035	1.028	1.071	1.05	1.039	1.033

通常情况下，牵引链张力概算的最大值应小于其许用张力，特殊情况下允许超载 25%，但此时必须进行逐点张力校核，确保输送机系统的可靠运行。

表 8-19 WT 系列输送机滚子组水平回转段阻力系数 λ

轨道半径/mm	转 角				
	30°	45°	60°	90°	180°
450	1.018	1.024	1.03	1.042	1.078
600	1.016	1.022	1.028	1.04	1.076
900	1.015	1.021	1.027	1.039	1.075
1500	1.014	1.02	1.026	1.038	1.074

（3）传动装置处驱动链轮的驱动力　上面论述了牵引链最大张力的概算，根据最大张力概算可以按下式计算出传动装置处驱动链轮的驱动力：

$$F = K(S_{max} - S_{min}) \tag{8-24}$$

式中　K——驱动系数，通常取 $K = 1.1 \sim 1.3$；

　　S_{max}——牵引链的最大张力，N；

　　S_{min}——牵引链的最小张力，$S_{min} = 500 \sim 1000N$。

（4）传动装置处电动机功率的计算　传动装置处电动机功率的计算式如下：

$$P = \frac{KFv}{60000\eta} \tag{8-25}$$

式中　F——驱动链轮的驱动力，N；

　　v——输送机的最大运行速度，m/min；

　　η——传动装置的总传动效率。

8.8　输送机的维护与管理

8.8.1　润滑油的选取及供油装置

输送链停止运转是涂装线故障的最大原因；停链的最大原因又是润滑剂。各种输送装置的动作原理是减小摩擦系数，将滑动摩擦变成滚动摩擦，其机构的要素是轴承和润滑油（见图 8-112），在实际生产线中，能降低摩擦系数的是润滑剂，通常润滑剂为油状液体，故称润滑油。

前处理的酸碱雾气、喷漆室中的漆雾、烘干室的高温等均是涂装线恶劣的作业环境条件，对润滑油的选定和维持都有特殊的要求。

在高温条件下，例如烘干室内的输送机，高温升降机等所选用的润滑油（脂），应考虑其闪点、与油漆的兼容性、挥发后杂质是否与链条烧结等因素，高温润滑油（脂）是将石墨、二硫化钼等的固体粉末溶在黏度高的油脂中的润滑脂，或溶在低黏度油中的润滑油。

在常温条件下，对于喷漆室等输送机，要求所使用的润滑油（脂）应考虑：挥发度、与油漆

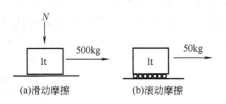

图 8-112　摩擦的种类

（μ 为摩擦系数，金属之间：滑动摩擦 μ = 0.1 ~ 0.5；

滚动摩擦 μ = 0.01 ~ 0.05）

的兼容性，以及与链条粘接等因素，以选用2#锂基润滑油（脂）为佳；在常温条件下，对于前处理电泳等输送设备，对润滑油（脂）的要求是：能耐酸、耐碱，能耐一定温度、高湿度，并能承受较大压力，以选用3#锂基润滑油（脂）为佳；常温条件下，在没有酸、碱、漆雾等因素影响的输送机，则可选用钙基润滑油（脂）。

对于滚轮、链轮、驱动轴、张紧轴、轴承等承受压力较大的运动部件，应该选加润滑脂。而对于牵引链条、升降链条、套筒滚子链等则可选择润滑油来润滑。

润滑方法可以考虑选用带毛刷的自动润滑装置、油嘴喷油方式的自动润滑装置，也可用油枪手动加注，或高压注油器注入润滑脂的方式。

链条可每个月加油一次，也可根据链条润滑状态做调整，加油前必须先清除掉原先的油污。

8.8.2　输送系统的保养简介

为防止故障，输送链的保养、抽检是不可缺少的：

① 定期给油润滑；

② 链的伸长的测定（拉紧部位的总伸长测定，判断总长度和链节的伸长，测定节距）；

③ 抽检滚轮与轨道的磨损、变形。

8.8.3　输送链的异常状况

为防止突然发生输送链故障，使各种预兆不变成事故，所以，需将日常检查作为管理项目，防患于未然是十分重要的。

① 确认运动状态。运行不平稳的脉动或跳动，应在线上找到原因，采取措施对策。

② 异常声音（金属声）。它预示着由滚动摩擦变成滑动摩擦；还有就是由机械的金属疲劳超过耐久力的界限而造成的。为此应基本上确认正常时的状况。

③ 异常振动。由物理的索引装挂产生，且往往是输送链负荷过重造成的。

④ 落下磨耗粉的确认。发生这种情况，可证实润滑效果减低，它是预防故障不可缺少的手段，需涂装线全线确认，在休息日进行烘干室内的检查也是必需的。

8.9　前处理、电泳涂装用输送设备的新进展

汽车车身涂装前处理，电泳涂装输送设备通常采用悬挂输送系统，在产量小的场合（生产节拍≥5min/台，或链速≤2.0m/min）采用自行葫芦输送机，产量大的场合选用悬挂输送机、推杆输送机、摆杆输送机等连续式输送系统。它们虽有较大改进，如自行葫芦输送机在按需采用双工位方式时，生产节拍可缩小到3.3min/台，确保脱脂、磷化和电泳时间所需3.0min，推杆链的出入槽角由25°～30°，加大到接近45°。可是上述输送机都存在以下不理想之处。

① 工艺性差：不能确保车身100%面积处理完善，顶盖和内腔内表面有"气包"，处理涂装空白；另外车身外观水平面颗粒较多。

② 兜液多，车身带液倒不净，轿车车身一般带液量达10～12L/台，致使清洗水耗量增大，材料利用率低。

③ 基于连续式生产的输送机出入槽角度小（推杆悬链25°～30°，摆杆输送机45°），使

前处理电泳设备增长，浸槽的容积增大，设备投资增大，运行时间增长。

自进入21世纪以来，开发采用了在经济性和环保性方面具有较大优势的翻转式输送设备（或称滚浸式，以Rodip-3和多功能穿梭机Vario Shutle为代表）。上述问题基本得到解决，能确保100％车身表面处理涂装完善，车身外观水平面颗粒大幅度减少，带液量降到1～2L/台，基于翻转出入槽，设备和浸槽可缩短15％～20％。

在实际使用中Rodip-3全旋反向输送机（详见本书8.2.4节）和Vario Shutle多功能穿梭机（详见本书8.2.5节）两种翻转式输送设备尚存在一些不足之处：Rodip-3的柔性小，仅适用于大量流水单一品种生产，Vario Shutle车身两侧有翻转臂，致使浸槽和电泳极距增宽，单机价格高。近几年中杜尔和艾思曼公司又开发了新产品，其他国家也在研究开发翻转式输送机，并取得了较大的技术进步，我国的涂装输送机行业在研发翻转输送机方面也取得了可喜的效果。下面介绍的是各国前处理电泳输送设备的新进展。

（1）艾思曼前处理电泳输送设备的技术进展 艾思曼在多功能穿梭机（Vario Shutle）的基础上，开发成功了如图8-113所示的一种新的前处理电泳穿梭机。已装备4条涂装线，涂装轿车车身超过800万台。在建的一汽大众佛山工厂的前处理电泳线上已选用了该输送机。

（2）杜尔前处理电泳输送设备的技术进展 杜尔的前处理电泳输送设备在原有的全旋反向输送机Rodip-3的基础上又有所改进，发展成Rodip-4M，E型，并在国内的新建涂装车间已经应用。其详细情况在本书的8.2.4节中已予以介绍。另外，该公司也有类似于E|Shuttle的输送机，并已装备在了几条车身涂装线上。

（3）日本前处理电泳输送设备的变化 日本大福机工与帕卡或大气社联合承包了日本合资厂的涂装项目，过去前处理电泳输送设备多用推杆悬链，最近也拟向斜置插入式发展，如图8-114所示。整个工艺过程是：每个槽子（工位）上均有一组升降机，车

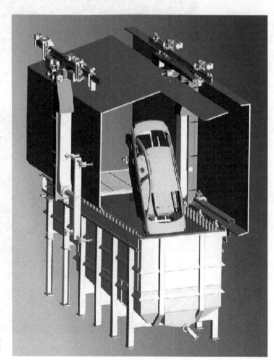

图8-113　前处理电泳穿梭机

身反向用吊具吊挂在载荷小车上，小车组在轨道上行走，工作时升降机从空中的载荷小车组将吊具及反向放置的车身取下，放置在工艺槽两侧的带支承装置的运行输送机上，第一台在工艺槽内处理完后借升降机将吊具及车身抓起，此时第二台车身在工艺槽中进行处理。

大气社新开发的前处理电泳输送设备（E-Dip）如图8-115、图8-116所示。

（4）意大利杰科（Gecio）涂装公司的跳跃式滑橇输送机系统 意大利杰科（Gecio）涂装公司的跳跃式滑橇输送机系统也用于前处理电泳输送系统中，它在磷化和电泳槽处设置了升降机，升降机可以把装有车体的滑橇倾斜地入槽和出槽。图8-117所示为其部分照片。

图 8-114 大福机工新研发的前处理电泳输送设备

图 8-115 E-Dip 图片

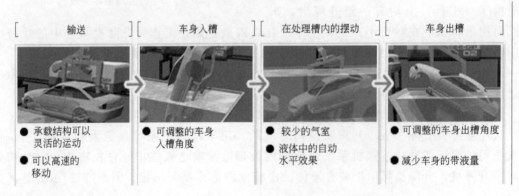

输送	车身入槽	在处理槽内的摆动	车身出槽
● 承载结构可以灵活的运动 ● 可以高速的移动	● 可调整的车身入槽角度	● 较少的气室 ● 液体中的自动水平效果	● 可调整的车身出槽角度 ● 减少车身的带液量

图 8-116 E-Dip 的特点

图 8-117　杰科（Gecio）涂装公司的跳跃式滑橇输送机系统

（5）国内开发的先进输送机　在世界各国涂装公司输送机厂研发新的前处理电泳输送设备的同时，我国的专业工程公司（如机械工业第九设计研究院有限公司、中国汽车工业工程公司等）也先后成功研发了摆杆式、滚浸式输送机，并已获得实际应用，如图 8-118、图 8-119 所示。

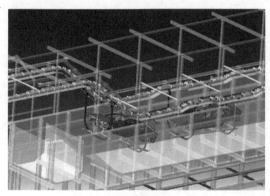

(a) 摆杆输送机　　　　　　　　　　　　　　(b) 智能翻转输送机

图 8-118　机械工业第九设计院有限公司研发的输送机

(a) 摆杆输送机　　　　　　　　　　　　　　(b) 滚浸式输送机

图 8-119　中国汽车工业工程公司研发的输送机

上海浦江涂装技术工程有限公司研发了 RX 型全旋反向输送机。RX 型全旋反向输送机可以完成槽位上 180°/360°回转及槽内全旋反向输送。其结构及在槽中的运行动作情况见图 8-120。

前进方向

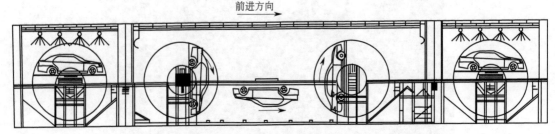

图 8-120　RX 型全旋反向输送机的结构及在槽中的运行情况

RX 型全旋反向输送机可根据不同的车型优化不同浸入速度和前进速度，满足最佳处理工艺。RX 型全旋反向输送机能使工件快速浸槽及快速出槽，且能在浸槽内选择步进或连续行走，使工艺条件得以优化，进而生产节拍得到加快。同时空吊具实现空中快速回程。优异的步进/连续输送结合使生产线长度、占地面积及槽体容积大为减小，从而降低投资。

RX 型全旋反向输送机可适应 15 万～20 万辆/年的轿车车身涂装生产。

综上所述，可以看出最近几年各国涂装公司的研究方向，也可看出自主品牌的输送机在涂装工业中的发展潜力。

第 **9** 章

涂装车间的电控设计 ‖‖‖

9.1 概述

通过前面的章节可以看到，因生产不同涂装产品的涂装车间具有不同的特点和要求，所以涂装车间的绝大部分设备为非标准设备，即每个新项目都要进行一次完整的新设计。就电控系统而言，这种非标准特性体现得更为明显，其变化空间也是成倍地增加，加上自动化技术日新月异，这会为涂装车间电控设计的标准化带来了一定困难。然而，涂装电控设计的思路与技巧在一定程度上却是通用的，也是最有价值的。因此，本章重点阐述与涂装车间电控设计思路和技巧有关的内容，不对每个常规设计细节进行探讨。此外，电控系统作为涂装车间智能制造及其 MES 系统的重要数据来源和指令执行者，其配置和功能需满足车间智能制造的整体需要，因此，在本章的第 13 节将专门介绍涂装车间智能制造的电控系统设计思路。

本章涉及的控制对象主要为前处理、电泳、喷漆、烘干及机械化输送等常用工艺设备，不包括喷涂机器人、自行葫芦、燃烧机、制冷、电泳直流电源等自带控制系统的成套设备。

9.2 需求识别

9.2.1 业主需求

在进行电控系统方案规划之前，首先要了解清楚建设方（业主）的相关需求，其中包括被涂物类型、产量、建设地点、工期进度、自动化水平、管理方式、分几期施工、预留接口、预留容量以及使用能源的种类等方面的需求。这些信息可通过与业主的沟通交流以及从初步设计文件、项目实施方案、招标文件与技术协议等资料中找到答案。但是，通常在设计的前期阶段，业主对电控专业没有提出具体要求，或所提要求很宏观，为了避免工程设计的返工，规划设计单位应主动从技术水平和经济性等角度制定多种方案，并引导业主进行选择和确认，这一流程环节已被证实是必要的。

9.2.2 工艺设备需求

在开展电控设计之前，必须先明确所控设备的工艺动作、相关参数及电控要求。一般情况下，电控设计最重要的依据就是非标设备专业、机械化输送专业及工艺专业为电控专业提出的设计任务书。任务书中应详细描述以下内容。

① 工艺动作。指用电设备（电机和阀等）的动作顺序、动作条件及运行/停止时间（间歇模式）等。

② 安全。注明哪些区域需要考虑防尘、防爆、防水、防腐和耐高温等措施，哪些位置设置急停、掉件、断裂、极限及防撞等保护装置，哪些场所在人员进入时必须停止相关设备或发出声光报警信息，哪些设备应与消防系统联锁等。通过配合确定哪些区域安装什么类型的安全检查装置，如安全光幕、安全门锁、安全地毯、光电开关、区域扫描等。

③ 控制方式。包括集中控制、分散控制、手动控制、自动控制、远程控制、就近控制等。对大多数用电设备一般会同时具备两种以上的方式。

④ 工作模式。包括连续式（生产线开动时，该设备不间断运行）、间歇式（生产线开动时，该设备时而运行时而停止）、长期运行式（如电泳循环泵等，需要与备用电源连接以保证长期不间断运行）等。

⑤ 信息显示。指需要显示的运行状态、故障状态、工艺参数、当前工作方式、产生保护的类型、急停（或急停位置）、元器件工作状态、线路电压、电机工作电流、设备运行速度等。

⑥ 消防。消防区域和应对策略（哪些用电设备立即停止或关闭，哪些用电设备延时停止或关闭等）以及响应时间等。

⑦ 记录。需要进行统计分析的预置和过程数据，如工艺参数、故障类型、故障开始时间、故障持续时间、设备开动率以及产量等数据。

⑧ 联锁。注明系统内联锁（如烘干室的加热器与对应风机的联锁）和系统外联锁（如喷漆室与机械化输送系统及消防系统的联锁）的有关要求。

⑨ 用电设备位置。以附图的形式表示出所有用电设备及参照物的位置尺寸。

⑩ 用电设备数量和参数。以表格形式表示出所有用电设备的数量和参数，如功率、容量、电压、频率、转速、通信接口及电源类型等。

⑪ 设备主要参数。指工作温度和极限、工作液位和极限液位、工作压力和极限压力、电泳电压和电流范围、生产节拍以及工件外形等。

⑫ 能源种类。注明用电设备所需能源类型，如电、油、煤气、蒸汽及压缩空气等。同时还应提出能源的工艺参数要求以及计量表的种类和安装位置要求等。

⑬ 信息对接与创立。工艺任务书中应明确从焊装车间输送来的工件信息的载体为何种类型，输送至总装车间的信息载体为何种类型，涂装车间内需要创立和识别哪些信息，它们的作用如何。

⑭ 桥架及电线管敷设区域。设备任务书最好能对桥架及电线管的允许敷设区域和优先路径提出要求和建议。

⑮ 输送设备运行偏差。设备任务书应说明移动设备的运行轨迹及有可能出现的偏离程度，防止传感器安装后与移动设备碰撞。

⑯ 同步。说明该系统中哪些设备之间需同步运行，同步的类型（位移、速度、节拍等）是什么，精度如何。

⑰ 调速。电机是否需要调速，调速的方式（变频器或调速器等）是什么，调速的范围多大。

⑱ 极限开关。移动设备的极限位置是否须安装传感器，传感器的安装方式和位置如何。

⑲　照明的分组。注明设备照明的分组原则，照明开关的安装位置。

⑳　工件库的排序原则。应详细地说明工件入库、出库以及在工件库内的排序原则。

㉑　读写站的设置。在多专业（工艺、设备、电控等）技术人员的配合下，确定 AVI 系统的读写方式和读写站的位置，明确每个读写站的功能作用是什么。

9.2.3　其他需求

除上述需求外，有时还会有一些比较特殊的其他需求，如关键设备的备用控制装置及辅助线路、冗余设置、需上传 MES 系统的数据类型以及备品备件等也需要在设计前予以明确。

9.3　总体方案

一般情况下，涂装车间电控总体方案或水平与产能的关系最为密切。按逻辑推理的方式分析一下就会很清晰，当车间产能很高时，对设备的开动率、可靠性以及管理和维修的效率就会有很高的要求，因此对控制系统的智能化要求也就会非常高。而智能化又以数字化管理、中央监控及智能设备为前提。所以，这样的系统将是一个具有大量智能化设备、上位监控计算机和服务器以及快速信息传递通道的控制系统，自然属于高水平的方案。对低产能的生产线，投资成本就会变得非常重要，加上对智能化要求很低，无需中央监控，以人工管理为主，智能装置也仅仅应用于关键复杂的设备控制，这样的方案就属于经济型低成本一类。此外，在这一高一低的两种方案中间，通过各类局部方案的排列组合可以构建无数种控制方案，采用哪一种更合适，还需要根据项目的具体情况而定。下面以汽车车身涂装线为例介绍几种有代表性的电控总体方案供读者参考。

9.3.1　典型二层网络方案

典型二层网络方案如图 9-1 所示。

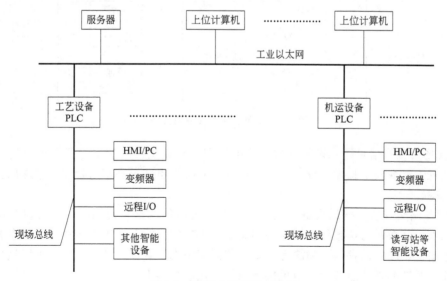

图 9-1　典型二层网络方案图

① 整个涂装车间控制系统由二层网络构成，一层为信息控制层，它通过工业以太网将各系统 PLC、上位机（服务器）以及其他标准设备的智能装置等组成车间通信网络，从而实现它们之间的信息交换。另一层为设备控制层，它通过工业现场总线为 PLC 与现场用电设备以及 I/O 间的通信建立通道。

② 总线协议可以是 ProfiNet、ProfiBus、DeviceNet、InterBus 等开放型的通用协议。ASI 总线等也可以作为 ProfiBus 等总线的分支，以起到扩容和延伸的作用。

③ 很多公司开发了用于自身产品的专有通信协议，通过它们也可以实现 PLC 与 PLC 之间以及 PLC 与现场设备间的通信，如罗克韦尔公司的控制网等。另外，HMI 与 PLC 间的通信方式也有多种，不局限于现场总线一种形式，但无需为此单独增加一种通信协议。

④ 前处理设备控制系统是否采用总线需根据投资状况、业主要求以及设备长度等实际情况确定。输送设备以外的控制系统是否设 HMI，也应根据投资状况和业主的要求来确定。

⑤ 工业以太网通信网络的拓扑结构可以为星形、树形或环形等，有时需相互结合。

⑥ 该方案适用于年产 5 万～10 万辆汽车产能的涂装车间。

⑦ 采用总线的控制系统，主控柜上的元件建议用 PLC 的本地 I/O 模块进行控制。

9.3.2 面向数字化管理的方案

面向数字化管理的方案如图 9-2 所示。

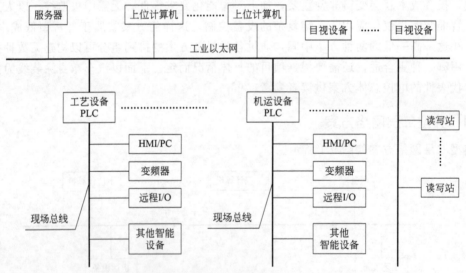

图 9-2 面向数字化管理的方案图

① 现场目视及信息输入设备的数量可根据需要和业主要求确定，但在车间的入口和出口必须设置。目视及信息输入设备在增加投资的同时，也在提高车间管理、维修以及应急的效果和效率。

② 读写站与安装在输送设备上或工件上的数据载体或信息码相配合，实现车体的信息记录与识别，其数量与位置可根据需要和业主要求确定。一般在工件转挂处、信息容易丢失区域的进出口、编组储存区及喷漆等重要工艺段应考虑设置读写站。读写站可以接到对应输送设备控制系统的现场总线上，也可接到顶层工业以太网上。

③ 该方案适用于年产 15 万辆汽车及以上产能的涂装车间。目前，国外工程公司在中国建设的汽车涂装车间以这种总体方案为主流。

④ 前处理设备控制系统是否采用总线需根据投资状况，业主要求以及设备长度等实际情况确定。

⑤ HMI 也可通过以太网进行通信。

9.3.3 经济型方案

经济型方案如图 9-3 所示。图 9-3（a）为复杂输送设备方案图，图 9-3（b）为复杂工艺设备方案图。采用常规继电器逻辑电路控制用电设备（示意图略）。

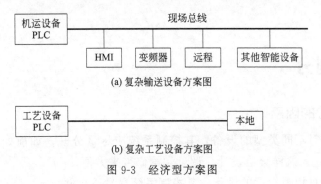

(a) 复杂输送设备方案图

(b) 复杂工艺设备方案图

图 9-3 经济型方案图

① PLC 与 PLC 间无通信网络。不设置中央控制室。

② 复杂设备是否采用 HMI，取决于业主的需求。

③ 该方案适用于年产 3 万辆及以下产能的涂装车间。

9.3.4 ProfiNet 方案

ProfiNet 方案如图 9-4 所示。

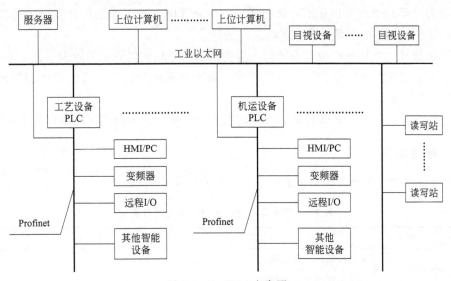

图 9-4 ProfiNet 方案图

① 本方案是基于西门子公司推出的 ProfiNet 技术而构建的，有简捷、快速和无缝隙通信的优点。通过代理服务器还可以实现与其他通信协议间的链接。该方案为组件式的编程模式提供了硬件平台。

② 图 9-4 为示意图，在思路上仅供参考，图中的网络走向和连接顺序应视现场实际情况决定。

③ 该方案适用于年产 15 万辆汽车及以上产能的涂装车间。

9.3.5 其他方案

除上述几种方案外，通过网络、配置及功能的组合还可以建立更多乃至无穷多的方案。但它们就思路而言，应该与上面的某一种整体相近或局部相近，因此，本节不再就其他总体方案予以详细描述。

9.4 系统划分

9.4.1 需要考虑的因素

① 设备类型。对不同类型的设备，其控制系统应尽量分开，如前处理、喷漆、烘干等的控制系统最好独立。这样会给设计、调试和维修带来方便。

② 设备位置。对相距较远的设备，其控制系统尽量不合并。

③ 系统规模。尽量使各个系统的规模和复杂程度相对均衡，这样会提高系统间的统一性及元器件的通用性。

④ 供电。为了减少供电线路的数量，对距离较近的小型设备（如手工工位的照明等）应尽可能合并。

⑤ 工艺流程。当几个设备共同承担一个完整工艺流程时，应尽量将这些设备的控制系统合并。如烘干与强冷设备。

⑥ 功能。当几个设备相互依赖共同实现一个功能时，可以考虑将这些设备的控制系统合并。如喷漆室、漆泥处理及喷漆空调。

⑦ 联锁信号。在划分机械化系统时，应使系统间的联锁信号尽可能少。

⑧ 投资。当项目投资很少时，可以考虑将若干小系统合并，从而使智能装置的资源得到最大限度的利用。

⑨ 调试与维修。对于那些调试或维修难度大的设备，其控制系统应尽量独立设置。

9.4.2 参考实例

以中等规模的汽车涂装线为例进行的系统划分见表 9-1。

表 9-1 汽车车身涂装线电控系统划分实例

序号	图号	设 备 名 称	设计人员	备注
1		前处理装置（含预清理工位）		
2		电泳装置（含电泳后封闭间）		
3		电泳烘干及强冷室		
4		中涂喷漆室（含漆泥处理、洁净间）		
5		中涂烘干及强冷室		
6		面漆喷漆室（含漆泥处理、洁净间）		

续表

序号	图号	设 备 名 称	设计人员	备注
7		面漆烘干及强冷室		
8		喷胶室		
9		粗、细密封工位（含电泳检查修整室）		
10		中涂检查打磨室		
11		点修补室（三台合并）		
12		面漆检查修整工位及离线修补室		
13		腻子工位（三台合并）		
14		面漆 AUDIT①		
15		喷蜡室		
16		空调装置 1		
17		空调装置 2		
18		空调装置 3		
19		制冷系统		
20		滑橇输送系统 1		
21		滑橇输送系统 2		
22		滑橇输送系统 3		
23		中控室		

① 指面漆质量抽检评分，AUDIT 工位。

9.5 统一技术措施

在正式开展施工图设计之前，电控项目负责人应根据项目要求和特点编写适用于该项目的统一技术措施，该文件应包括以下内容。

① 总体方案描述。简要叙述项目的整体控制水平、主要元器件为进口还是国产、是否设置中央控制室、是否需要 AVI 系统、网络通信协议与架构、哪些系统采用 PLC 控制、电机控制变频器是否采用分布式、HMI 设置、车间内的大屏幕、安全策略等。

② 系统划分及说明。以表格的形式表达系统的划分情况和分工界面。对由多台设备构成的控制系统，应注明主控制柜的位置。

③ 硬件图纸的内容、名称及图号规定。对硬件图纸应包含的内容以及名称和图号等进行说明，对拟应用的标准图进行说明。

④ 软件包含的内容及编程规定。说明控制软件应包括哪些内容，采用何种方式编程，程序的结构如何。对拟应用的标准程序进行说明。

⑤ 使用说明书内容规定。对使用说明书的内容、格式以及深度提出明确要求。如有参考模板，则可以提出对该模板的应用要求。

⑥ 控制原理的技术要求和表示方法的规定。根据项目的具体特点和要求，对关键控制环节的方案及表示方法提出明确要求。可将模板图作为附件帮助说明。

⑦ 控制柜（箱、台）内元器件布置原则及表示方法的规定。对哪些系统采用控制柜、哪些系统采用控制台（箱）以及元器件（包括布线槽、端子和母线等）在控制柜（箱、台）

内怎样布置等作出规定。

⑧ 接线图的相关规定。对接线图的表达内容及绘制深度进行规定。

⑨ 外部管线的相关规定。就外部管线图的表达内容及深度提出明确要求；对外部管线的材料、走向及安装技术提出具体要求。

⑩ 元件选用的相关规定。以表格的形式规定各类元器件的型号、规格及技术参数等。

⑪ 电线电缆的使用原则。以表格的形式规定哪些线路或线路区段选用电线或电缆，电线及电缆的型号、规格及截面如何确定等。

⑫ 界面区分及联锁要求。明确系统接电界面；对系统间联锁信息的内容、名称及形式进行规定；对联锁信息的硬件分工予以明确。

⑬ 安全要求。对各控制系统或区域的安全要求以及拟采取的措施或方案进行详细的说明。

⑭ 应用标准的规定。明确该项目必须参照的国家、行业以及企业的与电控设计、安装及验收有关的标准。

⑮ 引用标准图的相关规定。明确该项目必须引用或参照的标准图及其他业务建设成果。

⑯ 车间相关参数：应说明车间的供电电源参数和波动范围，防爆区域以及环境温度等。

9.6　元件及材料选择

在开展设计之前，应确定主要元器件的型号规格，因为它们将对设备控制方案及原理图的绘制产生一定程度的影响。在业主有明确要求时，首先要遵照业主要求的型号规格来开展设计。当业主无明确要求时，应考虑以下因素。

① 与其他车间的元器件及材料尽量统一以减少元器件及材料的种类，进而为业主降低备品备件的成本。

② 尽量选择业主方技术人员所熟悉的产品，便于他们快速了解和掌握相关技术。

③ 同一类元器件及材料尽量采用同一品牌中同一平台的型号和规格，这样便于技术人员熟悉、掌握和维护。

④ 元器件与元器件间、元器件与通信协议间应尽量匹配，这样便于设计、调试以及维修。

⑤ 对有安全要求的场所，应选用对应的安全类元器件及材料。如安全 PLC、安全总线、安全继电器、耐高温开关、防爆开关、安全光栅等。

⑥ 选型时应以经济适用为原则，避免过剩功能。比如，在选用仅起短路保护作用的断路器时，就无需热保护功能。

⑦ 元器件与所控制或连接的对象应在电压、容量、功能及信号类型上相匹配。比如在选择仪表时，就应考虑与传感器或电动调节阀的匹配性。

⑧ 线路上相互连接的元件或电线（电缆）在容量上或保护等级上应匹配。比如，电线（电缆）的容量应大于对应保护开关（熔断器）的容量；接触器的容量不应小于同一主线路上断路器的容量等。

⑨ 由于自动化元器件的更新速度非常快，建议尽量选用新推出的元器件，这样会给以后的备件、维修以及系统升级带来方便。

⑩ PLC 等智能装置的程序容量和带载能力应有一定的余量，这样便于以后的扩展和系统改造。

⑪ 外部管线建议以桥架与电缆为主，以电线与钢管为辅，这样会便于安装、维修与更换。

⑫ 对使用量较大、容易损坏或订货周期较长的元器件，在设计时应考虑一定数量的备用件。

⑬ 编程软件及编程器的数量应在满足调试和维修的前提下，按业主的要求设计。

⑭ 桥架的三通、水平（垂直）弯通及变径等应在材料表中表示出来。

⑮ 控制柜是否安装底座、编程器支架及图纸资料盒等要求应在材料表中予以注明。门锁及侧板的要求也应说明。

⑯ 变频器输出侧至所控制电机的连接线路应尽量选用屏蔽型电缆以降低电磁干扰。

9.7　原理设计

9.7.1　总则

① 电气控制原理图必须清楚地表明该电气控制系统的全部功能。对系统内电器元件、电气装置等的关键技术参数（如电压、电流和功率等）以及它们相互间的连接关系，要有完整准确的表示。控制原理图反映出来的方案及配置要体现安全且经济适用的理念。

② 控制系统应设总电源开关，一般情况下要求总开关为负荷开关型。

③ 控制柜内部应设照明，建议选用节能灯。该照明在开门时灯亮，关门时灯灭。此照明线路应连接在系统电源总开关之前。

④ 安装有可编程控制器、变频器等电子设备或启动器等大容量元件的控制柜要有通风散热装置。该装置的控制与门联锁，即关门启动，开门停止。如柜内发热量较大或环境温度较高时，应安装控制柜制冷空调。空调的功率应根据发热元件的发热量、工作模式（连续式或间歇式）及环境温度等因素确定。

⑤ 应使用完整的符合国家或行业标准规定的电气图形符号和代号进行原理图的设计。

⑥ 原理图中电器元件的图形符号应按无电压、无外力作用的状态绘出。即原理图中的元器件的可动部分，应按在非激励或不工作的状态或位置绘制。

⑦ 单稳态的机电元件，如继电器、接触器、制动器、离合器等在原理图中按非激励状态绘制。在特殊情况下，把这些元件绘成激励状态时，需在图上给予注明。

⑧ 电控原理图中回路较多或功能较复杂的手动控制开关，机械操作开关和凸轮控制开关（控制变量可能是电平、速度、压力、温度等），按在非工作状态或位置绘制。同时，应在图上给出其接点闭合表或用文字注释，清晰地表示出其接点位置与功能的关系。

⑨ 电控原理图中应标出连接导线线芯的截面。按电控专业控制对象的特点和环境特征，所用电线电缆的最小截面应符合相关标准。

a. 供电线路、动力线路（包括电机的定子、转子、制动器等电路）的连接导线或电缆采用铜芯，线芯截面积不小于 $2.5mm^2$。

b. 一般控制线路的铜芯连接导线或电缆的截面积不小于 $1.0mm^2$。

c. 操作线路的铜芯连接导线的截面积不小于 $1.5mm^2$，额定工作电压按 500V 选定。

d. 连接动力电压表的铜芯导线的截面积不小于 $1.5mm^2$。

e. 从电流互感器引出的铜芯导线的截面积不小于 $2.5mm^2$。

f. 移动设备用的铜芯橡套电缆，截面积不得小于 $2.5mm^2$。

⑩ 对电控原理图中控制线路的电压，在一般情况下，交流采用 220V，直流采用 220V、110V 或 48V、24V。如建设单位或特殊场合有专门要求，可采用交流 110V、36V。

⑪ 由于电控专业的设计工作属于非标设计，具有线路长、串联元件多、压降大、工作环境差等特点，因此，在采用直流 24V 等低控制电压时，一条控制电路中的串联元件的数量一般不宜超过 8 个。

⑫ 在电控系统中，具有 5 个以上电磁线圈（如接触器、继电器、电磁阀等）时，应尽量采用有分离绕组的变压器给控制线路、信号线路等电路供电。

⑬ 电磁阀、离合器和其他执行器的电磁线圈最好由单独的控制电源供电，其保护应与其他继电器和接触器供电线路的保护分开。

⑭ 当系统有自动要求时，控制方式不能少于自动与手动两种，建议用设在主盘上和手动操作盘上的选择开关来选择。也可以通过 HMI 等装置进行选择。

⑮ PLC 输入电源、总线网络电源、总线 I/O 模块电源一般为 DC24V；PLC 输出及其他控制线路可采用 AC220V 或 DC24V；有特殊电源电压要求的装置，按产品说明书上注明的参数提供相应的电压。

⑯ 非标设备控制系统一般应具备紧急停止功能；机械化输送设备除在关键设备处设紧急停止开关外，还应沿生产线均布紧急停止开关。对采用 PLC 的系统，急停除通过硬件方式（安全继电器等）实现紧急停止功能外，还应通过软件切断相应的输出。

⑰ 重要设备间的联锁应采用无源触点的硬件连接方式。

⑱ 设计时，PLC 本地 I/O、现场 I/O、总线网络、网络节点等在数量或长度上要留有一定的余量。

⑲ 安装有 PLC 主机架的控制柜内要有一个供编程器使用的支架和电源插座，插座必须经过双极漏电保护开关与 220V 交流电源连接，并且适用于各种插头。

⑳ 对喷漆室和烘干室风机、电泳循环泵、加热器等重要的用电设备，一般要设置电流表对电流进行监测，也可通过具有通信功能的智能单元将检测信号传送到中控室（上位机）进行监控。这要根据项目的具体情况和业主的要求决定。

㉑ 系统一般应设动力电压表、电能表和动力电源指示、控制电源指示。即使是小型工位设备，也应设电压表和电源指示。

㉒ 距离控制柜较远的用电设备，必须就近设置手动操作站以进行启停和电源分断。

㉓ 变频器制动电源的通断不应通过 PLC 软件进行控制，应直接受变频器运行输出端子的控制。

㉔ 在使用 丫-△ 启动、机械互锁接触器启动的情况下，通断相互转换的两个线圈的控制线路必须加电气硬件互锁。对其他不能同时运行的用电设备的控制线路也必须加电气硬件互锁。

㉕ 如果选用了自带控制系统的装置，其启动与停止必须受控于设备整体的控制系统。同时，该装置需向上提供其运行及故障状态信号。

㉖ 大功率电磁器件的线圈应由接触器的主触点进行通断控制，不能使用继电器触点或 PLC 输出点直接控制。

㉗ 复杂的机械化输送系统（积放链、滑橇、EMS 等）至少在主控柜面板上需设操作员接口（HMI）。

㉘ 动力线路上各元器件（开关、接触器、热继电器等）的状态应能被 PLC 检测到；必要的电源开关及电源状态也应能被 PLC 检测到。

㉙ 一般情况下，电机功率在 $18.5 \sim 37kW$ 时应考虑 Y-△ 启动；电机功率在 $37kW$ 以上时，应考虑软启动；电机功率小于 $15kW$ 时，可考虑直接启动。

㉚ 一般情况下，电机的保护可以通过断路器实现。但当电机动力线路设置变频器、软启动器或电机启动器等智能装置时，电机的热保护由该智能装置实现。如电机内设有温度传感器或传动装置上设有机械过载传感器等，当出现过热或过载现象时，应通过电机控制线路停止电机供电。

㉛ 当设备有可能出现低速运行状态时，应选用带强制冷却风扇的电机，风扇控制应相对独立，其转速不应受电机转速变化的影响。

9.7.2 前处理设备电控设计要则

① 由于前处理设备的电机较多，为了简便操作，一般要有自动顺序启停的功能。

② 前处理设备有工位多、室体长等特点，对产量高、投资大的项目，采用 PLC 加现场总线的控制方案更为合理。

③ 前处理设备有温度和液位等参数，这些参数一般需要通过仪表在控制柜（或就近的控制箱）上显示。如果车间未设置中控室，有时需要在控制柜上安装相关参数的记录仪。

④ 对计量、搅拌泵等的控制应采用就近操作的方式实现启停。

⑤ 设备照明建议在控制柜和室体的门附近均可以控制的方式。

⑥ 设备与机械化输送系统应有必要的联锁，前处理设备应将运行信号、故障信号传递给输送系统，输送系统也应将运行和故障信息传递给前处理设备，当工件垂直升降时，输送系统还应将升降位置信号传递给前处理系统，以控制喷淋系统的启停。

⑦ 室体门附近应设置指示灯且与门联锁，当有人员进入时，该指示灯可起到提示作用。

⑧ 设备槽体四周有时需要设置拉线式开关作为应急保护措施。

⑨ 当中控室需要采集前处理设备的模拟量信息时，常规的做法是将仪表采集的模拟量信号变送输出至 PLC 的模拟量输入单元，再由 PLC 转换成数字信号传送至中控室。另外，也可以用 PLC 直接采集模拟量信号并转换成数字信号传送到中控室。

⑩ 部分液位的极限位置除需要提示外，还要有相应的停泵或关闭阀门等保护功能。

⑪ 风机一般安装在设备顶部，由于距离控制柜较远，建议就近设置手动操作元件以方便调试与维修。

⑫ 如果控制柜安装在设备下方，应考虑防水。

9.7.3 电泳设备电控设计要则

① 电泳设备的很多控制环节与前处理类似，可以参考前处理设备的相关设计要则。

② 因为电泳设备有不间断的工作要求，所以，不间断工作的装置需要与车间备用电源相连接，PLC 的电源也应接于备用电源。备用电源的切换可以在设备电控系统中实现，也可在车间公用供电系统中完成。这取决于各个单位对专业分工的具体规定。

③ 直流电源与输送系统需要可靠联锁。对间歇式输送方式，应在工件完全入槽后，直流电源再通电。对连续式输送方式，一般有高压和低压两个工段，应保证工件在电气上平滑过渡。也可采用独立阳极系统实现智能控制，但成本较高。

④ 电泳设备有时需要设掉件保护功能，当检测到工件掉入时，应向机械化输送设备发出停止信号，同时在电泳控制柜上要有声光指示。掉件检测的常用方法是在电泳槽底部安装拉绳并与槽体外开关连接。

⑤ 设备槽体四周应设置拉线式开关以保护人身安全。

⑥ 建议在常用电源断电且备用电源投入后，控制柜（和中控室）应有声光提示功能。

9.7.4　喷漆室系统设备电控设计要则

① 喷漆室系统设备（含擦净间、漆泥和空调装置）为涂装车间的关键设备，且联锁关系比较复杂，建议采用 PLC 进行控制。

② 一般喷漆室（干式喷漆室除外）的启动顺序为供水泵——空调送风机——设备排风机。当送风机和排风机数量较多时，在保证室体为正压的前提下，应交替启停对应的空调送风机与喷漆室排风机。

③ 如果将喷漆室、漆泥处理设备及空调设备规划为一个控制系统（动力供电可以相对独立），且主控柜设在喷漆室附近，则漆泥处理设备和空调设备附近要设置操作指示站，通过它们可以实现对应设备的手动启停，便于维修调试。

④ 当喷漆室、漆泥处理设备与空调各为一个独立系统时，为了保证启动顺序，它们相互间的联锁就显得非常重要。这种情况下，建议以喷漆系统为核心进行信息交换和逻辑判断，尤其是喷漆系统采用了 PLC，而另外两个系统未采用 PLC 时，更应充分发挥喷漆系统的逻辑控制功能。

⑤ 喷漆室属于防爆区，应尽量避免在室体内部或周围安装电气设备。必须安装时，应选防爆装置并采取必要的防爆安装措施。喷漆室与消防系统应有联锁，有消防信号时，设备风机和防火阀等应及时停止和关闭。

⑥ 控制系统应有必要的保护回路。比如在门关闭状态下，送风机工作而排风机不工作，或排风机工作而送风机不工作时，系统应能立即自动停止送风机或排风机等。

⑦ 如设备室体内有风速自动调节要求，可采用变频器控制风机，采用相关的传感器检测风速和压力。

⑧ 设备与机械化输送系统应有必要的联锁。喷漆设备应将正常运行信号、故障信号传递给输送系统，输送系统也应将运行和故障信息传递给喷漆系统。

⑨ 设备送风机与排风机在启动前，应保证送排风管路上的阀门处于开到位状态。

⑩ 在设备运行过程中，如某台设备（水泵、送风机或排风机）因故障停止运行，则其他匹配设备也应停止并有故障提示。

⑪ 设备与机器人系统应有必要的联锁。喷漆设备应将正常运行信号、故障信号传递给机器人系统，机器人系统也应将运行和故障信息传递给喷漆系统。

⑫ 工件识别系统应将工件的型号、尺寸和颜色等信息传递到自动喷涂系统中以调用不同的程序。

9.7.5　烘干设备电控设计要则

① 烘干设备的能源种类比较多，常用的有电、天然气、蒸汽及导热油等，对应的控制方式也有所不同。当电为能源时，采用调功器（成套设备）进行温度控制。当蒸汽或导热油为能源时，采用仪表和电动调节阀进行温度控制。当天然气和燃油为能源时，一般采用燃烧机（自带的控制系统）进行温度控制。调功器或燃烧机控制系统应能接收烘干室控制系统的启动指令，并能发送运行状态和故障状态信息至烘干室控制系统。

② 一般情况下，风机和加热器应有联锁，风机应在加热器工作前启动，加热器停止工作后，风机应延时一段时间停止。如风机因故障停止运行，加热器应立即停止运行。联锁保

护功能最好为双重，以防止燃烧机因局域故障而过热。常用保护措施通过对压力、温度、转速和电流等的检测比较来实现。

③ 设备与机械化输送控制系统应有必要的联锁，烘干设备应将正常运行信号、故障信号传递给输送控制系统，输送控制系统也应将运行和故障信息传递给烘干室控制系统。当输送控制系统故障、停止一段时间后，烘干设备应停止加热，具体时间长短由工艺确定。

④ 温度是烘干设备的重要参数，一般需要通过仪表在控制柜（或就近的控制箱）上显示。如果车间未设置中控室，需要在控制柜上安装各区段温度参数的记录仪。

⑤ 当中控室需要采集烘干设备的模拟量信息时，常规的做法是将仪表采集的模拟量信号变送输出至 PLC 的模拟量输入单元，再由 PLC 转换成数字信号传送至中控室。当然，也可以通过 PLC 模拟量模块直接采集温度信号并上传中控室，用 HMI 进行温度现场显示。

⑥ 烘干设备最好与强冷设备合并为一个控制系统。

⑦ 当设备温度超过极限值时，除需要声光提示外，还要有停止加热等的保护功能。

⑧ 某些类型的烘干室需要与消防系统联锁，功能可参照喷漆室。

9.7.6　其他小型设备电控设计要则

① 由于小型设备的控制对象少且逻辑简单，一般不建议采用 PLC 控制。

② 如果中控室需要采集小型设备的有关参数或整体运行信息，可通过该设备附近其他系统的 PLC 进行采集。

③ 小型设备与机械化输送系统有时也应有必要的联锁，设备应将正常运行信号传递给输送系统。

9.7.7　滑橇输送设备电控设计要则

① 当涂装车间采用滑橇输送方式时，一般滚床的数量都比较庞大，因此有必要将滑橇系统划分为若干控制系统以便于编程和调试。划分系统时，可以工艺区段作为界面，也可以位置或所处层面作为分界线。

② 每个控制系统都应采用 PLC 和现场总线进行控制。至少主控柜上应设置人机界面（HMI）一台。

③ 如不同输送控制系统间需要交换的信息量较大，或有很多信息暂时不能确定时，建议采用网络耦合器的方式进行信息交换。

④ 输送设备与所经过的工艺设备需要联锁，联锁信息可参照前面相关工艺设备的有关联锁要求。

⑤ 对用电设备或元件相对集中的区域，建议采用 IP20 的总线端子式 I/O 进行控制。对用电设备或元件呈线性分布的区域，建议采用 IP67 的现场总线 I/O 进行控制。

⑥ 各分控柜应设进线电源总开关、维修照明以及通风换热装置。

⑦ 各操作站应设置工作方式（自动、手动和维修等）转换开关以方便调试与维修。

⑧ 设置急停按钮的地方，应同时设置相应的柱形急停指示灯。

⑨ 对工艺输送、升降、旋转、过渡及转运等的输送设备应采用变频调速控制。变频器的控制可以通过总线网络或端子实现。当系统较大、上位机需要采集变频器信息，或要求上位机可以修改变频器参数时，应采用总线网络控制模式。

⑩ 对升降机、转接等区域，应考虑用光栅、安全门（开关）或安全地毯等进行防护，当有人员进入时，升降设备须停止运行。此外，这些区域还应考虑必要的传感器冗余设置，

以及超限检测开关等。

⑪ 规划输送控制系统时，要充分考虑系统的电磁兼容性。为此，对有可能受到或产生干扰的设备、元器件及电缆等应采取有效的屏蔽措施。

⑫ 由于输送系统比较复杂，出现故障不易查找，所以需要编制部分故障诊断程序，其诊断结果可以显示在人机界面（HMI）、车间的信息显示屏或中控室上位机上。

⑬ 进行网络规划时，应为系统留有一定的扩展容量。总线电源（DC24V）应保证各位置的电压不小于 DC20V。总线电源应尽可能按负荷均匀分布。关于总线的其它技术要求请参阅相关的用户手册或样本。

9.7.8 积放链输送系统电控设计要则

① 当涂装车间采用积放链输送方式时，一般由多个驱动站（输送链）组成，为了便于调试和维修，有必要将输送系统划分为若干控制系统。划分时可以工艺区段或功能作为界面，也可以位置或所处高度层面作为分界线。

② 每个控制系统都应采用 PLC 和现场总线进行控制，至少主控柜上应设置人机界面一台。

③ 输送设备与所经过的工艺设备需要联锁，联锁信息可参照前面相关工艺设备的有关要求。

④ 设置急停按钮的地方，应同时设置柱形急停指示灯。

⑤ 对用电设备或元件相对集中的区域，建议采用 IP20 的总线端子式 I/O 进行控制。对用电设备或元件呈线性分布的区域，建议采用 IP67 的现场总线 I/O 进行控制。

⑥ 各操作站应设置工作方式（自动、手动和维修等）转换开关以方便调试与维修。各个驱动站附件应设置对应的手动按钮箱。

⑦ 对工艺输送、升降及旋转等的输送设备应采用变频调速控制。变频器的控制可以通过总线网络或端子进行，系统较大时，一般都采用总线网络控制模式。

⑧ 对升降机等区域，应考虑用光栅、安全门（开关）或安全地毯等进行防护，当有人员进入时，升降设备须停止运行。此外，这些区域还应考虑必要的传感器冗余设置，以及超限检测开关等。

⑨ 规划输送控制系统时，要充分考虑系统的电磁兼容性。为此，对有可能受到或产生干扰的设备、元器件及电缆等应采取有效的屏蔽措施。

⑩ 需要编制部分故障诊断程序，其诊断结果可以显示在人机界面（HMI）、车间的信息显示屏或中控室上位机上。

⑪ 进行网络规划时，应为系统留有一定的扩展容量。总线电源（DC24V）应保证各位置的电压不小于 DC20V。总线电源尽可能按负荷均匀分布。

⑫ 当驱动站张紧极限开关、过载保护开关及下坡捕捉器开关动作时，对应的系统必须立刻停止运行，同时主控制柜上应有声光指示。

⑬ 对道岔等双电控电磁阀装置，应设置必要的电气硬件互锁。

9.7.9 程控行车输送系统电控设计要则

① 程控行车的动作逻辑相对比较复杂，所以一般需要采用 PLC 进行控制。是否采用总线，可根据实际情况或业主要求确定。

② 输送设备与前处理或电泳设备需要联锁，联锁信息可参照前面相关工艺设备的有关

要求。

③ 当采用总线控制方式时，建议采用IP20的端子式总线I/O进行控制。

④ 设置急停按钮的地方，应同时设置柱形急停指示灯。

⑤ 应在每个行车运行区域内设置手动操作站。各操作站应设置方式（自动、手动和维修等）转换开关，可方便调试与维修。

⑥ 规划行车控制系统时，要充分考虑系统的电磁兼容性。为此，有可能受到或产生干扰的设备、元器件及电缆等应采取有效的屏蔽措施。

⑦ 系统除设置自动和手动等选择开关外，还应设置单步或单循环等多种工作模式以便于调试和维护。

⑧ 如行车行走时由两个电机同时驱动，且两侧又不是齿轮齿条结构，此时必须保证两个电机的同步。由于车轮与导轨可能出现滑动，不能纯粹依靠旋转编码器实现同步要求，建议采用条码检测、距离检测或位置检测的方式实现同步控制。

⑨ 如工件为手动转挂，应在工件转挂处专门设置手动操作站。

⑩ 行车超限保护功能是必要的，行车之间还应有防碰撞保护功能。

9.7.10　转运车输送系统电控设计要则

① 转运车输送系统一般用于大客车生产线，实现工件在不同设备间的搬运。转运车的操作一般靠人工完成。

② 由于大客车工件较大，会遮挡操作人员的视野，所以需要在两侧（两个行进方向）分别设置操作站，其功能应基本相同。

③ 转运车与地面有时需要交换信息以实现地面设备的自动运行，这时可采用无线通信或光电通信的方式进行控制。

④ 转运车的行走电机和输送电机在正常工作状态下不能同时运行，对此应设置必要的电气硬件互锁。

⑤ 转运车应有对轨检测功能。准确对轨后，输送电机方可启动。

⑥ 一般情况下，转运车的停止过程为：人工按停止按钮——减速开关动作——电机减速——停止开关动作——电机停止。

⑦ 当要求转运车自动运行时，建议采用条形码认址的方式，这时转运车与固定涂装设备间要有可靠的通信作保证。转运车启动前应有声光提示。

⑧ 转运车两侧应设置极限位置保护开关。当轨道上有多台转运车运行时，应设置防碰撞检测开关。

9.7.11　垂直地面链等小型输送系统电控设计要则

① 该类设备通常与相关工艺设备合并构成一个控制系统。

② 如电机需要变频调速，一般采用端子控制方式对变频器进行调速控制。

③ 设备启动前应有声光指示，该声光指示需要根据设备长度沿线设置多个，其间距取决于工位的密度和车间噪声。

9.7.12　自行葫芦输送系统电控设计要则

① 该类设备一般用于喷胶或前处理电泳设备的工件输送。一般情况下，其控制系统由设备自带，无需进行设计。

② 该设备控制系统的控制风格及元器件选型应尽量与车间其他控制系统统一。

③ 如系统信息需要传递到中央控制室，建议采用总线控制方式，目前利用滑触线实现总线通讯的技术已经十分成熟。也可以用波导、漏波技术等实现数据通信。

9.7.13　识别系统(AVI)

① 涂装车间是否建立识别系统取决于车间的规模和管理模式，需要与业主进行深入地沟通交流后方可确定。识别系统通常与中控室或 MES 系统配合实现数据管理和相关功能。

② 信息识别的方式有多种，根据涂装车间特点，建议采用 RFID 方式。

③ 读写器的设置位置及数量一般以工艺设计人员为主协商确定，机械化输送及电控设计人员应予以配合。通常在重要的工艺段、返修段、转接处、分类储存区的道岔前以及车间入出口需要设置读写器，其他位置根据需要设置。

④ 读写器可通过以太网或机械化输送系统的现场总线与其他设备或中控室进行通信，具体采用哪一种方式还需要根据业主的要求和项目具体情况来确定。

⑤ 数据载体的容量可根据具体的信息量而确定。通过烘干室的载体最高耐热温度应大于烘干设备的上限温度。

⑥ 关键位置（车间的入口、出口和转挂处等）应设置手动输入信息的装置，如工控机、HMI 等，其他位置根据需要设置。

⑦ 如果从焊装车间过来的工件或工件载体带有条形码，则涂装车间入口转挂处应设置条形码扫描器，扫描方式为自动还是手动，取决于条形码的粘贴位置和业主的具体要求。

⑧ 如果去总装车间的工件或工件载体需要贴条形码，则涂装车间出口转挂处应设置条形码打印机等。

⑨ 如果车间产量较低且要求信息识别，可以考虑自行开发简易的识别装置。

⑩ 如果采用一码贯通的信息载体，载体需安装在车身上，应配套相应的读写器和后台数据库。

9.7.14　中央控制室

① 当对涂装车间有中央监控或较复杂的数字化管理要求时，需要建立中央控制室。

② 中央控制室大体有如下基本功能：

a. 各设备运行状态显示。对此可以细化到设备中每个单元以及控制系统中每个元器件的运行、位置或状态显示。如水泵和风机的运行、停止、故障、急停、工作模式、保护开关状态以及电流和转速等。又如烘干温度等参数的实时值、上下限、升温过程还是保温过程以及相应的曲线等。

b. 各设备故障状态显示。对此可以细化到设备中每个单元以及控制系统中每个元器件（网络）的故障状态显示。如风机、水泵、传感器、调节阀、门、加热器、变频器、开关、PLC 以及其他安全装置等。也包括像温度、速度、压力、湿度、液位、电流以及电压等运行参数的超限故障。

c. 各设备主要工艺参数的记录、显示与统计分析。就"主要工艺参数"的定义和范围，有必要在设计前与业主进行沟通并形成共识。

d. 设备故障率的记录与统计。就"故障率"的定义和计算公式有必要在软件设计前与业主进行沟通并形成共识。

e. 设备开动率的记录与统计。就"开动率"的定义和计算公式有必要在软件设计前与业主进行沟通并形成共识。

f. 部分设备运行参数的设定与修改。该功能取决于设备控制系统的 PLC 或其他智能装置所具备的通信和远程控制功能。

g. 设备控制程序的编制与修改。为此，需要在上位机安装必要的编程软件和组态软件。

h. 统计报表、分析曲线、故障记录等的自动生成。为此需要进行数据库软件开发。

i. 将管理信息转换成 PLC 可执行的指令信息并传递给相关设备的 PLC 进行逻辑控制。

j. 显示生产管理信息（生产计划、产量及工作时间等）。

k. 记录工件在涂装过程中的有关加工、返修、故障等信息。

l. 各区段的工件数量、工件型号、颜色等的统计和显示。

m. 各系统工作模式的显示。

n. 管理使用者权限的功能。

o. 维修更换提示功能。该功能的实现基于对设备使用情况和过程数据的统计、计算以及分析。

p. 信息的发布功能。通过大屏幕以及其他客户端发布重要信息。

q. 对故障的原因分析、历史记录和应对建议。

r. 各系统的电能以及其他能源消耗统计和显示。

s. 画面要分层次，有宏观的显示画面和微观的显示画面，画面间的转换应简单易操作。

t. 中控室的其他功能还可以参考后面关于智能化设计的相关内容

③ 诊断数学模型的建立。在建立数学模型时建议充分考虑它的通用性，尽量使其能够适用于更多的变量组，变量可以在数据库中调用。以机运系统的升降机上升过程为例，减速信号、运行信号、运行时间累计、停止信号、减速至停止的正常时间范围设定值等可以是变量，对这组变量进行统计、逻辑比较和数学运算，从而判断是否出现故障。这样的程序还应适用于升降机下降、转台旋转、移行机移行等类似过程，只要运算符号和公式不变就可广泛应用。

如果在程序中用到的变量种类较多而无法用数学符号连接时，可以采用合并同类项的方法按能够用数学符号连接的变量分组运算，其运算的结果可以加入到其他数学符号对应的变量组中。

④ 中央控制室应有下面一些主要硬件配置：

a. 服务器；

b. 上位计算机；

c. 以太网交换机；

d. UPS 设备；

e. 办公设备（电脑桌椅、资料柜等）；

f. 打印机；

g. 空调；

h. 配电箱；

i. 电源插座；

j. 大屏幕；

k. 广播系统。

9.8　控制柜（箱、台）布置

① 电控系统中的电器元件和电气装置，除必须安装在特定位置上的器件（如传感器、安全开关、柱形指示灯等）外，须用电控柜（箱、台、盒）组装在一起，以保证电控系统正常、安全、可靠的工作和便于维修管理。

② 电控柜（箱、台）应满足使用环境的要求。当用于高湿度或温差变化较大的场所时，应在已选定的防护等级的基础上，增设防止内部产生异常性凝露的装置。

③ 电器元件工作时所产生的热量、电弧、冲击、振动、磁场或电场，不得对其他电器元件及线路正常功能的发挥有所影响。

④ 对电控柜（箱、台）内的电器元件和电气装置，体积较大和较重的应尽量布置在下面，发热元件应尽量布置在上面。

⑤ 电控柜（箱、台）内的弱电部分应加屏蔽和隔离，以防止来自强电部分以及其他部分的信号干扰。

⑥ 需要经常检修和操作调整的电器元件或电气装置，如接插件、可调电阻、熔断器等的安装位置，不宜过高（大于1700mm）或过低（小于1100mm）。

⑦ 电器元件和电气装置的布置，需保证有足够的拆修距离、接线空间和安全距离，其位置须在维修站台或基础面之上300～2000mm之间，引出或内部互联的接线端子排的位置须在维修站台或基础面上至少200mm处，以便于接线。

⑧ 电控柜（箱、台）内一个电器元件与另一个电器元件的导电部件之间或一个导电部件（母线、金属架、金属导体等）与另一个导电部件之间的爬电距离和电气间隙不得低于表9-2所示的数值。

表 9-2　导电部件间的爬电距离和电气间隙

额定绝缘电压/V	爬电距离/mm	电气间隙/mm
≤300	10	6
>300～660	14	8

⑨ 电控柜（箱、台）中的裸露、无电弧的带电零件与柜壁板之间必须留有适当的间隙。对于250V以下的电压、间隙不小于15mm，对于250～500V的电压，间隙不小于25mm。

⑩ 电器布置应适当考虑对称，可从整体考虑对称，也可从局部考虑对称。

⑪ 当电控柜（箱、台）的温度或湿度超出了装设的某些电气装置和电器元件的温度或湿度的规定范围后，应改善控制柜结构，增设加热、除湿、通风或冷却装置。对于散热量很大的元器件，应单独安装。

⑫ 对于安装在地面上的电控柜（箱）或悬挂的电控箱（盒）上且需要观察的指示仪器、仪表的高度，不得高于地面2000mm，操作器件（手柄、按钮等）应安装在易于操作的高度位置上，通常其中心不得高于地面1900mm。

⑬ 电控柜（箱、台、盒）的电器布置图必须按比例绘制。应清晰地表示出每个器件、装置以及重要配件、支撑件在柜（箱、台、盒）内部或操作面板上的安装位置尺寸。元件、配件、支撑件等可将其最大轮廓简化成正方形、长方形、圆形（信号灯、按钮等）表示，并列表注明其文字代号（与原理图相同）和型号。对其中的保护电器元件、时间电器元件、数

字电器元件等，还应注明其整定值或设定值，对于操作面板上的元件，应注明其标牌上书写的文字内容和文字规格。

⑭ 电器布置图中，应给出电控柜（箱、台、盒）的加工安装尺寸，以便于制造和施工。

⑮ 电源开关操作手柄一般安装在电控柜前面。电源开关上方不宜安装其他电器，否则应把电源开关用绝缘罩罩住。

⑯ 排列柜中的电控柜，其高度和厚度都应相同。如无屏蔽隔断要求而又有换气、布线等需要时，可取消中间侧板，此时电控柜之间需加橡胶密封垫并用螺栓连接。

⑰ 控制柜一般应为钥匙开关门的自承重结构。

⑱ 选用标准按钮盒时，按钮盒上电器元件的相对位置应在布置中表示出来。

⑲ 柱形信号装置一般安装在控制柜顶部。

⑳ 控制柜前门内侧应设置图纸资料盒。装有 PLC 的控制柜，其前门内侧还应设置编程器支架。

㉑ 布置图中最好将电器元件名称、型号和规格等以表格形式表示出来。

㉒ 为了方便调试和维修，有时需要将 PLC 等智能设备的通信接口引至控制柜门上并配装防护盖。

㉓ 发热装置的排风通道上不应安装其他电气元件或装置。

㉔ 可以在控制柜门上设计较为形象的工艺、设备或流程图，并在图中配上指示灯以显示工作状态。

9.9　端子接线

① 端子接线图应根据电控原理图和电控柜（箱、台、盒）电器布置图绘制。主要用于安装接线、线路检查、线路维修和故障处理等。

② 端子接线图必须清晰地表示出端子的排布、端子间的短接情况、端子的线号、柜内及柜外接线的去向等。柜外接线还应表示出导线（电缆）型号、规格、数量等。另外，还要说明有关布线施工方面的技术要求。

③ 端子在排列上应按动力与控制分开、交流与直流分开、强电与弱电分开、不同电压等级分开的原则进行。

④ 控制柜（箱、台）及操作板的进线、出线必须经过接线端子板。对于大电流的进线和出线、可直接接到器件或装置的接线端子上。

⑤ 图中应注明端子排的代号。

⑥ 进入电控柜的供电电源线应直接接到电源总开关上。必须经过接线端子时，该接线端子组应独立安装，其上应有绝缘防护。

9.10　外部管线

① 电控外部管线图应清楚地表示出控制柜（箱、台）与其外部用电设备或装置连接关系。它是布线施工和维护检修的必要的技术资料。

② 电控外部管线图中的电控柜（箱、台）和用电设备，可用正方形、长方形、圆形等简化图形或用与原理图一致的图形符号表示，并用粗实线绘制且注明代号。

③ 为了将电控外部管线图表示得更为清晰准确，一般需要至少两个视图来反映接线关

系和计算桥架、电线管及导线（电缆）的长度。

④ 应注明各段桥架及电线管的型号和规格。电线管的长度及其内部导线或电缆的数量、型号、规格等也要注明。

⑤ 应清晰地表示出各用电设备、机械设备、厂房柱等的相互位置关系并注明绘图比例。

⑥ 两根绝缘导线穿过同一根电线管时，管内径不应小于两根导线直径之和的 1.35 倍，三根及三根以上绝缘导线穿过同一电线管时，导线的总截面积不应大于电线管内净截面积的 40%。

⑦ 电线管须埋地或敷设在楼板内，管径不应小于 20mm，必须穿越大片设备基础或重负荷堆置区时，管径不应小于 25mm。如穿过设备基础沉降缝处，应加保护管或采取其他措施。

⑧ 下列电路的电线或电缆，允许敷设在同一根钢管内。

a. 一台交流电机的动力线路、控制线路等。

b. 同一设备或同一流水线设备的动力线路和无防干扰要求的控制线路。

c. 有联锁关系（如皮带机）的动力回路和控制回路。

d. 无防干扰要求的各种电机、电器和用电设备的信号线路、测量线路、控制线路。

e. 同一方向、相同电压和相同照明种类（工作照明或事故照明）的 8 根以下的照明线路。

⑨ 互为备用的线路不得共管敷设。工作照明与事故照明的线路不得共管敷设。

⑩ 单根电缆穿管敷设时，保护管的内径不应小于电缆外径（包括外护层）的 1.5 倍。同时要注意任何转弯处的转弯半径不应低于电缆转弯半径的规定范围。

⑪ 低压动力电缆与控制电缆共用同一桥架时，应设置隔板将其分隔开。

⑫ 需屏蔽电磁干扰的电缆电路以及有防护外部影响（如油、腐蚀性液体、易燃粉尘等）要求的电缆电路等，应选用有盖板的无孔桥架。

⑬ 外部管线图的设计深度应满足施工要求。对颜色有要求的导线或电缆还需标注颜色或色标。电线管与桥架的走向或敷设方式在图中无法完全表示清楚时，应在图中用文字加以说明。

⑭ 有防爆要求的区域，桥架可添加具有耐火或阻燃性的板网材料构成封闭式结构，并在表面涂刷符合相关防火涂料应用技术规范的防火涂层等。

⑮ 安装在同一防护通道内的导线束都要提供附加的备用线。除动力线外，控制电缆也要留有同样比例的备用线。备用线根数如表 9-3 规定。

表 9-3　备用线根数

同一管中同截面电线根数	3～10 根	11～20 根	21～30 根	30 根以上
备用线根数	1 根	2 根	3 根	每递增 1～10 根增加 1 根

⑯ 烘干室内部及附近安装的各种开关、对应接线应考虑耐高温。

⑰ 移动电气设备的接线应使用带穿线孔的软链式桥架。移动电气设备的接线应使用柔软导线和电缆。

⑱ 桥架应根据不同区段内导线的数量和规格改变其截面的大小，从而达到节省材料的目的。

⑲ 如果需要在现场分线，必须使用分线盒。外线图中应表示出分线盒的位置并注明盒

内端子的规格及数量。

9.11 系统操作使用说明书

操作使用说明书作为设计文件的一部分也必须提供给用户。它的目的在于帮助用户的技术、维修及操作人员更好地理解和掌握该系统。操作使用说明书的内容应根据每个电控系统的实际情况和特点进行编写。通常应包含以下内容。

① 电控系统的构成及控制对象。详细描述该电控系统由哪些控制环节组成；各环节的功能及主要元器件是什么。系统有哪些接口，各接口的通信功能有哪些。该电控系统将对哪些用电设备进行什么样的控制。

② 电控系统的功能及工作过程。详细描述该电控系统能实现哪些控制、操作及显示功能，这些功能是如何实现的，系统的工作过程是什么。

③ 电控系统的主要参数及技术性能指标。介绍该电控系统的主要电气参数以及系统在正常运行时应达到的控制效果，衡量这些效果的技术性能指标是什么。

④ 关键技术和主要特点。介绍该电控系统应用了哪些新技术，系统中哪些是关键技术，它与常规系统或技术相比有哪些优势和特点。

⑤ 主要元器件和特殊元器件的工作原理及其技术数据。尽管系统中的主要元器件和特殊元器件已经配有相应的使用说明书，但为了使用户能够更快捷地了解系统和查阅主要技术参数，建议在该说明书中就这些元器件的工作原理及其技术数据进行简要描述。

⑥ 电控系统的操作程序。对该电控系统在各种不同的工作方式下应以什么样的程序进行操作进行详细的规定。

⑦ 主要控制环节的计算储存数据、计算公式、计算过程。介绍该电控系统中主要控制环节需要计算和储存的数据及对应的计算公式和计算过程。当控制要求和控制条件有变化时，如何调整计算公式和改变计算过程。

⑧ 调整试车时的主要程序及注意事项。描述该电控系统调试时应遵照的顺序或步骤，另外还要就调试过程中的注意事项尤其是安全事项予以详细说明。

⑨ 系统常见故障及解决办法。对系统可能经常出现的故障现象进行描述并提出解决方案或建议。

⑩ 维护指南。描述系统中需要维护的具体环节、装置及元器件。介绍维护的方法和维护（检修）周期等。

⑪ 注意事项。指出有可能出现的错误使用方法以及使用过程中应特别注意的事项。

9.12 软件

① 控制软件一般要包含下面一些文件：

a. 控制程序目录（program directory）；

b. 存储器印象表（memory map）；

c. 符号地址表（symbol table）；

d. I/O 表；

e. 处理器状态表（processor status）；

f. 交叉索引表（program cross reference）；

g. 存储器使用情况表（memory usage）；

h. 控制程序（ladder listing）。

② 当使用可编程序控制器（PLC）时，其程序设计应满足国家标准的要求。

③ 编制软件时，要注重"用户友好性"的体现。为使用户容易理解和掌握，并能对运行结果做出判断和解释，无论是用"梯形图"还是"语句表"等编程语言，均应加文字注释和说明。

④ 软件设计时，应优先选用经过实践检验的功能块。

⑤ 一般情况下，程序要包括逻辑控制、显示、故障判断、通信、记录等部分。

⑥ 不同的用户对编程模式的要求各不相同，如流水式的编程、流程式的编程以及结构式的编程等。结构式的编程较为常用，可将逻辑功能相同的程序段做成子程序后，进行重复性的参数化调用（参见图 9-5）。节省 CPU 资源，另外，需辅助开发相应的故障诊断程序。

⑦ 对大多数 PLC 而言，扫描程序的顺序与程序的编写顺序是一致的（子程序调用及跳转指令等除外）。如果顺序不合理，有可能使预想的功能无法实现。因此，编程时应考虑程序在逻辑上的先后顺序。下面的简单实例（见图 9-6）也许可以帮助读者理解。

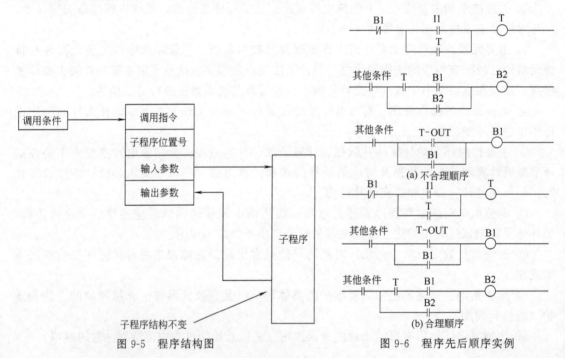

图 9-5 程序结构图　　　　图 9-6 程序先后顺序实例

⑧ 针对不同的控制环节应建立不同的子项以便于阅读。对部分品牌的 PLC 有自定义程序功能，可将通用的逻辑块创建成新的编程指令，并应用于对应的项目。

⑨ 目前，很多合资和外资企业有自己的软件标准。因此，在为这样的业主做软件设计时，应按相关的企业标准编制控制程序。

⑩ 控制系统有时会出现一些持续时间很短的干扰信号。为了防止故障出现，应适当编制有滤波功能的辅助程序以提高系统的可靠性。

⑪ 为了应用 PLC 比较准确地诊断生产线故障，应适当地建立生产线正常运行状态下的各类参考值数据库或参数变化曲线。具体的方法就是在生产线已经处于正常批量生产状态时，通过 PLC 程序自动地采集相关的运行数据作为以后故障诊断的参考基准。

⑫ 软件开发的过程中，应充分发挥 PLC 的智能作用，在节能和程序标准化方面有所侧重。

⑬ PLC 软件应考虑对上位系统的支撑作用，应将部分程序计算结果传送到中控室系统。表 9-4 可以参照。

表 9-4　信息反馈参照

信　息	对应设备	说　明
设备运行正常	前处理、电泳、喷漆(含空调、漆泥)等	风机、水泵等运行,运行参数全部正常
	烘干	加热器、风机等全部运行,室内温度达到正常值
系统准备就绪	机运系统	电源、空开、通信、变频器、PLC 等的状态正常,系统处于自动运行方式下
计数	储存段、工艺段、维修段、编组站、总产量、车间内工件总量、各主要工艺段产量、堆垛等	各区段的进件与出件数量差(传感器考虑冗余设置)
风机运行正常	前处理、电泳、喷漆室、空调、烘干、工位	通电、电流/压力/转速处于正常范围,变频器/软启动器工作正常
启动过程中	前处理、电泳、喷漆室、空调、烘干、漆泥	自动方式、自动启动开始至全部启动完成
高频信号的统计和测量	机运系统的传感器	信号的次数和宽度等
各类故障	所有设备	用诊断程序
⋮	⋮	⋮

9.13　智能化设计

智能涂装车间是智能工厂的重要组成部分，为让涂装车间达到智能工厂的水准，在设计非标设备电控系统和中控系统时还应考虑具备如下功能。

9.13.1　非标设备电控系统

① 系统可以通过主操作板按钮或 HMI/PC 智能装置实现一键式自动启动或停止，设备启停顺序与延时按约定的流程由程序自动完成，设备启停的条件被转换成控制逻辑由程序进行约束。同时，生产线还应具备依据生产计划和现场条件按时自动启停的功能，该功能以感知或预测到无风险发生为应用前提。

② 控制系统应对自身运行过程中识别出来或产生的所有信息进行采集，对于相关联系统的信息和人工输入的信息也应采集。设备控制系统应配置具有相应数据分析处理能力的智能单元（如 PLC、工控机等）来实现信息的储存与处理，还应配置必要的感知设备完成各类识别、检测和数据采集工作。

③ 为保证系统的安全运行和采集数据的准确可靠，应采用安全型智能单元（安全型 PLC 等）实现智能控制，相对应的现场通信总线也应具备相同的安全级别。对有可能造成人员、设备或工件发生安全事故或故障的控制环节或区域，应设置具有总线接口的安全型 I/O、器件、装置或设备，并将该设备连接到安全总线上。对可能由于传感器出现故障而引起重大事故或损失的环节，必须增设冗余传感器以保证设备的正常停止和提高故障诊断的准

确性。

④ 设备控制系统首先应具备采集并传送 MES 系统需要的各类数据信息的功能，此外，还应具备利用 MES 系统的相关信息实现设备启停、参数调节、预停止、模式切换、作业提示等功能。

⑤ 系统应根据参数的变化趋势和影响参数的外部条件信息，实现相关参数的预先调节，预先调节的时机和强度应有理论计算根据。

⑥ 通过智能单元及其数据和计算模型，实现系统在设备层面的快速故障诊断功能。

⑦ 设备控制系统智能单元应有以太网接口，该接口可以连接到车间网络中，系统与 MES 的数据通信通过该接口进行。服务于系统的 HMI 或现场 PC 等建议通过以太网通信。

⑧ 设备控制系统向 MES 上传的数据需按照 MES 系统提出的统一格式和标准进行处理和加工，将其存放在固定的空间由 MES 系统读取。对部分关键数据应采用握手的模式进行通信。

⑨ 干扰信号是比较短的脉冲，会影响系统的正常运行，出现误动作，必须将其有效地过滤或屏蔽掉。

⑩ 设备控制系统形成的质量、生产和诊断结论需上传到 MES 系统相关数据库作为其他分析的过程数据。各类结论必须采用事先定义好的标准语句和格式。

⑪ 对智能柔性生产线，出于车型变化、质量控制以及节能等考虑，设备的参数必须在生产过程中不断地自动调整。因此，设备控制系统应具备根据生产计划、在线车型和数量等实时调整参数目标值并传送到相关单元或装置的功能。

⑫ 设备控制系统应对一段时期内的部分参数或状态进行储存以支撑数据统计分析，数据可能需要随时通过人机界面显示以便人员浏览，有时数据需要能以表格或曲线的形式呈现。对于历史数据，可在现场访问 MES 系统浏览相应的信息画面。对于操作指导类的画面，应能根据 AVI 等数据自动出现在人机界面中作出提示。

⑬ 系统应根据实际需要构建控制模式，如自动、手动、节能、维修、循环等各类模式，通过开关或 HMI 可灵活选择。

⑭ 通过编制专门的保护程序，与相关的硬件系统配合实现保护功能，保护功能包括对人员、产品和设备的保护。

⑮ 设备控制系统与中控系统存在大量的数据交换。其中启停信息主要由中控系统发出，设备控制系统接收，其中包括中控系统的远程控制，也包括通过 MES 系统的统筹管理实现的车间自动运行。

⑯ 部分设备与 AVI 等 MES 系统可直接交换数据或通过中控系统间接交换数据，主要交换工艺数据、质量数据、车型数据、故障数据和其他过程数据等。

⑰ 设备控制系统中的标准设备应具备与所在系统联动的功能，可能是顺序启停，也可能同步运行。标准设备还应具备自动运行、通信、自诊断、远程调控、显示、记忆和模式选择等与所在系统匹配的功能。

⑱ 设备控制系统应对生产或通过的工件进行数量和类型的统计，并以数字形式显示于该系统的人机界面上，统计数据可以利用通过本设备的机运系统统计结果，对烘干类设备，还应统计在线工件的数量。

⑲ 设备控制系统的关键参数应能实现闭环的自动调节，重要参数应采用双检测反馈，计算可以通过软件或硬件实现，对智能工厂而言，应尽可能采用程序控制模式。

⑳ 某些设备或系统在节能模式下可以因暂停运行而关闭不必要的耗能环节或处于低能

耗运行状态。某些设备在不工作又未断开电源的情况下，可以使部分装置处于休眠状态以减少能源消耗，如现场的 HMI、PC 显示器等装置，但是，重新激活所用的时间应满足生产的需要。部分设备可以根据在线车型的不同而调整参数或开关部分设备以达到节能的目的。

㉑ 设备控制系统应设置现场级检测装置或仪表，对电、天然气、水等实施计量并将数据上传中控室和能源管理系统。

㉒ 设备控制系统可根据生产计划、在线工件数量和位置分布、设备起停时间和效率等自动优化车间内各工艺段和输送段的启停顺序与时刻，提高设备的有效运行率，减少能耗。

㉓ 机运设备的动作依据往往包含上一个动作和位置，为此，机运系统应具备实时记忆过程数据的功能。

㉔ 通过现场主控柜上模式选择开关（钥匙式，也可以用人机界面）和手动启/停（包括现场操作站）按钮（也可以用人机界面）操作，能将某项功能、环节、路径忽略，或将保护限制旁路并暂不起作用。该功能用于极其特殊情况下以及人员可以观测到的前提下的应急、临时性操作或维修操作等。

㉕ 对机运系统的工件储存区域，通过编组优化，可实现平均路径最短，从而节省能源。这里要以生产计划、区域中工件的型号和数量、前后工件的型号和位置等数据作支撑。

㉖ 对立体库而言，其控制系统能根据较长时期运行后积累的大数据，对原策略进行评价和比较分析，自动调整改进存在不足的策略，记录调整过程，储存调整数据，提示相关信息。

㉗ 立体库设计应计算最不理想的调度任务出现时所用的策略和对应时间是否满足工厂生产的要求，该项工作以其他生产环节的柔性度已经达到极限为前提。

㉘ AVI 系统与机运系统常存在交集，读写数据应与 MES 系统的数据保持同步，对于数据载体而言，读写过程中需和 MES 数据进行一致性确认。

㉙ AGV 和地面设备应能进行必要的数据交换，需借助无线通信手段和设备。遥控器用于帮助操作人员对小车进行手动控制、动作微调和参数设置等。如工件上安装了超高频数据载体，小车上需安装相应的读写头。

9.13.2 中控系统

① 中控系统可根据对生产计划、在线车型、工件数量、设备类别、预热时间和设备状态等数据的综合计算结果，按时间和顺序自动启停相关系统和设备，全过程无人参与。智能化的涂装车间应具备这种功能，但需根据不同条件确定功能层级。

② 通过中控室的终端能实现车间设备运行参数的调节，与设备系统的远程启停模式可以同时匹配使用。

③ 中控系统应能在中控室终端或车间大屏幕上显示与生产线设备相关的信息，如起动、运行、开与关、停止、重要参数、故障结论、开动率、维修、产量、休息、模式、效率、停台时间、班次、计划、分项能耗、指导维修辅助资料、操作手册、故障原因和位置、来自 MES 其他系统的信息、设备控制系统 HMI 和现场 PC 画面、生产线上的各类标准成套设备或辅助设备信息、摄像系统画面等。中控室终端能显示全部信息，车间大屏幕应根据综合管理的需要有选择地显示，而其他终端以显示产量和故障维修信息为主。中控室终端的显示画面应有层次，每层的信息内容不易太复杂，涂装车间的层次根据不同的工艺区段和设备类型按 4～7 层设计为宜。

④ 根据大数据计算分析结论，及时对系统进行维修、检测、保养和改造的预先提示，

可提升系统的运行效率，提高系统匹配效果，改善系统的运行质量，如减少阻力、故障等。

⑤ 中控系统应具备手动和自动调整设备控制系统参数的功能。自动调整可能在全车间自动运行模式下进行，也有可能是 MES 系统的学习功能在发挥作用。另外，参数远程手动调整应按参数的重要性划分权限，重要的工艺参数调整应由对车间生产工艺和控制系统最熟悉的最高权限操作人员完成。

⑥ 中控系统应将车间内任何设备的启停、运行过程的参数和设定值预先储存在数据库中，中控系统还应将产品生产加工全过程的数据长期储存并与相关设备的数据能对应起来，这样满足售后服务和质量的可追溯需求。

⑦ 中控系统应将生产线上各类设备的资料储存在服务器中，技术人员可以方便地调用和查询，这些资料包括手册、图纸、说明书、样本、程序、操作流程、作业指导、标准代码、标准语句、标准参数数据表、联系人和通信信息列表、维修保养记录等。出现故障时，系统应能自动调出或提示相关资料，维修人员可以根据资料快速制定维修策略和预测维修时间。远程调整参数时，系统应能自动调出或提示相关资料，操作人员可以根据资料确定调整幅度和方向。

⑧ 中控系统应具备根据大数据计算结果自动调整或修正生产线设备运行参数及其极限值的功能。

⑨ 能源管控系统的动力站房和干线相关数据应可以被中控系统调用，如出现不正常的数据，中控系统将对支线上的能源计量数据、设备的运行参数、设备周边的环境参数等进行综合分析，找出原因，制定策略。如诊断系统已形成相关结论，应按此结论做出相应的启停或维修保养响应。

9.14　电控系统设计评价

评价涂装车间电控系统设计的优劣要考虑的因素比较多，站在不同的角度也会有不同的侧重点或评价标准。下面为读者简要介绍在评价时要考虑的几个主要方面，仅供参考。

① 设计是否符合用户的技术要求。其中包括各项技术指标和参数、系统所具备的功能、元器件型号规格等。

② 设计是否符合用户提出的投资要求。

③ 是否有过剩功能，这些过剩功能是否会增加投资，系统的性价比如何。

④ 系统的柔性是否满足工艺调整和电控升级的需求。

⑤ 系统的智能化程度如何。其中包括设备的自动化程度、信息数据的采集与统计、设备状态监控、故障诊断、生产组织与管理以及被涂物（工件）的信息跟踪和识别等。

⑥ 系统的硬件配置及软件功能是否人性化。

⑦ 系统运行的可靠性如何保证，设备的开动率及故障率如何实现。

9.15　参照标准

进行电控系统设计时应遵照当时有效的国家标准和行业、企业标准，包括设计规范、施工安装规范、验收规范、安全规范、职业健康规范、防火规范、环境规范、调试规范以及人机工程规范等相关各类标准。

第 10 章

劳动量、动力、涂装用材料的设计计算

10.1 劳动量计算及操作人员确定

劳动量是生产劳动工时，它与涂装工时定额、人工操作工位数及年生产纲领有关，是涂装车间设计的重要参数之一。每套产品的劳动量数值可反映工艺的先进程度及自动化程度。

10.1.1 工时定额及专用工位数的计算

涂装工时定额即完成指定涂装任务所需的人工劳动时间，它是进行劳动安排的重要依据。制定工时定额有两种方法，一是实际测定，二是参照同类劳动或同类企业工时定额来确定。对于工厂设计来说，有时不一定具备以上两种条件，往往是凭经验来确定工时定额，然后再进行专用工位数的计算。下面引述一些工业涂装中的经验数据供参考。

（1）工时定额　在转运距离为2m，每个挂具上装挂4～15个以上质量为1kg以内的小零件，或装挂2～6个质量为3kg以内的中小件的场合，经验装卸工时定额见表10-1。在易装卸的、每个挂具挂件多的场合，装卸每个零件的工时就短。在运转距离为3m、装卸较重的工件场合（工件重在25kg以上），应有两人装卸，经验装卸工时定额见表10-2，其他各种工作的工时分别列于表10-3～表10-8中。

表 10-1　装卸中小件工时定额

工件质量/kg	装　　卸	每个零件所需的装卸工时/min	平均定额/min
1 以内	装挂 从悬链和挂具上卸下	0.10～0.22 0.08～0.20	0.14～0.16
3 以内	装挂 从悬链和挂具上卸下	0.18～0.22 0.16～0.24	0.20～0.21

表 10-2　装卸较重工件所需工时定额

工件的质量/kg	5	10	20	30	40
装卸每个工件或吊具所需工时/min	0.20	0.29	0.42	0.65	0.8

表 10-3　靠滚道和吊车转运、装卸重型工件的工时

方　式	工件质量/kg	每个工件所需工时/min				
		3m	5m	8m	10m	12m
滚道	50 以内	0.11	0.16	0.24	0.29	0.35
	100 以内	0.16	0.24	0.35	0.41	0.51
	150 以内	0.20	0.29	0.40	0.48	0.56
吊车	50 以内	0.33	0.40	0.53	0.65	0.80
	100 以内	0.36	0.47	0.60	0.73	0.87
	150 以内	0.40	0.53	0.67	0.80	1.03

表 10-4　清除铁锈及氧化皮所需的工时

序号	采用器具名称	清理每平方米的工时额/min		
		小件　0.02～0.3m²	中件　0.3～1.5m²	大件　1.5m² 以上
1	手动机械圆形钢刷	10～15	4～6	3～4
2	手用钢刷(2～3)号		6～10	4～6
3	喷砂		4～6	2～4
4	喷丸		3～5	2～3
5	滚筒清理	0.75～1[1]		

① 清理 1kg 零件的工时。

表 10-5　用压缩空气吹去零件上的水分或灰尘所需工时

被处理工作面积/m²	0.5	0.6～3.0	3.0 以上
吹 1m² 所需时间/min	0.13～0.16	0.11～0.14	0.08～0.20

表 10-6　用蘸有白醇（溶剂汽油）的擦布去油或用干净擦布擦净的工时

序号	零部件的外形复杂程度	擦净每平方米的工时/min							
		在工作台上					在悬挂式输送链上		
		0.1m²	0.25m²	0.5m²	1.0m²	2.0m²	1.0m²	2.0m²	3.0m²	3.0m² 以上
1	外形简单，如平板、管、角钢状	1.40	1.10	0.80	0.60	0.50	0.50	0.40	0.30	0.20
2	外形比较复杂	1.80	1.50	1.20	1.00	0.90	0.90	0.65	0.50	0.40
3	外形复杂(有深孔、缝隙)	2.1～2.4	1.8～2.1	1.5～1.8	1.2～1.5	1.1～1.4	1.1～1.4	0.9～1.2	0.75～1.0	0.65～0.9

表 10-7　手工喷涂底漆和面漆的工时

序号	涂漆状态及难易	涂每平方米的工时/min							
		0.1m² 以内		0.5m² 以内		3.0m² 以内		3.0m² 以上	
		P[1]	C[2]	P	C	P	C	P	C
1	单面涂漆	0.42	0.50	0.30	0.35	0.18	0.20	0.15	0.18
2	喷涂时需转动工件	0.52	0.60	0.35	0.40	0.25	0.30	0.20	0.25
3	喷涂外形比较复杂的工件	0.85	0.95	0.65	0.75	0.45	0.50	0.40	0.45

① 涂层类型中 P 代表涂底漆。
② 涂层类型中 C 代表涂面漆。
注：平均每小时可喷涂 150～200m²/枪。

表 10-8　手工刮涂的打磨工时

序号	工 作 内 容	刮涂和打磨每平方米的工时定额/min		
		$0.02\sim0.3m^2$	$0.3\sim1.5m^2$	$1.5m^2$ 以上
1	局部刮腻子填坑	4~6	3~4	3~4
2	全面通刮一层腻子	15~25	10~15	8~10
3	全面刮一层薄腻子	12~20	9~12	7~9
4	局部用1#砂纸轻打磨腻子	2.4~5	1.5~2	1~1.5
5	全面湿打磨腻子和擦干净	30~58	20~30	16~20
6	全面湿打磨最后一道腻子或二道浆,并擦干净	34~64	25~35	20~25

(2) 专用工位数的计算　根据工时定额可计算各工位的操作时间,进而可以按下式计算专用工位数:

$$专用工位数 = \frac{工序操作时间}{生产节拍 \times 每工位采用的人数}$$

每个工位采用的人数以相互不影响为原则。实际的工位确定,是根据计算数值结合具体情况加以调整 (如计算结果为 2.2,则应取 3) 的。

10.1.2　人员数量的计算

一般来说,工序的年工作量除以相应工人的年时基数,即得所需的生产工人数,然而,实际进行人员设置时,往往是先确定工位数,然后按工位设置人员,在此基础上增加5%~8%的顶替缺勤工人的系数,即为生产工人数。

在大量流水生产场合,调整工、运输工、化验员等辅助生产工人的配备,一般为生产工人的15%~25%,在单件或小批量生产的场合为25%~30%,勤杂工人一般为工人总数的2%~3%。上述计算所得人数应按表10-9进行归纳,以作为其他计算的基础(如经济分析等)。

表 10-9　人员表

序号	名　称	人数				备　注
		合计	1班	2班	3班	
1	基本工人					
	(1)××工段					
	(2)…					
	小计					
2	辅助工人					占基本工人合计的　%
	(1)××工段					
	(2)…					
	小计					
	工人合计					
	其中女工					占工人合计的　%
3	工程技术人员					占工人合计的　%
4	行政管理人员					占工人合计的　%

续表

序号	名　　称	人数				备　注
		合计	1班	2班	3班	
5	服务人员					占工人合计的　%
	工作人员总计					
	技术检查人员					占基本工人合计的　%
	其中:工人					
	工程技术人员					

注：若为改、扩建厂，人员可表示为：总数/新增数。

10.1.3　劳动量的计算

在工人数确定后，按下式计算劳动量：

$$劳动量 = 工人年时基数 \times 基本工人数 \times K$$

式中　K——工时利用系数，在低产量的场合，工时利用系数为 $60\% \sim 70\%$，产量较低时，取 $70\% \sim 80\%$，产量较大时，取 80% 以上。

将劳动量除以年纲领数即可计算出每套产品的劳动量，它是涂装车间设计的一个重要指标，视不同情况，有下列两种劳动量表格供选择，见表 10-10 和表 10-11。

表 10-10　劳动量表（一）

工　序	部门或工段名称	工作名称	每套产品劳动量(工时)	年纲领劳动量(工时)

表 10-11　劳动量表（二）

工序	产品名称	每套产品劳动量(工时)	年纲领劳动量(含备件)(工时)

计算劳动量也可以采用其他能反映人工劳动量的方法。但无论如何在计算前应加以明确说明，在设计零部件或多产品混流生产线时，要说明作为计算依据的代表产品及劳动量折合系数，有条件时，要把计算结果与类似厂或同类产品劳动量进行比较分析，改造后必须与改造前劳动量相比较。

10.2　动力计算

涂装车间使用的动力一般为水、电、蒸汽、煤气（天然气、液化石油气、油）及压缩空气等。在扩初设计阶段，必须对各种能源的消耗作出估算，以作为方案选择及可行性分析的依据。

10.2.1　水耗量的计算

涂装前处理设备、湿式喷漆室、电泳涂装设备和湿打磨工位等是涂装车间主要的用水点，一般采用自来水，但前处理和电泳的最后一道水洗、湿打磨后水洗和电泳槽供水要求采用去离子水（纯水）。

一般要说明车间总耗水量，需要计算每小时最大耗水量、小时平均耗水量及年用水量。可按下列公式或经验数据计算。

（1）每小时最大耗水量

$$每小时最大耗水量 = \frac{注满水槽的容积（m^3）}{注满一次所需时间（h）}$$

注水时间规定：$3 \sim 5m^3$ 槽，$0.5 \sim 1h$；$5 \sim 10m^3$ 槽，$1 \sim 1.5h$；$10 \sim 15m^3$ 槽，$2h$；大于 $15m^3$ 槽，视厂规模而定，最大不宜超过 $3h$。

（2）小时平均耗水

$$Q_水 = Aq$$

式中　$Q_水$——清洗设备每小时平均耗水量，L/h；

　　　A——小时处理零件面积，m^2/h；

　　　q——处理单位面积工件的耗水量，L/m^2。

处理单位工件面积的耗水量与处理方式、补水方式等因素有关。对喷射处理方式，单独补水 $15 \sim 20L/m^2$；逆工序补水 $4 \sim 6L/m^2$。浸渍式处理，平均耗水量为喷射式处理的 $1/2$。按经验，在逆工序补水（含预水洗）和浸喷结合式水洗方式场合，脱脂、磷化后水清洗的耗水量一般为 $1.5 \sim 2.0L/m^2$。喷漆室的每小时耗水量按其循环水量的百分比选取：喷淋式为 $1.5\% \sim 3\%$；其他为 $1\% \sim 2\%$。喷漆室的循环水量可按下式计算：

$$Q = VK$$

式中　Q——喷漆室的每小时循环水量，kg/h；

　　　V——喷漆室的每小时排风量，m^3/h；

　　　K——消耗因数，kg/m^3，喷淋式小型喷漆室取 $1 \sim 1.2$，中型喷漆室取 $0.8 \sim 0.9$，大型喷漆室取 $0.7 \sim 0.8$。

近年来，我国已采用了几种发达国家的专利喷漆室，其循环水都有专门的计算公式，但作为水量估算不要求很精确，所以，完全可以根据上式计算。

电泳后冲洗的平均耗水量为 $1 \sim 2L/m^2$，湿打磨腻子工位为 $3 \sim 4L/m^2$。

（3）年用水量

年用水量 = （每小时最大耗水量×年换水时数）+

　　　　　［小时平均耗水量×（年时基数×设备利用系数-年换水时数）］

10.2.2　电耗量的计算

涂装车间除照明用电和设备（风机、泵、运输链）动力用电外，还有电加热装置用电。

照明和设备用电，在初步设计阶段，因没有设备计算，所以只能凭经验估算。电加热装置用电，可根据热能计算结果换算，详见本章 10.2.3 节。

10.2.3　蒸汽（热水）、煤气（天然气）等耗量的计算

这些能源耗量都需从热力计标求得。涂装车间耗热设备有前处理、烘干室及空调机。其耗热计标方法有精确计标、经验计标、查表计标。这里介绍一下常用的理论与经验相结合的计标方法。

（1）前处理设备耗能计算　设备工作时，即热平衡状态下，每小时总的热损耗量可按下式计算：

$$Q=(Q_1+Q_2+Q_3+Q_4+Q_5)\times K$$

$$Q_1=(AK'+A'K'')(t_2-t_0)$$

$$Q_2=(Wc+W'c')(t_2+t_1)$$

$$Q_3=W_a c_a(t_2'+t_1)$$

$$Q_4=0.9W_a(q_2-q_1)r$$

$$Q_5=V\rho c'(t_2-t_1')$$

式中　Q——设备工作时，总的热损耗，kJ/h；

Q_1——通过壁板和槽壁散失的热损耗量，kJ/h；

Q_2——加热工件和输送机移动部分的热损耗量，kJ/h；

Q_3——排出的空气、蒸汽混合气中的空气的热损耗量，kJ/h；

Q_4——排出的空气、蒸汽混合气中的蒸汽的热损耗量，kJ/h；

Q_5——补充新鲜槽液的热损耗量，kJ/h；

K——（其他未估计到的）热量损失系数，一般取 1.1～1.2；

A——壁板表面积，m^2；

A'——槽壁表面积，m^2；

K'，K''——传热系数，kJ/(h·m^2·℃)，对 50mm 厚度的矿渣棉壁板，K' 取 5.024～5.862，80～100mm 厚的矿渣棉槽壁，K'' 取 2.931～4.187；

t_2——槽液工作温度，℃；

t_0——车间平均温度，一般可取 15～20℃；

W——每小时输入设备内工件的质量，kg/h；

W'——每小时输送机移动部分的质量，kg/h；

c——工件的比热容，kJ/(kg·℃)；

t_1——工件的初始温度，℃；

W_a——每小时排出的气体质量，kg/h；

c_a——空气的比热容，kJ/(kg·℃)；

t_2'——排气温度，比工作温度低 20～25℃；

q_2——排气温度下，饱和度为 90% 时，每千克混合气中水蒸气的含量；

q_1——车间温度下，饱和度为 60% 时，每千克车间空气中水蒸气的含量；

r——水的汽化热，kJ/kg；

V——平均每小时补充新鲜槽液的体积，L；

ρ——槽液密度，kg/L；

c'——槽液的比热容，kJ/(kg·℃)；

t_1'——补充槽液初始温度，℃。

　　设备在工作前，需把槽液加热到规定的工作温度，此时，设备未达到热平衡状态，加热槽液的热耗量仅包括槽液升温及槽壁散热所损失的热量，每小时加热槽液的热损耗量可按下式计算：

$$Q'=\frac{Wc(t_2-t_1)}{t}+\frac{1}{2}Q_1$$

式中　Q'——槽液加热升温时的热损耗，kJ/h；

W——被加热的槽液质量，kg；

c——槽液的比热容，kJ/(kg·℃)；

t_2——槽液的工作温度，℃；

t_1——槽液的初始温度，℃；

t——升温时间，根据槽容积不同而不同，但最长不能超过3h，一般在1h左右。计算出总的热损耗量，便可计算出各种能源的消耗量。

① 蒸汽耗量。升温时：

$$G' = Q/r$$

式中 G'——升温时每小时的蒸汽消耗量，kg/h；

Q——升温时的热损耗，kJ/h；

r——蒸汽潜热，kJ/kg。

正常工作时：

$$G' = Q/r$$

式中 G'——工作时蒸汽消耗量，kg/h；

Q——工作时的总热耗量，kJ/h。

② 电功率的计算。升温时：

$$P = Q'/3600$$

工作时：

$$P = Q/3600$$

依次类推，可按下列各种能源的发热量换算出各种能源的用量。

电	3600kJ/(kW·h)
低热值煤气	5233kJ/m³
高热值煤气	7356kJ/m³
水煤气	10048kJ/m³
干馏煤气	16747kJ/m³
天然气	37618~41868kJ/m³
煤油	约38728kJ/L
焦炭	约26377kJ/kg
煤	约27214kJ/kg
蒸汽	约2140kJ/kg

各种能源的年消耗量可用上述结果计算。

年耗量＝最大耗量×年升温时间＋平均耗量×设备年时基数×设备负荷系数

如果升温加热时间在设备年时基数内，公式中"设备年时基数"相应为"设备年时基数－年升温加热时间"。

(2) 烘干室耗热计算 烘干室工作时单位时间热损耗量可按下式计算：

$$Q = (Q_1 + Q_2 + Q_3 + Q_4 + Q_5)K$$

$$Q_1 = K'A(t_2 - t_0)$$

$$Q_2 = (W_1 c_1 + W_2 c_2)(t_2 - t_1)$$

$$Q_3 = W_3 c_3 (t_2 - t_0) + W_4 r$$

$$Q_4 = W_5 c_4 (t_2 - t_0)$$

$$W_5 = V\rho_1 \qquad V = 2W_4' K_1 / ta$$

$$Q_5 = K_2 A_2 (t_2' - t_0)$$

$$Q_6 = qL'$$

式中　Q——工作时总的热损耗量，kJ/h；

　　　Q_1——通过烘干室外壁散失的热耗量，kJ/h；

　　　Q_2——加热工件和输送机移动部分的热耗量，kJ/h；

　　　Q_3——加热涂料材料和溶剂蒸发的热耗量，kJ/h；

　　　Q_4——加热新鲜空气的热耗量，kJ/h；

　　　Q_5——通过烘干室外部风管散失的热耗量，kJ/h；

　　　Q_6——通过门框和门缝散失的热耗量，kJ/h；

　　　K——储备因数，一般取 1.2～1.3；

　　　K'——设备实体保温层的传热系数，kJ/(m² · h · ℃)，保温层厚度为 80mm、100mm、120mm、150mm 时，分别取 5.024、4.605、4.187、3.349；

　　　A——设备实体保温层的表面积之和，m²；

　　　t_2——工作温度，℃；

　　　t_0——车间温度，℃；

　　　W_1——按质量计算最大生产率，kg/h；

　　　c_1——工件的比热容，kJ/(kg · ℃)；

　　　W_2——每小时加热输送机移动部分的质量，kg/h；

　　　c_2——输送机移动部分的比热容，kJ/(kg · ℃)；

　　　t_2——工件及输送机移动部分在烘干室出口处的温度，℃；

　　　t_1——工件及输送机移动部分在烘干室入口处的温度，℃；

　　　W_3——每小时进入烘干室的最大涂料质量，kg；

　　　c_3——涂料材料的比热容，kJ/(kg · ℃)；

　　　W_4——每小时进入烘干室的涂料中含有溶剂的质量，kg；

　　　r——溶剂的汽化潜热，kJ/kg；

　　　W_5——每小时进入烘干室的新鲜空气体积，m³/h；

　　　c_4——空气的比热容，kJ/(kg · ℃)；

　　　V——每小时向烘干室补充的新鲜空气的体积，m³/h；

　　　ρ_1——车间内空气密度，kg/m³；

　　　W_4'——进入烘干室的溶剂质量，g，连续式烘干室为每小时的质量；

　　　K_1——安全系数，温度在 90～200℃ 之间相应取 2～5；

　　　a——溶剂蒸气爆炸极限浓度，g/m³；

　　　t——大部分溶剂挥发持续时间，h，一般间歇式取 0.088～0.166，连续式取 1；

　　　K_2——外部循环风管传热系数，kJ/(m² · h · ℃)；

　　　A_2——外部循环风管的面积，m²；

　　　t_2'——风管内热空气的温度，℃；

　　　q——通过门框和门缝处单位长度上的热损耗量，kJ/(m · h)，见表 10-12；

L'——门框总长度，m。

表 10-12 门框和门缝处单位长度的热损耗量

温度/℃	30	40	60	80	100	120	140	160	180	220
$q/[kJ/(m \cdot h)]$	67	142	301	494	695	921	1156	1415	1691	2219

烘干室升温时，单位时间热损耗量，可按下式计算：

$$Q' = \frac{V'\rho c(t_2 - t_0)}{t} + \frac{1}{2}(Q_1 + Q_5 + Q_6)$$

式中　Q'——升温时热损耗，kJ/h；

　　　V'——烘干室内部容积，m³；

　　　ρ——空气密度，kg/m³；

　　　c——空气的比热容，kJ/(kg·℃)；

　　　t_2——工作温度，℃；

　　　t_0——车间温度，℃；

　　　t——升温时间，一般在 1h 以内。

计算出工作时以及升温时的总热耗量，可按本节（1）中所述的方法计算出用电、煤气、天然气或油等的平均用量及年用量。

10.2.4　空调机热损耗的计算

空调机热损耗计算比较简单，可参照烘干室加热空气的计算方法计算，但要注意，空调往往有湿度要求，在需要加湿的情况下，必须根据湿空气的焓湿图曲线将空气加热足够高的温度后，加湿冷却到工艺温度，才能保证湿度要求。

10.2.5　压缩空气耗量的计算

压缩空气在涂装车间的使用点有喷涂、吹干及气动器械等。其耗量按每个消耗点的平均耗量确定，每个点使用压缩空气的时间取决于各工序需用压缩空气的工作量。但需要注意，一般是间断地使用压缩空气这个特点，所以在确定压缩空气时，要考虑修正系数、设备负荷系数和用气地点负荷系数。各种使用地点平均压缩空气耗用量：喷枪 0.2～0.3m³/min；喷嘴 0.25～0.3m³/min；气动升降机 0.05～0.4m³/min；气动工具 0.3～0.5m³/min。空气喷枪的分类如表 10-13 所示。各种风动工具的压缩使用指标如表 10-14 所示。

表 10-13 空气喷枪的分类

涂料供给方式	按被涂物区分	喷雾图样（方式）	涂料喷嘴口径/mm	空气使用量/(L/min)	涂料喷出量/(mL/min)	喷流幅度
重力式	小型S	圆形	0.5～1.0	40～70 以下	10～50 以上	15～30 以上
吸上式	小型S	扁平型	0.8～1.8	160～300 以下	45～130 以上	60～150 以上
重力式	大形L	扁平型	1.3～3.0	280～560 以下	120～270 以上	150～260 以上
压送式	小型S	扁平型	0.8～1.2	270～340 以下	150～240 以上	150～180 以上
	大型L	扁平型	1.0～2.0	500～720 以下	250～270 以上	300～340 以上

注：试验条件：喷涂空气压力为 0.3～0.35MPa，喷涂距离 200～250mm，喷枪移动速度 0.05～0.10m/s（重力式和吸上式），0.15m/s 以上（压送式）。

表 10-14　各种风动工具的压缩使用指标

工具名称	使用量/(L/min)	压力/MPa	工具名称	使用量/(L/min)	压力/MPa
吹气枪	30～75	0.3～0.6	铆枪	127～156	0.45～0.6
小型喷枪	30	0.1～0.35	喷砂枪	62～113	0.25～0.6
车身冲洗机	240	0.3～0.6	喷砂枪/搅砂器	56～170	0.3～0.6
切断研磨机	55～110	0.45～0.6	碟式打磨机	113～170	0.4～0.55
3/8in 钻机	55～85	0.45～0.6	双运动式打磨机	170～226	0.4～0.55
水平式研磨机	283～450	0.45～0.6	精修打磨机	170～226	0.4～0.55
针束除锈机	85～110	0.45～0.6	直线运动式打磨机	170～226	0.45～0.6
喷枪	20～140	0.1～0.5	攻丝机	56～170	0.45～0.6
气动车库大门	56	0.6～1.0	剪板机	142～226	0.45～0.6
抛光机	56	0.45～0.6			

注：上列数值只是一般的平均值，仅供参考。注意向工具生产厂咨询实际空气指标。

　　压缩空气小时的最大耗量取决于喷枪、气动工具和器械的规格型号。压缩空气的小时平均耗量除按上述经验数据计算，还可按下式计算：

小时平均耗量＝小时最大耗量×K（实际使用因数）

　　一般，喷嘴 K 取 0.4～0.5，升降设备 K 取 0.7～0.8。

　　每台用气设备的年耗量＝小时平均耗量×设备年时基数×设备利用系数。

10.2.6　能源汇总

　　在分别计算了各种能源消耗后，必须将各种能源用量及技术要求汇总于能源耗量表中（见表 10-15），以作为各专业的资料及经济分析的依据。注意表中的所有能源消耗，要折算成标准煤，折算方法为：

折标煤(t)＝能源耗量×折标煤系数

表 10-15　能源耗量表

序号	能源种类	技术要求	安装容量	消耗量				备注
				小时平均	小时最大	全年		
						耗量	折标煤(t)	
1	电力/kW							
	/kV·A							
	/kW·h							
2	压缩空气/m³							
3	生产用蒸汽/kg							
4	生产用水/m³							
5	...							
	总计							

注：一次能源和二次能源消耗量均填入。

在施工设计阶段要向土建及公用设施设计部门提供暖通、工艺设备所使用水及各种动力的使用点，在平面图上要标出三维尺寸，附以文字或表格说明。

暖通和各种动力汇总资料表如表 10-16～表 10-19 所示。

表 10-16　厂车间需设排风装置的涂装设备表　　　　　共　　页第　　页

序号	平面图编号	设备名称	主要尺寸或排风口尺寸/mm	台数	工作温度/℃	设备排风量/(m/h)	排气成分及含量	产生有害气体名称	备注

审核：　　　　　　校对：　　　　　　设计：

表 10-17　生产用水及排水量资料表

厂 ╱ 车间	阶段 扩初设计 施工图设计		项 目 名 称							交提	给排水 工艺(专业)	互提资料表 No 共　页第　页

	设备或供水点					供　水				排　水				排水口标高/m
序号	平面图编号	名称或型号	数量	工作班次	同时使用系数	供水点压力/Pa	水温和水质要求	每台设备用水定额/(m³/h)	一昼夜/m³ (平均 最大)	可循环用水量/m³(平均最大)	每台设备排水定额/(m³/h)	一昼夜/m³	水温/℃	含主要化学成分 名称/(mg/L)

平均 最大 / 平均 最大 形式按表格

审核：　　　年 月 日　　校对：　　　年 月 日　　设计：　　　年 月 日

注：供水点压力包括进水点安装高度在内，排水温度一栏如不超过40℃可不填。　　　提交日期　年 月 日

表 10-18　生产用压缩空气耗量资料表

厂 ╱ 车间	设计阶段		项 目 名 称									共页第页 提交

	设备或用点					耗量/(m³/h)								备注
序号	平面图编号	规格型号及名称	数量	表压力/MPa	每台每小时最大耗量/(m³/h)	同时使用系数	Ⅰ班 小时 平均	Ⅱ班 小时 平均	Ⅲ班 小时 平均	设备负荷率/%	全年耗量/m³	含油、含水、含灰尘量	

审核：　　　年 月 日　　校对：　　　年 月 日　　设计：　　　年 月 日

表 10-19 生产与生活用蒸汽耗量资料表

厂 / 车间	设计阶段					项 目 名 称									共 页 第 页 提交		
序号	设备或用点			表压力 /MPa 及温度 /℃	升温时间 /h	Ⅰ班耗量 /(kg/h)						Ⅱ班耗量 /(kg/h)		Ⅲ班耗量 /(kg/h)		设备负荷率 /%	年耗量 /m³	冷凝水返回量 /t	备注
	平面图编号	规格型号及名称	数量			上班前		上班后 1 小时		上班后 1 小时									
						小时平均	小时平均	小时平均	小时平均	小时平均	小时平均	小时平均	小时平均	小时平均	小时平均				

审核：　　　　年　月　日　　校对：　　　　年　月　日　　设计：　　　　年　月　日

注：在备注栏内说明换水周期及相同设备的同时使用系数。

GB/T 2589《综合能耗计算通则》有明确规定，表 10-20 中给出了常用能源与耗能工质的热值参考系数。

为适应节能减排、碳排放统计的需要，必要时应将所有能源消耗折算成 CO_2 $(kgCO_2)$。

表 10-20 常用能源与耗能工质的热值与等价热值（平均）参考表

序号	名称	低位发热值 Q			等价热值(D)			备注
		kJ/kg(m³)	×4.186 kJ/kg(m³)	折标煤系数	kJ/kg (m³)	kcal/kg (m³)	折标煤系数	
1	标准煤/kg	29308	7000	1.000	29308	7000	1.000	—
2	标准油/kg	41868	10000	1.429	41868	10000	1.429	—
3	标准气/m³	41868	10000	1.429	41868	10000	1.429	—
4	原煤/kg	20934	5000	0.714	20934	5000	0.714	—
5	原油/kg	41868	10000	1.429	41868	10000	1.429	—
6	天然气/m³	36979	9310	1.330	36979	9310	1.330	—
7	焦炭	28470	6800	0.971	33494	8000	1.143	—
8	电石	16286	3690	0.556	60918	14550	2.079	—
9	汽油/kg	43124	10300	1.471	44840	10710	1.530	1982 年
10	柴油/kg	46054	11000	1.571	47897	11440	1.634	1982 年
11	煤油	43124	10300	1.471	44840	10710	1.530	1982 年
12	重油/kg	41868	1000	1.429	46055	11000	1.571	—
13	城市煤气/m³	16747	4000	0.571	32238	7700	1.110	—
14	液化石油气/kg	50241	12000	1.714	52167	12460	1.780	1982 年
15	乙炔/m³	56099	1399	1.914	243671	58200	8.314	—

续表

序号	名称	低位发热值 Q			等价热值(D)			备注
		kJ/kg(m³)	×4.186 kJ/kg(m³)	折标煤系数	kJ/kg (m³)	kcal/kg (m³)	折标煤系数	
16	氢/m³	10802	2580	0.369	—	—	—	
17	二氧化碳/m³				6280	1500	0.214	
18	电/kW·h	3600	860	0.123	11840	2828	0.404	
19	蒸汽/kg	2673	660	0.0943	3768	900	0.129	
20	市供新鲜水	—	—	—	7536	1800	0.257	
21	循环水	—	—	—	4186	1000	0.143	
22	软化水/t	—	—	—	14235	3400	0.486	
23	除氧水	—	—	—	28470	6800	0.971	
24	压缩空气	—	—	—	1172	280	0.040	
25	氧气/m³	—	—	—	11723	2800	0.400	
26	氮气	—	—	—	19678	4700	0.671	

10.3 材料消耗计算、物流及辅助部门设计

根据工艺过程设计确定材料的品种、消耗定额，进而计算各种材料的消耗量、废料的排出量、物流运输量及辅助部门的设计，其设计内容是评价设计方案的重要指标之一。

10.3.1 材料消耗及废料排放量计算

计算材料消耗首先确定消耗定额。消耗定额的确定有计算法、统计法和实测法三种。作为设计所需要的消耗定额，借鉴类似生产车间实际统计的消耗定额最理想。在没有现成资料可参考时，可采用计算法，计算式如下：

$$q = \frac{\sigma \rho}{NVm}$$

式中　q——单位面积材料的消耗的质量，g/m²；

　　　σ——涂层厚度，μm；

　　　ρ——涂膜的密度，g/cm³；

　　　NV——原漆或施工黏度时的固体分，%；

　　　m——材料利用率或涂着效率，%。

涂装方法、涂着效率不同：如静电粉末喷涂、刷涂、浸涂及电泳涂装等，涂着效率可达95%以上；静电喷涂涂着效率可在80%~90%；空气喷涂效率只有50%~60%，喷涂小件时更低，约20%~30%。

把单位面积消耗量与每个工件的涂装面积相乘，即可求出每个工件的耗漆量。表10-21及表10-22给出了工业涂装中的经验单位面积材料及辅助材料消耗定额，供参考。某公司的汽车车身涂装生产材料消耗量估算见表10-23。

表 10-21　常用涂料的单位消耗定额　　　　　单位：g/m²

序号	典型涂料品种	型号	喷涂法				浸涂法	电泳法	静电涂装	刷涂	刮涂	备注
			金属表面		木质件	铸件						
			<1m²	>1m²								
1	铁红底漆	C06-1	120~180	90~120		150~180			50~80			
2	阴极电泳底漆	CED涂料						70~80				固体分以50%（质量分数）计
3	磷化底漆	X06-1		20								膜厚6~8μm
4	黑色沥青漆	L06-3					70~80					
5	黑色沥青漆	L04-1	100~120		180		80~100		90~100	90~100		浸小零件
6	粉末涂料	环氧树脂系列							70~80			膜厚50μm计
7	各色硝基漆、面漆	Q06-4 Q04-2	100~150			150~180						
8	各色醇酸磁漆	C04-2、C04-49、C04-50	100~120	90~120	100~120					100~120		
9	各色氨基面漆	A04-1、A04-9	120~140	100~120					80~100			
10	油性腻子	T07-1 A07-1									180~200	
11	硝基腻子	Q07-1									180~300	
12	防声阻尼涂料		400~600									厚度1~3mm
13	红丹防锈底漆		100~160	90~120								
14	各色皱纹漆		160~210									
15	各色锤纹漆		80~160									

注：1. 除磷化底漆、粉末涂料、腻子、防声阻尼涂料外，其他涂料形成的涂膜以 20μm 计（即一道厚度）。

2. 表中数据除电泳涂料、粉末涂料和腻子按原涂料计算外，其他均以调稀到工作黏度的涂料计，扣除稀释率即为原涂料（溶剂型涂料的稀释率一般为 10%~15%，硝基、过氯乙烯漆为 100%左右）。

表 10-22　涂装用辅助材料消耗定额　　　　　　　　单位：g/m²

序号	辅助材料名称	规格	金属板件	金属件/锻件	备注
1	复合清洗剂		4～8		各种碱式盐及表面活性剂
2	表面活性剂	OP-10 三乙醇胺	3～5 1～2		
3	三氯乙烯	工业用	15～25		去油用
4	白醇(溶剂汽油)	工业用	25～30		去油用
5	磷化液		15～30		总酸度 500 点
6	重铬酸钠	工业用	0.65～1		清洗后钝化用
7	硫酸(密度 1.84g/cm³)	工业用	65～80	65～80	热轧钢板和锻件酸洗去锈用
8	碳酸钠	工业用	12～25		酸洗后中和用
9	硅砂(喷砂用)			5%～12%	按零件重量计
10	铁丸(喷丸用)			0.03%～ 0.05%	按零件重量计
11	砂布	2#～3#	0.1		去锈用
12	砂纸	0#～2#	0.04～0.05		打磨腻子用
13	砂纸	0#～200#	0.01～0.025		打磨腻子用
14	水砂纸	220#～600#	0.02～0.04		打磨腻子、中涂层用
15	水砂纸	600#～1000#	0.05～0.06		打磨面漆层用
16	擦布		10	15	擦净用
17	法兰绒		0.04～0.05		抛光用

注：砂布，砂纸的消耗单位以平方米计，即打磨每平方米涂装面所消耗砂布或砂纸的平方米数。

表 10-23　汽车车身涂装生产材料消耗清单[①]

序号	涂装材料名称		单位面积 消耗量 /(g/m²)[②]	被处理(涂装) 面积/m²	每台车身 定额/(g/台)	备注
1	脱脂剂		3～10		400～600	
2	表调剂		1.0～1.5		95	
3	磷化液		10～12	75(前处理)	850	应根据所选用型号，与供应商确定耗量
4	磷化促进剂		1～3		80	
5	钝化液		0.8～1.45		60	
6	阴极电泳涂料		70～80	75	5～6kg/台	或色浆 12～15g/m²，乳液 60～70g/m²
7	中涂		115～120	16.0	1900	内表面 500g，外表面 1400g，NV 以 50%计
8	面漆、本色	各色	120～125	15.0	1800	施工黏时不挥发分以 50%计
	金属色	底色漆	120～130	15.0	2100	施工黏度时不挥发分以 20%计
		罩光清漆	115～120	15.0	1900	施工黏度时不挥发分以 50%计
9	密封胶				2～3kg/台	

续表

序号	涂装材料名称	单位面积消耗量/(g/m²)②	被处理(涂装)面积/m²	每台车身定额/(g/台)	备　注
10	PVC车底涂料	820	4.5	3700	
11	聚氨酯		0.6	200~300	
12	蜡		0.5	600	
13	黑漆(轮罩、门槛用)	250~300	1.2	320	

　　① 本表的编制是以年产15万台轿车车身涂装线为例,采用3C3B涂装体系,阴极电泳、机器人自动静电涂装与手工喷涂机结合的喷涂工艺,涂膜厚度分配为:磷化膜1~3μm,CED20~25μm,中涂35μm±5μm,底色漆15~20μm,罩光40μm±5μm(或本色面漆40μm±5μm)。
　　② 单位面积的消耗量(定额)最好借鉴类似涂装车间的实际统计的消耗定额为基准。

　　涂装车间排出的废料主要是废漆、磷化沉渣、废擦布、砂纸及遮蔽物等,在有污水处理时也排出废泥渣等。

　　废料(或称垃圾)的产生量可用单位产品的消耗定额减去产品带走量及挥发量计算。

　　根据计算结果,可将材料消耗及废料排出量分别汇总于表10-24及表10-25中。材料消耗及废料排出量将作为涂装车间设计的依据。

表 10-24　材料消耗表

序号	名称	单位	年消耗量	备注
1	主要原材料			
	,…,			
	合计			
2	辅助材料			
	,…,			
	合计			

表 10-25　废料排出量表

序号	废料名称	单位	年排出量	备注

10.3.2　物流及辅助部门设计

　　根据10.3.1中的计算结果、各种材料的储存地点及使用地点、废料排出的地点等,确定包装方式及运输线路。在进行此部分设计时,一定要注意:一般不允许车间外部的运输车辆进入涂装车间;物料的交接区要与车间隔离开。原则上,涂装车间与外界的物料交接点越少越好。为了使物流合理,要结合辅助部门(材料存放区或仓库、调漆间等)的设计绘制物流图。在图上应标明车间与外部物流关系、各种材料的使用点及仓储区、运输量、运输路线及运输方式,各种废料的运输量、运输路线及运输方式,经过多方案比较,使物流运输路线最顺，运输距离最短，所用的运输工具最少，对车间的生产环境影响最小。

一般物流方案设计是在工艺平面布置方案基本确定后进行的，或在工艺平面设计的同时进行。两者密不可分，当工艺设备平面布置方案与物流方案设计相矛盾时，后者应服从前者。

涂装车间的辅助部门主要包括输调漆间、化验室、涂料库、仓库、设备维修及生活设施。这部分的设计可根据工厂的具体情况确定设计原则，确保其最大限度地为生产服务。

调漆间应尽可能地靠近涂装车间的使用点，其涂料的储存量为班用量，不宜过多。涂料库应单独设置，存涂料量以周用量为佳。根据所使用涂料量的大小及生产组织形式的不同，可确定涂料到使用点的运输方式。例如用专用容器送至工位，或采用泵和循环管路系统连续的方式压送到工位。调漆间一般应恒温 18～20℃，建筑物要充分考虑防尘，要求密封，并按消防规范，要求有足够大的卸压面积；空调换气 15～20 次/h。地面要耐溶剂，便于清理，并应该是具有良好导电性的导电地面。所有电气要防爆，所有设备及管线必须接地良好。设置自动消防装置等。

在使用有机溶剂型涂料的大型浸漆槽的涂装车间（已趋于淘汰），应设置地下涂料库，以备停工后或发生事故时，将涂料自动流入地下涂料库。涂料库的容量一般略比浸漆槽大。储漆罐与浸漆槽之间有事故排放管，当发生事故时涂料可在 3～5min 内流入涂料库中。

根据防火要求，地下涂料库不能设在厂房内，离主厂房的距离不应小于12m，深度不应小于 8m。

为确保良好的工作条件，在地下涂料库内，排风装置每小时的换气量不应小于库容积的 10 倍，库内应设有灭火装置和器具。

涂装车间一般应配有车间化验室，它的主要任务是检查涂料质量、各种工艺参数及涂装质量，为此应配备相应的检测仪器。其面积和仪器、设备的数量，取决于生产规模和涂装工艺的特征。一般化验室面积在 15～30m² 左右，配备 1～3 人及相应的快速检测仪器即可。

10.3.3 工业涂装线能源、涂装材料消耗和环保状况分析及评价案例

为便于设计涂装车间，对比能源、涂装材料消耗和环境污染（涂装公害：三废）状况，以及评价工艺水平，特将日刊《涂装技术》2007 年 2～4 期的《涂装线设计基础讲座》中列举的典型案例分析数据摘录下来，以供读者参考。

(1) 涂装条件

① 被涂物：金属制品尺寸 $L \times W \times H = 600mm \times 900mm \times 1200mm$；质量15kg/件（挂）。

② 涂装面积 $200m^2/h$（$35000m^2/月$）。

③ 悬挂式输送链速度 2m/min；输送链质量 10kg/挂距。

(2) 涂装工艺

① 前处理：脱脂＋锌盐磷化处理＋水洗（喷雾供水）。

② 烘干水分：120℃×10min。

③ 喷涂：三聚氰胺漆一层 $25\mu m$，涂着效率 40%（自动喷涂＋手工喷涂），晾干。

④ 烘干：140℃×25min。

(3) 其他条件

① 排水处理：凝集沉淀法。

② 处理费：废液：3 万日元/m^3；产业废物：5 万日元/m^3；排水处理费：500 日元/m^3。

③ 涂料：单价 350 日元/kg；涂料固体分（NV）45%。

④ 涂膜相对密度 1.5；涂膜厚度 25μm。

（4）典型案例分析

① 各工序的环境负荷（三废）量列于表 10-26 中。由涂装线产生的环境污染物及能源消耗的流程图如图 10-1 所示。

② 各工序排放的废气量和产业废弃物量列于表 10-27、表 10-28 中。

③ 各工序的能源消耗和 CO_2 发生量列于表 10-29、表 10-30 中，CO_2 排出系数列于表 10-31 中。

表 10-26　各工序的环境负荷量

项　目		前处理	水分烘干	喷　涂		调漆	晾干	烘干	剥离打磨	合计（每月）
				自动补	手动补					
环境污染物	大气污染物/(kg/h)	脱脂:10m^3/h 磷化:10m^3/h 锅炉排气 CO_2:60 NO_x:0.04	CO_2:20 NO_x:0.02	VOC:20 漆尘:1	VOC:5.2 漆尘:0.5	VOC:0.1	VOC:2	VOC:0.3 CO_2:60 NO_x:0.04		VOC:3500 CO_2:27000 NO_x:18.7 漆尘:284
	排水/(m³/h)	脱脂:0.5 磷化:0.5 流动水:1.0 合计:2.0							8	360
	产业废物/(m³/月)	脱脂:3 磷化:2 废容器: 袋 30 个/月 20L罐 40 个/月		喷漆室排水:2	喷漆室排水:2	废罐 750 个/月				前处理排水:5 废容器:500 个 喷漆室排水:2
能源项目	电/kW	20	4	5.5	5.5	0.5	0.5	6		7600
	水/(m³/h)	2	10	0.1	0.1			10		390 (11L/m^2)
	燃气/(kg/h)	20								10000
材料	涂装材料/(kg/月)	脱脂剂:500 表调剂:100 磷化液:800		涂料:6000＋2000 溶剂:2200＋800 (涂料:229g/m^2 溶剂:86g/m^2)						脱脂剂:500 表调剂:100 磷化液:800 涂料:8000 溶剂:3000
	辅料/(kg/月)	锅炉辅料:30		喷漆室处理剂					脱漆剂:30 喷丸:10	锅炉辅料:30 喷漆室处理剂:15 脱漆剂:30 喷丸:10
				10	5					

表 10-27 各工序排放的废气量

工 序	相关联设备	大气污染物质	排放量 /(×10⁴m³·月)	浓度 /(mg/L)	备 考
前处理 脱脂 磷化	前处理设备	脱脂磷化液雾（酸、碱）蒸气	200	1000	除雾装置（除去液滴）
烘干水分	水分烘干室	排气（CO_2,NO_x,SO_x）	20	20	在间接加热场合灯油、柴油
调色调漆	溶解罐	有机溶剂蒸气、单体漆雾、尘埃、涂料粉尘	10	100	室内环境 100mg/L 以下
涂装 喷雾涂装	喷漆室 涂装机 排风管	有机溶剂蒸气、单体漆雾、尘埃	1000	500	捕集漆雾的过滤器
晾干		有机溶剂蒸气	10	1000	
烘干	烘干室	有机溶剂蒸气、单体排气（CO_2,NO_x,SO_x）	32	1000	排气温度 150℃
脱漆	脱漆设备（溶剂式、燃烧式）	有机溶剂蒸气	0.1	10	每周运转 1 天
涂膜 打磨 湿打磨	打磨设备 袋式过滤器	打磨灰	0.01	0	1 日 1h

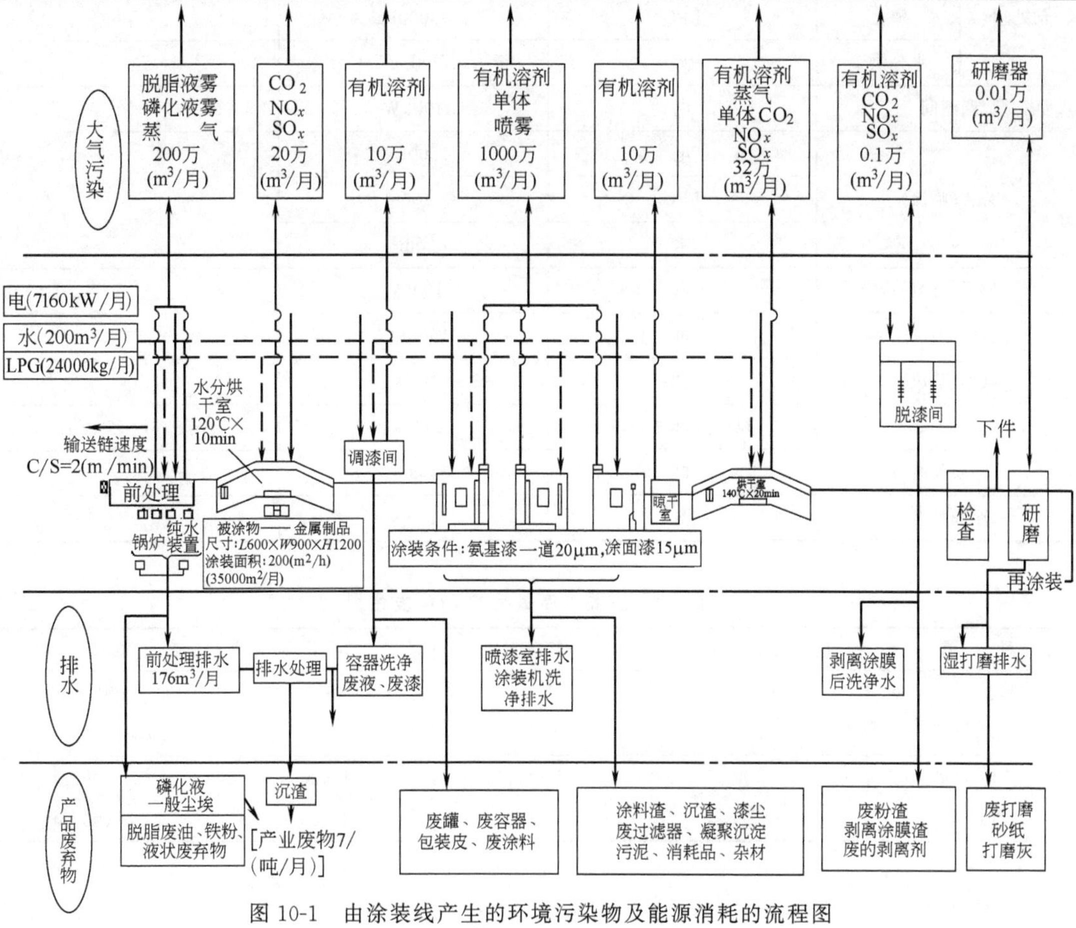

图 10-1 由涂装线产生的环境污染物及能源消耗的流程图

表 10-28 产业废弃物量和处理费用

工　序	废弃物	排出量/(m³/月)或(t/月)	处理费用
挂具脱漆	喷射加工处理	1	
前处理	脱脂	3	
	磷化	1	
调漆间		0.5	
喷漆室	废液	5	
	废渣	0.5	
烘干	热风	0.1	
打磨	打磨灰、废砂纸	0.1	
涂膜	含 Pb、Cr 废料	0.1	
小计			

表 10-29 涂装线的能源耗量一览表 (产业废弃物除外)

发生工序		能源种类	每月使用量	成本
剥离(喷丸处理)		电气	40kW	
前处理	脱脂	电	4000kW	
	磷化	LPG	13000kg	
	水分烘干	水	200m³	
调漆间		电	100kW	
涂装(喷涂)		电	1500kW	
		LPG	冬 1000kg	
		水	20m³	
晾干(室温)		电	100kW	
烘干(热风)		电	1500kW	
		LPG	7000kg	
		烘干室排气处理	4000kg	
涂膜打磨		电	10kW	
涂膜检查		电	10kW	

表 10-30 主要工序每月的 CO_2 发生量

种　类	前处理水分烘干	涂装	烘干	合计
电/kW	4000	1500	1500	7000
CO_2/kg	1548	580	580	2780(3.5%)
LPG/kg	13000	1000	11000	25000
CO_2/kg	39000	3000	33000	75000(96%)

续表

种　　类	前处理水分烘干	涂装	烘干	合计
水/m³	200	40		240
CO_2/kg	116	23		139(0.5%)
合计 CO_2	40664kg(52.5%)	3603kg(4.5%)	33580kg(43%)	77847kg
增加产业废弃物处理场合				
产业废弃物	7t	5t		12t
CO_2/kg	20300	14500		34800(31%)①
合计 CO_2	60964kg(54%)	18103kg(16%)	33580kg(30%)	112647kg

① 在 CO_2 总发生量中，由产业废弃物产生 CO_2 的比例。

表 10-31　CO_2 排出系数

种　　类	排出系数	单　　位	排出系数	单　　位
电	0.387(~0.555)	kgCO₂/(kW·h)	(0.154)	kgCO₂/MJ
蒸气			0.07	kgCO₂/MJ
LPG	3.02	kgCO₂/kg	0.0598	kgCO₂/MJ
煤油	2.51	kgCO₂/L	0.0678	kgCO₂/MJ
轻油	2.64	kgCO₂/L	0.0687	kgCO₂/MJ
柴油	2.77	kgCO₂/L	0.0693	kgCO₂/MJ
城市煤气	2.15	kgCO₂/m³(标况)	(0.049)~0.0513	kgCO₂/MJ
水	0.58	kgCO₂/kg		
一般废弃物	2.64	kgCO₂/kg		
废油	2.9	kgCO₂/kg		
废腻子	2.6	kgCO₂/kg		

注：括号内的数值引自日本大气社的资料。

根据上列各表的数据，可算出以下基准数据供参考。

① 按上述涂装条件，涂装工艺的一般工艺涂装场合中能源消耗基准，即每平方米被涂面积的耗能量。

电：$7160kW/35000m^2 = 0.2045kW/m^2$；

LPG：$24000kg/35000m^2 = 0.686kg/m^2$（月平均值）；

水：$390m^3/35000m^2 = 11.14L/m^2$（月平均值）；

其中脱脂、磷化前处理用水量：$200m^3/35000m^2 = 5.71\ L/m^2$。

② 涂装材料消耗值

脱脂剂：$500kg/35000m^2 = 14.3g/m^2$；

表调剂：$100kg/35000m^2 = 2.86g/m^2$；

磷化液：$800kg/35000m^2 = 22.86g/m^2$；

三聚氰胺树脂漆：$8000kg/35000m^2 = 229g/m^2$；

溶剂：$3000kg/35000m^3 = 86g/m^2$（单涂层 $25\mu m$ 的原因，涂着效率 40% 偏低，固体分 45% 还低，所以消耗大）。

③ 大气污染物（每平方米被涂面的发生量）

VOC：$27.5kg/200m^2 = 137.5g/m^2$（按小时平均计）；

按总投入的有机溶剂量计算：$(8000kg \times 55\% + 3000kg)/35000m^2 = 7400kg/35000m^2 = 211g/m^2$；

CO_2 由表 10-30 合计的 CO_2 发生量计算：$77847kg/35000m^2 = 2.22kg/m^2$；含产业废弃物处理场合的 CO_2 发生量，则为 $112647kg/35000m^2 = 3.22kg/m^2$。

第11章

涂装车间安全和环保设计 ▌▌▌▌

11. 1 概述

涂装车间所用的涂装材料绝大部分是易燃和有害物质（如有机溶剂、树脂、粉末涂料等易燃物质，酸、碱等化学药剂），再加上现代化的涂装车间是立体作业、自动化程度较高的作业场所，如操作不当，或安全设施不到位，易产生火灾爆炸事故、人身安全及设备事故，另外，在涂装过程中产生的三废（废气、废水和产业废弃物）污染环境，所以涂装车间是工厂的防火要害区和公害污染源之一。

为贯彻清洁生产法，适应环保和安全生产的要求，工业涂装领域已着手研制、开发采用环保型、低污染、毒性小且不易燃的涂装材料（如无 P、N 的脱脂剂、非磷酸盐的漆前表面处理剂、水性涂料、高固体涂料、粉末涂料等），逐步替代传统的易燃有害的、污染环境的涂装材料，并开发采用电泳涂装法、自动涂装、粉末涂装、废气处理装置、清洗水回收再循环利用装置等新工艺、新设备。这些新型涂装材料和新设备的采用，显著地减轻了涂装车间的火灾危险性和涂装公害，使操作人员有可能远离对身体健康有害的作业区。

"安全第一，预防为主"是我国安全生产的基本方针，是现代化大生产、高技术发展的需要，是企业安全管理工作的方向和指针，它高度概括了所有安全生产工作的目的和任务。

为使涂装车间（含涂装工艺、涂装设备、厂房等）在设计、建造、操作、管理上更加法制化、规范化，力争把安全事故风险严控在最小程度，确保操作人员的安全，减少和消除对环境的污染，确保国家财产不受、少受损失，同时制造一个健康和谐的生产环境，因此，必须十分重视和严肃认真地进行涂装车间的安全设计和三废处理的设计。现今各公司为取得 ISO 14001 认证，设计上的环境安全问题产生了如图 11-1 所示的变化。

图 11-1　设计上的环境安全问题的变化

涂装生产运行过程中，比较常见的、影响最大的事故类型是火灾、爆炸和职业中毒，所以它们在设计过程中也最应该受到关注，防火、防爆和控制职业危害应该是涂装工程安全设计中需要重点解决的问题。火灾、爆炸、中毒危险性与所使用的涂装材料、涂装方法、使用量、涂装现场条件密切相关。从设计理念和手段上看，安全设计分为主动措施和被动措施两大类。设计过程要求从系统安全工程角度提出安全技术对策，设置安全设施，其优化设计可以采用的手段包括：物料替代、工艺更新、工艺控制、安全隔离、危险预警、安全指示、防护措施等。

涂装车间安全设计必须贯彻和依据有关标准。近几年，随着经济高速发展和对生产安全更高的要求，国家及部委级安全标准也在不断地修订完善。到目前为止，有关涂装车间安全的国家及部委级安全标准大致如下：

GB 50016 《建筑设计防火规范》

GB 7691 《涂装作业安全规程　安全管理通则》

GB 7692 《涂装作业安全规程　涂漆前处理工艺安全及其通风净化》

GB 6514 《涂装作业安全规程　涂漆工艺安全及其通风净化》

GB 14444 《涂装作业安全规程　喷漆室安全技术规定》

GB 14443 《涂装作业安全规程　涂层烘干室安全技术规定》（修订后送审稿）

GB 12367 《涂装作业安全规程　静电喷漆工艺安全》

GB 15607 《涂装作业安全规程　粉末静电喷漆工艺安全》

GB 2894 《安全标志及其使用导则》

GB 4053.1 《固定式钢直梯安全技术条件》

GB 4053.2 《固定式钢斜梯安全技术条件》

GB 4053.3 《固定式工业防护栏杆安全技术条件》

GB 50058 《爆炸危险环境电力装置设计规范》

GB 12265 《机械防护安全距离》

JBJ 18 《机械工业职业安全卫生设计规范》

GB 50140 《建筑灭火器配置设计规范》

GB 8979 《污水综合排放标准》

GB 16297 《大气污染物综合排放标准》

GB 5083 《生产设备安全卫生设计总则》

GB 50057 《建筑物防雷设计规范》

GB Z1 《工业企业设计卫生标准》

GB Z2 《工作场所有害因素职业接触限值》

AQ 5201—2007 《安全生产行业标准——涂装工程安全设施验收规范》（见本手册附录15）

11.2　涂装车间安全和环保专业用语

11.2.1　防火防爆

涂装车间的火灾危险性大小与所使用涂料的种类、涂装方法及使用量、涂装场所的条件等有关。在使用易燃性的涂料及有机溶剂场合，爆炸和火灾的危险性就大。发生爆炸和火灾事故会造成生命、财产的严重损失，严重影响生产的正常进行。在设计涂装车间时，必须高度重视防火防爆的安全设计，在涂装车间的工艺、厂房、涂装设备等设计中必须依据或按照有关安全法规或标准，采取相应的防火防爆安全措施，杜绝爆炸火灾的隐患。

根据统计资料，涂装工厂产生火灾和爆炸事故的主要原因有以下几个方面。

① 气体爆炸。由于被涂物内（如槽罐、管道和船舱等）、涂装作业时和烘干室内因换气不良充满溶剂蒸气，在达到爆炸极限遇明火（火星、火花）就爆炸。

② 电气设备选用不当或损坏未及时维修。如照明器具、电动机、开关及配线板等在危险场所使用时，若在结构上防爆考虑不充分，则易产生火花的危险。

③ 在静电涂装作业时，不遵守操作规程会产生火花放电，从而造成气体爆炸，引发火灾事故。

④ 废漆、漆雾沫、被涂料和溶剂污染的废抹布等保管不善，堆积在一起易产生自燃。

⑤ 不遵守防火规则，在涂装现场使用明火或抽烟。

易燃性溶剂的危险性（爆炸、火灾）随有机溶剂的种类和涂料中含量的不同而异，衡量溶剂的爆炸危险性和易燃性，可以其闪点、自燃点、爆炸范围、蒸气密度等特性来判断。在考虑有机溶剂的危险性时，还须注意其挥发性、沸点、扩散性。涂料用有机溶剂的特性参见表 11-1。

表 11-1　涂料用有机溶剂的特性

溶剂名称	结构式	密度/ (g/cm³)	比热容/ [4.186kJ/(kg·℃)]	汽化热/ (4.186kJ/kg)	沸点/℃	闪点(闭杯法)/℃	自燃温度/℃	爆炸下限 容量 φ/%	爆炸下限 g/m³	爆炸上限 容量 φ/%	爆炸上限 g/m³	卫生许可浓度/(mg/L)	气体和蒸气状态的密度/(kg/m³)
甲醇	CH₃OH	0.793	0.50		66.2	−1~10	475	3.5	46.5	36.5	478	0.05	1.20
乙醇	C₂H₅OH	0.8075	0.61	205	78.2	12	404	2.6	49.0	18	338	1.0	1.613
正丙醇	C₃H₇OH	0.804	—	—	97	67						0.1	2.07
正丁醇	C₄H₉OH	0.815 (0℃)	0.61	130	108	27~34	366	1.68	51	10.2	309	0.2	
异丁醇					107.9	22.0	397	1.7	7.0	10.9			
戊醇	C₅H₁₁OH	0.810 (20℃)	0.6 (10~65)℃	120	130~132	约44	349	2.2	117	10	532	0.1	3.147
环己醇	C₆H₁₁OH	0.945	—	—	160	155							
丙酮	CH₃COCH₃	0.797	—	125	56.2	−17	633	2.5	60.5	9.0	218	0.2	2.034
甲乙酮	CH₃COC₂H₅	0.830			86	19		1.81		11.5			2.41
环己酮	C₆H₁₀O	0.945			154~156	40	452	1.1	44	9.0			
乙醚	C₂H₅OC₂H₅	0.714			34.6	−40	180	1.85		36.5			
乙基溶纤剂	HOCH₂—CH₂OC₂H₅	0.936	0.555		134.8	40	238	2.6	9.5	15.7	574	0.2	
丁基溶纤剂	HOCH₂—CH₂OC₄H₇	0.919	0.583	—	170.6	60.5							
乙酸甲酯	CH₃COOCH₃	—	—	—	57.5	−10	455	3.1		16			
乙酸乙酯	CH₃COOC₂H₅	0.898	0.478	34	77.2	−5	400	2.18	80.4	11.4	410	0.2	3.14
乙酸丙酯	CH₃COOC₃H₇				101.1	12~14.5		2.8		8.0			
乙酸异丙酯					89.1			1.8		7.8			
乙酸丁酯	CH₃COC₄H₉	0.883	0.505	73.8	126	25	422	1.7	80.6	15	712	0.2	4.0
乙酸异丁酯					118.3	17.7							
乙酸戊酯	CHCOOC₅H₁₁	0.874		84	149	25	400	2.2	117	10	532	0.1	—
乙酸异戊酯					142	35	375	1.0					

续表

溶剂名称	结构式	密度/(g/cm³)	比热容/[4.186kJ/(kg·℃)]	汽化热/(4.186kJ/kg)	沸点/℃	闪点(闭杯法)/℃	自燃温度/℃	爆炸下限 容量φ/%	爆炸下限 g/m³	爆炸上限 容量φ/%	爆炸上限 g/m³	卫生许可浓度/(mg/L)	气体和蒸气状态的密度/(kg/m³)
煤焦油溶剂	—	0.865	—		130~190	21~47	250	1.3	49.9	8.0		0.1	
苯	C₆H₆	0.879	0.42	93	80.2	−8	580	1.5	48.7	9.5	308	0.05	2.77
甲苯	C₆H₅CH₃	0.864	0.42	86	110.7	6~30	552	1.0	38.2	7.0	264	0.05	3.20
二甲苯	C₆H₄(CH₃)₂	0.863	0.40	83	139.2	29~50	553	3.0	130	7.60	330	0.05	3.68
松节油	—	0.856~0.872	0.50		155~175	30	270	0.8		44.5		0.3	4.66
涂装用汽油	—	0.76~0.82	约0.42~0.45		140~200	>28	280	1.4		6.0		0.3	
轻质汽油（白醇）	—	0.63~0.72	约0.5	94	<100	−50~−30	250	1.0	37	6.0	223	0.3	2.98
重质汽油	—	0.76~0.78	约0.42~0.45		100~150	−20~−10	267	2.4	137	4.9	281	0.3	3.45
煤油	—	0.770~0.810	平均0.5	—	150~180	28	280	1.4	—	7.5		—	—
四氯化碳	CCl₄	1.595	—	—	76.8	不燃						0.001	5.32
三氯乙烯	CCl₂=CClH	1.4655(20℃)	1.465	57.3	86.7	无						0.05	4.58
二氯乙烷	ClCH₂—CH₂Cl	1.252	0.305(30℃)	87.4	80~86	54	449	16.2		15.90		0.05	
四氯乙烷	Cl₂CH—CHCl₂	1.628	0.227	57	145	不燃						不允许	5.79
二氯乙烯	C₂H₂Cl₂	1.250	—	—	55	—						0.05	
氯化苯	C₆H₅Cl	1.107	0.33	75	132	28.5						0.05	

(1) 闪燃和闪点

可燃性液体蒸气在液体表面附近和使用的容器中与空气形成可燃性的混合气体，遇明火而引起闪电式燃烧，这种现象称为闪燃。引起闪燃的最低温度称为闪点。即在该温度下可燃性液体所产生的蒸气与空气形成可燃性的混合气体，遇明火或电火花能产生闪燃。在闪点以上可燃性液体就易着火。闪点在常温以下的液态物质，具有非常大的火灾危险性。

根据闪点，可区分涂料和溶剂的火灾危险性等级。一般划分为以下三级：

一级火灾危险品，闪点在21℃以下，极易燃；

二级火灾危险品，闪点在21~70℃，一般；

三级火灾危险品，闪点在70℃以上，难燃。

闪点测定法有开杯法和闭杯法两种，开杯法测定值比闭杯法高5~10℃。

(2) 自燃点

不需借助点火源，仅加热达到自发着火燃烧的最低温度称为自燃点，它较闪点高得多。

11.2.2　爆炸范围

由可燃性气体或蒸气与空气混合的气体，经点火即爆炸。可是这种混合气体随可燃气体、蒸气的种类，各自有不同的比例。产生爆炸的最低浓度（用体积分数表示）称为爆炸下限，最高浓度称为爆炸上限。在上限和下限之间都能产生爆炸，称为爆炸范围。爆炸范围越宽，爆炸下限越低，危险性越大。为确保安全，易燃气体和蒸气的体积分数应控制在（下限浓度）25％以下易燃气体或蒸气基本都属有害物质，应按 GB Z2《工作场所有害因素职业接触限值》执行。

11.2.3　有机溶剂蒸气的相对密度

用同容积的有机溶剂蒸气与空气质量比表示有机溶剂蒸气的相对密度。易燃性有机溶剂的蒸气一般都比空气重，有积聚在地面或低处的倾向，因此，仅在设备顶部或屋顶的上部设置自然换气装置，效果不好，换气口必须设置在接近地面处。

事故教训：某厂在阴极电泳设备投槽前用信那水擦洗敞口的电泳槽内壁（槽深大于2m），在操作中有机溶剂蒸气未能充分排除，积聚在槽下部，再加上监护不力，致使擦洗工人被熏倒，发生人命事故。

11.2.4　粉尘爆炸

有些颜料（如铝粉、甲苯胺红）、干打磨灰、干漆雾粉尘和各种粉末涂料等都属于易燃性粉末，当这些粉末在空气中形成一定浓度时，遇上明火也能产生爆炸和火灾。另外这些粉末经氧化发热能自燃，粉末涂料还具有介电性质，粉末颗粒互相摩擦或与其他表面摩擦会产生静电荷，在一定条件下积聚的电荷进行放电而引起粉末着火或爆炸。

通常粉末涂料中的粉末爆炸下限浓度约为 $50g/m^3$，环氧树脂型粉末涂料的爆炸下限浓度为 $30g/m^3$，聚乙烯粉末为 $25g/m^3$，且粉末的粒子越细，粉末爆炸下限浓度越低。粉末涂料与溶剂型涂料比较是不易爆的，环氧粉末涂料的着火能量需 15J，比溶剂型涂料大百倍，可是也要留意爆炸问题。在静电粉末涂装场合，为确保涂装安全，必须注意防止静电放电及控制放电能量，并将粉末涂料浓度控制在 $10g/m^3$ 以下较安全。因此，不论在调配粉末状物料或在涂装过程中，要严格控制工艺规程和操作方法，避免粉末的摩擦，防止高温、火花、明火、静电积聚，以免引起爆炸事故。常用粉末涂料的爆炸下限列于表11-2中。

表 11-2　各种粉末涂料的爆炸下限

粉末涂料	爆炸下限/(g/m³)	燃点/℃	粉末涂料	爆炸下限/(g/m³)	燃点/℃
聚酰胺粉末	20	500	聚酯粉末	67	470
环氧树脂粉末	55	450			
铝颜料环氧粉末	36	505	丙烯酸树脂粉末	50	435

11.2.5　静电和避雷

除水性涂料、含导电颜料的涂料或用大量醇和酯类作为稀释剂的涂料外，其他溶剂型涂料和粉末涂料都具有较大的绝缘性，当它们流动、搅拌、过滤、分散、喷射时，涂料与器壁、涂料中的颜料和液体、液体分子（或粉末粒子）相互间产生急剧摩擦、分裂、细分后均产生静电荷，当泄漏量小时，电荷就慢慢蓄积，引起电火花和电击事故。

静电喷涂机是利用静电的设备，不接地的阴极靠绝缘维持 5 万～10 万伏高压，所以从设计时就要考虑安全问题，注意防止火花放电和电击事故。

用不接地的过滤筛筛选涂料或粉末时，也能产生瞬间放电和着火事故，有时因这种放电能量小，虽在爆炸范围内不一定都着火，但也须严格遵守防止静电措施。

静电放电是引起涂装工厂火灾的主要原因之一。还有不着火的静电放电能产生电击，使操作者受惊，而引起二次受伤。为防止人体带电作业，要考虑鞋的导电性、作业衣服的纤维编织条件和设备、地面等的导电性，还应防止由于静电在被涂物面易吸附尘埃的现象。

雷击灾害是在雷云通过的地方，季节性产生的，雷击能击毁房屋或引起火灾，甚至发生人身事故，为此必须在涂装工厂、仓库等地设置避雷装置，能将雷云的电流引入地下，使雷击时电流能安全分散。目前采用的避雷装置有散电式、天线式和网式三种。

11.2.6 防苯中毒

涂料所含有机溶剂、部分颜料和基料等是对人体和环境有害的物质，如保护措施不到位，常接触会使操作者患急性和慢性中毒、职业病和皮肤斑疹等疾病，通常称为"苯中毒"。有机溶剂一般都具有溶脂性（对油脂具有良好的溶解作用），所以当溶剂进入人体后，能迅速与含脂肪类物质作用，特别是对神经组织会产生麻醉作用，产生行动和语言的障碍，造成失神状态。有机溶剂对神经系统的毒性是其共性，但因化学结构不同，各种有机溶剂还有它的个性，毒性也不一。以苯为例，在苯的浓度约 $100\sim300mg/m^3$ 的环境下长期工作，就可能产生程度不同的慢性苯中毒。

① 轻度苯中毒。可有头痛、头昏、全身无力、易疲劳、失眠、嗜睡、心悸及食欲不振等，偶尔有鼻血及齿龈出血现象。

② 中度苯中毒。白细胞下降到 3000 以下，红细胞、血小板减少，鼻、齿龈出血频繁，皮下可出现淤血、紫斑、妇女经期延长，抵抗力下降。

③ 重度苯中毒。白细胞下降到 2000 以下，红细胞、血小板大量减少，口腔黏膜皮下出血，视网膜广泛出血，肝脏肿大，骨骼组织显著改变，多发生神经炎，再生障碍性贫血等。

为确保操作者身体健康，必须靠排气或换气来使空气中的溶剂蒸气浓度降低到最高许可浓度之下，即长期不受损害的安全浓度。一般最高许可浓度是毒性下限值的 1/2～1/10。在 GB Z2《工作场所有害因素职业接触限值》中对有害物质的最高许可浓度有规定。国内外涂装作业区最高允许浓度标准见表 11-3。

表 11-3 国内外涂装作业区最高允许浓度标准

有机溶剂名称	允许浓度/(mg/m³)				有机溶剂名称	允许浓度/(mg/m³)			
	中国	苏联	美国	日本		中国	苏联	美国	日本
苯	40	23	30	80	丁醇	200	200	300	—
甲苯	100	50	750	750	溶剂汽油	360	100	2000	2000
二甲苯	100	50	870	870	乙酸乙酯	300	200	1400	1400
松节油	300	300	560	—	乙酸丁酯	300	1200	950	950

注：国外涂装工操作过程中一般需佩戴防毒面具。

有些颜料（如含铅颜料和锑、镉、汞等化合物）以及船底漆中的含铜、汞的防污剂和防霉剂（如有机汞、八羟基喹啉铜盐）等均为有毒物质，若吸入体内容易引起急性或慢性中毒。有些基料的毒性也较大，如聚氨酯漆中含有游离异氰酸酯，能使呼吸系统过敏；环氧树脂涂料中含有的有机胺固化剂及煤焦油沥青均可能引起皮炎；大漆中含有漆酚，对人体皮肤的刺激性较厉害，接触后会发生红疹、肿胀、皮肤呈水痘状，搔痒会引起感染而溃烂。在涂布这些有毒涂料时，必须采取预防措施，严防吸入与接触。日本涂装作业的安全卫生法预防有机溶剂中毒规则概要见表11-4。

表 11-4　日本涂装作业的安全卫生法预防有机溶剂中毒规则概要

设备	①设备要密闭，使有机溶剂不能散出，此外还需在某些局部安装排气装置； ②局部排气装置的性能可根据防护罩和溶剂的品种来决定，但对第二类有机溶剂的风速规定了下列性能： 　一面开口防护罩　　　　　　0.3m/s 　两面开口防护罩　　　　　　0.4m/s 　侧面两面开口防护罩　　　　0.4m/s 　烟窗帽型三面开口防护罩　　0.5m/s 　烟窗帽型四面开口防护罩　　0.3m/s 　下部防护罩　　　　　　　　0.5m/s
管理	①每周1次以上巡逻作业，现场检查以防中毒，并填写巡逻记录； ②将防止有机溶剂中毒的有关注意事项通知有关工人； ③每年定期对局部排气装置进行1次检查，以维护设备所规定的性能； ④在作业现场较为显眼的地方安挂一个揭示板，写明有机溶剂对人体的危害，操作时的注意事项和发生中毒时的应急措施； ⑤按溶剂的种类标明不同颜色，写在显而易见的场所
测定	①对现场内的有机溶剂浓度每三个月测定1次，做好记录，保存3年； ②所用溶剂。第一类：苯、二硫化碳；第二类：丙酮、四氯乙烯、三氯乙烯、甲苯、甲醇
健康诊断	①对制造或操作有机溶剂的工人，在雇佣或调动以及工作6个月以后，就要定期进行1次健康检查； ②健康诊断结果保存5年

11.2.7　高空和箱内涂装作业的安全

现代的大型涂装车间的设备多，机械化、自动化程度高，往往是多层立体布置，人流、物流交叉，如在涂装车间设计时，安全通道设置和设备布置及防护措施考虑不周，则生产过程中易产生意外的伤害事故，尤其在产生机械伤害危险性较大的设备（如喷丸机、机械化输送设备、设备的驱动部分等），必须采取防护措施。还有高空和箱内涂装作业更易发生伤害操作人员的事故。

（1）高空涂装作业及其安全措施　高空涂装作业指在高于地面2m以上的、狭窄的场所进行的涂装工作。实际上形成恐怖感的高度一般是在10m、20m以上，总之高度越高，在作业时的恐怖感越大，越易摔伤，它是成为灾害事故的原因。作为高空涂装作业的管理对象是2m以上。

高空作业的事故种类有坠落、外来飞物碰伤、倒塌等。高空作业对人的危险性最大的是坠落和触电。

高空涂装作业人员要进行专门的教育训练，身体衰弱者如患有高血压、神经衰弱等严禁参加高空作业。在高空作业时要站在四周有高1m的栏杆和侧板的实心铺板上。在脚架下面应安设有安全保护网，操作人员应系结安全绳索，并应经常检查绳索和安全网的强度，以防年久日晒老化失去规定的强度。

严禁在同一垂直线的上下场所同时进行作业。指挥管理人员必须注意上下关系、与作业无关的第三者侵入及在邻接区域作业等。在室外高空场所作业要注意风的影响，要预想到由于突然刮起的暴风使作业姿势不安全而产生的危险，在这种场合应中断或停止作业。

在高空作业场所附近的电路应迁移或切断。无论电路切断与否，接近的电路（即离头部30cm，离体侧或足下60cm以内的或在作业过程中工具等能接触的状态）部分的电线应穿着绝缘器具，如在电线上穿着引起注目的黄色塑料管。

（2）箱内涂装作业及其安全措施　这里所谓的箱，除一般的箱式结构外，一般指槽、地下室、船舱、钢管、箱形柱内部等通风不良、出入口受限制的场所，在这样闭塞的场所内部进行涂装作业和准备作业，多伴随着危险，因为闭塞使管理人员不能充分监督，事故不能及时发现，因而与高空作业一样是发生灾害事故较多的作业。

在这种广义的箱内涂装作业场合，产生灾害的种类如下。

① 由箱内气雾产生的中毒灾害。

② 箱内气雾形成爆炸性的混合气体，因某些原因产生气体爆炸。在作业开始时处于安全状态，经过一段时间慢慢变化为危险范围的组成场合，应经常多次的测定气雾的组成。

③ 箱内空气变为异常组成，变成缺氧或氧气过多时，前者呈窒息状态，后者使燃烧危险增大。

④ 箱内采光不良，工作场所狭窄，易产生碰伤事故。

⑤ 移动电灯、电动工具、低压电源、静电涂装设备等易产生电击事故。

上述事故类型有时单独发生，有时数种同时发生，因管理人员不易看到，事故发现晚，易成为重大灾害，所以要对操作者给予充分的训练教育，严格遵守箱内的作业守则，才能防止发生事故。

为防止箱内作业事故，须遵守下列最低标准的安全措施。

① 事前检查和确认箱内状况。

a. 检查箱内有无残留物，调查喷出、泄漏的可能性，测定、区分开物质的有害、有毒或易燃、爆炸等的危险性。

b. 检查和确认停止动力装置的处置状况，关闭管道。

c. 排除箱内的残留物。

② 箱内气雾的检查。以确认安全和考虑残留物的影响、空间的大小、作业内容等，准备换气装置。

检查箱内空气的理由基于以下两点。

a. 以防箱内空气中残存有害物质引起作业者急性或慢性中毒。

b. 以防易燃、易爆的有机溶剂和烃类气体在箱内空气中残存一定的浓度范围后，遇上一定能量的火星时产生爆炸形成大灾难。尤其在箱内那样闭塞的场所，爆炸所产生的压力难扩散，爆炸的能量集中，所造成的破坏力大。

③ 检出异常空气的状态。空气通常含有氧气21%，氮气79%和微量的稀有气体、二氧化碳气体等。在涂装作业过程中产生大量溶剂蒸气，溶剂的分压增大时，空气被溶剂蒸气排除，使箱内气雾中的氧气、氮气的比例相对减少。

氧气不大于21%～18%时，称为缺气区，氧气不大于16%时，人停留短时间就有危险。反之，氧气浓度过大，危险性也增大。超过25%时就有危险，达到30%以上就造成极易燃气氛。

④ 装备换气装置。根据检测结果或无条件测试的情况下，在进入箱内前达到充分换气，

在作业过程中要继续使用，换气量需每小时更换 20～30 回，并将新鲜空气尽可能地送到操作人员的面部。在送风换气场合，风机应是防爆型的，在采用非防爆型时，风机应设置在远离易燃、易爆气雾的安全位置。

⑤ 采取安全措施。配置看护人员，并准备急救用具，进入箱内作业人员应穿戴工作服、安全帽，在必要场合应戴送风罩，并应具有在箱内作业的安全知识。

11.2.8　防噪声、防振动

涂装车间的喷漆室、烘干室、机械化输送系统和各种驱动电机等都是噪声源和振动源。噪声超标直接影响健康和谐生产环境的创建。尤其大型喷漆室的供、排风机和大型烘干室的循环风机等的振动产生的噪声往往超标，在选用工艺设备时要考虑和采取吸声、隔声、消声、减振、隔振等措施（见表 11-5）。车间噪声达标值为 85dB（A），最高容许值为 93dB（A）。作业现场人员容许接触噪声时间按 GB Z1 的要求执行。

表 11-5　防止噪声对策及效果

发生源	对策	效果/dB	发生源	对策	效果/dB
空压机	改用低噪声型	20～30		保温 5mm	5～10
风机	保温	5	风管	保温 100mm	10～15
	防噪声箱（室）	5～10		装消声器	5～20
风管	涂装	0～5	风管吹出口	变更方向	10～20

11.2.9　涂装公害"三废"

所谓涂装公害，指在涂装过程中产生对自然环境和生活环境有危害的物质，即废气、废水和产业废弃物等"三废"，造成一定的社会"公害"。涂装的三废是以局部地区出现为特征的问题，尤其中小规模的涂装厂和涂装作业场所大多位于街道或居民住区，因而极易发生民事纠纷事件。

涂装的三废问题，特别是有关大气污染问题，要比涂料制造厂严重得多。在涂料制造过程中产生的全部废弃物充其量不超过涂料量的 3%，挥发进入大气的溶剂量仅为溶剂总量的 0.25%，而在涂装时，随涂料的种类和涂装方法的不同，散发的溶剂总量有差异，在喷涂有机溶剂型涂料的场合，散发出的挥发性有机化合物（VOC）量占涂料用量的 20%～80%。

涂装三废的形态及治理途径见表 11-6。

表 11-6　涂装三废的形态及治理途径

名称	形态（发生量）	减少或治理途径
废气	①挥发性有机化合物（VOC）（采用溶剂型涂料场合，约 60～150g/m²)	选用无 VOC 或低 VOC 的环保型涂料，提高涂着效率
	②CO_2（由耗能量折算，约 $2kgCO_2/m^2$ 左右）	改善涂料的固化性能，简化工艺等节能措施
废水	①漆前处理（脱脂后、表调、磷化后）清洗排放污水（约 3.0～4.0L/m²)	采用逆工序补水清洗，清洗水回收再生循环利用技术
	②电泳后清洗水排放（约 1.0～1.5 L/m²)	采用 UF-RO 封闭电泳后清洗技术
	③湿式喷漆室的循环水（极少量）	选用匹配的凝聚剂，加强管理，实现不排放

续表

名称	形态(发生量)	减少或治理途径
产业废弃物	①脱脂工序的油污及污泥(与白件清洁度有关)	提高被处理件的清洁度
	②磷化沉渣(约 3.0g/m²)	选用少渣或无渣的表面处理工艺
	③喷漆工序的废漆渣(与涂着效率有关)	提高喷涂的涂着效率
	④包装器材,喷涂遮蔽用纸、胶带类	选用或反复使用的包装容器
	⑤水处理沉淀物	

11.3　涂装车间的安全设计

基于涂装车间是工厂的防火要害区和涂装公害的污染源,"安全第一、预防为主"方针应贯彻涂装车间设计的全过程,尤其在工艺设计阶段要给予特别关注。在选用拟定涂装材料、涂装工艺和涂装设备阶段就应从清洁生产的角度,选用火灾危险性小,环保型的涂装材料及涂装工艺,并在工艺设计时,就考虑对土建及公用、非标设备等设计方面提出安全和环保要求,形成专门要求的说明资料。

11.3.1　土建、公用设施的安全设计

首先,根据所用涂装材料、涂装工艺方法、设备平面布置等对所设计的涂装车间进行火灾危险性分类。不同的火灾危险性类别,对涂装厂房的建筑、结构、厂房的耐火等级、消防设施等有不同的要求。这对于涂装车间安全可靠、符合消防规范的要求,经济实用、节省投资等方面具有十分重要的意义。涂装厂房建筑设计必须按 GB 50016《建筑设计防火规范》执行。

涂装厂房、公用设施的安全设计应达到如下要求。

① 涂装车间厂房与相邻厂房要留有足够的防火间距,涂装厂房宜单独设置,如在联合厂房中宜设置在外侧,在多层厂房中宜设置在顶层。涂装车间厂房可以是单层或多层,机械化程度较高的大型涂装车间宜采用多层建筑。在联合厂房场合,一般应用防火墙与其他车间隔开。按火灾、爆炸危险性分区分类进行布置,采取必要的隔断或隔离措施,并注意防火间距和防火分割。

② 涂装车间不允许采用砖木结构厂房,如采用轻钢结构形式,均需涂刷经当地公安消防部门认可的防火涂料,达到相应的耐火等级。

③ 厂房泄压面积与厂房体积比 (m²/m³) 应在 0.05～0.22 范围内,即每立方米厂房空间体积对应的窗户或易打开的顶盖面积不小于 0.05m²/m³。

④ 涂装车间厂房应设置两个以上外开门 (或称太平门),其中之一必须直接通向露天,车间面积在 100m² 以内的可安设一个出口。厂房内外有通畅的消防通道。一般要求最远的工位到外出口或楼梯口的距离在一层楼房中不大于 30m,在多层楼房中不大于 25m。通向太平门的通道要保持畅通无阻。在与相邻车间有传送装置的情况下,出入口应装防火门,其耐火强度不低于 0.75h。

⑤ 厂房的任何部位都可以承受荷载,但必须在设计前明确指出何部位有多大的荷载,什么类型的荷载。根据设备荷载,维护及安装需求提出预埋件,安装洞或安装平台等要求。

⑥ 建筑结构要充分考虑防尘。墙、柱、屋架等全部应涂布可用水刷洗的涂料;供高质量、高装饰性涂装的车间地面用高标号水泥抹平后,涂地面涂料;有化学品的区域可采用耐

酸水泥，涂环氧玻璃钢或贴瓷砖。调漆间地面要用导电瓷砖或导电玻璃钢。

⑦ 涂装车间的通风换气。厂房要有自动排烟窗，平时是常闭的；车间通风要考虑正常的换气和补充部分工位的排量；泄入涂装车间的有害气体少时，车间换气次数一般在 2～4 次/h，如有害气体的泄入较多时，换气次数应达到 10 次/h。对调漆间、废漆处理间、废水处理间等区域应提出特殊的换气要求。高质量、高装饰性的涂装车间不允许采用靠天窗及侧窗等的自然对流法进行厂房通风换气；最理想的是全密封整体空调，受某因素限制时，也要尽量考虑局部空调。以局部通风为主，全面通风换气为辅，确保作业人员有良好的卫生的作业环境。按新的消防规定，涂装车间一层需设机械排烟系统，仅失火时开启，不计入车间排风量内。涂装车间及各室体的换气次数如表 11-7 所示。

表 11-7 涂装车间及各室体的换气次数 单位：次/h

室体名称	换气次数	备 注
调漆间	15～20	供调漆量大的场合不小于 20 次/h
漆库	10	
PVC 涂料供给室	10	
制纯水间	5	
实验室	5	
材料存储间	10	
滑橇、格栅清理间	10	
晾干（流平）室	≥30	有采用循环风，排补 10% 风量
喷、烘两用室	120	供修补喷涂用，点修补室不小于 2000m³/(h·m)(作业面宽 5m)
洁净间	15	喷漆室和晾干室的外围空间，只供不排
打磨间	15	排风应大于供风，以防打磨灰扩散入车间
涂装车间	2～4	北方冬季为节能可利用部分循环风
喷漆室	≥300	以室内截面风速计算为主，手工喷涂 0.4～0.45m/s 风速，静电喷涂 0.3m/s
表面准备（擦净）室	≥30～40	
敞开工位		仅供风，供风量 800m³/(h·m)(包含在厂房供风量内)

注：在工艺、设备、厂房设计中应统筹考虑涂装车间的供、排风量的平衡，另外，严防烘干室、喷漆室系统和前处理、电泳设备向车间室内窜风。

⑧ 动力管线或电缆等一般多布置在屋架靠柱子的区域或布置在柱子上。某些热媒介质管线往往设置膨胀弯。涂装车间一般都有电、压缩空气、燃气、上下水、蒸汽（或热水）等管线，在厂房公用和平面布置设计时都应考虑留有它们占用的相应空间。

⑨ 涂装车间应设置消防灭火栓及配置有足够长度的水龙带，顶棚应设置喷水头。用防火墙将调漆部和涂料库与涂装车间隔开。

涂装车间厂房设计完成后，要经过当地公安消防部门审批后方可施工；建成后必须通过公安消防部门验收方可投产。

11.3.2 涂装车间工艺设备的安全设计

涂装车间工艺设备很多，都应按《涂装作业安全规程》的相关标准进行安全设计。还应达到以下安全设计要点。

① 涂装车间的所有金属设备都应接地可靠，防止静电积聚和静电放电。

② 涂装车间的电气部分要选用合格、安全、实践证明的确优质的电气元件；按安全设计要求，火灾危险区应选用防爆型，电源应设在防火区域以外。应注意控制电气安全是重点。

③ 在车间现场的涂料存储量不应超过班用量，在用量大时应设置有专用的调漆间和漆库，用管道集中输漆。控制现场涂料储存和输送，对涂料、溶剂功能辅料实施危险化学品管理。

④ 高级涂装车间应为全密闭、整体空调、全年恒温。但是大多数情况下无法满足要求，尤其是在我国南方，夏季降温能耗极大。冬季涂装车间最低温度不能低于 15℃。

⑤ 调漆间、漆库、供蜡间、叉车充电间应设置多点可燃气体检测报警仪，其报警浓度下限应调整在所监测的可燃气体浓度（体积）爆炸下限的 25%。喷漆室、晾干间、喷蜡间、油库应设置自动气体消防或水消防装置。

⑥ 涂装车间配有的液化气站的安全设计要点如下。

a. 液化气站及钢瓶间应为通风良好的独立建筑，距主厂房防火间距 10～12m。

b. 液化气站及钢瓶间应设有可燃气体浓度报警装置，并且有发生声光信号功能。

c. 站内所采用的灯、风机和开关应是防爆型的。

d. 供气管道要设紧急切断阀等应急处理装置，确保万无一失，使用安全。

⑦ 产生有害气体、尘埃的工位应有间壁隔开，并设有排风装置，以使有害气体（或粉尘）含量不超过卫生许可浓度，不向车间内扩散。操作区域的有害因素（温度、湿度、噪声、照明、有害物质等）的控制指标必须符合国家标准的强制性要求。

⑧ 涂装车间吸新鲜空气点和排废气点之间距离在水平方向不得小于 10m，排风管应超出屋顶 1m 以上。

⑨ 涂装设备、涂装工器具等的转动部位应设有保护罩。高空通道和楼梯应设护栏。

⑩ 制定或备全涂装设备的作业手册（指南）和现场安全检查及维护的频率或时间（见表 11-8 与表 11-9）。

11.3.3　涂装车间安全管理设计

涂装车间安全管理设计也是涂装车间安全设计内容之一，它包括劳动安全、卫生安全、专业技术组织机构和安全规章制度等方面，其安全设计要点如下。

表 11-8　涂装设备的现场安全检查一览表

类别	因由	种类	危险现象	防止措施
前处理 水分烘干室	酸、碱腐蚀	人身事故、火灾	燃气引发、掉落槽中缺氧（清扫槽时），燃烧机，传感器不良	排气装置、防止掉落、保养检修
喷漆室	溶剂、涂料渣、静电、酸、碱	人身事故、火灾	气体引发、掉落槽中缺氧（清扫槽子时）	屏蔽、防静电、保护用具
调漆间 晾干室	溶剂、臭气、静电、溶剂浓度	人身事故、火灾	气体引发	屏蔽、防静电
烘干室（风管）	漆渣、油烟类附着	火灾	燃烧机，传感器不良	定期检修、清扫
输送链	磨损、缺油	生产线停止	链节、滚轮耗损	定期检修、更换
自动涂装机	急进	人身事故、火灾、停产	传感器不良	禁止进入

表 11-9　保养维修检查清单例（记录实例）

类别	对象部位	检查项目			问题预测		更换修理	频率
		形状	异音、发热	异物	品质	磨耗		
前处理	喷淋室	无异常	无异常	壁面污染	无异常	无异常	不要	1/月
	喷嘴	方向异常	无异常	渣堵塞	处理发花	无异常	要	1/周
	喷淋泵	无异常	密封套异音	无异常	无异常	漏液	要	1/月
	排风机	无异常	无异常	渣附着	无异常	无异常	清扫	1/月
	排风管							1/月
喷漆室	侧壁	无异常	无异常	涂料附着	无异常	无异常	清扫	1/月
	顶棚	无异常	无异常	涂料附着	尘埃不良	无异常	清扫	1/月
	喷漆室水	液面低	异音	涂料渣	尘埃	风机	清扫渣	1/日
	水幕							1/周

① 安全生产是保护职工的安全与健康、创造良好的作业环境、创造经济效益和社会效益的重要保障。必须从设计、建设涂装车间起，到涂装车间运行的生产全过程都把安全当作首要事情来抓。

② 为严格执行国家和企业各项安全生产规定，应结合本涂装车间现场实际，设计制定相应的安全规章制度，并组织落实，由专人负责，对职工不断进行安全生产方面的教育和培训。

③ 涂装车间工艺平面布置和厂房设计应确保卫生安全、人员办公等所需要的面积。如更衣室面积，按车间工人数 $0.4\sim0.5m^2$/人建筑面积，一般为闭锁式衣柜；车间办公室面积一般每个办公人员以平均 $4.5\sim5.5m^2$ 计算；厕所和浴室面积如表 11-10 与表 11-11 所示。在现场应设置应急卫生设施（如冲眼器、洗手池）。

表 11-10　男、女厕所蹲位数

男		女		备　注
使用人数	蹲位数/只	使用人数	蹲位数/只	①按最大班人数；②男厕所需加设小便槽；③男、女厕所内部需加设洗污池、洗手池
100 人以下,每 25 人	1	100 人以下,每 20 人	1	
100 人以上、每增 50 人	1	100 人以上、每增 35 人	1	

表 11-11　浴室面积指标

生产过程卫生特征级别	Ⅰ	Ⅱ	Ⅲ	Ⅳ	备注
每个淋浴器使用人数	3～4	5～8	9～12	13～24	①按在册工人数的 93% 计算；②如果男浴室要设置浴池,浴池面积可按 1.5～2 淋浴器,相当于 1m² 浴池面积进行换算；③女浴室不得用浴池,但需附设厕所

④ 清洗喷枪、刷子等涂装工具，应在带盖溶剂桶内进行，不使用时可自动密闭。严禁

向下水道倒易燃溶剂和涂料；擦过溶剂和涂料的棉纱、破布等应放在专用的带盖铁箱中，并及时处理。

⑤ 在涂装过程中应尽量避免敲打、碰撞、冲击、摩擦等动作，以免发生火花或静电放电，而引起着火燃烧。

⑥ 涂装车间内严禁烟火，不许带火柴、打火机等火种进入车间。在安装和维修设备需用明火时，应通过有关部门批准，采取防火措施，检查确保安全的情况下才许动用。

⑦ 涂装人员（操作酸和苛性钠等化学药品人员）应穿戴专用工作服（橡胶手套、橡胶套袖、围裙、眼镜等）。在操作时应穿戴好各种防护用品（如专用工作服、手套、面具、口罩、眼镜和鞋帽等）。

⑧ 不允许在涂装现场吃食物，以免误食中毒。工作完毕后要淋浴，要定期（至少半年一次）给从事涂装施工人员进行体格检查。

⑨ 涂装车间（尤其在调漆间、漆库）应配全消防灭火器材，如每 30m 应保证有下列消防工具：2 个泡沫灭火机、0.3～0.5m³ 容积的砂箱、一套石棉衣和一把铁铲。

11.4　涂装车间的环保（三废处理）设计

涂装车间的"三废"排出，造成一定的"公害"（大气污染、水质污染、产生恶臭等），对自然环境和生活环境造成社会性危害，因此工业项目建设要求实现"三同时"，三废治理要同时进行，所以涂装三废处理也是涂装车间设计不可缺少的重要设计项目，随国家环保法规的贯彻，为保护地球环境，应给予环保设计项目足够重视。在涂装车间设计和建设中，应贯彻"以防为主，防治结合"的方针，也就是在工艺和设备设计过程中应严控"三废"的产生，尽量选用无三废排放的或排出量少的涂装工艺、涂装材料和涂装技术，开发再生循环利用技术，以减少"三废"处理量，提高资源利用率和节省三废处理的投资，如表 11-12 所列为削减漆前处理工艺的环境污染负荷措施。

表 11-12　削减漆前处理工艺的环境污染负荷措施

工序	污染环境物	削减（环保措施）
脱脂	脱脂废油	脱脂工序的改进（双工序化，药剂的使用方法，回收，低温化） 改善附属设备（油水分离机，尘埃淤泥除去装置等） 变更含有环境污染物的脱脂剂（生物降解的表面活性剂，无磷无氮脱脂剂）
	浮游性淤泥	
	沉降性淤泥	
	脱脂液雾	
	液态废弃物	
	环境污染物	
表调	液态废弃物	采用液态水性表调剂，或带有表调效果的脱脂剂缩短工艺
磷化	磷化渣	改善药剂使用方法（少渣化、药剂回收、低温化） 完善附带设备（除渣装置、渣利用法、外部加热器、浓度管理装置、自动过滤器、防止渣附着装置） 沉渣再利用（制陶瓷品、用作处理前处理药剂原料） 探索减少或不用环境污染物（锌、锰、氟等）的磷化液
	磷化液雾	
	废容器	
	一般尘埃	
	环境污染物	

续表

工序	污染环境物	削减(环保措施)
水洗	排水	改进水洗工序(①增加水洗次数及逆工序补水的效果;②闭合式水洗系统)
纯水洗	再生时排水	改进纯水洗工序(①制纯水工艺;②纯水洗系统)
水分烘干	排气	变更燃料,选用热效率好的烘干室、节能型燃烧器
维护、排水		定期清扫,采用喷嘴、支管闭塞法,其他易修部件 排水闭合工艺(蒸发法、回收法、原料化)

11.4.1 废气处理设计

涂装车间的废气主要是涂料所含的有机溶剂和涂膜在烘干时的分解物,统称为挥发性有机化合物(VOC),对人的健康和生活环境有害,并且有恶臭。传统上不把 CO_2 作为废气,由于它能造成地球温暖化公害,在国际上也属于限制(或限量)排放的涂装车间废气。

VOC 的成分和排出量随所使用的涂料品种、使用量、使用条件等的变化而有差异。涂装车间废气主要发生源是喷漆室、晾干室和烘干室三者的排气。

(1) 喷漆室的排气　一般是排风量大,VOC 浓度极低,其体积分数在 0.001% ~ 0.002% 的范围内,约 $500\mu L/L$,另外还含有过喷涂产生的漆雾。

(2) 晾干室的排气　它是湿涂膜在烘干或强制干燥前流平过程中挥发出来的有机溶剂蒸气,几乎不含漆雾。

(3) 烘干室的排气　它含有湿涂膜带来的有机溶剂、烘干过程产生的涂膜分解物及反应生成物和燃料燃烧废气。涂膜热分解物和反应生成物在高温下是气体,在较低的温度下呈烟雾(俗称油烟,如电泳涂膜在烘干过程中产生的加热减量就是其发生源),燃料燃烧废气的成分随燃料不同而异,如烧重油时,能含亚硫酸气体,燃烧不完全时产生烟,在采用燃气场合,费用虽高,可是燃烧废气较清洁,且具有设备费用低,维护容易,热效率高等优点。在以电或蒸汽为热源的场合,就不考虑燃烧或加热系统排出的废气。

涂装废气中的臭气成为污染近邻的主要问题,一般嗅觉能觉出的极限浓度(临界值)很低,在技术上很难测量,一般还是以嗅觉为基准。涂装废气中的恶臭物质如表 11-13 所列。

表 11-13　涂装废气中的恶臭物质

臭气物质名称	临界值($\times10^{-6}$)	主要发生源	臭气物质名称	临界值($\times10^{-6}$)	主要发生源
甲苯	0.48	喷漆室	甲醛	1.0	烘干室
二甲苯	0.17	喷漆室	丙烯醛	0.21	烘干室
甲乙酮	10.0	喷漆室、晾干室、烘干室	铬酸	0.00006	电泳槽、水洗槽

涂装废气的处理主要是处理烘干室、晾干室和喷漆室废气。在喷涂现场采取削减 VOC 的措施(见表 11-14),在涂装领域的各种 VOC 处理法与风量、浓度和适用性如表 11-15 和图 11-2 所示。

表 11-14 在涂装有机溶剂型涂料现场削减 VOC 排出量的措施

项 目	措 施
提高涂着效率	喷涂机低压化,静电化
	改进涂装方法,机器人化
	涂装条件合理化
降低溶剂使用量	使用高固体分涂料;回收洗枪用的溶剂再利用
	换色编组,顺序统一;涂料、溶剂容器加盖
设备的改进(优化)	设置溶剂再生装置;涂料管线缩短化
	调整喷漆室的风速

表 11-15 VOC 处理方法的比较

处理方法	废气对象		设备费	运转费	适用性				备注
	浓度大	排气量大			电泳烘干室	粉末烘干室	溶剂烘干室	溶剂喷漆室	
直接燃烧式	◎	△	○	△~×	○	○	○	×	价低,运转费用大
催化剂燃烧式	◎	○	△	△	△	△	○	×	设备费用大,催化剂维持难
蓄热式	◎	○	△	△	△	△	△	△~×	设备费和占地面积都大
吸附(活性炭)	△	○	△	×	×	×	×	△	设备费大,再生方法难
吸附(沸石)	△	○	△	△	△	△	△	△	设备费大,再生方法难
浓缩式	浓度小	◎	△	△	×	×	×	△~○	适用于喷漆室
生物脱臭式	△	×	○	○	△	△	△	△	除去 VOC 10%~50%
吸收式	△	△	○	○	△	△	△	△	除去 VOC 30%~50%

注:◎适用;○尚可适用;△有问题;×不适当。

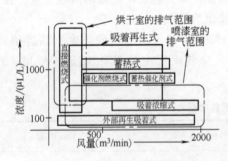

图 11-2 排气的状态与适用装置

涂装废气处理方法(俗称脱臭法)有活性炭吸附法、直接燃烧法、催化剂氧化分解法和蓄热式燃烧法,它们的处理原理、优缺点列于表 11-16 中。设计时需根据废气的成分、处理量和现场条件,选择脱臭和经济效果最佳的方法。现今排气处理装置的设备费用与排风量成比例关系,浓度低,排风量大,设备费用就高,在考虑经济成本后,决定选用之。按排出废气的浓度和风量可选用再处理装置。

烘干室的废气一般含有油烟,宜采用直接燃烧法处理,尤其在采用燃气、燃油为热源的场合。常见的燃气烘干室废气综合处理实例如图 11-3 所示。晾干室的废气可作为补充空气进入烘干室,随后成为烘干室废气排出,进入燃烧炉直接燃烧处理。在风量多的场合还可利用设备费用高,而运转成本低的蓄热式燃烧装置。

市场上排气处理装置的种类很多,明确适用于涂装线废气处理目的的,应选定其具有的综合功能。在处理装置的处理效率方面,在处理 VOC 达到限制浓度以下的场合,必须有 80%~90%的效率,如在组合处理场合,也要选用 30%效率的装置。

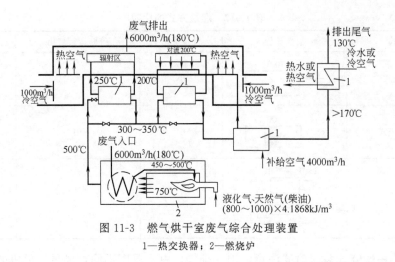

图 11-3　燃气烘干室废气综合处理装置

1—热交换器；2—燃烧炉

从脱臭的观点而言，通常达不到 90% 以上的效率，就不能期待有恶臭的脱臭效果。在排风量方面，喷漆室等排风量大的场合，若处理装置不经济，还是选用低 VOC 涂料的措施更经济。

表 11-16　涂装废气处理方法的比较

处理方法	原理及主要控制条件	优　　点	缺　　点
吸附法	用活性炭吸附，处理气体流速 0.3～0.6m/s，炭层厚度 0.8～1.5m	①可回收溶剂；②可净化低含量、低温度废气；③不需要加热	①需要预处理除去漆雾、粉尘、烟、油等杂质，高温废气需要冷却；②仅限于低浓度
直接燃烧法	在 600～800℃ 下燃烧，停留时间 0.3～0.5s	①操作简单,维护容易；②不需预处理,有机物可完全燃烧；③有利于净化含量高的废气；④燃烧热可作为烘干室的热源综合利用	①NO_x 的排气增大；②当单独处理时，燃料费用较大，均为后者的 3 倍(若烘干室热能采用燃气，可综合利用)
催化剂氧化法	在 200～400℃ 下，靠催化剂催化氧化停留时间 0.14～0.24s	与直接燃烧法相比①装置较小；②燃料费用低；③NO_x 生成少	①需要良好的预处理；②催化剂中毒和表面异物附着易失效；③催化剂和设备较贵，约为前者的 3 倍

还有在排气温度方面，需注意吸附吸收 80～300℃ 烘干室排气时的耐热性。在现场施工方面，应注意考虑喷漆室、烘干室与排气处理装置之间的排风管附着漆雾和油烟，而引起的堵塞和着火，需考虑易清扫、更换、保养和检修。

有机溶剂的燃烧必须要在 700℃ 下、1s 的接触时间内，从这 700℃ 回收废热，能大大地改变运转费用。通常借助换热器加热新鲜的空气可回收 30%～40%，随后的回收供生产线各工序利用，如已有利用于前处理槽的加热，喷漆室的采暖，厂房取暖、废液的蒸发的实例。催化剂燃烧法仅适用于由烘干室发生的成分如甲苯、二甲苯等有机溶剂，不能适用于易使催化剂中毒、低分子树脂等。它在 300～400℃ 下就能燃烧分解，因而与直接燃烧法相比，能大幅度降低运行成本（见表 11-17）。

表 11-17　燃烧方式的比较

方　　式	温度流程	设备费用	维修运行费用	设置场所
直接燃烧式	→　700℃ □	小	大	小
催化剂燃烧式	→　400℃ □▨□	中	中	小
蓄热式	150℃ → 700℃ 200℃ → 700℃	大	小	大

在设计选用燃烧式装置时要注意，同一排气，由于温度不同，风量（风机的容量）有差异。常温（15℃）的风量 V（m^3/min），根据温度 t（℃）不同按下式计算：

$$V_t = V(273+t)/(273+15)$$

常温 15℃ 下的 30m^3/min 的排风量，在烘干室出口 150℃ 下，风量为 44m^3/min；脱臭炉出口 400℃ 下，风量则增到 70m^3/min。

靠吸附材料吸附除去排气中的有害成分的装置，称为吸附装置（法）。最普及应用的吸附材料是活性炭，可是它有着火的可能性，在涂装线上适用沸石等不燃性的吸附材料（见表11-18）。

表 11-18　吸附剂的比较

比　较　项　目	活性炭(纤维)	疏水型沸石
耐火性	可燃性	不燃性
耐热温度	140℃	800℃
再生温度	110~130℃	最大 250℃
再生热量	低	高
湿度的影响	大(0.145g/g)	小(0.035g/g)
吸附成分沸点	最大 130℃	最大 220℃
细孔径	分布(1~4nm)	均一(0.5~0.8nm)
选择性	要注意酮系	小
价格	便宜	高

吸附式处理废气场合的课题是再生方法（使饱和的活性炭再度利用），一般是由制造厂商进行再生（更换吸附材料）。

吸附装置是设置在排风管路中的装有吸附材料的吸附塔（箱形），结构简单，可是通过吸附材料的压力损失增大，易造成排风机动力增加（见图11-4），其结果是耗电量增加、噪声增大，因此需用 2 台排风机。

装有吸附材料的吸附塔质量在处理排风量为 50m^3/min 场合时，约为 1t，需独立增强支撑，并要有装、卸吸附材料的维护场所，约需 1m×2m。再生式的场合吸附箱应有 2 个，需有作业空间，一般多设置在屋外。

　　吸附处理法是用固体吸附材料吸附气体成分；而吸收处理法是用水等液体溶解气体成分，它是排气处理的最简便的方法，在市场上称为水洗装置、洗净装置、洗涤器等。在涂装生产线上应用于喷漆室的排气处理，烘干室的脱臭等。

　　排气成分中的树脂挥发分，醇系溶剂等易溶解，但吸收成分中含量最多的甲苯、二甲苯等芳香组的气体难溶解，吸收效果差。对它们的处理一般多采用喷淋方式，风量小的场合利用效率良好的洗涤器、文丘里式等。排风管通常要高出屋顶，故设置在房顶或室外较便利处（见图11-5）。吸收处理方法的设备费用、运转成本较低，循环洗净水的浓度增大时，可定期更新。采用生物处理法的排水处理装置进行排水处理；或将废弃液处理费用转移给废弃液处理站处理。

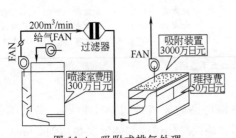

图 11-4　吸附式排气处理

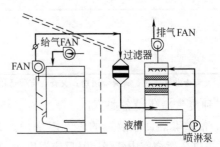

图 11-5　洗涤式处理装置

　　生物处理法是使用微生物（见图11-6），装置费用、运行费用低是其特征，它是排气与含菌液体接触的方法，即将菌混入洗涤装置的槽液中，使菌成为吸附载体。这种方法是以循环水吸附排气中的有害成分为前提，仅适用于除去效率20％～50％程度和降低VOC为目的的场合，在以脱臭为目的的场合，应事前确认臭气与浓度的关系。

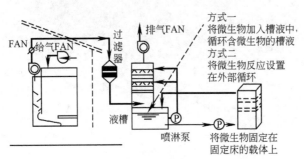

图 11-6　生物处理装置

　　德国某公司推荐的热氧化（thermal oxidation，简称TO）、蓄热式氧化（regenerative thermal oxidation，简称RTO）和吸附转轮（adsorption wheel，简称ADW）是废气净化的主要方法。热处理是最可靠、最安全的方法，仅适用于挥发性有机污染物的氧化。其过程是将污染的空气加热使有机物氧化成为水和二氧化碳。吸附法是用来提高低污染废气流的污染物浓度，不产生污染物转化反应或温度增高，常布设在热处理工序的前面。

　　三种处理废气方法的选择范围，如表11-19所示，取决于下列因素：废气流量、污染物质类型和浓度、废气温度、回收物质的价值和能直接在生产过程循环利用的热能等。

表 11-19　废气净化处理方法的选择范围

项　目	选择范围 （有些部分与吸附法不相容）	热氧化法 （TO）	蓄热式氧化 （RTO）	吸附转轮 （ADW）
废气流量 /（m³/h）	(5～100)×10⁴	★☆☆	★★☆	★★★
	(5～50)×10³	★★★	★★★	★★☆
	(1～5)×10³	★★★	★★★	★☆☆
污染物浓度 /（g/m³）	＞10	★★★	★☆☆	☆☆☆
	5～10	★★★	★★★	★☆☆
	1～5	★☆☆	★★★	★★☆
	＜1	★☆☆	★★☆	★★★
废气温度 /℃	＞100	★★★	★★★	☆☆☆
	30～100	★★☆	★★★	★☆☆
	＜30	★☆☆	★★★	★★★

注：★★★非常适用；★★☆适用；★☆☆有限适用；☆☆☆不适用。

三种废气净化设备如下：

① 带整套热回收装置的废气燃烧炉。开始将污染的废气通过热交换器，借助烟道气预加热，再进入燃烧室中焚烧，其反应温度为 750℃。能使净化过的气体散发物达到 20mgC/m³ 限度以下，而且 CO 和 NO$_x$ 值也低。

这种废气燃烧炉及整套热回收装置的结构见图 11-7。

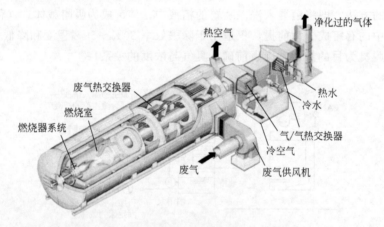

图 11-7　废气燃烧炉及整套热回收装置的结构

② 蓄热式废气燃烧炉（RTO）。该 RTO 的特征是简单和耐用的设计，且投资和运行成本低。每台反应装置可净化废气流量 2000～12000m³/h（标况），且所占空间小。为适应大气量，可几台反应装置并列设置。污染物在约 800℃下氧化。

该 RTO 的气流行程和装置组成见图 11-8，实际应用见图 11-9。

③ 吸附转轮（ADW）。它适用于流量大、污染物浓度低的废气净化。

吸附是利用特定的固体材料（如活性炭、沸石）的特性将气体或蒸气吸附在它们的表面，这些吸附的污染物必须随后被解吸。如气流浓度缩小 30 倍，则解吸气流大于 30 倍，这有利于随后的净化或溶剂回收，并使净化过的空气的污染物含量达到许可浓度以下。

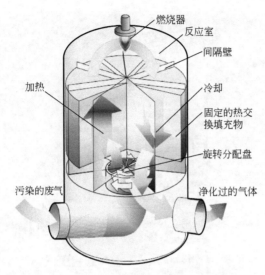

图 11-8　RTO 行程截面和旋转气体分配盘

图 11-9　在不同工业领域成功应用于废气净化的 RTO 系统照片

吸附轮的气流行程及结构如图 11-10 所示。

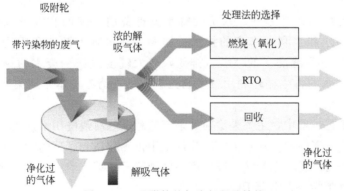

图 11-10　吸附轮的气流行程及结构

吸附轮的应用：在汽车涂装中应用吸附轮和 RTO，如图 11-11 所示。在轿车涂装车间采用吸附轮浓缩 92000m³/h（标况）的喷漆室的排气。再利用 RTO 净化 3 个烘干室来的 19000m³/h（标况）排气合在一起的解吸气体。

图 11-11　轿车涂装车间采用吸附轮与 RTO 结合的净化
喷漆室和烘干室排气的装备照片

　　这样的喷漆室和烘干室排气的联合净化能将运行成本和投资成本维持在最低。

　　涂装车间的 CO_2 排出量大小，取决于耗能大小。据日本资料介绍，年产 24 万台轿车车身的 4C3B 涂装线年排出 CO_2 量达 4 万多吨（平均每台车身 169.6kg CO_2）。其中伴随涂装车间的热量（燃气）消费排出的 CO_2 占一半多；伴随电力消费 CO_2 排出也相当多，因此削减电力和热量消耗，就能大幅度地削减 CO_2 排出量 ［CO_2 排出量系数：电力 0.555kg/（kW・h），燃气 0.0513kg/MJ］。处理涂装车间废气之一的 CO_2 无实际意义，只有通过改变所用涂料的固化性能（如低温化，烘干变自干型）、简化工艺、减少烘干工序等节能措施来削减 CO_2 排出量，达到环保要求才是科学的途径。

11.4.2　废水处理设计

　　在当今世界性的水资源紧缺、水价及排水处理费用上涨的状况下，在设计涂装车间时，首先应选用节水和水利用率高的技术，加大清洗水再生循环利用技术上的投入，努力实现前处理和电泳后清洗水的"零"排放，或大幅度地减少废水的排出量，提高水的循环利用率。清洗水的再生循环利用技术已比较成熟，请参见本手册第 2 章、第 3 章有关的工艺技术。

　　在工业涂装工艺过程中，主要是漆前处理工艺和电泳后清洗用水量大，它是涂装废水处理的主要对象。喷漆室的循环水在漆雾凝聚剂选用正确和精心管理的情况下几乎可不排放污水。例如某汽车公司的轿车车身涂装线的废漆处理装置在某清洁公司的护理下，实现了多年不排放污水，且每年能节省水上千吨。

　　在设计、选用废水处理方法及装备前，必须先化验分析废水中所含的有害物质，才能确定采用何种方法、清除到何种程度。并与当地有关部门衔接好排放标准（工业废水最高容许排放浓度）。最后排出水应符合 GB 8979《污水综合排放标准》中第一类、第二类污染物最高允许排放浓度要求。

表 11-20　涂装系统的废水及其处理操作法

分类	处理对象		适用操作法		
浮游物质	粗大的固体物 沉降性浮游物 漂浮性浮游物 胶体性浮游物	粗砂、尘埃 细砂、泥 油、漆渣 重金属的氢氧化物	过滤法 沉淀法 浮上分离 凝聚沉淀法	一次处理	
溶解性物质	水乳化油	脱脂废水	凝聚沉淀法(酸分解)吸附处理	二次处理	
	溶解性无机物	重金属类 铬酸根、氰根、氟离子	中和、pH 调整法 还原、凝聚、吸附 离子交换、蒸发、反渗透	三次处理	多次处理
	溶解性有机物	BOD、COD 源、活性剂 染料、酚及其他	生物分解、吸附臭氧分解、反渗透、充气氧化、UV 处理		
淤渣	凝聚沉降的淤浆污泥		浓缩、脱水干燥		

涂装车间排出的废水特征是含有机质、无机质，单独物质污染的场合较少，所以多采用综合处理方法。涂装系统的废水及其处理操作法列于表 11-20 中。排水处理技术如表 11-21 所示。

废水的处理按其处理程度和要求可划分为三个阶段（即一、二、三级处理）。

① 一级处理。它是用机械方法或简单的化学方法，使废水中的悬浮物或胶状物沉淀，以及中和水质的酸碱度，这是预处理。

② 二级处理。它是采用生物处理或添加凝聚剂，使废水中的有机溶解物氧化分解，以及部分悬浮物凝聚分离，经二级处理后的废水大部分达到排放标准。

③ 三级处理。它是采用吸附、离子交换、电渗析、反渗透和化学氧化等方法，使水中难以分解的有机物和无机物除去，经这一级处理过的废水可达到地面水质标准。

表 11-21　排水处理技术一览表

处理技术	方法、方式	分离对象
机械的处理(浓渣、滤饼)	过滤网、过滤器	固态物
	沉降分离、倾斜板分离、重力分离、上浮分离	固态物
	砂过滤、急速过滤、硅藻过滤、精密过滤、离心过滤、回转加压、带式压滤机、螺旋压力机	凝聚沉淀后处理涂料渣
	真空脱水、加压脱水	沉渣脱水
	膜分离(MF、UF、RO)	胶体状、微小固体、离子

续表

处理技术	方法、方式	分 离 对 象
物理化学处理（含液-液分离）	中和 氧化还原 活性炭吸附 离子交换 膜分离（UF、RO）	前处理剂（酸、碱） 滤前处理（Cr 等） 微小物体 离子 电泳涂料、离子
生物化学的处理	活性污泥、曝气、散气装置 好气、嫌气、无氧、氧气载体利用 生物膜利用 接触氧化 脱氮	前处理油、涂料、溶剂 难分解性（COD） 水性涂料（含氮化合物）

涂装车间的污水处理方法主要是液-液分离和液-固分离，其中有凝聚沉淀法、上浮分离处理法、离子交换法、膜分离法、物化处理法等。实际上涂装车间的污水是通过几种方法综合处理的，且与涂装方式和所用涂料类型有关（见表 11-22）。

表 11-22　涂装线的污水处理

种　类	一次处理 凝聚沉淀（物理化学处理）	二次处理 活性污泥（生物处理）	三次处理 活性炭、UV、O_3（高度处理）
表面处理	○[①]	不要	N、P 限制区域
电泳涂料	○	○	COD 限制区域
溶剂型涂料			与涂料种类有关
水性涂料	○（事先除渣）	○（明确限制值差）	○（处理 BOD，COD）
粉末涂料	不要	不要	不要
UV 涂料	湿式喷漆室场合	不要	不要

① 表示需要。

（1）凝聚沉淀法　涂装车间废水中的物质多具有胶体溶液的性质，部分还可溶于水中，要使这些物质分离出来，首先要把它们从液相中变为液-固两相。像电泳废水，其树脂成分是溶于水中的，但在不同的 pH 值下，它可以析出不溶物，磷化废水中的 Zn^{2+}、Mn^{2+}、Ni^{2+} 等通过调整 pH 值，也可以形成分散于水中的氢氧化物胶体，加入适当的絮凝剂，可以使胶粒互相碰撞而凝聚成较大的粒子，从溶液中分离出来。

水处理用絮凝剂有多种，有酸性的无机絮凝剂如硫酸铝钾、硫酸亚铁、硫酸铁等，碱性的无机絮凝剂有生石灰、熟石灰及皂土等。

有机的絮凝剂一般为相对分子质量低的聚酰胺树脂，加入的质量分数约为 0.2%。凝聚沉淀法靠絮凝的粒子自然沉降从水中分离出来，需要较长的时间，所以该法不适于在短时间内处理水量大的情况。

（2）上浮分离处理法　上浮分离处理法适用于凝聚物质的密度比水轻的场合，如含油废水中的油类。该法是将上浮于水面上的油类，用橡皮管或泡沫塑料连续地将油带出并挤压除去，如图 11-12 所示。

当沉渣的密度与水相差不大时，也可以靠加表面活性剂等起泡物质，使沉渣粒子附着在空气泡上而上浮，用刮板或溢流除去，如喷漆室过喷的涂料就是靠这种上浮法除去的。

膜分离法主要用于废水排出前回收方法的应用。

涂装车间的废水在涂装车间进行第一次、第二次处理，然后送往厂废水处理站进行第三次处理（主要是调整 pH 值、沉淀和加氧处理），最后送往城市公共污水处理场再进一步处理。涂装车间作为一级处理系

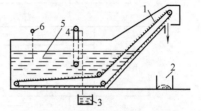

图 11-12 上浮法除去脱脂废水中的油脂
1—刮板除渣；2—储渣槽；3—储油槽；
4—吸油器；5—脱离脂液储槽；
6—浮子液位计

统，将脱脂废水、阴极电泳废水和其他污水（由钝化工序产生的废钝化液要单独输送）分别输送到集中槽。分开输送主要考虑由于酸碱度不同的废水中和时产生的沉淀可将输送管路堵塞。脱脂废水采用链式除油装置脱脂，然后将三种废水在沉降中混合，经调整 pH 值后，阴极电泳树脂和磷化废液中的重金属离子产生沉淀，由沉淀槽底部的刮板链将沉淀除去。清液在加入石灰水后在几个大的锥形槽中进一步沉降后，再通过砂过滤器，排入厂污水处理池中。

图 11-13 是国内某汽车厂 15 万辆汽车涂装车间污水处理工作图，图中水质数据仅供参考。

11.4.3 废弃物处理设计

随着资源的有效利用及二次利用，涂装工场的废弃物减少了，但仍会有下列废弃物需设法处理。

① 废涂料仍呈液态状，组成和性能与原涂料无大差别，如仅因各色混合、弄脏或变质的涂料。

② 废溶剂是指洗净设备和容器等的清洗溶剂，仅含有少量的涂料、树脂和颜料等。

③ 涂料废渣（固态或半固态）有以下几种：

a. 腻子、已凝胶的涂料等没有或失去流动性的组成；

b. 喷漆室的废漆渣、刷落的旧涂膜等；

c. 蒸馏、再生废溶剂的残渣。

④ 水性沉渣有磷化沉渣、水处理后的沉渣、废水性涂料（乳胶涂料、水溶性树脂涂料等）几种。

⑤ 废的涂料桶和其他包装容器内附着的残留涂料（约为涂料耗量的 1%）应清洗回收利用。

上述几种废弃物的性质和形态随所用涂料的种类、排出的场所、收集、保管方法而异。

在设计涂装车间时，对涂装废弃物处理一般应遵从以下原则。

① 凡公司或社会有关部门能处理的产业废弃物，都委托或卖给它们进行专业化处理，在涂装车间的工艺设计中不再考虑产业废弃物的处理工艺及设置。

② 洗喷具和换色产生的废漆液、废溶剂应尽可能回收利用。如经过滤后，可使其回收，用作调配相同颜色的涂料或作底涂料、中间层涂料的稀释剂用；或设置小型的真空蒸馏或蒸汽蒸馏装置再生利用。

③ 在涂装材料耗用量大的场合，涂装材料的包装容器应尽可能做到反复使用，以减少废容器和降低材料成本。例如设计采用可用叉车输送的、塑料制或不锈钢制的特种专用容器（容积 0.5m³ 或 1m³），装运漆前表面处理用的药剂和耗量大的涂料，在材料供应厂商和用

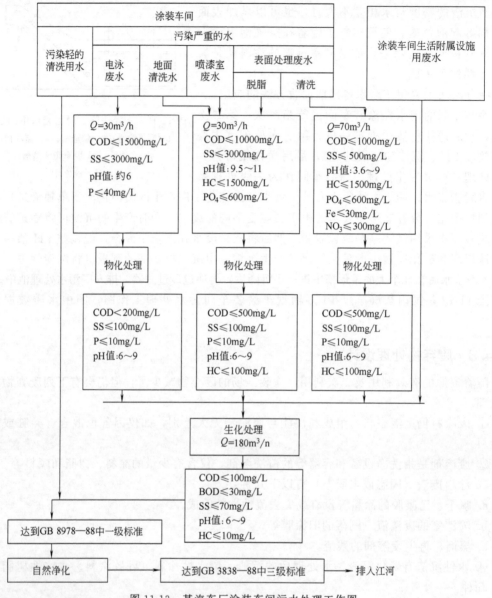

图 11-13　某汽车厂涂装车间污水处理工作图

户之间反复使用。

④ 涂装车间工艺设计，应考虑涂装废弃物的物流和存放地，做到分类收集存放，以便专业化处理。如果不分类收集、保管，混杂在一起，则会增加涂装废弃物处理的难度。

⑤ 涂装废弃物有些仍是可燃物质和有害物质，对环境仍有污染或引起火灾事故，因此不允许乱摆乱放，随意丢掉。要注意分类存放地的环境条件和专业化处置。

11.4.4　涂装车间排水再利用循环技术

排水再利用循环技术，指使用少量能源将污水处理后的排水变为干净水，回生产线再利用的节水技术，属 2.5.2 节所介绍的污水处理后再生法。前处理、电泳的排水经絮凝沉淀，上澄清液再经膜分离（RO 装置），膜透过水返回生产线供清洗水用；RO 装置的未透过水借助蒸馏（蒸发）装置浓缩，产生蒸馏水，也返回生产线供纯水清洗用。日本某公司开发了两种装置对 RO 装置的浓缩进行处理，两种装置的特征如表 11-23 所示。

表 11-23　排水处理装置比较

名　称	作　业　原　理	热源	手法	效益
蒸发装置	利用涂装车间的废热（烘干室废气、燃烧炉的烟道气）对浓缩液进行处理	干燥废热（300℃）	蒸发气液接触（直接）	废热利用
减压蒸馏装置	排水进入容器减压，在降低沸点的状态下供热，将沸腾的水蒸气取出（蒸馏水）再利用	锅炉蒸汽（100℃）	蒸馏传热（间接）	回收蒸馏水节水

利用废热的蒸发装置的结构及流程如图 11-14 所示。

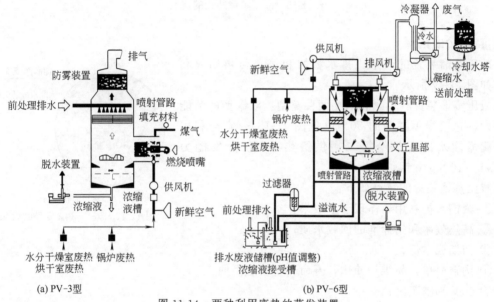

(a) PV-3型　　　　　　　　(b) PV-6型

图 11-14　两种利用废热的蒸发装置

减压蒸馏装置的构成及流程如图 11-15 和图 11-16 所示。装置的规格（例：200L/h）：蒸发能力为 200L/h；装置质量 1.2t；台架（3F）$W2.7m \times L2.4m \times H5.3m$。蒸发装置容量 100L（2000L÷100L＝浓缩 20 倍；2000L÷200L/h＝10h），蒸发温度为 60℃。回收水质：电导率 4～7μS/cm，pH＝5.4～6.5；被处理的水质：电导率 2000μS/cm，pH＝6.4。

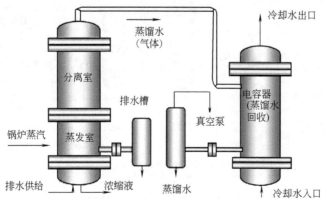

图 11-15　减压蒸馏装置的构成

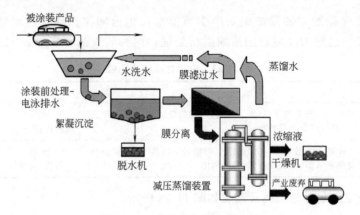

图 11-16 减压蒸馏装置的流程

回收量：190L/h。

减压蒸馏装置的效果（排水量的 99.5％可再回收利用）如图 11-17 所示。

减压蒸馏装置有单罐和双罐两种类型：双罐型的节能效果好，它仅为单罐型的 50％（见图 11-18），它是利用第一罐蒸馏水的潜热给第二罐供给热源。仅蒸发能力 200L/h＝100kg/h 锅炉蒸汽即可。

减压蒸馏装置的特点如下：

① 蒸馏水再利用，体现节水效果；

② 高热效率和高标准的回收水质；

③ 初期成本低；

④ 构造简单，易维护使用，寿命长，管理简便；

⑤ 60℃沸腾蒸发；

⑥ 浓缩倍率的变更容易对应；

⑦ 无大气污染；

⑧ 双罐型减压蒸馏装置更省能源。

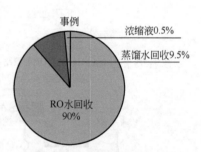

排水的99.5%再回收利用

图 11-17 减压蒸馏装置的效果

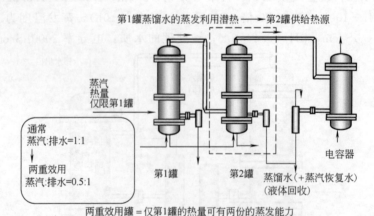

图 11-18 双罐型减压蒸馏装置

第 12 章

>> **工艺概算及技术经济指标** ‖‖‖

12.1　工艺概算

工艺概算是涂装车间设计的重要内容之一，它包括对涂装车间利用原有设备价值的概算（新建车间略）、新增设备的投资概算。表 12-1 是一般涂装车间设计工艺概算的标准格式。

表 12-1 中，利用原有设备与新增设备原价，工具、器具、生产家具等一般根据市场价格，借鉴其他类似设备的概算，结合具体项目的特点，靠经验进行估算，误差不应大于10％。一般设备原价由材料费、制造费组成，材料价格完全可以以市场价为准，而制造价要根据具体情况确定。设备运杂费为设备原价的 4％～7％，安装费为 10％～35％。如果有进口设备，一般有特殊的规定，需要加一些进关的手续费及有关税款等。但作为概算，可按引进设备的人民币价格，同国产设备一样计算。

表 12-1　工艺概算表

项目名称	国内设备		引进设备		合计/万元	备注
	费率/%	金额/万元	费率/%	金额/万元		
车间工艺总投资						
1. 利用原有设备原始价值						
2. 新增工艺投资						
(1)设备原价						
(2)设备运杂费						
(3)设备安装费						
(4)工具器具费、生产家具费						
(5)利用原有设备二次费用						
①拆迁费						
②安装费						
设备基础费						
1. 新增设备基础费						
2. 利用原有设备基础费						

注：引进设备栏仅填写新增引进设备的费率及金额，外汇数额写在备注栏内；金额数值填写到小数点后两位；项目名称栏内的项目，可根据具体情况适当增减。

设备价格估算要在第一次估算结果的基础上，根据项目具体情况适当调整，把项目实施周期对费用的影响（如仓储费、保管费、物价指数等）、使用借贷款的利息、税收等因素纳入估计中。如果是对涂装车间建设的总投入做预算（可行性设计），除要估算上述设备投资、建筑及配套设施投资外，还要包括无形资产投资（专利、商誉、专有技术、商标等）、预备费（不可预见费）、开办费等。

以上是做工艺总概算的原则。实际上，涂装设备属于非标设备，它们不像标准设备那样有定价，它们的结构、大小及功能等随生产规模、现场条件、设计技术水平、所用材质等的不同而有较大差异，因此它们的造价也相差悬殊。另外，用户总希望购置功能价格比高的涂装设备，建设先进、可靠、经济的涂装生产线，在筹建购置时（尤其在招标中），设备价格是特别敏感的一项。以下涂装设备估价（报价）办法，可供做工艺概算时参考。

各地区、各厂家的定价方式、方法都有较大差别，归纳起来，涂装设备（生产线）的价格应包括以下费用：外购件费、自制件费（材料费和制作加工费）、运输费、安装调试费、管理费、利润、税金、设计和技术服务费（含售后服务费）等。

外购件是指承建公司不能制作的，或制作费用高于市场价格的，需到市场采购的标准设备或配套件（如风机、泵、阀、燃烧器、电泳涂装的直流电源、UF 装置、换热器、制冷机组、标准件、五金件、电气元件和控制仪器仪表……）。外购件费用在涂装设备造价中占较大的比重（前处理设备占 50% 左右，喷漆室占 33% 左右，烘干室占 40% 左右，阴极电泳设备占 70% 以上），因此必须按工艺要求、功能和质量等到市场上认真选购，做到货比几家和建立协作伙伴关系，购置到批发价或出厂价的优质外购件，以节省投资或增加工程承包的经济效益。

自制件费用包括材料费和制作加工费，也就是所谓最低的工本费，金属材料费是所消耗金属材料的总重量（即毛重）×单价。按图纸计算出的材料重量或制成品所称得的重量称为净重。一般毛重比净重大 5%～10%（平均为 7.5%）。制作加工费各地区、厂家计算不一样，有的公司以材料费的 30% 计算，有的公司按不同材质收取，如不锈钢类以净重×（3800～4500）元/t 计算；镀锌钢板以净重×（2500～2800）元/t 计算；碳钢类以净重×（1800～2200）元/t 计算等（注：制作加工费随行就市，是变化着的）。

自制件所用材料包括金属材料和非金属材料（如岩棉、玻璃、油漆、密封材料、玻璃钢材料等），有的厂家把岩棉、油漆列入外购件或辅助材料项中。

运输费是按路程远近、货物形状、运输方式计算，或分省内外按一定的百分数计算。安装调试费是按自制件费用加外购件（设备）费用之和的 8%～10% 计算。管理费、设计费、技术服务费、利润等是按自制件费用、外购件（设备）费用与安装调试费之和的一定百分比收取。税金包括增值税和地税，按当地的税收政策计算收取。增值税仅按增值部分，即扣除材料费和外购件费后，所余留的制作加工费、安装调试费、运输费、管理费、设计费、利润之和的 17% 计算。

涂装设备价格计算方法一般有分项详细计算法、综合计算法和在预算中采用的估价法。

(1) 分项详细计算法　分项详细计算法参见表 12-2。

(2) 综合计算法　不分项进行计算，而是以材料费用和外购件（设备）费用为基数，乘以一综合系数（或定价值）。综合系数包含制作费、安装调试费、管理费、设计费、利润和税金等，如普通钢材料总价（毛重×单价）×（1.9～2.0）；不锈钢材料总价（毛重×单价）×1.4；外购件（设备）总价×（1.16～1.25）。算得各设备的价格之总和即为工程造价（报价）。

表 12-2　涂装设备价格计算方法调查结果

项目	费用名称	项目代号	计算方法	各公司收费基准				备注
				江浙某厂	江浙某公司	东北某厂	某设计公司	
1	材料费	A	毛重×单价	A100%	A100%	A100%	A100%	①电气制作费=电气外购件费×40% ②电气安装费=(电气外购件费+制作费)×(12%～16%) ③设计费及技术服务费：设计单位一般收(A+B+C+D)×(5%～8%)。总承包单位或按图承建场合，在报价中以优惠处理(即免费) ④东北某厂A中包含材料损耗8%，辅助材料费4%和油漆费4%，即材料费的116% ⑤某设计公司A中包含材料损耗费13%辅助材料费10%，即材料费的123% ⑥表中SUS为不锈钢；A_3为普通钢；Zn为镀锌钢板
2	外购件费	B	市场价的总和	B100%	B100%	B100%	B100%	
3	制作加工费	C	一般为A×30%	A(SUS)×(30%～40%) A(A_3+Zn)×50%	A×30%	A×40%	A_3,2500 SUS7500	
4	安装调试费	D	(A+B+C)×(8%～10%)	(A+B)×8%	安装(A+B+C)×8%调试(A+B+C)×2%	(A+B)×5%	(A+B+C)×10%	
5	管理费	E	(A+B+C+D)×(3%～5%)	(A+B+C+D)×5%	(A+B+C+D+F)×3%	(A+B)×3%	(A+B)×5%	
6	利润	F	(A+B+C+D)×(5%～8%)	(A+B+C+D)×8%	(A+B+C)×5%	A×4%	(A+B+C+D+E)×8%	
7	运输费	G	按实结算	按实结算	按实结算	(A+B)×5%	(A+B)×5%	
8	税金	H	增值税	(C+D+E+F+G)×17%	(A+B+C+D+E+F)×5.5%	(C+D+E+F+G)×17%	(C+D+E+F)×17%	
			地税	上述七项之和×2.13%			B×3%	
9	设计费							
	合计(报价)			A+B+C+D+E+F+G+H之总和				

（3）预算中的估价方法　在确定初步工艺方案后，在进行工艺设计、且尚未进行设备设计之前，要做工艺投资预算。有经验的工艺设计人员和设备设计人员，应能根据工艺方案或技术资料（如提供的参考图等）和市场行情作出估算。以汽车车身喷漆线为例，如表 12-3 所示。

表 12-3　涂装设备估价参考

设备名称	规格(内尺寸)$W \times H$/m	单位估价[①]/(万元/m)
擦净打磨间	$L \times 5 \times 4$	2.5 左右
上供下抽风喷漆室	$L \times (5\sim5.5) \times 4$	9.5～10(SUS)
晾干间	$L \times 4.0 \times 3.0$	1～1.5
空调供风装置	仅过滤、调湿、加热无冷却	约 6.5 万元/(h·m³)(无冷却)
阴极电泳底漆烘干室	$L \times 3.4 \times 3.5$(180℃)	6.5 左右
中涂、面漆烘干室	$L \times 3.4 \times 3.5$(140℃)	6.2 左右

① 表中所列单位估价以 2018 年 12 月的市场估价为基准，采用水性涂料、使用 SUS（不锈钢）材质估价会增高。

12.2　技术经济指标

为衡量所设计车间的工作效果应计算出主要的技术经济指标，见表12-4。此表中所有数据都是根据整个设计有关数据加以计算或汇总的，它表明设计方案的合理性、劳动生产率和生产过程的机械化程度。将这些技术经济指标与早已实现类似生产的设计指标相比较，可以判断设计的质量和水平。表中的数据指标可视具体情况增减。

表 12-4 主要数据和技术经济指标

序　号	名　称	单　位	数　据	备　注
一	主要数据			
1	年产量	台(套、件、……)		
		t(m²)		
2	年总劳动量	工时		
3	设备总数	台		
	其中:主要生产设备	台		
4	车间总面积	m²		
	其中:车间面积	m²		
	生产面积	m²		
5	人员总数	人		
	其中:工人	人		
	基本生产工人	人		
6	电力安装容量	kW		
		kV·A		
7	综合能耗	t 标煤		
8	工艺总投资	元		
	其中:新增工艺投资	元		
二	技术经济指标			
1	每工人年产量	台(套、件、……)		
		t(m²)		
2	每一基本工人年产量	台(套、件、……)		
		t(m²)		
3	每台主要生产设备年产量	台(套、件、……)		
		t(m²)		
4	每平方米车间总面积年产量	台(套、件、……)		
		t(m²)		
5	每平方米车间面积年产量	台(套、件、……)		
		t(m²)		
6	每台主要生产设备占车间面积	m²		
7	每台(套、件、……)产品劳动量	工时		
	每吨(平方米)产品劳动量	工时		
8	主要生产设备的平均负荷率	%		

序 号	名 称	单 位	数 据	备 注
9	每平方米合格工件的综合能耗	t标煤		
10	每台(套、件、……)产品占工艺总投资	元		
	每吨(平方米)产品占工艺总投资	元		
11	每台主要生产设备占工艺总投资	元		

12.3 能耗和环保指标

为衡量所设计车间的能源资源利用率和三废产生指标（是否符合清洁生产的要求），应计算出主要的能耗指标和污染物产生指标，见表12-5。表中所列数据表明设计方案在能源资源利用的合理性和先进性，以及在环保方面的可行性及效果。这些指标与国内外类似涂装生产线的指标相比较，可以判断出设计的质量和水平，判断是否符合环保法规和清洁生产的要求。表中的指标可视具体情况增减。常用的热能介质消耗产生的CO_2排出量可依据表12-6计算。

表 12-5 能耗指标和污染物产生指标

序 号	名 称	单位②	数据	国际水平①	备 注
能耗指标					
1	耗新鲜水量	L/m²		≤8	
2	水循环利用率	%		≥85	
3	耗电量	kW·h/m²		≤1.5	燃气系指天然气、液化石油气
4	耗燃气量	kg/m²		≤0.4	总能源耗量包含电和燃气(燃油)等③
污染物产生指标					
1	废水产生量	L/m²		≤5	
2	有机废气(VOC)产生量	g/m²		≤35	
3	CO_2产生量	kg/m²		≤1.5	由电力、燃气耗量换算而得
4	废漆渣和废弃物产生量	g/m²		≤100	

① 表中数据是作者根据现今收集到的信息资料，推荐的与国际接轨的数据，供新建涂装线设计建造和评估清洁生产水平参考。

② 指每平方米涂装面积的资源能源消耗量和污染物产生量。

③ 以耗电、耗燃气（燃油）及其他能源的总和称为总能源消耗量。它们之间用量的比值，可以任意调整。最终都换算成CO_2产生量（kg/m²）来考评。

表 12-6 消耗 1MJ 的热能产生的CO_2排出量

加热源	CO_2排出量	加热源	CO_2排出量
电力	0.154kg CO_2/MJ 0.555kg CO_2/(kW·h)	液化气(丁烷)	0.059kg CO_2/MJ
		重油	0.071kg CO_2/MJ
天然气	0.049~0.051kg CO_2/MJ		

创建绿色涂装车间 ▮▮▮▮▮

随着经济发展、工业化程度的越来越高，大气、水质和土地等的污染和气候变暖越来越严重，人类的生存环境受到了越来越多的影响，这引起了国际社会的重视，早在 1996 年联合国就颁布了清洁生产法规，我国在 2003 年颁布了《清洁生产促进法》。两法规的清洁生产定义如下：

联合国环境规划署（UNEP 1996）："清洁生产是一种创新思想，该思想将整体预防的环境战略持续应用于生产过程、产品和服务中，以提高生产效率，并减少对人类及环境的风险。对于生产过程而言，要求节约原材料和能源，淘汰有毒材料，削减所有废弃物的数量和毒性。"

中国清洁生产促进法（2003）："清洁生产是指不断采取改进设计，使用清洁的能源和原料，采用先进的工艺技术与设备，改善管理，综合利用的措施，从源头削减污染，提高资源利用效率，减少或者避免生产、服务和产品使用过程中的污染物的产生和排放，以减轻或者消除对人类健康和环境的危害。"

工业涂装车间是工业产品制造业的污染源和耗能大户。工业涂装公害包括以下污染地球环境有害人类生存的物质：

① VOC（挥发性有机化合物）；

② CO_2、SO_2、NO_x、HAP_s 等；

③ 涂装污水和固态废弃物（如废渣/废容器/废过滤材料等）；

④ 对人类生存环境有害的物质（如 Cr、Pb、Cd、As、Hg、P、Ni、Mn、NO_2^- 等）。

工业涂装生产的能耗大，以轿车车身为例，其涂装生产过程中的能耗占轿车生产（冲压、焊装、涂装、总装）总能耗的 70% 左右（每台轿车车身涂装总能耗为 262GJ/台或 728kW·h/台）。

工业涂装公害对地球环境的污染将越来越被世界各国重视。如果经济发展不转型，继续不预防，再不有效地治理，则将严重影响人类的生存环境和国民经济的持续发展；严重影响国家倡导的环境友好型、资源节约型、低碳经济型和社会主义和谐型社会的创建。为此，"清洁生产、节能减排、降成本"成为工业涂装生产的主题；2011 年在国内外涂装·涂料界引入了"绿色涂装"的理念，创建"绿色涂装车间（厂）"成为涂装工业发展的主流趋势。

工业涂装要兼顾高品质、商业价值、经济性和环境友好性。在设计建设涂装车间时，贯彻 3E 政策，环绕能源（energy）、环保性（environment）和人机工程（ergonomics）三个方面选择采用涂装工艺技术的绿色涂装车间方案（见图 13-1 和图 13-2）。

能源
- 降低能源资源消耗
- 降低设备装机功率

环保性
- 减低VOC的排放量
- 降低固态液态废弃物排放量
- 减低CO_2的排放量

人机工程
- 提高生产效率
- 改善职业健康

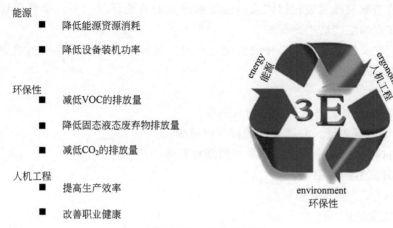

图 13-1　3E 的关系图

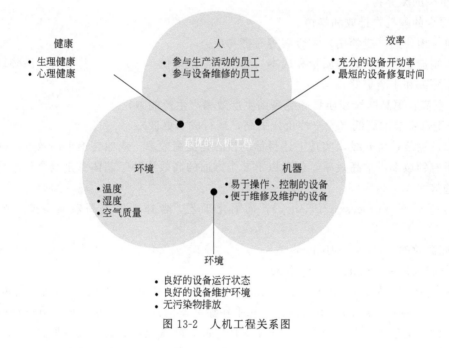

图 13-2　人机工程关系图

13.1　绿色涂装理念与绿色涂装车间

13.1.1　绿色涂装理念

　　"绿色涂装"理念就是涂装公害少（VOC、CO_2、颗粒物、污水及废弃物等排放少），能源和资源利用率高，且优质高产低成本，符合清洁生产标准。为此必须对原涂装工艺流程的每道工序、每台涂装设备进一步考察，检验和优化，杜绝涂装工艺过程中的浪费，消除无效的作业和过剩功能，使能源和材料尽可能得到最佳利用。也就是说，**用同样数量的原材料和能源，能加工出更多更优质的产品，创造出更高的产值，且排污更少，来增强产品和企业的竞争力。**

在新建或改造涂装线时应根据国家的法规和原有的节能环保水平，个性化地制定规划，依靠技术进步实现涂装清洁生产标准。

按清洁生产定义和涂装实情，将绿色涂装车间的具体生态和经济目标归纳为以下 10 个更少、2 个更高、1 个更低。

10 个更少：

① 更少的能耗。电、燃气等能源输入更少。

② 更少的 CO_2 排放量。它随能耗的减少而减少。

③ 更少的材料消耗（涂料、化学品及辅助材料等的消耗）。

④ 更少的有机溶剂耗用量。

⑤ 更少的 VOC、臭气味排放量。

⑥ 更少的耗水量。

⑦ 更少的废水排放量。

⑧ 更少的废弃物。

⑨ 更少的颗粒物排放和噪声。

⑩更少地使用（或禁用）重金属等有害物质。

汽车制造业追求顶级的质量和成本（要求不断地降低单车成本）势必要求涂装绿化同时实现 2 个更高和 1 个更低。

2 个更高：更高的涂装质量和更高的生产效率（生产能力）。

1 个更低：成本更低（投资性价比更高，运行成本更低）。

向绿色涂装转型升级，实现上述目标的核心是**提高效率**，应始终追求高效率，绿色涂装车间在所有领域都讲求高效率，创建以下 6 个方面的高效涂装工艺体系是当今汽车涂装发展的主流趋势。

① 工艺效率（process efficiency），向简化工艺、合并工序等高效紧凑型工艺的方向发展。

② 能源效率（energy efficiency）。

③ 材料利用率（material efficiency）。

④ 减排效率（果）（emission efficiency），尽量减少 VOC、CO_2、污水等的排放量。

⑤ 空间利用率（space efficiency）。几乎在涂装车间的所有领域都坚持节省空间（或充分利用空间）的理念。尤其喷漆室和烘干室的空间，降低成本效益真实可见。

⑥ 经济（成本）效益（cost efficiency）。提高投资效益，降低运行成本。

13.1.2　绿色涂装车间

按清洁生产法规和"绿色涂装"理念，选用绿色涂装工艺技术设计、建设成的涂装车间称为"绿色涂装车间"（green paint shop）。实现绿色涂装的 10 个更少的技术措施请参考表 13-1。

表 13-1　涂装车间绿化目标及措施一览表

序号	项目	削减的技术措施	绿化效果
1	更少的能耗（能源输入）	• 优化设计，削减装机能耗和功率 • 喷漆室排风循环利用 • 选用"湿碰湿"工艺及涂料	• 提高能效，节能，降成本 • 减少温室气体 CO_2 排放 • 使 CO_2 排放量达标
2	更少的 CO_2 排放量	• 采用热泵技术，清洁能源和废热回收利用	

续表

序号	项目	削减的技术措施	绿化效果
3	更少的涂料耗用量	• 优化涂装方法,提高涂装效率(TE)	• 提高资源利用率,降成本
4	更少的溶剂耗用量	• 优化涂层结构,削减涂料用量 • 选用低 VOC 型涂料	• 减少大气污染
5	更少的 VOC 臭气排放量	• 降低换色清洗溶剂损失,回收利用	• 使 VOC 排放量达标
6	更少的水耗用量	• 优化输送方式,削减工序间的带水量 • 干式喷漆室替代湿式喷漆室	• 节省用水,降成本
7	更少的废水排放量	• 改进清洗工艺及供水方式 • 清洗水再生(RO 法)循环利用	• 节省污水处理费用,减少污染
8	更少的废弃物	• 减少一次性使用容器 • 分类处理,综合利用	• 省资源,降成本
9	更少的颗粒物排放和噪音	• 消除尘埃源 • 优化漆雾捕集方法及装置 • 吹灰法改用吸尘法	• 有利于排风再循环利用…… • 使颗粒物(PM)排放和噪声达标
10	更少的使用(或禁用)重金属等有害物质	• 采用新型无磷前处理技术 • 选用符合 GB 24409 的涂料	• 保护人类生存的环境 • 有利报废汽车回收利用

依靠技术进步,采用"三湿"喷涂工艺、喷漆室排风循环利用、机器人自动静电喷涂等绿化涂装工艺后在清洁生产方面取得丰硕结果。德国两家涂装公司 2012 年展示的业绩(见表 13-2、表 13-3 和图 13-3、图 13-4)。

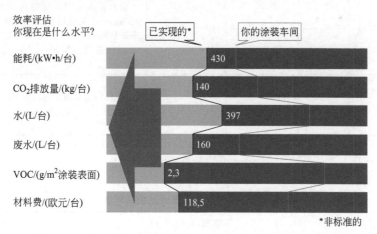

图 13-3 引进建成的某汽车公司涂装车间已达到的能耗环保水平(彩图见文后插页)

实例:2013 年 7 月 10 日投产的华晨宝马公司(BBA)铁西涂装车间的可持续的能耗指标,其实测结果列于表 13-4。

表 13-2 ECO＋Paintshop 轿车车身涂装车间与未绿化前对比

项目 涂装车间	能耗 kW·h/台	CO₂排放量 kgCO₂/台	耗水量 /(L/台)	废水量 /(L/台)	VOC 排放量 /(g/m²)	涂料耗用量 (指数)	涂装成本 CPU
传统(4C4B)	900	291	1065	＞600	30.8	100	147 欧元/台
绿色涂装车间	430	＜140	397	160	2.3	50～70	118.5 欧元/台
减少(节约)/%	约 50	50	60	60	90	30～50	产能增加＋10～20

注:轿车车身的涂装基数:水性底色漆 BC70％金属色;清漆 2K。涂装面积:电泳底漆(EC)90m²,中涂(面漆)10m²,密封胶 100m,PVC 车底涂料 5m²,LASD 车内防声阻尼涂料 1.5m²。

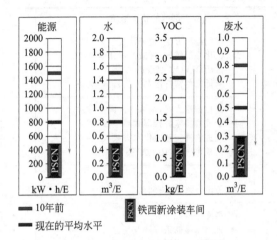

图 13-4　单台车身的涂装能耗环保状况（彩图见文后插页）

表 13-3　每台车身涂装总能能耗

涂装车间类型	总能耗		换算为 CO_2 排放量 /(kgCO_2/台)	备注
	MJ/台	kW/台		
通常的涂装车间 general plant	<2620	728	255.489	意大利某公司介绍每台车身涂装产生 CO_2 235kg,日本某公司 2006 年报道年产 24 万台轿车车身涂装工艺产生 CO_2 量为 169.5kg/台。日本 2012 年目标为 100kgCO_2/台
绿色涂装车间 green paint shop	<1570	435	153.098	
高级绿色涂装车间 the real green paint shop		395+40 （太阳能）	142.219	远景目标:采用太阳能等可再生能源实现"零"排放

注:由总能耗换算成 CO_2 排放量(即单台车身涂装能耗,MJ/台),换算为单台车身涂装排放出的 CO_2 量(kgCO_2/台);换算方法:假定总能耗中 45% 是电能,55% 是天然气热能;CO_2 排出系数:电 0.154kg CO_2/MJ;天然气 0.0153kg CO_2/MJ。

表 13-4　BBA 铁西涂装车间的能耗环保状况

项目	实测数(2014.3.11)	2014 年目标
废水排量/(m³/台)	0.39	0.4
溶剂使用量/(kg/台)	3.81	5
废渣量/(kg/台)	3.75	4
石灰石粉[①] 用量/(kg/台)	11	12
VOC 排放量/(kg/台)	0.6	1.0
能耗/(MW·h/台)	0.7	1.18
工业水用量/(m³/台)	0.86	0.7

① 干式喷漆室用的滤材。

　　工业涂装转型升级,创建绿色涂装车间,实现绿化的主要手段是:工业用涂料更新换代(水性化、低 VOC 化);喷涂自动化、智能化,提高涂装效率、涂料的有效利用率;降低能耗和水耗，提高资源利用率，减排 CO_2 和 VOC；加强科学管理，提高管理水平，提高涂装一次合格率。这四个方面是本章的重点，介绍于后。

13.2 水性涂料的特性及其涂装技术

采用低 VOC 型涂料（如水性涂料、高固体分涂料和粉末涂料）替换现用的有机溶剂型涂料是从源头降低 VOC 排出量的根本措施（参见图 13-5）。VOC 排放限量标准：以轿车车身的三涂层［CED 底漆＋中涂＋面漆（BC＋CC）］为例，国际标准为 30～40g/m²，现今最先进的标准为≤10g/m²。传统的有机溶剂型三涂层体系的实际 VOC 排出量在 100g/m² 以上（见表 13-5），各涂层 VOC 排出量所占百分比见表 13-6。

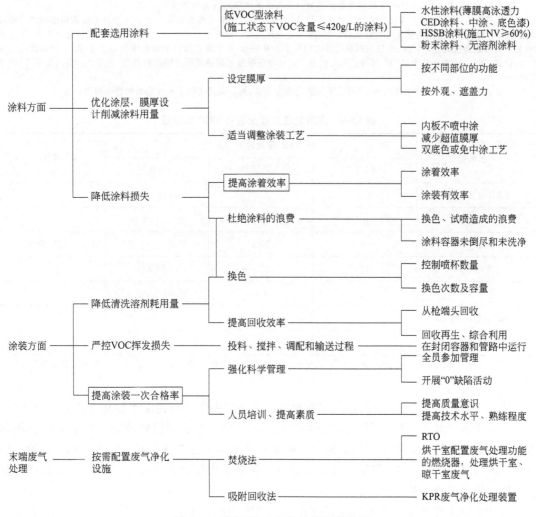

图 13-5 降低 VOC 排出量的综合措施
（以轿车车身涂装工艺为例）

表 13-5　在汽车车身（OEM）涂装线上各种涂料配套体系的溶剂排放量对比

项目	涂装工艺		配套涂料类型				
	涂层名称	涂装方法					
涂层配套体系	底漆层	阴极电泳涂装	阴极电泳（CED）涂料				
	中间涂层	自动静电喷涂②	溶剂型 MS①	溶剂型 MS	水性中涂	水性中涂	水性中涂
	面漆底色层	自动静电喷涂	溶剂型 LS	溶剂型 MS	水性金属色漆	水性金属色	水性金属色
	罩光清漆层	自动静电喷涂	溶剂型 1K	溶剂型 2K-HS	溶剂型 2K-HS	水性清漆	粉末清漆③
VOC 排量	每平方米被涂面积的溶剂（VOC）的排放量/(g/m^2)		≥120	76～90	30	27	20 以下

① 表中 1K 为单组分，2K-HS 为双组分高固体分；LS 为低固体分；MS 为中固体分。

② 自动静电喷涂，一般为高速旋转杯式静电喷枪喷涂，有往复自动静电喷涂机或机械手自动静电喷涂机组成的自动喷涂站（ESTA）两种，按自动化程度又可分全自动的（即车身内外表面全部采用自动喷涂）和半自动的（即以自动为主，手工辅助；如车身外表面自动静电喷涂；车身内表面及外表局部手工补喷）。自动化程度高的机械手自动静电喷涂，涂料的涂着效率高，组成 ESTA 的喷杯数少，VOC 排放量相对就少。自动静电喷涂及装备按所采用涂料类型（溶剂型、水性、粉末等）的不同选用。

③ 粉末清漆有干粉和水浆状两种，前者用干粉静电喷涂设备，后者采用适用于水性涂料的静电喷涂设备。

表 13-6　溶剂型三涂层涂装中 VOC 排出量

工艺名称	VOC 排放份额/%			备注
	丰田汽车	关西涂料	一汽轿股	
CED 电泳底漆	1.0	1.4	1.42～1.98	
中涂	19	15.7	9.67～10.16	
底漆 BC	36	50.8	33.10～39.35	金属底色漆
罩光 CC	15	13.0	10.38～11.90	
清洗溶剂	22	4.3	36.61～45.44	
喷蜡、PVC 等	—	13.4	—	
其他	7	1.4	—	

注：基于统计基准和各厂喷涂施工条件不同，表中所列数据不同。VOC 排放份额仅供参考；BC 和换色清洗溶剂之和都超过 50%。

从表 13-5、表 13-6 中看出，在三涂层涂装体系中中涂和底色漆水性化是汽车涂装 VOC 减排的关键点。基于水性涂料的施工性能较传统的有机溶剂型涂料的施工性能差，且不熟悉。其中电泳涂料已采用半个多世纪，其施工性能基本上已掌握，且以普及。水性中涂、底色漆在国内采用虽已有 10 多年，但尚未普及，在本节中作重点介绍，供涂装工艺设计人员和现场的涂装工程人员作参考。

水性涂料系指可用水调配的涂料或其挥发的溶剂部分主要是水（或大部分是水）。工业涂装领域采用的水性涂料有电泳涂料（阴极电泳涂料和阳极电泳涂料）、水性防锈涂料（浸用或喷用，还有厚膜型）、水性中涂、水性底色漆、水性清漆、水浆状粉末清漆等。汽车工业发达的国家基本上已实现了水性涂料替代传统的有机溶剂型涂料的更新换代；国内汽车车身涂底漆采用阴极电泳（CED）涂料已普及，自 2004 年以来采用水性中涂和水性底色漆的车身涂装线已有 20 多条。

水性涂料是环保型绿色涂料，采用水性涂料更新替代现用的有机溶剂型涂料是工业涂装低 VOC 化的主流措施。如仅用水性底色漆（WBBC）替代溶剂型底色漆（SBBC）就可削减 VOC 排放量 80％以上（参见表 13-7）。采用水性涂装体系（水性中涂/水性底色漆/溶剂型清漆）替代现行溶剂型涂装体系后，削减 VOC 的效果显著（参见图 13-6）。

表 13-7　水性化的意义

涂料	水性底色漆（WBBC）	溶剂系底色漆（SBBC）	实施事项
涂料 NV（涂装 NV）/%	20～25(20～25)	40～50(20～25)	
运动黏度/(cm²/s)	40～60(FC4#)	12～14(FC4#)	
VOC	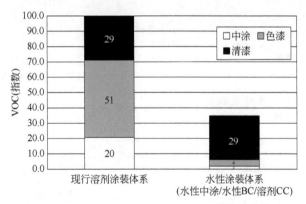		①增加预烘干设备； ②需改造输调漆系统； ③要严控喷涂环境的温·湿度

注：1. 优点："对环境的适应性强"、安全、不着火。

2. 中涂、金属底色漆水性化后可使 VOC 排放达到 30～40g/㎡ 的水平。

3. 各种底色漆的 VOC 含量：中低固体分（10％～20％）溶剂型底色漆（SBBC）650～750g/L(5.4～6.3lb/gal)；高固体分（45％～50％）溶剂型底色漆（SBBC）455～515g/L(3.8～4.3lb/gal)；水性底色漆（WBBC，固体分 18％～35％，水 46％～55％，VOC 20％～25％)180～265g/L(1.5～2.2lb/gal)。

图 13-6　水性涂料体系的 VOC 削减效果

13.2.1　水的特性给水性涂装带来的难点

由于水的特性与原用的有机溶剂相差甚远，水的蒸发潜热大，挥发慢，表面张力高，易产生气泡且难消除，高导电性，还有腐蚀性（参见表 13-8、表 13-9）。

水性涂料（中涂和面漆）的涂装工艺与有机溶型涂料基本相同，但在作业方面受水的特性的影响，因此，针对在喷涂时易产生的问题，必须采用与溶剂涂料不同的涂料设计和涂装机·涂装设备设计。这方面的课题和具体防治方法如表 13-10 所示。

表 13-8　水与一般溶剂的特性比较

项目	溶解度参数	沸点/℃	蒸发潜热/(cal/g)	相对蒸发度（丁酯＝100）	表面张力/(mN/m)	电导率(20℃)/(μS/cm)	蒸气压/10²Pa	比热容/[kJ/(kg·K)]	黏度(0℃)/mPa·s	腐蚀性	密度/(g/mL)	其他
水	23.5	100	540	38(36)	72.6	80.1	24	4.18	1.79	有	1.0	0℃以下冻结
甲苯	8.9	110.6	98.6	200	28.5	2.24			较水低	无	较水轻	易燃危险物
二甲苯		114	83	68	30	2.6					0.863	
有机溶剂			100 以下		29	不导电 2.37～5.10	5.0～12.5	1.6～2.0				
水的特性	不溶解通常涂料用树脂	容易沸腾	不易蒸发	容易滴流	对底材的湿润性差	静电涂装时漏电			需要防蚀材料如(SUS、塑料)			不燃非危险物

表 13-9　水性涂料和溶剂型涂料的比较

涂料	涂装黏度	稀释剂	pH 管理	发泡性	电阻值
水性涂料	高	水	要	大	低
溶剂涂料	低	各种溶剂	不要	小	高

表 13-10　由水的性质带来的水性涂料的基本问题及其防治方法

水的性质			涂料的问题点	防治方案	具体的防治手法	
					涂料方面	涂装设备方面
沸点虽比较低，可因蒸发潜热高，难蒸发，易受湿度的影响			流挂 闪光颜料配向不良	给予靠前剪切变化黏度的性质(拟塑性)	使用流变黏度控制剂，利用树脂的相互作用	控制喷漆室的温湿度
溶剂	沸点/℃	蒸发潜热/(cal/g)	涂膜外观肌肤变动	控制涂着固体分，使涂着黏度变化变小		
水	100	540	由于水的突沸引起的气泡孔	使水分徐徐挥发，降低表面黏度	添加高沸点溶剂，添加热流平树脂	利用低温预加热
二甲苯	144	94				
表面张力高			对底面和颜料的湿润变差	降低表面张力	调整树脂的极性，选择并用的有机溶剂，使用表面调整剂、界面活性剂	
溶剂	表面张力/(mN/m)					
水	73		易产生异物附着的缩孔	抑制抗黏性的缩孔，给予构造黏性(拟塑性)	使用表面调整剂	减少涂装环境的污染物质
二甲苯	30		展平性差	给予热流平性	添加热流平树脂降低固化反应速度	

续表

水的性质	涂料的问题点	防治方案	具体的防治手法	
			涂料方面	涂装设备方面
易发泡且难消除	因气泡及其排出易产生涂膜缺陷（气泡孔）	在体系中稍稍添加相容性不好的成分，使气泡不安定化	添加疏水溶剂 添加消泡剂	
		降低烘干时的黏度（给予热流平性）→在加热初期脱泡＋流平	添加高沸点溶剂 添加热流平树脂	
电阻低（导电率高）	因涂料漏电，静电涂装难	涂料不直接荷电 供漆系统与涂装涂料绝缘		采用外部荷电方式，采用弹夹供漆方式

表格中嵌入小表：

溶剂	电导率/(S/m)
水	78.4
二甲苯	2.6

对作业影响最大的是水的蒸发潜热大，水蒸发所需的能量是有机溶剂的五倍，加上受温度和相对湿度的影响，相对湿度高（即空气中含水量多的）场合，水从涂膜蒸发就难，作业性就下降。在喷涂过程中水性涂料固体分增高速度较溶剂型涂料慢得多，且受涂装环境温湿度的影响较大（参见图13-7、图13-8）。水性金属闪光底色漆在喷涂区溶剂挥发只有20%～30%，而一般溶剂型金属闪光底色漆在喷涂区溶剂挥发已达60%～70%（参见图13-9）。

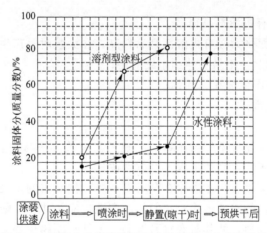

图13-7　喷涂水性底色漆过程中涂料固体分变化状况
（注：溶剂型涂料通过稀释剂的调整，可提高涂着时的固体分，但水性涂料却不能指望它会上升很多）

因水分蒸发慢，在涂装时易产生流挂，还有在喷涂金属闪光底色漆时，晾干时间增长，使能效率变差。

其次，**对水性涂料作业性有影响的是表面张力**。涂料常用的有机溶剂的表面张力如下：醇类、酯类、酮类溶剂为 20～25mN/m，二甲苯、煤焦油等芳香族碳氢化合物为 28～32mN/m，白醇那样的直链状的碳氢化合物为 25mN/m 左右，广泛采用的高沸点溶剂丁基溶纤剂为 27～28mN/m，丙烯乙二醇醚系为 28～31mN/m，溶纤剂乙烯酯为 28～29×10⁻³

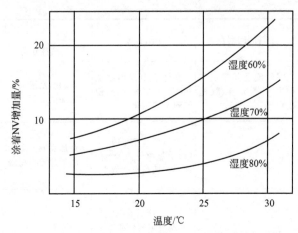

图 13-8　温湿度对水性涂料涂着 NV 的影响
（湿度变化，对涂着 NV 的影响很大。针对确保涂装作业性，应加强湿度管理）

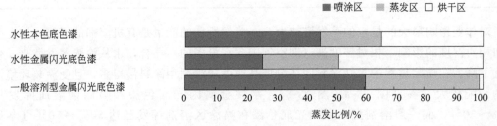

图 13-9　三种底色漆在不同区域的溶剂蒸发比例

N/m。水的表面张力较有机溶剂高得多。

基于水性涂料的表面张力较有机溶剂型涂料高，在涂装时易产生下列缺陷及涂膜弊病：

① 对被涂面不易润湿，不易扩伸到小细缝中；

② 展平性不良，易产生缩孔、针孔；

③ 易产生流挂、缩边；

④ 不易消泡。

水性底色漆的涂装作业性不仅与涂料·涂装工艺有关，还与涂装方法及相关装备有关，要提高水性底色漆的作业性，必须从以上两方面改进。

中涂不仅涂在电泳涂膜上，还需涂在车身密封胶和抗石击的车底涂料涂层上，它们都是低极性成分，表面张力高的水性中涂对它们的湿润性也应关注，在配方设计时使用表面调整剂和溶剂来降低其表面张力，使其对底材易湿润。另外在厚膜化场合，水分挥发难，需优化好预加热和烘干规范。总之，水性中涂涂装线的作业性的稳定化十分重要。

水性涂料的电阻低，在高压下导电，因涂料管漏电无法接上高压；喷涂溶剂型涂料的静电喷涂设备，不适用于水性涂料的静电涂装。通常水性涂料静电喷涂采用外部电极荷电或输漆系统与电喷枪之间绝缘的方式。外部荷电方式容易实现，仅在喷杯外安设高压放电针，喷杯不带电，其他喷涂装置与喷涂溶剂型涂料设备相同；因而设备成本几乎不增加，但是喷涂涂着效率比喷杯荷电方式约低 10%。输漆系统与喷枪之间，需设绝缘中转漆罐，系统复杂，向中转漆罐补充涂料时须停止喷涂，短生产节拍多色场合不适用。

13.2.2 水性涂装的关键条件

基于水性涂料（中涂和底色漆）的特性（特殊的流变性、水的难挥发和湿润性差等），为获得优质装饰涂层，要注意喷涂过程中的四个主要涂装条件：

（1）需控制喷涂环境的温度和湿度恒定在最佳控制范围，温度23℃（±2℃）；相对湿度（RH）65%±5%。

各涂料公司根据自己的产品特性推荐施工环境的空气温湿度窗口（参见图13-10、图13-11、图13-12）。为节能减排，不保持全年恒温恒湿，而随气象条件变化，随季节分别设定温湿度值范围。如以下三种温湿度控制状况：

① 全年25℃，RH70%（恒定）；

② 冬季22℃，RH70%；夏季28℃，RH80%，其他25℃，RH75%；

③ 冬季21~23℃，RH65%~75%；夏季27~29℃，RH75%~85%；其他24~25℃，RH70%~80%。

第③种工况可较①削减CO_2排放量50%左右。

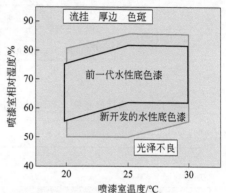

图13-10 水性涂料施工的温湿度控制（彩图见文后插页）

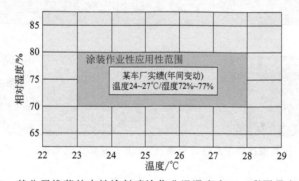

图13-11 某公司推荐的水性涂料喷涂作业温湿度窗口（彩图见文后插页）

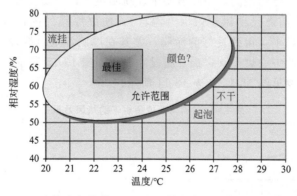

图13-12 水性底色漆的（WBBC）施工窗口（彩图见文后插页）

（2）水性底色漆喷涂后，罩光前需闪干（flash off，或称预烘干），确保湿漆膜的NV>80%。

其工艺为：风幕→红外1.5min→吹暖风3min→吹冷风2min→风幕（工件温度降到≤35℃）。其温度曲线和工艺参数如图13-13、图13-14所示。

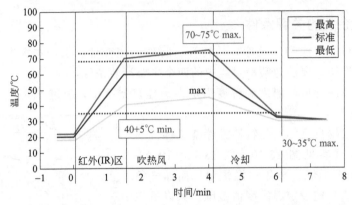

图 13-13　水性底色漆（WBBC）闪干（预烘干）车身（湿膜）温度曲线（彩图见文后插页）

图 13-14　两种类型预烘干水性底色漆（WBBC）法的工艺参数（彩图见文后插页）

（3）水性涂料涂膜的烘干工艺　为使水性涂料涂膜固化后水不溶，具有较好的耐水性和与有机溶剂型涂料涂膜一样的性能，一般需要中、高温烘干，为防止湿漆膜的水分突沸，产生"气泡"缺陷，在烘干前需设预烘干段（升温段），使湿漆膜的固体分（NV）达到 80% 以上，再在高温条件下烘干，得到良好的涂膜，尤其在厚膜涂层（膜厚≥35μm）场合，更不可缺少预烘干段。水性中涂烘干（含预升温段）曲线如图 13-15 所示。预烘干工艺参数（温度及时间）的确定可参见图 13-16 和表 13-11 所示。

表 13-11　不同部位预烘干的热风效果

风速（热风风嘴） 热风温度	40℃	60℃	80℃
1m/s			28/23
5m/s		38/57	45/51
10m/s	33/74	46/77	54/85
18m/s	35/81	52/86	64/87

注：1. 表中数值表示最高温度（℃）/湿膜 NV（%）。
2. 测定部位：门内部。
3. 加热时间：2min。

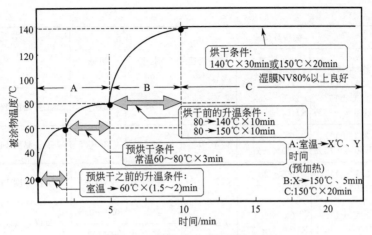

图 13-15 水性中涂升温段示意图

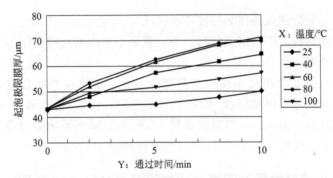

图 13-16 涂膜起泡厚度与预烘干温度·时间关系图
烘烤前的预烘烤需在 60～80℃×5min 以上

电泳漆涂膜受电渗作用，湿涂膜中含水量已较少（手摸上去，已不粘手）。可直接进入高温烘干室烘干。进烘干室前将被涂物表面的水珠湿气吹掉即可（如吹 60℃左右热风，涂膜外观更佳）。

某公司推荐的汽车用中涂、底色漆（水性和有机溶剂型）、罩光清漆（溶剂型）的施工参数列于表 13-12 中，供参考。

表 13-12 汽车用中涂面漆的施工参数

涂料	喷房环境			闪干		烘烤条件
	作业窗口	可调整范围	空气流速/(m/s)	时间/min	风速/(m/s)	
水性中涂	23℃±2℃ RH65%±5%	20℃～28℃ RH55%～75%	0.3～0.5	≥5	0.3～0.5	8min 至 60℃+5min 至 160℃，工件温度 160℃下保温 20min
水性底色漆 金属色	23±1℃ RH65%±5%	20℃～28℃ RH55%～75%	0.3～0.5	≥4.0	0.3～0.5	强制闪干（晾干） 1～1.5min 红外：2000m³/(h·m) 2～2.5min 热风：4000m³/(h·m) 空气温度:60～80℃ 空气湿度:10gH₂O/kg 空气
本色	23℃±1℃ RH65%±5%	20℃～28℃ RH55%～75%	0.3～0.5	4～5	0.3～0.5	1.5min 冷却:4000m³/(h·m) 空气温度:20～25℃

续表

涂料	喷房环境			闪干		烘烤条件
	作业窗口	可调整范围	空气流速/(m/s)	时间/min	风速/(m/s)	
罩光清漆(1K)	23℃±1℃ RH60%~75%	20℃~28℃ RH50%~75%	0.3~0.5	≥6	0.3~0.5	工件温度140℃,保温20min
罩光清漆(2K)(双组分)	23℃±1℃ RH60%~75%	20℃~28℃ RH50%~75%	0.3~0.5	6±1	0.3~0.5	工件温度140℃,保温15min
有机溶剂型中涂	23℃±1℃ RH60%~75%	20℃~28℃ RH50%~75%	0.3~0.5	≥5	0.3~0.5	工件温度140℃,保温20min
有机溶剂型底色漆	23℃±1℃ RH60%~75%	20℃~28℃ RH50%~75%	0.3~0.5	≥2	0.3~0.5	与罩光清漆一起烘干
				最好吹风,最高40℃		

结果:预烘干装置的热风条件为温度40~80℃,风速10m/s以上。

(4) 需用耐腐蚀材料:不锈钢或塑料。如:预烘干室内壁板需选用SUS304不锈钢,输漆管路需用不锈钢管等。

基于水性涂料的稳定性和抗冻性较溶剂型涂料差,水性涂料的存储环境要求+5℃至+30℃。调漆间温度可低于供漆温度(23℃±2℃)3℃,储存稳定周期6个月,漆罐要密封,供漆循环系统流速0.15m/s(溶剂型涂料0.3m/s)。循环系统涂料周更新率10%以上。清洗溶剂的配比:亲水溶剂10%,水90%(按需可调整pH值)。

13.2.3　制约水性涂料发展的因素及水性涂料涂装技术发展现状

当初制约水性涂料发展的因素如下:

① 设备投资增大。水性底色漆喷涂后,罩光前要增加预烘干(闪干)设备,水性中涂烘干需增加预升温段,占用生产面积增大,管道喷漆室、预烘干室要求采用不锈钢材料,增加投资。

② 能耗增大。因喷涂水性涂料(中涂和底色漆)需严格控制喷漆室系统供风的温湿度;再加上预升温和预烘干工艺,能耗大幅度提高,要比有机溶剂型中涂和面漆的3C2B工艺能耗增大1.6倍,CO_2排放量增大1.5倍。

③ 水性涂料的施工作业性较差,施工环境温湿度范围(窗口)较窄,且水性涂料价格稍贵。能耗增大和涂料稍贵,致使涂装运行成本增加。

④ 原有的老设备和涂装车间很难进行改造来适应水性涂料的涂装。

环保的需要和节省石油资源是推动水性涂料发展的两大动力。保护地球环境不污染,为人类创造更良好的生存环境,要求低VOC化、低碳化;石油资源短缺,价格猛涨,要求节能减排。进入21世纪以来,国际和国家号召发展绿色经济,创建环境友好型、低碳经济型社会,致使采用环保性绿色涂装(尤其是水性涂料)替代传统的有机溶剂型涂料的潮流大大增强。近10多年来,水性涂料及涂装技术的开发又取得下列重大革新性的技术进步。

① 水性涂料的施工性能得到进一步改善。汽车用水性中涂和水性底色漆的开发历史是在保证赶超有机溶剂型涂层质量基础上,扩大喷漆室温湿度窗口及控制范围改进施工特性的历史。如日本在2005年采用的第2代水性底色漆,温湿度窗口较20世纪90年代的第一代水性底色漆的工艺窗口扩大了许多(参见图13-17和图13-10)。第三代水性底色漆的开发将

进一步扩大其施工工艺窗口，提高其外观装饰性和增强喷涂时的雾化性能。开发成功并已获得工业应用的适用于"湿碰湿"涂装工艺（3C1B 工艺）的水性中涂和水性底色漆。

② 静电喷涂水性涂料的弹匣式涂装法。随着机器人静电喷漆替代往复式自动静电涂装机的自动静电喷涂技术的进步，开发成功与涂装机器人配套应用的弹匣杯式高压组件系统（cartridge bell vottafe block system），简称弹匣式涂装法（参见图 13-18）。这种系统把涂装机器人和传统的输漆系统彻底分离，将上述的中转涂料罐做成独立的涂料罐（弹匣），弹匣可与旋杯进行快速组合，压送涂料，弹匣的容积可根据实际需要设计（例如分担 1～2 台车身的用漆量），并专用化，与其配套的有填充涂料装置和弹

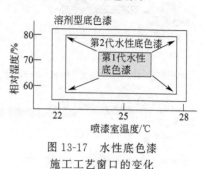

图 13-17　水性底色漆施工工艺窗口的变化

匣搬运装置。换色时只需更换弹匣，仅清洗喷杯，弹匣不需清洗，因而换色时的涂料和溶剂的损失小，清洗溶剂消耗可减少 93％以上；换色可在短时间内完成，与更换弹匣同步清洗喷杯。弹匣式涂装法的突出优点是同时适用于溶剂型涂料和水性涂料的静电喷涂，且涂着效率高；还可适用于临时的小批量颜色涂装。并简化了机器人手臂中搭载的换色阀和涂料泵系统，设备简单易维护。弹匣式涂装法在日本已较多采用，国内 2004 年 9 月投产的一汽天津丰田二厂车身涂装线采用机器人弹匣式涂装法喷涂水性底色漆。

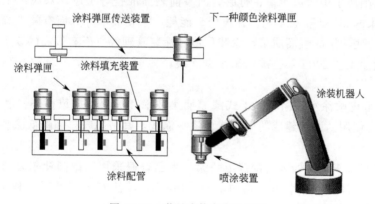

图 13-18　弹匣式静电喷涂系统

③ 采用热泵技术的低湿低温底色漆预烘干（flash off）法。水性底色漆喷涂后，在罩光前要挥发掉湿漆膜中的水分，使其 NV 达到 80％以上。采用"红外＋热风＋冷却"或"热风＋冷却"方式进行预烘干，后改进为"低湿、低温（50℃）空气吹干"方式，取消了冷却工序。最新成果是应用热泵技术同时作为"低湿（8g/kg）低温（50℃）吹干"方式的预烘干装置的除湿冷却源和热源，节能减排的效果显著，与现行方式（参见本章图 13-14）比较，可削减 CO_2 排放量 61％。

④ 水性中涂、水性底色漆涂装采用"三湿"喷涂工艺技术。当初水性中涂·面漆涂装为 3C2B 涂装工艺，即涂中涂→烘干→打磨修饰擦净→涂底色漆（BC_1＋BC_2）→预烘干（闪干）→涂罩光清漆（CC）→烘干、冷却。现今为节省投资、节能减排，降低涂装成本，普遍采用"三湿（3wet）"喷涂工艺（参见图 13-19）。

"三湿"喷涂工艺技术是指中涂、底色漆＋罩光清漆三涂层，"湿碰湿"喷涂后一起烘干，简称"三涂层烘一次，3C1B"；或底色漆 1（BC_1 具有中涂功能）、底色漆 2（BC_2）＋

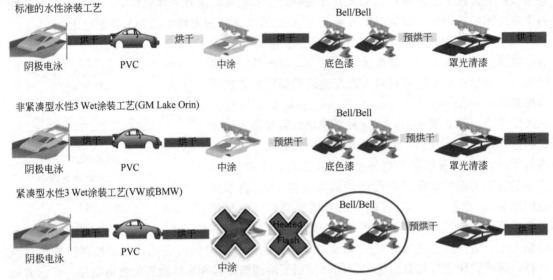

图 13-19　最新汽车车身涂装工艺（彩图见文后插页）

罩光清漆（CC）→烘干、冷却（又称双底色涂装工艺）。两者都简化了中涂·面漆喷涂工艺，3C1B 工艺削减了中涂烘干室、打磨、面漆前表面准备等工序，双底色工艺削减了中涂喷涂线。较原来的 3C2B 喷涂工艺，在投资、能耗，涂装成本等方面有较大幅度的降低。可是对工件底材、底涂层的表面质量，涂装环境和涂装管理等方面有较高的要求。

"三湿"喷涂工艺 2006 年已被汽车车身涂装国际会议确认为 A 级轿车车身涂装的主流典型工艺。

⑤ 机器人静电喷涂水性涂料、干式漆雾捕集技术和喷漆室排风循环再利用等三项最新涂装技术的配套使用，设计建成的中涂或面漆喷涂线，其节能减排和降低涂装成本的效果特别显著。

进入 21 世纪以来，机器人自动静电喷涂技术已普遍采用。德国杜尔公司等开发的干式喷漆室，采用干式漆雾捕集装置（EcoDryScrubber），喷漆室排气循环再利用率由 0～20% 提升至 80% 以上，可节能 30%，可降低单车涂装成本 10% 左右。

为环保和节能减排，各涂料公司还正在进行进一步减少水性涂料中的 VOC、改善水性涂料的施工性能（扩大温湿度的控制范围）、进一步缩短水性底色漆的闪干时间和中涂的预升温段时间、水性涂料的低温固化技术等技术开发工作。

上述水性涂料·涂装的技术进步，除老涂装线难改造采用水性涂料问题外，制约水性涂料发展的因素基本上全面解决。为保护人类的生存环境和国民经济可持续发展，应大力发展采用水性涂料及其涂装技术，尤其在设计建设新涂装线场合。

13.2.4　优化涂装工艺，调整膜厚，减少涂料耗用量

应根据产品设计要求，以及使用环境条件和产品不同部位的功能，精益优化现有的传统涂装工艺（如涂装方法，选用更先进合适的涂料，设定制品不同部位及各涂层的膜厚等）。

例如：汽车车身阴极电泳涂装膜厚的标准是内表面及空腔内表面为 $\geqslant 10\mu m$，外表面 $15\mu m$。如果车身门板外表面和底板下表面的 CED 膜厚 $>20\mu m$，就为超值膜厚。在采用第二代 CED 涂料的（泳透力为 $G/A = 10\mu m/23\mu m = 43.5\%$）场合，确保车身内腔 CED 膜厚

达 $10\mu m$，则车身外表面的 CED 膜厚达 $25\sim28\mu m$；改用新开发的高泳透力 CED 涂料（$G/A=10\mu m/15\mu m=67\%$）后，不仅提高了车身内表面和空腔泳涂质量，而且每台车身的 CED 涂料消耗量削减 22%，降低涂装成本 10%。

可根据制品不同部位的使用环境，设定不同的涂装要求。如车身内表面被内饰件覆盖的面积，可不喷涂中涂和面漆，裸露的车身内表面可不喷中涂或采用同色中涂，不喷涂面漆，以此来降低中涂、面漆的耗用量。

采用中涂·面漆的"三湿"喷涂工艺和适用于"三湿"工艺的新型中涂和底色漆（水性或溶剂型），调整涂层结构和厚度（见图 13-20），降低每台车身的涂料耗用量和能耗。

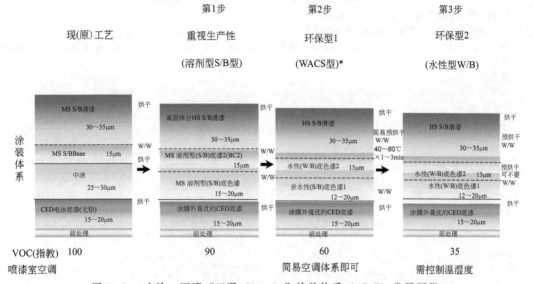

图 13-20 中涂·面漆"三湿（3wet）"涂装体系（3C1B）发展历程

[W/W："湿碰湿"工艺。HS：高固体分。MS：中固体分。CED：阴极电泳。BC：底色漆。S/B：溶剂型。W/B：水性。WACS（water absorbing coat system）：吸水涂装法，是水性 3C1B 体系的补充，可降低喷漆室温湿度调整负荷。]

13.3 提高涂装效率（涂着效率）的措施

13.3.1 涂装效率（涂着效率）及其增效措施

在工业涂装领域提高涂着效率（transfer efficiency，缩写为 TE）是提高资源利用率、削减 VOC 排放量、减少废弃物和降低成本等的较有效的措施之一。

涂着效率（TE）系指涂装所使用的涂料与实际附着在被涂物上的涂料之比（以%表示），或以未附着造成的涂料损失为其概念。涂装效率是以在涂装时产生的总的涂料损失为其概念，涂装效率、涂装有效率和涂着效率的定义及相互关系如图 13-21 所示。

除被涂物所需膜厚的涂料外，所耗损的涂料都可谓涂料损失，它包括漆雾未附着在被涂面上的涂着损失，为涂装膜厚均一所必需的面积损失，为确保规定膜厚产生的超值膜厚的膜厚损失等。用数值化表示涂装损失为涂着效率，面积损失为涂装有效率，涂装效率的定义就是两者相乘。请注意，涂着效率（TE）和涂装效率都包含超值的膜厚损失，超值膜厚对涂装质量虽可能有一定的正面作用，可是从资源利用率、削减 VOC 排放量和涂装成本的角度考虑是起负面作用的，超值膜厚应控制得越薄越好。

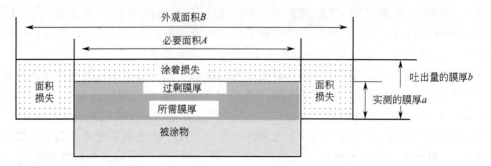

图 13-21　涂装效率、涂着有效率和涂着效率

注：1. 涂装效率＝涂着效率（a/b）×涂装有效率（A/B）

2. 采用机械手喷涂和控制软件优化到最佳状态，可使涂装效率提高 10％以上。实际测试数据如下：

喷涂部位/涂层	优化前（涂着效率×涂装有效率＝涂装效率）	优化后（涂着效率×涂装有效率＝涂装效率）
外板：中涂、罩光	80％×82.5％＝66％	90％×85.5％＝77％
底色漆	67％×77.6％＝52％	77％×85.5％＝66％
内板	40％×60％＝24％	60％×80％＝48％

在喷涂涂装场合涂着效率和涂料成分的流向实例如图 13-22 所示。

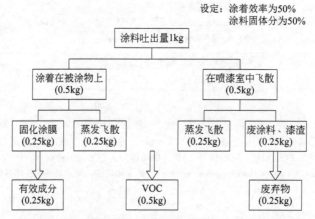

图 13-22　在喷涂涂装场合涂着效率和各涂料成分的流向

要提高涂着效率，尤其是要提高喷涂作业场合的涂着效率，可通过手工空气喷涂实现低压化、静电化（用空气静电喷枪替代一般的空气喷枪）；克服人的因素（熟练程度、责任心和身体状况等的不同造成的喷涂质量和涂料利用率的差异），采用自动静电喷涂替代手工喷涂。

从涂装工程（线）排出的 VOC 量可用下式表示

$$\text{VOC}_{总} = (\text{VOC}_{涂}/\text{NV}/\text{TE}) \times \sigma \times s - b + a \tag{13-1}$$

式中　$\text{VOC}_{总}$——从涂装工程（线）排出的 VOC 的总量；

$\text{VOC}_{涂}$——涂料中的 VOC 排放量；

NV——涂料的固体分；

TE——涂着效率；

σ——涂膜厚度；

s——涂装面积；

b——焚烧处理的 VOC 排放量；

a——洗净用的溶剂的 VOC 排放量。

在采用水性涂料的场合，$VOC_涂/NV$ 就小，喷漆室排气不进行焚烧处理。

从上式可看出：要削减 $VOC_总$，首先要提高涂着效率（TE），再着眼于膜厚（σ）、涂装面积（s）和 a 尽可能小。

在喷涂场合，涂着效率（TE）的定义是

$$涂着效率（TE）＝涂着到工件上的涂料量/喷涂的涂料量 \tag{13-2}$$

实际的 $VOC_总$ 排出量与涂着效率（TE）不是完全呈反比关系的，例如无关的表面上漆和超值膜厚（即超出工艺标准的膜厚）所多消耗的涂料也会提高 TE。

实际的 $VOC_总$ 排出量与涂料的有效率（又称实用涂着效率 PTE）呈反比关系，涂料的有效利用率的定义可用下式表示：

$$实用涂着效率（PTE）＝涂着在合格品上的标准所耗涂料/购进的涂料量 \tag{13-3}$$

也就是说仅涂着在（合格品上）必要的表面和必要的膜厚所需的涂料才算有效利用。实用涂装效率（PTE）不仅包含喷涂的涂料量还包含因漆膜弊病（如垃圾、颗粒、流痕、缩孔等）需再涂装或成为废品的情况，不合格品所消耗的涂料以及换色、试喷所造成的浪费，未使用浪费的涂料量（如容器中的涂料未倒尽和未洗干净，造成涂料的浪费）。

如果涂着效率（TE）提高10％，则削减 VOC 排出量的效果十分显著（大于15％以上，尤其在喷涂低固体分涂料的场合）。努力提高涂着效率，不仅削减 VOC，还可降低涂装成本。提高涂着效率（TE）的具体手段介绍如下：

① TE 具体化，测量和预测涂着效率（TE）；

② 改善和提高喷涂的一次合格率；

③ 改进优化机器人喷涂的程序，提高喷涂操作人员的熟练程度和优化操作手法；

④ 减少换色产生的浪费（减少喷杯数，减少换色次数及容量）；

⑤ 采用静电喷涂设备（选用更先进的喷具和静电涂装装备及工艺）；

⑥ 垂直被涂面进行喷涂（对工件倾斜10°~20°，则涂着效率变化10％~20％）。

总之，想方设法杜绝一切浪费，提高涂着效率，是把握涂料的有效利用率的关键一步。不合格品或返修再喷涂，不仅造成涂料的损失，还阻碍生产，浪费生产时间。

13.3.2　采用机器人全自动（智能化）静电喷涂技术

以轿车车身喷涂线为例，采用杯式静电喷涂替代手工空气喷涂，能显著提高涂装效率。在20世纪80~90年代采用往复式自动静电喷涂机（顶喷机和侧喷机）喷涂车身外表面，补漆和内表面仍采用手工空气喷涂。进入21世纪，用机器人替代9~12杯的往复机杯式静电喷涂机，在同一自动喷涂工位，喷杯数减少，涂料的相应的开关（ON/OFF）或喷幅调节能自动优化，能确保对被涂物面垂直喷涂，喷涂的柔性和仿形性好，涂着效率又有进一步提高（参见本手册第6章图6-2、图6-3）。

在近十年中开发成功汽车车身喷涂用全自动（智能化）静电喷涂工艺技术，实现车身喷涂线无人化，擦净、门盖开关、外表面和内表面喷涂、测厚、换色等工序实现全自动化和智能化。例如年产15万台车身的3C1B（水性底色漆＋溶剂型罩光清漆）的喷涂线，装备46台机器人，实现无人化。又如喷涂车底涂料和抗石击涂层，焊缝密封盒喷涂防声阻尼涂料，也都采用了机器人涂胶机替代手工作业，实现无人化。

13.3.3　依靠技术进步，加强管理，削减洗净溶剂用量

在涂装生产中为确保生产正常进行和喷涂质量，喷涂器具要常清洗，尤其在换色时。过

量的清洗不仅造成涂料损失，还耗用较多清洗溶剂，如某轿车公司每台车身耗用清洗溶剂 $4 \sim 7.0$kg（与清洗喷杯数和换色频率有关，因而每台用量相差甚大）。采用水性中涂和底色漆后，清洗溶剂中大部分被纯水替代，可大幅度降低每台车身的 VOC 排出量。

进入 21 世纪以来，自动静电喷涂的供漆方式和换气系统有较大的技术进步，将换色时的涂料和溶剂的损失减到最低程度。

如采用弹夹式供漆的静电涂装法，可大幅度缩小换色容量（输漆管路缩短，且小口径化），能减少换色时的涂料和溶剂的损失，清洗溶剂可减少 93% 以上。

如采用德国杜尔公司开发的 Eco1CC 集成换色系统，可以使每次换色的涂料损耗由一般换色的 45mL 减少到 10mL 以下，采用最新的 EcoBell3 1CC 换色系统（一种快速换色装置，直接安装在喷杯里，可换 6 种颜色），每次换色损失可降到 4mL。

加强生产管理，减少换色频率。如设换色编组站，按喷杯污染需清洗程度，组织若干辆车身喷涂后清洗换色。如容器上加盖密封，减少有机溶剂的挥发，加强清洗溶剂的回收再利用。

13.4　节能减排、低碳化绿色涂装工艺技术

基于工业涂装（尤其是汽车涂装）一般为多涂层涂装体系，涂装环境条件（空调）要求高（尤其在高装饰性涂装场合），烘干次数多，因而其能耗大，CO_2 产生数量多，且主要发生在涂层生命周期的涂装过程中，占到 55%～70%（见表 13-13）。

表 13-13　各工业涂装体系的 CO_2 产生比例　　　　　　　　　　单位：%

涂装体系	原材料	涂料制造	涂装	废弃
工业涂装	40	3	55	2
汽车涂装	25	3	70	2
建筑涂装	90	2	5	3

长期以来，人们不把 CO_2 当作有害气体，现今它是温室气体，要限排。为保护人类的生存环境和可持续发展，国际会议要求各国制定节能减排（削减 CO_2 排放量）的目标值。

在国内，涂装车间能耗在工厂设计中换算成"标煤/台车身"来衡量，国外开始换算成"CO_2 排放量（kgCO_2/台）"来表达涂装车间节能减排水平。例如，最近汽车已经不再按其燃料的消耗量进行分级，而是按其 CO_2 排放量进行分级了。

以汽车车身涂装为例，每台轿车车身涂装 CO_2 排出总量介绍如下。

日本大气社 2006 年报道：以年产 24 万台轿车车身的涂装设备为例，年排出 CO_2 4 万多吨。每台车身涂装产生 CO_2 169.6kg。

意大利 Geico 公司最近介绍：涂装车间的能耗占整个轿车生产的 70% 电能和 80% 的热能。每辆汽车涂装产生 CO_2 235kg。

一汽大众公司：$1^\#$ 和 $2^\#$ 轿车车身涂装车间 2009 年度能耗和 CO_2 排出量列于表 13-14 中。CO_2 排放量 $1^\#$ 车间为 192.0kgCO_2/台，$2^\#$ 车间为 232.2kgCO_2/台。

据日本期刊最新报道：日本汽车涂装在节能减排方面又取得较大进步，2012 年后的中期目标为 100kgCO_2/台（见图 13-23）。

涂装车间是汽车厂的耗能大户（见表 13-15）。在当今能源短缺（价格上涨）和防止地球温暖化的双重压力下，为了国民经济可持续发展和创建节能型（低碳）社会，节能减排是工

业涂装环保绿化重点课题之一。节能减排也是降低涂装成本,提高产品竞争力之需要。在涂装过程中,能耗与 CO_2 发生量成正比关系,能耗越大,CO_2 发生量越多,因此要削减 CO_2 排放量必须从节能着手。必须对传统现有的涂装工艺的每道工序,每台涂装设备,从节能减排的角度重新审核其能源的有效利用率,彻底消除电力和热能的浪费。依靠技术进步,创新可循环更新能源来削减每台车身在涂装过程中的能耗和 CO_2 排出量。

表 13-14 一汽大众 1#、2# 轿车车身涂装车间的能耗和 CO_2 排出量

能源名称	1# 车间 (1995 年投产,2009 年生产 37 万台)			2# 车间 (2004 年投产,2009 年生产 30 万台)		
	年消耗量 (2009 年)	CO_2 排出量		年消耗量 (2009 年)	CO_2 排出量	
		tCO_2/年	$kgCO_2$/台		tCO_2/年	$kgCO_2$/台
用电/MW·h	63504	35244.72	95.256	58123	32258.26	107.53
采暖/GJ	48545	3398.15	9.184	43096	3016.72	10.06
高温水/GJ	163735	11461.45	30.977	152569	10674.83	35.60
天然气/×10³m³	9843	20955.254	56.636	11275	24003.91	80.01
合计		71059.57	192.053		69953.72	233.2

注:1. 换算 CO_2 排出系数:电 0.555kg CO_2/(kW·h);采暖、高温水 0.07kg CO_2/MJ;天然气 2.12895kg·CO_2/m³。
2. 1# 车间是超负荷生产,2# 车间是满负荷生产。

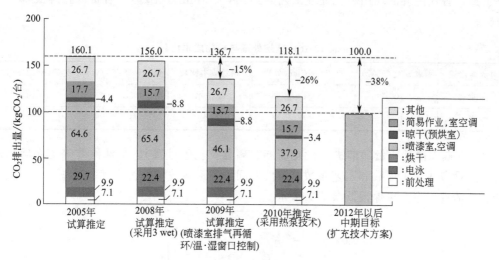

图 13-23 日本汽车涂装工程 CO_2 排出量的变迁
(摘自日刊"涂装技术"2011 年 5 月号 P.50)

表 13-15 轿车厂各车间能耗比[1]

能耗细分	焊装车间	涂装车间[2]	总装车间
总能耗	19%	70%	11%
电力	35%	45%	20%
燃气	4%	92%	4%

[1] 德国杜尔公司 2008 年 10 月报道,每台轿车能耗成本:40~70 欧元。
[2] 涂装车间的能耗:前处理·电泳(PT/ED)11%(10%,括号中是通用汽车公司的数据),喷漆室/操作间 58%(60%),烘干室 23%(25%),厂房 8%(5%)。

针对工业涂装能耗（电能和热能）的特点，节能减排的技术措施可归纳为以下三点。

① 削减能耗技术，提高能源的有效利用率。

② 回收再生，综合利用未被利用的热能和废热。

③ 选用单位发生热量的 CO_2 排出量小的（即 COP 高的）能源和技术（如热泵技术）。

为节能增效，缩小能耗差距，必须从节能减排、环保、清洁生产的角度，解放思想，转变观念，再认识和审核现行涂装工艺及涂装设备，必须依靠技术进步，走创新之路，开发研究，采用更节能、更环保、成本更低的新涂装材料、涂装工艺和涂装设备。例如，喷漆室排风可否循环再利用；如何减少烘干工序，开发采用"湿碰湿工艺"；如何选用工艺性更好的涂装材料、涂装设备和输送设备等。

总之，如何用等量的原材料和能源，加工出更多更好的产品，创造出更高的产值，节能减排、三废排放少，增强企业的竞争力和产品的市场占有率，将是我们今后努力的目标。

现将工业涂装领域已获得应用的成熟的节能减排工艺技术归纳如下，供读者参考。

13.4.1 涂装前处理和电泳涂装方面的节能减排工艺技术

（1）涂装前处理（脱脂、磷化）工艺低温化。开发选用处理温度为 20~35℃ 的前处理药品替代现用的 45℃ 以上的中、高温前处理工艺。

（2）开发采用新一代环保型非磷酸盐表面处理工艺（锆盐处理或硅烷处理工艺，室温 30~90s），替代传统的现用磷化处理工艺（≥43℃，3min），节能，省资源，降成本（见表 13-16）。

表 13-16　硅烷处理与磷化成本比较

相对成本比较	锌盐磷化(55℃)	硅烷(oxsilan)处理	相对成本比较	锌盐磷化(55℃)	硅烷(oxsilan)处理
热能	100	42	清洗水	100	40
电能	100	77	废水	100	17

（3）在确保清洗质量的前提下优化脱脂、磷化（化学处理）、电泳涂装等工序后的清洗工艺的处理方式，工序数和工艺参数（清洗时间、各道清洗液的污染度、喷洗压力）适度简化和合并清洗工序，以保证既节能又节水。

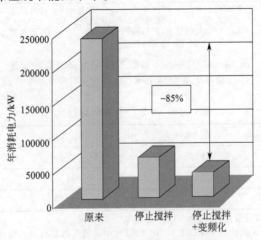

图 13-24　在适用的生产线上的实际情况

清洗的原理是稀释置换，控制每道清洗水（液）的污染度。一般每道清洗工序稀释 10 倍以上，即污染度为上道清洗液浓度的 1/10 以下，清洗工艺一般设置 2～3 道清洗工序，最终（即纯水清洗后）的滴水电导≤30μS。清洗处理方式：外形结构简单的中小件选用"全喷"方式；结构复杂有内腔的工件（如汽车车身）选用"喷-浸-喷"方式（在浸槽出口端设喷淋管，参见本手册第 2 章图 2-2）。每道清洗时间：浸洗——浸没即出；喷淋——≥10s。

补水方法采用逆工序补水法与各槽都补水相比，可大幅度削减用水量。

（4）开发选用省搅拌型（或称省能源低沉降型）CED 涂料。停产时和节假日可不搅拌或间歇式搅拌（最长可停搅拌 10 天），在生产前搅拌即可。可削减循环搅拌槽液的能耗，且可精简备用电源。在实际生产线上年耗电量削减 85%（见图 13-24）。改进优化槽液循环方式，如生产时循环量降到 2～3 次/小时，非生产时节能运行又可减半，这样可降低循环泵能耗 55% 左右。

（5）优化被处理件的装挂方式和输送方式，提高处理质量、产能，缩短设备长度，降低能耗、药品和清洗水的耗量。如改变输送方式，增大被处理件出入槽的角度（悬挂式悬链 30°，摆杆输送 45°，滚浸式 Rodip≥90°）缩短设备（浸槽）长度，浸槽容积减小（见表 13-17），减少带液量，从而减少清洗水及材料的耗用量。在采用滚浸式输送方式的场合，如汽车车身顶面可朝下，漆面的颗粒大幅度减少，外观质量提高，打磨作业量减少。

表 13-17　前处理·电泳涂装线常用四种输送方式的工艺槽大小对比

工艺槽名称（工艺时间）	推杆悬链	摆杆链	滚浸式（Rodip-3）	多功能穿梭机
脱脂槽（浸 3min）	183m³	125m³	95m³	134m³
磷化槽（浸 3min）	193.3m³	125m³	95m³	134m³
	（底部漏斗状）	（平底）	（平底）	（平底）
浸洗水槽（浸没即出）	83.4m³	65m³	39m³	50m³
喷水槽（喷 0.5min）	5.5m³	9m³	12m³	10m³
电泳槽（电泳 4min）	261m³	224m³	184m³	220m³
浸洗槽（浸没即出）	77m³	65m³	39m³	57m³
喷洗槽（喷 0.5min）	7.3m³	9m³	9m³	8m³

注：轿车车身涂装线的规模 JPH 35 台/h，挂距 6m，链速 v=3.5m/min。

（6）精益优化 CED 工艺及设备设计。如：电泳槽体积（槽液容量）在确保电泳涂装品质、产量和通过性的前提下，应尽可能小；极距应严格控制在最佳范围内。在连续式电泳涂装场合，不宜选用入槽后通电方式（尤其泳涂汽车车身场合，不应采用车身全浸没后通电方式）；电泳后清洗次数过多和通过后清洗设备的时间过长，对电泳涂膜质量有负面影响。应精心计算设计，达到节省投资、节能减排、降低涂装成本的目的。改变优化供电方式，选用先进的分布式 IGBT 整流器，整流效率可大于 98%，电能节省 5%。

（7）选用第三代（薄膜超高泳透力型）CED 涂料，在泳涂时间≤3min 场合下确保车身内腔泳涂质量（膜厚 10μm），外表面涂膜均一（在 15～20μm 范围内），消除超值膜厚，降低 CED 涂料耗用量（约 20% 左右），同时可降低运行成本和车身质量（0.5kg/台）。

13.4.2　在喷漆室方面的节能减排技术

在工业涂装领域为确保无尘，温湿度应控制在喷涂工艺要求的范围内，喷漆室的供风必须经除尘/空调处理，耗能量大，尤其是在室外气温与工艺所需求的温湿度范围相差较大的季节和地区。如轿车车身涂装车间喷漆室的能耗约占涂装车间总能耗（CO_2 排出量）的48%。因此喷漆室成为涂装车间节能减排的主要革新对象。

为适应节能减排，降低喷漆室的运行成本，近年来喷漆室有着革命性的大变革。

(1) 干式漆雾捕集装置替代湿式漆雾捕集装置　汽车车身喷涂线过去几十年一直采用水洗式漆雾捕集装置，它虽具有优良的捕集效率，但其致命的不足之处是：耗水、耗化学药品，使漆雾成为危险物，且排放量成倍地增加；污水及废弃物处理费用大增。近年来，在欧美汽车工业中湿式漆雾捕集装置已有被干式漆雾捕集装置取代之势。如本手册第 4 章图 4-24 所示。

分离漆雾不用水和化学药品，过滤介质完全可再生利用。消除喷漆室的循环水系统（循环水槽和泵及管路）和污水处理系统，可节约能源 30%（参见本手册第 4 章 4.4.2 节）。

(2) 喷漆室排风循环再利用　喷漆室供/排风一般都是一次性的，不循环再利用或少量（20% 左右）循环利用。夏季冷却、冬季加热升温，能耗大。现已有喷涂水性涂料的喷漆室，与机器人静电喷涂和干式漆雾捕集技术（如德国杜尔公司的 EcoDryScrubber）配套，喷漆室排风可循环再利用 85% 以上，节能减排和降低成本效果显著（可降低单车涂装成本 10% 左右）。在喷涂有机溶剂型涂料的场合，要严控循环风中的 VOC 浓度，以确保生产和卫生安全。

(3) 精心设计，在满足喷涂作业工艺要求的前提下，尽量减少喷漆室的供/排风量　在工艺和设备设计中严控喷漆室供/排风量的三要素——喷漆室的长度和宽度，以及风速；充分探讨喷漆室空调的温湿度和气流控制；选用节能型的电器配件（如高效率风机）照明灯具；灵活应用变频技术，随工况自动调节供/排风量。

(4) 控制空调温湿度（供气温湿度设定值和 CO_2 排出量的关系）　不随气象条件变化保持全年恒温恒湿，喷漆室的耗能和 CO_2 排出量最大，随季节分别设定温湿度值范围，则能大幅度地削减 CO_2 排出量（参见本手册第 4 章 4.8 节）。如果按水性涂料的特性（水的蒸发度与饱和度的依存关系），将全年管理温湿度的范围扩大，则效果更好。这与水性涂料的喷涂施工窗口有关，需开发采用温湿度范围大的水性涂料。

(5) 优化设计选用机器人喷涂机的结构和布局，提高喷漆室（喷涂段或站）的空间利用率（缩短喷漆段的长度），降低供/排风风量，从而节能减排，降低投资和运行成本。例如，6 轴喷涂机器人改进为 7 轴喷涂机器人，适用于车身内外表面的涂装，在车身外表面喷涂站，两侧各布置 4 台机器人，喷涂段长度可由 12.6m 降到 10.9m（-13%）。又如在同一喷涂段（工位），可同时喷涂车身内外表面，即静止喷涂法。如图 13-25 所示：在长度 8m×宽 5m 的喷涂段（工位）中布置 4 台车身内外表面通用喷涂机器人（固定式）和 6 台可开关门、发动机盖、后行李箱盖（或尾门）的机器人，输送方式为步进间歇式节拍生产。

13.4.3　在涂膜固化（烘干）方面的节能减排工艺技术

简化工艺，采用"湿碰湿"工艺技术，通过涂料固化低温化和快速化、烘干室能源复合化和烘干室紧凑化等措施，来实现较大幅度节能减排和降低成本的目的。

(1) 采用"湿碰湿"涂装工艺技术　在开发采用能适应"湿碰湿"涂装工艺的中涂、面漆材料的基础上，在喷涂中涂、面漆工艺领域推广"三湿（3wet）"喷涂工艺，即中涂、底色漆、罩光清漆喷涂后一起烘干的 3C1B 工艺和双底色涂装工艺（或称 2010 工艺）。3C1B 工艺取消了中涂后的烘干、打磨及表面准备工序，后者精简了整个中涂涂装线，比 3C2B 工

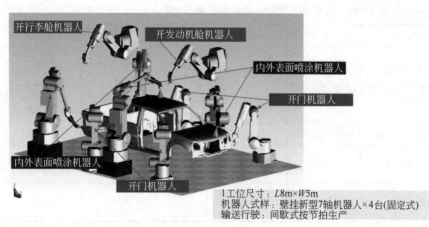

图 13-25 静止式机器人涂装车身内外表面的工位示意图（彩图见文后插页）

艺降低能耗和 CO_2 排放量 20% 左右。

还有 PVC 车底涂料及密封胶不单独烘干，喷涂中涂或面漆后一起烘干，精简了 PVC 烘干工序。

粉末涂装也采用两喷一烘（2C1B）工艺：为实现某些汽车零部件的重防腐蚀要求（耐盐雾 1000h 以上），有报道推荐采用富锌粉末涂料和粉末面漆 2C1B（或 2C1.5B）粉末涂装工艺（见表 13-18）。

表 13-18 富锌粉末涂料和粉末面漆的 2C1B 涂装工艺

工序		涂装及施工内容		膜厚(备注)
		2C1B （两喷一烘）	2C1.5B （两喷 1.5 烘）	
1	表面准备	进行喷丸处理	同左	—
2	涂底涂层	049-0100 达夫洛克 富锌粉末涂料	同左	60～70μm(标准膜厚)
3	半烘干 （固化不完全）	—	100～120℃×10min①	被涂物温度
4	涂面漆	049 莱茵达夫洛克粉末涂料	同左	60～70μm(标准膜厚)
5	烘干	185℃×20min	同左	被涂物温度

① 增加半烘干工序是为提高粉末面漆的涂着效率和使底涂层加热熔融,提高涂层外观装饰性。

（2）阴极电泳涂料和粉末涂料的涂膜一般是高温固化（烘干温度在 170℃ 以上），开发选用固化低温化的涂料，选用双组分型低温快干汽车涂料替代传统的高温型烘烤汽车涂料。例如，现市场已有固化温度低于 150℃ 的 CED 涂料和粉末涂料。烘干温度每降 10℃，可节能 10% 左右。

（3）改进汽车用涂料的固化性能，促进 OEM 汽车涂料烘干（固化）低温化快速化。在节能减排低碳经济和汽车车身轻量化的促进下，低温烘干型涂料性能不断改进，已形成低温烘干型 OEM 汽车涂料体系（low bake OEM coating）。

OEM 汽车涂料烘干低温化、快速化预测可降低能耗 20%～30%，其发展趋势见表 13-19。

表 13-19　汽车车身涂装各涂层烘干规范（℃×min）及发展趋向

	涂装工艺	CED	PVC	中涂	底色漆 BC	罩光 CC	备注
现今	常规 3C2B	150～200×20	120×10（或不烘干）	140×20	80×8	140×20	SB 或 WB 涂料
	"三湿"3C1B	150～200×20	120×10	80(RT)×3	80×8（RT×3）	140×20	WB 或 HS SB 涂料
	免中涂（双底色）	150～200×20	120×10	—	80×8	140×20	
未来趋势	"三湿"3C1B	130～150×15	自干型	80(RT)×5	80×8	120×20	2K 型低温烘干型
	免中涂（双底色）	130～150×15	自干型	—	80×5	120×20	

（4）精益优化设计，提高能效。如加强隔热保温措施，烘干室紧凑化（尽量缩小烘干室容积，循环风管布置在烘干室内等）；减少换热器（如 CED 底漆、中涂烘干采用燃气的烟道气直接加热）等。选用先进具有废气处理功能的燃烧器（如杜尔公司的 TARCOMV），采用了集成空气控制和先进的热回收技术，其节能效率达 15％。

根据涂装工艺要求，企业所在地区的能源供应状况，被烘干物的结构及产量等因素，对烘干系统设备进行精益优化设计，提高热效率，减少热损失和 CO_2 排放量。具体措施如下：

① 增强烘干室的保温措施，优化保温部件和烘干室出入口端（风幕）的结构，尽量使车身的装载器具轻量化，尽量减少烘干设备的热损失，如增厚保温绝热层的厚度，由 150～160mm 增加到 200mm。又如烘干室内壁加一层 $100\mu m$ 厚的铝箔或辐射板，可大幅度减少热损失，节能效果一般在 15％以上。

② 烘干室设计紧凑化，在满足工艺要求和被涂物通过性的前提下，尽量缩小烘干室内空间容积，减少烘干室的散热面积和热风循环量。如将循环风管布置在烘干室内，车身积放式的通过烘干室。

③ 烘干室加热方式的选择按需取长补短，采用多样化、复合式和加热能源的混合化。

④ 采用现代监控技术（软件），实现烘干室监控智能化，数据化和自动化。

（5）采用低湿低温空气吹干法替代高温烘干水分法降低能耗。水蒸发所需的能量为有机溶剂的 5 倍，并受环境温度和相对湿度的影响。实践证明：湿度对水性涂料涂装作业性的影响很大，在 RH80％的环境下，晾干时间要比 RH50％下长 1.5 倍。水的蒸发潜热大，挥发慢是水性涂装的难点之一。水性金属底色漆在涂装区溶剂挥发仅 20％～30％（涂膜固体分上升段），而有机溶剂在喷涂区溶剂挥发已达 60％～70％，仅在室温下晾干 3～5min 就可罩光。可水性底色漆喷涂后，罩光前需进行预烘干，确保涂膜的失水率达 85％以上，强制晾干工艺（风幕→红外加热 1.5min→吹 80℃ 热风 3min→强制冷却，吹冷风 2min→风幕。使车身温度下降到≤35℃），其能耗大，装备 1m 长的红外预加热段的额定容量需 30kW。

另外，塑料件涂装前处理后烘干水分，基于塑料件的导热性差，升温或降温都慢，效率低，占地面积大。

为降低能耗和提高水分干燥效率，开发成功低湿（8g/kg）低温（50℃）空气吹干新方法。水分挥发的三要素是：温度、相对湿度和风速，新方法的基础是利用相对湿度和风速来加速水分的挥发，它是将烘干室内的（或新鲜空气）循环通过冷却除湿机，使空气干燥（RH 在 30％以下），然后再吹向工件，带走工件表面的水分（慢速均匀挥发），可避免产生水渍，干燥时间较长，约为通常高温热风吹的2倍，但可消除原来的红外加热和随后的冷却工序。

（6）开发推广应用烘干室排气（烟道气和烘干废气）余热的回收利用技术。在烘干室热源采用天然气或燃油的场合排放的烟道气温度一般在180～220℃（经与新鲜空气热交换后，气温也有160～190℃），在其他热源场合烘干室排放废气温度也在130～180℃（工艺烘干温度）。如果余热不回收利用，则势必浪费大量热能。为提高涂装车间的能源利用率、节能减排和降低运行成本，开发并又在涂装车间获得应用的烘干室废气余热回收利用技术如图13-26所示。

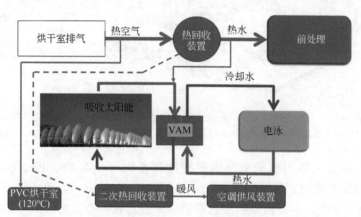

图13-26　烘干室排气余热在涂装车间内回收利用示意图
（VAM—vapor absorption machine，蒸汽热吸收机）

13.4.4　开发采用热泵技术和可再生能源，削减 CO_2 排放量

涂装车间的废热回收一般采用热轮或热管，最近开发采用了热泵技术并在工业涂装领域获得了应用。热泵技术的能效高，同时具有降低能耗、削减 CO_2 排放量和降低运行成本等功能，能充分回收工厂排热、地下水等未利用的热能。

热泵的能耗系数 COP（coefficient of performance）值高，单位发生热量的 CO_2 排出量要比石化燃料和电加热小得多，使其成为能大幅度削减 CO_2 排出量的新技术。

热泵在工业涂装车间各种装置上活用有三种方式：

① 单独作为高效率的热源装置使用；

② 用于热源回收；

③ 同时用作加热和冷却装置。

其中，第三种方式是效果最好的使用方法。

在工业涂装设备上能使用加热、冷却的装置有前处理电泳装置、喷漆室空调装置、水性底色漆的晾干设备、烘干室、强冷室等。

德国艾森曼 EISENMANN 公司推荐的绿色涂装车间采用太阳能作为涂装生产线的热源（见图13-27）。

13.5　无害化绿色涂装工艺技术

涂装公害除上述危害大气的污染物（HAPs、VOC、SO_2、CO 等）、温室气体（CO_2）

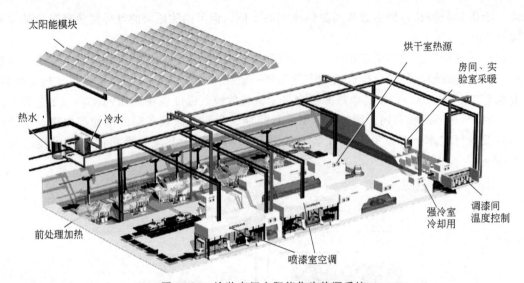

图 13-27　涂装车间太阳能作为热源系统

(EISENMANN 可以在涂装车间的很多区域使用太阳能技术，在节省石化燃料能源方面的效果是非常可观的)

和涂装污水外，还包括禁用或限制使用的有毒有害物质（如 Cr、Pb、Cd、As、Hg、P、Ni、Mn 等）、持续性有机污染物（persistent organic pullutants，POPs）和固态工业废弃物。涂装公害属于化学污染，污染后要想靠治理来恢复到污染发生前的生态状况太难了，它们向自然界（大气、水流、土壤）浸透，属于一种不可逆过程。要防治，最佳方案就是使污染不产生。即不使用污染物，不产生和不排放污染物，走"绿色化学"之路，建"绿色涂装厂"。

为保护人类生存环境，国际组织/地区和国家出台颁布了很多环境法规和政令，如：化学品注册、评估、许可和限制方面的欧盟 REACH 法规和日本的 RRTR 法（Pollutant Release and Transfer　Register）；欧盟的报废机动车回收利用管理的指令（Directive 2000/53/EC）；采用生命周期（LCA）概念来评价汽车新产品都应有 LAC 评估数据；国内颁布了《中华人民共和国清洁生产促进法》，HJ/T 293—2006《清洁生产标准——汽车制造业（涂装）》和 GB 24409—2009《汽车涂料中有害物质限量》。

按上述法规要求，在工业涂装中要消除有害物质（如重金属）和持久性有机污染物，需对涂装用材料的生产、涂装生产及管理等方面的诸多要素进行评估和研究。在这方面的开发研究，已取得工业应用的绿化工艺技术可归纳如下。

13.5.1　涂装前处理方面

传统的脱脂、磷化、钝化工序所用药剂一般都属于禁用或限制使用的有害物质；因此它是工业涂装工艺环节中环保绿化革新的重点，进入 21 世纪以来，取得较大进步，正在掀起一场"绿色革命"。

① 研发采用环保型脱脂剂替代磷酸盐系脱脂剂。为防水污染和湖泊江河富营养化，生活用洗衣粉禁用含磷洗衣粉，在工业涂装中也禁用磷酸盐（如多聚磷酸钠）的脱脂剂，已采用无磷的生物分解型脱脂剂。

② 欧美汽车强调磷化后必须进行钝化处理，提高涂层的附着力和耐疤形腐蚀性（尤其是镀锌钢板磷化处理后），当初采用铬钝化剂，现今改用无铬钝化剂。日系汽车早已取消了磷化后的钝化工序，靠改进磷化处理液及处理方法，提高磷化膜的 P 比来改善磷化膜与阴

极电泳涂膜的配套性。

③ 开发采用新一代环保型非磷酸盐表面处理工艺（如氧化锆处理和硅烷处理工艺）替代磷化处理工艺，彻底地解决磷化处理环保性不好的问题。汽车工业金属件涂装前采用磷化处理已有 $60 \sim 70$ 年的历史，也已经几代的变革，工艺也较成熟，但其致命的缺点是采用了较多的有害物质（P、Mn、Ni、NO_2^- 等），产生沉渣（$1 \sim 3g/m^2$），资源利用率低。

新一代非磷酸盐漆前处理工艺彻底消除了上述有害物质，处理过程产生沉渣少（约为磷化沉渣量的 1/10 以下）或不产生沉渣，工艺简化（不需要表调和钝化工序），膜薄（纳米级），适用于多种底材（Fe、Zn、Al、Cu 等）的涂装前处理。处理工艺已逐渐趋向成熟，已得到多家汽车公司的认可，并已有车身涂装线在采用。

13.5.2　涂料方面

所采用涂料在环保和健康方面的要求越来越严，如何跟踪环保法规（如欧盟 REACH 法规），在涂料生产中少用或不用法规高关注物质（有毒有害物质和持久性有机污染物），以适应汽车的生命周期（LAC）评估和汽车回收利用管理指令，是重点研究的方向。现已取得以下的应用实例。

① 第一、二代阴极电泳涂料含有 Pb、Sb 固化剂。现已被无 Pb、无 Sb 的第三代阴极电泳涂料替代。

② 低 VOC 型涂料（水性涂料、高固体分涂料、粉末涂料）替代有机溶剂型汽车涂料。

③ 开发采用干式漆雾捕集装置更新现有的喷漆室湿式漆雾捕集装置。如德国杜尔公司的干式漆雾捕集装置（EcoDryScrubber），分离漆雾不用水和化学品，分离过程完全自动化，因此，有害的物质不增加，无喷漆室污水及相应的污水处理量；捕集漆雾后的过滤介质（石灰石粉）完全可作为制水泥的原料再生利用。它完全符合减量化原则、再使用原则的"3R"概念。

13.5.3　涂装车间的废弃物处理方面

应坚持"3R"概念，尽量减少废弃物产生量，尽量再使用和依靠技术措施再循环利用。如提高被涂物（白件）的清洁度，减少脱脂污泥；采用新的表面处理工艺，消除或减少磷化沉渣；提高喷涂的涂着效率，减少过喷涂漆雾量。

涂装材料的包装容器应尽可能做到反复使用，以减少废容器和降低材料成本。废弃物应做到分类收集存放，以便专业化处理和再生利用。

13.6　加强科学管理，向涂装管理要效益

在设计采用绿色涂装工艺技术（硬件）的同时，软件（管理）也要跟上。国内企业在涂装工艺设计、涂装设备设计方面往往是翻版设计，不重视涂装车间管理方面的设计，致使工艺水平不高，资源利用率低，能耗大，管理尚属粗放经营，与国际先进企业相比，差距较大，仅合资企业和引进的涂装生产线好一些。加强涂装车间的科学管理，实现绿色涂装，提高经济效益还有较大潜力可挖。行之有效的管理经验如下。

13.6.1　抓好涂装工艺及设备设计

抓好涂装工艺设计（含设备设计、选用）的先进·可靠性、环保·安全性和生产·经济

性，提高涂装工艺设计水平。设计应有涂装清洁生产的目标值，使其在环保·清洁生产、省资源/节能减排、降低涂装成本等方面的经济技术指标优于现涂装工艺，全面达到环保、质量、产量、成本四方面兼顾的绿化时代要求。

涂装工艺设计要精益化（如削减或消除无效益作业和超值功能），工序紧凑化·快速化和经济规模化，涂装工艺、设备管理尽可能实现自动化、智能化。淘汰污染严重，能耗高、严重影响涂装质量的落后工艺（如酸洗、打磨、刮腻子等工艺）。

13.6.2 全员开展涂装零缺陷活动，创建零缺陷的汽车涂装线——开展无颗粒化（废止打磨作业）活动

涂装是制作几十微米厚涂膜的作业，常因种种原因造成涂装不良，需修补，重新喷漆。不合格品的修复（点修补、返线重新喷涂），不仅打乱了生产程序，还造成材料、能源和人力方面的浪费，不合格品的修复和再加工，一般为通常加工费的 2～3 倍。因此，提高一次合格率❶，是对降低成本和省资源能耗的一大贡献。

在现代化的高装饰性涂装车间倡导零涂装缺陷的汽车涂装线理念，零涂装缺陷系指一次合格率达到或接近 100%。在这方面做得好的，现代化轿车车身涂装线的一次合格率已由 90% 的基准提升到 98% 以上。

多数涂装车间的涂装不良，产生涂膜弊病的原因分析结果表明 50% 以上是由垃圾·颗粒附着问题引起的，在装饰性涂装中颗粒是最常见的涂膜缺陷。

本文是作者根据累积的经验和文献资料，以零颗粒化为实例谈实现"无涂装缺陷的汽车涂装线"理念的涂装工艺技术和涂装管理诀窍，供读者参考。

13.6.2.1 涂膜颗粒缺陷弊病的分析

在干涂膜上的凸起物，分布在整个或局部表面上，按其形状可分为颗粒状、异物附着、垃圾、尘埃等形态的涂膜弊病。它直接影响涂膜外观和涂装的一次合格率。如在高装饰性的轿车车间涂装场合，要求漆面平整光滑，光亮如镜，无颗粒。在 AUDIT 检查评分中，轿车车身的表面（影响外观最明显的部位）应无颗粒，如果表面上检查出 1 个颗粒就扣 5 分，扣15 分就属于不合格。

产生颗粒、异物附着、垃圾、漆膜弊病的主要原因是尘埃，主要异物有以下几类：

① 被涂物不干净，带有尘埃、垃圾等异物；涂装前的表面准备后，被涂物的清洁度不达标或产生二次污染。

② 周围环境气氛的清洁度差；空气中有浮游的尘埃，被涂物与尘埃相互间产生静电吸引，产生涂装的大敌——尘埃的附着。

③ 在涂装过程中产生异物（如磷化沉渣、漆雾、打磨灰等），污染被涂物。

④ 涂装设备（如喷漆室、烘干室、涂装机等）和输送设备的清洁度差，从输送链和挂具上掉落异物尘埃。

⑤ 涂料带来的异物或在储运和使用过程中变质，产生漆皮和凝聚物。

⑥ 作业人员带入（或造成）的尘埃。

在涂装现场应对涂膜颗粒缺陷进行调查分析，弄清颗粒的特性及形态，找到产生颗粒弊

---

❶ 一次合格率（日文称为"直行率"），系指被涂件（如车身）通过涂装线一次涂装所获得的合格品率（%），凡影响生产线节拍，需点修补、换件和大返修（重新喷涂）的被涂件为涂装不良品。

病的尘埃源，具体调查内容有：

① 颗粒（尘埃）数的统计；

② 颗粒（尘埃）的分析，分清颗粒（尘埃）属于哪种类型，如毛线状、黑色还是灰色、漆膜片、底色漆颗粒、清漆颗粒等；

③ 颗粒（尘埃）的附着（产生）场所；

④ 颗粒（尘埃）附着造成制品不良数据（时间或季节，个别件还是突发性的）。

解决颗粒（垃圾）涂膜弊病问题，应树立以防为主的观念，从源头抓起彻底消除造成不良后果的尘埃（异物）源，才能实现无颗粒化涂装；而靠打磨作业来消除涂膜颗粒是一种治表不除根的不经济的措施。

13.6.2.2 打磨作业的利弊分析

打磨作业在涂装工艺中属于辅助工序。在传统的汽车车身涂装工艺中有多道打磨工序（如：漆前预清理打磨除锈、底漆打磨、中涂打磨，早期还有腻子层打磨）。它们的功能是消除被涂面不平整度和颗粒等漆膜弊病；除锈和磨平腻子层，增加涂层间的结合力等。可是它有以下致命的不足之处。

① 打磨是劳动强度较大的手工作业，有时虽也用风动或电动的打磨器具手工打磨白车身的金属表面或腻子层，但还是不省力。随着劳动力费用的提高而使涂装成本增加。

② 产生打磨灰，易产生二次弊害，污染被涂物，打磨作业成了涂装车间的尘埃源。

③ 受人员和熟练度的影响，打磨后的被涂面质量不稳定，涂层变薄，易产生划伤和涂膜局部被磨穿，露出底金属等破坏涂膜完整性。

但人们往往对以上三点认识不足，按经验要求设计建设的车身涂装线增长打磨间，甚至多设离线打磨工位。以上三点分析表明打磨作业是劳民伤财的辅助工序，应像依靠技术进步、提高白车身的质量（确保无锈和表面平整度），从车身涂装线上取消酸洗和刮腻子工艺那样，依靠先进的涂装工艺技术和管理技巧，从尘埃源产生的源头抓起，实现无颗粒化涂装，取消打磨作业。

13.6.2.3 开展无颗粒化(废止打磨作业)活动

众所周知，涂装缺陷的种类多种多样，产生的原因是工件（被涂物）、设备、材料、环境条件和管理等多种因素混杂在一起，并且发生的形态和时段（常发生、突发性等）也是多样化的。本节主要介绍减少涂膜颗粒的工艺技术及其实例。

（1）电泳涂装无颗粒化（废止电泳涂膜的打磨作业）技术　电泳颗粒等底涂层缺陷，及其修整时的打磨灰尘对中涂·面漆涂装易造成二次弊害的影响，尤其在采用 3C1B 中涂面漆喷涂工艺的场合，因 3C1B 工艺已取消了中涂烘干、打磨修正和涂面漆前表面准备等工序。所以电泳底涂膜质量的优劣已成为选用 3C1B 中涂·面漆喷涂工艺成败的关键因素之一。

电泳颗粒的发生要因是白车身从焊装车间带来的异物（铁粉和纤维等），有前处理药剂和电泳涂料产生的异物（磷化沉渣和涂料凝聚物等），从涂装设备上掉落的异物（从输送链和挂具上掉落的尘埃、磨损等）等。

开展电泳涂装无颗粒化活动的主要内容是：

① 削减白车身自焊装车间携带铁粉等的异物量；

② 通过优化水洗过程进一步除去白车身携带的铁粉、磷化渣、涂料凝聚物等；

③ 为使各槽的槽液不处于污染状态，应高效率地回收、除去异物；

④ 改变车身的输送及装挂方式，优化吊具的结构，减少输送过程中的车身外表面的异

物沉积附着量及输送设备对槽液的污染。

其中，各工作槽的污染度（一定量的槽液中所含的异物量）如能保持为零或在工艺许可的范围内，则可认为不能产生电泳颗粒。

来自焊装车间的白车身所携带的异物几乎都是车身焊接产生的飞溅物，因此需探讨不产生飞溅的焊接条件和电极管理方法，以削减携带的异物量，还可通过在焊装过程中以及在车身进入涂装车间前的清扫车身来降低铁屑的带入量（见图 13-28 和图 13-29）。

图 13-28　焊装过程中擦拭车身

图 13-29　进入涂装车间前，车身表面擦拭去铁粉

为洗净车身，在前处理工艺中适当配置各种洗净方式，如大容量的洪流冲洗、排液性良好的倾斜喷洗、可除去车身外板上附着的异物的高压喷洗等。经热水洗和脱脂工序，基本可除去车身底板上的异物，再通过优化水洗水量、喷淋环的布置、水洗压力、处理液洁净度等洗净条件，来实现车身不带异物进入电泳槽，也就是消除发生电泳颗粒的方法之一。

槽内的异物回收，按各槽异物的特征相应地配置各种过滤器（如磁性过滤器、袋式过滤器）、旋流器等回收装置。还有电泳槽和脱脂槽槽内液体不应停滞，应采用均一循环等方式改善污染度。电泳槽和脱脂槽内的搅拌液流方向由原来的顺向（车身流向和槽液流向是同一方向）改为逆向，也是槽内垃圾零附着的技术之一（见图 13-30 和图 13-31）。

槽内垃圾零附着化技术(逆向流动)

原来的搅拌流方向　工件行进方向　搅拌流方向(逆向)　工件运行方向

图 13-30　脱脂槽逆向搅拌

日本马自达汽车公司的经验证实，依靠上述技术措施和槽内污染度的管理，电泳颗粒可被改善到废止电泳打磨作业的水平，并已与 3C1B 中涂·面漆涂装工艺配套。如果再采用以下两项减少异物附着的新技术，则将会更好。

① 采用少渣或无渣的新一代环保型非磷酸盐表面处理工艺（氧化锆转化膜处理工艺或硅烷处理技术）替代现用的低温低锌三元磷化处理工艺。

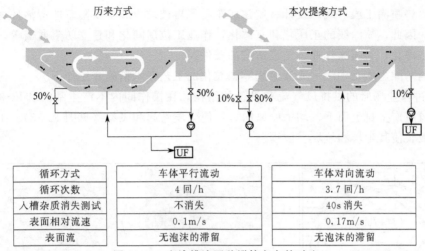

循环方式	车体平行流动	车体对向流动
循环次数	4 回/h	3.7 回/h
入槽杂质消失测试	不消失	40s 消失
表面相对流速	0.1m/s	0.17m/s
表面流	无泡沫的滞留	无泡沫的滞留

图 13-31 电泳槽液两种搅拌方向的对比

② 车身前处理·阴极电泳线采用先进的旋转式输送机取代悬挂式输送机，使车身在脱脂、磷化、电泳处理的过程中，车身顶朝下，底部朝上，则可大幅度减少车身外表面上的颗粒附着（见图 13-32）。

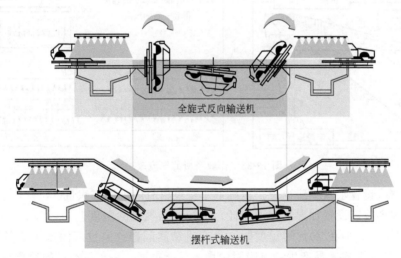

图 13-32 全旋式反向输送机与摆杆式输送机运行动作的比较图

（2）中涂·面漆涂膜的零颗粒化技术 在中涂·面漆涂装中产生异物会成为面漆涂装后的颗粒缺陷。异物大致可分为附着在车身上带来的垃圾和尘埃，由涂料供给系统产生的异物（涂料所含的异物，在循环时的凝聚、胶化等），在喷漆室中产生的异物（人带入的、漆雾等），还有在烘干室内产生的异物等。可归纳为四个（车身、涂料、喷漆室、烘干室）清洁的观察点来检测。

清洁的车身：检测在准备室中进行涂装前擦净除尘后的车身的清洁度；作业场所气氛的污染度（保持 1 万～10 万级的清洁度），除尘机落下的尘埃。

清洁的材料（涂料）：检测喷枪喷出的涂料的污染度，所供涂料的污染度。

清洁的喷漆室：检测喷漆室顶棚落下的尘埃、机器人落下的尘埃，机器人的清洁度；输送机保护盖板的清洁度；工艺小车和作业人员人体的清洁度。

清洁的烘干室：检测烘干室内的气氛的污染度。

　　总之，将喷涂工段（线）设计、创建成车身不再被垃圾和尘埃附着的清洁环境，这一点十分重要。因此，喷涂线的正压化和室体化，作业工位房间化和建立防尘通道等，可促进环境气氛的洁净化，为喷涂作业创建最适宜的条件。

　　具体的防除尘埃、中涂·面漆涂膜零颗粒化的工艺技术措施介绍如下。

　　① 改进作业场所的供排风气流和设备的结构，在操作间内不产生乱流和积尘面。操作间内的供风应产生自上而下、均一的风向，不使尘埃卷起和飞舞（见图 13-33）。工作面由格栅改成平板，使其尘埃和垃圾易清理。

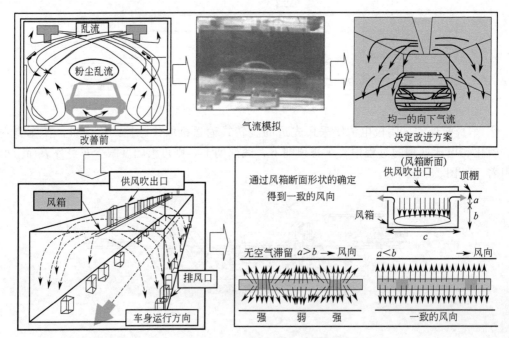

图 13-33　作业场所的气流改进

　　② 在存储区设置水盘、防尘罩，以降低车身停留时的尘埃沉积量。

　　③ 车间现场按需设置加湿器和湿度计，进行现场气氛的湿度监控。现场的湿度在 65％以上，发生静电少，但在 70％的程度时，易产生结露问题。涂过底漆或中涂的车身，表面已绝缘，像塑料件那样，易产生静电吸附尘埃。最新报道，在车身经过的通道空间，在进入喷漆室前安装防止尘埃附着的装置能替代加湿器的产生离子风的装置（见图 13-34）。

　　④ 涂装车间入口的人行通道上铺设能粘灰的垫子，用黏性辊子强制擦净防尘服表面，是防止异物混入的有效措施。在晾干间地面上保持有积水，以防尘埃飞起。

　　⑤ 涂装车间和洁净间人员入口设置风淋室，吹掉进入人员身上所带的尘埃。

　　⑥ 优化门钩、卡具的设计，做到开关 4 门（车门）2 罩（发动机罩、行李箱罩）不用手接触车体，从而降低操作人员对车体的污染（见图 13-35）。

　　⑦ 车底抗石击涂料的涂布有高压无空气喷涂法革新采用低压、切缝（slit）涂布法，以减少涂料飞溅（雾），提高喷涂涂装的涂布效率（见图 13-36），且因较低压涂布，不产生涂料飞溅，涂着时不反弹，如与涂装机器人组合，涂布精度高，且可取消防止飞溅的遮盖作业。

　　⑧ 选择最佳的涂面漆前被涂物（车身）表面净化工艺技术。面漆前的准备作业是确保工件涂面漆后零颗粒化较关键的工序之一，要除静电、除尘，靠一般的吹、擦，除不净静电吸附的尘埃。

图 13-34 空间防尘装置

图 13-35 优化后的车门附具

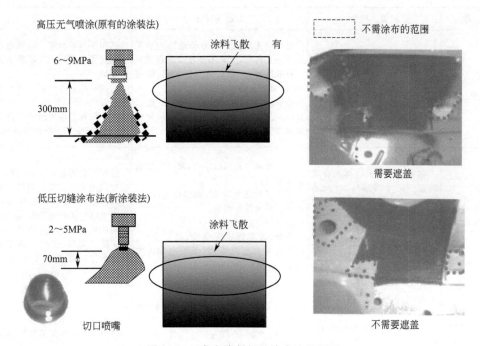

图 13-36 车底涂料切缝涂布法的概要

涂面漆前的除静电，除尘技术有以下几种配套工艺。

a. 采用鸵鸟毛擦净机（EMU）自动擦净或手工鸵鸟毛掸擦净，再吹离子化空气。

b. 吹离子化空气，再用黏性纱布手工擦净被涂面。

c. 采用棒状除静电装置与吹风装置并用组成的除静电·除尘装置或枪式除静电·除尘器❶，供进入喷漆室前最终的除尘作业用。

d. 采用纯水（电导率≤16μs）清洗。其长处是能较彻底地除掉被涂物（车身）及输送器具上的静电及灰尘，其不足之处是清洗设备和烘干室都需用不锈钢材料制作，在涂胶密封

---

❶ 新型除静电·除尘装置（器）是由日本 TRINC 公司 13 年前开发的，商品化报道应用评价很好，在先进的大企业使用完全消除了异物缺陷，尘埃和异物不良削减 85％。该公司的三种除静电·除尘装置的概要、功能和特征见表 13-20 和图 13-37。

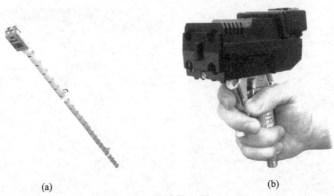

(a) (b)

图 13-37　除静电器

表 13-20　TRINC 公司的三种除静电・除尘装置

名　称	装置的概要	功能和特征	用　途
无壁洁净间 （见图 13-34）	它是防止尘埃附着的装置。向某场所的空间放射离子，除去制品和浮游在空间的尘埃所带来的一切静电。 不用风扇和压缩空气，空气离子间运动仅靠库仑力	处在全无风状态中静静地除去静电是其一大特征，无风不能使尘埃卷起。 有效区域大（最大可无限扩张，如建100m 宽的无静电的工厂）。 节能：仅 0.5W/m²，超小电力。能明显减少尘埃、异物等不良弊病。可替代加湿装置	适用于汽车涂装车间和电子工业（液晶、等离子电视）等要求无尘埃的领域。 因同时除去工件和浮游在空间尘埃的静电，所以能消除工件吸引尘埃的作用和尘埃吸附到工件上的作用，绝对减少了尘埃的附着现象
棒状除静电器 ［见图 13-37(a)］	它是无风除去物体的静电装置。尺寸：155～3000mm 适应于小型至大型物件。类型分强力型和宽型两种。强力型可瞬间发生较多离子除静电，宽型的有效范围广，最大到 1500mm 除静电	也不用风扇和压缩空气，离子间运动靠库仑力。 因离子浓度非常高，除静电时间短，几乎是瞬间除去静电。 故障少，维修简便。 安全，放电针也无危险，是安全的。因空气与高压电隔离，无漏电和火灾事故	适用于高速移动工件除静电。最适宜用于平板和膜状那样平面状工件除静电（如薄膜印刷机等），也适用于立体物体的除静电。 与吹风装置并用构成强力的除静电・除尘装置，供进入喷漆室的最终除尘作业用，立刻见效
枪状除静电器 ［见图 13-37(b)］	空气喷枪型除静电・除尘器。 采用直流式 4 根放电针，枪部与本体一体化，轻量化、耗电量为原除静电枪的 1/10，可用小干电池驱动。	采用无漏电结构，无故障，寿命长，离子量多，效率高。 小型、轻量，仅 340g。 空气流量每分钟 160L，电力仅为2.8W，超小功率	适用于汽车车身、汽车保险杠、塑料件、FRP 大型制品及部品等的除静电・除尘

后，车身内的水难排出，需设专用的倒水装置，占地面积大，水耗和能耗大，运行成本高，某大汽车公司装备了几条车身涂装线，现今新建线已不再采用。

⑨ 提高喷涂的涂装效率，减少漆雾产生量。喷涂时产生的漆雾附着在涂装设备上就成为垃圾，掉落在被涂面上就可能成为颗粒，即成为涂装缺陷和垃圾缺陷的发生源。改变涂装条件，采用涂着效率高的喷涂方法［如采用静电喷涂替代空气喷涂，杯式离心力静电喷涂替代空气雾化的静电喷涂，机器人自动静电喷涂替代往复式自动静电喷涂机（ESTA）等］来提高涂装效率，减少漆雾，提高涂料的利用率（见图 13-38），另一方面调整风速等喷漆室条件，防止漆雾飞散，立刻排除掉或减少漆雾对涂装设备和装置的污染，防止飞散的漆雾对被涂面的污染。同时还应对所使用的自动喷涂设备进行遮蔽，以控制污染源的产生。对于手工喷涂工具如喷枪等也要定期清洗。

图 13-38　涂装机器人遮蔽

⑩ 防止作业者携带垃圾、尘埃。据统计，带入喷漆室内垃圾异物的一大半是操作者。在防尘皮鞋和防尘服穿换场合和它们的洗涤中，较常见的是纤维垃圾附着的实例。因此严禁防尘服与普通衣料混在一起洗涤。风淋室内壁上也有纤维附着，与其接触后带入喷漆室会造成污染，应定期清扫。

⑪ 保证烘干炉内的洁净度也是降低漆膜表面垃圾数量的重要因素。我们知道涂装后的车身是以湿膜状态进入烘干炉的，炉内的灰尘以及溶剂的冷凝物落在湿漆膜表面就可能成为颗粒，即成为涂装缺陷和垃圾缺陷的发生源。保证烘干炉内的洁净度可以通过全面的清扫，使用过滤精度为 $30\mu m$ 的过滤器以及在烘干炉下部设置水盘来实现。

在先进的现代化的车身涂装线上喷涂车身内外表面全部采用机器人静电喷涂，实现喷涂无人化作业，其目的之一也是消除作业者带入尘埃。

13.6.2.4　涂装管理是实现涂装零缺陷化的另一半支柱

上述电泳涂装无颗粒化、中涂·面漆涂膜零颗粒化等工艺技术的实现依存于生产现场的维护管理及改善。"洁净的涂装工厂"在环境变化和运行老化过程中保持原样，是要花大的工夫和管理技巧来持之以恒地维持的。

一是要有全员参加意识，把涂装的一次合格率和涂装品质当作涂装车间的首要任务，防止颗粒（垃圾、异物缺陷）不仅是部分作业者的责任，而且是车间全员（无论是管理者还是操作者）共同的责任，只有一起努力才能实现。另外还要得到涂装设备制造厂、涂装机制造厂和涂装材料厂的协助，继续聚集大家的智慧是不可缺的。

二是要加强人员培训，学习先进科学的涂装管理知识及经验，提高员工的素质和技术熟练程度。

三是建立健全涂装管理方面的规章制度，如环境和设备的保洁、设备的维护保养、废品（质量事故）分析、工艺参数（含各槽的污染度和设备及周围气氛的清洁度）的检测及管理、材料及各种能源消耗、涂装成本的核算等方面的规章制度，并且由专人或专业队伍来负责。开展以自主保全为中心的活动，活动循环渐进，逐步形成现场管理·维持的能力。

四是建立奖评制度。严肃工艺纪律，开展合理化建议和创新活动，加强涂装质量的考评。考评结果和科技进步成果与班组人员的奖金、晋升、评先进挂钩。

13.6.3 加强环保和涂装材料管理

按日月年考核涂装车间（线）的生态经济指标，VOC、CO_2和废水等的排放量是否满足清洁生产的限值指标。按日月年等统计涂料和有机溶剂的采购量（消耗量），涂装合格的被涂物（如汽车车身）的产量（或合格的涂装总面积）和总能耗，从而计算出每台车身的VOC、CO_2和污水的排放值（单位涂装面积排放值），分析是否逐年减少及其超标的原因及时整改。

例如 2018 年初《中国涂料》期刊开辟了"蓝天保卫战——涂料行业在行动"栏目，笔者参加了讨论，建议国家相关部门制定适应国情的渐进式、分时段的涂装行业 VOC 减排指标（参见表 13-21），供企业制定自己行动目标参考。

表 13-21　涂装 VOC 减排分时段规划

评价指标名称 ＼ 时间	2017 年	2020 年	2025 年	2030 年	备注
VOC 排放总量、指数	100	95/80 或增产,VOC 排放不增加	80/60	达到世界一流水平	涂料/涂装全行业/汽车涂装
VOC 排放限值/(g/m^2)	≥100/35	≤60/≤35	≤35/20	≤20/≤10 达到世界一流水平	现源/新源

注:1. 时段划分 2018～2020.12.30;2021～2025;2026～2030 三个时段。
2. 表中数据是推荐值,可根据实情修改审定,仅供参考。
3. VOC 排放总量可按日月年统计企业的涂料耗用量（或采购量）和有机溶剂耗用量,按涂料耗用量×有机溶剂含有量＋溶剂耗用量＝VOC 排放总量公式计算而得。单位涂装面积的 VOC 排放量(g/m^2)＝VOC 排放总量÷单件被涂物面积×涂装合格件产量。

改变涂装材料的供应和管理方式（涂料·涂装一体化的新的经营理念），走专业化、社会化之路。提高材料利用率，降低材料成本。由材料供应厂商或专业公司承包涂装生产线的材料供应、管理；以涂装合格的车身计价结算，使供应商或专业公司与汽车厂在同一战壕中为少用材料，提高涂装合格率而战斗，扭转供应商希望每车用料越多越好的局面。

13.6.4 加强涂装设备管理和生产现场管理

加强涂装设备的维修保养管理，提高设备的开动率（高水平的达 93%～95%）和有效利用率）。

加强生产管理，组织经济规模生产。处于满负荷或稍超负荷的经济的生产，是涂装运行成本最低的工况。克服"大马拉小车"或空运转，在负荷不足的场合应集中生产。

13.6.5 加强人员培训，健全规章制度，提高企业的管理水平

通过培训，提高全员（管理人员、技术人员、操作人员）的素质，树立经济观念、环保节能意识、参与管理意识、提高技术水平及操作熟练程度、职业道德和竞争意识等。

健全规章制度，加强考核。由粗放经营转为精益生产管理，涂装质量、材料、能耗和工时等有统计、有考核、有分析，考核与奖惩制度挂钩。

第14章

涂装车间（线）整体设计案例

本手册第一、二版各章仅分别讲述了工艺设计、各类涂装设备及电控设计和公用动力、安全环保等方面的设计及参考资料，未介绍整体涂装车间（线）的设计，为使读者了解完整的涂装车间（线）设计全流程及需要考虑的方方面面，特在本版中增设本章"涂装车间（线）整体设计案例"，收编了近5～6年国内外设计水平较高的七个设计案例，供读者参考。

14.1 汽车车身的最新环保型打底涂装工艺设计方案

涂装前处理和阴极电泳（CED）涂底漆配套（一般有两条涂装线）组成的打底涂装工艺是汽车车身最基础关键的涂装工艺；是提高汽车车身的防蚀性、延长车身使用寿命最重要的措施之一。传统采用的打底涂装工艺是：涂装前磷化处理与高泳透力 CED 涂料配套工艺。按当今的清洁生产和"绿色涂装"理念来衡量，传统工艺存在下列问题亟待解决：

① 环保性差，磷化液含有磷、重金属离子等；

② 磷化膜（$1\sim2\mu m$）偏厚；沉渣多；资源利用率低（约50％成磷化渣废弃）；

③ 中温磷化，能耗高；

④ 随泳涂时间不同，汽车车身外表涂膜膜厚的均一性差，为保车身内腔泳涂质量，外表常造成超值膜厚，每台车身的 CED 涂料耗用量增大。

（汽车厂期望）绿色前处理工艺应具有以下生态经济目标：

① 应是环保型，处理溶液应无磷，无镍、锰、铬等重金属离子，无亚硝酸盐；

② 转化膜应薄，产生的沉渣少或无，提高资源利用率；

③ 能耗、耗水量较低，减少 CO_2 排放量；

④ 与 CED 涂料配套的性能（如耐腐蚀性、附着力、机械性能和泳透力等）都应符合汽车车身涂装技术要求，其性能与传统磷化处理配套涂层相当或更优；

⑤ 能适用于铝材用量高的混合底材车身的涂装前处理；

⑥ 总成本较低；

⑦ 工艺自动化。

近10多年来国内外涂装材料厂商和汽车公司研究开发绿色前处理工艺，并取得了质的突破性成果。开发出锆盐处理、硅烷处理和两者复合处理液等三类薄膜型绿色涂装前处理工艺。早期的产品已广泛应用于家电、金属制品、汽车零部件等喷粉、喷漆和阴极电泳涂装前处理领域。在质量与性能要求高的轿车车身 CED 涂装前的顶级表面处理工艺方面，近年也随绿色薄膜型前处理技术的进步和与新开发的薄膜型超高泳透力的阴极电泳涂料（hyper-throw CED coat）配套，得到圆满的结果，达到上述绿色前处理的目标值。在车身涂装线投产应用，可成功地替代传统磷化＋CED 涂装工艺，且可得到最佳的绿色经济技术效果。在 SURCAR 国际汽车车身涂装技术交流会（上海，2014 年 4 月召开）上这一技术成果（前处理工艺趋向）得到证实和确认。

第三代（薄膜型超高泳透力）CED 涂料具有第三章图 3-5 所示的电沉积特性，即泳涂到一定膜厚后，膜厚不随电泳时间增长而增厚。在基准的电泳时间（3min）内即确保车身内腔的泳涂质量，又提高车身外表涂膜的均一性，消除超值膜厚。笔者认为，提高车身电泳涂装的泳透力，选用薄膜超高泳透力型阴极电泳涂料的技术路线较延长电泳时间的办法更科学、更经济，符合当今的绿色涂装理念。

14.1.1　薄膜无磷环保型前处理工艺及材料应用状况

国内已有多条汽车车身涂装线采用了薄膜无磷环保型前处理工艺＋薄膜型超高泳透力 CED 涂料配套的车身打底新工艺，现将新工艺及材料应用状况介绍如下。

（1）凯密特尔（Chematall）公司　该公司的薄膜前处理产品型号为 Oxsilan®，有 DS9830、9831、9832 三个品种，在与 CED 涂料配套（改善泳透力）和冷轧板的耐腐蚀性能方面有改善。

Oxsilan® 在世界汽车工业中的应用已有 14 条车身涂装线（标致、戴姆勒、塔塔、现代），自 2009 年起已处理 300 万辆汽车车身，全球超过 400 条生产线。

Oxsilan® 适用于多种金属基材的前处理（共线工艺），且对铝的处理量无上限要求。生产成本得到显著降低。基于硅烷的不断改进，耐磨性能和其他各种性能尚有进一步提高的空间。不含氟和不含金属的前处理技术也可开发应用。

（2）PPG 和上海通用公司锆系薄膜前处理工艺（zirconium TFPT process），其反应机理如图 14-1 所示。薄膜前处理工艺的节约效果如图 14-2 所示。

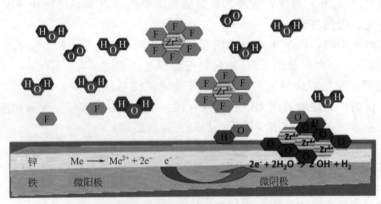

图 14-1　锆盐 TFPT 工艺反应机理示意图（彩图见文后插页）

标准 CED 涂料与超高泳透力 CED 涂料（hyper throwpower electrocoat）的电沉积状况见图 14-3。

采用超高泳透力 CED 涂料的长处：

① 减少涂料耗用量：车身外表面膜厚减薄，隐蔽腔内表面覆盖膜厚均一；

② 能改善抗腐蚀性能：改善隐蔽腔内表面的覆盖性，外表面涂膜厚度均一性；

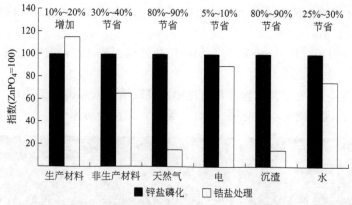

图 14-2 TFPT 与锌盐磷化的经济效果对比（彩图见文后插页）

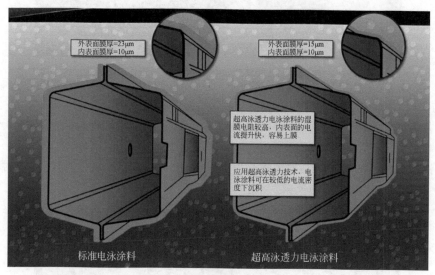

图 14-3 标准型和超高泳透力 CED 电泳涂料的电沉积状况（彩图见文后插页）

③ 增加生产能力（链速可加快），外观膜厚均一。

两代高泳透力 CED 涂料更换后泳涂膜厚状况，单台车身 CED 涂料耗用量下降 20％左右（见表 14-1）。

表 14-1 两种阴极电泳涂料的单车耗用量计算

车身被涂面	占车身面积/%	四枚盒表面	涂膜厚度/μm		电泳涂料耗量下降/%
			现用 CED 涂料	薄膜高泳透力 CED 涂料	
外表面	30	A	22.0	15.0	9.5
内表面	50	D	13.5	11.5	7.4
隐蔽腔内表面	20	G	12.0	10.0	3.3
			总耗用量下降		20.3

采用超高泳透力 CED 涂料后不仅削减 CED 涂料用量，同时相应地减少耗电量和阳极液用水量。

（3）上海通用北盛Ⅲ（SGM Norseom III）的涂装工艺 薄膜前处理＋超高泳透力 CED

涂装＋水性 3C1B 紧凑型面漆涂装。电泳涂膜厚度：外表面 16～18μm，内表面 13～15μm，隐蔽腔内表面 8～14μm。

（4）日本帕卡濑精（Parkerizing）公司的锆盐处理工艺　产品是锆盐转化膜。锆盐处理工艺的优点：

① 可简化工艺，缩短工艺流程（与磷化相比可取消表调和钝化工艺）；

② 环保性好：沉渣减少（参见图 14-4），无磷，无重金属离子；

沉渣
沉渣
磷化工艺
锆盐转化膜工艺
◆无磷
【无磷酸盐沉渣】
◆无Ni、Mn
【无重金属离子】

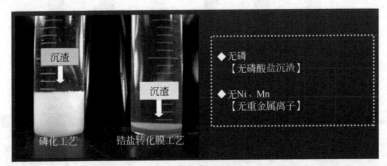

图 14-4　锆盐转化膜处理和磷化处理对比（彩图见文后插页）

③ 与 CED 涂料配套后涂膜性能优良（耐蚀性好和附着力强）。

该工艺已推广应用于丰田汽车公司：2012 年 7 月应用于零部件涂装线，2013 年已应用于车身涂装线。

设计锆盐转化膜的概念：其耐蚀性是以屏障作用（barrier effect）和优良的附着力（参见图 14-5 的杯突划格试验）为依据。

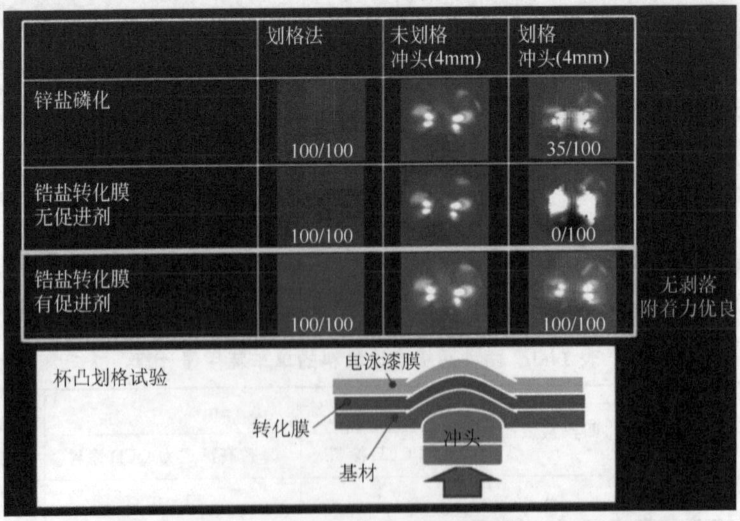

划格法
未划格
冲头(4mm)
划格
冲头(4mm)
锌盐磷化
100/100
35/100
锆盐转化膜
无促进剂
100/100
0/100
锆盐转化膜
有促进剂
100/100
100/100
无剥落
附着力优良
杯凸划格试验
电泳漆膜
转化膜
冲头
基材

图 14-5　两种转化膜的附着力（杯凸划格）试验（彩图见文后插页）

锆盐转化膜的化学稳定性远优于锌盐磷化膜。锆盐转化膜具有超乎寻常的耐蚀性，除 HF 酸外耐各种无机或有机酸碱，在 pH 2～12.8 范围酸碱溶液中几乎不溶解，而锌盐磷化膜仅在 pH 4～12 范围内稳定，不耐无机酸、有机酸和 NaOH、KOH、$K_4P_2O_7$。

锆盐转化膜的屏障作用好，在电解试验中不溶解，而锌盐磷化膜产生阳极溶解，阴极微溶解（参见图 14-6）。

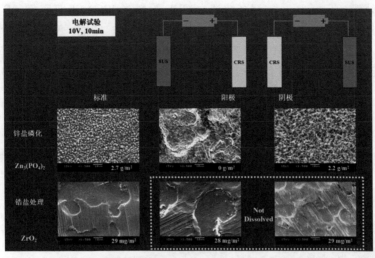

图 14-6　两种转化膜的电解试验结果（彩图见文后插页）

日本帕卡濑精公司基于锆盐处理较锌盐磷化处理具有能缩短工艺流程、环境友好、涂膜性能优良等优点，有丰田涂装线已取得的成果和抗腐蚀的机理（屏蔽作用、优良的附着力，腐蚀产物 Fe_3O_4 的化学稳定），因此，具有较好的推广应用前景。

（5）汉高（Henkel）公司薄膜转化膜处理工艺　该工艺以锆氧化物为基，适用于多金属共线处理；减少了对环境的影响；降低生产线总成本（前处理线长度可缩短）。其优点是能满足 OEM 涂装线的标准要求，无镍转化膜，减少能耗、沉渣和维护。商品名为"Bonderite Tectalis"。汉高薄膜转化膜处理工艺与磷化工艺相比，可减少工序数和降低能耗，优化水洗级数（参见图 14-7）。国内已有武汉神龙三厂、上海通用北盛和武汉工厂、观致和广州丰田等多条轿车车身涂装线采用了这一新工艺进行打底。

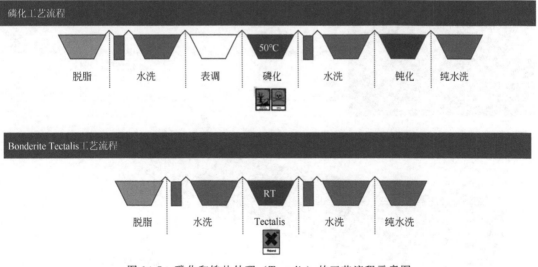

图 14-7　磷化和锆盐处理（Tectalis）的工艺流程示意图

14.1.2　环保型前处理电泳线应用实例

本节以 Geico 公司给观致装备的顶级涂装工艺为例对环保型前处理电泳线加以介绍。该工艺为薄膜前处理（Tectalis）＋超高泳透力 CED 涂料（PPG）＋双底色（$B_1 \cdot B_2$）紧凑型面漆工艺。车身涂装车间总面积 50000m^2，容积 45000m^3。产能：一期 JPH 40 台/h，二期 JPH 80 台/h。前处理线长约 110m，7 道区段，非磷化处理工艺（参见图 14-7，汉高公司的锆盐处理工艺流程），前处理设备结构见图 14-8，电泳涂装设备结构见图 14-9。

前处理线

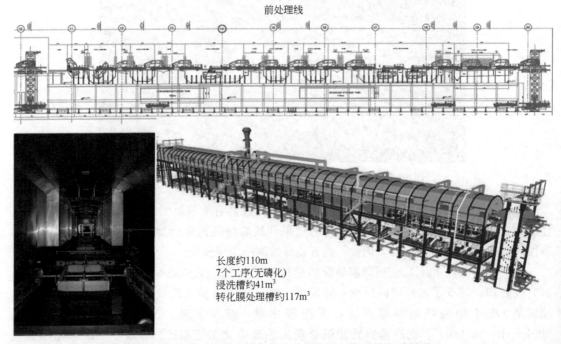

长度约110m
7个工序(无磷化)
浸洗槽约41m^3
转化膜处理槽约117m^3

图 14-8　滚浸式前处理设备照片及结构图（彩图见文后插页）

电泳线

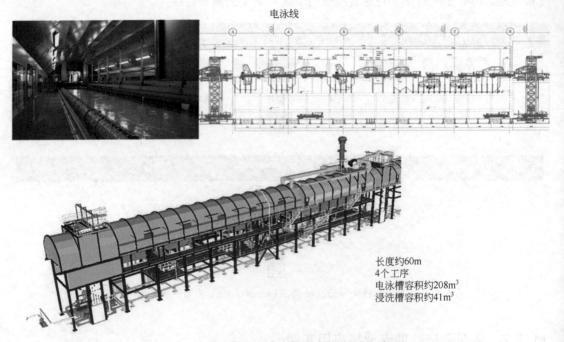

长度约60m
4个工序
电泳槽容积约208m^3
浸洗槽容积约41m^3

图 14-9　滚浸式阴极电泳涂装线（彩图见文后插页）

前处理和阴极电泳涂装线，采用 J-Flex 滚浸输送机系统，它可减少工艺浸槽的容积，较摆杆输送机成本降低 5%，节能 15kW·h/台。

综上所述：薄膜前处理＋超高泳透力 CED 涂装工艺虽还在不断改进中，但已成为轿车公司车身涂装成熟的绿色前处理打底工艺，已全面实现了绿色前处理的生态经济目标。为了碧水蓝天，为了保护人类的生存环境和国民经济可持续发展，笔者希望有关企业的领导和专业人员不再观望，不再犹豫，尽快行动起来，学习掌握新工艺技术，依靠社会力量尽快采用绿色前处理打底工艺替代传统的磷化阴极电泳涂装线。

14.1.3 推广应用注意事项

在汽车车身涂装更新前处理工艺，采用薄膜前处理工艺＋阴极电泳涂装场合，笔者提醒汽车厂专业人员注意以下两点：

① 注意薄膜前处理与阴极电泳涂料的配套性（泳透力）。在选择薄膜前处理剂类型（厂家）和 CED 涂料类型（厂家）时如无配套技术资料，必须进行两者配套性试验，用四枚盒法测试泳透力，验证车身各部位的泳涂状况，以防泳透力下降，隐蔽腔内表面泳涂不良（参见本手册第 3 章 3.2.2 节图 3-6）。

一汽技术中心选用不同前处理工艺与八种 CED 涂料（含不同泳透力的 CED 涂料）进行了两者的配套性工艺试验，结果见表 14-2。

表 14-2 前处理工艺与 CED 涂料配套测试泳透力结果（四枚盒法 G/A）

前处理工艺 ＼ CED 涂料	1#	2#	3#	4#	5#	6#	7#	8#
磷化	0.38	0.42	0.55	0.47	0.64	0.55	0.72	0.63
硅烷 A 处理	0.0	—	0.11	—	0.66	0.59	0.37	0.48
硅烷 B 处理		—	—		0.66	0.66	0.39	0.38
未经转化膜处理	0.0	—	0.0	0.0		—		0.12

注：测试条件：泳涂时间 3min；泳涂电压按保证外表面（A 面）泳涂膜厚在 $17\sim20\mu m$，外观平整为基准电压。

从表 14-2 中的结果可看出：1# ～4# CED 涂料在磷化膜上的泳透力可称为高泳透力 CED 涂料，可是在硅烷处理膜上，泳透力明显下降；5# ～8# CED 涂料在磷化膜上的泳透力很高（0.55～0.72），现称为超高泳透力 CED 涂料，可是其中 7# 和 8# CED 涂料在硅烷处理膜上泳透力下降了 40% 以上，只有 5# 和 6# CED 涂料仍保持超高泳透力（0.6 以上）。

② 按薄膜前处理工艺要求设计新建的涂装前处理线，直接采用薄膜前处理当然最好。原有的磷化处理设备可相容，不需进行设备改造，只需更换磷化液，即可投入生产。但需注意，原有设备及管路需清洗干净，磷化液（包括磷化沉渣）与薄膜前处理液不能相混。另因薄膜前处理液偏酸性（pH＝4.2～4.8），要求槽体、管路和泵等选用耐酸不锈钢（如 316 或 304）为好。

14.2 涂装车间按 SSC（小型、简练、紧凑）理念设计案例

涂装车间，往往是整车生产工艺中，投资最大、能耗最高、环境影响因素最多的领域。也正因如此，涂装工艺的发展呈现出很多与其他整车生产领域截然不同的方向及特点：注重环保，节能降耗，同时也成本高企；各种相关技术应运而生，如 3C1B、干式喷漆室、电动

泵、VOC 浓缩转轮等。

不论是哪种发展方向，技术都是先进的，方向也是正确的，但实际上，却都是很分散的，因为这些技术往往只专注于某一项技术突破，局限于某一细分领域，使得我们常常忽略了另一个问题：如何将这些技术用最有效的方式整合起来，获得一个最有竞争优势的涂装车间？毕竟持续的市场竞争力才是获得发展的前提。

2010 年以前，整车涂装业界，一个新建项目普遍存在的现象是，但凡规划年产能超过 20 万台的项目，涂装车间的占地面积普遍超过 3 万平方米，这已远超 4 个标准足球场的占地。2011 年开始，随着广汽本田第三工厂的规划启动，一个崭新的整车工厂建设理念被创造性地提了出来：small—小型、simple—简练、compact—紧凑（以下简称 SSC）。SSC 理念史无前例地给越做越大的涂装车间一次反向思维的洗礼，并促使人们开始思考，中国汽车工业究竟需要什么样的涂装车间——这一回归原点的问题。

这里将结合广汽本田第三工厂涂装车间的规划建设实践，来探讨关于整车涂装车间 SSC 理念的运用与实现方法。

14.2.1　SSC 理念概述

① small—小型：是指灵活运用已有资源，占用空间最小化，并配合采用最贴合车型需求的技术及最优设备的导入，例如厂房最小化、设备最小化、定制非标设施等。

② simple—简练：是指最大限度去除冗余，消除浪费，打造简洁的人机工位布局，同时不刻意追求技术的最先进化。如更简单的工艺衔接方式，更少的输送转挂，更少的设备地坑等。

③ compact—紧凑：即为空间与时间的集约，是指追求更近、更短、更轻、更合适的自动化以及功能模块化。

SSC 是一种综合指导思想：在实际运用过程中，机械地、单独地割裂开来区分某一举措究竟属于 small，还是 simple，又或者属于 compact，是没有意义的；设计者应时刻探究每一个细节是否可以进一步削减资源占用，是否可以最大限度地削减浪费，是否可以采用更集约的组合形式。

14.2.2　涂装车间 SSC 的优势

（1）小型化　SSC 最直观的特点就是车间小型化，即占地面积小，占用空间小，是简练、紧凑的车间布局综合运用的结果。小到何种程度，对比图 14-10 可以很直观地看出差异。

图 14-10 所示的典型涂装车间占地 2.8 万平方米，SSC 涂装车间占地削减了 39%；若对比欧美系主机厂动辄超过 3.3 万平方米的涂装车间占地，则削减比例高达 50%。

（2）单位面积产出效益高　小不是目的，而是提高生产效率的重要手段，将工厂年产能分摊到车间单位占地面积，即可看出其中巨大产出效益的差异（见表 14-3）。

表 14-3　汽车车身涂装车间单位面积的产能对比

	SSC 车间	对标企业				
		某日系车企	某欧系车企	某欧系车企	某美系车企	某国内车企
单位占地产出率(年产能÷占地面积)/[台/(年·m²)]	13.5	9.2	9.1	8.3	6.4	9.1

注：产能仅按照规划计算，不含三班倒及加班。

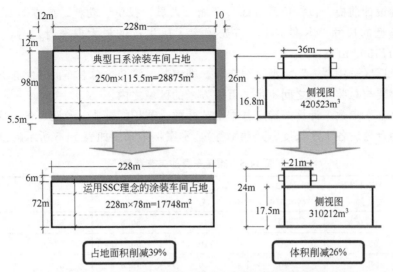

图 14-10　SSC 设计前后厂房占地面积和空间体积对比

从表 14-3 可以看出，虽然各企业涂装车间占地面积不尽相同，但单位面积产出率基本处于 8~9 的范畴，而 SSC 理念设计的车间则可以达到 13.5 以上，属于质的提升。

（3）环境影响源强的降低　SSC 的思想促使工艺布局采取更简短、更高效的布局，杜绝浪费；喷漆室更短更窄，输送距离更快捷，厂房空间更小，势必所采用的设备功耗更低；更小的生产工艺损耗也意味着更低的环境排放，更少的工业三废。SSC 环境影响改善：能耗下降 24％，废水产生量下降 36％，固废产生量下降 33％，VOC 排放量下降 31％（均按照传统喷漆室工艺，即文丘里式喷漆室计算能耗及工业三废）。

（4）成本的削减　投资的削减是最直接的综合效果体现，主要得益于工艺设备体量的大幅削减，并且是在保证工业自动化、替代人工作业率大幅度提升的前提之下的削减。涂装车间设备投资对比见表 14-4。

表 14-4　涂装车间设备投资对比

对标项目	SSC 车间	对标企业		
		某日系车企	某欧系车企	某欧系车企
喷漆自动化率	100％	100％	100％	100％
涂胶密封自动化率	100％	50％	100％（仅部分车型）	—
设备投资对比	＜0.85	1（设其涂装设备总投资为1）	＞1.5	＞1.3

注：投资对比取相对系数；"—"表示信息不详。

14.2.3　涂装车间 SSC 具体实现方法探索

SSC 的最终实现并不仅仅依靠某项新技术或新工艺的运用，关键在于整合，需要从工艺选型、建筑设计、流程编排、空间优化、参数制定、设备选型等各方面践行 SSC 理念；应采用系统性思考方式，从设计角度就加以贯彻，同时应当遵循科学的设计步骤，从而避免考虑不周致使的半途推倒重来，或是重复的无用劳动。以下以广汽本田第三工厂涂装车间设计实践为案例（以下简称"本案例"）介绍具体的设计步骤。

（1）明确设计前提　包括项目目标（产能、人员、投资、功耗、成本等），占地空间的限制和规划车型的尺寸。本案例中，首先确定了所生产的最大白车身尺寸：L4500mm×W1800mm×H1500mm。

同时，全厂区采用"一"字型直线布局，即焊装、涂装、总装车间一字排开，涂装车间则被限定在焊装与总装车间之间不足 2 万平方米的区域之内。

（2）确定基本参数　计算并确定基本工艺参数（节拍、链速、节距、各工序基本通过台数、中间缓冲台数、各工序长度、开动率等），本案例中采用如表 14-5 所示的设计方式。

表 14-5　输送车身的工艺参数

工序	设定开动率 /%	开动总时长 /(min/d)	通过台数 /台	生产节拍 /s	输送节距 /mm	输送链速 /(mm/min)
前处理/电泳	98.0%	960	1110	50.8	6000	7086.6
电泳烘干	98.0%	960	1110	50.8	5300	6259.8
密封胶	98.0%	960	1150	49.0	5500	6734.7
密封胶烘干	……	……	……	……	……	……

注：通过台数包含附件损失在内，故每条线各有差异。

根据上表的基本参数，就可以计算出每段工艺的基本长度，如前处理长度为 160m，电泳长度为 110m，密封胶线长度为 196m，等等。全部工艺线长度确定后，即可为规划基本布局做准备。

（3）构思基本布局　根据基本参数，构思各工序空间位置、走向及布局；此处为初步布局，用于确定布局的可行性，从而为确定厂房尺寸打下基础。

① 小型化涂装车间的尺寸极限　涂装车间的尺寸极限，需要考虑主要工艺的基本需求，并不能毫无节制地通过空间立体化布局压缩占地面积。例如前处理线，考虑到脱脂、磷化、表调、水洗等工艺的必要措施，其基本线长应该在 160m 左右。因此，产能在 20 万台/年以上的涂装车间，其长度至少是不能低于 160m。

本案例中，首先尝试将车间长度尺寸设定为 180m、192m 和宽度尺寸为 66m、69m 进行验证。

因此得出结论：涂装车间长度极限为 192m，涂装车间宽度极限为 69m（见表 14-6）。

表 14-6　涂装车间长宽的验证结果

车间尺寸		工艺布局问题点（年产能 20 万台以上）	结论
长度	180m	烘干炉布局空间不足 中间车身缓冲区台数不足	不可行
	192m	烘干炉空间不足可通过立体化布局解决	可行
宽度	66m	电泳、密封胶、研磨、喷漆工艺间距不足，缺乏充分人行通道宽度，车体流通路径过于狭窄	不可行
	69m	各工艺间可以留出合适人行通道宽度	可行

综上所述，涂装车间最小占地尺寸应为 69m×192m＝13248m²。但本案例中，考虑到空间利用的便利性、经济性、安全性等问题，选择尺寸 72m×228m＝16416m²（不含外部辅助间）为最终方案。

② 立体化布局运用，提高空间利用率　缩小占地，势必意味着将工艺布局向空间化、

立体化发展。图 14-11 是辅房内置化、布局立体化的运用实例。

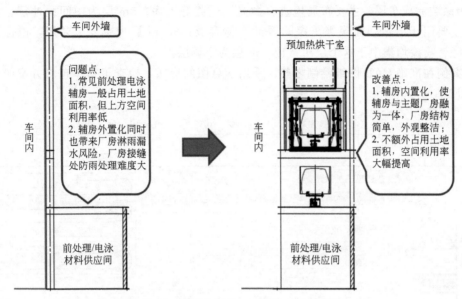

图 14-11 辅房内置化、布局立体化示意图

另外，还考虑了密封胶线是否布置在一层的问题：即由于采用了免中涂的"湿碰湿"工艺，喷漆前的洁净度要求高，因而通过对比，决定将密封胶线设置于研磨工序同一层次，既能保证车身洁净，又可以使工序之间衔接距离最短（参见图 14-12）。

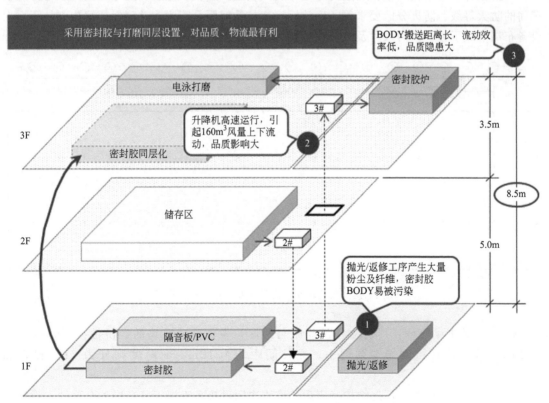

图 14-12 密封胶线设置由 1 层调整到 3 层示意图

③ 确定基础布局方案　经过反复尝试，本案例最终采用主体三层、局部四层的结构：0m 层为涂装完成车层，主要布局检查、抛光、返修等工序；5m 层为中间缓冲，无人作业区，主要用于电泳、面漆等工序间缓冲车体存放；8.5m 层为主要工艺层，电泳、密封胶、研磨、喷漆均集中于这个层次；17.5m 层为空调层。

本案例在准确 CAD 图纸绘制之前，采用示意图的形式，检查了初步布局方案的合理性（参见图 14-13）。

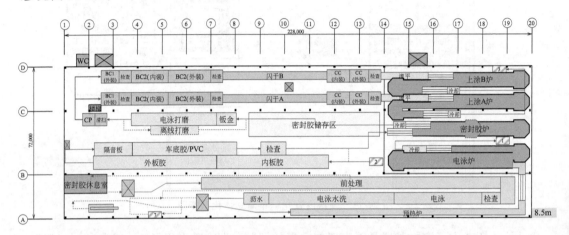

图 14-13　8.5m 层布局示意图（其他层次布局鉴于篇幅限制，不做展示）

（4）设计厂房结构　根据确定的工艺布局，确定厂房长、宽、高尺寸，同时须考虑涂装车间的防火等级、防火分区要求等，确认厂房立柱的间距及跨距，并确保厂房内立柱不要对设备布局造成干涉。厂房尺寸及立柱设计如图 14-14 所示。

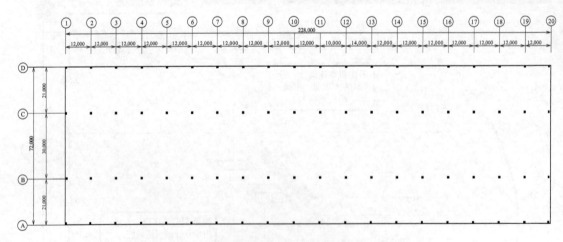

图 14-14　涂装车间厂房尺寸及立柱设计示意图

这里需要注意的是，厂房立柱的间距与跨度，考虑到建筑物的经济性模数，一般都以 3 的倍数为最佳；例如本案例中，立柱间距均为 12m，而跨度则分为 21m 和 30m 两种。

（5）完善工艺布局　厂房结构确定后，应再次回过头来审视工艺布局的合理性，设计工艺间的衔接方式，立体层次的合理性，划定功能分区，再次核算各工序流动台数的满足度，消除细节偏差。

（6）检查物流路径 从人行走向、车间内外物流路径两个角度，再次审查车间布局合理性。

（7）辅助设施设计 包括办公室、休息室、消防间、设备间、卫生间的数量及位置。例如辅房的设计可以考虑如表 14-7 所列标准。

表 14-7 辅房设计基准

辅房名称	基准项目	基准
洗手间	距离	Want（希望）：距离工位 60m 半径范围内
	数量/面积	Must（必须）： 男厕所：劳动定员男职工人数＜100 人的工作场所可按 25 人设 1 个蹲位；＞100 人的工作场所每增 50 人增设 1 个蹲位。小便器的数量与蹲位的数量相同
		女厕所：劳动定员女职工人数＜100 人的工作场所可按 15 人设 1 个～2 个蹲位；＞100 人的工作场所，每增 30 人，增设 1 个蹲位（来源《工业企业设计卫生标准》）
	位置	Want（希望）：一楼，靠近厂房外墙
休息室	人均面积	Must（必须）：1～1.5m²
更衣室	位置	Want（希望）：在 No.3 线综合楼内统一设置（距离综合楼步行距离超过 500m 时，可单独设置）
	人均面积	Must（必须）：0.5m²
办公室	人均面积	Must（必须）：≤4.5m²
会议室		各科按实际需要设置
吸烟室		各科按实际需要设置
仓库		各科按实际需要设置

14.2.4 SSC 理念的其他体现

根据上述设计过程，可以全面严谨地规划出一个 SSC 的涂装车间，并且通过本项目的建设投产实践，完全证明了 SSC 理念的前瞻性与可行性。例如本项目投产后，实现了 3 个月后涂装一次合格率达 90％以上的优良车身品质；涂装完成车颗粒点数不到 15 点；成为国内首个共线全车型涂胶密封 100％自动化作业的涂装车间；也是国内同等规模占地最小、单位产出效率最高的涂装车间；而另一方面，本项目执行的也是目前国内最严格的 VOC 排放法规基准，单位面积（每平方米）VOC 排放量不足 10g，同样处于世界领先水平。

实际上，SSC 理念并不只局限于工艺的设计或布局，还应当包括工艺形式和设备形式的选型。以下列出几个设备选型的对比课题，仍有深挖 SSC 潜能的空间：

① 翻转式前处理电泳，对比传统 45°出入槽的前处理电泳方式，线长更短，空间更窄，电泳着漆效果更佳，而且更加节约能源；但往往结构复杂，投资过高。

② 干式喷漆室，对比湿式喷漆室，取消了废水分离装置，几乎不产生废水，更省能源，但也会面临其他的固废处理课题。

③ 单轨输送链与滑橇输送方式比较，单轨输送更加灵活，能耗较低，而滑橇输送则运

行稳定性更高。

④ S形桥式炉与直通炉相比较，S形桥式炉空间更紧凑，热损失较低，而直通炉则结构简单，更易维护，运行稳定性更好。

⑤ 密封胶机器人涂胶方式，开着车门涂胶作业更简单，但占用空间大；而关门涂胶方式占用空间小，但对车身精度、输送定位精度要求高。

上述所列几种技术形式（也并不局限于所列几种），本身并无显著优劣之分，但在 SSC 思想指导下，在满足实际需要的应用前提下，还是值得继续研究和深入探讨的。

案例小结：涂装车间按 SSC 理念设计成果丰硕，获得科技进步大奖，值得庆贺，现编入本手册，供读者参阅。SSC 理念是落实清洁生产"绿色涂装"理念和精益化设计的具体体现；它不局限于工艺设计和布局，如作者所说，在其他各方面尚可深挖潜能，值得继续深入研究探讨。

例如：从如图 14-13 所示的平面布置示意图来分析；图中所选用的 4 个烘干室都是日式"S"型桥式烘干室，车身在烘干室中要调头和上、下坡，因此无法积放式通过；如选用滑橇输送方式和"Π"或"Γ"型烘干室，车身可积放式通过烘干室，则烘干室长度和内空间容积都可缩小 20% 左右，则不仅节能，造价降低，也有利于立体布局。

又如前处理和电泳设备布置调换一下（即一般的常规布局），则电泳线出口至烘干室入口衔接会更紧凑些。

（14.2 节资料由广汽本田刘宇飞提供）

14.3 微型面包车车身涂装车间工艺设计优化案例

受某汽车公司的委托，一汽工艺研究所负责对某汽车涂装车间的原工艺设计方案进行优化设计。依靠技术进步和精益化设计，提高工艺水平，望在环保、节能减排、经济性等方面有较大幅度的提高。

新设计涂装车间是承担微型面包车白车身的涂装任务，主要工序有前处理、底漆、中涂、面漆、涂焊缝密封胶及喷涂车底防护涂料、喷蜡等。

生产纲领：产能设定为 JPH30 台/h，年时基数为 250 天/年，两班制（16h/日）场合，年产能为 12.0 万台/年（年时基数增到 300 天/年，21h/日场合，年产能为 18.9 万台/年）。

14.3.1 设计基础资料

(1) 被涂装物描述 车身最大外形尺寸 $L \times W \times H$（mm）：$4500 \times 1500 \times 1700$。质量（略）kg。涂装面积：电泳涂装面积（略）$m^2$，车身内表面涂装面积（略）$m^2$，车身外表面（涂面漆）面积（略）$m^2$。涂密封胶长度（略）m。

(2) 涂装标准 本设计涂装执行乘用车车身涂层标准，标准分为 A、B、C 三级：A 级适用于高档乘用车车身的涂层，B 级适用于高档经济型乘用车车身涂层，C 级适用于普通乘用车车身涂层。

涂层厚度达到下列规定：

A 级车-本色漆：阴极电泳底漆 $20\mu m$，中涂漆 $30\mu m$，面漆本色漆 $30 \sim 50\mu m$，总厚度 $\geqslant 80\mu m$。

A 级车-金属漆：阴极电泳底漆 $20\mu m$，中涂漆 $30\mu m$，面漆金属底色漆 $15 \sim 20\mu m$，罩

光漆≥25~40μm，总厚度≥90μm。

B、C级车-本色漆：阴极电泳底漆20~25μm，面漆本色漆30~50μm，B级车总厚度≥70μm，C级车总厚度≥55μm。

B、C级车-金属漆：阴极电泳底漆20~25μm，面漆金属底色漆15~20μm，罩光漆30~50μm，B级车总厚度≥80μm，C级车总厚度≥70μm。

(3) 清洁生产目标值 VOC（挥发性有机化合物）排放量≤55g/m²；耗水量≤5L/m²，CO_2排放量≤2kgCO_2/m²；噪声85dB以下；无臭味。

(4) 输送方式 前处理、电泳采用摆杆（或滚浸式）输送机输送。其他采用地面滑橇输送机。

(5) 厂房和公用系统 仍采用原设计和在建的钢结构厂房。在L300m×W78m厂房面积内布置。

(6) 喷涂系统 喷漆室采用高效文式喷漆室或新型干式喷漆室，喷漆室排风循环利用率≥60%；喷漆室内送空调风，温度≥20℃。喷漆采用手工和机器人自动喷涂相结合的方式。采用"三湿"高固体分溶剂型喷涂工艺（3C1B/HS/SB）。采用集中自动调输漆的方式供漆。

(7) 自然条件 该项目地处亚热带温和湿润气候区。

(8) 动能参数（以下仅为一实例，请结合工厂实际情况将各项参数列出）

① 电力：低压配电系统为TN-S系统　　380V±10%　频率：50Hz
　　　　单相电　　220V　50Hz

② 自来水水质：pH值　　　　　　7.12~7.6
　　　　　　　总硬度　　　　　850~950μmol/L
　　　　　　　总含盐量　　　　104.6~179mg/L
　　　　　　　电导率　　　　　150~280μS/cm
　　　　　　　供水压力　　　　0.35~0.45MPa

③ 高温水：供水温度　　　　130℃
　　　　　回水温度　　　　≤80℃
　　　　　供水压力　　　　0.685~1.0MPa

④ 天然气：供气压力　　中压0.08MPa，低压0.03MPa
　　　　　热值　　　　32650~36173kJ/m³
　　　　　物理性质　　无色、无味；相对密度0.6247
　　　　　含硫化氢量　<16mg/m³

⑤ 压缩空气（由厂区空压站供给）：
　　　　　到使用点工作压力=0.6MPa
　　　　　含油量　　　　　≤0.01mg/m³
　　　　　固体含量　　　　≤0.10mg/m³
　　　　　颗粒尺寸　　　　≤0.1μm
　　　　　露点：　　　　　-20℃（0.7MPa）

(9) 其他 烘干室热源为天然气，采用对流的加热方式对工件进行烘干，烘干室产生的废气采用直接燃烧处理，余热回收利用。

前处理、电泳及后冲洗、喷漆漆泥处理产生的废水排入厂区污水处理站进行处理。

对易产生噪声的各种涂装设备，采取防噪措施（加隔音室和减振器），使车间内噪声在

85dB 以下。

喷漆室、调漆间设有自动消防系统。

新设备及材料的选用以国内为主，关键设备引进，达到经济合理、先进可靠。

对易发生人身伤亡事故的涂装设备及车间设施的不安全部位，设防护栏或安全网及安全提示标志。

车间内设有更衣室、淋浴间、厕所等生活卫生设施，并设有各种生产辅助设施。

14.3.2 设计计算

(1) 设计基数　设备开动率 90% 以上，连续式生产方式，两班制 (16h/日)，大返修率 5%，备品可换件 5%，JPH30 台/h（合格品）。

(2) 生产节拍　各涂装线链速、生产能力等的计算见表 14-8。

表 14-8　涂装车间（最大生产能力 480 台/日）的各线输送速度一览表

序号	项目	单位	前处理电泳	电泳烘干	PVC涂装	PVC烘干	打磨	3C1B喷涂	3C1B烘干	检查修饰	点修补
1	持续运行时间	min	960	960	960	960	960	960	960	960	960
2	设备利用率	%	90	90	95	95	95	90	90	95	95
3	有效生产时间(t)	min	864	864	912	912	912	864	864	912	912
4	生产线数	条	1	1	1	1	1	1	1	1	2
5	规划产量	台/日	480	480	480	480	480	480	480	480	75
6	可换件、备件	台/日	24	24			24	24	24	24	
7	返修	台/日					24	24	24	24	
8	总生产能力	台/日	504	504	480	480	528	528	528	528	75
9	设计（通过）能力(M)	台/日	520	520	500	500	530	530	530	530	75
10	生产节拍(T)=t/M	min/台	1.66	1.66	1.82	1.82	1.72	1.63	1.63	1.72	24
11	节(拍间)距	m	6.0	4.8	5.6	4.8	5.6	6.2	4.8	6.0	
12	计算输送速度	m/min	3.61	2.89	3.07	2.64	3.26	3.80	2.94	3.48	间歇式
13	设计选用速度	m/min	3.70	2.9	3.1	2.7	3.3	3.8	3.0	3.5	

注：表中数据均为设计值。设定滑橇长度 4.7m，在烘干炉中积放节距不小于 4.8m；喷涂节距为 6.0m；换色装挂节距 7.0m，若 5 台车身换色或洗枪 1 次，则平均装挂节距为 6.2m（可变节距输送功能需要在进入喷涂室前设置）。

14.3.3 依靠技术进步，精益优化设计，创建绿色涂装车间

为实现清洁生产目标和绿色涂装车间的生态和经济目标（10 个更少、2 个更高和 1 个更

低、6个高效），确保新设计车身涂装线的先进性、可靠性、经济性、环保性；建议在本设计中采用以下国内外成熟的、先进的绿色涂装技术，供甲方选用。

中涂和面漆采用低 VOC 型涂料（如水性涂料和高固体分涂料）。采用第三代高泳透力阴极电泳涂料，罩光清漆和特种色的本色面漆仍采用有机溶剂型涂料。

采用新一代环保型无磷表面处理工艺（如硅烷处理）替代传统的环保性极差的磷化工艺，达到节能降低成本和消除重金属污染。

采用机器人自动静电喷涂车身外表面。

采用喷漆室排风循环利用技术，降低空调供风能耗及 CO_2 排出量。例如：EcoDryScrubber 干式漆雾法＋水性涂料＋自动静电喷涂三项最新技术结合，排风循环利用率可达 80% 以上，降低涂装成本 10% 左右。

优化水清洗工艺：采用逆工序补水，膜过滤回收清洗水等节水技术。

应用热泵节能削减 CO_2 排放量最新技术，如在水分烘干工序采用低温低湿吹干法，回收余热和废热，预热新鲜空气；电泳槽液冷却调温；强冷室的冷源等。

涂膜固化的节能措施：如烘干室壁的保温层由一般的 150mm 增厚到 200mm，电泳漆和 PVC 烘干采用燃气直接加热法；能源和加热方式复合化等。

优化中涂、底色漆和罩光清漆的喷涂工艺，在选用新型涂料的基础上推广"三湿"喷涂工艺，以节能、省投资。

14.3.4　工艺流程

工艺流程及相关工艺参数见表 14-9。

表 14-9　工艺流程及相关工艺参数

序号	工艺流程	处理方式	工艺参数		备注
			温度/℃	工艺时间/min	
1	焊装输送至涂装				滑撬
2	转挂	自动			
3	手工预清理	人工＋高压水清洗	30～40		辊床
4	前处理				摆杆链或滚浸式
4.1	热水洗	洪流喷淋	50±5	1.0	
4.2	预脱脂	喷淋	50±5	1.0	
4.3	脱脂	喷淋＋浸洗＋喷淋	50±5	全浸3	
4.4	水洗1	喷淋	RT	0.5	RT 室温
4.5	水洗2	喷淋＋浸洗＋喷淋	RT	浸没即出	
4.6	纯水洗	浸洗	RT	浸没即出	
4.7	硅烷处理	浸洗＋喷淋	20～35	全浸1.5	
4.8	水洗3	喷淋	RT	0.5	逆工序溢流（或预喷洗）补水
4.9	水洗4	喷淋＋浸洗＋喷淋	RT	浸没即出	

续表

序号	工艺流程	处理方式	工艺参数		备注
			温度/℃	工艺时间/min	
4.10	纯水洗	浸洗＋喷淋	RT	浸没即出	
4.11	新鲜纯水喷淋	喷淋	RT	0.1	在浸槽出口
5	沥水、检查		RT		
6	阴极电泳				摆杆链或滚浸式
6.1	新鲜纯水喷湿	喷淋	RT	通过	
6.2	阴极电泳＋0次UF水喷淋	浸渍＋UF1水喷淋	28±1	通电3.0	两段电压
6.3	1次UF水清洗	喷淋	RT	0.5	
6.4	2次UF水清洗	浸洗	RT	浸没即出	
6.5	新鲜UF水清洗	喷淋	RT	通过	在6.4工序槽上
6.6	纯水洗浸洗	浸洗	RT	浸没即出	
6.7	新鲜纯水喷淋	喷淋	RT	通过	在6.6工序槽上
7	沥水				
8	电泳烘干				地面滑橇输送机
8.1	升温段	对流加热	180	10~15	"Γ"型
8.2	保温	对流保温	180	20	
8.3	冷却	强制冷却	RT+15	5	
9	电泳检查钣金	人工			
10	离线钣金修整	人工			
11	密封涂胶	人工	RT		
12	喷涂车底涂料				
12.1	上遮蔽	人工	RT		
12.2	车底涂料喷涂	人工	RT		
12.3	底部密封	人工	RT		
12.4	卸遮蔽及擦净	人工	RT		
13	胶烘干				
13.1	对流升温段	对流升温	120~140	7	
13.2	对流保温段	对流保温	120~140	8	
13.3	强冷		RT+15	3	
13K	胶AUDIT	人工			
14	电泳漆打磨	人工	RT		
	离线打磨	人工	RT		

续表

序号	工艺流程	处理方式	工艺参数		备注
			温度/℃	工艺时间/min	
15	中涂喷漆		≥22		
15.1	手工擦净	人工			
15.2	手工喷涂	人工内表面			
15.3	自动喷涂	机器人外表面			机器人
15.4	流平		RT	5～10	
16	面漆喷涂		≥22		
16.1	手工喷涂底色漆（BC）	人工喷涂内表面			
16.2	机器人喷涂BC1	机器人外表面			
16.3	机器人喷涂BC2	机器人外表面			
16.4	手工补喷	人工			
16.5	手工清漆喷涂	人工内表面			
16.6	机器人喷涂清漆	机器人外表面			
16.7	手工补喷	人工			
16.8	流平		RT	5～10	
17	面涂烘干				
17.1	对流升温段	对流升温	140	10	
17.2	对流保温段	对流保温	140	20	
17.3	冷却	强制冷却	RT+15	5	
18	抛光修饰检查	人工			
18K	AUDIT检查	人工			
19	点修	人工			
20	大返修	人工			
21	喷蜡	人工			待商定
22	成品送总装				地面滑橇

注：RT表示室温。

14.3.5 工艺平面设计

工艺平面布置详见图14-15。

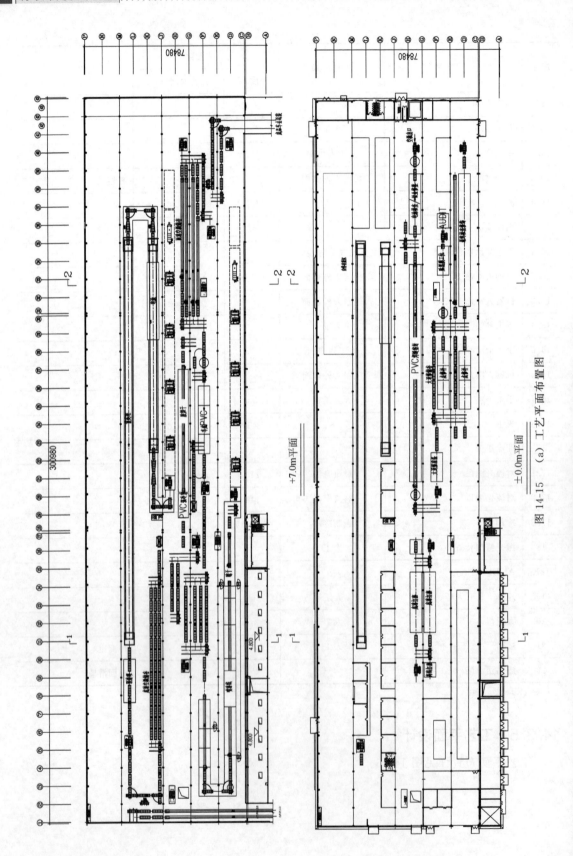

+7.0m平面

±0.0m平面

图14-15 (a) 工艺平面布置图

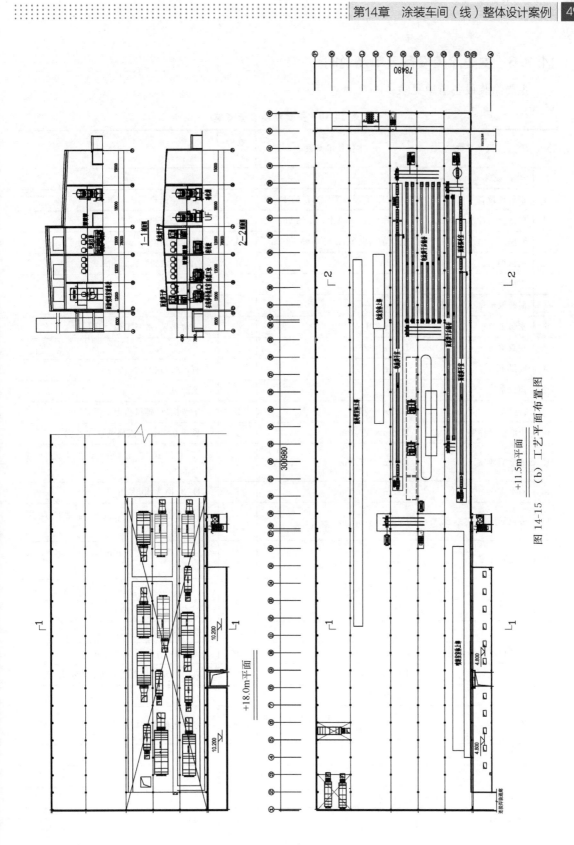

图 14-15 （b）工艺平面布置图

14.3.6 主要涂装设备清单及说明

主要涂装设备清单见表 14-10。

表 14-10 主要涂装设备清单

序号	设备名称	主要技术参数	数量/台或套	备注
一	生产设备			
1	前处理设备	11 工序(5 浸 5 喷段),L 约 180m	1	摆杆输送机
2	电泳及后冲洗设备	7 工序(3 浸 1 喷段),L 约 95m	1	摆杆输送机
3	封闭间	电泳前后两段,L 约 30m+40m	1	防尘通道
4	电泳烘干室	L116m	1	"Γ"型,180℃×35min
5	强冷室	L16m	1	吹冷风
6	离线钣金室		1	
7	密封工位	L90m×W5m	1	工位供风,敞开工位,照明
8	喷胶室	L24m×W5m	1	
9	胶烘干室	L51m	1	直通式,140℃×15min
10	强冷室	L9m	1	吹冷风
11	打磨室	L25m×W5m	2	工位供风,排风稍大于供风
12	中涂前擦净室	L10m×W5.0m	1	风速 0.25m/s 或换气≥30 次/h
13	中涂喷漆室	L16m×W5.0m	1	手工段风速 0.40m/s,自动段风速 0.25m/s
14	晾干室	L15m×W3.5m	1	U 型,换气 30 次/h
15	底色面漆喷漆室(BC)	L40m×W5.0m	1	手工段风速 0.40m/s,自动段风速 0.25m/s
16	罩光喷漆室	L30m×W5.0m	1	手工段风速 0.40m/s,自动段风速 0.25m/s
17	晾干室	L35m×W3.5m	1	风速 0.25m/s 或换气≥30 次/h
18	面漆烘干室	L105m	1	"Γ"型,150℃×30min
19	强冷室	L16m	1	吹冷风
20	检查修抛光修饰室	L55m×W5m	1	工位供风,敞开工位照明
21	点修补室	L30m×W5m	2	其中敞开工位点修室和固化室 L 各 6m
22	大返修室	L12m×W5m	1	
23	机器人	中涂、底色(BC1、BC2)和罩光 4 个站,喷涂外表面	10~14	涂胶机器人待定
二	辅助设备			
1	供胶系统		1	
2	供漆系统		1	
3	供蜡系统		1	待定
4	空调装置	总风量估算在 70×10⁴m³/h 以上	5	包括喷漆室循环风空调

续表

序号	设备名称	主要技术参数	数量/台或套	备注
5	高压水清洗装置		1	
6	制备纯水装置	RO法	1	出水量:涂装面积$(m^2/h)\times3(L/m^2)$
三	起重运输设备			
1	前处理电泳摆杆链	两条360m+190m=550m(估算)	1	
2	喷胶单轨	L100m左右(估算)	1	自行葫芦9组
3	喷蜡单轨		1	待定
4	地面滑橇系统	总长约2500m,其中高温线258m	2	升降机10台(其中高温2台),横移机约25台
	合计			

(1) 前处理、电泳设备（见表14-11）

表14-11 前处理、阴极电泳涂装线设备规格明细表（参考资料）

序号	工艺流程(区段)		工艺参数		摆杆链		滚浸式		
			温度/℃	时间/min	区段长度/m	槽容积/m³	区段长度/m	槽容积/m³	喷流量/压力
一	前处理设备		JPH 36.5 台/h,挂距 6.0m,链速 $v=3.65$m/min						
1	热水洗	入口段	50±5	1/0.5	6.0		6.0	7	4排120m³/h,1bar
		B			4.0		2.2		
2	预脱脂	A	50±5	1/0.5	4.9		4.9	7	4排120m³/h,1bar
		B			4.0		2.2		
3	脱脂	A	50±5	3	4.9	125	4.9	115	前后各2排,60m³/h×2,1bar
		B			26		14.95		
4	水洗1	A	RT	0.5	5.2	9.0	5.2	7	1排6m³/h,1bar 5排120m³/h,1bar
		B			2		2.2		
5	水洗2	A	RT	浸没即出	4.5	65	4.5	43	出口1排30m³/h;,1bar
		B			12		6.0		
6	纯水洗	A	RT	浸没即出	4.9	65	4.9	43	出口1排30m³/h,1bar
		B			12		6.0		
7	硅烷处理/磷化	A	RT	1.0~1.5/3	4.9	125	4.9	约70/115	出槽2排60m³/h,1bar
		B1/B2	/30~50		21/26		14.95		
8	水洗3(喷)	A	RT	0.5	5.2	9.0	5.2	7	前预洗1排,6m³/h, 5排,120m³/h,1bar
		B			2		2.2		
9	水洗4(浸)	A	RT	浸没即出	4.5	65	4.5	43	出口2排30m³/h,1bar
		B			12		6.0		

续表

序号	工艺流程(区段)		工艺参数		摆杆链		滚浸式		
			温度/℃	时间/min	区段长度/m	槽容积/m³	区段长度/m	槽容积/m³	喷流量/压力
10	纯水洗(浸)	A	RT	浸没即出	5	65	4.9	43	出口 2 排 30m³/h,1bar
		B			12		6.0		
11	新鲜纯洗(喷)	B	RT	通过	1.2		1.2		2 排 6.0 m³/h,1bar(2~20m³/h)供风 2.5×10⁴m³/h,(PT1.2 × 10⁴m³/h,ED1.3 × 10⁴m³/h)
		出口段			12		12		
总长度	169(硅烷)/174(磷化)						124.6		
二	阴极电泳设备								
1	电泳	入口段	28	3.0	10	224	11.25	195+20	1 排预喷 6m³/h,0.8bar,供风 1.3×10⁴m³/h
		槽体			30		24.6		
2	1 次 UF 喷洗	A	RT	0.5	5.9	9.0	5.9	7.0	4 排,120m³/h,0.8bar
		B			2.0		2.2		
3	2 次 UF 喷洗	A	RT	浸没即出	4.5	65	4.9	40.0	1 排预喷 6.5m³/h,0.8bar 槽口 1 排预喷 6.5m³/h,0.8bar 新鲜 UF 液,1 排 6.5m³/h,0.8bar
		B			12		6.0		
4	纯水洗(浸)	A	RT	浸没即出	5	65	4.9	40.0	出槽口,1 排 30m³/h,0.8bar
		B			12		6.0		
5	新鲜纯水洗(喷)	B		通过			(1.2)		1 排 6.5m³/h,0.8bar
		出口段			12		13.795		
总长度	93.5						79.5		

注:1. 表中 A 表示过渡区段长度;B 工序作业区段长度(m)。

2. 当有钝化工序场合,在工序 8 后增加喷洗段(约 7.0m 长),本设计取消钝化或纯水洗喷洗工序。

3. 前处理 4~6 工序和 8~11 工序采用逆工序补水(预喷洗或溢流法)。确保滴水电导≤30μS。

从上表看出,选用滚浸式输送机的前处理、电泳涂装线的工艺性好,运行成本低,与摆杆输送机比,前处理和电泳设备长度、浸槽长度及容积都能缩小 20% 以上。但滚浸式输送机目前尚不能国产化,国内已有企业试制开发了 RX 型滚浸式输送机,并获得了专利,可尚未投产应用。滚浸式输送机在国内汽车工业中已有 10 多条汽车车身前处理、电泳线采用,都是进口技术,投资要比摆杆输送机贵一些。

建议:在招标中,要求投标商对摆杆式和滚浸式两种输送方式的前处理、电泳生产线按以下方式分别报价,进行性价比比较。如果价格接近,宜选用滚浸输送方式的前处理电泳线。

报价方式:a. 滚浸式和摆杆式输送机部分分别报价;

b. 两种输送方式的前处理、电泳设备分别报价;

c. 滚浸式输送机系统进口,前处理、电泳涂装设备国内配套组报价。

(2)喷漆室 3C1B 喷涂线由中涂、底色漆（BC）和罩光（CC）喷漆室及晾干室组成。车身采用滑橇双链输送,可根据车型自动调整节距,链速 3.80m/min,节距平均 6.2m,节拍 1.63min/台,喷漆室参数见表 14-12。

表 14-12 喷漆室参数

作业区段		作业室内尺寸/m			风速/(m/s)	照明/lx	供风/(m³/h)	排风/(m³/h)	时间/min	备注
		长度	宽度	高度						
中涂	漆前准备室	10	5.0	4.5	换气40次/h	800	9000		2.63	① 自动喷涂段宽可随选用机器人类型调整,如壁挂式,宽度可压缩到4.6m。 ② 30次系指每小时换气 30 次,来计算供/排风量。 ③ 照明采用外折式日光灯箱,洁净间和动静压室照明200~300lx 日光灯。 ④ 表内供/排风量仅供设计参考。 ⑤ 总供风量: 中涂区段 112050m³ BC 区段 247500 m³ CC 区段 197325 m³ 洁净间 14580 m³ 合计:571455 m³/h ⑥ 漆前准备室长度中包括手工擦净工位,吹离子化空气和风幕(1m)
	手工喷涂	8	5.0	4.5	0.4	1000	57600	待定	3.15	
	自动喷涂	8	5.0/4.6	4.5	0.25	500	36000		2.63	
	晾干(流平)室	30	3.5	3.0	30 次	200	9450		10.0	
	小计						112050			
底色漆	手工喷涂	20	5.0	4.5	0.40	1000	144000	待定	5.79	
	自动喷涂 (BC1+BC2)	15	5.0/4.6	4.5	0.25	500	67500		4.73	
	检查补喷	5	5.0	4.5		1000	36000		1.58	
	小计						247500			
罩光	手工喷涂	14	5.0	4.5	0.40	1000	100800	待定	4.73	
	自动喷涂	11	5.0/4.6	4.5	0.25	600	49500		3.15	
	检查补喷	5	5.0	4.5	0.4	1000	36000		1.58	
	晾干室	35	3.5	3.0	30 次	200	11025		9.2	
	小计						197325			
洁净间	①中涂外侧	16	1.5	4.5		300	1080			
	② 中涂、BC 之间	24	5.0	4.5			5400			
	③ BC、CC 外侧	70	1.5	4.5	换气 10 次/h		4725			
	④ CC 内侧	50	1.5	4.5			3375			
	小计						14580			

注:1. 为节能减排,降低运行成本,要求精益化设计,尽量缩小喷漆室作业间的长度与宽度。要求喷漆室排风循环利用率≥60%。如果干式和湿式漆雾捕集装置(系统)的价格相接近,或投资许可的场合,建议选用干式漆雾捕集装置。手工作业段供新鲜空气,自动喷涂段、风幕和晾干室供循环风。

2. 根据遵义市气象条件和采用 HS 溶剂型涂料场合,喷漆室供风夏季可否不冷却降温和确定四季不同喷涂作业环境条件(温度、湿度)。

（3）烘干室 烘干室功能技术要求见表 14-13。

表 14-13 烘干室功能技术要求

项目	电泳烘干室	PVC 密封胶烘干炉	面漆烘干炉	备注
数量/台	1	1	1	
烘干室类型	"Γ"型	直通型	"Γ"型	"Γ"型指入口设升降机,出口为直通
车身输送方式	滑橇	滑橇	滑橇	
加热装置的安装	在烘干室下面	在烘干室上面	在烘干室下面	
烘干室进出口保温方式	升降台热气/热风	热风密封	升降台热气/热风	进口/出口
输送速度/(m/min)	2.9	2.7	3.0	
节距(挂距)/m	4.8	4.8	4.8	
设计生产能力(JPH)/(台/h)	32.5	31.3	33	
烘干规范(其中升温时间/保温时间)	180℃×35min (10~15min/20min)	140℃×15min (7min/8min)	150℃×30min (10min/20min)	

项目	电泳烘干室	PVC密封胶烘干炉	面漆烘干炉	备注
烘干室升温时间/min	<120/<60	<90/<60	<90/<60	冷炉/倒班升温时间
烘干室内净宽/净高/m 烘干室总宽度/m 烘干室总长度/m	2.7/2.665 ≤4.8 116	2.7/2.665 ≤4.8 51	2.7/2.665 ≤4.8 105	烘干室内外尺寸可 按需做优化调整
加热方式	对流,直流加热	对流,直流加热	对流,间接加热	热源:天然气
废气处理方式	废气经换热后在750℃的燃烧炉中焚烧净化			
温度的均匀性	工件上中下各点温差<5℃			
室体壁板绝热层厚度	建议由一般的150mm厚增至200mm			减少室体散热损失

注:1. 三台烘干室都应设天然气泄漏报警装置,面漆烘干室应设消防SDE或CO_2自动灭火装置。

2. 为节能减排,提高热效率,设计烘干室时室内空间应尽可能小,增厚绝缘保温层,电泳和PVC烘干室可考虑采用直接加热法等节能技术。

(4) 机器人杯式静电喷涂机　在本工艺设计中仅车身外表面采用机器人喷涂,设置喷涂中涂、底色漆(BC1、BC2)和罩光等四个喷涂站,四个站都应适应3C1B(HS、SB)喷涂线的工艺条件。

生产节拍1.63min/台,喷涂节距为6.0m;换色装挂节距7.0m,5台车身换色或洗枪1次,平均节拍间距6.2m,输送链速度3.8m/min。

采用的涂料:高固体分有机溶剂型中涂、底色漆和罩光漆(即HS、SB),待涂料供应商落实后,再提供涂料的技术条件,如固体分、静电特性、单组分或双组分等。

喷涂颜色数待定:一般中涂2种(深、浅各一种),底色漆6~8种(金属闪光色4~6种,本色2~4种),清漆2种。

各种车型车身外表面的喷涂面积及外形等。

每个喷涂站都独立自控,各站配置机器人杯式自动静电喷涂机数依据下列因素确定。

① 生产能力,生产节拍和输送链速度;

② 单位时间需喷涂的面积,喷涂涂膜的厚度;

③ 所选用机器人喷涂机的功能、特性如涂装效率,每支杯式静电喷枪的口径、出漆量、喷涂移动速度、换色时间等;

④ 所喷涂涂料的施工固体分;

⑤ 所选用机器人杯式自动静电喷涂机的功能及特性。

各家设计制造的机器人喷涂机的功能相差很大,在相同的喷涂施工参数场合,各喷涂站的配置机器人数量相差也很大。

在与本设计同样规模的场合,一般中涂站配置机器人喷涂机3~4台;底色漆站(BC1+BC2)4~8台,罩光清漆站3~6台。以重庆长安福特公司的3C1B(HS、SB)喷涂线为例,其配置机器人喷涂机数:中涂、底色、罩光站分别为4、8、6台。从节省投资、降低运行成本、占用喷漆室长度和有利于调控角度考虑,在同样条件下,配置机器人数量宜少。

在招标中应以喷涂站报价为宜,要求投标商按工艺设计要求的设计计算,确定自动控制水平和确定各站配置机器人数后报价。

14.3.7　对厂房土建改动的建议

在这次工艺优化设计中,随涂装工艺及布置的改动,物流改变,车间空间和生产面积利用率的提高，虽尽量保留原方案厂房及其结构，但仍有一定的变动，根据审定方案，优化修改后工艺平面布置图，在建的厂房做必要的修改。

（1）在整体布局方面 新工艺设计方案占用长 300m×宽度 63m（18m 跨＋12m×3 跨＋9m 偏房）、高度不变（仅局部建 3 层，标高 11.5m 的钢平台）。较原方案省出 15m 跨面积及空间。

（2）厂房楼层结构

一层 0.00m 平面：$L300m×W63m$。

二层：标高 7.00m，除前处理（18m 跨 11～36 柱间）、电泳设备（18m 跨骑 2～36 柱间）和喷漆室（边 12m 跨 4～14 柱间和中 12m 跨 4～9 柱间）区段外都铺钢筋水泥楼板，工艺孔（升降机孔）基本确定坐标位置，待设备设计中（承包商）修正。11 号柱至 22 号柱即电泳线较前处理短的那一段楼面宽 12m（即厂房 18m 跨扣除前处理设备的安装宽度），立柱宽度在 10m 左右（待商定）。

三层：局部三层（标高 11.5m）钢平台，仅在布置三个烘干室和烘干后的跑空线（即 C-E 12m 跨 18～42 柱间，E-G 12m 跨 18～19 和 29～42 柱间和 G-J 12 跨 29～42 柱间）区段搭建，应尽量利用厂房的钢柱。此楼层（钢平台）可由厂房承包或设备承包企业承建，双方需协调好（参见三层平面布置图）。

四层：空调供风房，标高 17.5m，原设计为 $L142.5m×W36m$（C-J 柱线 1～21 柱间），可缩短柱距（15m）；厂房端头留出 7.5m 不盖房，用作吊装平台，优化后空调房为 $L120m×W36m$（C-J 柱线 2～19 柱间）。四层楼板的工艺风管口及坐标位置需待涂装设备设计后最终确定。

（3）货运电梯坐标变动，由 G-H 和 2～3 柱间坐标，改到 A-B 和 18～19 柱间坐标，楼梯和电梯连通四层，即设 0.0m、4.8m、7.0m、11.5m 和 17.5m 五层，选用两端开门电梯，以便从室外可装货。

建议在涂装车间的中部一层和二层增设厕所，以方便作业人员。

（4）食堂或用餐的房间在本涂装车间是否要考虑；厂区内是否已考虑。

（5）为节省基建投资减少偏房（即 A-B 柱线 9m 跨），建议从第 19 号柱至 43 号柱，辅房取消，保留风机房和 18～19 柱间的电梯间。另外，建议厂房一端 42～43 柱厂房内改建为四层办公生活楼。一层仍为生产面积和人员出入接待室，二层为男女更衣室，三层、四层为办公室、会议室和资料室等。各层平面标高建议为 0.0m、4.5m、8m、11.5m。二、三、四层总面积为 $L69m×W7.5m×3＝1552.5m^2$。偏房减少面积为 $(172.5＋127.5)×9＝2700m^2$。

厂房 15m 跨外的辅房取消，前处理液储存及处理布置在主厂房一层内。

（6）优化设计省出的 15m 跨应整体考虑利用，不宜瓜分利用，在本次设计中仅按厂方提出考虑作为塑料保险杠涂装阵地代作初步规划。

14.3.8 环保评估

按 HJ/T 293—2006《清洁生产标准 汽车制造业（涂装）》涂装车间的主要公害是污水、VOC 和 CO_2 排放。为使新设计涂装车间的清洁生产达到国内先进水平（超一级标准），设计前明确了清洁生产目标值，在本工艺设计中推荐选用综合的节能减排技术：3C1B（HS. SB）喷涂工艺，节水，喷漆室排风循环利用等新技术。努力创建绿色涂装车间，实现10 个更少，2 个更高（质量、产能），1 个降低（运行成本）。废水、VOC 处理方案如下：

（1）废水治理　涂装车间的废水主要有前处理排水、电泳后冲洗排水、喷漆室排水。对于这些废水治理，车间内设有废水处理装置，集中进行处理。

前处理的含油废水采用人工打捞油污后，油污收集起来集中处理，净水返回槽中继续使用。磷化过程中的含 Zn 废水，可用污水处理装置处理。其排水组成的参考值见表 14-14 和表 14-15。

表 14-14　前处理污水成分（参考）

pH 值	SS/(mg/L)	COD/(mg/L)	BOD/(mg/L)	油类/(mg/L)
8～9	400～500	400～500	200～300	50～60

表 14-15a　实测数据（磷化后）　　　　单位：mg/L

样品编号	F⁻	Cl⁻	NO₂⁻	NO₃⁻	PO₄³⁻	SO₄²⁻
水洗 1	23.77	25.14	4.07	53.05	305.69	41.29
水洗 2	10.64	14.93	—	11.51	24.84	32.90

表 14-15b　实测数据（磷化后）　　　　单位：mg/L

样品编号	Si	Al	Ca	Fe	K	Mg	Mn	Na	Ni	Zn	Zr
水洗 1	10.7	0.20	37.6	0.72	11.7	9.89	15.4	76.7	13.2	12.4	0.15
水洗 2	3.06	0.18	26.9	0.65	11.3	6.85	2.44	19.5	1.70	2.17	0.51

本设计中推荐采用环保型无磷前处理工艺（如硅烷处理），硅烷处理液中不含 P、Ni、Mn、NO₂⁻ 等有害物质。

电泳后冲洗的超滤液采取了闭路循环系统，在电导率不超标、正常生产情况下基本不排放。主要是循环去离子水的溢流排放和阳极液的溢流排放。其排水组成的参考值见表 14-16。

表 14-16　电泳污水成分

pH 值	S S/(mg/L)	COD/(mg/L)	BOD/(mg/L)	苯胺/(mg/L)
5～6	140～160	6000～8000	400～500	0.3～0.4

喷漆室循环水在正常生产时不排放，在废漆处理设备内进行处理，过滤去漆渣，净水循环利用。但每季度或半年应将废漆处理设备内的污水排放。其排水组成的参考值见表 14-17。

表 14-17　喷漆室污水成分

pH 值	S S/(mg/L)	COD/(mg/L)	BOD/(mg/L)	苯胺/(mg/L)
10～13	600～800	3000～3500	1000～1200	0.85

前处理排水与电泳排水和喷漆室间歇排水通过排水管路排入污水处理设备进行处理。

（2）VOC 处理　涂装车间的 VOC 来源于所选用的涂料及溶剂，产生于喷漆室、晾干室和烘干室。

本设计中采用溶剂型高固体分 3C1B 工艺和烘干室废气通过四元体焚烧处理，VOC 排放可以达到汽车涂装清洁生产目标值，即 ≤55g/m²。

减少涂装车的 VOC 排放量主要措施是：

① 选用低 VOC 型涂料（如水性涂料、高固体分涂料、粉末涂料等）替代传统的有机溶

剂型涂料。

② 提高涂着效率和涂料利用率，减少涂料和溶剂用量。

③ 通过科学管理和改进工艺，提高涂料的有效利用率。

④ 通过焚烧处理含 VOC 的废气。

14.3.9　五气动能消耗

为节省能源，前处理电泳各水洗采用逆工序补水，所有烘干炉采用桥式炉以节约能源。各种能源消耗量见表 14-18（表中数据仅供参考，应以设备设计装机容量和设计使用量为准）。

表 14-18　动能耗量表

序号	能源种类	技术要求	单位	安装容量	消耗量				备注
					小时平均	小时最大	全年		
							耗量	折标煤/t	
1	电力	A. C	kW	15000				3800	
		D. C	kV·A	13000				13000	
2	压缩空气	0.6MPa	m³		5000	7000	2000000	1200	
3	生产用蒸汽	0.4MPa 140～160℃	kg		9000	18000			用于脱脂、空调、磷化加热
4	生产用水	0.4MPa	m³		15～18	40			
5	天然气		m³	300					
	合计								

14.3.10　劳动量计算及操作人员确定

（1）人员组成见表 14-19。

表 14-19　操作人员组成

序号	名称	人员/人				备注
		Ⅰ班	Ⅱ班	Ⅲ班	合计	
1	基本工人	73	73			
1.1	前处理、电泳工段	5	5			
1.2	底漆检查、打磨	10	10			
1.3	PVC 工段	30	30			
1.4	喷漆工段	18	18			
1.5	修饰、打磨	10	10			
2	辅助工人	30	30			
	工人小计	103	103			
3	工程技术人员	5	1			

续表

序号	名称	人员/人				备　注
		Ⅰ班	Ⅱ班	Ⅲ班	合计	
4	行政管理人员	3	1			
5	服务人员	6	6			
	合　计	117	111			
	检查人员	6				不属车间编制

（2）劳动量计算　劳动量的计算公式如下：

年生产纲领（工时）＝采用人数×工人年时基数×工时利用率

表 14-20 列出了工时利用率按 90％考虑的涂装车间劳动量。

表 14-20　劳动量表

序号	部门名称	工作内容	采用人数	每挂产品劳动量/工时	年生产纲领劳动量/工时
1	生产部门	前处理、打磨、遮蔽、擦净、喷漆、修饰、装挂等	73	1.1	131400
2	辅助部门	设备管理及运行维护、化验、调漆、服务等	30	0.45	54000
		合　计	103	1.55	185400

14.3.11　材料消耗计算

材料消耗量见表 14-21。

表 14-21　材料消耗量表

序号	名称	处理面积/m²	年消耗量/t	单位耗量/(g/m²)
1	脱脂剂	100	120	10
2	表调剂	100	16.8	1.4
3	磷化剂	100	144	12
4	中涂涂料	15	220	120
5	面漆涂料	15	450	250
6	电泳漆	100	960	80
7	密封胶		300	2～3kg/台
8	PVC 车底涂料	5	392	820
	合计		6372.8	

注：按年产 12 万辆计算。

案例小结：本项目的原设计是由某设计院负责的，工艺方案是长安福特的高固体分溶剂型（HSSB）涂料涂装体系，采用滑橇输送系统，也是立体布置。可仅在两层平铺式布置。在审查中发现：0.0 平面布置拥挤，通道不畅通，厂房占地面积大，空间利用率低。甲方要求在涂装工艺原设计不变的前提下，委托一汽进行优化设计。优化设计后的新方案是在理顺工艺流程的基础上优化立体布置方式，推荐选用"Γ"型烘干室、局部建三层（标高 11.5m）等综合措施后，厂房占地面积缩减 20％（即省一跨，15m×300m＝4500m²），空间利用率提高 20％左右，即原设计厂房的长度（300m）和高度不变，宽度由 78m 下降到 63m；一、二层不拥挤了，通道畅通，分区布置分明；并提供了信息的工艺设计说明书及招标书。

"Γ"型烘干室是"∏"型的改进型，即烘干室入口设垂直升降机输送车身，靠冷、热空气的不同密度实现气封。烘干室出口为直通，靠高速风幕实现气封。这样可克服直通式和"∏"型桥式烘干室的高速风吹湿涂膜和出口端、垂直升降机常处在高温下易产生故障等不理想之处；另外有利于立体布局，将烘干室本体和烘干后的热车身布置在同楼层上，以减少对其他作业区的环境温度影响。

（14.3节资料由一汽李文刚、宫金宝提供）

14.4　车身喷涂线和灌蜡线设计案例

汽车的外观质量和内部的防腐质量都是汽车非常关键的卖点，保证涂装设备质量是提高汽车外观质量的关键点之一，保证灌蜡生产线质量也是提高汽车内部防腐质量的关键点之一。机械工业第九设计研究院有限公司（以下简称九院）近年来始终致力于涂装线主要设备的开发研制工作，先后研发了"干式喷漆室""直通式烘干室""级联强冷室""灌蜡设备"等新设备技术，均已达到国际同等设备技术水平，并已应用于国内汽车生产企业，在降成本、提质增效方面做出了贡献。

14.4.1　中涂、面漆喷涂车间

本车间是按一汽大众（成都）的乘用车中涂、面漆涂装技术要求（标书）设计的，由中涂喷漆线、面漆喷漆线和套色线、最终检查修饰线、点修补和大修准备室等组成。

14.4.1.1　工艺流程布局

涂装工艺采用 3C1B（水性中涂、水性底色漆、溶剂型清漆）工艺，即按大众公司 2010 标准涂装工艺和作上述修改的套色涂装生产要求设计。保证物流高效顺畅，各功能分区、相关接口等的布局衔接合理；通过多方案比较，选择最佳工艺方案；顺利建成投产，为企业节约数千万元投资。工艺流程布置示意图见图 14-16。

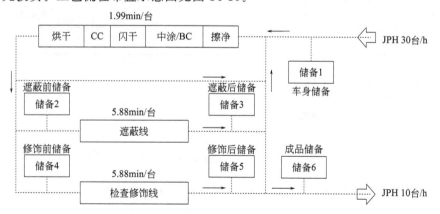

喷漆线数量：1条
喷漆线功能：满足中涂、面漆、套色喷涂三种需求

图 14-16　工艺流程布置示意图

图中所用的喷漆室和空调、烘干室和强冷室以及机械化输送系统等涂装设备，全是国内配套的。其中对主要设备干式喷漆室、直通式烘干室和级联强冷室进行了创新开发。

14.4.1.2 干式喷漆室

在经计算机仿真验证和制造了设备试验线的基础上，九院成功研制了"干式喷漆室"。

干式喷漆室约 80% 的排风量经循环空调冷却、加湿、过滤后供自动喷漆区段循环利用，补充 20% 左右空调新风。干式喷漆室与传统湿式喷漆室主要区别在于漆雾捕集介质由水改为石灰石粉，湿式喷漆室捕集过喷漆需要循环水、循环水泵、循环水池、添加絮凝剂，经过污水处理站将这些废水定期处理后排放，需要大量的一次性投资和运行费用。干式喷漆室捕集过喷漆雾是依靠石灰石粉（不用水），仅需定期更新石灰石粉，废石灰石粉还可以由专业公司收集制造建筑材料，可节省大量的一次性投资和运行费用，同时改善了涂装车间作业环境。利用石灰石粉捕集过喷漆雾的干式喷漆室是由循环风空调、新风空调、喷漆室体、喷漆室底架、干式过滤器（干式漆雾捕集装置）、石灰石粉输送系统、石灰石粉回收系统等组成。干式喷漆室与湿式喷漆室特性对比见表 14-22。

表 14-22 干式喷漆室和湿式喷漆室特性对比

对比项	湿式喷漆室	干式喷漆室
风机用电量	大	小
水泵用电量	大	无
漆雾分离所需的介质	自来水	石灰石粉、无水
漆泥/废粉处理	需漆泥处理设备	需废粉回收装置
循环水管路腐蚀问题	有	无
杀菌、去味、消泡药品	有	无
水处理设备	有	无
絮凝剂药品	有	无
环境污染问题	有	基本上无
设备维修工作量	大	小

干式喷漆室系统如图 14-17 所示。

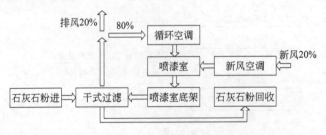

图 14-17 干式喷漆室系统示意图

供粉系统原理见图 14-18。

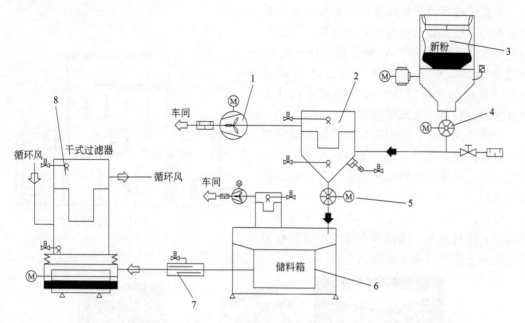

图 14-18 供粉系统原理示意图

1—罗茨风机；2—除尘器；3—拆包机；4—旋转阀；5—旋转阀；
6—储料箱；7—DIP 泵；8—干式过滤器

排粉系统原理见图 14-19。

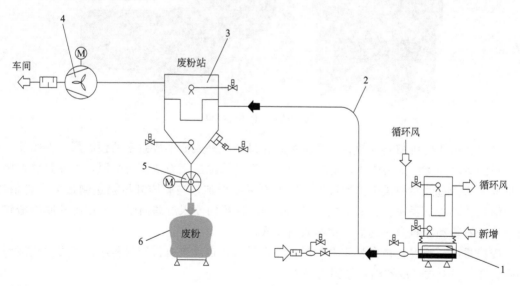

图 14-19 排粉系统原理示意图

1—干式过滤器；2—排粉管；3—除尘器；
4—罗茨风机；5—旋转阀；6—废粉袋

干式喷漆室断面见图 14-20。

干式过滤器（干式漆雾捕集装置）是干式喷漆室的心脏，通常每台干式过滤器的过滤风量是 10000～14000m³/h，每台过滤器可装 20 个过滤单元。每个过滤单元的过滤风量是 500～700m³/h，可根据喷漆室的大小设计干式过滤器的数量。干式过滤器见图 14-21。

干式过滤原理：利用石灰石粉吸附过喷漆雾中涂料微粒，通过干式过滤器过滤后排出的空气再进入循环空调后可直接进入自动喷漆段循环利用。

加料：过滤循环开始时将新鲜干净的石灰石粉加入新粉储仓，通过气力输送把石灰石粉定量送入干式过滤器下部流化斗内。

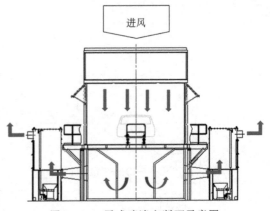

图 14-20　干式喷漆室断面示意图

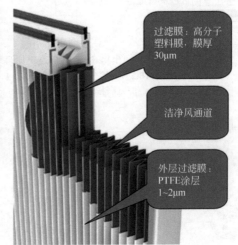

图 14-21　干式过滤器

过滤：料斗内压缩空气使石灰石粉黏附在过滤膜外表面形成致密的预涂层，在喷涂过程中，喷漆室含漆雾的空气进入过滤模组中，漆雾被预涂层上石灰石粉吸附，并在过滤外膜表面形成渣饼。过滤膜的风阻随通过风量增加而逐渐增加，当膜内外压差达到最大允许值时，就会触发自动清洁程序。压缩空气以 0.25s 的脉冲反向喷入过滤内膜，使过滤外膜的渣饼脱离。石灰石粉和涂料微粒的混合物落入料斗底部。

废粉排出：当混合物在料斗里积累至一定量时，自动进入排废料程序。气力输送废粉至回收料斗中。干式过滤器结构见图 14-22。

目前干式过滤器结构只有一种规格（长×宽×高＝1500mm×1260mm×3340mm），每台过滤风量是 10000～14000m³/h。九院正研制多规格的干式过滤器，可以适应不同喷漆室的需要；每台干式过滤器配有独立的压缩空气阀岛控制组，随机安装，减少现场安装量，保证施工进度整体要求。

为防止石灰石粉在干式过滤器底部料斗结块堵塞石灰石粉输送管路，开发了新型的搅拌系统，保证废粉在出过滤器料斗前完全搅散，配以科学合理的管道设计，使石灰石粉排放更

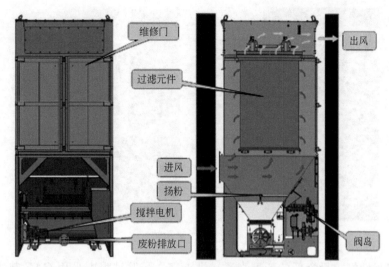

图 14-22 干式过滤器结构

顺畅；管路系统采用负压输送，薄壁的不锈钢管，便捷的卡箍连接减少管道的泄漏，使系统的维保工作更方便。

　　石灰石粉分配器（DOS-K）结构：一台 DOS-K 可以给 10 台左右的干式过滤器供粉。DOS-K 可以精确地为过滤模组提供新石灰石粉；含有漆雾的废气通过干式过滤模组过滤，过滤模组的各种工作模式通过自控系统可实现自动精准控制，从而保证膜片寿命可达 3 年以上，过滤后排出废气中的粉尘含量<0.3mg/m³；新石灰石粉的供给和废石灰石粉的排放以吨袋的方式人工上、下料；干式喷漆线采用一键式自动启动模式，系统全自动运行，每条线的新粉站和废粉站皆独立运行，新粉供应及时，废粉排放迅速，管道吹扫彻底，系统简单稳定，无需人员值守。新粉站见图 14-23。废粉站见图 14-24。

图 14-23 新粉站

14.4.1.3　直通式烘干室和级联强冷室

　　针对目前国内各汽车企业涂装生产线上的直通式烘干室存在的气封效果差的弊端，九院认真研究对比国内、外先进的结构，消化吸收国外的先进设计理念，结合国情，优化设计，

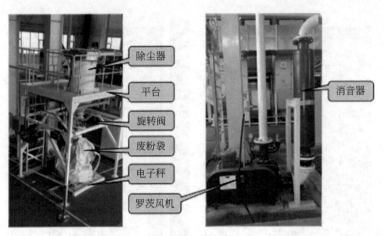

图 14-24　废粉站

开发了一套气封性好、投资低的新型直通式烘干室。开发过程中采用 CAE 热力学仿真技术验证了车身受热情况、气封效果及此项技术结构的合理性，通过后期实验室验证也取得相同结论。新型直通式烘干室首次应用在上述涂装车间项目中，有效地防止了热空气溢出、冷空气渗入和冷凝，气封效果很好，得到一汽大众公司的认可。减少机械化设备及电控投资（较∏型炉减少两台升降机），降低运行费用，便于设备维护；采用模段化设计，缩短了制造、安装周期。烘干室废气通过直燃式废气处理装置处理后余热回收利用，显著节省了天然气用量。从九院开发的直通式烘干室炉温曲线（见图 14-25）分析，新型直通式烘干室技术水平达到同类设备国际先进水平。

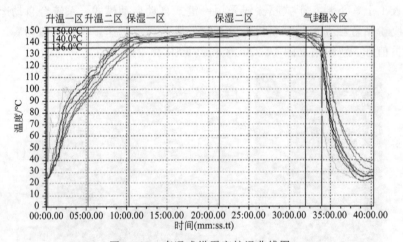

图 14-25　直通式烘干室炉温曲线图

直通式烘干室和级联式强冷室示意图见图 14-26。

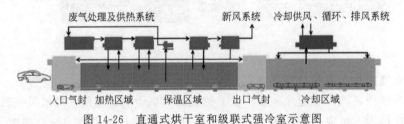

图 14-26　直通式烘干室和级联式强冷室示意图

新型强冷室（如图14-27所示）采用级联式送风技术，有效地减少送、排风量50%，提高排风温度，节约能源50%左右；有效去除由于极热极冷给车身带来的应力效应，提高了产品质量。

14.4.2　灌蜡生产线

14.4.2.1　工艺流程布局

灌蜡生产线是专门针对乘用车的内腔防腐开发的新的防腐装备技术，是德国大众公司涂装体系中的最后一道工序，是对车身底板空腔内表面无法利用其他防腐工艺实现全面防腐的最佳防腐工艺，经过空腔灌蜡的车身底板能够保证"三年不锈蚀，十二年不锈穿"。

灌蜡生产线工艺流程见图14-28。

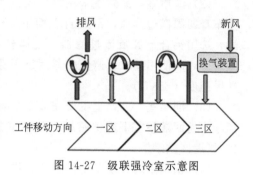

图14-27　级联强冷室示意图

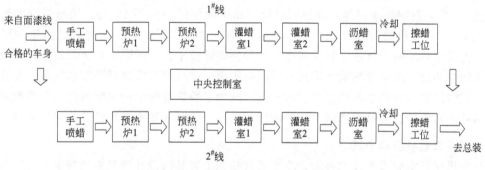

图14-28　灌蜡生产线工艺流程示意图

灌蜡生产线是由热工设备、灌蜡机械、输送设备、电控系统组成。热工设备由预热炉、灌蜡室、沥蜡室等组成。输送设备主要由滑橇输送系统、升降机、吊具等组成，负责车身的运输、转挂。灌蜡机械主要由灌蜡床、灌蜡夹具、气控系统等组成，负责对车身各个灌蜡点的灌蜡，使之满足工艺的质量要求。电控系统主要由电柜、操作台以及相应的软件程序控制系统组成，负责对整条灌蜡生产线进行控制。

14.4.2.2　热工设备

热工设备示意图见图14-29。

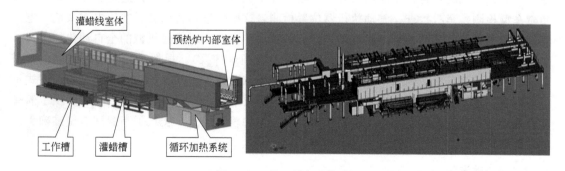

图14-29　热工设备示意图

（1）预热炉　预热室是利用直燃加热装置给工件提供110℃的热空气，利用循环风机及送风吹嘴有针对性地对车身底部空腔灌蜡位置加热，保证车身在进行灌蜡时，蜡液不会凝结，流动性好，蜡膜更加均匀。

（2）灌蜡室　灌蜡室采用循环风技术，经过加热的循环风从保温室体顶部送风，在灌蜡槽车身四周槽边排风，形成自上而下的气流，避免热气蒸腾及蜡雾污染。排放采用三级过滤，选用铝合金X旋流过滤器、金属丝网过滤器、板式过滤器，过滤效率达到97%以上，满足循环风使用要求，避免蜡雾污染车身，减少了废气的排放。利用温度传感器精确控制循环风温度（±3℃）。

（3）沥蜡室　沥蜡室主要完成车身剩余蜡的沥蜡回收过程，通过车身倾斜摆动，将余蜡沥净，返回灌蜡室下部供蜡槽，灌蜡室及沥蜡室底部均配有蜡液回收伴热装置，保证蜡液100%返回供蜡槽。

（4）供蜡系统　主要由储蜡槽、供蜡泵、阀门和管路组成，供蜡泵将储槽中的液体蜡输送到工作槽。

（5）加热系统　加热系统通常是采用导热油锅炉（热油温度195℃）和换热器将循环水加热到135℃，高温热水再通过伴热管将储蜡槽中固体蜡加热到120℃，把灌蜡室的循环风加热到110℃，使供蜡管路保温，保证蜡液在输送过程中不凝固。九院通过多年的研发工作，率先采用热水锅炉直接加热储蜡槽及各种伴热管技术。与国际上传统灌蜡生产线使用的导热油锅炉相比，减少导热油锅炉所必需的膨胀罐、排放罐及换热器等附属设备，节省设备投资；同时因减少导热油与热水的二次换热，减少了换热过程中的热能损耗，节约能源，该技术填补热水锅炉在灌蜡生产线上应用的国际空白。蜡管路热水夹套伴热技术已申报专利。

14.4.2.3　灌蜡机械和卡具

灌蜡机械是空腔灌蜡技术核心，主要通过蜡床上夹具的设计满足蜡床与车身有效机械对接，实现蜡的加注及封堵过程。依据车身三维数据，利用Catia设计的蜡床包含灌蜡嘴、夹具等，通过各种直线的、旋转的、曲线的或者组合的运动方式使前端的柔性密封堵件与车身曲面完美贴合，保证了灌蜡空腔的密封性。

为了确保车身能够准确地释放到灌蜡夹具上，灌蜡夹具的结构还包含了导向、定位、车型识别、位置检测等功能组。灌蜡夹具中的移动单元采用了气动执行器，这里气动执行器是专门设计的具有刮蜡功能和特殊密封结构的特殊设备，能够在高温和高湿环境下高频次地运行。气控系统采用总线控制模式与电控系统对接。由于车身需要灌蜡位置的空腔形状、大小和防腐要求不同，因此如何实现对灌蜡空腔灌蜡量的有效控制是空腔灌蜡的关键。灌蜡机械是一个全自动化的设备，在灌蜡夹具上安装了几十或者上百个激光和接近传感器，它们分别负责车型检测、车身检查、气动执行器位置检测，这些传感器将信号反馈给电控系统，电控系统接收来自传感器的信号，通过预先设定的程序控制实现对灌蜡机械的全自动化控制。

每条灌蜡生产线要设计50到60台灌蜡泵（变频螺杆泵），根据不同车型的不同位置需要，每台灌蜡泵负责2到3个灌蜡点。由于车身工艺孔位置不同、加注量不同、加注方式不同等因素，为了实现对不同产品不同灌蜡空腔质量要求的参数化调节控制，九院开发了灌蜡生产线新型高温液态蜡专用定量控制技术，制定多种输送模式，实现了高温液态蜡准确无误的定量输送到位。灌蜡机械和卡具示意图见图14-30。

14.4.2.4　输送设备

通常是采用滑橇输送系统将工件输送到灌蜡生产线里，在灌蜡室设有吊挂皮带式剪式升

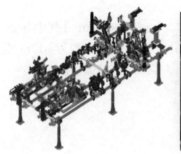

图 14-30　灌蜡机械和卡具示意图

降机，将工件安全准确地落在灌蜡机械上。在沥蜡室设有沥蜡倾斜机，使空腔内多余的蜡沥出。

14.4.2.5　自动控制系统

电气控制系统的设计要满足德国大众公司质量标准。采用西门子 S7-319F 可编程控制器，确保设备动作准确，延迟小。控制系统采用网络化控制，将现场所有设备控制器组成环网，冗余式中控室服务器确保任意一段网络出现故障，也不会影响设备运转，提高设备的可靠性。车间生产管理系统也接入到了设备网络中，以便向车间生产人员传达生产指示。

控制器程序采用标准化功能块的设计模式，大大提高设备运行的稳定性。目视化系统涵盖现场所有设备，使管理人员能够直观地了解现场设备的状态，及时处理现场出现的问题。

14.4.3　案例总结

由九院自主开发的干式喷漆室、直通式烘干室、级联式强冷室、燃废气集中供热装置、新型烟气换热装置等新装备技术，已经广泛应用于成都一汽大众涂装车间、天津一汽大众喷漆线、吉利大江东等项目，运行良好，得到一汽大众的高度评价，值得进一步推广和应用。

灌蜡生产线的空腔灌蜡技术是九院从 2006 年起自主研发并应用于长春一汽大众，经过不断优化改进，应用至今已达 13 年，已应用在一汽大众各地工厂以及上海大众等多个涂装生产线上，灌蜡技术已经成熟并实现替代进口同类装备。其中灌蜡生产线的夹套伴热技术、纯蜡热注技术、热水锅炉提供热源技术、总线模块阀组控制技术等均已达到国际先进水平。2010 年以来九院针对灌蜡机械设备进行新产品技术研发，大大增加灌蜡机构产品的标准化比例。同时在灌蜡机构中融入 MQB 和 MLB 工艺框架的构想，有效地对接汽车产品模块化开发的理念，满足了各种平台衍生车的混线生产，使得灌蜡机构的柔性化水平更高，不但大大提高产能和设备利用率，同时缩短了产品更新换代周期和市场化进程。

九院自主研发的 VW511CS 灌蜡机械 2015 年成功应用于上汽大众首款 C 级车涂装线上，标志着国内自主开发装备的空腔灌蜡技术已经推广到更广泛的领域和高度。九院建造的 MQB 平台灌蜡机械已经成功应用于上汽大众的上海工厂和长沙工厂。满足 MLB 平台的灌蜡机械已经成功应用于一汽大众的长春工厂奥迪新涂装车间。

（14.4 节资料由机械工业第九设计研究院有限公司于卫东提供）

14.5　乘用车车身涂装车间扩初工艺设计案例

江苏骉马智能装备股份有限公司设计承建的新涂装车间要承担 4 种以上车身共线涂装生产任务，承担车身的漆前处理、电泳底漆、PVC 底涂、焊缝密封、面涂、烘干、检查、返修、注蜡等工序。

生产线产能为 JPH42 台/h，车型最大尺寸为 5100mm×2100mm×1800mm（其中前处理电泳及烘干的最大通过尺寸为 5990mm×2100mm×2000mm）；厂房占地面积为 312m×70m，其中主厂房为 312m×58m，主厂房总建筑面积为 41000m² （二层，局部三层）。

14.5.1　涂装工艺流程

涂装工艺流程及有关工艺参数见表 14-23。

表 14-23　涂装工艺流程及有关工艺参数

序号	工序名称	工艺方法	工艺温度 /℃	工艺时间 /min	备注
1	转接	自动			焊接滑橇至涂装滑橇
2	手工预清理	手工			高压水清洗
3	转接	自动			滑橇至摆杆链
4	前处理				
4.1	洪流水洗	喷射	40～45	0.5	
4.2	预脱脂	喷射	50～55	1	
4.3	脱脂	浸渍	50～55	3	
4.4	水洗	喷射	室温	0.5	
4.5	水洗	浸渍	室温	浸没即出	
4.6	纯水	浸渍	室温	浸没即出	
4.7	无磷转化膜处理	浸渍	30～40	3	硅烷或锆盐处理
4.8	水洗	喷射	室温	0.5	
4.9	水洗	浸渍	室温	浸没即出	
4.10	纯水洗	喷射	室温	0.1～0.2	工序间预喷洗,逆工序补水
4.11	纯水洗	浸渍	室温	浸没即出	
4.12	新鲜纯水洗	喷射	室温	0.1(通过)	1～2 排喷雾管
5	阴极电泳				
5.1	阴极电泳	浸渍	27～29	3	第三代薄膜超高泳透力型 CED 涂料
5.2	UF 水洗	喷射	室温	0.5	
5.3	UF 水洗	浸渍	室温	浸没即出	
5.4	新鲜 UF 水洗	喷射	室温	0.1(通过)	
5.5	纯水洗	喷射	室温	0.1～0.2	工序间预喷洗,逆工序补水
5.6	纯水洗	浸渍	室温	浸没即出	
5.7	新鲜纯水洗	喷射	室温	0.1(通过)	1～2 排喷雾管
6	转接	自动			摆杆链至滑橇
7	电泳烘干	热风循环	180	35	
8	强冷	室外风对流		5	

序号	工序名称	工艺方法	工艺温度 /℃	工艺时间 /min	备注
9	电泳检查及钣金	手工			严重的离线钣金
10	焊缝密封	手工			备件密封
11	转线	自动			地面滑橇至空中滑橇
12	PVC 底涂				
12.1	上遮蔽	手工			
12.2	底部密封	手工			
12.3	PVC 底涂	自动			
12.4	补涂	手工			
12.5	下遮蔽	手工			
13	转线	自动			空中滑橇至地面滑橇
14	(LASD)喷涂防声胶	自动			或称阻尼胶
15	裙边喷涂	自动			
16	胶烘干	热风循环	150	20	
17	电泳打磨				严重的离线打磨
18	喷涂面漆				
18.1	擦净	手工			
18.2	机器人自动擦净	自动	22～25		
18.3	BC1 外部喷涂	自动	22～25		BC 底色漆
18.4	BC2 内部喷涂	自动	22～25		
18.5	BC2 外部喷涂	自动	22～25	5	
19	检查补漆	手工	22～25		
20	热闪干	强制对流	80～90	8～10	
21	冷却	强制对流	20～30	3	
22	内部罩光漆喷涂	自动	22～25		
23	外部罩光漆喷涂	自动	22～25		
24	补漆	手工	22～25		
25	晾干流平				
26	面漆烘干	热风循环	150	30	
27	强冷	室外风对流		5	
28	检查、精修、抛光	手工			不合格品:点修、大返修、打磨
29	点修	手工			
30	转线	自动			涂装滑橇至装配滑橇,橇体返回
31	内腔注蜡				

14.5.2 新设计涂装车间采用的绿色涂装工艺技术

本案例中此新设计的涂装车间在涂装工艺、多车型共线、工艺设备应用、智能化控制以及环保方面共采用了 16 项绿色工艺技术，详细如下。

（1）涂装工艺方面

① 前处理采用硅烷或锆盐处理替代传统的磷化工艺，降低能耗，减少污染物的排放，配套采用第三代薄膜高泳透力型 CED 涂料。

② 面漆喷漆采用水性 B1B2 紧凑型工艺，配套双组分溶剂型清漆，节约涂料，降低能耗，减少 VOC 的排放。

③ 在方案中预留了新能源车轻量化车身涂装（铝框架加非金属覆盖件）的接口和扩展空间：铝框架从离线钣金工位上线；经涂胶及胶烘干后从 9# 升降机的高位（11m）处离线至预留的厂房，进行非金属覆盖件的安装；合装后的车身再从 10# 升降机的高位（11m）进入主线进行面漆的涂装。

（2）多车型共线方面

① 前处理、电泳线采用摆杆链连续输送，底板密封及底板胶喷涂采用空中倒置滑橇步进式输送方式，烘干采输送双链，其他工序采用地面滑橇输送系统输送。

② 承载车身的橇体采用多功能橇体，在自动转接车身的条件下，一款橇体可以承载 4 款以上车型。满足多车型共线生产的要求。

（3）工艺设备应用方面

① 电泳的电源采用 IGBT 分布式整流电源，可以克服不同车型由于车身结构及面积的差异常规整流电源无法保证车身电泳质量的弊病。车身漆膜厚度更均匀，涂料消耗更少，电能消耗更低。

② 喷漆室采用新型的干式喷漆室，为降低能耗减少污染物的排放，采用了 3D 复合结构的中空纤维漆雾过滤器捕捉过喷漆雾。该过滤器漆雾容污量大，环保材质 100% 可焚化，安装简便，可有效捕捉 $2.5\mu m$ 以上的油漆颗粒，对 $10\mu m$ 以上的油漆颗粒捕捉效率可达到 99%。最高持续工作温度为 80℃。

③ 喷漆室的空调采用循环风空调，并配备直膨式热泵机组。干式喷漆室配备循环风空调只需很少的制冷量和加热量，直膨式热泵机组相比传统的热泵机组由于减少了能量的转换环节，更节能。采用此模式，空调系统的能耗可以降低 30% 以上。

④ 喷涂前设置自动剑刷擦净或者鸵鸟毛自动擦净；车身的内外表面全部采用机器人自动喷涂，开关门采用机器人自动实现；PVC 密封工序采用机器人自动作业；LASD 和裙边胶工序均采用机器人自动作业。

（4）智能化控制方面

① 车间的控制架构为集中监控，分散控制的 3 层结构，即监控层、控制层、设备层，各层之间采用工业以太网进行通信连接（参见图 14-31）。

② 所有 PLC、人机界面的参数均联网，送入中央控制室。中央控制室可以通过上位机监视全车间生产过程，能够显示生产设备及工艺流程的运行状态、运行参数等，自动生成包含各种生产信息、故障信息等的表格，供各级管理人员使用。通过涂装车间全景画面，使用鼠标或键盘点击菜单均可以进入各工艺线监视画面，也可以进入工艺线某区段画面，对整个涂装车间平面、机械化运输系统、热工设备及其辅助设备、喷涂系统、自动吹净系统、空调送风系统及排风系统、集中输调漆系统、消防系统等可分别监视。监视的内容包括：工艺流

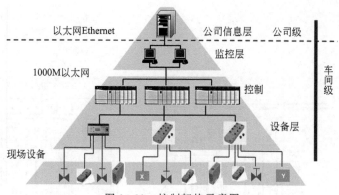

图 14-31 控制架构示意图

程图、设定参数、运行参数、参数趋势图、故障报警、故障诊断、故障地址等。

③ AVI 自动识别装置对车身进行跟踪，实行自动控制。操作者从控制室屏幕上，可以清楚看到每个车身的位置。

④ 总的能源消耗量（含累积量和瞬时量两种）以及各个分设备的能源消耗量，信号上传中控系统，并能够生成报表。

（5）环保方面

① 喷漆室、烘干室、点修补室、PVC 喷涂室、调漆间、电泳槽的排放废气均通过处理后排放。

② 喷漆室的废气采用吸附式浓缩转轮处理后与烘干室的废气一并进入 RTO 焚烧达标排放。

③ 点修补、PVC 喷涂、调漆间及电泳槽的排放废气根据其作业特点，采用分散式活性炭过滤器过滤后达标排放。活性炭过滤装置制作成小型桶状，便于安装和更换桶内的活性炭；活性炭过滤器直接安装在点修补、PVC 喷涂、调漆间等室体内，根据需要可随时更换。如图 14-32 所示，安装尺寸 610mm×610mm×610mm。

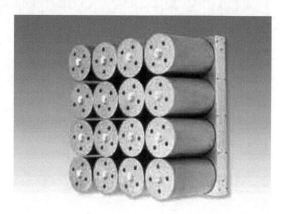

图 14-32 活性炭过滤器照片

14.5.3 工艺平面布置

工艺平面布置如图 14-33 所示。

（14.5 节内容由江苏骥马智能装备股份有限公司提供）

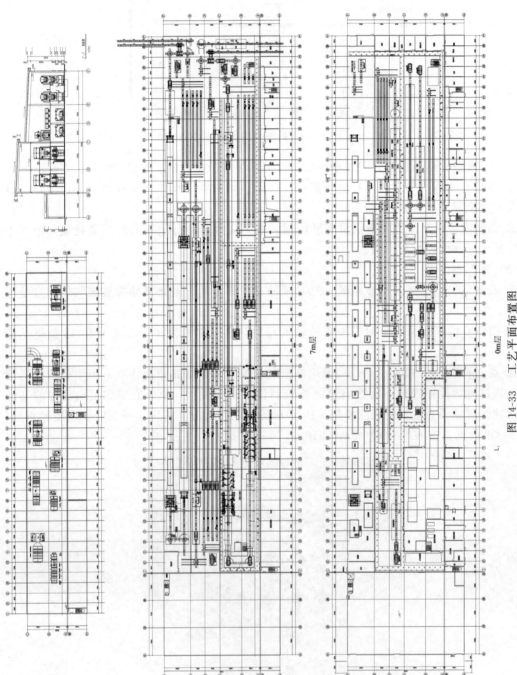

7m层

0m层

图 14-33 工艺平面布置图

14.6　汽车车身套色涂装工艺设计探讨

车辆涂装常用套色（喷涂两种以上色彩），贴花罩光，喷标识、字画等来提高装饰性和商品性。如自行车、摩托车涂装在底色层上贴花、罩光；大客车车厢喷涂彩带、图案或单位名称等。大量流水生产的汽车车身在主机厂涂装一般为单色（不套色）涂装，少量需套色的在点修补工位涂装或在面漆线上（转两圈）涂装及外委。近年来随个性化、商业运行的需求，需套色的汽车量增大（如各城市的出租汽车量增多，直接向汽车厂订购），主机厂涂装车间需要承担套色涂装任务。当套色车身量大于15％的场合就必须建套色涂装线或考虑如何与主喷涂面漆线相融合。

14.6.1　套色涂装工艺分析

套色涂装的难点是增加面漆喷涂次数和装卸遮盖工序，尤其遮盖工序需精准，手工作业时间长（贴胶带和遮盖纸很费时）。另外现今金属闪光色面漆涂装和水性面漆涂装的主流工艺是两涂层喷涂工艺，即底色层（BC1＋BC2）＋罩光（CC）喷涂工艺。

轿车车身喷涂面漆线的经济规模是年产15万台（JPH 30～40台/h），即年产30万辆轿车涂装车间需建2条面漆涂装线。当增加套色涂装任务时，就需按套色车身量进行工艺设计，具体方案如下：

在套色车身量大的场合（50％左右）设计建2条（单色和套色）面漆线，生产能力（JPH 25～30台/h）相同或一大一小（JPH 30～35台/h和JPH 20台/h）。年生产能力30万辆的涂装车间可能需设计建专用套色的面漆涂装线。

底色漆（BC）线建两条（单色和套色），共用一条罩光（CC）线（JPH 40台/h）。

在套色车身量小的场合（JPH 5～12台/h）建一条仅喷涂第一种颜色的BC小线（步进式），车身再进入主喷涂线喷涂套色的第二种颜色（BC）和罩光（CC）。在年产15万～20万的轿车涂装车间，此方案共用了BC＋CC的主面漆涂装线及设备，能节省工艺投资和运行费用。

14.6.2　套色涂装工艺设计案例

某汽车公司新建乘用车涂装车间，承担年生产纲领15万台/年（JPH 40台/h），车身前处理、电泳、涂胶、喷漆及套色等生产任务。其中需套色的车身占20％（即套色JPH 8台/h）。设计采用3C1B水性漆涂装工艺（水性BC＋有机溶剂CC的双涂层面漆喷涂工艺）。车身内外表面采用机器人全自动静电喷涂。最大车型尺寸：$L5000mm×W2000mm×H1800mm$。

原套色涂装工艺的设计方案是建两条独立的面漆喷涂线：单色面漆喷涂线（JPH 40台/h）和套色面漆喷涂线（JPH 20台/h）。两线都配置有：漆前表面准备、喷涂BC、水分预烘干、喷涂CC、晾干、烘干等工序和设备；其中套色线需喷涂两种颜色的BC，需增加装卸遮盖和喷涂第二种颜色（BC）的工序。

在咨询审阅中专家认为：工艺方案可行，可是工艺投资和能耗大，运行费用高。笔者推荐采用第三种涂装工艺方案，即一条主面漆喷涂线（JPH 40台/h）和一条步进式第一色BC喷涂线（JPH 8台/h，生产节拍7.5min/台）。

涂装工艺流程：

① 主线工艺　漆前表面准备（自动擦净＋手工擦净）→BC（两道，涂膜厚度≤20μm）→预烘干（80℃）、冷却→卸遮盖（仅套色车身）→CC→晾干→烘干（140℃，30min）。

② 第一种色 BC 线 漆前表面准备（手工擦净，上遮盖②）→喷涂第一种色 BC（喷涂面积小的表面，两道，涂膜厚度≤20μm）→红外＋热风烘干③→冷却→上遮盖→转入主喷涂线（喷涂第二种颜色 BC 及 CC）。采用间歇输送方式，生产节拍 5～10min/台，作业工位长度 8m、宽 5m，烘干、冷却为三个车位，约 16m。喷涂第一色的 BC 前是否需要遮盖，取决于套色的部位及分界线和两种 BC 色是否有矛盾，现场确定。水性底色漆涂膜干燥程度应达到贴胶带后对涂膜无损伤。建议选用远红外烘干（模块式，智能化照射被涂面 3min）。

主线和套色线的平面布置如图 14-34 所示。本方案的优点是共用罩光线（CC 的喷涂设备和烘干室），两线的各工位（工序）利用率都达到 100%，解决了套色遮盖作业时间长的问题，达到节能、省工艺投资、降低运行费用的目的，另外适应单色车身和套色车身量生产比的柔性变化。

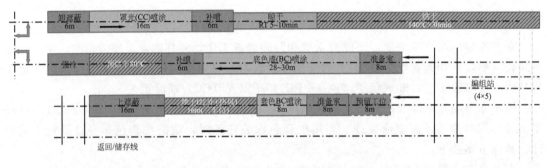

图 14-34　套色线和主面漆喷涂线平面布置示意图（标高≥6.0m，二层）

上述方案是以免中涂工艺设计的，如按原标准中涂＋面漆工艺，可考虑在中涂喷涂线喷涂第一种颜色的底色漆（BC，喷涂面积小的）与中涂层“湿碰湿”一起烘干。遮盖已喷涂一种色 BC 表面，经打磨擦净等面漆前的处理工序后进入面漆喷涂线，喷涂主色 BC→卸遮蔽→罩光 CC→烘干。

14.7　轿车车身涂装更高效、自动化、智能化案例

捷克斯柯达姆拉达·博雷斯拉夫工厂正在建造节能高效轿车车身涂装车间，承担中档车型（B 级）轿车车身的涂装任务。设计生产能力 JPH 30 台/h。采用水性涂装工艺（即阴极电泳＋紧凑型“三湿”中涂·面漆喷涂工艺）。主要工艺流程为：涂装前处理→阴极电泳→烘干→涂密封胶·喷涂车底涂料→烘干→紧凑型“三湿”喷涂工艺（即水性中涂＋水性底色漆＋溶剂型罩光漆）或免中涂的水性底色漆（$BC_0+BC_1+BC_2$ 或 BC_1+BC_2）＋溶剂型罩光漆（CC）→烘干。

新涂装车间由杜尔公司设计、总承包（含厂房建筑），装备全套绿色涂装应用技术：如滚浸式输送系统（RoDip E），涂胶和中涂·面漆喷漆全面采用机器人，创新型 EcoInCure 烘干室，智能化的电控技术，由 Ecopure® KPR 和 Ecopure® TAR 组成的非常紧凑的空气净化系统，EcoDryScrubber 干式喷漆室和喷漆室排风循环利用技术等。引领汽车涂装向更绿化、更高效、自动化、智能化方向转型升级。新涂装车间将于 2019 年 6 月建成投产。新车间采用的新技术装备简介如下。

14.7.1 新型滚浸式车身输送系统（RoDip E）

自进入 21 世纪以来，滚浸式输送系统是汽车车身涂装前处理和电泳线首选的最佳输送机，它的优点是：能使汽车车身的处理面积达 100%（消除了气包），带液量大幅度减少，节省处理药品和清洗用水量，可使两涂装线的设备长度和处理槽宽度（槽内容积）缩小 15%～20%，提高车身主涂装面的涂装质量等。全球每年使用杜尔滚浸技术的车身已突破 1000 万台。

新型的 RoDip E 滚浸输送机是由双链驱动的 RoDip-3 的改进型，由链式驱动型（RoDip-3）改为电驱动型（RoDip E）。每个载具上配有一个单独的旋转驱动装置和单独的电驱动行走装置，可自由编程的载具能优化各个车身的浸渍曲线，提高涂层质量（参见图 14-35）。

(a) RoDip E　　　　　　　　(b) RoDip E旋转驱动装置——旋转齿轮

图 14-35　RoDip E 旋转浸渍——通过旋转实现高效和品质

14.7.2 焊缝密封胶、车底涂料、中涂·面漆线全面采用机器人，实现无人化

轿车车身在 CED 涂装后，焊缝密封、喷涂车底涂料和防声阻尼材料、涂面漆前的表面准备（擦净工序）和车身内外表面喷涂中涂·面漆，在喷涂过程中的门、盖开闭等工序全面采用机器人，实现无人化。

（1）密封胶、车底涂料和阻尼涂料喷涂全自动化　配置 19 台最新应用技术的密封机器人 EcoRs 和标准的 EcoGun2 3D 喷枪，完成车身内部、下方及车顶的焊缝密封，车门、发动机盖和侧挡板等的接缝密封。全自动密封需保证高精度，以克服输送技术带来的一定偏差。封闭的门和发动机盖需使用专用喷嘴。密封胶、车底涂料和防声阻尼涂料等高黏度材料供应也由杜尔公司提供。

（2）车身内外表面喷涂中涂、底色漆（BC）和罩光清漆（CC）　涂装线实现全自动化，共采用 61 台 EcoRp 第三代喷涂机器人来确保高效的喷涂任务。外表面喷涂采用 EcoRP E043i 机器人，它是首款将第七轴集成到机械臂运动学特性中的喷涂机械人。每个外部喷涂站装有两台或四台机器人。"即停即走"的喷涂过程意味着它们不需要轨道。这样更便于观察喷房，并消除了定位轴，大大减少了机器人的维护工作量。

内表面喷涂站配备了安装在导轨上的 EcoRP L133i 型六轴机器人。采用同样结构的 EcoRP L133i 机器人，在 Scara 开门器辅助下用于开启门盖（参见图 14-36）。最新一代的杜尔机器人采用了模块化结构。六轴和七轴型号之间的唯一区别是主臂上的附加旋转轴。相同的组件简化了备件管理，节省了仓储成本，显著降低了机器人的维护工作量。

EcoBell3 雾化器系列与 EcoBell Cleaner D2 和 EcoLCC2 换色器共同配合，实现了较低的油漆和溶剂消耗以及在节拍内快速变化颜色。

第三代杜尔机器人由新开发的 EcoRCMP2 工艺和运动控制器进行控制。控制平台在涂装机器人、高级维护及控制系统中配备了多个传感器和执行器，数据即时传入"云端"提供工业 4.0 领域当前及未来所需的所有相关数据。

14.7.3 采用 EcoDryScrubber 型干式喷漆室

EcoDryScrubber 干式喷漆室是一种以石灰石粉作为过滤介质的漆雾捕集装置，负责处理喷漆室排风中的过喷涂漆雾（参见本手册第 4 章图 4-22），该全自动系统可靠性高，易于维护，与其他喷漆系统可无缝连接，适用于大量流水生产的喷涂生产线。与传统的湿式喷漆室相比，约可节能高达 60%。完全消除水和化学物质，喷漆室排风的再循环利用率可高达 90%。因此供给新鲜空气量可大幅度下降，空调成本得以降低，这是喷漆室具有卓越能源效率的决定性因素。

使用新的 V5.X 系统软件，使 EcoDryScrubber 装置的性能得到进一步提高，使系统实现自调节，优化石灰石粉吸附黏合过喷涂漆雾量，从而降低了石灰石粉的用量。黏附满干漆雾的废石灰石粉利用为该厂热电站的燃烧介质，也就是说，没有任何废弃物产生。

14.7.4 首次应用创新型 EcoInCure 烘干室

EcoInCure 烘干法是从内部加热车身与创新的横向操作模式（参见图 14-37），具有很高的工艺可靠性，且提高漆面质量。

图 14-36　内表面喷涂站照片　　　　图 14-37　EcoInCure 烘干室示意图（彩图见文后插页）

EcoInCure 烘干室采用长轴距喷嘴，通过挡风玻璃的开口将热空气吹入车身内部，使车身外壳周围的空气流速降低到很低，从而获得最佳品质的面漆外观。同时，极佳的热量传递效果，使整个车身均匀地加热，加热时间最多可缩短 30%，对部件的热应力也减小。这种创新的加热方式可节省电能 25%，并能以过去无法实现的精度和速度来调节烘干温度。此外，烘干室排出废气通过集成 TAR 二次燃烧系统加以净化，同时进行热回收，用于烘干室的加热系统。

14.7.5 智能化的电控系统

该工厂采用智能化的电控系统，数据采集、数据评估及工厂监控由杜尔公司软件

iTAC. MES. Suite 控制。模块化 MES 系统即时提供生产工作流程和消耗数据的详细信息（见图 14-38）。例如杜尔首次将电子质量卡用于烘干过程，使得跟踪每台车身的烘干质量有所保证。

14.7.6 废气净化

干式喷漆室排出的经过滤的排气需要净化。杜尔公司为该工厂配置了一套由高效的 VOC 吸附浓缩系统（Ecopure KPR）和热废气净化系统（Ecopure TAR）组成的非常紧凑的空气净化系统（参见图 14-39 和图 14-40）。KPR 系统的解吸空气所需的能量从热废气净化系统的净化气体中回收。此举将排气系统的投资成本降低了 60%。在这种组合中，净化废气所需的能源降低 80%。

图 14-38 智能控制示意图

图 14-39 再生式热废气净化系统 TAR

图 14-40 VOC 吸附浓缩系统 KPR

采用上述新工艺技术、新装备的斯柯达新建的轿车车身涂装车间将是节能高效的涂装车间，其能耗、环保方面预计将更优于 2012 年建的绿色涂装车间（Eco＋Paintshop）的水平（能耗 430kW·h/台、CO_2 排出量＜140kgCO_2/台、耗水量 397L/台、废水量 160L/台、VOC 排出量 2.3g/m^2，参见本手册第 13 章表 13-2 和图 13-3），且涂料耗用量将进一步减少。

（14.7 节资料由杜尔公司提供）

参 考 文 献

[1] 王锡春. 最新汽车涂装技术. 北京：机械工业出版社，1997. 12.
[2] 王锡春. 汽车涂装工艺技术. 北京：化学工业出版社，2005. 1.
[3] 平野 克己（日本涂装机械工业会）. 涂装线设计的基础讲座. 日刊：涂装技术（连载）.

第 1 回	涂装线的工艺设计（Layout）	2006 年 4 月号：100～105，1～3 节.
第 2 回	关于前处理装置	2006 年 5 月号：113～120，4～11 节.
第 3 回	干燥的基础知识和水分烘干室	2006 年 6 月号：115～121，12～19 节.
第 4 回	溶剂型涂料的涂装设备	2006 年 7 月号：115～121，20～26 节.
第 5 回	液体涂料涂装设备（水性）	2006 年 8 月号：101～106；27～32 节.
第 6 回	粉末涂装设备	2006 年 9 月号：127～127，33～38 节.
第 7 回	烘干室	2006 年 11 月号：100～108，39～42 节.
第 8 回	自动涂装装置	2006 年 12 月号：104～110，43～49 节.
第 9 回	输送装置	2007 年 1 月号：132～138，50～54 节.
第 10 回	环境对策（排水、产业废弃物）	2007 年 2 月号：81～88，55～60 节.
第 11 回	环境对策（与大气相关：排气·脱臭）	2007 年 3 月号：106～112，61～67 节.
第 12 回	环境对策（削减 CO_2、噪音、安全、维护保养、估算评价）	2007 年 4 月号：68～73 节.

[4] 王锡春，姜英涛. 涂装技术丛书总论. 北京：化学工业出版社，1986.
[5] 吴涛. 汽车涂装车间工艺设计基础. 吉林：吉林工业大学出版社，1993.
[6] 王锡春. 文集之二. 汽车涂装与涂装材料. 中国汽车工程学会涂装技术分会和一汽技术中心出版，2011.
[7] 非标准设备计算∥现代机械设备设计手册. 北京：机械工业出版社，1996.10.
[8] 王锡春. 文集之三. "谈绿色涂装"——促进汽车涂装与涂料绿化创新转型升级. 中国汽车工程学会涂装技术分会、一汽技术中心. 江苏骠马、杭州五源，2015.7.

附录

附录1　各种黏度标准换算表

标准黏度/Pa·s	福特杯/s	尼尔克杯/s	恩格勒黏度计/s	涂-4黏度计/s	涂-1黏度计/s	格氏管 号数	格氏管 气泡秒数	标准黏度/Pa·s	福特杯/s	尼尔克杯/s	恩格勒黏度计/s	涂-4黏度计/s	涂-1黏度计/s	格氏管 号数	格氏管 气泡秒数
	11	2	1.85	10	2.5			4.80	147	37.0		147		R^+	7.13
	16	3	2.09	14	3.5			5.00	154			154		S	7.30
0.50	20	4	2.79	18	4.5	A		5.50	166			166		T	8.10
0.65	26	5	3.45	22	6.0	B		6.27						U	9.20
0.85	34	6	4.14	28	7.0	C		8.00						U-V	11.60
1.00	40	7	4.84	30	7.5	D	1.46	8.84						V	13.00
1.25	46	8	5.02	32	8.0	E	1.83	10.70						W	15.70
1.40	51	9	5.63	38	9.5	F	2.05	12.90						X	18.90
1.65	57	10	6.89	42	10.1	G	2.42	14.40						X^+	21.10
1.80	60	11		45	11.0	G-H	2.64	17.60						Y	25.80
2.00	65	12	7.47	50	12.0	H	2.93	22.70						Z	33.80
2.25	75	14	8.10	57	14.0	I	3.30	23.50						Z^+	35.00
2.50	85	16		65	16.0	J	3.67	27.00						Z_1	39.60
2.75	96	18	10.89	73	18.0	K	4.03	34.00						Z_2	49.85
3.00	108	20	11.50	80	20.0	L	4.40	36.20						Z_2^+	54.10
3.20	117	22		88	22.0	M	4.70	46.30						Z_3	67.9
3.40	123	31		123	31.0	N	5.00	62.00						Z_4	91.00
3.70	127	32		128	32.0	O	5.40	63.40						Z_4^+	93.00
4.00	131	33		133	33.0	P	5.80	98.50						Z_5	144.50
4.35	137	35		138	34.0	Q	6.40	120.00						Z_5^+	176.41
4.70	144	36.5		144		R	6.90	148.00						Z_6	217.10

附录 2　各种细度换算表

测量计深度/英丝	刮板细度计/μm	目数		海格曼细度计
	110			
— 4 —	— 101.6 —	105	140#	— 0
— 3.5 —	88.9 —			— 1
		88	170#	
— 3 —	76.2 —			— 2
		74	200#	
— 2.5 —	63.5 —			— 3
		62	230#	
		53	270#	
— 2 —	50.8	—44	325#	— 4
— 1.5 —	38.1 —			— 5
— 1 —	25.4			— 6
— 0.5 —	12.7			— 7
0	0.0			— 8

注：1 寸=2.54cm=1000 英丝=25400μm。

附录 3　涂装用的砂纸、砂布、水砂纸规格一览表

砂　纸		水　砂　纸		砂　布	
规格代号	粒度/目	规格代号	粒度/目	规格代号	粒度/目
3/0	180			4/0	200
				3/0	180
2/0	160	60		2/0	160
		80		0	140
0	140	100		1/2	120
		120		1	100
1/2	120	150	100	1 1/2	80
		180	120	2	60
1	100	200	140	2 1/2	46
		220	150	3	36
1 1/2	80	240	160	4	30
		260	170	5	24
2	60	280	180	6	18
		300	200		
2 1/2	56	320	220		

续表

砂 纸		水 砂 纸		砂 布	
规格代号	粒度/目	规格代号	粒度/目	规格代号	粒度/目
		360	240		
3	46	400	260		
		500	320		
4	36	600	400		
		700	500		
		800	600		
		900	700		
		1000	800		

附录 4　不同温度下的露点温度

单位：℃

温度/℃	相对湿度/%								
	50	55	60	65	70	75	80	85	90
5	−4.1	−2.9	−1.8	−0.9	0.0	0.9	1.8	2.7	3.6
6	−3.2	−2.1	−1.0	−0.1	0.9	1.8	2.8	3.7	4.5
7	−2.4	−1.3	−0.2	0.8	1.8	2.8	3.7	4.6	5.5
8	−1.6	−0.4	0.8	1.8	2.8	3.8	4.7	5.6	6.5
9	−0.8	0.4	1.7	2.7	3.8	4.7	5.7	6.6	7.5
10	0.1	1.3	2.6	3.7	4.7	5.7	6.7	7.6	8.4
11	1.0	2.3	3.5	4.6	5.6	6.7	7.6	8.6	9.4
12	1.9	3.2	4.5	5.6	6.6	7.7	8.6	9.6	10.4
13	2.8	4.2	5.4	6.6	7.6	8.6	9.6	10.6	11.4
14	3.7	5.1	6.4	7.5	8.6	9.6	10.6	11.5	12.4
15	4.7	6.1	7.3	8.5	9.5	10.6	11.5	12.5	13.4
16	5.6	7.0	8.3	9.5	10.5	11.6	12.5	13.5	14.4
17	6.5	7.9	9.2	10.4	11.5	12.5	13.5	14.5	15.3
18	7.4	8.8	10.2	11.4	12.4	13.5	14.5	15.4	16.3
19	8.3	9.7	11.1	12.3	13.4	14.5	15.5	16.4	17.3
20	9.3	10.7	12.0	13.3	14.4	15.4	16.4	17.4	18.3
21	10.2	11.6	12.9	14.2	15.3	16.4	17.4	18.4	19.3
22	11.1	12.5	13.8	15.2	16.3	17.4	18.4	19.4	20.3
23	12.0	13.5	14.8	16.1	17.2	18.4	19.4	20.3	21.3
24	12.9	14.4	15.7	17.0	18.2	19.3	20.3	21.3	22.3
25	13.8	15.3	16.7	17.9	19.1	20.3	21.3	22.3	23.2
26	14.8	16.2	17.6	18.8	20.1	21.2	22.3	23.3	24.2

温度/℃	相对湿度/%								
	50	55	60	65	70	75	80	85	90
27	15.7	17.2	18.6	19.8	21.1	22.2	23.2	24.3	25.2
28	16.6	18.1	19.5	20.8	22.0	23.2	24.2	25.2	26.2
29	17.5	19.1	20.5	21.7	22.9	24.1	25.2	26.2	27.2
30	18.4	20.0	21.4	22.7	23.9	25.1	26.2	27.2	28.2

附录5 干湿球温度计换算表（相对湿度，%）

湿球/℃	干球与湿球之差/℃																	
	0	1	2	3	4	5	6	7	8	9	10	11	12	13	14	15	16	17
0	100	80	63	49	37	28	20	13	8	4	1							
1	100	81	65	51	40	30	22	16	11	7	4	1						
2	100	82	66	53	42	33	25	19	14	10	6	4	2	1				
3	100	82	67	55	44	35	27	21	16	12	9	6	4	3	2	2	1	
4	100	83	69	56	46	37	30	24	19	14	11	9	7	5	4	3	3	
5	100	84	60	58	48	39	32	26	21	17	13	11	9	7	6	5	5	
6	100	84	71	59	49	41	34	28	23	19	15	13	11	9	8	7	6	
7	100	85	72	61	51	43	36	30	25	21	17	15	12	11	11	8	8	
8	100	85	73	62	52	44	37	32	27	23	19	16	14	12	12	10	9	
9	100	86	74	63	54	46	39	33	28	24	21	18	16	14	12	11	10	9
10	100	86	74	64	55	47	41	35	30	26	23	20	17	15	14	12	11	11
11	100	87	75	65	56	49	42	36	32	28	24	21	19	17	15	13	12	12
12	100	87	76	66	57	50	43	38	33	29	26	22	20	18	16	15	13	12
13	100	87	76	67	58	51	45	39	34	30	27	24	21	19	17	16	14	13
14	100	88	77	68	59	52	46	40	36	32	28	25	22	20	18	17	15	14
15	100	88	78	68	60	53	47	42	37	33	29	26	23	21	19	18	16	15
16	100	88	78	69	61	54	48	43	38	34	30	27	25	22	20	19	17	16
17	100	89	79	70	62	55	49	44	39	35	31	28	26	23	21	20	18	17
18	100	89	79	70	63	56	50	45	40	36	32	29	27	24	22	20	19	17
19	100	89	80	71	63	57	51	46	41	37	33	30	28	25	23	21	20	18
20	100	89	80	72	64	58	52	47	42	38	34	31	28	26	24	22	20	19
21	100	90	80	72	65	58	53	47	43	39	35	32	29	27	25	23	21	19
22	100	90	81	73	66	59	53	48	44	40	36	33	30	28	25	23	22	20
23	100	90	81	73	66	60	54	49	45	40	37	34	31	28	26	24	22	21
24	100	90	82	74	67	60	55	50	45	41	38	34	31	29	27			
25	100	90	82	74	67	61	56	50	46	42	38	35	32	30	27			

湿球 /℃	干球与湿球之差/℃																	
	0	1	2	3	4	5	6	7	8	9	10	11	12	13	14	15	16	17
26	100	91	82	75	68	62	56	51	47	43	39	36	33	30	28			
27	100	91	83	75	68	62	57	52	47	43	40	36	33	31	28			
28	100	91	83	75	69	63	57	52	48	44	40	37	34	31	29			
29	100	91	83	76	69	63	58	53	48	44	41	38	35	52	30			
30	100	91	83	76	70	64	58	53	49	45	41	38						
31	100	91	83	76	70	64	59	54	50	46	42	39						
32	100	91	84	77	70	65	59	54	50	46	43	39						
33	100	92	84	77	71	65	60	55	51	47	43	40						
34	100	92	84	77	71	65	60	55	51	47	43	40						
35	100	92	84	78	71	66	61	55	51	47	44	41						

附录6 水在不同温度时的物理常数

温度 /℃	密度 /(kg/m³)	比热容 /[kcal/(kg·℃)]	热导率 /[kcal/(m·h·℃)]
0	999.9	1.0093	0.48
5	1000	1.0047	0.488
10	999.7	1.0019	0.496
15	999.1	1.0000	0.505
20	998.2	0.9988	0.513
25	997.1	0.998	0.521
30	995.7	0.9975	0.529
35	994.1	0.9973	0.537
40	992.2	0.9973	0.544
45	990.2	0.9975	0.550
50	988.1	0.9978	0.556
55	985.7	0.9982	0.561
60	983.2	0.9978	0.566
65	980.6	0.9973	0.57
70	977.8	1.0000	0.574
75	974.8	1.0008	0.577
80	971.8	1.0017	0.579
85	968.7	1.0026	0.581
90	965.3	1.0036	0.583
95	961.9	1.0046	0.585
100	958.4	1.0057	0.586
120	943.5	1.0108	0.589
140	926.3	1.0167	0.588

附录 7 饱和水蒸气的基本常数

绝对压力 /10^5Pa	温度/℃	水蒸气比容 /(m³/kg)	水蒸气密度 /(kg/m³)	水蒸气热容量 /(kcal/kg)	汽化热量 /(kcal/kg)
0.25	64.56	6.318	0.1583	625.0	560.5
0.50	80.86	3.299	0.3031	631.6	550.7
0.70	89.45	2.408	0.4153	635.1	545.6
1.00	99.09	1.725	0.5797	638.8	539.6
1.10	101.76	1.578	0.6337	639.8	537.9
1.20	104.25	1.455	0.6873	640.7	536.5
1.30	106.56	1.350	0.7407	641.6	534.9
1.40	108.74	1.259	0.7943	642.3	533.4
1.50	111.79	1.181	0.8457	643.1	532.1
1.60	112.79	1.111	0.9001	643.6	530.8
1.80	116.33	0.9954	1.005	645.1	528.5
2.0	119.62	0.9018	1.109	646.3	526.4
2.2	122.65	0.8248	1.212	647.3	524.3
2.4	125.46	0.7603	1.315	648.5	522.4
2.6	128.08	0.7055	1.417	649.2	520.7
2.8	130.55	0.6581	1.520	650.0	518.9
3.0	132.88	0.6169	1.621	650.7	517.3
3.2	135.08	0.5845	1.722	651.4	515.7
3.4	137.18	0.5453	1.823	652.1	514.3
3.6	139.18	0.5199	1.923	652.6	512.9
3.8	141.09	0.4942	2.024	653.3	511.5
4.0	142.92	0.4709	2.124	653.9	510.2
4.5	147.20	0.4215	2.373	655.2	507.1
5.0	151.11	0.3817	2.620	656.3	504.2
5.5	154.71	0.3495	2.862	657.4	501.8
6.0	158.08	0.3214	3.111	658.3	498.9
7.0	164.17	0.2778	3.600	659.9	494.2
8.0	169.61	0.2448	4.085	661.2	489.9
9.0	174.53	0.2189	4.568	662.3	485.8
10.0	179.04	0.1980	5.051	663.3	482.1
11.0	183.20	0.1808	5.531	664.1	478.4
12.0	187.08	0.1683	6.013	664.9	475.1

附录 8 水的温度与蒸汽压力关系（0～100℃）

温度/℃	压力/Pa	温度/℃	压力/Pa	温度/℃	压力/Pa	温度/℃	压力/Pa	温度/℃	压力/Pa	温度/℃	压力/Pa
0	618.5	7	1001.7	14	1598.5	21	2486.5	28	3779.7	35	5623.5
1	656.7	8	1072.6	15	1705.2	22	2643.8	29	4005.0	36	5940.8
2	705.8	9	1147.8	16	1817.2	23	2809.1	30	4242.3	37	6275.5
3	757.9	10	1226.8	17	1937.1	24	2979.7	31	4493.0	38	6624.8
4	813.4	11	1311.7	18	2063.8	25	3167.7	32	4754.3	39	6964.7
5	872.3	12	1402.5	19	2197.1	26	3401.0	33	4990.2	40	7375.4
6	935.0	13	1497.2	20	2338.4	27	3565.0	34	5319.5	41	7778.0

温度/℃	压力/Pa	温度/℃	压力/Pa	温度/℃	压力/Pa	温度/℃	压力/Pa	温度/℃	压力/Pa	温度/℃	压力/Pa
42	8199.3	52	13612	62	21838	72	33944	82	51316	92	75592
43	8639.3	53	14292	63	22851	73	35424	83	53409	93	78473
44	9100.6	54	14999	64	23905	74	36957	84	55435	94	81446
45	9583.2	55	15732	65	24998	75	38543	85	59808	95	84512
46	10086	56	16505	66	26198	76	40183	86	60115	96	87675
47	10612	57	17305	67	27331	77	41876	87	62488	97	90935
48	11160	58	18145	68	28558	78	43636	88	64941	98	94295
49	11735	59	19012	69	29824	79	45463	89	67474	99	97757
50	12334	60	19918	70	31157	80	47342	90	70095	100	101325
51	12426	61	20852	71	32517	81	49289	91	72800		

附录 9 每平方米液面每小时散热量 单位：kcal/h

散热表面	空气温度							
	30℃	40℃	50℃	60℃	70℃	80℃	90℃	100℃
没有包衬的钢板槽壁	95	174	299	414	542	658	762	925
有 1in 厚绝热层的槽壁	29	44	62	79	98	114	131	142
有 2in 厚绝热层的槽壁	14	23	33	43	52	62	71	79
有 3in 厚绝热层的槽壁	10	17	23	30	37	44	49	55
液面向静止空气的热量损失	314	703	1280	2095	3020	4630	6530	8980

附录 10 某些液体在 0~100℃ 的平均比热容 C

液体	比热容 /[kcal/(kg·℃)]	液体	比热容 /[kcal/(kg·℃)]	液体	比热容 /[kcal/(kg·℃)]
液氧	0.48	甲醇	0.50	醋酸乙酯	0.478
硫酸	0.66	乙烷	0.6	95%乙醇	0.61
氨	1.0	煤油	0.5	$C_6H_5NO_2$	0.33
汽油	0.44	机油	0.4	SO_2	0.32
丙酮	0.53	松节油	0.42	酚	0.56
苯	0.41	石油	0.4~0.5	乙醇	0.68
植物油	0.5	氯仿	0.23	白醇	约 0.42~0.45
轻汽油	约 0.5	乙醚	0.33	重汽油	约 0.42~0.45
醋酸丁酯	0.505	甲苯	0.42	二甲苯	0.40
丁醇	0.61	三氯乙烯	1.465	四氯化碳	

附录 11 干空气在 $P=101325Pa$ 大气压时的物理常数

温度 t/℃	密度/(kg/m³)	比热容 /[kcal/(kg·℃)]	热导率 $\lambda \times 10^2$/[kcal/(m·h·℃)]	
−20	1.365	0.242	1.94	5.94
0	1.252	0.241	2.04	6.75
10	1.206	0.241	2.11	2.24
20	1.164	0.242	2.17	7.66
30	1.127	0.242	2.22	8.14
40	1.002	0.242	2.28	8.65
50	1.056	0.243	2.34	9.14
60	1.025	0.243	2.41	0.65

温度 t/℃	密度/(kg/m³)	比热容/[kcal/(kg·℃)]	热导率 $\lambda \times 10^2$/[kcal/(m·h·℃)]	
70	0.996	0.243	2.46	10.18
80	0.968	0.244	2.52	10.65
90	0.942	0.244	2.58	11.25
100	0.916	0.244	2.64	11.8
120	0.870	0.245	2.75	11.0
140	0.837	0.245	2.86	14.1
160	0.789	0.246	2.71	15.25
180	0.755	0.247	9.07	16.5
200	0.725	0.247	3.18	17.8

附录 12　涂装与气温、湿度的关系

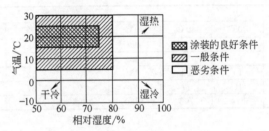

图 1　涂装与气温、湿度的关系图

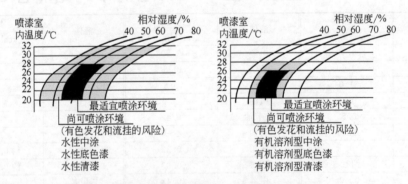

图 2　水性涂料和溶剂型涂料的喷涂环境条件

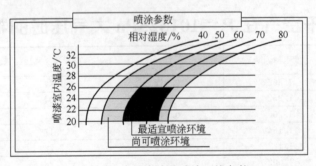

图 3　水性中涂的喷涂环境条件

表 1　涂装各种涂料适宜的温度、湿度

涂料的种类	气温/℃	相对湿度/%	备注
油性色漆	10~35	85 以下	气温高一些好,低温不行
油性清漆、磁漆	10~30	85 以下	气温高一些好
醇酸树脂涂料	10~30	85 以下	气温高一些好
硝基漆、虫胶漆	10~30	75 以下	高温不行
多液反应型涂料	10~30	75 以下	低温不行
热塑性丙烯酸涂料	10~25	70 以下	湿度越低越好
各种烘烤型涂料	20(15~25)	75 以下	温度、湿度在中等程度较好
水性乳胶涂料	15~35	75 以下	低温、高温不行
水溶性烘烤型磁漆	15~35	90 以下	温度、湿度越均匀越好

附录 13　计量单位换算表

1. 液体容积换算

（1）升◀——英加仑　　　　　　　　　（2）升◀——美加仑

升——▶英加仑　　　　　　　　升——▶美加仑

4.546	1	0.220		3.785	1	0.2642
9.092	2	0.440		7.571	2	0.5283
13.638	3	0.660		11.356	3	0.7925
18.184	4	0.880		15.141	4	1.0567
22.730	5	1.099		18.927	5	1.3209
27.275	6	1.319		22.712	6	1.5850
31.821	7	1.539		26.497	7	1.8492
36.367	8	1.760		30.262	8	2.1134
40.913	9	1.981		34.068	9	2.3775
45.459	10	2.202		37.853	10	2.6417

2. 长度换算

1 英寸＝25.40mm

1 英尺＝304.80mm

1 码＝914.4mm

1cm＝0.3937 英寸

1m＝3.2808 英尺

1m＝1.0936 码

3. 压力质量换算

磅力/平方英寸×0.070307＝kgf/cm^2

kgf/cm^2×14.2233＝磅力/平方英寸

磅×0.4536＝kg

kg×2.2045＝磅

盎司（oz）×28.349＝g

g×0.035274＝盎司（oz）

附录14 法定计量单位表

SI 词头	因数	10^1	10^2	10^3	10^6	10^9	10^{12}	10^{15}	10^{18}	10^{21}	10^{24}
	名称	十	百	千	兆	吉[咖]	太[拉]	拍[它]	艾[可萨]	泽[它]	尧[它]
	符号	da	h	k	M	G	T	P	E	Z	Y
	因数	10^{-1}	10^{-2}	10^{-3}	10^{-6}	10^{-9}	10^{-12}	10^{-15}	10^{-18}	10^{-21}	10^{-24}
	名称	分	厘	毫	微	纳[诺]	皮[可]	飞[母托]	阿[托]	仄[普托]	幺[科托]
	符号	d	c	m	μ	n	p	f	a	z	y

（根据国家标准 GB 3100～3102—93《量和单位》编制）

量的名称	量的符号	法定计量单位 名称	法定计量单位 符号	应废除的单位 名称	应废除的单位 符号	换算因数和备注
[平面]角	$\alpha, \beta,$ γ, θ, φ	弧度 度 [角]分 [角]秒	rad ° ′ ″			量纲一的量 $1rad=1m/m=1$ $1°=(\pi/180)rad$ $1'=(\pi/10\ 800)rad$ $1''=(\pi/64\ 800)rad$
立体角	Ω	球面度	sr			量纲一的量 $1sr=1m^2/m^2=1$
长度	l, L	米 海里	m n mile	埃① 费密 尺	Å	基本量之一 $1n\ mile=1852m$（准）（只用于航程） $1Å=10^{-10}m$（准） $1费密=1fm=10^{-15}m$ $1尺=(1/3)m$
面积	$A, (S)$	平方米 公顷	m^2 hm^2	靶恩① 亩	b	$1hm^2=10^4m^2$（准）（用于表示土地面积） 公顷的国际符号是 hm^2 $1b=10^{-28}m^2$ $1亩=(10\ 000/15)m^2$
体积	V	立方米 升	m^3 L, (l)			$1L=1dm^3=10^{-3}m^3$（准）
时间	t	秒 分 [小]时 日,（天）	s min h d			基本量之一 $1min=60s$ $1h=60min=3600s$ $1d=24h=86400s$ 星期、月和年(a)是通常使用的单位
速度	v c u, v, w	米每秒 千米每[小]时 节	m/s km/h kn			$1km/h=0.277778m/s$ $1kn=1n\ mile/h=$ $0.514444m/s$（只用于航行）
加速度	a	米每二次方秒	m/s^2	伽①	Gal	$1Gal=1cm/s^2$
频率	f, ν	赫[兹]	Hz			$1Hz=1s^{-1}$
旋转频率	n	每秒 转每分 转每秒	s^{-1} r/min r/s			又称"转速" $1r/min=(\pi/30)rad/s$ $1r/s=2\pi\ rad/s$
角频率	ω	弧度每秒 每秒	rad/s s^{-1}			又称"圆频率" $\omega=2\pi f$
场[量]级	L_F	分贝 奈培	dB Np			量纲一的量 $1dB=0.1151293Np$ 奈培为非法定计量单位，但国际规定可并用

续表

量的名称	量的符号	法定计量单位		应废除的单位		换算因数和备注
		名称	符号	名称	符号	
质量	m	千克(公斤) 吨 原子质量单位	kg t u	[米制]克拉		基本量之一 $1t=1000kg$ $1u\approx1.660540\times10^{-27}kg$ 1米制克拉$=200mg$(准)
体积质量， [质量]密度	ρ	千克每立方米 吨每立方米 千克每升	kg/m³ t/m³ kg/L			$1t/m^3=10^3kg/m^3$ $1kg/L=10^3kg/m^3$
线质量， 线密度	ρ_l	千克每米 特[克斯]	kg/m tex			$1tex=10^{-6}kg/m$ （用于纤维纺织业）
转动惯量， （惯性矩）	$J,(I)$	千克二次方米	kg·m²			
动量	P	千克米每秒	kg·m/s			
力	F	牛[顿]	N	达因 千克力	dyn kgf	$1N=1kg·m/s^2$ $1dyn=10^{-5}N$(准) $1kgf=9.80665N$(准)
力矩	M	牛[顿]米	N·m	千克力米	kgf·m	$1kgf·m=9.80665N·m$(准)
压力，压强	p	帕[斯卡]	Pa	巴① 标准大气压 千克力每平方米 托 工程大气压 约定毫米水柱 约定毫米汞柱	bar atm kgf/m² Torr at mmH₂O mmHg	$1Pa=1N/m^2$ $1bar=10^5Pa$(准) $1atm=101325Pa$(准) $1kgf/m^2=9.80665Pa$(准) $1Torr=133.3224Pa$ $1at=98066.5Pa$(准) $1mmH_2O=9.80665Pa$(准) $1mmHg=133.3224Pa$
[动力]黏度	$\eta,(\mu)$	帕[斯卡]秒	Pa·s	泊	P	$1P=0.1Pa·s$(准)
运动黏度	ν	二次方米每秒	m²/s	斯[托克斯]	St	$1St=10^{-4}m^2/s$(准)
能[量] 功	E $W,(A)$	焦[耳] 瓦[特][小]时 电子伏	J W·h eV	千克力米 尔格	kgf·m erg	$1J=1N·m=1W·s$ $1W·h=3.6\times10^3J$(准) $1eV\approx1.602177\times10^{-19}J$ $1kgf·m=9.80665J$(准) $1erg=10^{-7}J$(准)
功率	P	瓦[特]	W	千克力米每秒 [米制]马力	kgf·m/s	$1W=1J/s$ $1kgf·m/s=9.80665W$(准) 1米制马力$=735.49875W$ （准）
热力学温度	T	开[尔文]	K			基本量之一
摄氏温度	t,θ	摄氏度	℃			$t=T-T_0,T_0=273.15K$ 单位摄氏度等于开尔文， 摄氏度是用来代替开尔文表 示摄氏温度时的专门名称
热， 热量	Q	焦[耳]	J	国际蒸汽表卡 热化学卡 15℃卡	cal_{rr} cal_{th} cal₁₅	$1cal_{rr}=4.1868J$ $1cal_{th}=4.184J$(准) $1cal_{15}=4.1855J$
电流	I	安[培]	A			基本量之一
电荷[量]	Q	库[仑] 安[培][小]时	C A·h			$1C=1A·s$ $1A·h=3.6kC$（用于蓄电 池）

续表

量的名称	量的符号	法定计量单位 名称	法定计量单位 符号	应废除的单位 名称	应废除的单位 符号	换算因数和备注
电场强度	E	伏［特］每米	V/m			$1V/m=1N/C$
电位，（电势） 电位差，（电势差），电压电动势	V,φ $U,(V)$ E	伏［特］	V			$1V=1W/A$
电容	C	法［拉］	F			$1F=1C/V$
介电常数，（电容率）	ε	法［拉］每米	F/m			
磁场强度	H	安［培］每米	A/m			
磁通［量］密度，磁感应强度	B	特［斯拉］	T			$1T = 1N/(A\cdot m)=1Wb/m^2$
磁通［量］	Φ	韦［伯］	Wb			$1Wb=1V\cdot s$
自感 互感	L M,L_{12}	亨［利］	H			$1H=1Wb/A$
电阻	R	欧［姆］	Ω			$1\Omega=1V/A$
电导	G	西［门子］	S			$1S=1\Omega^{-1}$
发光强度	$I,(I_v)$	坎［德拉］	cd			基本量之一
光通量	$\Phi,(\Phi_v)$	流［明］	lm			$1lm=1cd\cdot sr$
［光］照度	$E,(E_v)$	勒［克斯］	lx			$1lx=1lm/m^2$
物质的量	$n,(\nu)$	摩［尔］	mol			基本量之一 使用此量及其导出量时，必须指明基本单元
摩尔质量	M	千克每摩［尔］	kg/mol			$M=10^{-3}M_r kg/mol$ M_r 为确定化学组成的物质之相对分子质量
B 的质量分数	w_B		1			量钢一的量，单位 1 一般不明确写出
B 的浓度 B的物质的量浓度	C_B	摩［尔］每立方米 摩［尔］每升	mol/m³ mol/L			$1mol/L=10^3 mol/m^3$ 量的符号也用[B]
溶质 B 的质量 摩尔浓度	b_B,m_B	摩［尔］每千克	mol/kg			
［放射性］活度	A	贝可［勒尔］	Bq	居里①	Ci	$1Bq=1s^{-1}$ $1Ci=3.7\times10^{10}Bq$(准)
吸收剂量	D	戈［瑞］	Gy	拉德①	rad	$1Gy=1J/kg$ $1rad=10^{-2}Gy$
剂量当量	H	希［沃特］	Sv	＊雷姆	rem	$1Sv=1J/kg$ $1rem=10^{-2}Sv$
照射量	X	库［仑］每千克	C/kg	伦琴①	R	$1R=2.58\times10^{-4}C/kg$(准)

① 为国际上暂时还允许使用的单位。

注：1. 圆括号中的名称，是它前面的名称的同义词。

2. 方括号中的字，在不致引起混淆、误解的情况下，可以省略。

3. 法定计量单位中，国际计量单位制（SI）的单位一般只给出 SI 单位；应使用 SI 单位及其用 SI 词头构成的十进倍数和分数单位中属于非 SI 的单位列于 SI 单位之下，并用虚线与相应的 SI 单位隔开。

4. 换算因数后圆括号内的"准"字表示准确值。

附录 15　AQ 5201—2007《安全生产行业标准——涂装工程安全设施验收规范》

该规范系国家安全生产监督管理总局于 2007 年 1 月 4 日发布，并于 2007 年 4 月 1 日实施。其主要内容摘录如下。

4　一般性规定

4.1　新建、改建、扩建涂装工程的安全设施应按设计要求与主体工程同时建成。

4.2　涂装工程的设计、制造、安装、检验资质应符合国家法定要求。

4.3　涂装工程不应使用 GB 7691 所明确淘汰的涂装工艺和禁止使用的涂料（包括有关危险化学品），其生产应符合《中华人民共和国安全生产法》《中华人民共和国清洁生产促进法》规定的基本要求。

4.4　对于 GB 7691 限制使用的涂装工艺和涂料（包括有关危险化学品），应该配备有效的安全设施，并制定具体的防护措施。同时提供选用说明并作专项安全评估。

4.5　涂装作业场所应划分火灾危险、爆炸性环境危险（包括气体、粉尘）区域图。

4.6　涂装作业场所应进行防雷、防静电检测检验。

4.7　进入涂装作业场所的各种承压管线应进行严格的压力试验，并提供检测检验。

4.8　涂装工程安全设施验收审查应提供以下技术文件：

a. 厂区总平面布置图和工程设计《安全卫生专篇》；

b. 涂装作业场所建筑平面图和涂装工艺布置图；

c. 当地消防部门消防设施验收的批准文件；

d. 工艺文件和通风净化效果报告；

e. 涂料及有关化学品的安全技术资料；

f. 试运行总结报告和检测检验报告；

g. 涂装作业安全操作规程；

h. 事故应急处置预案。

5　总体布局

5.1　涂装作业场所一般不应设立在教育、住宅等公共场所附近。

5.2　涂装生产场所应布置在厂区常年最小频率风向的上风侧，与厂前区、人流密集处、洁净度要求高的厂房之间，应按 GB 50016 的规定，留出足够的安全距离。

5.3　涂装生产场所的厂房布置应符合工艺流程和安全卫生要求，兼顾工序衔接顺畅、物料传输便捷、操作维修方便。

5.4　涂装作业场所原则上宜按独立厂房设置，如果设置在联合厂房内，则应布置在联合厂房的外侧。如果设置在多层厂房内，则应布置在多层厂房的最上层。

5.5　涂装作业场所与相邻建筑物的防火间距，应符合 GB 50016 的有关规定。

5.6　涂装车间厂房四周应按 GB 50016 的规定设消防通道。长度和宽度均超过 160m 的超大厂房，若消防设施的 150m 有效范围无法保证厂房面积全部覆盖，应设置厂房内消防车道。且门洞净高、净宽不应小于 4m，车道净宽不应小于 3.5m。

5.7 涂装车间应有两个以上的出入口，且保持畅通。超大厂房内的涂装操作工位与出入口安全门的紧急撤离距离一般不超过 25m。

5.8 当涂装作业采用封闭喷漆工艺并使封闭喷漆空间内保持负压，同时设置可燃气体浓度报警系统或自动抑爆系统（包括合格泄爆装置），且喷漆上段防火分区占涂装车间面积不到 20%，厂房可按生产的火灾危险性分类中的丁、戊类生产厂房确定防火要求（喷漆工段防火分区的灭火设备配置除外）。

5.9 危险化学品、油漆库房布置应远离火源，并符合国家现行消防规定，一般应布置在厂区常年最小频率风向的上风侧及边缘区域。

5.10 生产电源的配电中心与化学前处理、喷漆工段之间，应有合适的安全防护距离。

5.11 涂装前处理、喷漆、涂料配制等腐蚀、有毒、易燃、易爆可能性大的工序，应与其他生产工序隔开布置。调漆（含有机溶剂）间应独立、封闭设置，与火灾、爆炸危险区（1 区）的安全距离应大于 6m。

5.12 涂装作业场所采用有机溶剂清洗除油时，与相邻生产部门的封隔墙材料应符合GB 50016 规定的耐火极限时间要求。

5.13 涂装作业的厂房内应预留原料、废料、成品存放场地。

5.14 涂装车间的门窗应向外开，车间内的主要通道宽度应不小于 1.2m，且保持畅通。

5.15 涂装前处理和涂漆、喷粉作业场所应在利用自然通风的同时，设置有组织的局部排风，必要时采取全面强制通风，以防止涂装作业过程中的有害物质产生职业危害，保障作业人员的安全与健康。

5.16 涂装车间通风系统进风口位置应设置在排风口的上风侧，其高度低于排风口，距离外地坪应不低于 2m，当进风口与排风口设置在同一高度时，则前者应设置在上风侧，两者的水平间距不小于 20m。

5.17 涂装车间内应易于清扫且不得积水，作业场所的地面应平整防滑、不起火花，并配置冲洗地面的设施。经常有酸碱液流散或积聚的地面，宜采用耐腐蚀材料敷设，并设计地坪坡度，坡向厂区废水处理系统。

6 涂装设备安全

6.1 涂装设备设计应符合 GB 4064、GB 5083 的通用安全要求和涂装作业安全规程的专业安全要求。

6.2 涂装设备器械应具有以下技术资料：

a. 使用说明书（包括安全说明）；

b. 完整的产品铭牌（名称、型号、主要参数、制造厂名与地址、制造时间）。

6.3 前处理设备

涂装前处理工段涉及喷抛丸、动力工具打磨及高压水清理等方法的机械前处理，脱脂、酸洗、中和、表调、磷化、钝化、清洗等工序的化学前处理，以及有机溶剂处理。还包括工件的除旧漆工序等。涂装前处理工段所涉及的工艺设备均应符合 GB 7692 的要求。

6.4 喷漆（粉）室及喷涂设备

a. 除特大型工件外，无论何种涂料的喷涂过程都应在喷漆（粉）室中进行。喷漆（粉）

室通风应为有组织气流，其通风量必须同时满足防爆安全与工业卫生的要求。具体参数应符合 GB 14444 和 GB 15607 的要求。

b. 各种喷漆器具和进入喷漆（粉）室的喷涂设备、辅助装置，都应符合爆炸性气体环境危险区域中使用的安全技术条件。

c. 静电喷漆区和静电喷粉区使用的手持式或自动式静电喷枪及其辅助装置的安全技术条件应符合 GB 14773 的要求。

6.5　烘干、固化设备

涂装工程建设项目中的涂层干燥、固化用烘干室等设备的安全技术条件，应符合 GB 14443 的要求。

6.6　废气处理设施

涂装作业通风排气装置排出的气体有害物质浓度超过 GB 16297 中规定的大气污染物排放限制时，应采取净化处理措施，废气处理设施安全要求应符合 GB 20101 的规定。

7　防火、防爆

7.1　涂装工程火灾危险性区域按 GB 6514 和 GB 50016 分类；与涂漆区相邻场所的爆炸性气体环境危险区域按 GB 6514 分为 1 区、2 区、非爆炸危险区域；喷粉区按 GB 15607 相对应的爆炸性粉尘环境区域分为 11 区、22 区、非爆炸危险区域。

7.2　存在危险量的可燃蒸气、漆雾、粉尘和可燃残存物的涂漆区或前处理区，应划为高度危险区域（1 区、11 区），该区域一般不布置电气设备，如确需布置应按电气整体防爆要求严格控制。

7.3　高度危险区域（1 区、11 区）应设置安全报警装置，并与自动灭火装置连锁。

7.4　容易产生燃烧、爆炸的 2 区、22 区。亦为火灾、爆炸危险区域，应划为中等危险区域，严格控制易燃物存量和可能产生明火的危险源。

7.5　轻度危险区域。为涂装作业专门设置的厂房或划定的有产生燃烧可能的空间，应划为轻度危险区域，但是必须禁止一切明火，防止外来火种进入。

7.6　涂装工程设计应符合相关的耐火等级和厂房防爆、安全疏散的要求。建筑结构、构件及材料应根据防火、防爆要求选用；疏散门最小宽度不宜小于 0.8m，应向疏散方向开启；疏散走道的净宽不宜小于 1.4m。疏散设施应备有应急照明和安全疏散标志。

7.7　涂装作业场所应正确分区布置工艺路线，从有利安全、卫生、消防、节能、环保等设计要素出发，采取必要的隔断、隔离设施，并注意防火间距和防火分割。

7.8　涂装作业场所的集中空调布置管线在进入火灾危险区前应设置防火阀。

7.9　喷漆室不应交替用于喷漆、烘干。特殊情况下使用喷漆、烘干两用设备，必须符合 GB 14443 和 GB 14444 的特定条件。

7.10　流平区、滴漆区应设计局部强制排风和收集滴漆的装置。

7.11　有限空间内的涂装作业条件应符合 GB 12942 的要求。

8　电气安全

8.1　涂装作业场内的电气安全，必须符合整体防爆的要求，即电机、电器、照明、线路、开关、接头等都必须符合防爆安全要求。严禁乱接临时电线。

8.2　爆炸危险等级为 1 区的涂装作业场所内，电动机、变压器按顺序选用隔爆、正压、增安型。2 区可选用无火花型电动机和充油型变压器。

8.3　有防爆要求场所的开关、空气断路器、二次启动用空气控制器以及配电盘宜采用隔爆型;操作用小开关宜采用正压(充油)型;操作盘和控制盘宜采用正压型;接线盒应采用隔爆型。

8.4　有防爆要求场所的照明灯具,固定式白炽灯和固定式荧光灯以及指示灯应采用隔爆型或增安型。信号报警装置应采用正压型或增安型,半导体整流器则应采用正压型。

8.5　有防爆要求场所的控制电线宜用铜芯铠装,截面在 $1.5mm^2$ 以上,接线盒则应采用隔爆型或增安型。

8.6　确定为 1 区、2 区爆炸危险等级的涂装作业区的各种电气设备的金属外壳均应可靠接地。除照明装置外的其他电气设备均应采用专用接地线,任何接地线不得利用输送易燃物质的管道。接地干线宜在不同方向至少两次与接地体相连。

8.7　接地线与接地体的连接应采用焊接,接地体宜垂直敷设,应深入地面并不小于 2m,水平敷设时,埋设深度不小于 0.6m。并应与建筑物相距 1.5m 以上。

8.8　正常情况下,连续或经常存在爆炸混合物的场所和喷漆室内部不宜设置电气设备。但由于测量,维修或控制要求不得不设置电气设备,则应按 GB 50058 规定的防爆要求安装。

8.9　电泳涂装设备的安全接地电阻不大于 10Ω。

8.10　在涂装作业的爆炸危险场所内,接地设计技术规程不作规定的以下部分应接地。

a. 不良导电地面处,380V 及以下电气设备的正常不带电的金属外壳。

b. 干燥环境下,110V 及以下的正常不带电的电气设备金属外壳。

c. 安装在已接地的金属结构上的电气设备。

9　防雷、防静电

9.1　高大厂房应有防直击雷的设施,精密电气设备、控制系统应有防感应雷的设施,其检测指标应达到 GB 50057 的规定。

9.2　在火灾、爆炸危险区域内禁止设置或进入电磁波辐射性设备、设施、工具,以及易发生静电放电的物体。

9.3　涂装作业场所内的工艺管线、排风管道及易燃易爆物料储存设备等必须作可靠的防静电接地。

9.4　以防静电为目的而设置接地的接地电阻值,应稳定在 $1 \times 10^6 \Omega$ 以下。

9.5　防静电的接地与其他用途的接地共用时,其接地电阻可按各种用途的接地电阻最低值确定。在爆炸危险场所内,防静电接地与防雷接地分开有困难时,接地电阻值应按防雷接地电阻值选取。爆炸危险场所内电气设备的工作接地电阻和保护接地电阻,阻值不得大于 10Ω。

10　职业危害控制要求

10.1　高温危害控制

涂装作业场所的化学前处理和烘干工序,应控制作业环境温度。控制标准按 GB 935 的要求执行。

10.2′　粉尘危害控制

涂装作业场所主要粉尘危害场所的机械除锈工序粉尘可能包括 SiO_2;涂膜打磨、粉末喷涂工序产生无机粉尘和有机粉尘。粉尘危害控制标准分别按 GB 7692 和 GB 15607 的有关要求执行。

10.3 噪声危害控制

作为涂装作业场所主要噪声源的空气压缩机和各类风机，应采用消声、减振、隔声、阻尼等措施，降低噪声危害。车间噪声达标值为 85dB；最高容许值为 93dB。作业现场人员容许接触噪声时间按 GBZ 1—2002 的要求执行。

10.4 毒性危害控制

涂装作业场所空气中有害物质的最高允许浓度应遵循 GB 6514 和 GB 7692 的规定。常见的有害物质的最高允许浓度按 GBZ 2—2002 的要求执行。

11 其他验收事项

11.1 对涂装作业场所机械伤害、高处坠落等危险因素的防护措施进行现场检查。

11.2 涂装工程项目选用涂料、化学品、涂装工艺、涂装设备器械的法规、标准符合性审查。

11.3 涂装工程通风系统参数，防爆电气设备防爆参数，接地电阻值，危险区域易燃易爆气体、粉尘浓度，涂装作业场所有害因素的测定值审查。

11.4 涂装作业场所自动连锁控制和信号、报警装置整定值安全审查。

11.5 涂装作业场所安全标识、安全标记审查。

11.6 采用新型涂料及有关化学品或涂装工艺的安全技术鉴定资料的文件审查。

附录 16　ISO 14644-1 洁净室和洁净区空气洁净度等级

ISO 分级	不小于表列粒径最高粒子浓度/(粒/m³)						对应传统分级	
	$0.1\mu m$	$0.2\mu m$	$0.3\mu m$	$0.5\mu m$	$1\mu m$	$5\mu m$	SI	英制
ISO 1 级	10	2						
ISO 2 级	100	24	10	4				
ISO 3 级	1000	237	102	35	8		M1.5	1
ISO 4 级	10000	2370	1020	352	83		M2.5	10
ISO 5 级	100000	23700	10020	3520	832	29	M3.5	100
ISO 6 级	1000000	237000	102000	35200	8320	293	M4.5	1000
ISO 7 级				352000	83200	2930	M5.5	10000
ISO 8 级				3520000	832000	29300	M6.5	100000
ISO 9 级				35200000	8320000	293000		

一般来说，要求最低的洁净室级别为 ISO 8 级，相当于传统 100000 级洁净室。此时，不小于 $5\mu m$ 粒物计数不大于 29300 个/m³ 或 0.0293 个/cm³。

附录 17　《机械工业工程设计基本术语标准》
（涂装部分用语）

涂装术语（Glossary of painting terms）500 例

1. 适用范围：本标准是关于与工厂工程设计有关的涂装术语及其含义的规定。目的是统一和规范工程设计、涂装专业人员和技术文件的技术用语，有利于对外技术交流。

2. 分类：术语按下列分类并编号

	分类(栏目名称)	编号	术语数		分类(栏目名称)	编号	术语数
1	一般术语	9101～9167	67	6	涂膜性能及测试 仪器	9601～9669	69
2	涂装前处理及用材	9201～9237	37	7	涂膜的缺陷	9701～9799	99
3	涂装方法	9301～9331	31	8	涂装设备及机器	9801～9863	63
4	涂膜固化(干燥)及其方法	9401～9421	21	9	被涂物材料	9901～9924	24
5	涂装材料及其组成、性质	9501～9589	89				

合计 500 条

3. 编写说明：

(1) 术语的略语、俗语、同文语、关联语分别用（略：　）、（俗：　）、（同：　）、（关：　）在括号内来表示。

(2) 术语编号为四位数码表示：千位数 9. 表示标准的第 9 节涂装专业部分；百位数表示涂装术语的分类栏目；最后两位数表示术语的编号，详见上表所示。

4. 主要参考文献：

(1) 机械工厂工程设计通用术语. 北京：机械工业出版社，2000.

(2) 王锡春主编. 最新汽车涂装技术. 北京：机械工业出版社，1997.

表 1　一般术语 （9101～9167）

编号	名称(中、英)		术语解说	日　语
9101	涂装	painting, coating, finishing	系指将涂料涂覆在被涂物表面上, 制作成涂膜或涂层的作业总称。仅单一涂布的操作, 称为"涂布"、"涂漆"等	塗装
9102	涂装间隔	interval between coats, coating interval	在重叠涂装作业的涂布时间的间隔(或涂布两道漆之间的间隙时间)	塗装間隔
9103	涂膜	paint film	被涂布的涂料干燥(固化)形成的固体的膜	塗膜
9104	涂层	coats	按产品技术要求和涂装体系涂覆在被涂物上所得的连续非金属膜层, 一般为多涂膜层	コート
9105	涂装环境		系指进行涂装之际, 被涂物所处的环境条件、气象条件、周围气氛条件、涂装作业条件等的用语。是涂装温度、湿度、采光、空气清洁度、防火防爆等环境条件的总称	塗装環境
9106	涂装体系	paint system, coating system	为达到涂装目的、效果而进行的从涂底漆到涂面漆的所涂布的涂膜组合的总称	塗装系
9107	涂装工艺	paint process	实现涂装体系的工艺。根据涂装目的, 被涂物的材质、形状、数量, 所用涂料的性质, 涂装场所的条件等, 选定底材处理, 涂料的涂布方法、干燥方法, 涂膜形成后的处理方法等而设计的工艺	塗装工程
9108	涂装技术要求	painting specification	在进行涂装作业前所规定的必要的基准	塗装仕様
9109	基底	substrate	被涂装的底材的表面(此表面有涂层或无涂层均可称之)	下地
9110	被涂面的表面准备	surface preparation	在涂装某涂层时进行涂装前处理。如刮腻子、打磨等调节被涂面的吸收性, 并修正凹凸不平等工序	下地ごしらぇ

续表

编号	名称(中、英)	术语解说	日 语
9111	涂底漆(底涂层) primer coating	在涂中间层涂料和面涂之前涂布底涂层(被涂物面上的第一道漆)的工序	下塗り
9112	中涂层(涂中漆) suface coat	系指涂在底漆涂层和面漆涂层之间的涂膜	中塗り(層)
9113	底色漆层(涂底色漆) base coat(BC)	系指在双涂层面漆喷涂工艺中罩光前喷涂的着色涂层(即 BC+CC 涂装中底色层)	ベスコート
9114	面漆层 top coat,finish coat,finishing coat	涂面漆后所得面漆的涂膜,随涂装工艺及面漆不同可分为单一面漆涂层(涂二道同一种面漆)和双涂层面漆(即底色漆+罩光清漆)	上塗り(層)
9115	单层涂层 one coat	系指单层涂膜的涂装系列	ワンコート
9116	涂一层、烘一次(1C1B) one coat one bake	涂一道漆,烘干一次的涂装系列	ワンコート・ワンベーク
9117	二涂装层 two coat	两层涂膜的涂装系列(即仅涂两道漆的涂层)	ツーコート
9118	涂二层、烘二次(2C2B) two coat two bake	进行两涂层涂装时,每道漆都烘干的涂装系列	ツーコート・シーベーク
9119	中涂面漆"三湿"喷涂 three coat one bake	系指中涂、底色、罩光三涂层一起烘干涂装工艺即 3C1B(3wet)工艺	3-wet
9120	涂二层、烘一次(2C1B) two coat one bake	采用湿碰湿工艺重叠涂二层热固性涂料,仅烘干一次的涂装系列、即通常的"湿碰湿(wet on wet)"工艺	ツーコート・ワンベーク
9121	三层涂装 three coat	是指涂三层涂膜的涂装体系	スリーコート
9122	涂三次、烘三次(3C3B) three coat three bake	在三层涂装体系中每道漆都进行烘干	スリーコート・スリーベーク
9123	涂三次、烘二次(3C2B) three coat two bake	在进行三层涂装时第 1、2(或第 2、3)两层按"湿碰湿"工艺涂装,即涂三道漆仅烘干 2 次	スリーコート・シーベーク
9124	涂着效率(TE) transfer efficiency	涂装所使用的涂料与实际附着在被涂物上的涂料之比	塗着効率
9125	同色封底涂层 color sealer	为节省面漆,涂布与面漆颜色相近似或相同色的中涂涂料	共色塗り
9126	涂中涂层 suface coating,sealer coating	作为底漆层和面漆层之间涂布中间层涂料,以增强面漆层与底漆层之间的附着力,增加总涂层的厚度,改善平滑性或立体感。在英语中随涂装目的不同有:undercoat,ground coat,srutacer texture coat 等称呼	中塗り
9127	重新涂装 repainting(同:修补涂装)	重新涂装大致分两种情况,一种是需变更涂装颜色和产生涂装作业不精致的场合,另一种是涂膜已超过耐用年限,涂装面上产生变色、剥落等现象的场合,一般如说重新涂装多系指后一种场合	塗り替ぇ
9128	反复涂装 recoating	为获得涂面的平滑度,进行多层反复的涂装,分别轻轻打磨、干燥后的涂面,再涂的场合和涂布后待涂面干燥后直接再涂装。后者通常称为追加涂布	塗り重わ

编号	名称（中、英）	术语解说	日　语
9129	涂布面积比（涂布率） spreading rate	系指用一定量的涂料能涂布的布积。以 m^2/kg 表示	塗り坪
9130	遮盖 masking	盖住不需涂装的部位，使其不涂上涂料的工序	マスキング
9131	抛光 polishing	涂装的最终工序将涂膜抛亮，在抛光时采用抛光浆、抛光蜡等	磨き仕上は（同：磨き補修）
9132	抛光修补 polishing	将涂膜有缺陷部位打磨平滑后，再进行抛光的修补方法	磨き補修（同：磨き仕上は）
9133	湿打磨 wet sanding	使用耐水性砂纸、砂轮、磨石等，用水湿润打磨涂膜的方法	水研ぎ
9134	金属闪光色涂装 metallic coating	涂布金属闪光色涂料及其涂装系列	メタリック塗装
9135	涂面 surface of paint film	涂膜或涂层的表面	塗面
9136	打磨 sanding, grinding	系指用打磨材料将底材、底涂层和磨面削磨到所规定的状态的作业。打磨使底层平滑，随着面积增大涂膜的附着力提高。去除黏附在底涂层上的灰层、污物等是涂装工艺的重要工序，打磨的好坏会直接影响外观质量	研ぎ
9137	干打磨 dry sanding	在打磨时涂膜上不带水和汽油，仅用砂纸打磨的方法	空研ぎ
9138	色（涂膜的） color of film, colour	从涂膜反射或透过光的色（同义词：色彩）	色（塗膜の） （同：色彩）
9139	色卡 color chart	系统配制排列的颜色卡片	カラーチャート
9140	冷色 cool color	给人凉爽感的颜色	寒色
9141	原色	适当混合红、黄、蓝的光后，而制作出任何光的色。这三色的光称为光的三原色，在涂料场合称红、黄、蓝为三原色，狭义系指由单一着色颜料制成调色用涂料	原色
9142	彩色度（鲜艳度、饱和度或纯度） saturation, chroma	与同一明度的无彩色比较来衡量物体表面色的视觉属性的尺度。色的亮度，色彩的纯粹度，在色的表示方法中芒塞尔表示色系中使用的属性之一	彩度
9143	亮度 brightness	在色的表现中与混浊度对应使用，在芒塞尔表色系中与鲜艳度相当	さえ
9144	色差 color difference	用数量表示颜色的差别，色差的表示方法有各种各样，通常用色差计测定使用 ab 系，以 ΔE 表示	色差
9145	色相 hue	有红、黄、绿、蓝、紫那样特性的色的属性是芒塞尔表示色系的表示方法，另有鲜艳度和明度	色相
9146	本色 solid color	用一般颜料着色的涂料均一地着色，且是不透明的涂膜的色称为本色	ンリッドカラー

续表

编号	名称(中、英)	术语解说	日 语
9147	暖色 warm color	给人有暖的感觉的颜色	暖色
9148	调色 tinting	最终调和到所需的色漆颜色	チンチング
9149	着色 tint	将有彩色的着色剂与白色颜料混合制作成的色,通常是明度高,彩色度低	チント
9150	标准颜色板 color standard(panel)	涂色的品质和生产等一切都确认终了后,由漆厂制成色样板,造型作为正规承认的正规生产的涂色标准,分发给有关工厂及部门	標準色見本 (略:標準板)
9151	闪光 flip-flop	表现汽车用金属闪光色的金属,闪光效果随角度的变化色变得又深又光亮	フリップフロップ
9152	无彩色 achromatic color	无色相的颜色(白、灰色、黑等)	無彩色
9153	明度 value of lightness	是指用物体表面的反射率,来衡量判定对比反射率的多或少的视觉感的属性,也可称为色的明亮度	明度
9154	金属闪光色 metallic color	在清漆或磁漆中,混入铝粉,得到具有金属光辉的涂膜的色	メタリックカラー
9155	有彩色 chromatic color	持有红、黄、蓝那样色相的颜色	有彩色
9156	绿色涂装车间 green paintshop	用绿色涂装工艺技术装备的,在能耗、资源耗用、VOC、CO_2、污水和颗粒物等的排放量较原涂装生产有明显削减,且全面达到涂装清洁生产和节能减排标准的涂装车间	
9157	VOC 排放量 VOC emissions	在涂装过程中单位被涂装面积产生的 VOC(挥发性有机化合物)的量(g/m^2),是污染大气的有害气体,环保目标值之一	
9158	CO_2 排放量 CO_2 emissions	在涂装过程中单位被涂面(或件)的各种能耗换算成 CO_2 的量[$kgCO_2/m^2$(或件)],是节能减排,低磷化目标值	
9159	废水(污水)量 waste water	涂装过程中的废水产生量[L/m^2(或件)],是环保目标值之一	
9160	颗粒物产生量(PM) particle emissions	涂装过程中产生的颗粒物污染大气的程度(mg/m^3)	
9161	能耗系数值 COP coefficient of performance	利用1kW·h热量的 CO_2 排放量比较系数,又称功绩系数,表示热泵的效率	
9162	中间检查	系指涂装线(或工序)之间,或关键工序后的质量检查工序。一般由专职检查员抽查,作业人员自检	
9163	最终检查修饰	系指涂装成品交验前进行最终的质量检查工序;涂面如果有小缺陷,进行抛光修正,100%检查	
9164	Audit 评审	系指抽检每班每日的涂装质量,评分考核	
9165	一次合格率 first-run-rate(FRR)	通过涂装线一次涂装质量合格的成品率。一次合格率越高,则涂装返修率越低	直通率

续表

编号	名称（中、英）	术语解说	日语
9166	塑料件涂装 painting of plastic work（同：树脂涂装）	工业制品轻量化，以塑代钢。为提高塑料件的装饰性，延长使用寿命和具有特种功能，塑料件也进行涂装。其难点：热变形，涂膜固化温度受限；表面能较金属低，涂膜难附着	
9167	钣金修整	系指用高超的钣金手艺消除电泳底漆（或中涂）后检查出来的钣金件（如轿车车身）表面存在的凹凸缺陷的工序	

表 2 涂装前处理及其用材（9201～9237）

编号	名称（中、英）	术语解说	日语
9201	前处理 pretreatment	系指在涂装之前进行物理的或化学的脱脂、除锈等处理工序，以提高涂层的附着性和耐蚀性，在金属涂装场合有化学成膜处理和喷砂处理，在木材涂装等场合有底材表面调整处理等	前處理
9202	前处理剂 pretreatment chemicals	系指涂装前进行化学前处理所使用药剂的总称	前處理剂
9203	碱液脱脂法 alkali degreasing	用碱性脱脂剂溶液靠皂化、乳化作用除去金属制品的油类，洗净底材的方法	アルカリ脱脂（法） ［同：アルカリ洗净（法）］
9204	碱性脱脂剂 alkali cleaner	在苛性钠等强碱、硅酸钠和磷酸钠等弱碱中添加表面活性剂配成的脱脂用药剂	アルカリ脱脂剂
9205	溶剂脱脂 solvent degreasing	用有机溶剂溶解除去金属制品的油类的方法。有用抹布浸湿有机溶剂擦洗的方法，将物品浸在容器中洗净的方法	溶剂脱脂 ［同：溶酸洗净（法）］
9206	表面预处理 surface treatment	对被涂物表面进行各种处理的总称，又称前处理	表面處理
9207	表面调整 surface conditioning	为得均一致密的磷化膜，在磷化处理前进行有助成膜反应的化学处理	表面調整
9208	表面调整剂 surface conditioner	在磷化处理前进行表面调整用的药剂	表面調整剂
9209	化学成膜、转化膜 chemical conversion coating	化学处理金属表面生成的膜，金属的一部分溶解在处理液中，随反应产生的无机盐结晶沉积在金属表面上，结晶进一步生成发展而形成膜。钢铁用磷化处理是生成磷酸铁和磷酸锌，铝用铬酸盐处理，生成铬酸盐等。都是致密固体结晶，具有非导电性、水不溶性、牢固地附着在金属表面上的特性。且其结晶的表面积大，能增强涂膜的附着力。耐磨性优良的膜也适用于轴的转动部和滑动面，具有耐热性	化成皮膜
9210	游离酸度 free acid	在磷化处理的槽液中存在的游离磷酸的浓度	遊離酸度
9211	总酸度 total acid	磷化处理液中的游离磷酸和化合酸（磷酸二氢盐）的浓度之和	全酸度
9212	促进剂 accelerator	为使磷化成膜反应稳定，且迅速进行的药剂，使用硝酸盐-亚硝酸盐的混合物和氯酸盐等	促進剂

续表

编号	名称(中、英)	术语解说	日语
9213	膜重量 coating weight	单位面积上附着的化学膜重量,以 g/m³ 表示	皮膜重量
9214	P 比(同:P/P+H) P ratio	是锌盐磷化膜的特性之一,表示由磷酸二锌铁(P)和磷酸锌盐(H)组成的磷化膜中的磷酸二锌铁的含有率。磷酸二锌铁含有率越高,涂装后的耐蚀性越优	ピー比 (同:P/P+H)
9215	磷化处理剂、磷化液 phosphating chemicals	作为磷化处理所用的药剂,其主要成分一般为锌、镍、锰的磷酸二氢盐组成的"三元"磷化液	皮膜化成剤
9216	锌盐磷化处理 zinc phosphating phosphate treatment	磷化处理的一种,在金属制品的表面上生成水不溶的磷酸锌的结晶膜的处理,处理方法有喷射法和浸法。一般作为钢铁涂装的打底用,也可供防锈和耐磨用	りん酸亜鉛(化成)処理
9217	锌盐磷化膜 zinc phosphating coating	含磷酸锌和磷酸锌铁,磷酸铁的磷化膜呈灰色,为致密的结晶	りん酸亜鉛皮膜
9218	铁盐磷化膜 iron phosphating coating	磷酸铁的结晶膜。是磷化膜中最薄的,为青黑色的磷化膜	りん酸鉄皮膜
9219	薄膜型前处理工艺 thin film pretreatment	转化膜厚 $40\sim200nm$(纳米级),膜重 $0.04\sim0.2g/m^2$,只有磷化膜重的 1/20,是新一代环保型无磷涂装前处理工艺总称	
9220	硅烷处理技术	以硅烷处理剂替代磷化液的绿色前处理工艺,薄膜型无磷前处理工艺之一	
9221	铬酸处理(钝化) chromate coating,chromating	它用在钢板的磷化膜的后处理,浸在质量分数为 $0.02\%\sim0.1\%$ 的铬酸液水中处理,铬酸与磷化膜底金属产生部分反应而得到防锈性优良的磷化膜或铬酸盐转化膜	クロム酸処理
9222	铬酸盐处理 chromate coating,chromating	系指镀锌层的铬酸处理和铝的铬酸盐化学处理	クロメート処理
9223	打锈 descaling	系指用机械的方法除去氧化皮的作业	錆落とし
9224	除锈(同:酸洗、酸蚀) descaling,derusting	系指除去金属上所生的锈蚀、产物的过程,包括打锈那样的物理方法和酸洗那样的化学方法	錆取り (同:酸洗い,ピックリンゲ)
9225	酸洗(同:除锈) acid pickling,pickling	浸在酸性溶液中,为除去金属制品的氧化皮和锈层,而使底材清净	酸洗い (同:錆取り)
9226	酸性阻蚀剂 acid pickling in hibitor	在酸洗时为抑制铁底材的溶解和氢脆作用而使用的添加剂	酸洗い抑制剤 (関:インヒヒク)
9227	喷砂 sank blasting,blast cleaning	用压缩空气从喷嘴将石英石等砂子喷射出去,除掉钢板的氧化皮和红锈等和粗化表面的方法	サンドプラスト
9228	喷丸 shot blasting	借助 $2000\sim2400r/min$ 左右的高速旋转的叶轮产生的离心力,将钢丸等抛射到钢材表面,击落氧化皮等的方法	ツョットプラスト
9229	新鲜水洗 fresh water rinsing	无循环作用,全部采用新鲜水不循环使用进行淋洗的工序	新水洗

编号	名称(中、英)	术语解说	日语
9230	纯水(同:脱离子水) deionized water	用离子交换树脂除去阳离子和阴离子的纯净水又名去离子水。现用反渗透法(RO 法)制取纯水为主	純水 (同:脱イオン水)
9231	纯水洗 deionized water rinsing	用纯水进行淋洗的工序	純水洗
9232	预洗净 precleaning	靠脱脂工序不能完全洗净的污物,(如沾污的高黏度拉延油、定位焊密封胶、底漆标记等),预先用溶剂或高压热水等除去这些污物的工序	予備洗净
9233	预热水洗 hot water prerinsing	为提高脱脂效率和减少脱脂液的污染在脱脂工序前用热水进行预洗净	予備湯洗
9234	喷射式前处理 spray pretreatment system	用喷射方式进行涂装前表面处理的方法,适用于连续式的涂装前处理场合	スプレ式前處理 (同:スプラボンデ)
9235	溢流喷射式前处理 flood spray pretreatment system	是喷射式的变形,在喷射处理的同时,对车身内部难喷射到的部位灌注大量的处理液进行表面处理的方式	フラッドスプレ式前處理
9236	全浸式前处理 full dip pretreatment system	将被涂物(车身)全部浸入处理液和清洗水中进行涂装前处理的方式,使车身内腔内表面也处理完善	フルデイップ式前處理
9237	烘干水分 drying off	烘干前处理后和湿打磨后的物品上携带的水分	水切り乾燥

表 3　涂装方法 (9301～9331)

编号	名称(中、英)	术语解说	日　语
9301	阳极电泳涂装、AED anodic electro deposition	以被除物作为阳极,电泳槽绝缘,另插入的电极为阴极的电泳涂装方法,涂料采用水溶性的以胺等碱性基中和的聚羧酸树脂	アニオン電着
9302	阴极电泳涂装、CED cathodic electro deposition	被除物作为阴极,电泳槽绝缘,另插入阳极的电泳涂装方法。与阳极电泳相反,涂料是以聚胺树脂为基,酸中和成水溶性树脂沉积在阴极上的类型	カチオン電着
9303	泳透力 throwing power	在电泳涂装时,由于在被涂物部分表面上形成涂膜,且具有电阻,这样抑制涂膜的继续析出,使电流流向未涂上涂膜的部位;泳透力就是表示电泳涂装泳涂背离电极的被涂物表面(内腔、缝隙等)的能力	付回り性
9304	电泳 electro phoresis	在溶液中通电构成电场后,使液中的阳离子粒子移向阴极,阴离子粒子移向阳极的定向运动这种现象称为电泳,在阳极电泳涂装场合涂料中的树脂和颜料成分带负电荷,因而泳向被涂物的阳极	電氣泳動
9305	电渗 electro osmosis	在多孔质的膜和毛细管中含的液体,当它们附在电极上通电后,液体通过毛细管移动,这种现象称为电渗作用。在电泳涂装时靠这种作用使涂膜的水随同离子移动。排出涂膜中的水分	電氣浸透

续表

编号	名称（中、英）	术语解说	日 语
9306	电泳涂装（ED涂装） electrodeposition, electrocoating	是将具有导电性的被涂物浸入分散在水中的电泳涂料，使被涂物和另一金属体成为两极，通电后使涂料涂在被涂物上的方法。因为涂料中的涂膜的主要形成物和颜料带电，如被涂物成为与带电的物质相反的电极，则带电的物质附着形成水非分散性的涂膜。随后从涂料中提起用水洗净后烘干	電着塗装 （同：電氣泳動塗装） （略：ED塗装）
9307	更新期 turn-over	在电泳涂装时电泳槽内的涂料量由随后补给的涂料置换一次所需的时间	ターンオーバ
9308	揩涂 pad application, padding	挥发干燥性涂料的涂布方法之一，用含涂料的棉球，一边作圆形顺序移动，一边手工抛光整个表面的涂装，涂膜薄，但涂料多次重叠附着达到一定的厚度，得到平滑、装饰优良的外观，所谓棉球是棉布包的棉花	たんぽずり
9309	刷涂 brush application, brushing, brush coating	用刷子涂布涂料的方法	はけ塗り
9310	浸涂 dipping, dip coating	将被涂物浸入涂料中取出，流掉多余涂料的涂装方法	浸せき塗り （同：ディッピンゲ塗装）
9311	喷涂 spraying, spray coating	将液态涂料呈雾状喷出的涂装方法，是空气喷涂、无空气喷涂、静电喷涂等的总称，狭义系指空气喷涂	スプレ塗装 （同：吹付け塗）
9312	喷枪距离 gun distance	在喷涂时喷枪与被涂物之间的距离	ガン距離
9313	喷枪移动速度 spray gun velocity	在喷涂时横向或纵向移动喷枪的速度	ガンスピード
9314	空气喷涂 air spraying	用空气喷枪和压缩空气将液态涂料呈雾状喷射到被涂物上	エアスプレ
9315	无气喷涂 airless spraying	靠高压泵将涂料从无空气喷枪的喷嘴小孔中喷出，迅速膨胀而达到雾化和涂装的方法	エアレススプレ（塗装）
9316	过喷涂 over spray	在喷涂时，雾化的涂料粒子的一部分碰到被涂物返回或穿过，随压缩空气流飞散的漆雾，造成浪费的现象	オーバスプレ
9317	拖式浸涂 slipper dipping	浸涂的一种，仅将悬挂在运输链上的被涂物的下部浸在涂料中的涂装方法	スリッパディップ
9318	静电涂装 electrostatic coating	被涂物作为阳极，涂料喷雾机作为阴极，并在阴极上加上负的高电压，在两极间形成高压直流静电场，电晕放电使喷射在其中的涂料粒子带负电，被吸往相对应极的被涂物上的涂装方法	静電塗装
9319	静电粉末涂装 electrostatic powder coating	靠压缩空气或震荡将粉末涂料喷入高压直流静电场中，使粉末在高压下带电，靠静电力吸往并附着在被涂物的表面上的方法	静電粉体塗装
9320	流化床涂装 fluidized powder bed coating	粉末涂料的一种涂装方法。将粉末涂料放入用多孔板为底部的涂料容器浮动槽中，从下送入空气后，涂料呈浮游流动状态。将预先加热的被涂物浸入浮动槽中一定时间后取出，粉末涂料黏附在被涂物表面上，靠底材的保有热量熔融，形成涂膜	流動浸せき塗り

编号	名称（中、英）	术语解说	日　语
9321	辊涂 application by roller, roller coating	通过辊筒间涂布涂料的方法。适用于平板状被涂物，还有用蘸涂料的滚筒在被涂物面上辊动的涂装方法	ローラ塗り
9322	自泳涂装、化学泳涂法 autophoresis coating	是当金属被涂物浸入自泳涂料的槽液中时，表面被酸侵蚀，在金属与槽液的界面上生成多价的金属离子，它使乳液聚合物颗粒失去稳定而沉积于被涂物表面，形成涂膜的方法	
9323	电泳后清洗 washing after ED	泳涂在被涂物上的涂膜已具有水不溶性，电泳涂装后可立即进行超滤（UF）液和纯水清洗，洗掉工件上的浮漆，回收 ED 涂料，改善漆面质量	
9324	吹风 air blow	用压缩空气吹掉附着在被涂物上的水滴或灰尘	エアブロー
9325	淋涂 flow coating	是将涂料喷淋到被涂物上的涂布方法。多余的涂料滴下除去	フローロテイング （俗：流し塗り）
9326	区域性修补 block repair	在汽车涂膜修补之际，以部品（例如发动机罩、门等）为一单元的修补对象进行补漆处理	ブロック補修
9327	粉末电泳涂装法（EPC） electrophoretic powder coating	是用阳离子性的水溶性树脂为主体的带电漆基披覆粉末涂料的粉末表面，并将它分散在水中进行电泳涂装的方法。兼备有粉末涂装和电泳涂装的优点，现正在开发之中	粉体電着塗装（法） （俗：EPC）
9328	粉末涂装 powder coating	是将粉末涂装附着在预先加热的被涂物上，而对喷涂附着在被涂物上的粉末涂料进行加热处理，使粉末涂料在被涂物表面形成连续的涂膜的方法	粉体塗装 （俗：PC）
9329	刮涂 knifing, knife application	是用刮刀涂布涂料的方法	へら付け
9330	修补涂装 touch up	局部补修涂膜的受伤部位	補修塗り（俗：タッチアップ、拾い塗り）
9331	热喷涂 hot spraying, hot spray coating	是将涂料加热，使其黏度下降到可喷涂的黏度而进行喷涂的方法	ホットスプレ（塗装）

表 4　涂膜固化（干燥）及其方法（9401~9421）

编号	名称（中、英）	术语解说	日　语
9401	干燥、固化 drying cure	涂布的涂料薄层由液体变成固体的现象称为干燥。涂料干燥的机理有溶剂的挥发、蒸发、涂膜形成物的氧化、聚合、缩合等，干燥的条件有自然干燥、强制干燥、加热干燥等。还有干燥的程度有触指干燥、半固化干燥、完全干燥等	乾燥、固化
9402	湿涂膜 wet film	涂装后的未干燥的涂膜	ウエット・フイルム
9403	表干 sand dry, surface dry	涂膜的表面呈干燥状态，而底层柔软且有黏性的未干燥的状态	上乾き

编号	名称(中、英)	术语解说	日 语
9404	触指干燥 set to touch, dust free, dry to touch	涂料的干燥状态之一,按标准用手指触及涂面中央,指尖不被试验涂料沾污状态的时刻称之为触指干燥	指触乾燥
9405	完全干燥,完全固化 dry-hard, dry-through, hard dry, dry through, baking	涂料的干燥状态之一。按标准用中指和食指强力挤压试板中央,在涂面上不留有指纹的凹印无涂膜移动的感觉,还有用指尖急速往复地划涂面,不留有擦伤痕的状态称为完全干燥	硬化乾燥
9406	半固化干燥(触指干燥) tack free, tack dry	涂料的干燥状态之一,按标准用指尖轻轻触摸涂面的中央,涂面不留有擦摸印状态的时刻称之为半固化干燥	半硬化乾燥
9407	烘干(加热干燥) baking stoving, oven	涂料涂布后,用高温加热使涂膜固化的工序	燒付け (同:加熱乾燥)
9408	强制干燥 forced drying	系指用比自然干燥稍高的温度促进涂料的干燥,普通是用66℃(150℉)以下的温度干燥的场合	强制乾燥
9409	加热干燥 baking, thermosetting	是加热湿涂层,使其固化的过程。加热方式有热空气对流、红外线辐射等。加热干燥所得的涂膜一般较硬。普通系指 66℃(150℉)以上温度下干燥的场合	加熱乾燥 (同:燒付け)
9410	自然干燥(同:常温干燥) air drying cold curing	即湿涂层在常温的空气中自然发生干燥、固化的过程	自然乾燥 (同:常温乾燥)
9411	聚合干燥 curing by polymerization	液态涂料变成固态涂膜时的机理之一。由液态涂料的涂膜形成物分子中的不饱和双键聚合使相对分子质量增大,或分子间交链而产生的固化	重合乾燥
9412	蒸发干燥(同:挥发干燥) drying by evaporation	涂料的干燥机理之一。溶剂挥发后由不挥发分成膜干燥的方法	蒸發乾燥 (同:揮發乾燥)
9413	晾干 setting, flash off	涂装后进行烘干之前,为得到优良的涂装的外观质量及性能,将被涂物放置一定时间,再进行烘干或涂下道漆	セッテイング (同:フラッシェオフ)
9414	预烘干、加热晾干 heated flash	晾干一般为室温,加热(60~80℃)空气吹干,促进水分挥发,俗称预烘干	
9415	低湿低温空气吹干 BC dehumidified air	是水分烘干或水性底色湿涂膜干燥用低湿(≤8g/kg)低温(50℃)空气吹干,不需冷却的新的水分干燥法	
9416	(暗)红外干燥 (dark) infrared drying, infrared drying, infrared baking	是用红外线照射物品,红外线变成热能,利用从内部升温干燥涂膜的方法	(暗)赤外綫乾燥
9417	紫外线固化干燥(同:光聚合干燥) ultra violet curing	利用紫外线灯由特定波长的光照射,光聚合涂料产生聚合固化的方法	紫外綫硬化乾燥 (同:光重合乾燥)
9418	电子束固化(即辐射固化) electro beem curing, radiation curing	是用放射线(电子束)辐射湿涂膜,产生活性游离基引发聚合而使涂膜固化的方法。必须有专用装置	電子綫硬化乾燥 (同:放射綫硬化幹燥) ラジエーツヨンキェアリンゲ

续表

编号	名称（中、英）	术语解说	日　语
9419	热风干燥　对流干燥 hot air drying, convection drying	是燃烧重油和城市煤气或电等加热空气,再用热空气对流加热被涂物和湿涂膜,使其固化干燥的方法	熱風乾燥
9420	干燥时间 bake schedule	涂料干燥所需的时间,是在加热干燥场合从进入加热装置到成干燥状态的时间,干燥状态在标准中分为指触干燥、半固化、完全固化(干燥)	乾燥時間
9421	烘干窗口 cure window	系指涂膜烘干的温度与烘干时间的最佳范围,超出范围就产生过烘干或不干	

表 5　涂装材料及其组成、性质（9501～9589）

编号	名称（中、英）	术语解说	日　语
9501	涂料 coating, paint	为保护物体表面、改变外观、形状及其他目的所使用材料的一种。靠流动状态涂布在物体表面上成为涂膜,经过一段时间固化附着在表面上而成固体的膜,连续覆盖物体表面的东西。将涂料铺覆物体表面的操作称为涂布,变成固体膜的过程称为干燥,固体膜称为涂膜。所谓流动状态包含液体、融解状物质、空气悬浊体等。含颜料的涂料称为色漆	塗料
9502	水性涂料　水系涂料 water borne paint	是水溶性涂料的总称。采用水溶性或水分散性的涂膜形成物,有粉状水性涂料、合成树脂乳胶漆、水溶性烘烤型涂料、酸固化型水溶性涂料	水系塗料 （同：水稀释性塗料,水性塗料）
9503	水溶性树脂涂料 water soluble resin paint, water soluble resin coating	是采用水溶性物质作成膜物质制成的涂料。在涂膜形成之际树脂固化生成水不溶的涂膜	水溶性樹脂塗料
9504	水分散性(树脂)涂料 water dispersible paint	采用水中分散型的树脂制作成的涂料,即乳液涂料。树脂具有亲水性的基团,是和水混合形成的胶体物质,为长期保持悬浮体,需靠保护物质保护。颜料与树脂不同,显示出憎水性胶体的举动,为形成悬浮体需使用表面活性剂那样的分散剂,形成所谓的乳液	水分散性(樹脂)塗料
9505	非水分散型涂料 non aqueous dispersion paint	是靠高分子分散稳定剂将聚合物粒子(1μm以下)分散在水以外的溶媒(分散介质)中,呈悬浊状的东西。与传统的溶剂型相比不挥发分高,对涂装有利。聚合物通常是丙烯酸树脂,主要使用对象为汽车用金属闪光色磁漆	NAD 塗料 （同：非水性分散型塗料）
9506	丙烯酸树脂涂料 acrylic resin paint	是采用由丙烯酸或甲基丙烯酸的单体聚合所得树脂作为成膜物质的涂料。这种系列涂料的光泽好,烘烤型的耐候性特别优良,多作为汽车用金属闪光色涂料	アクリル樹脂塗料
9507	热塑性丙烯酸树脂涂料 thermoplastic acrylic paint	是使用热塑性丙烯酸树脂作为涂膜形成物的涂料,与硝基漆相同,靠溶剂的蒸发在短时间内干燥。为调整干燥性,物理性能添加有纤维素的衍生物和 CAB	熱可塑性アクリル樹脂塗料

编号	名称(中、英)	术语解说	日 语
9508	热固性丙烯酸树脂涂料 thermosetting acrylic paint	是靠加热进行交链反应成膜的丙烯酸树脂涂料。光泽、物理性能、保色性、耐候性等优良,用作家用电器和汽车用涂料	熱硬化性アクリル樹脂塗料
9509	醇酸树脂涂料 alkyd resin paint	是采用醇酸树脂作为涂膜形成物的涂料。醇酸树脂中所含脂肪酸有氧化型和非氧化型。根据树脂中的脂肪酸含有量的多少可分为长油、中油、短油。用氧化型长油醇酸树脂制的合成树脂调和漆供建筑、船舶、钢桥等涂装的面漆用。用氧化型短油醇酸树脂或氧化型中油醇酸树脂制的涂料供铁道车辆、机械等涂装的面漆用。也还有一部分用作汽车底盘部件涂装的面漆	アルキド樹脂塗料
9510	粉末涂料 powder paint	是不用有机溶剂或水那样的挥发性分散介质,将固体树脂制成微粉末状,适用于粉末状态涂装用的涂料。现在采用的有环氧树脂、丙烯酸树脂、聚酯树脂等粉末涂料	粉体塗料
9511	油漆色漆 paint	广义上是涂料的总称。还有含颜料的涂料的总称。狭义上用颜料和清油炼制调和成的涂料称之为油漆色漆	ペイント
9512	防锈蜡 anti-corrosion wax,anti-rust wax	大的可区分为天然蜡和合成蜡。它们在常温下是固体浆膏状和液体,为涂到被涂物上必须熔融或溶解在溶剂中。防锈蜡有溶解在溶剂中的溶剂系蜡、分散在水中的水系蜡和加热熔融用的热融型蜡	防錆ワックス
9513	无溶剂型涂料 solventless coating solvent free paint	是不含有溶剂型涂料那样的挥发性溶剂的涂料。有不饱和聚酯树脂涂料、粉末涂料等	無溶剤型塗料
9514	金属闪光色磁漆 metallic enamel, metallic paint, metallic pigmented paint	在涂膜中的金属光泽从任意方向都可见到那样的磁漆。硝基磁漆、丙烯酸树脂磁漆、氨基醇酸树脂磁漆等具有部分透明性,将不漂浮型铝粉膏混入即制成	メタリックエナメル
9515	三聚氰胺醇酸树脂涂料 melamine alkyd resin paint, melamine alkyd paint	是由三聚氰胺树脂和醇酸树脂作为涂膜形成物而制成的涂料。多数靠加热使两种树脂产生缩聚合反应而形成涂膜。这种涂膜具有韧性、耐水性、耐药品性、耐热性、耐候性,主要用作汽车用本色涂料	メラミンアルキド樹脂塗料
9516	烘烤型涂料(俗:烤漆) thermosetting paint	是靠加热固化才能形成涂膜的涂料。加热温度一般在100℃以上	燒付け塗料 (俗:燒付けエナメル)
9517	油性涂料 oil paint	涂膜形成物的主成分是干性油的涂料的总称	油性塗料
9518	沥青涂料 bituminous paint	是以沥青、焦油沥青、天然硬沥青等沥青作为涂膜形成物质的涂料,耐腐蚀性、耐化学药品性、耐水性等方面都优良	歴青質塗料
	清漆(俗称:凡立水) varnish,clear	是将树脂等溶在溶剂中制成的涂料的总称。不含有颜料,涂膜是透明的	ワニロ
9519	抗崩裂底漆 chip resistant primer,anti chipping surfacer	为防止由石击对一般的外表部底材的损伤,与二道浆湿碰湿所使用的涂料	チッピンクプライマ(塗料)

续表

编号	名称(中、英)	术语解说	日 语
9520	合成树脂涂料 synthetic resin paint	是用合成树脂作为主要成膜物质制成的涂料的总称	合成樹脂塗料
9521	二道浆(同:中间层涂料) surfacer,guide coat	系指以防止紫外线对底层涂膜的老化和涂面漆前的底涂层表面修整(提高面漆涂膜的光泽、平滑性)为目的所采用的中间层涂料	サーフェーサ (同:中塗り塗料)
9522	防锈涂料 anticorrosive coating, anticorrosive paint, rust inhibiting paint, corrosion resistant coating,antirust paint	系指在钢铁制品涂装场合,具有能抑制金属表面生锈作用的涂料	錆止め塗料
9523	底漆涂料 primer	是在多层涂装的场合用作为底漆(第一道漆)的涂料。其功能是防止底材对涂装体系产生不良影响,提高附着力	下塗り塗料
9524	底盘黑涂料 chassis black paint	是组成汽车底盘的零部件涂装所用的黑色防锈涂料的总称	ツャツーブラック
9525	面漆、面漆用涂料 top coat	是在多层涂装系列中的最后一层所用的涂料	上塗り塗料
9526	腐蚀底漆(同:磷化底漆、活性底漆) etching grimer	金属涂装时的底材处理用的底漆。成分的一部分与底材金属反应生成化合物,以提高涂膜对底材的附着力,是金属底材处理用的涂料。主要含磷酸、铬酸。一般为双组分,在使用前混合	エッチングプライマ (同:ウォッッエプライマ,活性プライラ)
9527	磁漆 enamel	是含颜料的一种涂料,一般含有树脂,涂膜的光亮度像搪瓷	エナメル
9528	富锌底漆 zinc rich primer	采用锌粉作为防锈颜料的防锈涂料,在其干涂膜中锌粉的质量分数在90%以上	ツンクッチプライマ
9529	抗石击涂料(SGC) stoneguard coating	以保护汽车车身下部(密封板、挡泥板下表面、挡板等),抗飞石冲击为目的所用的涂料	ストンガードコート材 (略:SGC)
9530	局部修补底漆 touch up primer	为磨穿部位的防锈补涂用的添加有防锈颜料的涂料	タッチアッズライマ
9531	触变性 thixotropy,thixotropic	温度一定时,搅拌混合后成溶胶性,静止后变成冻胶状、胶态分散体的可逆的性质	チキントロピ
9532	抗崩裂涂料 antichipping paint,chip resistant paint	抗崩裂底漆的一种,供对石击以及崩裂特别严重的一般外板(发动机机罩的前端等)涂装用的涂料	チッピングコート塗料
9533	抗崩裂二道浆(涂料) chip resistant surfacer,antichipping surfacer	附加有抗石击性能的二道浆	チッピングサーフエー (塗料)
9534	同色涂料(中涂) color surfacer	在涂中涂工序用来代替面漆或起辅助面漆作用所使用的与面漆颜色相近似的涂料	共色塗料
9535	酚醛树脂涂料 phenolic coating,phenolic resin paint	采用酚类和醛类缩合而得的合成树脂作为涂膜形成物而制成的涂料,用松香改性的酚醛树脂、烷基酚醛树脂和干性油作为涂膜形成物制成的油性涂料,将醇溶性酚醛树脂溶解在醇中制成的醇溶性涂料等。其涂膜一般耐酸性、耐碱性、耐油性、耐水性和电绝缘性等优良	フエノール樹脂塗料

续表

编号	名称(中、英)	术语解说	日语
9536	苯二甲酸树脂涂料 phthalic resin paint, alkyd resin paint	用苯二甲酸酐为原料制的醇酸树脂作为涂膜形成物制成的涂料。耐候性优良,在汽车上主要作部件用涂料	フタル酸樹脂塗料
9537	不饱和聚酯涂料 unsaturated polyester paint	采用不饱和聚酯和乙烯基单体作为涂膜形成物制成的涂料。所用的不饱和聚酯是顺丁烯二酸酐和二元醇的缩合物。这种缩合物具有可溶、可融性,溶解在苯乙烯那样的乙烯基单体中成液体,加热或过氧化物的作用使不饱和基和乙烯基产生附加聚合,形成不溶、不融的涂膜。这种涂料的干燥不需要靠溶剂的蒸发和供给氧气,固化过程中也不产生副产物,因而可厚涂,在短时间内形成涂膜,与其他涂料相比,用作厚涂清漆和腻子特别优越	不飽和ポリエステル樹脂
9538	底漆 primer	在涂装体系中涂在底材第一道用的涂料,底漆随底材的种类和涂装体系的种类不同而有多种	プライマ
9539	底漆二道浆 primer surfacer	兼用中涂涂料性质直接涂在底材上用的涂料。所得涂膜易打磨	プライマサーフェーサ
9540	电泳涂料 electrocoating, coating for electrodeposition	均一分散在水中,通直流电流后,沉积在物件表面上的电泳涂装用的水溶性树脂涂料	電着用塗料
9541	阴极电泳涂料 cathodic electrodeposition primer	是以用酸中和带盐基性氨基的树脂,水溶化的物质作为涂膜形成物的阴极电泳涂装用的涂料,这种涂料的涂膜具有优良的耐腐蚀性	カチオン電着用塗料
9542	中间层涂料(同:二道浆) surfacer, guide coat	是供多层涂装体系的中间涂层用的涂料。介于底漆涂层与面漆涂层的中间,对两者都有良好的结合力,为提高涂装体系的耐久性和补充底漆涂面的平滑度不足等目的而采用。为了后一目的,涂膜厚、易打磨是其特征	中塗り塗料 (同:サーフェーサ)
9543	原漆 virgin paint, UN-cut paint	进行稀释之前的涂料,也可称原液涂料	生塗料
9544	双组分涂料 two component paint	是指靠化学反应固化的两组分型涂料,在使用前混合,搅拌使用。例:不饱和聚酯涂料、环氧树脂涂料、聚氨酯涂料	二液性塗料
9545	高固体分型涂料 high solid paint	为减少涂装时排出的溶剂,在高不挥发分下能涂装的涂料,一般施工固体分的质量分数达65%以上	ハインリッド型塗料
9546	基料 binder	在漆料中联结颜料的成分(例如:油、树脂、硝化纤维等)	バインダ
9547	腻子 putty	是用以填埋底涂层的凹洼、裂纹、孔穴等缺陷,提高涂装体系的平滑度用的涂料。含颜料分高,多为浆状	パテ
9548	聚酯腻子(俗:原子灰) polyester putty	在由不饱和聚酯树脂和苯乙烯单体配成的聚酯中加颜料炼制而成。加有聚合促进剂,几乎100%地成为涂膜	ポリエステルパテ

编号	名称(中、英)	术语解说	日　语
9549	有机溶剂型涂料	凡涂料的挥发分组成是有机溶剂,调稀也必须用有机溶剂的涂料的总称	
9550	无光涂料 flat paint,flat oil paint,mat paint	是涂膜的光泽度很小的涂料	艶消し塗料
9551	光固化涂料 light curing coating	是吸收特定波长的光而产生固化反应的涂料。一般在涂料中添加光增感剂,它吸收300~400μm波长的光能激发产生离子或活性基团,再与树脂反应使涂膜固化	光硬化塗料 (同:光重合塗料)
9552	漆料 vehicle	在涂料中,分散颜料用的液状成分	ピヒクル (同:展色剤)
9553	涂膜主要成分 film forming agent film forming ingredient, film former, film forming material	是形成涂膜的主要成分。例:油性涂料的干性油、硝基漆的硝化纤维、虫胶清漆的虫胶	塗膜形成要素
9554	施工固体分 application solid	已调稀到施工黏度时的涂料的不挥发分	アプリケーツョンソリッド
9555	加热残分(不挥发分) nonvolatile content, nonvolatile matter,solids content,heating residue	将涂料在一定条件下加热时,涂料成分的一部分挥发或蒸发后残留物的重量,与原重量之比的质量分数(%)。残分主要是基料中的不挥发物,在涂料的一般试验方法中规定的加热条件为105~110℃,3h	加熱残分 (俗:ノンボラ,同:NV)
9556	灰分 ash content	涂料燃烧后残留物的重量,与原重量之比的质量分数(%),残留分主要是颜料	灰分
9557	结皮性 skinning	涂料在容器中与空气的接触面上产生皮的性质	皮張り
9558	颜料体积比率(PVC或颜料容积浓度) pigment volume, pigment volume concentration	涂膜成分中所含颜料的体积占涂膜成分体积的体积分数(%),在同种涂料间起比较涂膜性质的作用	顔料体積率 (同:PVC) (闕:顔料容積濃度)
9559	贮藏稳定性 shelf life,storage stability,can stability	在贮藏过程中不易变质的性能。将涂料在一定条件下贮藏后再进行涂装,观察其涂装作业性和所得涂膜有无影响而评定之	貯藏安定性
9560	细度,粒度 grainning,bitty,seed	在涂料中或涂面上用肉眼可见的粒状物质。涂料的细度用刮板细度计测定	つぶ
9561	黏度 viscosity	在流动物体内部产生的抵抗称为黏度。用给予液体的切应力和剪切速度之比来表示。这个比与切应力无关,一定时(牛顿流体)为本来的黏度,这个比随切应力变动时(非牛顿流体)则为对应于切应力的假黏度。黏度的CGS单位是Pa·s,水的黏度为(1.00×10²×0.1Pa·s,20℃),一般是随温度上升,黏度减小	粘度 (同:ビスコッテ)
9562	活化期、活化寿命 pot life,pot stability	是指使用双组分型涂料混合时,不产生胶化、固化,保持适于使用流动性的时间。也可称为使用时限。不能称之为"可使用时间"	ポットライフ

编号	名称(中、英)	术语解说	日 语
9563	流平性 leveling	涂装后,涂料流动能获得平滑涂膜的性质。观察涂膜的表面上存在的刷痕、橘皮、条纹那样的微观高低的多少,能较好地判断流平性	レベリング
9564	颜料分(P.W.C) pigment content	涂料中所含颜料对涂料总体的质量分数(%)	颜料分 (略:PWC)
9565	稀释稳定性 dilution stability	是指用大量溶剂调稀涂料时的分散体系的稳定性。必须没有树脂析出、色的变化、颜料分离等现象	希釋安定性
9566	稀释好的涂料 reduced paint	调稀到规定黏度后的涂料	希釋塗料
9567	凝结性 caking	涂料中的颜料在贮藏中沉淀结成硬块的性质	凝結性
9568	库仑效率 coulomb efficiency	在电泳涂装时每一库仑的电量所能电泳沉积电泳涂膜的重量。以毫克/库仑表示	クーロン効率
9569	pH 值	溶媒中含有的 H^+ 的物质的量浓度,常用对数表示。$pH=-lg[H^+]$	PH (俗:ベーハ)
9570	颜基比 P/B P by B	涂料中颜料与基料的质量比	P/B
9571	胶化 gel,gelation,gelling,livering	液状的物质变成不溶性的冻胶状。即涂料在容器中凝固,加溶剂搅混也不能溶解的状态	ゲル化
9572	相溶性 compatibility,compatible	两种或两种以上的物质具有亲和性,混合时能形成溶液或均质的混合物的性质。对涂料而言系指两种或两种以上的涂料能混合且不产生沉淀、凝固、胶化那样的不良结果的性质	相溶性
9573	粘连、结块 blocking	塑料薄膜或粉(含粉末涂料)彼此之间黏合,即长期接触后互相附着的现象	ブロキング
9574	溶剂 solvent	用于涂料的挥发性液体、用来增加涂料的流动性。狭义可称为涂膜形成物的溶媒,除此之外还有助溶剂、稀释剂。原来按蒸发速度的大小区分,而现在按沸点的高低可区分为高沸点溶剂、中沸点溶剂和低沸点溶剂	溶剤
9575	稀释剂 diluent(solvent)	它自身对涂膜形成物无溶解能力,而仅为蒸发成分的增量或防止溶剂对底层涂膜的过度溶解而供清漆、硝基漆用的挥发性的液体	希釋剤
9576	高沸点溶剂 high boiling point solvent,high boiler,slow solvent	沸点在150℃以上的溶剂	高沸点溶剤
9577	低沸点溶剂 low boiling solvent,fast solvent	沸点在100℃以下的溶剂	低沸点溶剤
9578	助溶剂 cosolvent	是指它自身不具有溶解涂膜形成物的性质,而加入到溶剂中,能使溶解能力比单独使用溶剂时大的挥发性液体。如在硝基漆中使用醇类作为助溶剂	助溶剤

续表

编号	名称(中、英)	术语解说	日语
9579	真溶剂 solvent	系指具有单独能溶解涂膜形成物性质的溶剂	真溶剤
9580	稀料(俗:信那水) thinner	为降低黏度,在涂装之际加到涂料中的一种挥发性的液体,也可称为调稀液	シンナ (俗:薄め液)
9581	表面活性剂 surface active agent surfactant	具有性质相反的亲水基和增水基部分能溶在液体中,吸着在界面能改变界面性质的物质,在涂料中有助于颜料分散湿润、消泡及流平等用的助剂,在涂装前处理中有助于油脂类乳化、湿润可溶化等的助剂	界面活性剤
9582	固化剂 hardner,curing abent	系指使不饱和聚酯树脂涂料和磷化底漆等涂料的干燥固化需添加的助剂。广义包括固化促进剂和干燥剂	硬化剤
9583	打磨砂布 abrasive cloth,sanding cloth	在布面上均一地粘接一层打磨材料制成的打磨工具或磨削工具	研磨布
9584	耐水性砂纸 water proof abrasion sandpaper	打磨砂纸的一种。粘接打磨材料,使用具有耐水性的胶接剂,打磨材料有碳化硅(以 C 表示)和熔融氧化铝(以 A 表示)	耐水研磨紙 (俗:耐水ペーパ)
9585	耐热的(纸质)遮盖用胶带 heat stable maskingtape	遮盖用的纸质胶带的基材上涂有耐热性的粘接剂的胶带。在涂料烘干后再揭下的场合使用	耐熱(クレープ)マスキングテープ
9586	黏性纱布 tack rag	涂装前,擦净被涂物上附着的尘埃等所使用的具有黏性的布	タックテグ
9587	粘灰清漆 tackrag varnish	制造黏性纱布所使用的且保持有黏着性的不干性清漆	タックテグワニス
9588	脱漆剂 paint remover	为剥离涂膜所用的材料。一般多用在有机溶剂中添加石蜡等蒸发抑制剂	はく離剤 (俗:リムーバ)
9589	抛光剂 polishing compound	抛光涂膜显出光泽用的材料。在这些材料中加入微细的磨料粉和硅砂粉等,可分为粗、中、细、超细等种类	ポリッシングコンパウンド

表 6　涂膜性能及测试仪器（9601～9669）

编号	名称(中、英)	术语解说	日语
9601	遮盖力 hiding power,obiterating power covering power,opacity	是指涂膜覆盖隐遮底层色差的能力,在分别为黑色和白色的底板上涂同样厚度的涂膜,与标准样板对比来判断分清色差的难易程度	隠パい力
9602	镜面光泽度 specular gloss,specular reflection	与入射光角度相等的底射光(即镜面反射光)和相同条件下的基准面的反射光对比的百分率。表示面的光泽程度。光泽度比较大的涂面(对法线入射角 60°)用受光角 60°测量,称这为 60°镜面光泽度,采用折光率为 1.567 的玻璃平面为镜面光泽度的基准面	鏡面光沢度 (關:光沢度)
9603	打磨性 grindability	系指用砂纸打磨材料等的涂膜时打磨作业的难易程度和被打磨面的平滑度。这是涂膜的试验项目之一	研磨(容易)性

续表

编号	名称(中、英)	术语解说	日 语
9604	浸透性 penetrability	用数值表示防锈力优良的蜡和密封胶在板缝间隙中浸透的深度,单位为毫米	浸透性
9605	鲜映性 distinctness of image	是与涂膜的平滑性和光泽依存的性质,用数值化表示等级,计测仪器有 PGD 计等	鮮映性
9606	耐碱性 alkaliproof,alkali resistance	受碱的作用不易产生变化的涂膜性质	耐アルカリ性
9607	耐过烘干性 overbake resistance	是指在比标准烘干条件的温度高或较长时间下烘干涂膜时抗变色,抗附着力下降的性质	耐オーバベーク性
9608	耐盐水性 salt water resistance	受食盐水的作用不易产生变化的涂膜性质	耐鹽水性
9609	耐挥发油(汽油)性 gasoline resistance	受发挥油的作用不易产生变化的涂膜性质	耐揮發油性
9610	耐久性 durability	达到物体的保护性、装饰性等涂料的使用目的所需涂膜性质的持久性	耐久性
9611	耐弯曲性(弹性) flexibility,elasticity	弯曲涂膜时不易开裂的性质,在弯曲试验时将试板的涂膜面朝外,底板面朝内沿圆棒弯曲180°,观察有无涂膜开裂。底板越厚,圆棒的直径越小,使涂膜的伸长率越大且使涂膜从表到里的伸长率不均等性也就越大,涂膜不脆,伸长率大,则可判定为耐弯曲性优良	耐屈曲性
9612	涂膜污染性 stain resistance	在涂膜上涂上某种涂料,放置一定时间后,将所涂的涂料除掉,涂膜耐膨润、变色、失光的性质	塗膜汚染性
9613	涂膜的外观 appearance of paint film paint film appearance	用肉眼观看时的涂膜状态。在涂料的一般试验方法中,将涂膜放在扩散的白昼光下与样板比较,考察色差、色不均匀的程度,光泽差异,光泽不均匀的程度,厚度不均匀程度,展平性刷痕、橘皮、起皱、颗粒、凹坑、流痕、缩孔、气泡、起泡、开裂、剥落,白化的程度	塗膜の外观
9614	老化 aging ageing	随着时间的经过,涂膜的性能外观变差的现象称为老化,可是英语的 aging、ageing 尚有熟化(即在贮藏过程品质变好的趋向)的意思	老化
9615	附着力 adhesion	是涂膜附着底层面上抗剥离的性质,附着是受涂膜与被涂面两者的分子间活动力作用相互结合在一起	密着性
9616	溶出(涂膜的) elusion,bleeding	将涂膜浸在液体中时从涂膜中溶解出一部分成分	溶出(塗膜の)
9617	耐溶剂性 solvent resistance	是涂膜浸在溶剂中不易产生变化的性质。在耐溶剂试验时,将试板浸入规定的溶剂中观察涂膜的起皱、膨胀、开裂、剥落等,还有色和光泽的变化黏着性的增加,软化、溶出等的变化以及试验溶剂的着色、浑浊的程度	耐溶剤性
9618	耐候性 weather resistance weathering property,weatherproof	是指在户外抗日光、风雨、露霜、冷热、干湿等自然作用,不易产生变化的涂膜性质	耐候性

续表

编号	名称(中、英)	术语解说	日　语
9619	耐酸性 acidproof acid resistance	抵抗酸的作用,不易产生变化的涂膜性质	耐酸性
9620	耐冲击性 impact resistance	涂膜受物体的冲击不易破坏的性质。在冲击试验时朝试板的涂面落下,观察涂膜有无开裂、剥落现象	耐衝擊性
9621	耐蚀性 corrosion resistance	也可称为防蚀性。即对腐蚀的抵抗性	耐食性
9622	耐水性 water resistance,waterproof	是涂膜对水的化学作用或物理作用,不易产生变化的性质,在耐水试验时,将试板浸入水中,经一定时间后,观察有无起皱、膨胀、开裂、剥落、失光、发糊、变色等及其程度	耐水性
9623	耐洗净性 washability	为除去污物进行洗净时,涂膜不易磨耗、损伤的性质,是对乳胶漆,水性涂料等的试验项目	耐洗淨性
9624	耐崩裂性 chiping resistance	是指当小石子和沙子冲击涂膜时,涂膜抗损伤,吸收冲击力的弹性损失,抗呈小片涂膜从被涂面脱离的性质。试验方法有碎石子法和金刚石冲击法	耐チッピング性
9625	耐热性 heat resistance	是涂膜被加热时不易产生变化的性质,耐热试验时,将试板保持在规定的温度时,观察涂膜上有无起泡、膨胀、开裂、剥落、失光、变色等及其程度	耐熱性
9626	耐沸水性 boiling water resistance	涂膜浸在沸水中不易产生变化的性质,耐沸水试验时,将试板浸在沸腾水中,观察涂膜上有无起皱、膨胀、开裂、剥落、失光、发糊、白化、变色等及其程度	耐沸騰水性
9627	耐磨耗性 abrasion resistance	对磨耗的抵抗性,耐磨耗性与打磨性是相反的性质,用来表示抵抗磨耗的大小。涂膜的抵抗磨耗随其破坏机构(变性速度和破坏的种类)的不同而较复杂,测定方法也有多种	耐摩耗性
9628	耐药品性 chemical resistance	涂膜浸在酸、碱、盐等药品的溶液中不易产生变化的性质,在耐药品试验时将试板浸在规定的溶液中,观察涂膜的起皱、膨胀、开裂、剥落,还有色和光泽的变化、软化、溶出等变化的有无	耐藥品性
9629	耐油性 oil resistance oilproof	涂膜浸在油类不易产生变化的性质,在耐油试验时将试板浸在规定的油中,观察涂膜的起皱、膨胀、开裂、剥落,还有色和光泽的变化、黏着性的增加、软化、溶出等的变化,以及试验油有无着色、浑浊	耐油性
9630	光泽 gloss	由从物体表面产生的正反射光成分的多少而引起的感觉的属性,一般正反射光成分多时光泽就大,测定涂膜的光泽用光泽计,入射角、受光角有 45°、60°等测定镜面光泽度,以表示光泽的大小	艶
9631	无光泽 flat	涂膜没有光泽	艶消し(同:艶なし)

续表

编号	名称(中、英)	术语解说	日 语
9632	半光泽 semigloss	60°镜面反射率在30~70的涂面	半光沢
9633	丝状腐蚀性试验 filiform corrosion test	用加速试验考察从涂膜的损伤部分等处发生的丝状气泡(锈蚀)的程度	糸錆性試験
9634	遮盖力试验纸 hiding chart	遮盖力试验用的纸。美术纸上分别涂成黑、白格子模样,在有色的另一面也进行同样的处理	隱パい力試験
9635	湿漆膜厚度量规 wet film thickness gauge	测定液状物的厚度用的计量器,适用于测定涂料涂布后呈液状时的厚度。测定方法有电针入部位测定法和转动变小圆形物测定法	ウエットフイルム・シックネスゲージ
9636	杯突试验机 Erichsen film distensibility meter	测定涂膜附着力用试验机,主要是测定涂膜的破坏伸长度	エリクセン試験機
9637	漆膜厚度计 film thickness gauge	测定涂膜厚度的仪器的总称	膜厚計
9638	盐水喷雾试验 salt spray testing,salt spray test	将试验板放入由食盐水溶液喷成雾状的箱中进行金属材料、被涂的金属材料、涂装过的金属材料等的耐腐蚀性的比较试验	鹽水噴霧試験(略:SST)
9639	铅笔硬度试验 pencil hardness test	测定涂膜硬度的试验,用不同硬度的铅笔划涂膜,能将涂抹划伤(或达到底材时)的铅笔硬度表示之	鉛筆硬さ試験
9640	外观检查 appearance inspection	用肉眼观察所形成的涂膜有无异常的检查	外觀試験
9641	库仑效率试验 coulomb efficiency test	测定每一库仑的电量能沉积涂膜的质量的试验	クーロン効率試験
9642	弯曲试验 bending test	观察涂膜能耐弯曲到何种程度的试验	屈曲試験(同:折曲げ試験)
9643	石击崩裂试验法 gravelometer	用一定的气压喷射砂石,冲击涂膜,评价(腰带线以下的侧面)由硬石击崩裂损伤状态	グラベロメータ法
9644	遮盖力测定仪 cryptometer	测定涂料或颜料分散体的磨浆状态的遮盖力的器具,用分别具有光学平面的黑色或白色玻璃板和透明玻璃板组成一组,并在由两块板间作成形的间隙中央填试料,测定试验完全遮盖底层的涂层厚度,标出一定容积的试料所遮盖的面积	クリプトメータ
9645	恒温恒湿箱 constant temperature and humidity cabinet	能保持设定的温度和湿度机能的试验设备之一	恒温恒湿器
9646	光泽计 gloss meter	是测定光泽的仪器,测定入射角和受光角分别为60°时的反射率,将镜面光泽度的基准面的光泽度作为100时,则用100分度(60°镜面光泽度)表示	光沢計(同:クロスメータ)
9647	色差计 color difference meter	测定(观察)与标准板的色差的位置	色差計

编号	名称(中、英)	术语解说	日 语
9648	自然暴晒试验 outdoor weathering test, outdoor exposure test	被涂物体的涂抹在原样状态暴露在大气中时,受包括光、气温、降水等自然环境的物理及化学因素的影响,考察涂膜对这些影响的抵抗性(耐候性)的试验称为自然暴晒试验	自然暴露試験(同:屋外暴露試験)(略:暴露試験)
9649	冲击试验 impact test, impact testing, chiptest	是指考察物体受冲击时涂膜的抵抗冲击性的试验。前端作成球状的物体垂落在涂面上,使涂面产生开裂或剥落现象,用开裂、剥落的程度来判定,试验板底材厚、冲击变形小的场合和底材薄、变形大的场合所采用的试验方法有区别	衝擊試験
9650	冲击试验仪 impact tester	使球体冲击涂膜表面观察涂膜上的裂纹、剥落状况的试验	衝擊試験機
9651	福特杯(关:黏度计) Ford cup, Ford viscosity cup ford cup	黏度计的一种,由福特汽车公司推荐采用,适用于测定黏度比较小的涂料的流动性,测定值以流下的时间(秒)表示	フォドカップ(關:粘度計)
9652	复合腐蚀试验(略 CCT) compound corrosion test	相当于喷雾、浸水、干燥、湿润等条件组合,自动反复进行,来观察锈蚀和涂膜的起泡及附着力的变化程度的试验	復合腐食試験(略:CCT)
9653	疤形腐蚀试验 scab corrosion test	观察在腐蚀环境(盐雾、干燥及湿润等)的雾气氛中的涂膜损伤面上发生的疤形腐蚀程度的试验	スキャブ錆試験
9654	人工耐候性试验 accelerated weathering test, accelerated weathering, artificial weathering	涂膜暴露在户外后,受日照风雨等的作用产生老化,人工耐候性试验是为能在短时间内试验这种老化倾向的一部分,照射紫外线或近似太阳光的光线、喷水等仿自然气候条件的人工试验	促進耐候試験
9655	人工耐候性试验机 accelerated weathering tester	是一种加速试验耐候性的器械,在各种形式中,阿特拉斯型使用最广,用两个碳弧灯发生的紫外线照射涂膜,生产 120min 中有 102min 照射、18min 喷水雾的试验,Weathen.o.meter 是阿特拉斯公司的商标,在其中也有用氙气灯等的老化机	促進耐候試験機(俗:ウエザ メータ)
9656	耐过烘干性试验 over bake resistance test	观察过烘干时的颜色及涂面状态的试验	耐オーバベイク性試験
9657	耐温水性试验 hot water resistance test	观察在积存水部的温度上升的环境下,使用时的涂膜起泡等的试验	耐溫水性試験
9658	耐候性试验 weathering test, weathering	观察涂膜的耐候性的试验	耐候試験
9659	耐湿试验 humidity resistance test	观察涂膜在高湿度下的抵抗性的试验,也可称为湿润试验,通常是在(49±1)℃、相对湿度95%~98%的湿润试验室中进行试验,可作为返黏、起泡现象等的促进试验	耐湿試験
9660	耐湿试验箱 humidity box	是在(49±1)℃的温度下能保持 95%~98%相对湿度机能的试验机	耐湿試験機

续表

编号	名称(中、英)	术语解说	日 语
9661	耐药品性试验 chemical resistance test	观察在市场上可能附着在涂膜上的化学药品(酸、碱、汽油、油类等)所产生的影响的试验	耐藥品試験
9662	泳透性试验 throwing power	用来作为考核在车身封闭断面构造内的涂膜是否合格的指标,观察在所挂试板上附着涂料状况的试验	付き回り性試験
9663	细度刮板 grind gauge, fineness gauge	判定涂料中颗粒状物的存在及大小的试验器具,在深度沿直线连续变化的沟中,用直线状的刮刀呈直角状态刮,从在涂料表面显现颗粒或颗粒移动的痕迹处的沟深度来知道颗粒大小,这种细度计也可用于颜料分散工序的分散程度的测定	粒ゲージ(同:グラインドゲージ)
9664	杜邦式冲击试验仪 Du-pont impact tester	使冲头落在涂膜上,由落下的质量使底材变形观察涂膜上的开裂、剥落状态用的试验机	デェポン式衝撃試験機
9665	热循环试验 heat cycle test	观察在湿润、冷却及高温反复的环境条件下使用时的涂膜,所受影响的试验	熱サイクル試験
9666	暴晒试验台 exposure rack	是在涂膜的耐候性试验时,装挂涂装好的试板用的暴晒台。涂膜面对太阳光有自动跟踪的固定式的台朝向南,涂面向上倾,按 JISK5400规定水平面的倾斜与暴晒场纬度不小于 5°	暴露試験台
9667	鲜映性测计(PGD 计) portable distinctness of imageglossmeter	是评价涂装装饰性的装置。因在高光泽漆面上镜面光泽的差别小,而改用在此面上的映像的鲜明度来判定光泽和平滑性(装饰性)的优劣	PGD 計(同:携帯用鮮明度光沢度計)
9668	比重杯 specific gravity cup	供测定密度概数用的圆筒状的容器	比重カップ
9669	标准光源 specified achromatic light	供观察色的差异时使用,是国际照明委员会(CIE)规定的光源	標準光源(同:標準の光)

表 7 涂膜的缺陷 (9701~9799)

编号	名称(中、英)	术语解说	日 语
9701	油缩孔 oil dewetting, oil cratering	由于油的反拨产生的涂膜凹洼	油ほじみ
9702	雨水痕迹 water slaining	下雨,洗车的水滴残留在涂膜上,产生白色痕迹的涂面	雨じみ
9703	气泡 bubble, bubbling	在涂膜内部产生的气泡,多是在涂布料时,产生的气泡未消失,残留在涂膜中形成的	あね
9704	电泳气泡 bubble trace on ED film	由溶液中的气泡附着在里面(发动机罩、卡车的覆盖件),照原样烘干,形成烘干后的气泡迹的状态	EDあね
9705	电泳湿漆膜剥落 peeling off wet ED film	烘干前的湿的电泳涂膜从底材上剥落的现象	EDはがれ
9706	电泳缩孔 ED cratering	电泳涂膜的涂面在电泳中或电泳后由于缩孔物质(油、硅油等)产生直径为 1~5mm 的孔穴的现象	EDはじき

续表

编号	名称（中、英）	术语解说	日语
9707	电泳针孔 pinhole on ED film	由受胺的再溶解及高电压的电解气泡等产生的针孔，孔径在 1mm 以下	EDピンホール
9708	丝状锈蚀 filiform corrosion	在涂膜下呈丝状发展的锈蚀	系さび
9709	异物起霜	铁粉、水泥粉、沙尘、涂料、雾粒等附着在表面形成的粗糙的涂面	異物かぶり
9710	掉色 discoloration	用蜡抛涂面时，布上黏着有涂膜的颜色	色落さ
9711	色差 off color	刚涂装后的涂膜的色相、明度、彩度与标准有差异的场合或周围有差异的场合	色違い
9712	色不均 mottling	涂膜的颜色部分不均匀。由涂料的缺陷、涂装的缺陷、涂膜成分的分解、变质等引起	色をち
9713	色分离 flooding	由于涂得过厚而产生涂料中颜料分离的涂面	色分かれ
9714	湿污染 wet contamination	水附着在表面处理后的干燥被涂面上，照原样电泳涂装的场所产生的水迹	ウエット・コンタミ
9715	水痕迹 water mark	在湿电泳涂膜上残留有水洗的水滴，它侵害涂面，烘干后出现水迹状的现象	ウォータマーク
9716	啄伤 pecking	膜干燥后，受外力等产生的点状伤痕	打ち傷
9717	变黄 yellowing	涂膜的色带黄相的现象，在有日光直射高温下或暗室高湿的环境等场合易出现变黄	黄変（塗膜の）
9718	气体裂纹 gas checking，gas crazing	在涂料干燥时，受酸性气氛的影响，涂面产生起皱，浅裂纹等现象	ガスチエッキング
9719	白化 blushing	涂装中和刚涂装后涂膜表面呈乳白色化，产生似云那样变得无光泽的现象	かぶり（同：白化）
9720	干斑痕	从电泳后到水洗之间的干燥而造成的电泳涂膜的不匀	乾きなら
9721	颜料沉降 pigment sedimentation	在电泳涂装过程中或停止后，槽内颜料沉降在水平面上，烘干后涂面形成粗糙不光滑的状态	顔料沉降
9722	气泡 bubble	涂装时由涂膜下的空气在涂面上产生泡的痕迹	氣泡
9723	铝粉不均： poor aluminum crientation，aluminum mottling	由于铝粉的分散性不好，产生深浅不匀的涂面	銀粉なら
9724	发糊 dulling，bloom，clouding，cloudiness，hazing	涂膜的光泽消失的现象	くもり
9725	陷穴点蚀 createring，pitting	涂装时在涂膜上产生的小的凹穴	タレタリング（俗：くはみ）
9726	尘埃 dust，dirt	涂装时或在刚涂装后附着的灰尘	ゴミ

续表

编号	名称(中、英)	术语解说	日 语
9727	锈 rust,corrosion	金属表面上生成的氧化物和氢氧化物	錆(關:發錆)
9728	打磨器纹 sanding scratch	由于使用打磨器产生的伤纹	サンダ目
9729	密封胶附着	由密封胶附着产生的涂装外观不良	ツーラ付着
9730	涂密封胶不良 sealing failure	在涂密封胶时产生的漏涂、断缺、裂开、涂得不规则、沾污等缺陷	ツーリング不良
9731	底层污染 bleeding	附着在底层上的着色物通过面漆涂膜产生的能见到变色的斑形,例如,由万能笔产生的渗色	下地しみ
9732	底层流挂	底漆,中间层涂料由于溶剂选用不适当及涂得过厚产生的涂料流挂	下地流れ
9733	沾污 stain,spot,spotting	在涂面上发生与大部分表面的色不相同的小部分的色斑,由异种物质的混入、浸入、附着等引起	しわ
9734	起皱 crinkling, shrivelling, wrinkling, rivelling	在涂料的干燥过程中,涂膜呈波状的凸凹不平,通常是在表干快的场合,表层的面积大而产生的凹凸不平的平行线状、无规则线状、小皱纹等	しち
9735	吸收 suction,absorption	在涂装时涂料被底材过度吸收的现象	吸込み
9736	水泡 water bubbling	涂装时由涂膜下的水引起涂面的起泡	水泡
9737	盖底不良 hiding failure	能见底材的现象。一般在使用遮盖力小的涂料和底涂与面漆的色差大的场合易产生盖底不良	透け
9738	划伤 scrack	涂膜干燥后受外力等作用,产生线状伤痕	すり傷
9739	鲜映性低 low distinctness of image	涂膜的鲜映性(平滑性、光泽)不好的现象	鮮映性不良
9740	层间剥离 intercoat adhesion failure	涂膜与涂膜之间产生剥离的现象	層間はく離
9741	褪色 fading	涂膜的颜色的彩度变小或者还有明度变大的现象	退色
9742	流痕 dripping	在门等的下边下涂料积流后照原样固化,并牢固地附着的东西	たまり
9743	下沉 sagging run curtaining	装涂时到干燥之间涂料层部分垂流产生厚度不匀的半圆状、冰溜状、波状等现象	たるみ
9744	流挂 sag	在电泳涂装、浸涂、淋涂等场合产生的涂料流痕	たれ
9745	段痕	车身在出电泳槽时停止,曾析出的涂膜被再溶解,在涂面上产生境界线的现象	段付き

续表

编号	名称（中、英）	术语解说	日 语
9746	皱纹起皱 wrinkle	皱绸状的皱纹出现在干燥涂膜上的现象	縮み（同：リフテイング）
9747	碎落 chipping	涂膜上呈小的片状从被涂面上脱离的现象	チッピング
9748	粉化 chalking	涂膜的表面受光和大气中的氧气及水的影响，劣化呈粉末状的现象	チョーキンク（同：自亞化）
9749	泳透性差 thin ED coating, no ED coating	表面因涂料的泳透性或设备不良等，空腔电泳涂膜薄以及未泳涂上的状态	付き回り不良
9750	失光 dulling, loss of gloss, matting	由于涂装不良、涂得过薄等产生光泽小的涂面及随时间的变化光泽减小	艶引け
9751	光泽不匀 flashing	在有光或半光状态的涂面上呈现出部分光泽，或在光泽的涂面上产生部分光泽不足的现象	艶ッゃら
9752	胶带遮盖痕迹	遮盖用的胶带迹或遮盖痕迹照原样残留在涂面上	テープ・マジック跡
9753	防声涂料附着	由于防声涂料的附着而产生的涂装外观不良	テドナ附着
9754	防声涂料涂布不良	是指防声涂料涂得厚度不匀、脱落、沾污、堆积等涂装缺陷	テドナ不良
9755	打磨划痕 sand scratch	湿打磨作业时的伤痕（砂子、工具等造成）	研ぎ傷
9756	打磨不足	因打磨不够产生底层表面状态的涂面	研ぎ不足
9757	打磨坑	局部打磨产生的凹洼	研ぎへこ
9758	涂膜过厚 too mach film thickness	由于反复再涂装所造成的异常涂膜厚度	塗膜厚過多
9759	涂膜剥落 peeling	由于附着不好或受外力产生的涂膜脱落	塗膜はがれ
9760	干污染 dry contamination	在表面处理后的干燥涂面上有小的残留或附着的污迹，使电泳涂装膜产生起水的痕迹	ドライコンタミ
9761	涂料缩孔，鱼眼 cratering, fish eye	因涂料中或由外部混有反拨物质所产生的凹洼	塗料はじき
9762	涂料颗粒 dirt, seed	由混入涂料中的或产生的异物所产生的微小的疙瘩	塗料ぶつ
9763	流淌 sagging, runing	由于面漆与溶剂不适应或涂得过厚而产生的涂料的流淌	流れ
9764	渗色 bleeding	在某涂膜上又涂上另一种颜色的涂料，底层涂膜的部分渗入面层涂料中，产生与面层涂膜的本来颜色不同的色的现象	（同：ブリード）
9765	涂得太薄 thin paint	因涂膜厚度不足能见到底色，且产生粗糙的漆面	塗り薄
9766	漏涂 skips	该涂装的部分未涂装到	塗り残し
9767	剥离 peeling	涂膜失去附着力，能从底层上部分地被揭下	はがれ（俗：はく離）

续表

编号	名称(中、英)	术语解说	日 语
9768	缩孔鱼眼 crawling, fish eye, cratering	在涂布涂料时受被涂装面或被涂装面上的物质的反拨而在涂膜上产生洼坑 凹洼和孔中心有颗粒的称为鱼眼	はじき
9769	腻子残痕	因刮腻子部位打磨不足,而产生的涂面段印及其失光	パテ残り
9770	钣金凹凸 ding and dent	钣金加工不良及在制品贮运过程中产生的凹凸不平	钣金凹凸(俗:でこへこ)
9771	焊药针孔 soldering pinhole	在焊接部位因焊剂残留产生的涂面小孔或起泡	はんだピンホール
9772	焊渣	由焊渣的飞溅而产生的涂面不良	はんだ・溶接かす
9773	针孔 pinhole	涂膜上有针状小孔,皮革毛孔那样的小孔的现象,不仅在表面有凹坑,而应达到底层	ピンホール
9774	膨泡 blistering	涂膜在内部含有水和空气等的状态,产生的粒状起泡	膨れ(同:ブリスタ)
9775	颗粒 hump, cluster	涂膜中的小块状异物	ぶつ
9776	笔划痕	笔划痕迹很显眼	筆さ不良
9777	发白 blushing	喷涂所得的涂面不仅发雾,而且发白	ブラッシング
9778	起泡 blistering	因涂膜中或涂膜下存在可溶性盐类而使涂膜在使用中起泡	ブリスク(俗:膨れ)
9779	触伤痕 mar	涂膜干燥前,由接触而产生的伤痕,例如胶管接触、手触	触れあと
9780	击穿涂膜	由于电压异常而产生的海绵状析出的破坏涂膜	プレーグ
9781	鬓装裂纹 hair cracking	仅在最上层涂膜的表面上产生的极细的裂纹形状不规则,但不绕弯	ヘアクラック
9782	砂纸纹 sanding scratch	在面漆涂面上显示出的砂纸打磨纹	ペーパ目
9783	凹坑 cratering	在涂面形成的喷火口状弯形的坑洼	へこみ
9784	变色 discoloration	经时间的变化涂膜的色相、明度、彩度显著地与标准不同的场合,或与周围的色不同的场合	変色(關:変退色)
9785	膨润 swelling	由于粘接胶的附着及溶剂油等的附着,使面漆存在膨胀的现象	膨潤
9786	模糊(阴影) shading	由于修补涂装时的打磨不良,产生的光泽不匀	ぼけ
9787	星状不平 comet star pineple	冲压时的小的凹凸在涂装后残留在涂面上,且看得见	星目
9788	保护不良 break line failure	在双色漆装和部分黑色涂装等场合分界线超出规定位置,且不明确的现象	マスキンダ不良(同:见切り不良)
9789	落上漆雾	在涂装中漆雾附着在涂面上而产生的弊病	ミストかぶり

续表

编号	名称(中、英)	术语解说	日 语
9790	水缩孔	由水的反拨而产生的涂膜凹洼	水はじき
9791	返铜光	涂料颜料产生局部的或呈斑点状的变色或光泽变化现象。例如,因受煤烟、二氧化硫等作用而变色	メタリックしみ
9792	金属颗粒 metallic seeding	金属闪光色涂料中的铝粉颜料在涂面上突起而显出颗粒	メタリックぶつ(俗:アルミ立ち,銀立ち)
9793	返黏 after tack	曾干燥过的涂面,再次出现黏性	戻り
9794	未烘干透 under baking	涂膜未达到完全干固	燒きあま
9795	锉刀纹 grinding scratch	由于使用锉刀所产生的伤痕	やすり目
9796	橘皮、柚子皮 orange peel	在涂膜上较广范围内产生柚子果实皮那样的小坑洼	ゆず肌(同:オレンジピール)
9797	捻向不匀	在涂金属闪光色涂料时,因涂料和溶剂不相适应及喷涂过多而引起的铝粉颜料的捻向不匀。例如,前翼子板和前门板的端面	より
9798	气泡孔 solvent popping, pin holes	因涂膜的急剧加热,溶剂的急速挥发而产生小孔或起泡群	わき
9799	裂纹、开裂 cracking	老化的结果在涂膜上出现部分的断裂,根据裂纹的状态可分为以下几种:	割れ(同:クラック)
	鬓状裂纹 hair cracking	仅在最上层涂膜表面产生的极细的裂纹,形状不规则,但不绕弯	
	浅裂纹 checking	仅在最上层涂膜表面产生的细的裂纹,且呈皮肤纹状分布	
	龟裂 craging	与浅裂纹相似,但较其深而广	
	裂开 cracking	涂层开裂至少贯通一层涂膜,是涂膜的最终缺陷之一	
	鳄鱼皮状裂纹 alligateying crocodiling	严重开裂,呈鳄鱼皮模样的裂纹	

表 8　涂装设备及机器（9801～9863）

编号	名称(中、英)	术语解说	日 语
9801	喷枪 spray gun	空气喷涂涂装用的手枪状的工具,由枪身、涂料喷嘴、空气帽、针阀扳手及涂料调整螺母、喷帽调整螺母等构成	スフレガン
9802	压送式喷枪 pressure feed type spray gun	涂料送入喷枪靠加压强制输送式的空气喷雾型喷枪。多用于连续作业的大量流水生产工厂	压送式スプレガン
9803	油漆增压箱 pressure tank, pressure feed paint container	在装有涂料的密闭容器内通压缩空气加压,压送涂料的器具。并配置有搅拌器、压力表、压力调整器和安全阀等	(涂料)压送タンク (俗:加压タンク)
9804	换色装置 colors changer	借助自动涂装机涂饰物品需不同颜色时,需同时将所需涂料压送到自动喷枪,在这更换颜色的瞬间进行洗净的装置	色替え装置

续表

编号	名称(中、英)	术语解说	日语
9805	空气净化器 air cleaner	过滤净化压缩空气中的水分和油伤的器具	エアクリーナ(同:空氣清淨機)
9806	空气压缩机 air compressor	压缩空气,体积变化使其压力由大气压到高压的机器	エアコンプレッサ(同:空氣压縮機)
9807	无气喷枪 airless spray gun	不用压缩空气直接喷涂,而是靠涂料自身的压力雾化的喷枪	エアレス(スプレ)ガン
9808	无气喷涂装置 airless spraying equipment	供无气喷涂用的机械,由压送涂料的高压泵、高压用的输漆管、高压喷枪及有涂料喷出口的喷嘴构成	エアレス塗装装置
9809	自动喷枪 automatic spray machine	安装在自动涂装机上能自动进行喷涂的喷枪,空气喷涂、无气喷涂、静电涂装等方法分别都有对应的自动喷枪	自動スプレガン(俗:オートガン)
9810	自动静电涂装装置 automatic electrostatic spray machine	能自动进行静电涂装的装置,由涂装机、静电喷枪(空气雾化的枪式、静电离心力雾化的旋杯式或盘式)、高压发生器、物品输送装置、控制装置等组成	自動静電塗装装置
9811	自动除尘装置 automatic dust off machine	转动翼轮扫除附着在物件上的灰尘、尘埃的装置,并具有吸风嘴子能将扫出尘埃吸引走的机能	自動グスイング装置(俗:オートダステイン)
9812	自动涂装装置 automatic spray(machine)	能自动进行喷涂的装置,由涂装机(往复型)、自动喷枪、自动换色装置、物品输送装置、控制装置等组成	自動塗装装置(俗:オートダスレ)
9813	工作台喷漆室	围着工作台形式的喷漆室,适用于极小物品的涂装	ベンチ式スプレブース
9814	前处理装置 pretreatment equipment	除去附着在涂装前的被涂物上的油脂、灰尘等又进行磷化处理来提高耐腐蚀性及与涂膜的附着力的装置,是由脱脂装置、磷化处理装置、水洗装置等构成的	前處理装
9815	加热油水分离装置 heating oil separater	连续分离混入脱脂液中的油,力求延长脱脂液寿命的装置。浮上分离加热到80～90℃油分是其特长,由流量计、加热部件、漂浮槽构成	加熱油水分離装置
9816	自动溶液管理装置 automatic solution machine	自动进行前处理溶液管理的装置,自动检测脱脂液和磷化液的浓度,补给药剂	自動液管理装置
9817	浸槽 dipping tank	用浸渍法处理物件时装处理液或涂料用的容器(槽)	浸せき槽
9818	喷射式前处理设备 spray system pretreatment equipment	仅靠泵向物品喷射淋洗处理液进行前处理的装置,有连续式、间歇式和固定式等	スプレ式前處理装置
9819	浸喷结合式前处理设备 dip spray pretreatment equipment	脱脂转化膜处理。第二、四次水洗和纯水洗是全浸式,其他工序是喷淋式相结合的前处理装置,适用于车身前处理	
9820	纯水装置 deionized water generator	借助离子交换树脂除去自来水、地下水中含的杂质离子而制得纯水的装置	純水装置

续表

编号	名称(中、英)	术语解说	日　语
9821	超滤装置(UF) ultra filtration equipment	用半透膜作滤材的过滤装置,有平板形、管式、卷式、中空纤维等多种	UF 装置
9822	直流电源 DC power equipments	是电泳涂装时使用的,将交流变换成直流,能控制电压和电流的装置,由配电盘、变压器、整流管等构成	直流電源
9823	电泳涂装设备 electrocoating equipment	是进行电泳涂装的设备。由电泳槽、溢流槽、涂料搅拌装置、涂料过滤装置、调温装置、直流电源、供电装置和电泳后清洗设备等构成	電着塗装装置
9824	喷漆室 spray booth	进行喷涂涂装场所的总称,给排型喷漆室由空调装置、给风管室、排气洗净装置等构成,可是一般多使用无供风装置的喷漆室	スプレブーズ（略:ブース）
9825	水洗式喷漆室 water washing spray booth	向室外排放喷漆室内的空气时,用水洗除掉这种排气中的漆雾的喷漆室。有水幕式、喷水式、流水旋回式、文丘里式等种类	水洗式スプレブーズ
9826	干式喷漆室 dryspray booth	是用过滤器或折流板捕捉过滤漆雾形式的喷气室。最新型的是用干石灰粉吸滤漆雾法的喷漆室,如:EcoDryscrubber 和 DrySpin 型	乾式スプレブーズ（同:ドライスプレブー—）
9827	空调装置 air supply house	是经过滤净化大气中的灰尘,冷却或加热,加湿或减湿等达到适应涂装的空气,向喷漆室等送风的装置。由过滤网、水洗装置、净化器、加热器及围住它们的外壳(室)组成	空調装置(同:空氣調和装置)
9828	顶棚过滤器 ceiling filter	安装在密闭或通道形的从上方供风形式的喷涂室的天棚上的过滤器	天井フィルタ
9829	供气风管 supply duct	连接空调(或供风机)和喷漆室等的风管	給氣ダクト
9830	供气风机 supplying fan	供喷涂室等的换气用的输送新鲜空气用的风机	給氣ファン
9831	排气洗净装置 exhaust air washing system	用水洗法捕捉喷漆室排气中的漆雾,并将清洗过的空气排向室外的装置,由排气风管、排风机、排气洗净塔、水泵及配管等构成	排氣洗淨装置
9832	旋杯式静电喷涂装置 rotary atomizing electrostatic spraying equipment	涂料的喷出口呈杯状,转动这杯使涂料在杯的内壁扩散成薄膜,当飞离杯的边缘时,受离心力和高电压作用使涂料雾化形式的静电涂装装置	(回轉)カップ式静電塗装装置 (同:ベル形静電塗装装置)
9833	高压发生器 high voltage regulator	使低压交流电转换成直流的高压电,输送给静电涂装机用的装置	高(電)壓發生機
9834	盘式静电涂装装置 disc atomizing electrostatic coating equipment	从盘(圆板)的中央供漆,由盘转动产生的离心力向圆周方向扩散,在从盘边飞散之时由高电压使涂料微粒化形式的静电涂装装置	デイスク式静電塗装装置
9835	静电涂装装置(室) electrostatic coating equipment	进行静电涂装的机械,由高压发生装置、定电压变压器、高压电缆、静电喷枪和涂装室等构成	静電塗装装置
9836	粉末静电涂装装置 electrostatic powder coating equipment	用静电喷枪涂粉末涂料的装置,由粉末静电喷枪、粉末供给装置、高压发生器等构成	静電粉体塗装装置

续表

编号	名称(中、英)	术语解说	日 语
9837	侧喷机 side reciprocator	是喷枪安设在被涂物侧面的往复机上边上、下往复运动边涂装的自动涂装机	側面塗装機(俗:サイドマシン)
9838	手提式静电喷枪 hand electrostatic spray gun	手提式静电涂装装置的喷枪,有静电雾化式、空气雾化式、无气式三种	手持ち式静電ガン (俗:手吹き静電ガン,ハンドガン)
9839	手提式静电涂装装置 hand electrostatic spray equipment	是人拿着静电喷枪进行涂装的静电涂装装置。由于人手持通高电压的喷枪,接地措施必须完全可靠	手持ち式静電塗装装置
9840	涂装机械手 painting robot	是产业用机械手的一种,具有类似人们上肢运动机能的自由度高的多功能运动机能的自动涂装装置	塗装ロボット
9841	涂料循环输漆装置 paint circulating system	为集中管理涂料,借助管道用泵加压涂料,从一处循环供给到各所需点的装置。压送用齿轮泵和柱塞泵两种	塗料循環(供給)装置(同:パイントサーキュレーティングシステム)
9842	调漆室 mixing room	带有涂料循环装置的循环泵部和涂料搅拌装置等,负责涂料调配及向喷漆室供漆等的房间	塗料調合室(略:調合室)
9843	长头喷枪	喷枪的一种,枪身与空气帽的间距保持在150mm 以上	長首ガン
9844	刷子 brush	涂刷涂料的工具。是将马、猪、山羊等动物的毛和尼龙等合成纤维用铁皮和铁丝包扎在木制手柄上而制成的。按其形状有扁刷、圆刷、歪脖刷、平刷等几种,还有的按所用的涂料分类,有大漆刷、色漆刷、清漆刷、水性漆刷等。在日本使用最多的是马毛刷,在美国和我国多使用猪毛刷	はけ
9845	粉末回收装置 powder collector	回收粉末喷涂过程中未附着在工件上,游离在空气中的粉末所用的设备	
9846	暗红外线烘干室 dark infrared oven	烘干室内装有辐射壁板,用热风等加热这辐射壁板,靠放射的长波长红外线烘干物件的烘干室	暗赤外綫(乾燥)炉(同:ダークインフラオーブン)
9847	风幕(或称气体密封) air seal	借助高速空气流来遮断烘干室热气向外泄漏和外气流入喷涂室内的装置	エアシール
9848	远红外线加热器 far infrared heater	能放射 3~50μm 的长波长的红外线,供涂膜干燥用的红外线照射的加热器(辐射器)	遠赤外綫ヒータ
9849	间接加热式热风烘干室 indirect hot air oven	系指烘干室内的空气经燃烧室内的热交换器循环,与燃烧炉的烟道气进行热交换而不是将烟道气直接通入烘干室内加热的烘干室	間接加熱熱風(乾燥)炉
9850	干燥室 drying oven	具有加热物件,使其干燥用的室状的装置的总称,有红外线炉、热风炉、对流炉等	乾燥炉(同:燒付け炉)
9851	红外线干燥室 infrared oven	将红外灯或加热器配置在侧壁顶棚上构成一个室,借助于它们放射的红外线的辐射热加热物品,干燥涂膜的干燥室	赤外綫(乾燥)炉
9852	全热交换器(又称热轮) enthalpy heat exchanger	主要设置在空调设备上,是能同时进行显热(温度)和潜热(湿度)两方面交换的省能机器	全熱交換器

编号	名称（中、英）	术语解说	日　语
9853	对流炉 hot air convection oven	靠干燥室内的空气的自然对流加热物品的干燥室。多为小型固定式箱形，热源采用煤气、电等	对流炉
9854	直接加热式热风烘干室 direct hot air oven	燃烧室的烟道气与干燥室内的空气混合，直接加热干燥室的空气的干燥炉。燃烧室的热源为天然气、煤气、油等	直火式熱風（乾燥）炉
9855	热风炉（干燥室） hot air oven	吹热空气的干燥室。有直接加热和间接加热式，由干燥室、燃烧室、热风循环装置等构成，供烘干水分和油漆用	熱風（乾燥）炉
9856	热风循环装置 hot air circulating equipment	热风干燥室上用的，使干燥室的空气经由燃烧室的循环装置。由热风循环风机、过滤室、炉内风管及连接它们的风管等构成	熱風循環装置
9857	热泵 heat pump	从低温热源向高温热源输送热量装置的一种设备。实例是电泳涂装产生的热量的有效利用可节省前处理工序用的蒸气	ヒートポンプ
9858	晾干室 setting room	被涂物在烘干前停放一段时间的房间，一般带有给排风装置	放置室
9859	烘干室 baking oven	供涂装后的被涂物进行烘干用的固化装置	燒付け炉（同：乾燥炉）
9860	强冷室 cooling unit	向从烘干室中出来的热的被烘干物吹高速空气，进行强制急速冷却用的装置	冷却装置（同クーリングズース）
9861	架空运输机 overhead conveyor	系指被涂物吊挂着悬空输送方式的输送系统。有普通悬链、积放式悬挂输送机、摆杆输送机等多种类型	
9862	全旋反向输送机 Rodip E/shuttle	系指汽车车身前处理、电泳涂装线专用的滚浸式出入槽的输送机系统。有 Rodip、E/shuttle、E-dip 等多种类型	
9863	地面输送机	系指被涂物装挂在工艺小车（滑橇、挂架）上地面输送方式的输送系统。有反向积放式、滑橇输送机、鳞板式和普通地面推式等多种类型	

表 9　被涂物材料（9901～9924）

编号	名称（中、英）	术语解说	日　语
9901	被涂物 work	需涂装的物品	被塗物
9902	丙烯酸树脂 acrylic resin	是结晶性的热塑性树脂，因极性小耐溶剂性低，用于作仪表盖、仪表盒、日用杂货品。适用的涂料是丙烯酸树脂的挥发性清漆	アクリル樹脂
9903	丙烯腈，丁二烯苯乙烯树脂（简称ABS 树脂） acrylonitrile butadiene styrene ferpolymer resin	由丙烯腈（耐热、耐油性），丁二烯（耐冲击性）苯乙烯（成形加工性，电气特性）的三种单体合成，随它们的组成比例有种种等级，是热可塑性树脂。用于作汽车的内外饰件，弱电器具，日用杂品。适用的涂料是丙烯酸树脂的挥发性清漆，双组分型丙烯酸聚氨酯涂料	アクリロニトリル・ブタジェン・スチレン樹脂（略：ABS 樹脂）

编号	名称(中、英)	术语解说	日 语
9904	聚氨酯树脂 urethane resin	二异氰酸酯类和多元醇反应得到橡胶状弹性体,有热塑性和热固性两种。耐磨性、抗拉强度、耐老化性、耐油性优良,用途很广,例如汽车的外装件(保险杠)有关建材,适用的涂料是单组分及双组分型聚氨酯涂料	ウレタン樹脂
9905	玻璃纤维增强塑料(FRP) fiberglass reinforced plastics	热固性树脂、玻璃纤维增强的聚酯、环氧树脂、酚醛树脂,强度显著提高,耐冲击吸收功大是其特色,可是随着成形加工,底材的平滑性差,孔穴多,因而涂料的设计不容易。用于制作汽车外装件、电气器具、家具办公用品、船舶件(小艇),适用的涂料是双组分型丙烯酸聚氨酯涂料、二道浆和汽车用的中涂涂料,面漆层涂料	FPR
9906	聚氯乙烯树脂(PVC 树脂) polyvinyl chloride resin	热塑性树脂,随增塑剂的多少,由软质到硬质有多种。硬质场合无特殊问题,而在软质场合设计的涂料必须具有防止增塑剂移行的能力,用途:汽车内装件、日用杂货品,适用涂料是双组分型丙烯酸聚氨酯涂料	鹽化ビニレ樹脂 (略:PVC 樹脂)
9907	硬质聚丙烯树脂(硬质 PP 树脂) vigid polypropylene resin	热塑性树脂是结晶性大、极性小的塑料。在用普通涂料的场合需经铬酸处理、火焰处理和电气处理等特殊前处理才能得到附着力。无前处理场合必须采用粘接剂作用的 PP 用底漆。用途:制作汽车内装部件,日用杂货品,适用涂料在单涂层体系用聚烯烃系特殊涂料,在两涂层体系采用 PP 用底漆和双组分型丙烯酸聚氨酯面漆	硬質ポリプロピレン樹脂 (略:硬質 PP 樹脂)
9908	涂过富锌底漆钢板(ZC) zincrometal	也叫涂锌钝化钢板。仅在冷轧钢板的一面进行特殊的铬酸盐处理,在其上面涂布富锌底漆,烘干而成。涂布膜厚 $25\sim40\mu m$,近年来多用作车身的防锈件,其防锈性能和焊接性优良	ジンクリッチプライマ塗布鋼板 (略:ZC)
9909	电镀锌钢板(EG) galvanized steel sheet	因为加热、调质、压延后电镀锌,可按对应的通电量来改变镀层的厚度。镀锌量为 $10\sim50g/m^3$,耐腐蚀性优良	電氣亞鉛めっき鋼板 (略:EG)
9910	电镀合金化锌钢板(EGA) zinc alloy galvanized steel sheet	电镀锌钢板的膜经热处理,电镀层被 Fe-Zn 合金膜所替代的钢板,其焊接性和涂料附着性优良	電氣めっき合金化亞鉛鋼板 (略:EGA)
9911	软质聚丙烯树脂(软质 PP 树脂) soft polypropylene resin	热塑性树脂,将牛皮纸状的橡胶制件同时混入聚丙烯中制成,按橡胶成分的用量有种种级别。适用于必须要有柔软性的部品,靠专用底漆才能确保附着性。用途:制作汽车外装件(保险杠)。适用的涂料在二层涂装体系采用单组分或双组分	軟質ポリプロピレン樹脂 (略:軟質 PP 樹脂)
9912	热轧钢板 hotrolled steel sheet	在再结晶温度以上加工的称为热轧钢板,与冷轧钢板比较加工性及表面平滑度劣,适用于制作外观要求不高的部件,通常板厚为 $1.2\sim14mm$	熱間壓延普通鋼板(略:SAPH)

续表

编号	名称（中、英）	术语解说	日　语
9913	聚氧化甲烯树脂 polyoxmethylene resin	在较广的温度范围−40～＋120℃内，机械强度、耐药品性、耐磨耗性优良	POM 树脂
9914	酚醛树脂（PF 树脂） phenol resin	热固性树脂，在塑料中历史最长的称为"酚醛树脂制品（bakeland）"。电气特性、机械特性优良，可是在耐老化性、耐碱性方面是其弱点。用途：制作电气器具、日用杂品货、汽车内装部品（烟灰缸），适用涂料是低温烘干型三聚氰胺醇酸树脂涂料	フェール树脂 （略：PF 树脂）
9915	聚酰胺树脂（略：PA 树脂、尼龙） polyamide resin	热塑性树脂，因结晶性大，树脂的凝聚力高，在使用普通涂料时，必须进行铬酸处理、火焰处理、电处理等，为提高强度有用玻璃纤维强化的场合。用途：制作汽车部品、两轮车部品。适用涂料在单涂层体系采用双组分丙烯酸聚氨酯涂料，在两涂层涂装体系采用双组分聚氨酯底漆、三聚氰胺醇酸树脂涂料	ポリアミド树脂 （略：PA 树脂） （同：ナイロン）
9916	聚碳酸酯树脂（略：PC 树脂） polycarbonate resin	热塑性树脂，是一种芳香性聚醚树脂，在机械特性、耐热性、电气特性方面优良，可是耐有机溶剂性弱。用途：制作仪表盒、汽车部件，适用涂料是热塑性丙烯酸树脂涂料，聚氨酯底漆及双组分丙烯酸聚氨酯面漆	ポリカーボネート树脂 （略：PC 树脂）
9917	聚苯乙烯树脂（略：PS 树脂） polystyrene resin	热塑性树脂，因结晶性、极性、耐溶剂性极差，按相应的牌号选择溶剂是一关键，还有以硝化棉为基础的涂料的附着性差，但加工性优良，且具有漂亮无色透明、价格便宜等优势，因而用途广，用来制作电视机面罩、收音机接线板、日用杂货品，适用涂料是热塑性丙烯酸树脂涂料	ポリスチレン树脂 （略：PS 树脂）
9918	聚苯醚树脂（略：PPO 树脂） polyphenylene oxide resin	热塑性树脂，由芳香性聚醚树脂改性而成的树脂。在最新开发的工程塑料的诸物性方面优良。用途：制作透镜罩、汽车部件、弱电部品，适用涂料是热塑性丙烯酸树脂涂料	ポリフェニレンオキサイド树脂 （略：PPO 树脂）
9919	聚丁二烯对苯二酸酯树脂（略：PBT 树脂） polybutylene terephtalate resin	热塑性树脂，耐热性和强韧性优良，特别是耐热性高，可以采用高温烘干型钢板用涂料作为面漆。用途：制作汽车部件、弱电部品，适用涂料与尼龙用的两涂层体系相同，也采用双组分聚氨酯底漆和三聚氰胺醇酸树脂面漆	ポリブチレンテクタレート树脂 （略：PBT 树脂）
9920	热镀锌钢板 zinc fusing galvanized steel sheet	用桑旗马法和无氧化炉法制造，镀层与底材的境界面形成 Fe-Zn 合金属。附着量为 183～381g/m³，耐腐蚀性优良	溶融亚铅めっき鋼板 （略：GI）
9921	热熔合金化镀锌钢板 zinc alloy fusing galvanized steel sheet	是热镀锌钢板的锌层被 Fe-Zn 合金镀层取代的钢板，耐焊接性和涂料附着性优良	溶融合金化亚铅めっき鋼板 （略：GA）
9922	冷轧高强度钢板（略：SAPH） high tensile coldrolled steel sheet	其破坏强度为普通碳素结构钢板的 2～3 倍，作为车身轻量化措施使用。近年随着加磷和二相组织的钢板的开发，可作前挡泥板、门外板等使用	冷間压延高張力鋼板 （略：SAPH，ハイテン）

编号	名称(中、英)	术语解说	日 语
9923	冷 轧 普 通 碳 素 结 构 钢 板（略：SPCCR） coldrolled steel sheet	钢坯加热、热轧后,再冷轧制成的钢板。在再结晶温度以下进行塑性变形。因压延性优良,冲压加工性能好,表面平滑且板厚均一,因而多用来制作车身的内外板,通常的板厚为 0.15～3.2mm	冷間圧延普通鋼板 （略：SPC、CR)
9924	铝合金型材、铝板 aluminium	铝合金相对密度小又耐蚀,可使工业制品轻量化和提高制品的耐蚀性。铝合金型材、板材在汽车建材等行业得到普遍采用,以铝代钢	

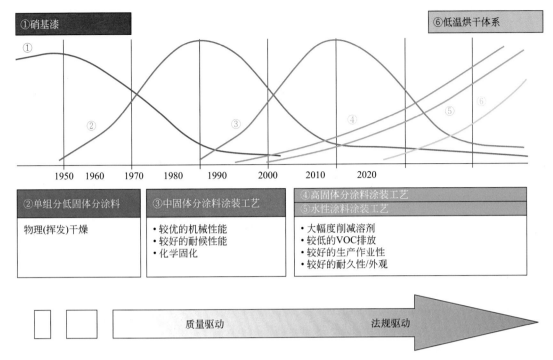

图1-3　全球车用（OEM）涂料·涂装技术发展趋势（摘自艾仕得公司交流资料）

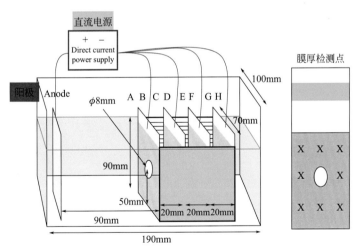

$$泳透力=\frac{G板电泳平均膜厚}{A板电泳平均膜厚}\times100\%$$

图3-2　阴极电泳涂装及四枚盒法的原理示意图

注：① 电泳涂装过程伴随电解、电泳、电沉积、电渗等物理化学作用；
　　② 泳透力测试板尺寸：150mm×70mm，有a、b两种，a板中央离底板50mm处开 ϕ8mm的孔，试板按测试要求进行涂装前处理；
　　③ 极比：电极面积与A～H面的全部涂装面积之比=1：8；
　　④ 电泳电压：以A面的涂膜膜厚及外观为基准选用；
　　⑤ 电泳时间：常规为3min。

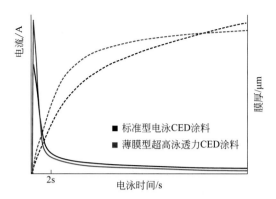

图3-5　标准型电泳CED涂料和薄膜型超高泳透力CED涂料的电沉积特性（摘自BASF公司技术资料）

结构示意图

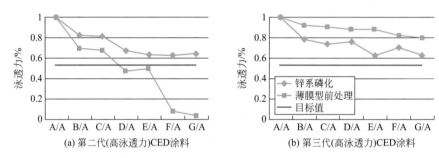

图3-6　两种漆前转化膜与两代CED涂料配套对泳透力的影响

（摘自凯密特尔公司和PSA汽车公司的技术资料）

图4-22　干式漆雾捕集装置

（EcoDryScrubber）结构示意图

图4-24　E－Cube干式漆雾捕集装置

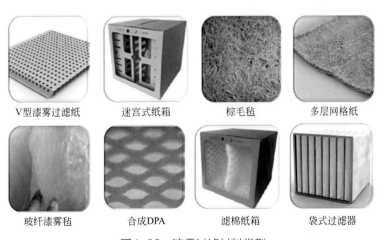

| V型漆雾过滤纸 | 迷宫式纸箱 | 棕毛毡 | 多层网格纸 |
| 玻纤漆雾毡 | 合成DPA | 滤棉纸箱 | 袋式过滤器 |

图4-39　漆雾过滤材料类型

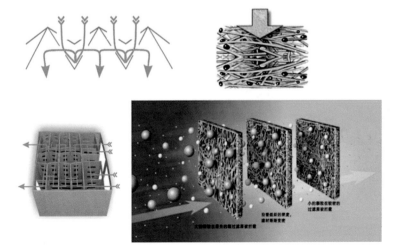

图4-40　漆雾过滤（分离）材料类型及其过滤原理

高固体分快干	高固体分慢干	低固体分快干	低固体分慢干
PE涂料、热固丙烯酸涂料、氨基漆	UV涂料、环氧涂料	NC涂料	水性涂料、PU涂料、热塑丙烯酸、醇酸涂料

图4-42　喷涂不同漆种宜选用的漆雾滤材

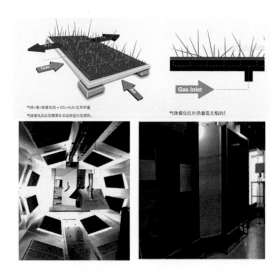

图5-30　德国贺利氏（Heraeus）公司天然气催化燃烧红外加热器

图5-32　MDF人造板办公桌面板粉末喷涂车间现场

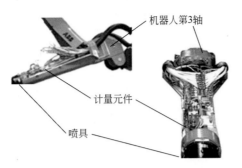

图6-8　喷涂元器件安装示意图

机器人第3轴

计量元件

喷具

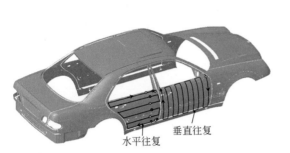

水平往复　垂直往复

图6-10　喷漆机器人的喷涂轨迹（一）

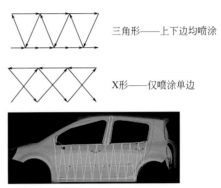

三角形——上下边均喷涂

X形——仅喷涂单边

图6-11　喷漆机器人的喷涂轨迹（二）

正常生产模式

降级模式

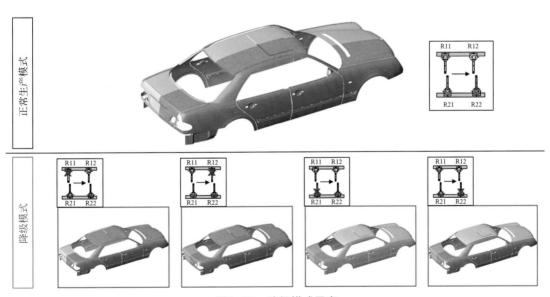

图6-29　降级模式示意

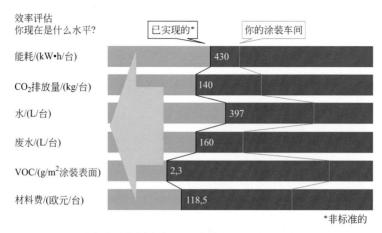

图13-3 引进建成的某汽车公司涂装车间已达到的能耗环保水平

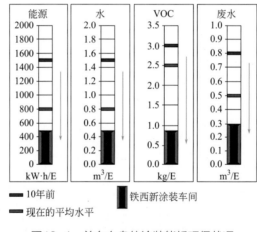

图13-4 单台车身的涂装能耗环保状况

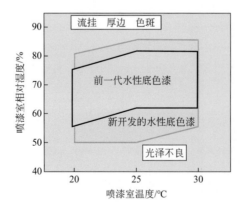

图13-10 水性涂料施工的温湿度控制

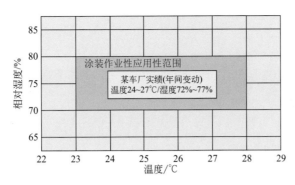

图13-11 某公司推荐的水性涂料喷涂作业
温湿度窗口

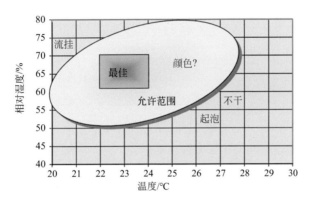

图13-12 水性底色漆的（WBBC）施工窗口

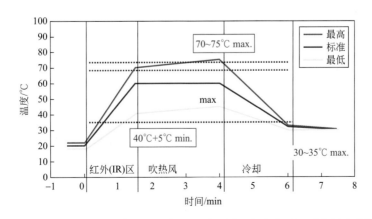

图13-13 水性底色漆（WBBC）闪干（预烘干）车身（湿膜）温度曲线

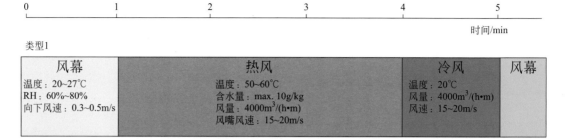

图13-14 两种类型预烘干水性底色漆（WBBC）法的工艺参数

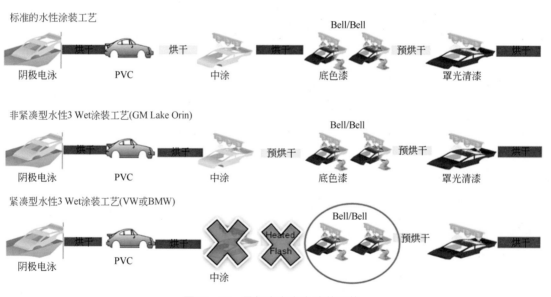

图13-19 最新汽车车身涂装工艺

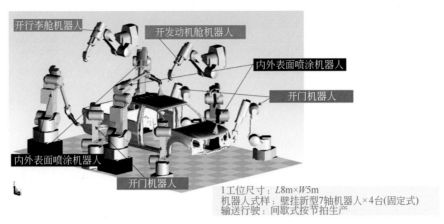

图13-25　静止式机器人涂装车身内外表面的工位示意图

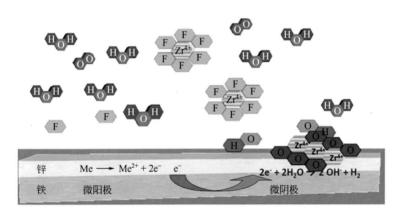

图14-1　锆盐TFPT工艺反应机理示意图

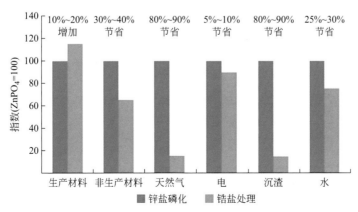

图14-2　TFPT与锌盐磷化的经济效果对比

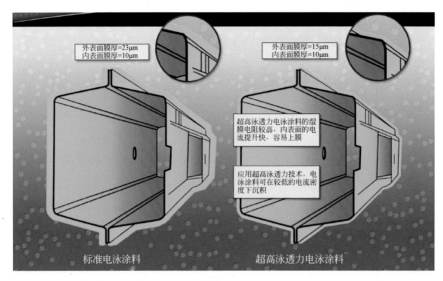

图14-3 标准型和超高泳透力CED电泳涂料的电沉积状况

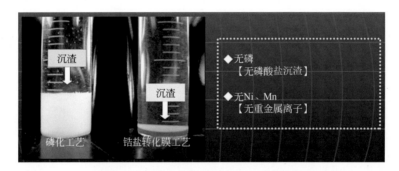

图14-4 锆盐转化膜处理和磷化处理对比

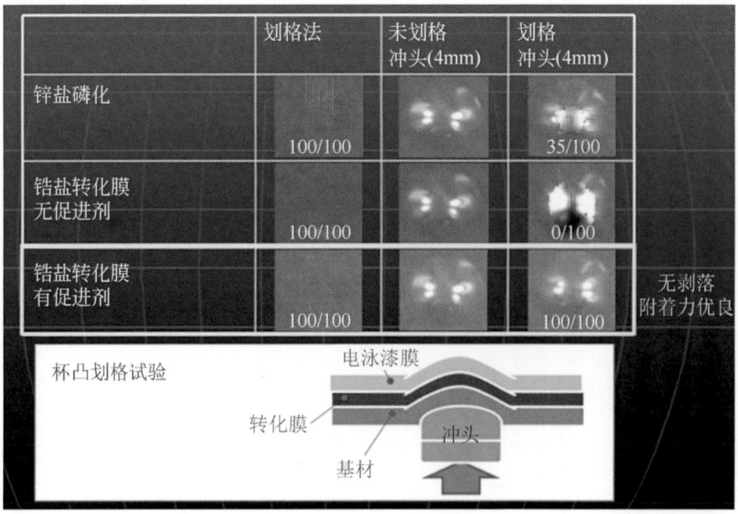

	划格法	未划格 冲头(4mm)	划格 冲头(4mm)
锌盐磷化	100/100		35/100
锆盐转化膜 无促进剂	100/100		0/100
锆盐转化膜 有促进剂	100/100		100/100

无剥落
附着力优良

杯凸划格试验

电泳漆膜
转化膜
基材
冲头

图14-5 两种转化膜的附着力（杯凸划格）试验

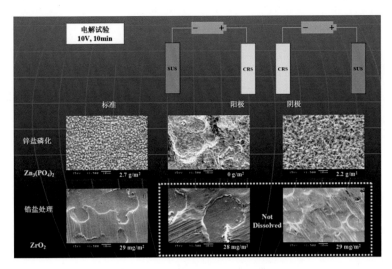

图14-6　两种转化膜的电解试验结果

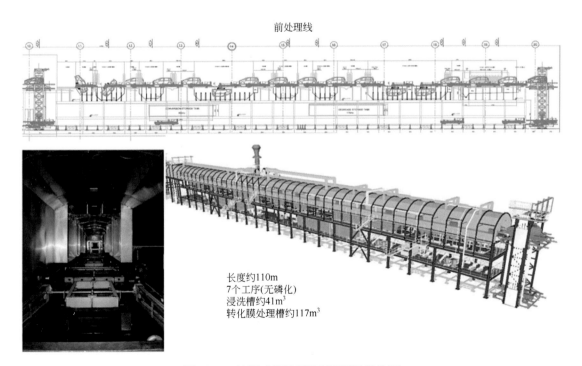

前处理线

长度约110m
7个工序(无磷化)
浸洗槽约41m³
转化膜处理槽约117m³

图14-8　滚浸式前处理设备照片及结构图

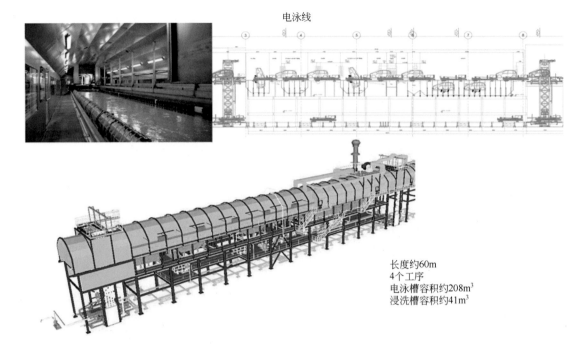

电泳线

长度约60m
4个工序
电泳槽容积约208m³
浸洗槽容积约41m³

图14-9　滚浸式阴极电泳涂装线

图14-37　EcoInCure烘干室示意图